普通高等教育“十二五”规划教材

物理化学

第2版

王明德　编著

化学工业出版社
·北京·

《物理化学》第 2 版在第 1 版的基础上修订而成，主要是对许多内容的阐述方法和技巧做了大范围的修改。内容包括热力学第一定律、热力学第二定律、多组分系统热力学、化学平衡、相平衡、化学动力学基础、表面现象、电解质溶液和电化学基础。在知识点的分布和先后次序安排方面，力求突出前后内容的连贯性、系统性和严密性。在具体内容的叙述方法上力求通俗易懂。

《物理化学》第 2 版适合所有需要开设物理化学课程的工科专业、理科近化学专业学生使用。也适合与化学基本理论知识相关的科研工作者以及物理化学考研族参考使用。

图书在版编目（CIP）数据

物理化学/王明德编著. —2 版. —北京：化学工业出版社，2015.3（2023.2 重印）
普通高等教育“十二五”规划教材
ISBN 978-7-122-22730-0

Ⅰ.①物… Ⅱ.①王… Ⅲ.①物理化学-高等学校-教材 Ⅳ.①O64

中国版本图书馆 CIP 数据核字（2015）第 007066 号

责任编辑：刘俊之　　文字编辑：李　玦
责任校对：吴　静　　装帧设计：王晓宇

出版发行：化学工业出版社（北京市东城区青年湖南街 13 号　邮政编码 100011）
印　　装：北京虎彩文化传播有限公司
787mm×1092mm　1/16　印张 24¾　字数 648 千字　2023 年 2 月北京第 2 版第 5 次印刷

购书咨询：010-64518888　　售后服务：010-64518899
网　　址：http://www.cip.com.cn
凡购买本书，如有缺损质量问题，本社销售中心负责调换。

定　　价：59.00 元

前　言

本书第1版自2008年出版发行以来，总体使用效果较好，得到了许多使用者的赞许。与此同时，也收集到读者的诸多意见和建议。在此，首先对广大热心读者表示衷心的感谢。

众所周知，物理化学理论性较强、基本概念和知识点较多、前后知识内容联系较紧密。要学好物理化学，首先要把基本概念搞清楚。基本概念如同比赛或游戏的规则。不遵守比赛规则赛事就无法进行，不懂游戏规则游戏就没有乐趣。只有在反复咀嚼并完全领会基本概念的基础上，才会对进一步学习和掌握新知识提供有效的帮助和支持，才会把前后不同内容紧密地联系起来，才会大幅提高综合分析判断和解决实际问题的能力。为此，这次再版时在每章的结尾增加了许多思考题，以期提醒和敦促读者进行反复思考和讨论，并把许多相关的概念联系在一起进行比较，最终把所有的基本概念都搞清楚。

这次再版是结合该书在教学实践中的使用情况和使用效果，在大致保持第1版知识内容架构的基础上进行修改的。在系统讨论热化学的同时，不再把盖斯定律放在一个比较显赫的位置；对于等压过程的组合专门做了必要的讨论分析；去掉了化学亲和势的内容；增加了平衡常数与压力的关系；在化学反应速率部分，对基元反应概念做了适当扩充并引入了基元过程概念；在反应速率方程的建立方面，增加了非线性拟合这种全新的方法；增加了微观可逆性原理；在把非氧化还原反应设计成原电池（包括浓差电池）时，给出了一种新的简单易操作的方法，很值得参考。

文字是一种语言交流工具，但这种语言交流无声色、无表情，其交流效果与面对面的口语交流相比较逊色多了。用文字对基本概念的准确阐释是讲清楚科学原理的最基本的前提条件，是承前启后学习和掌握新知识的最基本的前提条件。与此同时，书面语言的组织结构和叙述方法会直接影响书本的可读性。结合在反复教学实践中用该书的体会以及发现的问题，这次再版时对全书内容的讲述方法和语言叙述又进行了仔细地反复斟酌和修改，以期进一步提高可读性和使用效果。

这次再版的同时，还附有一套编者精心制作的、从第一版出书就开始使用并不断修改完善的、与该书配套的完整多媒体课件，可供读者参考和使用。而且多媒体课件未加密，在遵守相关著作权法的前提条件下，读者在使用过程中可根据需要进行适当调整或修改。如有需要，可登录 www. cipedu. com. cn，或与本书责任编辑联系。如果可以借此改善物理化学教学效果，那便是对编者的莫大奖赏。

此书虽经作者反复修订和校对，但由于水平有限，书中不妥之处在所难免，敬请广大读者给予批评指正。

编著者

2014年8月于西安交通大学

第1版前言

近十几年来，科学技术的突飞猛进尤其是互联网技术的飞速发展对人们的日常生活、生产、学习和科研不断提出许多新要求；在有限的时间里，人们需要学习和掌握的基础知识越来越多，需要开设的课程也越来越多；与此同时，为适应科技发展的要求，我国高等教育教学改革的步伐也越来越快。高校需要不断合并或减少不合理的专业，并着重培养基础扎实、知识面宽、适应性强及就业门路广的新世纪复合型人才；此外，科技发展也促进了教学方法的改进，各种多媒体课件不断推陈出新，内容也日益丰富。但是，不论采用怎样的教学方法和手段，也不论其效果怎样好，都离不开体现教学内容及其基本要求的纸质知识载体——教材。物理化学是化学学科以及相关理工科专业的一门重要基础课，作为基础学科，不应拘泥于较狭窄的化学专业范围，而应满足教学改革的要求，在保证物理化学基础知识系统性的基础上，不断推出内容更丰富更具有弹性、适用范围更广的教学参考书，从而更充分地表现出物理化学对相关专业的理论指导意义。

教材是体现教学内容和基本要求的知识载体，是传授知识的基本工具，也是提高教学质量的重要保证。基于上述宗旨，本书编者将物理化学基本知识与长期教学的工作经验相融合，强调对基本理论知识的理解而淡化专业色彩；侧重于严密的逻辑思维和推理而非强识硬记；在理论联系实际和举例方面，侧重于思想方法的启迪和学习兴趣的提高，尽量避免机械式地强行灌输。书中包含大量的例题和习题（大部分习题附有参考答案），有助于读者对知识的理解和消化。书中对于超出基本要求的内容都用“*”作了标记，并对其具体内容用不同的字体印刷。这些内容在课堂教学或自学过程中，讲授与否不会对后续知识的学习和掌握产生明显的负面影响，因此使用者可根据不同情况灵活掌握。

本书是基于作者长期教学实践积累的基础上，经过反复酝酿、讨论、修改、整理后完成的。全部书稿由王明德、赵翔执笔定稿。韩世纲教授对该书初稿作了全面的审核并提出了许多宝贵意见。编者在此深表谢意。此教材以讲义的形式已连续使用了三届，编者对其中涉及的内容范围、编排次序以及叙述方法共计作了三次全方位的修订。在知识点的分布和先后次序安排方面，突出前后内容的连贯性、系统性和严密性；在对具体内容的叙述方法上，通俗易懂但不拘一格，可读性强但不影响其严密性。

此书虽经作者反复阅读和反复修订，但由于书中的公式和符号繁多，编者的水平有限，书中难免出现一些不妥之处，敬请读者给予批评指正。

编　者

2008年2月于西安交通大学

目　录

绪　　论

随着时间的推移，在日常工作、学习和生活中，在适应大自然、与大自然和谐相处、提高生活质量等方面，人们积累的与化学相关的经验知识越来越多。但仔细想一想，如果只有堆积如山的支离破碎的经验知识，而不能用数学语言从理论高度进行归纳总结，不能用数学语言去描述千奇百怪和千变万化现象的普遍规律，理论就无从谈起，科学就无从谈起，理论指导实践就是一句空话。

物理化学实为理论化学。物理化学的英文名称是 physical chemistry，它不是 physics and chemistry。它是用物理的方法和手段从理论高度研究化学现象普遍规律的一门科学。如不论是无机化学还是有机化学，都会经常涉及物质的稳定性或者活性；不论是无机化学反应还是有机化学反应，在反应过程中都会涉及能量的变化（常以反应热效应的形式表现出来），都会涉及发生反应的可能性大小，都会涉及化学反应进行的最大限度，都会涉及反应进行的快慢……其中包括许多化学现象的基本规律。这些基本规律是开启化学知识宝库的金钥匙，是今后攻克与化学相关的新知识、探索化学新领域的基本工具。在认识和掌握这些基本规律的过程中，人们会自然而然地得到启发和训练，会使人们的思路更开阔、逻辑思维更严密。不论以后从事什么工作，这种收益都会自觉或不自觉地被利用。学习、认识和掌握这些基本规律是在化学、化工领域出类拔萃干好工作的必要条件。

物理化学是四大化学之一，是化学学科的一个重要的理论基础。在无机化学、有机化学和分析化学中学到的许多侧重于经验的基本知识的基础上，只有具备了坚实的物理化学理论基础，才容易走出从经验到经验的迷局，才能站得高看得远，才能有效地用理论指导实践，才能对具体问题的认识和理解更迅速、更深刻、更切合实际，工作上才有可能迅速取得突破性的进展与创新。

0.1　物理化学的研究内容

在无机化学和有机化学中，可以定性地了解许多物质的特性，可以接触到许多化学反应。但仅仅知道这些、仅仅能写出一些化学反应方程式是远远不够的。如

$$2H_2O = 2H_2 + O_2$$

我们都知道，这个反应很容易逆向进行，甚至发生爆炸。可是该反应有无正向发生的可能呢？正向反应的条件是什么？要不要催化剂？反应的温度和压力应分别控制在多少？反应速率如何控制？有无爆炸的危险？

又如合成氨反应

$$N_2 + 3H_2 = 2NH_3$$

这是合成氨工业的主反应。可是，在常温常压下把氢气和氮气混合就能发生反应并生成氨气吗？应把温度和压力分别控制在什么范围？在一定条件下把 3mol H_2 和 1mol N_2 放在一起，足够长时间后它们就能完全反应变成 2mol NH_3 吗？

还有许多类似的问题仅靠化学反应方程式是根本无法回答的。反应方程式的左右两边之所以用等号相连，原因是物质不能消灭也不能创生，在反应前后原子的种类和数目相等。能写出反应方程式并不等于化学反应一定就能发生，也不等于该反应只能从左到右发生而不能

从右到左发生。由此可见，仅仅知道一些反应方程式是远远不够的。

当毕业走出校门后，在实际工作中遇到的变化过程往往都比较复杂，涉及的化学反应往往是多种多样的。常需要根据已掌握的理论知识并结合实际发生的变化（现象）讨论分析变化的本质，并以化学反应方程式的形式给出最终结论，而不是认识并死记硬背别人写出来的反应方程式。与此同时，在查找文献的过程中，对于别人做过的工作中讨论分析与结论是否正确，对自己有无参考价值，我们需要用审查的眼光做出判断。由此同样可以看出，仅仅知道一些反应方程式是远远不够的。

概括起来，物理化学的研究内容主要包括以下几个方面。

(1) 化学热力学

根据物质不灭定律写出反应方程式是比较简单的，但是一个方程式所表示的反应是否在任何条件下都能发生就不一定了。另一方面，严格说来任何反应都不能进行完全，都存在化学平衡。那么，在一定条件下一个化学反应达到平衡时，反应物的转化率或者产物的产率是多少即最大反应限度是多少？反应限度受哪些因素影响？如何改变反应限度？这些问题在科研和生产实践中都是非常重要的。另外，即使上述问题都解决了，反应中的能量变化也是一个很现实的问题，这与能量的供给或综合利用、与大规模生产所需的配套设备、与生产成本、与生产安全等都密切相关。

反应的可能性、限度及能量变化都属于化学热力学的讨论范围。通过物理化学中热力学部分的学习，对这些问题都可以事先进行理论分析和定量计算，然后根据理论分析结果来决定对于一个反应是否有必要进行实验研究和验证。对于一个在实验室内能够发生的反应，根据其反应条件、根据其投入产出比来判断有无放大投产的必要。

实际上化学热力学涉及的面非常广泛。化学热力学还与相平衡、与电化学、与表面现象及胶体化学都是密切相关的，可借助化学热力学基础知识对相平衡、电化学、表面现象及胶体化学做深入细致的讨论分析。

(2) 化学动力学

化学动力学主要研究化学反应速率及其影响因素。不同化学反应的反应速率差别悬殊。反应速率可以快至猛烈的燃烧、爆炸，也可以慢至岩石的风化、煤和石油的形成等等。

为何一些反应较快而另一些反应较慢？决定反应速率的根本原因是什么？一个反应从反应物到产物到底是怎样完成的？反应速率会受到哪些因素的影响？如何改变或控制一个反应的反应速率？其中存在哪些普遍规律？这些都是化学动力学将要讨论的内容。

(3) 结构化学

结构化学是物理化学的一个重要分支。结构化学主要是用量子力学方法讨论原子和分子的微观结构，从而阐明不同物质的宏观物理性质和化学性质与其微观结构的关系，并根据所需的物理化学性质指导设计新分子、合成新物质。如为什么烯烃比烷烃活泼？为什么已三烯比苯活泼？为什么红外光谱和紫外光谱可用于不同化学物质的分析测试？怎样对红外光谱和紫外光谱进行深入准确地剖析判断从而得出正确的结论？又如环丁烯衍生物在电环化反应中，为什么热反应和光反应的产物会截然不同（顺反异构）？

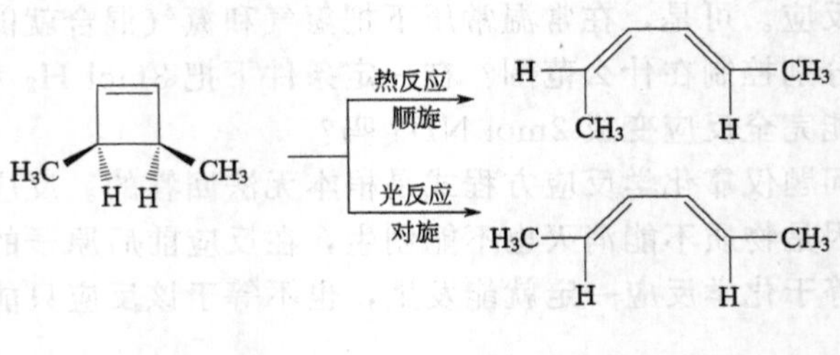

凡此种种，这些问题只有借助于结构化学知识才能充分认识和理解，只有借助于结构化学知识才能对未知的实验现象进行合理地预测和判断，才能正确有效地指导实践。

0.2 课程特点与学习方法

物理化学有以下特点：第一，基本概念多而且严密，公式多而且使用条件严格；第二，其内容从前到后环环相扣，而且难度逐渐加大。这些特点在与化学热力学相关的内容中表现得尤为突出。其实，作为一种科学的基本理论，这是很自然的。

了解了该课程的学习内容和上述特点之后，我们不仅要迎难而上，而且更要讲究学习方法和策略。只有这样，才有望达到事半功倍的学习效果。具体说来，在学习过程中应注意以下几个方面。

(1) 从重视基本概念做起

要学好物理化学，第一步首先要把基本概念搞清楚。基本概念如同比赛或游戏的规则。不遵守比赛规则赛事就无法进行，不懂游戏规则游戏就没有乐趣，玩游戏水平也无法提高。只有在反复咀嚼并完全领会基本概念的基础上，才会对进一步学习和掌握新知识提供有效的帮助和支持，才会把前后不同内容紧密地联系起来并相互对照和印证，才会扎扎实实地掌握学到的新知识，才会大幅提高综合分析判断和解决实际问题的能力。否则，依靠死记硬背捡到的结论和公式就会变成无水之源和无本之木，这将对讨论分析实际问题毫无帮助，甚至还会导致错误或在关键时候发生灾难性的事故。

(2) 充分理解为上策　死记硬背要不得

虽然书中引出并编号的公式很多，但其中绝大部分都是在讨论问题的过程中为了便于理解而引出的，其编号是为了便于在别处引用而给出的，真正最基本的需要牢记的公式并不很多。这如同我们充分掌握了理想气体状态方程及其中各变量的物理意义以后，实际遇到的不论是等温过程、等容过程、等压过程，还是温度、压力、体积均发生变化的过程，我们都能够灵活处理，而不必花费时间去死记理想气体的等温方程、等压方程和等容方程。所以在学习过程中，对书中的内容从前到后只要求理解即可。即课后能看懂书中学过的内容，对于书中的练习能开卷给出正确答案即可。实际上，如果真正把书中的知识都理解了并伴随课后练习的顺利完成，书中公式的主次地位也就逐渐明晰了，主要公式及其使用条件也就比较容易和自然地记住了。

(3) 多看书　多思考　多做练习

由于该课程的理论性较强，课堂讲解时在注重前后内容的系统性和连贯性这个粗线条的基础上，往往只能讲授一些重点难点，而且对于同一个问题还可以更换不同角度，采用多种与书中不同的方式方法去讲解。因此，课堂讲授内容是有限的。正因为这样，课后要及时、系统地看书复习。实际上，鉴于课堂授课的上述特点，即使把课堂讲授的内容都听懂了，课后看书也未必都能完全看懂。所以在看书过程中，要多思考、多分析、多比较、多讨论。

即使把课堂讲授的内容都听懂了，而且也把书看懂了，可是实际上对知识的掌握往往还不够扎实、缺乏灵活性，不同知识点之间的超级链接尚未建立起来。这种缺陷只有通过做练习才能被发现，问题的出现才会促使我们回头再看书、再思考、再讨论。只有反复进行消化吸收，才能达到充分理解、举一反三和融会贯通的目的。

0.3 关于物理量的表示和运算

任何物理量都是由数值和单位两部分组成的，这两部分缺一不可。否则，物理量的物理

意义就不明确，就不是物理量。如物理量 A 可以表示为

$$A=\{A\}\cdot[A]$$

其中，$\{A\}$ 表示物理量 A 的数值，它是一个纯数；$[A]$ 表示物理量 A 的单位。可以把物理量 A 看成是 $\{A\}$ 与 $[A]$ 的乘积。根据上述表示式，物理量 A 的数值就可以表示为

$$\{A\}=A/[A]$$

把不同物理量联系在一起的关系式叫做方程式或公式。方程式可分为两种，即量方程式和数值方程式。通常作为基本理论给出的方程式都是量方程式。

如密度的表示式 $\rho=\dfrac{m}{V}$

又如理想气体状态方程 $pV=nRT$

正因为这样，在使用方程式进行计算时也分两种不同情况。

(1) 用量方程式计算

如密度 $\rho=\dfrac{m}{V}=\dfrac{\{m\}\mathrm{kg}}{\{V\}\mathrm{m}^3}=\{\rho\}\mathrm{kg}\cdot\mathrm{m}^{-3}$ ❶

又如理想气体的压力 $p=\dfrac{nRT}{V}=\dfrac{\{n\}\mathrm{mol}\cdot\{R\}\mathrm{J}\cdot\mathrm{K}^{-1}\cdot\mathrm{mol}^{-1}\cdot\{T\}\mathrm{K}}{\{V\}\mathrm{m}^3}=\{p\}\mathrm{Pa}$

用量方程式计算时，对其中的各物理量既要给出它的数值，还要给出它的单位。最终得到的结果也既有数值又有单位。

(2) 用数值方程式计算

用数值方程式计算时，方程式中只代入各个物理量的数值。

如计算密度 $\rho/\mathrm{kg}\cdot\mathrm{m}^{-3}=\dfrac{m/\mathrm{kg}}{V/\mathrm{m}^3}=\{\rho\}$ 所得结果是密度的数值

所以 $\rho=\{\rho\}\mathrm{kg}\cdot\mathrm{m}^{-3}$

又如计算理想气体的压力 $p/\mathrm{Pa}=\dfrac{n/\mathrm{mol}\cdot R/(\mathrm{J}\cdot\mathrm{K}^{-1}\cdot\mathrm{mol}^{-1})\cdot T/\mathrm{K}}{V/\mathrm{m}^3}=\{p\}$

所以 $p=\{p\}[\mathrm{Pa}]$

比较两种计算方法可以看出，用量方程式计算比较繁琐。用数值方程式计算虽比较简单，但是第一步的计算结果是物理量的数值，而不是一个完整的物理量，还需要通过第二步才能给出一个完整的物理量。通常为了简单，也可以在使用量方程式的过程中，不列出每个物理量的单位，而是直接给出最终结果的单位。如理想气体的压力

$$p=\frac{nRT}{V}=\underbrace{\frac{\{n\}\cdot\{R\}\cdot\{T\}}{\{V\}}}_{\text{纯数}}[p]=\{p\}[p]$$

故对于 20℃下 4.5mol 体积为 $0.1\mathrm{m}^3$ 的理想气体，其压力如下

$$p=\frac{4.5\times8.314\times293}{0.1}\mathrm{Pa}=1.47\times10^5\mathrm{Pa}$$

这样做的前提是：要明确对于计算式中的各物理量应该代入与什么单位相对应的数值，得到的最终结果又是与什么单位相对应的数值。否则容易出错。按照国家标准，在各方程式

---

❶ 本书中，所有的物理量都用斜体字母表示，所有的单位都用正体字母表示。

中所有的物理量都要用 SI 单位（标准国际单位）。在这种情况下，最终得到的结果自然也就是 SI 单位了。

0.4 SI 单位

SI 单位（standard international unit）中规定了 7 个基本物理量的单位。这七个基本物理量及其单位如下：

长度 m(米)　质量 kg(千克)　时间 s(秒)　电流 A(安培)

温度 K(凯尔文)　物质的量 mol(摩尔)　光强度 cd(坎德拉)

用与这些 SI 单位对应的物理量计算得到的其它物理量的单位也是 SI 单位。这就是说，用这 7 个基本物理量的单位可以推导出其它所有物理量的 SI 单位。如 J（焦耳）是能量的 SI 单位、N（牛顿）是力的 SI 单位、Pa（帕斯卡）是压力的 SI 单位、$mol \cdot m^{-3}$（摩尔每立方米）是浓度的 SI 单位……

（1）所有的物理量都要使用 SI 单位

许多单位为 J 的物理量，当其值较大时，我们也常用 kJ 表示。但在用公式计算时（非加减计算），都必须将其化为 J。如对于阿累尼乌斯公式 $k=Ae^{-E_a/RT}$ 中的活化能 E_a，应该把以 $J \cdot mol^{-1}$ 为单位的活化能数值代入，而不能把以 $kJ \cdot mol^{-1}$ 为单位的活化能数值代入。又如，对于标准平衡常数与标准摩尔反应吉布斯函数之间的关系 $\Delta_r G_m^{\ominus}=-RT\ln K^{\ominus}$ 中的 $\Delta_r G_m^{\ominus}$，应该把以 $J \cdot mol^{-1}$ 为单位的数值代入，而不能把以 $kJ \cdot mol^{-1}$ 为单位的数值代入。同理，在式 $pV=nRT$ 中，对于压力 p 只能把以 Pa 为单位的数值代入，而不能把以 kPa、MPa、atm、mmHg 等为单位的数值代入。另外，使用 SI 单位时，气体常数为 $R=8.314 J \cdot K^{-1} \cdot mol^{-1}$。

（2）单位的写法

书写各物理量的单位时，最好只用乘号“·”和负指数，而不要用除号“/”，否则容易出差错。如应把密度的单位写成 $kg \cdot m^{-3}$，而不要写成 kg/m^3；应把摩尔熵的单位写成 $J \cdot K^{-1} \cdot mol^{-1}$，而不要写成 J/K·mol 或 J/K/mol 或 $J/K \cdot mol^{-1}$。因为这样书写时其含义模棱两可，读者可能把它理解为 $J \cdot K^{-1} \cdot mol^{-1}$，也可能把它理解为（J/K）·mol。所以书写各物理量的单位时，最好只用乘号“·”和负指数，而不要用除号，也不要把负指数与除号混用。

（3）列表和画图

回顾已接触的大量图书资料和文献期刊，其列表中给出的数据都是纯数，绘图中的坐标刻度大多也都以纯数表示，参见表 0.1 和图 0.1。这样给出的图表简单明了。设想图表中的数据如果都带有单位℃或 Pa，就会显得繁琐累赘。但不要忘记，物理量是由其数值和单位两部分组成而缺一不可的，否则就不完整，其物理意义就不明确。结合表 0.1 和图 0.1，其图表中不带单位的数据之所以一目了然，原因是在表中物理量的名称栏以 $A/[A]$ 的形式表明了表中的数值是与什么单位相对应的该物理量的数值，在图中坐标轴的名称也是以 $A/[A]$ 的形式表明了坐标刻度的数值是与什么单位相对应的该物理量的数值。如果在表中物理量的名称栏和图中坐标轴的名称上忽视了这一点，其图表就没有多大意义了。当用绘图方式定性表示不同物理量之间的关系时，可以不给出坐标刻度，而坐标轴名称就是物理量 A 而不是该物理量的数值 $A/[A]$，如图 0.2 所示。

表 0.1　不同温度下水的饱和蒸气压

温度 T/℃	0	10	20	……
饱和蒸气压 p/Pa	610.5	1228	2338	……

目前，按照要求我们国家所有的正式出版物（包括图书和科技期刊）不仅都要使用 SI 单位，而且对单位的写法以及列表和画图时需要填写的内容都有严格的规定，不合乎要求的即为不规范，其稿件有可能被拒绝使用。所以平时做练习时应注意这一点。

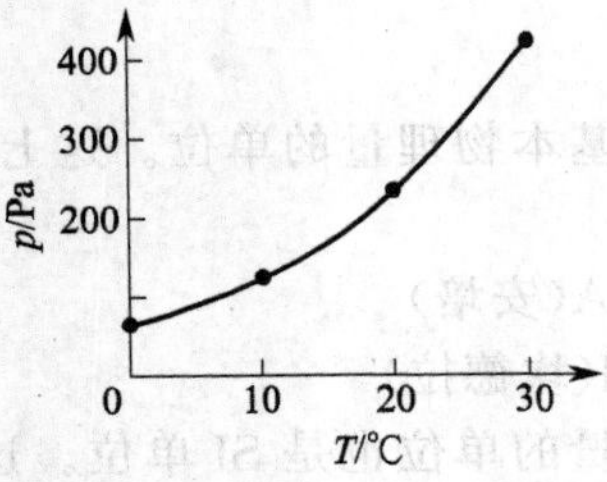

图 0.1　水的饱和蒸气压与温度的关系

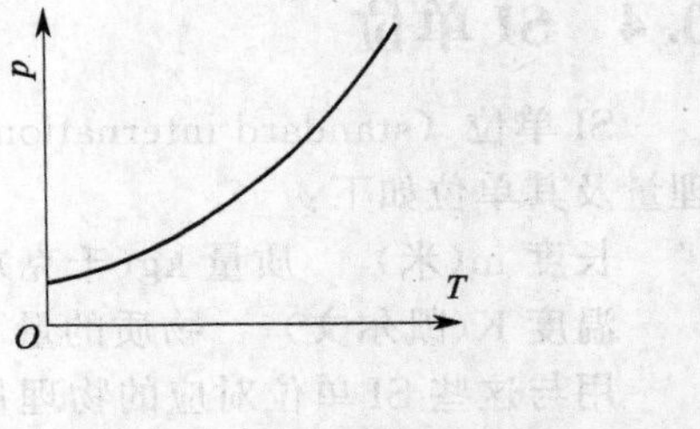

图 0.2　水的饱和蒸气压与温度的关系（定性表示）

第 1 章　热力学第一定律

1.1　基本概念

1.1.1　系统与环境

系统（system）就是被研究的对象。系统是客观世界的一部分物体，被人为用一定的界限和其它物体分开。这种界限有时候可以看得见摸得着，有时候看不见摸不着。如把空气中的氧气作为系统时，系统与环境之间的界限就看不见摸不着。

环境（surrounding）就是系统以外但与系统有直接或间接相互作用的其它物体。此处所说的相互作用是指物质交换（即传质）和能量交换（即传能）。严格说来除了系统外，其余的整个宇宙空间都是环境，但在具体讨论问题时为了简单起见，一般只把那些与系统有明显相互作用的其它物体作为环境来考虑。环境亦称为外界。

根据系统与环境之间相互作用的不同，常把系统划分为敞开系统、封闭系统和孤立系统。

敞开系统（open system）是指与环境之间既有物质交换也有能量交换的系统。如烧杯里的溶液，其溶剂分子甚至还有溶质分子可以挥发跑到空气中，空气中的氧气、氮气等也可以溶解到溶液里。与此同时，烧杯里的溶液还可以与环境交换能量。

封闭系统（closed system）是指只与环境之间有能量交换而没有物质交换的系统。如一个出口阀门关闭的氧气罐中的氧气，一瓶未开盖的瓶装乙醇等。它们与周围环境之间只有能量交换而没有物质交换。

孤立系统（isolated system）是指与环境之间既无物质交换也无能量交换的系统。严格说来，没有真正的孤立系统，但是在一定条件下可以把有些系统近似当作孤立系统来处理。如带有瓶塞的热水瓶中的水，又如盛放在杜瓦瓶中的液氮等等。

本书若无明显标志或特别说明，那么所涉及到的系统都是默认的封闭系统。

在具体考察一个问题时，到底把哪部分作为系统是不受限制的。其出发点就是怎样划分系统对讨论问题方便就怎样划分。所以，面对同样一个问题，往往仁者见仁，智者见智。

1.1.2　热力学平衡状态

（1）热力学性质

热力学性质（thermodynamic property）是系统的宏观物理性质和化学性质的总称。热力学性质也叫热力学变量或热力学变数。如温度、压力、体积、质量、密度、电导率、折射率、热膨胀系数等等。系统的物理化学性质不仅有宏观性质，还有微观性质，如键长、键角、偶极矩等等。系统的微观性质不是系统的热力学性质，不属于热力学的讨论范畴。

系统的热力学性质还可进一步分为容量性质和强度性质。**容量性质**是与物质的量有关并且具有加和性的热力学性质，如质量、体积、热容等。**强度性质**是与物质的量无关、不具有加和性的热力学性质，如温度、压力、密度等。通常，两个容量性质的比值是强度性质。如质量与体积之比是密度，质量与物质的量之比是摩尔质量，热容与物质的量之比是摩尔热容。

(2) 热力学平衡状态

热力学平衡状态（thermodynamic equilibrium state）是指系统的所有热力学性质都分别有唯一确定值的状态。如果系统不再与环境发生相互作用（物质交换或能量交换），则这些热力学性质就都会保持恒定不变。通常把热力学平衡状态简称为**平衡状态**（equilibrium state）或**状态**。如把盖有盖子的一杯热水放在桌面上，这时杯中的水并非处于平衡状态。因为各处的温度不同，各处的密度、电导率等也不一样。此时整个系统没有一个确定的温度，没有一个确定的密度，没有一个确定的电导率……但是若室温不变，足够长时间后其中的水就会处于平衡状态。

热力学可分为平衡态热力学和非平衡态热力学。**平衡态热力学**只讨论从一种热力学平衡状态到另一种热力学平衡状态之间的变化。物理化学中所讨论的热力学主要是平衡态热力学，所以在该课程中常把热力学平衡状态简称为平衡状态或平衡态。实际上，在平衡态热力学中，通常所讲的状态就是指热力学平衡状态。

1.1.3 状态的描述

虽然平衡态热力学中讨论的状态都是平衡状态，但是同一个系统可以处于各种各样不同的平衡状态。如在0.1MPa下，20℃的水、21℃的水、22℃的水都处于平衡状态，但是它们各自所处的平衡状态是截然不同的。怎样才能把各不相同的状态描述清楚呢？

通常用指明化学成分、物理状态及独立的热力学性质的数值这种方法来描述系统的状态。其中用化学成分说明系统中含有哪些物质，用物理状态说明系统中的物质是固态（常用s表示）、液态（常用l表示）、气态（常用g表示）还是水溶液（常用aq表示）。对于溶液，应注明其组成（即浓度）。若固体物质存在不同的晶型，这时还需要注明是什么晶型。如石墨和金刚石、单斜硫和正交硫等。

一个系统的热力学性质虽然很多，但是这些性质并不是完全独立的。如对于液态水而言，当温度和压力确定后，其密度、电导率、热胀系数等等就分别有了唯一确定的值，系统所处的状态也就完全确定了。这就是说，虽然系统有许许多多不同的热力学性质，但这些热力学性质并不是完全独立的。所以，描述系统状态时只需给出独立的热力学性质的数值即可。

如　　H_2O(s，−23℃，0.13MPa)

又如　　盐酸(10%，10^5 Pa，12.4℃)

又如　　KCl(aq，0.3mol·L^{-1}，0.095MPa，24.2℃)

系统的状态可以用上述形式表示，也可以用文字叙述，关键是要把化学成分、物理状态以及独立的热力学性质的数值描述清楚。

一个系统到底有几个独立的热力学变量呢？这是有规律的，在相平衡一章学习了相律之后这个问题就很清楚了。但可以肯定，一个组成确定（组成恒定不变）的系统只有两个独立的热力学变量。当系统的化学成分、物理状态和两个独立的热力学变量确定后，系统的状态就完全确定了。

1.1.4 状态变化及其描述

可以把状态变化过程简称态变化。平衡态热力学所讨论的状态变化过程都是从一种平衡状态变为另一种平衡状态。把变化前的状态称为**始态**，把变化后的状态称为**终态**。虽然平衡态热力学中所讨论的始态和终态都是平衡态，但在状态变化过程中系统未必每时每刻都处于平衡态。这就是说，平衡态热力学并不要求在状态变化过程中系统每时每刻都处于平衡状态。

平衡态热力学关心的是状态变化即始态与终态的区别而不是态变化的具体路线（即态变化过程中系统所处的状态），所以描述态变化时只需将始态和终态描述清楚即可。

如 $H_2O(l, 20℃, 100kPa) \longrightarrow H_2O(l, 10℃, 100kPa)$

又如 $H_2O(g, 1800℃, 3.0MPa) \longrightarrow H_2O(l, 80℃, 0.1MPa)$

也可以用文字叙述的方法，只要把始态和终态描述清楚即可。如在 100kPa 下加热 20℃ 的水，使其温度升高到 30℃。这样就把始态和终态都描述清楚了，就把态变化过程描述清楚了。在状态变化中，我们主要关心的是始态和终态，至于状态变化到底是怎么发生的，可不必考虑。如加热水时是用电炉加热还是用微波炉加热，加热水是在 1min 内完成还是在 30min 内完成，都不必考虑。

通常状态变化分为三大类，即简单变化、相变化和化学变化。

简单变化（simple change） 在简单变化过程中，系统的化学成分和物理状态都不变，只是系统的某些热力学性质有所改变。如简单的温度变化过程、简单的压力变化过程等等。

相变化（phase change） 具有相同的宏观物理性质和化学性质的均匀部分属于同一个**相**（phase）。相反，宏观物理性质和化学性质不完全相同的部分就属于不同的相。如一杯处于平衡状态的水溶液，不论其中含有哪些溶质，不论浓度是大还是小，由于各不同区域溶液的浓度、密度、温度、电导率、pH 值等宏观物理性质和化学性质都相同，所以系统中只有一个相。又如一杯处于平衡状态的氯化钠和蔗糖都溶解达到饱和的水溶液，其底部还有少许尚未溶解的蔗糖颗粒和氯化钠颗粒。该系统共有三个相，一个相是溶液，一个相是固体蔗糖，还有一个相是固体氯化钠。固体蔗糖虽然有许多颗粒，但是它们彼此的宏观物理性质和化学性质都相同，所以属于同一个相。不同的固体氯化钠颗粒也属于同一个相。这就是说，属于同一个相的物质可以是连续的，也可以是不连续的。又如，有两杯均处于平衡状态的盐酸溶液，如果它们的温度、压力和浓度这三个参数不完全相同，它们就不属于同一个相。

相变化是指同种物质在不同相之间发生迁移的过程。到目前为止，我们比较熟悉的相变化过程主要有熔化与凝固、蒸发与凝结、升华与凝华、晶型转化等。通常在相变化过程中，系统的化学组成不变，即没有化学反应发生。但是在相变化过程中，系统的许多热力学性质往往会发生明显的变化。如密度、硬度、浓度等。虽然从大的方面看，整个自然界只有气、液、固三种物态，但整个自然界的相数是无限多的。

化学变化 化学变化就是有化学反应发生，系统的化学组成会发生改变。化学变化往往也包含着简单变化和相变化。

1.1.5 状态函数及其性质

状态函数（state function）是由系统所处状态决定的所有单值函数或变量的总称，状态函数简称态函数。根据这个定义，系统的所有热力学性质都是状态函数，所以热力学性质也叫做状态函数。但状态函数未必都是系统的热力学性质。如温度与压力的乘积（pT）、温度的平方与压力之比（T^2/p）等等，虽然它们都是由系统状态所确定的变量、是状态函数，但是它们没有明确的物理意义，它们不是系统的热力学性质。状态函数的基本性质如下。

（1）状态函数的值只与系统所处的状态有关，与系统的历史无关。

（2）状态函数的组合仍然是状态函数。如 pV、pV/T、$(\partial V/\partial T)_p$……

（3）在状态变化过程中，状态函数的改变量只与始终态有关，而与态变化的具体路线无关。如在 100kPa 下把水从 20℃加热到 87℃，这时水的密度、折射率、电导率等都会发生相应的变化，但是它们的改变量分别都有唯一确定的值，而且其值与水温升高过程是借助于什么工具或通过什么方式来完成的一概无关。

(4) 在循环过程中，状态函数的改变量为零。原因是完成了循环过程后系统又回到了原来的状态，作为状态函数也就回到了原来的数值，其改变量当然为零。

(5) 状态函数的微分是全微分。其意是说，若 z、x_1、x_2……均为状态函数，而且 x_1、x_2……是完全独立的，并假设

$$z=f(x_1,x_2\cdots\cdots)$$

那么，当系统发生一个微小的状态变化时，状态函数 z 的微分可以表示为

$$\mathrm{d}z=\left(\frac{\partial z}{\partial x_1}\right)_{\underline{x_1}}\mathrm{d}x_1+\left(\frac{\partial z}{\partial x_2}\right)_{\underline{x_2}}\mathrm{d}x_2+\cdots\cdots$$

上式中偏导数的下标 $\underline{x_i}$ 表示求偏导数时，除 x_i 以外其余自变量都恒定不变。

例如，对于一个组成恒定不变的均匀物系，用来描述系统状态的独立变数（即状态函数）只有两个，若把它们分别用 x 和 y 表示，则一旦 x 和 y 有了确定的值，系统的状态也就确定了，这时系统的任何状态函数 z 也就都确定了。所以，系统的任意一个状态函数 z 都可以表示为 x 和 y 的函数。设 $z=f(x,y)$。由于状态函数 z 的微分 $\mathrm{d}z$ 是全微分，所以

$$\mathrm{d}z=\left(\frac{\partial z}{\partial x}\right)_y\mathrm{d}x+\left(\frac{\partial z}{\partial y}\right)_x\mathrm{d}y \tag{1.1}$$

即

$$\mathrm{d}z=M(x,y)\mathrm{d}x+N(x,y)\mathrm{d}y$$

由于 $z=f(x,y)$，故 z 对 x 的偏导数和 z 对 y 的偏导数通常也 x 和 y 的函数，此处将这两个偏导数分别用 $M(x,y)$ 和 $N(x,y)$ 表示。既然状态函数的微分 $\mathrm{d}z$ 是全微分，则根据全微分的性质，z 的二阶混合偏导数必然与求导次序无关，即

$$\left(\frac{\partial M}{\partial y}\right)_x=\left(\frac{\partial N}{\partial x}\right)_y \tag{1.2}$$

式(1.2) 所示的关系式在后边的学习过程中会经常用到，该关系式非常重要。

另外，在 z 恒定不变的情况下，式(1.1) 两边同除 $\mathrm{d}x$ 可得

$$0=\left(\frac{\partial z}{\partial x}\right)_y+\left(\frac{\partial z}{\partial y}\right)_x\left(\frac{\partial y}{\partial x}\right)_z$$

移项而且两边同除以 $\left(\frac{\partial z}{\partial x}\right)_y$ 可得

$$\left(\frac{\partial z}{\partial y}\right)_x\left(\frac{\partial y}{\partial x}\right)_z\left(\frac{\partial x}{\partial z}\right)_y=-1 \tag{1.3}$$

式(1.3) 称为循环规则。它适用于形如 $z=f(x,y)$ 或 $g(x,y,z)=0$ 的状态函数。

1.2 热力学第一定律

1.2.1 热和功

前边讲过，环境是系统以外与系统发生直接或间接相互作用的其它物体。系统与环境彼此间相互作用的主要形式如下：

- 系统与环境之间的相互作用
  - 传质（物质交换）——仅敞开系统与环境之间才会有物质交换
  - 传能（能量交换）
    - 传热——有温差才会有热交换
    - 做功
      - 体积功——由系统体积变化而做的功
      - 非体积功
        - 电功
        - 表面功
        - ⋮

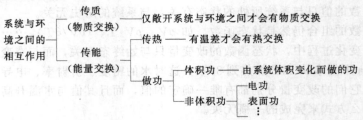

在此需要注意，热和功是系统与环境之间交换能量的两种不同形式，而不是系统的性质，不是状态函数。如果系统与环境之间不交换能量，就没有热或功可言。热和功只在状态变化过程中才出现，态变化停止后热和功也就不复存在了。在态变化过程中系统吸收或放出热量后，只能说系统的能量增加了或减少了，而不能说系统的热增加了或减少了。功概念也是如此。这如同雨水下到湖里，雨后只能说湖中的水增多了而不能说湖中的雨增多了。

功有多种形式，从大的方面可分为体积功和非体积功。**体积功**（volume work）就是在状态变化过程中由于系统的体积变化而导致的系统与环境之间交换的能量。除体积功以外，其余所有形式的功均为**非体积功**（non volume work）。在化学热力学部分，通常在无明显标志或文字说明的情况下，都默认为系统与环境彼此之间只有体积功而没有非体积功。在电化学中，与原电池和电解池有关的状态变化过程都涉及非体积功（电功）。如当用电炉给水加热时，如果把水视为系统，则水与环境之间没有非体积功。虽然其中电源与电炉之间有非体积功（即电功），但它们两者都属于环境，故系统与环境之间并没有非体积功。

1.2.2　内能与第一定律的数学式

本书用 Q 表示在态变化过程中系统从环境中吸收的热，用 W 表示在态变化过程中环境对系统所做的功。若 $Q>0$，则表示系统确实从环境中吸收了热；若 $Q<0$，则表示系统给环境放热了。同样若 $W>0$，则表示环境确实对系统做了功；若 $W<0$，则表示系统对环境做了功。总之，对系统而言，不论它与环境以何种方式交换能量，收入均为正，支出均为负。

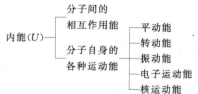

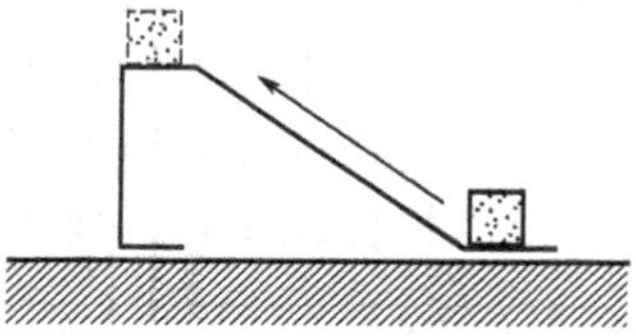

图 1.1　把重物推上去

由于 Q 和 W 都是态变化过程中系统与环境之间不同的能量交换形式，而不是状态函数，也不是状态函数的改变量，所以通常 Q 和 W 不仅与始终态有关，还与态变化的具体路线有关。譬如，欲借助钢板斜坡把一个重物推到高处，如图 1.1 所示。可以把钢板和重物合起来看作系统，其始终态是确定的。力气大的人如果一次就能推上去，则因摩擦导致系统对外放出的热就少，环境对系统做的功也少。力气小的人如果前几次都半途而废未推上去就滑了下来，最终用了好大的力气才把重物推上去了，那么因摩擦导致系统对外放出的热就多，环境对系统做的功也多。

对于一个确定的状态变化过程（始终态已确定）而言，虽然可沿多种不同路线来完成这个态变化，但是系统的总能量作为状态函数，其改变量有唯一确定的值。根据能量守恒定律，总能量的改变量等于系统吸收的热与环境对系统所做的功之和，而且与路线无关即

$$\Delta(\text{总能量})=Q_1+W_1=Q_2+W_2=\cdots\cdots=Q_i+W_i=\cdots\cdots \tag{1.4}$$

式(1.4) 中，Q 和 W 的下标 i 表示第 i 种变化路线。

仔细分析，系统的总能量是由三大部分组成的，即整体动能、整体势能和**内能**（internal energy）。内能亦称为**热力学能**。整体动能与整个系统的宏观运动速度有关。整体势能与系统所处的环境即外场（如重力场、电磁场等）有关。内能（常用 U 表示）是蕴藏于系统内部的能量。它包括分子自身的各种运动能以及分子之间的相互作用能。其中，平动能是指分子作为一个整体，其质心在三维空间运动时的运动能；转动能是指分子绕通过其质心并相互垂

内能(U)
- 分子间的相互作用能
- 分子自身的各种运动能
  - 平动能
  - 转动能
  - 振动能
  - 电子运动能
  - 核运动能

直的轴的转动运动的能量；振动能是指分子内各个原子在其自身平衡位置附近的振动所具有的能量；电子运动和核运动（核自旋运动）也都有各自的运动能。

由于平衡态热力学只讨论宏观静止系统，并且不考虑外场的变化。所以在平衡态热力学的讨论范围内，状态变化过程中系统的整体动能和整体势能均保持不变。在这种情况下，系统总能量的改变量就等于系统内能的改变量。所以在平衡态热力学中，能量守恒定律的数学式(1.4)可以改写为

$$\Delta U = Q + W \tag{1.5}$$

式(1.5)是热力学第一定律的数学式，它是能量守恒定律在平衡态热力学中的一种具体表达形式。**热力学第一定律**（first law of thermodynamics）可用文字叙述为：在状态变化过程中，系统内能的改变量等于系统从环境吸收的热与环境对系统所做的功之和。

内能是状态函数。对于一个微小状态变化过程，式(1.5)可以改写成

$$dU = \delta Q + \delta W \tag{1.6}$$

式中，δQ 和 δW 分别为微量热和微量功。由于热和功都不是状态函数，微量热和微量功都不是全微分，所以不用微分形式 dQ 和 dW 表示，以避免引起误会。

例 1.1 在一个绝热水箱中装有水，水中有电热丝，并由箱外的蓄电池供电。假设电池本身在放电过程中不吸热也不放热，而且水温升高时水的密度近似不变。当分别选择电池、电热丝、水、水和电热丝、电池和电热丝作为系统时，判断 Q、W 及 ΔU 分别是大于零、小于零还是等于零。

解： 系统和环境的划分方法可以多种多样，通常怎样划分便于分析解决问题就怎样划分。根据此题目的要求，判断结果见下表。

系 统	电 池	电热丝	水	水＋电热丝	电池＋电热丝
Q	0	－	＋	0	－
W	－	＋	0	＋	0
ΔU	－	＋	＋	＋	－

1.2.3 体积功的计算

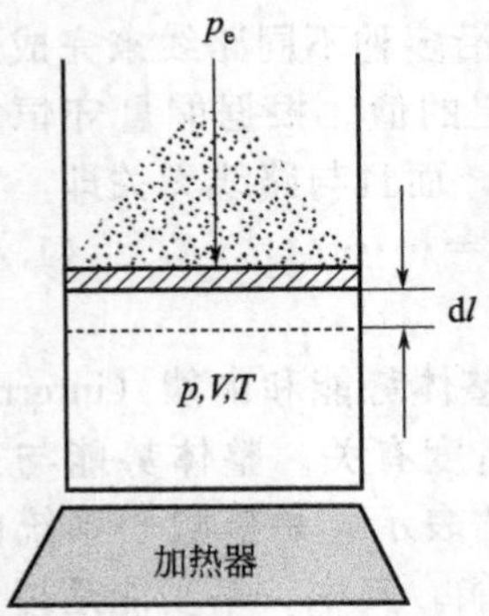

图 1.2 膨胀与压缩

在状态变化过程中，系统的体积通常会多多少少发生一些变化，从而伴随着体积功的产生。故有关体积功的计算方法是一个很基本的知识点，应充分掌握。

设有一个圆筒如图 1.2 所示，其横截面积为 A，其内装有一定量的气体，其活塞既无重量也与筒壁之间无摩擦。活塞上方堆放的是很细的砂子。现以其中的气体为系统。当去掉一粒砂子时，系统就会膨胀并推动活塞对外做功。在无限小的膨胀过程中，系统对外所做的微量功（等于环境对系统所做功的负值）可表示为

$$-\delta W = 力 \cdot 路程 = \underbrace{p_e A}_{力} \underbrace{dl}_{路程} = p_e dV$$

式中，p_e 为在系统与环境的边界上靠近环境一侧的压力，也就是环境施加给系统的压力，亦称为**外压**（external pressure）。由于系统对外做功时，在系统与环境之间界面的单位面积上系统对环境施加的力与环境施加给系统的力互为作用力和反作用力，其值大小相等，所以

上式中使用了外压 p_e。此处需要注意：在单位面积上系统对环境施加的力未必等于系统内部的压力 p，所以不能轻易用系统的压力 p 来代替外压 p_e。因为在状态变化过程中系统未必每时每刻都处于或无限接近于平衡状态，在这种情况下系统内部各处的压力也未必完全相同。如对于图 1.2 所示的密闭容器内的气体，如果不是去掉活塞上的砂子，而是点燃气缸内事先放置的一个花炮。在花炮爆炸并推动活塞上移的瞬间，系统内部各处的压力是不同的。此时计算系统对外所做的功时，应该用系统施加给环境的力。用系统内部任何一点的压力都不合适，而用 p_e 是最准确的。

根据上式，在无限小的态变化过程中环境对系统所做的功可以表示为

$$\delta W = -p_e \mathrm{d}V \tag{1.7}$$

所以

$$W = \int_{V_1}^{V_2} \delta W = \int_{V_1}^{V_2} -p_e \mathrm{d}V \tag{1.8}$$

以上是体积功最原始的定义式，应牢记。只有在某些特殊条件下，这两个式子才可以进行适当变形。在一个具体的状态变化过程中，p_e 通常是时间和空间的函数，求解上述积分比较困难，这类工作属于流体力学范畴，而不在化学热力学研究范围之内。化学热力学只需讨论其中几种简单的特殊情况即可。

例 1.2 在 35℃下，用 300kPa 的压力压缩一定量的理想气体，使其体积从 30L 变为 15L。求该过程中环境对系统（理想气体）所做的功。

解：由式(1.8) 可知

$$\begin{aligned} W &= \int_{V_1}^{V_2} -p_e \mathrm{d}V = -p_e(V_2 - V_1) \\ &= -300 \times 10^3 \times (15 \times 10^{-3} - 30 \times 10^{-3})\mathrm{J} \\ &= 4500\mathrm{J} = 4.5\mathrm{kJ} \end{aligned}$$

例 1.3 在 20℃下，1mol 压力为 500kPa 的理想气体反抗 200kPa 的恒定外压一直膨胀到平衡。求该过程中环境对系统所做的功 W。

解：

$$V_1 = \frac{nRT}{p_1} = \frac{1 \times 8.314 \times 293}{500 \times 10^3}\mathrm{m}^3 = 4.87 \times 10^{-3}\mathrm{m}^3$$

$$V_2 = \frac{nRT}{p_2} = \frac{1 \times 8.314 \times 293}{200 \times 10^3}\mathrm{m}^3 = 12.18 \times 10^{-3}\mathrm{m}^3$$

由式(1.8) 可得 $W = -p_e(V_2 - V_1) = -200 \times 10^3 \times (12.18 - 4.87) \times 10^{-3}\mathrm{J}$

$= -1462\mathrm{J}$

$W < 0$ 意味着环境对系统做的功小于零，实为系统对环境做了功。

1.2.4 可逆过程体积功的计算

可逆过程（reversible process）不是简单的能反方向进行的过程，而是指能反方向进行使系统复原而不给环境留下任何痕迹的过程，也就是变化过程反向进行使系统复原时环境也能复原的过程。对于此处所说的痕迹该怎么理解呢？

系统膨胀时外压必然小于系统的压力，系统被压缩时外压必然大于系统的压力。以图 1.3 为例，在一定温度下当理想气体从状态 A 变到状态 B 时，若该变化过程中外压沿着

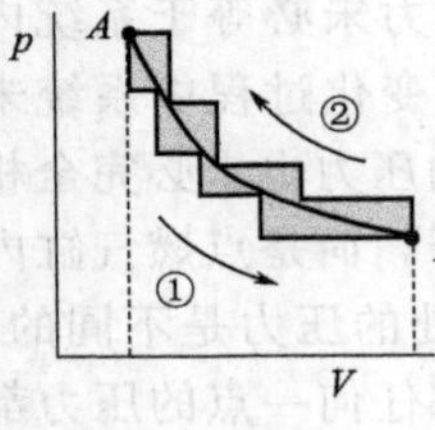

图 1.3 可逆过程示意图

①所示的阶梯形路线变化，则根据式(1.8)，在此膨胀过程中系统对外所做的体积功等于阶梯形路线①在 V_A 和 V_B 之间与体积 V 轴围成的面积。如果系统压缩复原时，外压沿路线①反向变化是不可能的。当外压沿着②所示的阶梯形路线变化时，环境对系统所做的功等于阶梯形路线②在 V_B 和 V_A 之间与 V 轴围成的面积。在沿路线①从 A 膨胀到 B 和沿路线②从 B 压缩到 A 的全循环过程中，系统从环境吸收的总热量为 Q。环境对系统所做的总功 W 等于环境对系统所做的功与系统对环境所做的功之差，即等于两个阶梯形路线所包围的面积（见图 1.3 中的阴影部分）。完成一个循环后，系统的内能作为状态函数其值不变，所以

$$\Delta U=Q+W=0$$

所以

$$-Q=W>0 \tag{1.9}$$

这就是说，在整个循环过程中系统对环境放出的热 $-Q$ 等于环境对系统所做的功 W，环境的总能量也未发生变化。但是根据后面将要学习到的热力学第二定律，功可以百分之百地变为热，而热却不能百分之百地变为功。所以在上述循环过程中，环境的总能量虽然未发生变化，但是却出现了能量的贬值（功变为热）。这就是上述膨胀过程反方向进行使系统复原时给环境留下的永远不可磨灭的痕迹。所以沿阶梯形路线①的膨胀过程是不可逆的。

如果膨胀路线①和压缩路线②中的阶梯都无限小，阶梯数目都无限多，即每时每刻外压与系统的压力只相差一个微分量 $\mathrm{d}p$，在这种情况下，膨胀时外压 p_e 就会沿着图 1.3 中的光滑曲线从 A 到 B，压缩时外压 p_e 也会沿着图 1.3 中的光滑曲线从 B 到 A。这时，图 1.3 中阴影部分的面积就会趋于零，式(1.9) 中的 W 和 $-Q$ 就都趋于零。在这种情况下，膨胀过程反向进行使系统复原后就不会给环境留下任何痕迹。这样的膨胀过程才是可逆的。由此归纳起来，可逆过程具有以下基本特征。

① 推动力为无限小。如系统的压力与外压相差无限小。

② 过程进行得无限缓慢。当图 1.2 所示系统快速膨胀时，如每秒钟从活塞上去掉 1mol 小砂粒，这种快速变化过程的推动力就不是无限小，当然也就不可逆了。

③ 在状态变化过程中，系统始终无限接近于平衡状态。即每时每刻系统的所有热力学性质都分别有唯一确定的值。

④ 当无限小的推动力改变方向时，过程的方向也会发生改变。

根据以上基本特征不难想象，可逆过程是由一连串平衡状态组成的。在可逆过程中，由于推动力无限小、过程无限缓慢，故宏观看上去系统就像是静止不动的一样。所以也把可逆过程也叫做**准静态过程**（quasi static process）。

以图 1.2 为例。仍假设活塞与气缸壁之间无摩擦。若将活塞上的细砂子缓慢地一粒一粒地去掉（或加上），则所发生的过程就近似具有可逆过程的全部特点，可将其视为可逆过程。该过程的推动力为

$$\mathrm{d}p=p-p_e$$

式中，p 为系统的压力。推动力 $\mathrm{d}p>0$ 时系统膨胀，反之就是压缩。由此可得

$$p_e=p-\mathrm{d}p$$

所以，对于可逆过程，由式(1.7) 可得

$$\delta W=\delta W_r=-p_e\mathrm{d}V=-p\mathrm{d}V \tag{1.10}$$

$$W=W_r=\int_{V_1}^{V_2}-p\mathrm{d}V \tag{1.11}$$

式(1.10) 和式(1.11) 中的下标 r 寓意可逆过程。式(1.11) 中没有外压 p_e。由此可见，在可逆过程中环境对系统所做的功只与系统的性质有关，从而使计算变得容易。如对于理想气体的等温可逆过程，由式(1.11) 可知

$$W=\int_{V_1}^{V_2}-\frac{nRT}{V}\mathrm{d}V=-nRT\ln\frac{V_2}{V_1} \tag{1.12}$$

另外，结合可逆过程的特点，由式(1.8) 可知：膨胀时，p_e 越大系统对外做的功 $-W$ 就越大，可逆时 $-W$ 最大，系统对外做功的效率最高。压缩时，p_e 越小环境对系统做的功 W 就越小，可逆时 W 最小，外界对系统做功的效率最高。

例 1.4 2mol 理想气体从 35℃、230kPa 等温可逆膨胀直到其体积变为初始体积的两倍为止。求该过程中环境对系统所做的功。

解： 该过程是理想气体的等温可逆过程，由式(1.12) 可知

$$W=-nRT\ln\frac{V_2}{V_1}=(-2\times8.314\times308\times\ln2)\mathrm{J}$$
$$=-3550\mathrm{J}$$

$W<0$，这表明实际在该过程中系统对外做了 3550J 的功。

1.3 等容热、等压热和焓

在热力学第一定律中，W 意指在状态变化过程中环境对系统所做的总功，其中既包括体积功 $W_{p\text{-}V}$，也包括非体积功 W'。但在目前所讨论的范围内，对于所有的系统，若无特别说明或明显标志，就默认为系统与环境之间只有体积功而没有非体积功。

1.3.1 等容过程

等容过程亦称为恒容过程。**等容过程** (isochoric process) 就是环境的体积 V_e 恒定不变的过程即

$$V_e=\text{常数} \tag{1.13}$$

由于除了系统以外其余部分（包括整个宇宙空间）都是环境。因此在等容过程中，既然 V_e 恒定不变为常数，那么系统的体积 V 也必然恒定不变为常数，即在状态变化时始终 $\mathrm{d}V=0$。所以在没有非体积功的等容过程中，环境对系统所做的功为零即

$$W=W_{p\text{-}V}=\int-p_e\mathrm{d}V=0$$

故根据热力学第一定律，等容过程中系统从环境吸收的热即等容热 Q_V 可表示为

$$Q_V=\Delta U \tag{1.14}$$

或

$$\delta Q_V=\mathrm{d}U \tag{1.15}$$

这就是说，热虽然不是状态函数也不是状态函数的改变量，但是在没有非体积功的等容过程中，系统吸收的热即等容热在数值上等于系统内能的改变量。在这种情况下，Q_V 也只与始终态有关而与态变化的具体路线无关。

1.3.2 等压过程

任何概念的引入都是为一定目的服务的。如果概念与其用途脱节，这种概念的引入就是

毫无意义的。等压过程亦称为恒压过程。不论如何称呼，此概念的用途或欲说明的问题都是相同的。此书中将其称为等压过程。**等压过程**（isobaric process）是指外压 p_e 恒定不变的过程即

$$p_e = 常数 \tag{1.16}$$

由于平衡态热力学讨论的是从一种平衡态到另一种平衡态之间的变化，所以等压过程中始态和终态的压力必然都等于外压即 $p_1 = p_2 = p_e$，否则始态和终态就不可能是平衡态。

也可以说，等压过程就是在一定压力下（环境施加给系统的压力一定）发生的态变化过程。但是在等压过程中，系统内部的压力 p 可以恒定不变，也可以发生波动。在等压过程中，常把系统吸收的热称为等压热，并把它用 Q_p 表示。

在没有非体积功的等压过程中，根据热力学第一定律

$$\Delta U = Q_p + W = Q_p - \int_{V_1}^{V_2} p_e \mathrm{d}V = Q_p - p_e(V_2 - V_1)$$

在等压过程中，由于 $p_1 = p_2 = p_e$，所以

$$\Delta U = Q_p - p_2V_2 + p_1V_1$$

即

$$U_2 - U_1 = Q_p - p_2V_2 + p_1V_1$$

所以

$$(U_2 + p_2V_2) - (U_1 + p_1V_1) = Q_p \tag{1.17}$$

定义

$$H = U + pV \tag{1.18}$$

把 H 称为**焓**。由于 U、p、V 均为状态函数，所以焓也是状态函数。焓具有能量的量纲。根据焓的定义，可以把式(1.17) 改写为

$$Q_p = \Delta H \tag{1.19}$$

由此可见，在没有非体积功的等压过程中，系统吸收的热即等压热在数值上等于焓的改变量。这时 Q_p 也只与始终态有关而与态变化的具体路线无关。反过来，根据式(1.19)，在没有非体积功的等压过程中，焓值的增量等于系统吸收的热。这在一定程度上反映了焓的物理意义。

式(1.19) 的使用条件是无非体积功的等压过程。回顾该式的推导过程可以看出，等压过程对变化过程中系统的压力是否恒定不变无任何要求，只需要满足 p_e 恒定不变就够了。

例 1.5 在 25℃ 和 100kPa 下，由反应 $2CO(g) + O_2(g) \longrightarrow 2CO_2(g)$ 生成 2mol $CO_2(g)$ 时，系统的焓变为 $\Delta H = -565.98\mathrm{kJ}$。求该过程的 Q 和 ΔU。

解： 由于该过程是无非体积功的等压过程，所以

$$Q = Q_p = \Delta H = -565.98\mathrm{kJ}$$

由焓的定义式 $H = U + pV$ 和理想气体状态方程可知

$$\begin{aligned}\Delta U &= \Delta H - \Delta(pV) = \Delta H - \Delta(nRT) = \Delta H - \Delta n \cdot RT \\ &= [-565.98 - (2-1-2) \times 8.314 \times 298 \times 10^{-3}]\mathrm{kJ} \\ &= -563.50\mathrm{kJ}\end{aligned}$$

1.3.3 等温过程

等温过程（isothermal process）是指环境的温度 T_e 恒定不变的过程即

$$T_e = 常数 \tag{1.20}$$

由于平衡态热力学讨论的是从一种平衡态到另一种平衡态之间的变化，所以等温过程中始态和终态的温度必然都等于环境的温度，即 $T_1 = T_2 = T_e$，否则始态和终态就不可能是平衡

态。换句话说，等温过程就是在一定温度下（环境施加给系统的温度一定）发生的态变化过程。与等压过程类似，在等温过程中，系统内部的温度 T 可以恒定不变，也可以发生波动。

例如，把一个装有反应物的容器放在 120℃的恒温箱内使其发生反应。放在恒温箱的目的就是要尽量使反应混合物系统的温度维持在 120℃附近。如果实际反应是放热反应，则反应过程中反应物系统的温度会高于 120℃；如果实际反应是吸热反应，则反应过程中反应物系统的温度会低于 120℃。不论实际反应过程中系统的温度是否有波动，也不论温度波动是大还是小，由于反应过程中环境的温度 T_e 始终维持在 120℃，而且反应开始前和结束后系统的温度也都是 120℃，所以该反应过程是一个等温过程。

1.4 焦耳实验

如图 1.4 所示，在**焦耳实验**（Joule experiment）中，最初左侧是低压气体，右侧是真空，水浴的温度为 T。打开中间活塞后，气体就向真空膨胀。平衡后测得水浴的温度仍为 T。

现在分析一下该实验，由于在低压气体膨胀前和膨胀后水浴的温度未发生变化，这说明低压气体在膨胀过程中其温度未发生改变，同时也说明低压气体在膨胀过程中没有吸热也没有放热，即

$$\Delta T=0 \qquad Q=0$$

由于该过程是向真空膨胀即 $p_e=0$，故

$$W=0$$

根据热力学第一定律

$$\Delta U=Q+W=0$$

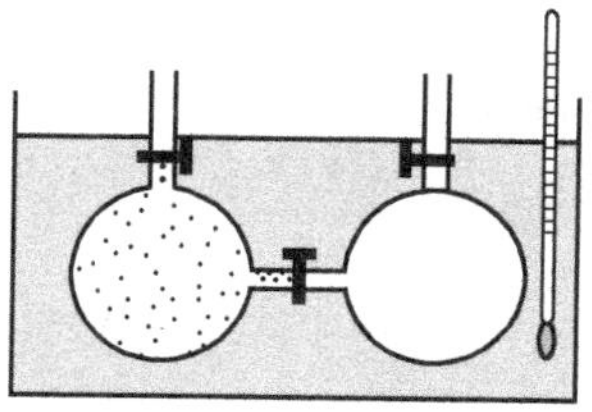

图 1.4 焦耳实验装置图

组成恒定不变的系统只有两个独立变量，对此处的低压气体若选 T 和 p 为独立变量，则

$$U=U(T,p)$$

由于状态函数的微分是全微分，所以

$$\mathrm{d}U=\left(\frac{\partial U}{\partial T}\right)_p \mathrm{d}T+\left(\frac{\partial U}{\partial p}\right)_T \mathrm{d}p$$

在焦耳实验中，由于 $\mathrm{d}U=0$，$\mathrm{d}T=0$，而 $\mathrm{d}p\neq 0$，故由上式可得

$$\left(\frac{\partial U}{\partial p}\right)_T=0 \tag{1.21}$$

同理，若选 T 和 V 为独立变量，那么 $U=U(T,V)$，同理可得

$$\left(\frac{\partial U}{\partial V}\right)_T=0 \tag{1.22}$$

一般当温度不很低时，可以把低压气体当作理想气体来处理。由式(1.21) 和式(1.22) 可以推知，理想气体的内能只是温度的函数，即 $U=U(T)$。在一定温度下，理想气体的内能不仅与压力无关，也与体积无关。

对于理想气体而言，根据焓与内能的关系，

$$H=U+pV$$

即

$$H=U(T)+nRT$$

所以理想气体的焓也只是温度的函数。

例 1.6 在 300K 下，1mol 理想气体由 1000kPa 等温膨胀至 100kPa。计算该过程沿不同路线完成时的 W 和 Q。

（1）自由膨胀。

（2）膨胀时环境的压力恒为 100kPa。

（3）等温可逆膨胀。

解：（1）自由膨胀就是向真空膨胀，即膨胀过程中 $p_e=0$

所以
$$W=\int -p_e \mathrm{d}V=0$$

又因理想气体的内能只是温度的函数，故等温过程中 $\Delta U=0$

所以
$$Q=\Delta U-W=0$$

（2）
$$\Delta V=V_2-V_1=nRT\left(\frac{1}{p_2}-\frac{1}{p_1}\right)$$

$$\begin{aligned}W&=\int_{V_1}^{V_2}-p_e\mathrm{d}V=-p_e\Delta V=-p_e nRT\left(\frac{1}{p_2}-\frac{1}{p_1}\right)\\&=\left[-100\times10^3\times8.314\times300\times\left(\frac{1}{100\times10^3}-\frac{1}{1000\times10^3}\right)\right]\text{J}\\&=-2245\text{J}\end{aligned}$$

因为
$$\Delta T=0 \quad 故\ \Delta U=0$$

所以
$$Q=-W=2245\text{J}$$

（3）
$$\begin{aligned}W&=-nRT\ln\frac{V_2}{V_1}=-nRT\ln\frac{p_1}{p_2}\\&=\left(-8.314\times300\ln\frac{1000}{100}\right)\text{J}\\&=-5743\text{J}\end{aligned}$$

又因
$$\Delta U=0$$

所以
$$Q=-W=5743\text{J}$$

由上例也可以看出，Q 和 W 除了与始终态有关外，还与态变化的路线有关。

1.5 热容

1.5.1 定义和分类

热容 C（heat capacity）是指在一定条件下，一定量物质升高单位温度时（不发生相变化和化学反应）需要吸收的热量，其单位是 $\text{J}\cdot\text{K}^{-1}$。通常加热条件不同，热容也就不同。所以，热容又分为**等压热容**和**等容热容**，并将二者分别用 C_p 和 C_V 表示。它们是指一定量的物质分别在等压条件和等容条件下升高单位温度时需要吸收的热量，即

$$C_p=\left(\frac{\delta Q}{\mathrm{d}T}\right)_p \qquad C_V=\left(\frac{\delta Q}{\mathrm{d}T}\right)_V$$

由于 C_p 和 C_V 都是容量性质，都与物质的量有关，故在具体应用时会有不便之处，有必要引入摩尔热容或比热容。**摩尔热容**（molar heat capacity）是指 1mol 物质在一定条件下升

高单位温度时需要吸收的热量，其单位是 J·K^{-1}·mol^{-1}。**等压摩尔热容**常用 $C_{p,\mathrm{m}}$ 表示，**等容摩尔热容**常用 $C_{V,\mathrm{m}}$ 表示。而**比热容**是指单位质量的物质在一定条件下升高单位温度时需要吸收的热量，其常用单位是 J·K^{-1}·g^{-1}。当然比热容也分为等容比热容和等压比热容。

以上所讲的都是真热容。在一些近似计算过程中也常常用到平均热容 $\overline{C}$，即在等压或等容条件下系统吸收的热量与其温度增量的比值，即

$$\overline{C}=\left(\frac{Q}{\Delta T}\right)_{\text{等压或等容}}$$

1.5.2 C_p 与 C_V 的关系

根据前边的讨论，在等容过程中系统吸收的热等于系统内能的增量，即 $\delta Q=\mathrm{d}U$

所以

$$C_V=\left(\frac{\delta Q}{\partial T}\right)_V=\left(\frac{\partial U}{\partial T}\right)_V \tag{1.23}$$

根据前边的讨论，在等压过程中系统吸收的热等于系统焓的增量，即 $\delta Q=\mathrm{d}H$

所以

$$C_p=\left(\frac{\delta Q}{\partial T}\right)_p=\left(\frac{\partial H}{\partial T}\right)_p \tag{1.24}$$

由式(1.23) 和式(1.24) 可见，等压热容和等容热容都是状态函数的组合，故两者都是状态函数，其值只与系统的状态有关。由式(1.23) 和式(1.24) 进一步可得

$$\begin{aligned}C_p-C_V&=\left(\frac{\partial H}{\partial T}\right)_p-\left(\frac{\partial U}{\partial T}\right)_V\\&=\left(\frac{\partial(U+pV)}{\partial T}\right)_p-\left(\frac{\partial U}{\partial T}\right)_V\end{aligned}$$

即

$$C_p-C_V=\left(\frac{\partial U}{\partial T}\right)_p+p\left(\frac{\partial V}{\partial T}\right)_p-\left(\frac{\partial U}{\partial T}\right)_V \tag{1.25}$$

对于组成恒定不变的系统，若把系统的 T 和 V 选作两个独立变数，则 $U=U(T,V)$。由于状态函数的微分是全微分，所以

$$\mathrm{d}U=\left(\frac{\partial U}{\partial T}\right)_V\mathrm{d}T+\left(\frac{\partial U}{\partial V}\right)_T\mathrm{d}V$$

在一定压力下，此式两边同除以 $\mathrm{d}T$ 可得

$$\left(\frac{\partial U}{\partial T}\right)_p=\left(\frac{\partial U}{\partial T}\right)_V+\left(\frac{\partial U}{\partial V}\right)_T\left(\frac{\partial V}{\partial T}\right)_p$$

将此代入式(1.25) 可得

$$C_p-C_V=\left(\frac{\partial U}{\partial V}\right)_T\left(\frac{\partial V}{\partial T}\right)_p+p\left(\frac{\partial V}{\partial T}\right)_p$$

即

$$C_p-C_V=\left[\left(\frac{\partial U}{\partial V}\right)_T+p\right]\left(\frac{\partial V}{\partial T}\right)_p \tag{1.26}$$

下面将根据式(1.26) 分别不同情况进行讨论。

(1) 对于凝聚态物系

凝聚态物系指的是液体或固体而不是气体。由于一定压力下凝聚态物系的体积随温度变化很小，即 $\left(\frac{\partial V}{\partial T}\right)_p\approx 0$。故对于凝聚态物系，由式(1.26) 可得

$$C_p\approx C_V\quad C_{p,\mathrm{m}}\approx C_{V,\mathrm{m}}$$

(2) 对于理想气体

由于理想气体的内能只是温度的函数，而且 $pV=nRT$，因此

$$\left(\frac{\partial U}{\partial V}\right)_T=0 \qquad \left(\frac{\partial V}{\partial T}\right)_p=\frac{nR}{p}$$

对于理想气体，将这两个参数代入式(1.26) 后可得

$$C_p-C_V=nR$$

所以

$$C_{p,\mathrm{m}}-C_{V,\mathrm{m}}=R \tag{1.27}$$

由统计热力学可知，单原子分子理想气体的等容摩尔热容为$\frac{3}{2}R$，双原子分子理想气体的等容摩尔热容为$\frac{5}{2}R$。所以单原子分子理想气体的等压摩尔热容为$\frac{5}{2}R$，双原子分子理想气体的等压摩尔热容为$\frac{7}{2}R$。对于三原子以上的理想气体分子，情况较复杂，此处不必赘述。

例 1.7 如果把氧气 O_2 视为理想气体，当把 2mol 氧气从 18℃加热到 30℃时，求该过程中系统的 ΔU 和 ΔH。

解：O_2 是双原子分子，将其视为理想气体时它的摩尔热容为

$$C_{V,\mathrm{m}}=\frac{5}{2}R \qquad C_{p,\mathrm{m}}=C_{V,\mathrm{m}}+R=\frac{7}{2}R$$

理想气体的内能和焓都只是温度的函数。结合式(1.23) 和式(1.24) 可以看出，只要该过程始终态的温度确定了，不论该过程中 O_2 的体积和压力是否有变化，它的 ΔU 和 ΔH 都可以按下面的方法进行计算。

$$\Delta U=\int_{T_1}^{T_2} nC_{V,\mathrm{m}}\mathrm{d}T=n\,C_{V,\mathrm{m}}(T_2-T_1)$$

$$=\left[2\times\frac{5}{2}\times 8.314\times(30-18)\right]\mathrm{J}=499\mathrm{J}$$

$$\Delta H=\int_{T_1}^{T_2} nC_{p,\mathrm{m}}\mathrm{d}T=nC_{p,\mathrm{m}}(T_2-T_1)$$

$$=\left[2\times\frac{7}{2}\times 8.314\times(30-18)\right]\mathrm{J}=698\mathrm{J}$$

1.5.3 纯物质的 $C_{p,\mathrm{m}}$ 与温度的关系

不论是气态、液态还是固态，实践证明压力对 $C_{p,\mathrm{m}}$ 影响不大，可以忽略不计。$C_{p,\mathrm{m}}$ 主要与温度有关。常用的经验公式有

$$C_{p,\mathrm{m}}=a+bT+cT^2$$
$$C_{p,\mathrm{m}}=a+bT+c'T^{-2}$$

其中 a、b、c、c' 均为经验参数，其值可以从工具书中查找，部分物质的这些经验参数见附录Ⅳ。在使用过程中需要注意，不同经验公式和经验参数对应的使用温度范围可能有所区别。

对于气体来说，它们的 $C_{p,\mathrm{m}}$ 也与温度有关，但是若将其视为理想气体，其 $C_{p,\mathrm{m}}$ 就变为常数而与温度无关了。实际上真正的理想气体是不存在的，只是在特殊条件下才可以把实际气体近似当作理想气体来处理，所以气体物质的热容数据通常应以实验测得的数据或经验参数为准。当缺乏实验数据或经验参数时，才能把它近似当作理想气体来处理。

例 1.8 对于质量为 0.5kg、温度为 300℃的金属铜

(1) 计算在常压下把它加热到 500℃时需要吸收的热量。

(2) 计算在常压下把它冷却到 100℃时放出的热量。

解： 从附录Ⅳ中查找得知，金属铜的等压摩尔热容为

$$C_{p,m}/J \cdot K^{-1} \cdot mol^{-1} = 22.64 + 6.28 \times 10^{-3} T/K$$

此例中不论是升温还是降温，都是等压过程。故由式(1.24) 可知

$$Q = \Delta H = \int_{T_1}^{T_2} nC_{p,m} dT$$

(1) 吸热 $$Q = \Delta H = \int_{300+273}^{500+273} \frac{0.5 \times 1000}{63.5} \times (22.64 + 6.28 \times 10^{-3} T) dT$$

$$= 42310J = 42.31kJ$$

(2) 放热 $$-Q = -\Delta H = -\int_{300+273}^{100+273} \frac{0.5 \times 1000}{63.5} \times (22.64 + 6.28 \times 10^{-3} T) dT$$

$$= 40330J = 40.33kJ$$

(注：由于 Q 表示系统吸收的热量，所以 $-Q$ 表示系统放出的热量)

1.6 热力学第一定律对理想气体的应用

此处所讨论的状态变化过程都是简单变化，不涉及相变化或化学反应。

1.6.1 等温过程

在等温过程中，$T_1 = T_2$。因理想气体的内能和焓都只是温度的函数，所以理想气体在等温过程中，$\Delta U = \Delta H = 0$。此时由热力学第一定律可知

$$Q = -W \tag{1.28}$$

所以在等温过程中系统从环境系吸收的热等于系统对环境所做的功。

等温过程有可逆和不可逆之别。如果等温过程是不可逆的，则

$$Q = -W = \int_{V_1}^{V_2} p_e dV \tag{1.29}$$

即使始终态确定，外压 p_e 也会随态变化路线的不同而不同。所以，理想气体在等温不可逆过程中，系统从环境吸收的热 Q 和环境对系统所做的功 W 除了与始态和终态有关外，还与状态变化的具体路线有关。

如果等温过程是可逆的，则由式(1.12) 可知

$$W = -nRT \ln \frac{V_2}{V_1}$$

所以

$$Q = -W = nRT \ln \frac{V_2}{V_1}$$

由此可见，在等温可逆过程中，理想气体从环境吸收的热 Q 和环境对系统所做的功 W 都只与始终态有关，而与状态变化的路线无关。

1.6.2 非等温过程

(1) 等容变温过程

在无非体积功的等容过程中，由式(1.23) 可知

$$dU=C_V dT \tag{1.30}$$

或

$$\Delta U=\int_{T_1}^{T_2} C_V dT \tag{1.31}$$

实际上，从式(1.30) 和式(1.31) 的推导过程可以看出，在没有非体积功的等容过程中，无论系统是不是理想气体，这两个式子都是适用的。另一方面，因理想气体的内能仅仅是温度的函数，故对于无非体积功的理想气体，不论过程是否等容，式(1.30) 和式(1.31) 都是适用的。

(2) 等压变温过程

在无非体积功的等压过程中，由式(1.24) 可知

$$dH=C_p dT \tag{1.32}$$

或

$$\Delta H=\int_{T_1}^{T_2} C_p dT \tag{1.33}$$

实际上，从式(1.32) 和式(1.33) 的导出过程可以看出，在没有非体积功的等压过程中，不论系统是不是理想气体，这两个式子都是适用的。另一方面，因理想气体的焓仅仅是温度的函数，故对于无非体积功的理想气体，不论是否等压，式(1.32) 和式(1.33) 都是适用的。

1.6.3 绝热可逆过程

绝热过程（adiabatic process）就是在状态变化过程中，系统与环境之间一点热交换都没有的过程。实际上真正的绝热过程是不存在的，但是可以把在隔热性能较好的密闭容器内发生的状态变化过程近似看作绝热过程。有时虽然容器的绝热性能不是很好，但是其中的状态变化过程或化学反应在很短的时间内就能完成。在此期间由于时间短，系统与环境交换的热量相对很少，必要时也可以把这种过程近似看作绝热过程。

因为在绝热过程的每一个时间段 $\delta Q=0$，故由热力学第一定律可得

$$dU=\delta W \tag{1.34}$$

因为理想气体的内能只与温度有关，所以

$$dU=C_V dT$$

又因为过程可逆，所以

$$\delta W=-p\,dV=-\frac{nRT}{V}dV=-nRT\,d\ln V$$

将 dU 和 δW 的表达式代入式(1.34) 可得

$$C_V dT=-nRT\,d\ln V$$

即

$$C_V d\ln T=-nR\,d\ln V=-(C_p-C_V)d\ln V \tag{1.35}$$

令

$$\gamma=\frac{C_p}{C_V}=\frac{C_{p,m}}{C_{V,m}} \tag{1.36}$$

式中，γ 为理想气体的**绝热指数或热容比**（heat capacity ratio），它的量纲为 1。

式(1.35) 两边同时除以 C_V，然后将式(1.36) 代入其中可得

$$d\ln T=-(\gamma-1)d\ln V=-d\ln V^{\gamma-1}$$

即

$$d\ln(TV^{\gamma-1})=0$$

所以

$$TV^{\gamma-1}=常数 \tag{1.37}$$

或 $$T_2V_2^{\gamma-1}=T_1V_1^{\gamma-1}$$

将理想气体状态方程代入式(1.37)可得

$$pV^{\gamma}=常数 \tag{1.38}$$

$$p^{1-\gamma}T^{\gamma}=常数 \tag{1.39}$$

或

$$p_2V_2^{\gamma}=p_1V_1^{\gamma}$$

$$p_2^{1-\gamma}T_2^{\gamma}=p_1^{1-\gamma}T_1^{\gamma}$$

式(1.37)、式(1.38)、式(1.39) 均称为理想气体的绝热可逆方程。必须同时满足理想气体、绝热和可逆这三个基本条件，才能使用这些方程。

从理想气体的绝热可逆方程可以看出：理想气体在绝热可逆过程中的任意某时刻，只要知道 p、V、T 三个变量中的任何一个，系统的状态就可以完全确定下来。这一点与理想气体的非绝热可逆过程截然不同。在非绝热可逆过程中，理想气体遵守如下规律：

$$\frac{pV}{T}=常数 \quad 或 \quad \frac{p_1V_1}{T_1}=\frac{p_2V_2}{T_2}$$

即理想气体在非绝热可逆过程中的任意某时刻，只有知道了 p、V、T 三个变量中的任意两个，这个系统的状态才可以完全确定下来。

例 1.9 当 10L 压力为 1.00MPa、温度为 273K 的氧气（可近似看作理想气体）沿两条不同路线膨胀至最终压力为 0.10MPa 时，求这两种变化过程的 W、Q、ΔU 和 ΔH。已知氧气的等压摩尔热容为 $C_{p,\mathrm{m}}=29.36\mathrm{J\cdot K^{-1}\cdot mol^{-1}}$。

(1) 绝热可逆膨胀。

(2) 反抗 0.10MPa 的恒定外压绝热膨胀。

解：

$$\gamma=\frac{C_{p,\mathrm{m}}}{C_{V,\mathrm{m}}}=\frac{C_{p,\mathrm{m}}}{C_{p,\mathrm{m}}-R}=\frac{29.36}{29.36-8.314}=1.395$$

(1) 绝热可逆膨胀

根据理想气体的绝热可逆方程

$$p_2^{1-\gamma}T_2^{\gamma}=p_1^{1-\gamma}T_1^{\gamma}$$

所以

$$T_2=T_1\left(\frac{p_1}{p_2}\right)^{\frac{1-\gamma}{\gamma}}=273\mathrm{K}\times\left(\frac{1.00}{0.10}\right)^{\frac{1-1.395}{1.395}}=142.2\mathrm{K}$$

系统中氧气的物质的量为

$$n=\frac{p_1V_1}{RT_1}=\left(\frac{1.00\times10^6\times10\times10^{-3}}{8.314\times273}\right)\mathrm{mol}=4.41\mathrm{mol}$$

由于绝热，所以

$$\begin{aligned}W=\Delta U&=\int_{T_1}^{T_2}nC_{V,\mathrm{m}}\mathrm{d}T=nC_{V,\mathrm{m}}\Delta T\\&=[4.41\times(29.36-8.314)\times(142.2-273)]\mathrm{J}\\&=-12.1\mathrm{kJ}\end{aligned}$$

$$\begin{aligned}\Delta H&=\int_{T_1}^{T_2}nC_{p,\mathrm{m}}\mathrm{d}T=nC_{p,\mathrm{m}}\Delta T\\&=4.41\times29.36\times(142.2-273)\mathrm{J}\\&=-16.9\mathrm{kJ}\end{aligned}$$

(2) 该过程虽然绝热但是不可逆，所以将 $Q=0$ 代入热力学第一定律可得

$$\Delta U=W$$

而

$$\Delta U=nC_{V,\mathrm{m}}\Delta T=nC_{V,\mathrm{m}}(T_2-T_1)$$

$$W=\int_{V_1}^{V_2}-p_{\mathrm{e}}\mathrm{d}V=-p_{\mathrm{e}}(V_2-V_1)=-p_{\mathrm{e}}\left(\frac{nRT_2}{p_2}-\frac{nRT_1}{p_1}\right)$$

所以

$$nC_{V,\mathrm{m}}(T_2-T_1)=-p_{\mathrm{e}}\left(\frac{nRT_2}{p_2}-\frac{nRT_1}{p_1}\right)$$

此式中只有一个未知数 T_2。代入数据后解此方程可得

$$T_2=204\mathrm{K}$$

所以

$$\begin{aligned}W=\Delta U&=nC_{V,\mathrm{m}}(T_2-T_1)\\&=[4.41\times(29.36-8.314)\times(204-273)]\mathrm{J}\\&=-6.40\mathrm{kJ}\end{aligned}$$

$$\begin{aligned}\Delta H&=\Delta U+\Delta(pV)=\Delta U+nR\Delta T\\&=[-6.40\times10^3+4.41\times8.314\times(204-273)]\mathrm{J}\\&=-8.93\mathrm{kJ}\end{aligned}$$

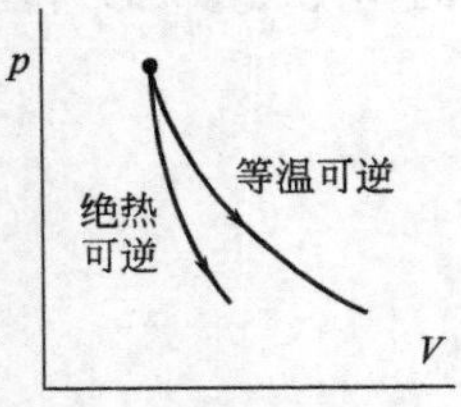

图 1.5　理想气体的可逆过程

由上例可以看出，理想气体在绝热膨胀过程中，其温度必然下降。至于温度下降多少，这与绝热膨胀的具体路线有关。在绝热可逆膨胀过程中温度下降的最多，而且遵守理想气体绝热可逆方程。原因是在这种情况下，系统对外做功的效率最高，系统对外做的功最多，系统内能减小得也就最多。反过来，理想气体在绝热压缩过程中，其温度必然上升，而且在可逆的情况下温度上升的最多。

理想气体从同一个始态出发，发生等温可逆膨胀和绝热可逆膨胀到达另一个压力时的状态变化情况如图 1.5 所示。

*1.6.4　多方过程

在压力不很大、温度又不很低的情况下，通常都可以把实际气体近似当作理想气体来处理。如果状态变化过程不仅是可逆的，而且是绝热的，即系统与环境之间的热传递效率为零，这时根据理想气体的绝热可逆方程

$$pV^{\gamma}=\text{常数}$$

另一方面，如果在状态变化过程中系统与环境的热传递效率是百分之百，即当系统温度稍低于环境温度时，环境都能及时提供充分的热量使系统的温度与环境的温度保持一致；当系统温度稍高于环境温度时，环境也能及时吸收系统放出的热量，使系统的温度与环境的温度保持一致。在这种情况下，若环境的温度恒定不变，则系统的温度也就恒定不变，这种态变化过程就是等温可逆过程。这时，根据理想气体状态方程可得

$$pV=\text{常数}$$

上述热传递效率为零的绝热可逆过程和热传递效率为百分之百的等温可逆过程是两种极端情况。在生产实践中，实际态变化过程通常既不是绝热可逆过程，也不是等温可逆过程，而是介于两者之间。我们称这种过程为**多方过程**。多方过程遵守的状态方程如下：

$$pV^n=\text{常数} \tag{1.40}$$

其中 $1<n<\gamma$，n 值与具体的态变化路线有关。

1.7 热化学

化学反应常伴随着热的吸收或放出。如果反应器是密闭的、绝热的，则随着反应的进行，系统的温度就会降低或升高。若反应前后系统的温度不变，则反应过程中系统就要从环境吸热或对环境放热。我们把化学反应过程中系统吸收的热量称为**反应热效应**。吸热反应的反应热效应大于零，放热反应的反应热效应小于零。热化学就是专门研究化学反应热效应的。

1.7.1 反应进度

一个化学反应方程式如

$$aA+bB=\!=\!=dD+eE$$

只表达了参与该反应的物质的种类，以及在反应过程中消耗的反应物与生成的产物之间的比例关系，它并不能说明实际反应系统中反应到底发生了多少。换句话说，反应方程式中的等号仅仅是从物质不灭定律的角度考虑，反应前后原子的种类和数量分别相等。至于反应到底发生了没有，反应发生了多少等许多问题仅从反应方程式是看不出来的。另一方面，在反应过程中系统的许多状态函数的改变量以及反应的热效应均与反应发生了多少有关。因此为了妥善处理好这些问题，有必要引入反应进度的概念。

状态变化就是终态与始态的差别，所以上述反应方程式可以改写为

$$0=\!=\!=dD+eE-aA-bB$$

即

$$0=\!=\!=\sum_{B}\nu_{B}B$$

从物质不灭定律的角度考虑，反应前后的差别的确为零。上式中的 ν_B 称为反应方程式中 B 物质的**计量系数**（stoichiometric coefficient）。计量系数是没有单位的纯数。上式中的加和是对反应中涉及的不同物质 B 进行加和，也就是说可以把上式展开写成

$$0=\!=\!=\nu_{A}A+\nu_{B}B+\nu_{D}D+\nu_{E}E$$

故对于上述反应，$\nu_A=-a$，$\nu_B=-b$，$\nu_D=d$，$\nu_E=e$。这就是说，产物的计量系数为正，反应物的计量系数为负。

由反应方程式不难看出，在反应过程中

$$\frac{\Delta n_A}{-a}=\frac{\Delta n_B}{-b}=\frac{\Delta n_D}{d}=\frac{\Delta n_E}{e}$$

即

$$\frac{\Delta n_A}{\nu_A}=\frac{\Delta n_B}{\nu_B}=\frac{\Delta n_D}{\nu_D}=\frac{\Delta n_E}{\nu_E}$$

故一般说来，在反应过程中虽然不同物质的量的变化情况不尽相同，但是各物质的量的变化与其计量系数的比值却彼此相等。此处定义

$$\xi=\frac{\Delta n_B}{\nu_B} \tag{1.41}$$

从该定义式可以看出，ξ 的单位是 mol。ξ 值的大小可以反映反应发生了多少，所以称 ξ 为**反应进度**（extent of reaction）。由上述讨论可见，在同一个反应中不论用哪种物质表示反应进度，其值都相同。

若 $\xi=1\text{mol}$，就说发生了 1mol 反应，并把它简称为**摩尔反应**（molar reaction）。以上述反应为例，结合反应进度的定义式(1.41)，1mol 反应就是指 $a$mol A 与 $b$mol B 完全反应

生成了 $d$mol D 和 $e$mol E。这就是说，一个配平的反应方程式描述的就是 1mol 反应。

另一方面，由反应进度的定义式(1.41) 可以看出，若反应方程式的写法不同，摩尔反应的确切含义也不一样。如把氢与氧化合生成水的反应可以写成

$$H_2+\frac{1}{2}O_2 = H_2O$$

或

$$2H_2+O_2 = 2H_2O$$

根据第一个反应方程式，1mol 反应是指 1mol 氢与 0.5mol 氧化合生成 1mol 水的反应；根据第二个反应方程式，1mol 反应是指 2mol 氢与 1mol 氧化合生成 2mol 水的反应。所以今后在讨论与反应进度或摩尔反应相关的问题时，应同时给出与之对应的配平的反应方程式。否则讲反应进度或摩尔反应是毫无意义的。

例 1.10 在 903K、101.325kPa 下，将 1mol SO_2 和 1mol O_2 的混合气体通过装有铂丝的玻璃管。然后将混合气体急速冷却，并将其通入 KOH 水溶液中以吸收 SO_2 和 SO_3。最后剩下的 O_2 在标准状况（273.15K，101325Pa）下只有 13.5L。求下列反应的反应进度。

$$SO_2+\frac{1}{2}O_2 = SO_3$$

解：剩余氧气的量为

$$n(O_2)=\frac{pV}{RT}=\left(\frac{101325\times13.5\times10^{-3}}{8.314\times273.15}\right)\text{mol}=0.602\text{mol}$$

所以

$$\Delta n(O_2)=(0.602-1)\text{mol}=-0.398\text{mol}$$

$$\xi=\frac{\Delta n(O_2)}{\nu_{O_2}}=\frac{-0.398\text{mol}}{-1/2}=0.796\text{mol}$$

1.7.2 标准摩尔反应热效应

摩尔反应热效应是指在一定条件下完成 1mol 反应时系统吸收的热，并将它记为 Q_m。其中下标 m 表示摩尔反应。对于一定温度下的等容反应即等温等容反应

$$Q_m=Q_{V,m}=\Delta_r U_m \tag{1.42}$$

其中，$\Delta_r U_m$表示摩尔反应内能的改变量，简称摩尔反应内能，其下标 r 表示反应（reaction）。

对于一定温度下的等压反应即等温等压反应

$$Q_m=Q_{p,m}=\Delta_r H_m \tag{1.43}$$

其中，$\Delta_r H_m$表示摩尔反应焓变，简称摩尔反应焓。

在实践中，由于通常遇到的化学反应过程不是无非体积功的等温等压过程就是无非体积功的等温等容过程，在 19 世纪前尤其是这样。在这种情况下，根据式(1.42) 和式(1.43)，热效应在数值上等于状态函数的改变量，所以其值只与始终态有关而与反应的具体路线无关。因此，人们在 19 世纪 40 年代总结出了**盖斯定律**（Hess's law），即一个反应不论是一步完成还是分几步完成，其热效应都相同。但结合我们前面已掌握的知识，由于热既不是状态函数也不是状态函数的改变量，其值不仅与始终态有关，还与态变化的路线有关，故盖斯定律并非千真万确。如果状态变化过程既不满足等容无非体积功的条件，也不满足等压无非体积功的条件，在这种情况下盖斯定律就不适用了。

实际上，与等容反应过程相比较，在等压条件下发生的化学反应更多。所以，在许多情

况下，摩尔反应焓就是摩尔反应热效应，故我们常把 $\Delta_r H_m$既称为**摩尔反应焓**也称为**摩尔反应热**，其单位是 $J \cdot mol^{-1}$或 $kJ \cdot mol^{-1}$。

同样是 1mol 反应，但反应前后各物质所处的状态可以千差万别，如温度、压力、浓度等等。始终态不同时，摩尔反应热也是不一样的。为了讨论问题方便，此处有必要引入**标准状态**（standard state）这个概念。标准状态简称为**标准态**。

首先，**标准状态压力**是指 100kPa 的压力，简称**标准压力**（standard pressure），常用 $p^{\ominus}$表示。

在温度 T 下，纯凝聚态物质的标准态是指 $p^{\ominus}$压力下纯物质所处的状态。同一种物质在不同温度下的标准态是不一样的。

在温度 T 下，气体物质的标准态是指 $p^{\ominus}$压力下的纯气体，而且具有理想气体行为即遵守理想气体状态方程的状态。同一种气体在不同温度下的标准态也是不一样的。由于自然界并不存在真正的理想气体，所以气体物质的标准态都是不真实的，都是假想的。虽然如此，这个假想的标准态仍然会对今后讨论问题带来许多方便。

关于温度 T 下溶液中各组分的标准态，将在"多组分系统热力学"一章给出。

在一定温度 T 下（即所有反应物和产物的温度都相同，均为 T），当反应中各物质都处于标准状态时，其摩尔反应热就是在 T 温度下该反应的标准摩尔反应热，常用 $\Delta_r H_m^{\ominus}(T)$表示。该符号的含义是：在 T 温度下从标准态的反应物到标准态的产物发生 1mol 反应时引起的焓变。由于该焓变是 $p^{\ominus}$压力下的等压反应过程的焓变，它等于在 $p^{\ominus}$压力下的等压反应过程的热效应，故标准摩尔反应焓就是标准摩尔反应热效应。一个反应在不同温度下的标准摩尔反应焓是不一样的。

1.7.3 热化学方程式的写法

热化学方程式由两部分组成，一是配平的反应方程式，二是摩尔反应焓即摩尔反应热效应。不过，这其中还有些问题需要注意。

第一，若反应方程式的写法不同，1mol 反应的确切含义就不一样。这就是说，摩尔反应焓的大小与配平的反应方程式的写法密切相关，所以应将二者同时写出。

第二，在反应方程式中应注明各物质的状态。例如是固态、液态还是气态，如果固体物质存在不同的晶型，还应注明晶型。另一方面，由于通常我们都是在一定温度和压力下讨论化学反应的，即所有的反应物和产物都处在相同的温度和压力下，所以不必分别给出每一种反应物和产物的温度和压力，而是把整个反应系统作为一个整体给出反应温度和压力即可。只有这样，反应的始终态才明确，状态变化才明确，给出的 $\Delta_r H_m$才有意义。例如：

在 25℃下 $2H_2(g)+O_2(g) = 2H_2O(l) \qquad \Delta_r H_m^{\ominus}=-571.68 kJ \cdot mol^{-1}$

首先，此反应方程式是配平的，摩尔反应的含义是明确的。此处的"在 25℃下"意味着反应中的所有物质都是 25℃，这是一个等温反应。在此反应方程式中标明了各物质的物理状态。另外，从符号 $\Delta_r H_m^{\ominus}$看，该反应是在 25℃下从标准态到标准态发生反应。所以此例中的始终态明确，摩尔反应含义明确，同时也给出了摩尔反应热效应的数值。所以，这是一个正确的热化学方程式。又如，

$$NH_3(g)+HCl(g) = NH_4Cl(s) \qquad \Delta_r H_m^{\ominus}(25℃)=-176.89 kJ \cdot mol^{-1}$$

此反应方程式是配平的，也给出了各物质的物理状态，从符号 $\Delta_r H_m^{\ominus}$（25℃）看，该反应是在 25℃下从标准态到标准态发生反应。故此例中的始终态和摩尔反应都是明确的，同时也给出了相应的摩尔反应热效应。所以，这也是一个正确的热化学方程式。

对于某些常见物质，在不至于引起误会的情况下其物理状态（气态、液态或固态）在反应方程式中也可以省略。例如：

$$2Fe+O_2 = 2FeO \qquad \Delta_r H_m^{\ominus}(25℃)=-533.04kJ \cdot mol^{-1}$$

在该反应方程式中，虽然未注明各物质的物理状态，但人们一般都会认为其中的 Fe 和 FeO 都是纯固体，O_2 是纯气体。在这种情况下，始终态、摩尔反应及摩尔反应热效应就都明确了。

1.7.4 反应热效应的测定

用于实验测定反应热效应的仪器叫做量热计。图 1.6 是**弹式量热计**（bomb calorimeter）的工作原理示意图。其中的反应器是用导热性能很好的材料制作的刚性容器。该装置中的水、反应器及其附件的总热容有一定的值。易燃烧物质在该装置中借助电火花的引发会发生燃烧反应。根据反应物的量和反应方程式的写法可以计算反应进度 ξ。通过测量反应前后水浴温度的变化，可以得到等容反应热效应 Q_V。由 Q_V 与 ξ 的比值便可求得等容摩尔反应热效应 $Q_{V,m}$。此处需要注意，反应方程式的写法不同，摩尔反应的含义就不同，摩尔反应热效应当然也就不同了。有了等容摩尔反应热效应 $Q_{V,m}$，结合反应方程式的写法可进一步求得等压摩尔反应热效应 $Q_{p,m}$，参见下述讨论。

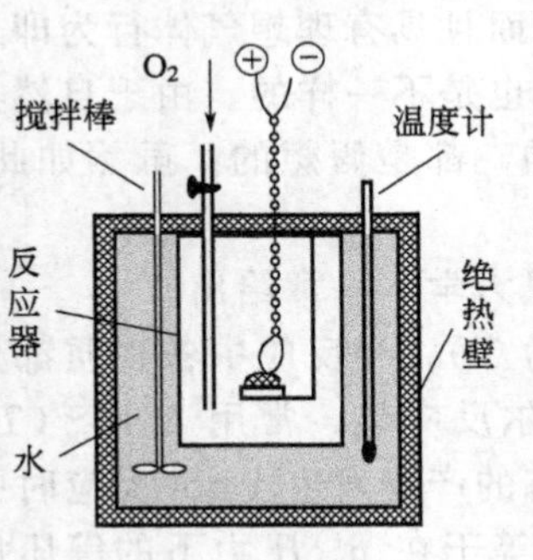

图 1.6 弹式量热计

1.7.5 $Q_{p,m}$ 与 $Q_{V,m}$ 的关系

实践中，虽然有许多反应是在一定压力下完成的，但是作为反应热效应的原始数据，有许多是用弹式量热计在等容条件下测得的等容反应热效应。所以有必要了解等压反应热效应与等容反应热效应之间的关系。

现在考察一个可分别以等温等压和等温等容两种方式进行的反应。

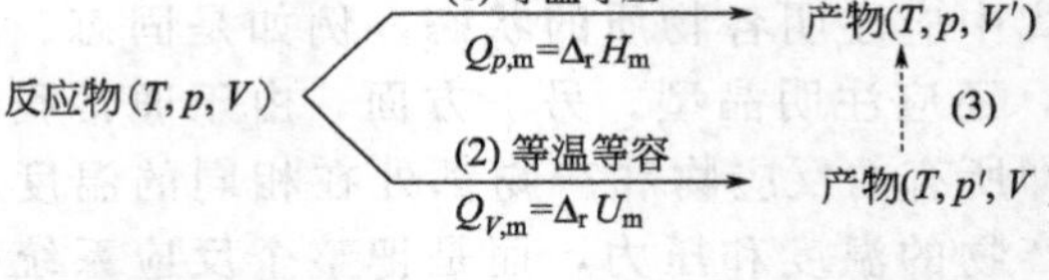

沿两条不同路线反应虽然得到了相同的产物，但是产物所处的状态不同。不过，我们可以通过（3）这个简单变化过程使得产物从一种状态变到另一种状态。又因状态函数的改变量只与始终态有关而与路线无关，所以

$$\Delta U_1=\Delta U_2+\Delta U_3 \tag{1.44}$$

在一定温度下，压力变化时系统的体积会发生变化。体积变化的本质是系统内分子间距发生了变化，结果会改变分子间的相互作用能，从而引起内能的改变。可是理想气体分子之间无相互作用，其内能只是温度的函数而与压力无关；凝聚态物质的体积对压力不敏感，所以凝聚态物质的内能对压力不敏感；实际气体虽然与理想气体不同，但由于气体分子间距通常都很大，故气体分子之间的相互作用都很弱，其内能对压力都不敏感。所以当变化过程(3) 中压力的变化范围不很大时，通常内能的改变量都很小，可以忽略不计即 $\Delta U_3 \approx 0$。这时由式(1.44) 知

$$\Delta U_1 \approx \Delta U_2 \tag{1.45}$$

针对变化过程(1)，根据焓的定义

$$\Delta H_1 = \Delta U_1 + \Delta(pV)_1$$

将式(1.45) 代入此式可得

$$\Delta H_1 \approx \Delta U_2 + \Delta(pV)_1$$

即

$$\Delta H_1 - \Delta U_2 \approx p(\Delta V)_1$$

亦即

$$Q_{p,\mathrm{m}} - Q_{V,\mathrm{m}} \approx \Delta(pV)_1 \tag{1.46}$$

若等温等压反应中的总压力不很大，这时可忽略反应前后凝聚态物质(pV)的变化，而且可把反应中的各气体都近似当作理想气体来处理，那么

$$\Delta(pV)_1 \approx \Delta(pV_\mathrm{g})_1 = \sum \nu_{\mathrm{B,g}} RT$$

其中$\sum \nu_{\mathrm{B,g}}$是反应前后气体物质计量系数的加和，其值等于反应前后气体物质摩尔数的改变量。将此式代入式(1.46) 可得

$$Q_{p,\mathrm{m}} - Q_{V,\mathrm{m}} \approx \sum \nu_{\mathrm{B,g}} RT \tag{1.47}$$

例如在压力不很大的情况下

对于反应 $N_2(g) + 3H_2(g) \longrightarrow 2NH_3(g)$

$$\sum \nu_{\mathrm{B,g}} = 2-1-3 = -2 \qquad Q_{p,\mathrm{m}} - Q_{V,\mathrm{m}} \approx -2RT$$

对于反应 $C(s) + O_2(g) \longrightarrow 2CO(g)$

$$\sum \nu_{\mathrm{B,g}} = 2-1 = 1 \qquad Q_{p,\mathrm{m}} - Q_{V,\mathrm{m}} \approx RT$$

对于反应 $Cl_2(g) + H_2(g) \longrightarrow 2HCl(g)$

$$\sum \nu_{\mathrm{B,g}} = 2-1-1 = 0 \qquad Q_{p,\mathrm{m}} \approx Q_{V,\mathrm{m}}$$

例 1.11 乙醇的燃烧反应如下

$$C_2H_5OH(l) + 3O_2(g) \longrightarrow 2CO_2(g) + 3H_2O(l)$$

在 25℃下，使 2.5g 乙醇与过量的氧气在弹式量热计中完全燃烧，实验结束后温度升高了 3.71℃。已知该量热计的总热容是 20.0kJ・K^{-1}。

(1) 计算在 25℃下乙醇燃烧反应的等容摩尔反应热效应 $Q_{V,\mathrm{m}}$。

(2) 计算在 25℃下乙醇燃烧反应的等压摩尔反应热效应 $Q_{p,\mathrm{m}}$。

解：(1) 弹式量热计中的燃烧过程是一个等容过程，所以

$$Q_{V,\mathrm{m}} = \frac{Q_V}{\xi} = \frac{-C_V \Delta T}{m/M} = \left(\frac{-20.0 \times 3.71}{2.5/46}\right)\mathrm{kJ \cdot mol^{-1}} \qquad \text{反应放热} \quad Q_V < 0$$

$$= -1365\mathrm{kJ \cdot mol^{-1}}$$

(2) 由式(1.47) 可知

$$Q_{p,\mathrm{m}} = Q_{V,\mathrm{m}} + \sum \nu_{\mathrm{B,g}} RT$$

而

$$\sum \nu_{\mathrm{B,g}} = 2-3 = -1$$

所以

$$Q_{p,\mathrm{m}} = Q_{V,\mathrm{m}} - RT$$

$$= (-1365 - 8.314 \times 298 \times 10^{-3})\mathrm{kJ \cdot mol^{-1}}$$

$$= -1367\mathrm{kJ \cdot mol^{-1}}$$

需要注意，式(1.47) 描述的是在一定温度下同一个反应沿两条不同路线反应生成两种不同状态的产物时，其摩尔反应热效应之间的关系，也就是在相同温度下的两个不同的态变

化过程的热效应之间的关系。切不可误以为在同一个化学变化过程中 $Q_{p,m}$ 和 $Q_{V,m}$ 都存在，并且其关系服从式(1.47)。

1.8 标准摩尔反应热效应的计算

1.8.1 标准摩尔生成焓法

物质B在 T 温度下的**标准摩尔生成焓**（standard molar enthalpy of formation）是指在 T 温度下，由指定状态的单质生成1mol物质B时的标准摩尔反应焓，并将其记为 $\Delta_f H_m^{\ominus}(B, \beta, T)$，其单位是 $J \cdot mol^{-1}$ 或 $kJ \cdot mol^{-1}$。其中，下标f表示生成（formation）；β 是指B物质的物理状态或晶型。因为同是温度 T 和压力 $p^{\ominus}$ 下的B物质，当物理状态或晶型不同时，其标准摩尔生成焓就不同。由于该反应过程是等压过程，其焓变就等于热效应，故标准摩尔生成焓也叫**标准摩尔生成热**。单质有不同的状态如气态、液态和固态，也有不同晶型如石墨和金刚石，单斜硫和正交硫等。**指定状态**（reference state）的单质通常都是在常温常压下较稳定的单质。

如液态水的 $\Delta_f H_m^{\ominus}$ 就是反应 $H_2(g)+\frac{1}{2}O_2(g)$ ══ $H_2O(l)$ 的 $\Delta_r H_m^{\ominus}$。在25℃下

$$\Delta_f H_m^{\ominus}(H_2O, l, 298.15K)=\Delta_r H_m^{\ominus}(298.15K)=-285.83kJ \cdot mol^{-1}$$

又如气态水的 $\Delta_f H_m^{\ominus}$ 就是反应 $H_2(g)+\frac{1}{2}O_2(g)$ ══ $H_2O(g)$ 的 $\Delta_r H_m^{\ominus}$。在25℃下

$$\Delta_f H_m^{\ominus}(H_2O, g, 298.15K)=\Delta_r H_m^{\ominus}(298.15K)=-241.82kJ \cdot mol^{-1}$$

对于一些常见物质，在不至于引起误会的前提下，也可以把它的标准摩尔生成焓简记为 $\Delta_f H_m^{\ominus}(B,T)$，而不写出它的物理状态或晶型。同一种单质可以有多种同素异形体，而且它们的稳定性可能彼此不相同。根据上述标准摩尔生成焓的定义，指定状态单质的标准摩尔生成焓必然为零，而非指定状态单质的标准摩尔生成焓一般都不等于零。

有了标准摩尔生成焓的概念，就可以借此讨论化学反应 aA+bB ══ dD+eE 的标准摩尔反应焓即标准摩尔反应热了。根据物质不灭定律，任何化学反应中的反应物和产物均可由相同种类和数量的指定状态单质生成，即

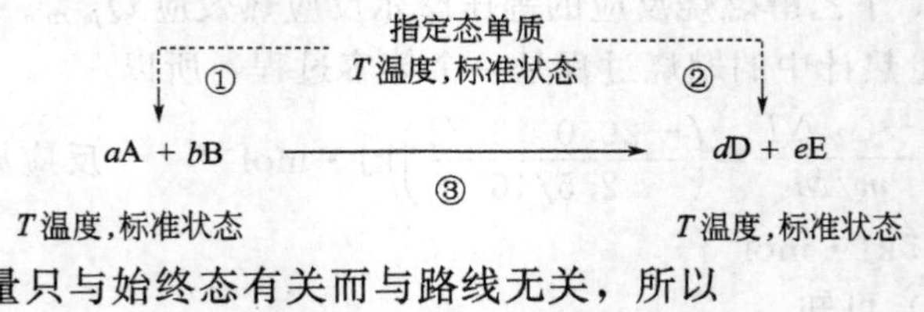

由于状态函数的改变量只与始终态有关而与路线无关，所以

$$\Delta H_1+\Delta H_3=\Delta H_2$$

所以
$$\Delta_r H_m^{\ominus}(T)=\Delta H_3=\Delta H_2-\Delta H_1$$

而
$$\Delta H_2=d\Delta_f H_m^{\ominus}(D,T)+e\Delta_f H_m^{\ominus}(E,T)$$

$$\Delta H_1=a\Delta_f H_m^{\ominus}(A,T)+b\Delta_f H_m^{\ominus}(B,T)$$

所以
$$\Delta_r H_m^{\ominus}(T)=\sum \nu_B \Delta_f H_m^{\ominus}(B,T) \tag{1.48}$$

这就是说，一定温度下一个反应的标准摩尔反应焓等于同温度下发生1mol反应时各物质的计量系数与其标准摩尔生成焓的乘积的加和。许多物质在25℃下的标准摩尔生成焓有工具书可以查找，本书附录Ⅰ中列出了部分物质在25℃下的标准摩尔生成焓数据。

例 1.12 求下列反应在 25℃的标准摩尔反应热。

$$Fe_2O_3(s)+3CO(g)=\!=\!=2Fe(s)+3CO_2(g)$$

解：查表可知，在 25℃下反应中各物质的标准摩尔生成焓如下：

物　质	$Fe_2O_3(s)$	$CO(g)$	$Fe(s)$	$CO_2(g)$
$\Delta_f H_m^\ominus(B)/kJ\cdot mol^{-1}$	−824.2	−110.52	0	−393.51

所以 $\Delta_r H_m^\ominus(298.15K)=\sum\nu_B\Delta_f H_m^\ominus(B,298.15K)$

$$=[0+3\times(-393.51)+824.2+3\times110.52]kJ\cdot mol^{-1}$$

$$=-24.77kJ\cdot mol^{-1}$$

1.8.2 标准摩尔燃烧焓法

物质 B 在 T 温度下的**标准摩尔燃烧焓**（standard molar enthalpy of combustion）是指在 T 温度下，1mol 化合物 B 完全燃烧（combustion）时的标准摩尔反应焓，并将其记为 $\Delta_c H_m^\ominus(B,\beta,T)$，其单位可用 $J\cdot mol^{-1}$ 或 $kJ\cdot mol^{-1}$ 表示。其中 β 是指 B 物质的物理状态或晶型。因为同是 T 温度 $p^\ominus$ 压力下的 B 物质，但是物理状态或晶型不同时其标准摩尔燃烧焓也不同。此处完全燃烧是指化合物中所有的 C 都变为 $CO_2(g)$，所有的 H 都变为 $H_2O(l)$，所有的 S 都变为 $SO_2(g)$，所有的 N 都变为 $N_2(g)$。由于该燃烧反应是个等压过程，故标准摩尔燃烧焓也叫做**标准摩尔燃烧热**。

既然对完全燃烧产物有了明确的规定，根据物质不灭定律，一个化学反应中的反应物和产物分别完全燃烧时，可得到种类和数量都相同的完全燃烧产物，即

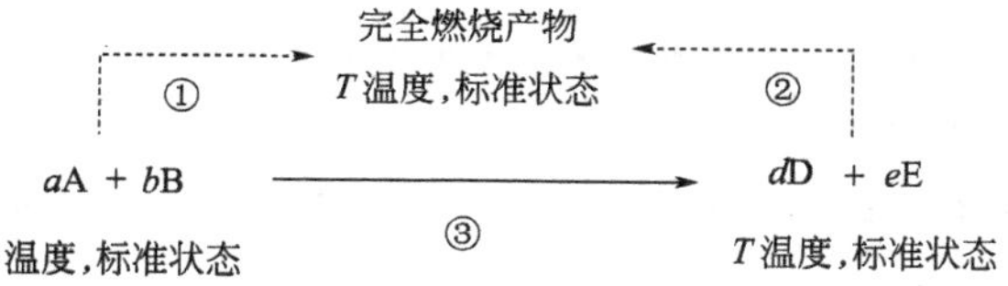

因为状态函数的改变量只与始终态有关而与路线无关，所以

$$\Delta H_1=\Delta H_3+\Delta H_2$$

所以
$$\Delta_r H_m^\ominus=\Delta H_3=\Delta H_1-\Delta H_2$$

而
$$\Delta H_1=a\Delta_c H_m^\ominus(A,T)+b\Delta_c H_m^\ominus(B,T)$$

$$\Delta H_2=d\Delta_c H_m^\ominus(D,T)+e\Delta_c H_m^\ominus(E,T)$$

所以
$$\Delta_r H_m^\ominus(T)=-\sum\nu_B\Delta_c H_m^\ominus(B,T) \tag{1.49}$$

这就是说，在一定温度下，一个反应的标准摩尔反应焓等于同温度下发生 1mol 反应时各物质的计量系数与其标准摩尔燃烧焓的乘积的加和的负值。许多物质在 25℃下的标准摩尔燃烧焓有工具书可以查找，本书附录Ⅱ中列出了部分物质在 25℃下的标准摩尔燃烧焓数据。

例 1.13 求下列反应在 25℃下的标准摩尔反应焓。

$$3C_2H_2(g,乙炔)=\!=\!=C_6H_6(l,苯)$$

解：查表可知，反应中各物质在 25℃下的标准摩尔燃烧焓如下：

物　质	C_2H_2(g,乙炔)	C_6H_6(l,苯)
$\Delta_c H_m^\ominus(B)/kJ\cdot mol^{-1}$	−1301.1	−3267.6

所以 $$\Delta_r H_m^{\ominus}(298.15K) = -\sum \nu_B \Delta_c H_m^{\ominus}(B, 298.15K)$$
$$= (-3 \times 1301.1 + 3267.6) kJ \cdot mol^{-1}$$
$$= -635.7 kJ \cdot mol^{-1}$$

根据前边的讨论，按理说仅用标准摩尔生成焓数据就可以求算所有反应的标准摩尔反应焓，仅用标准摩尔燃烧焓数据也可以求算所有反应的标准摩尔反应焓，那为何还要同时引出标准摩尔生成焓和标准摩尔燃烧焓这两个概念、两套数据呢？原因是许多有机物实际上很难或者根本无法直接由指定状态单质生成，或者生成反应的副产物较多。这样也就很难得到它们的标准摩尔生成焓数据。与此同时，也有许多无机物根本不能燃烧，所以无燃烧焓可言。在这种情况下，标准摩尔生成焓和标准摩尔燃烧焓在热化学中可以起到相互补充的作用。

对标准摩尔生成焓和标准摩尔燃烧焓概念一定要充分理解，在此基础上才能灵活运用而不出差错。如

$$\Delta_c H_m^{\ominus}(\text{石墨}, T) = \Delta_f H_m^{\ominus}(CO_2, g, T) \neq \Delta_c H_m^{\ominus}(\text{金刚石}, T)$$

又如 $$\Delta_f H_m^{\ominus}(H_2O, l, T) = \Delta_c H_m^{\ominus}(H_2, g, T) \neq \Delta_f H_m^{\ominus}(H_2O, g, T)$$

1.8.3 其它方法

由于状态函数只与系统所处的状态有关，状态函数的改变量只与始终态有关而与态变化的具体路线无关，故对于一个总反应而言，从反应物到产物不论经过一步反应完成还是经过多步反应完成，其摩尔反应焓都是相同的。如果总反应是在等压条件下进行的，其摩尔反应焓 $\Delta_r H_m$ 就等于它的摩尔反应热效应 Q_m。计算标准摩尔反应热效应的其它方法就是由此引入的。请参见下面的例题。

例 1.14 在 25℃下已知

① $C(\text{石墨}) + O_2(g) = CO_2(g)$ $\Delta_r H_{m,1}^{\ominus} = -393.5 kJ \cdot mol^{-1}$

② $CO(g) + \frac{1}{2}O_2(g) = CO_2(g)$ $\Delta_r H_{m,2}^{\ominus} = -282.9 kJ \cdot mol^{-1}$

求 25℃下反应③的标准摩尔反应焓 $\Delta_r H_{m,3}^{\ominus}$。

③ $C(\text{石墨}) + \frac{1}{2}O_2(g) = CO(g)$

分析：题目的第一句话就统一给出了所有物质的温度（均为 25℃）。反应方程式中给出了各物质的物理状态或晶型。各物质所处的压力都反映在摩尔反应焓的符号里，即该符号中的上标⊖表明反应前后各物质都处于标准状态。

解：通过比较这三个反应方程式可以看出：在不同反应中，相同物质的状态是完全相同的，所以反应③和反应②这两步反应的总结果与反应①完全相同即

$$①=③+② \tag{A}$$

这就是说，反应①不论是一步完成还是通过反应③和反应②两步来完成，其结果是一样的。由于状态函数的改变量只与始终态有关而与路线无关，所以

$$\Delta_r H_{m,1}^{\ominus} = \Delta_r H_{m,3}^{\ominus} + \Delta_r H_{m,2}^{\ominus} \tag{B}$$

式(A) 可以改写为

$$③=①-② \tag{A'}$$

同样式(B) 也可以改写为

$$\Delta_r H_{m,3}^{\ominus}=\Delta_r H_{m,1}^{\ominus}-\Delta_r H_{m,2}^{\ominus} \quad (B')$$

通过比较式(A) 和式(B) 两个式子、通过比较式(A′) 和式(B′) 两个式子，可以看出热化学方程式如同代数方程式，可以进行加减运算。根据式 (B′)

$$\begin{aligned}\Delta_r H_{m,3}^{\ominus}&=(-393.5+282.9)\mathrm{kJ\cdot mol^{-1}}\\&=-110.6\mathrm{kJ\cdot mol^{-1}}\end{aligned}$$

通过上例可以看出，热化学方程式就像代数方程式那样也可以进行加减运算。在这样处理的过程中也有一个问题需要注意，那就是仅当同一种物质在不同反应中所处的状态完全相同时才能彼此加和或抵消。

例 1.15 在 25℃下已知

① $\mathrm{C(石墨)}+\frac{1}{2}\mathrm{O_2(g)}$ ══ $\mathrm{CO(g)}$ $\qquad \Delta_r H_{m,1}^{\ominus}=-110.6\mathrm{kJ\cdot mol^{-1}}$

② $\mathrm{3Fe(s)+2O_2(g)}$ ══ $\mathrm{Fe_3O_4(s)}$ $\qquad \Delta_r H_{m,2}^{\ominus}=-1118.4\mathrm{kJ\cdot mol^{-1}}$

求 25℃下反应③的标准摩尔反应焓 $\Delta_r H_{m,3}^{\ominus}$。

③ $\mathrm{Fe_3O_4(s)+4C(石墨)}$ ══ $\mathrm{3Fe(s)+4CO(g)}$

解：因为

$$③=4\times①-②$$

所以

$$\begin{aligned}\Delta_r H_{m,3}^{\ominus}&=4\Delta_r H_{m,1}^{\ominus}-\Delta_r H_{m,2}^{\ominus}\\&=(-4\times110.6+1118.4)\mathrm{kJ\cdot mol^{-1}}\\&=676.0\mathrm{kJ\cdot mol^{-1}}\end{aligned}$$

1.9 反应热效应与温度及压力的关系

1.9.1 $\Delta_r H_m$ 与压力的关系

设想在 T 温度下，有一个反应可以在 $p^{\ominus}$ 压力下等压完成，也可以在 p 压力下等压完成。不论在哪个压力下完成，都是等温等压反应，其摩尔反应焓都等于摩尔反应热效应。但是在两个不同压力下的摩尔反应焓未必相同，因为这两种情况下的始态和终态都不相同。在 $p^{\ominus}$ 压力下的摩尔反应焓就是标准摩尔反应焓，可借助于同温度下的标准摩尔生成焓或标准摩尔燃烧焓进行计算。但是在 p 压力下的摩尔反应焓应该如何计算呢？

设想在 T 温度和 p 压力下的反应绕道经过③、①、④三个步骤来完成，其中步骤③和④都是简单变化。那么

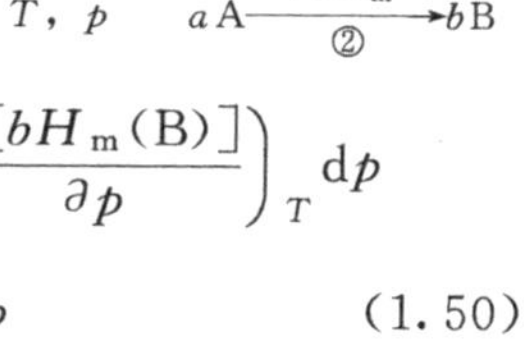

$$\Delta H_2=\Delta H_3+\Delta H_1+\Delta H_4$$

即

$$\begin{aligned}\Delta_r H_m(T,p)&=\Delta H_3+\Delta_r H_m^{\ominus}(T)+\Delta H_4\\&=\int_p^{p^{\ominus}}\left(\frac{\partial[aH_m(\mathrm{A})]}{\partial p}\right)_T\mathrm{d}p+\Delta_r H_m^{\ominus}(T)+\int_{p^{\ominus}}^{p}\left(\frac{\partial[bH_m(\mathrm{B})]}{\partial p}\right)_T\mathrm{d}p\end{aligned}$$

所以

$$\Delta_r H_m(T,p)=\Delta_r H_m^{\ominus}(T)+\int_{p^{\ominus}}^{p}\left(\frac{\partial(\Delta_r H_m)}{\partial p}\right)_T\mathrm{d}p \quad (1.50)$$

其中 $$\left(\frac{\partial(\Delta_r H_m)}{\partial p}\right)_T=\left(\frac{\partial(\Delta_r U_m)}{\partial p}\right)_T+\left(\frac{\partial[\Delta_r(pV)_m]}{\partial p}\right)_T \tag{1.51}$$

在 $Q_{p,m}$ 与 $Q_{V,m}$ 之间关系的讨论中已经看到，一定温度下当压力变化范围不很大时，压力对内能 U 的影响可忽略不计，即 $\left(\frac{\partial U_m(B)}{\partial p}\right)_T\approx 0$，所以

$$\left(\frac{\partial(\Delta_r U_m)}{\partial p}\right)_T=\sum\left(\frac{\partial[\nu_B U_m(B)]}{\partial p}\right)_T=\sum\nu_B\left(\frac{\partial U_m(B)}{\partial p}\right)_T\approx 0 \tag{1.52}$$

在式(1.51) 中

$$\left(\frac{\partial[\Delta_r(pV)_m]}{\partial p}\right)_T=\sum\left(\frac{\partial[\nu_B pV_m(B)]}{\partial p}\right)_T=\sum\nu_B\left(\frac{\partial[pV_m(B)]}{\partial p}\right)_T \tag{1.53}$$

对于凝聚态物质，$V_m(B)$ 随压力变化很小，可将 $V_m(B)$ 近似看作常数，所以

$$\left(\frac{\partial[pV_m(B)]}{\partial p}\right)_T\approx V_m(B)$$

对于理想气体，$pV_m(B)=RT$。故在一定温度下

$$\left(\frac{\partial[pV_m(B)]}{\partial p}\right)_T=\left(\frac{\partial(RT)}{\partial p}\right)_T=0$$

故综合考虑，如果把气体都近似当作理想气体，则式(1.53) 可改写为

$$\left(\frac{\partial[\Delta_r(pV)_m]}{\partial p}\right)_T=\sum_{\text{凝聚态}}\nu_B V_m(B)=\Delta_r V_m(\text{凝聚态})$$

又因在等温反应中，凝聚态物质的体积变化很小，即 $\Delta_r V_m(\text{凝聚态})\approx 0$，所以

$$\left(\frac{\partial[\Delta_r(pV)_m]}{\partial p}\right)_T\approx 0 \tag{1.54}$$

将式(1.52) 和式(1.54) 代入式(1.51) 可得

$$\left(\frac{\partial(\Delta_r H_m)}{\partial p}\right)_T\approx 0 \tag{1.55}$$

所以 $$\Delta_r H_m(T,p)\approx\Delta_r H_m^{\ominus}(T) \tag{1.56}$$

这就是说，在一定温度下压力对摩尔反应焓的影响很小，这种影响在许多情况下可忽略不计。所以，今后对 $\Delta_r H_m(T,p)$ 和 $\Delta_r H_m^{\ominus}(T)$ 一般不加以严格区分，并且常将 $\Delta_r H_m(T,p)$ 简记为 $\Delta_r H_m(T)$。

1.9.2 $\Delta_r H_m$ 与温度的关系

设想在 p 压力下，有一个反应可以在 T_1 温度下进行，也可以在 T_2 温度下进行。不论反应在哪个温度进行，都是等温等压反应过程，其摩尔反应焓都等于摩尔反应热。但是在两种情况下的摩尔反应焓未必相同，因为在这两种情况下反应的始态和终态各不相同。若在 T_1 温度下的摩尔反应焓是已知的，那么在 T_2 温度下的摩尔反应焓该如何计算呢？

设想在 $T+dT$ 温度和 p 压力下的反应可绕道经过③、①、④三个步骤来完成，则

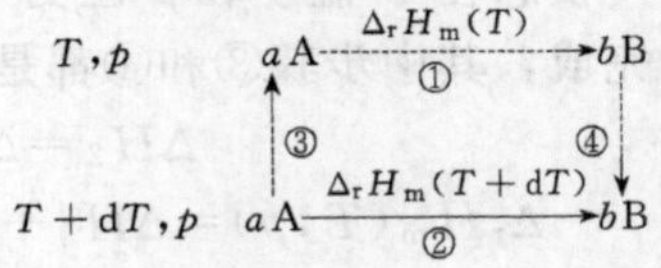

$$\Delta H_2=\Delta H_3+\Delta H_1+\Delta H_4$$

即 $$\begin{aligned}\Delta_r H_m(T+dT)&=\Delta H_3+\Delta_r H_m(T)+\Delta H_4\\&=aC_{p,m}(A)(-dT)+\Delta_r H_m(T)+bC_{p,m}(B)dT\\&=\Delta_r H_m(T)+\sum\nu_B C_{p,m}(B)\cdot dT\end{aligned}$$

或 $$\Delta_r H_m(T+dT)-\Delta_r H_m(T)=\Delta_r C_{p,m}dT$$

所以
$$\left(\frac{\partial[\Delta_r H_m(T)]}{\partial T}\right)_p = \Delta_r C_{p,m} \tag{1.57}$$

其中
$$\Delta_r C_{p,m} = \sum \nu_B C_{p,m}(B) \tag{1.58}$$

式(1.58) 中的 $\Delta_r C_{p,m}$ 是摩尔反应等压热容的改变量。

在一定压力下，式(1.57) 两边同乘以 dT 并在 T_1 和 T_2 之间进行定积分可得

$$\Delta_r H_m(T_2) - \Delta_r H_m(T_1) = \int_{T_1}^{T_2} \Delta_r C_{p,m} dT \tag{1.59}$$

式(1.57) 和式(1.59) 均称为**基希霍夫公式** (Kirchhoff's formula)。其中若选用 T_1 为 298.15K，则借助于该温度下各物质的标准摩尔生成焓或标准摩尔燃烧焓就可得到 $\Delta_r H_m(T_1)$。与此同时，借助各物质的等压摩尔热容与温度的关系，就可以得到 $\Delta_r C_{p,m}$、就可以得到任意温度 T_2 下的摩尔反应焓 $\Delta_r H_m(T_2)$。

在一定压力下，式(1.57) 两边同乘以 dT 后若进行不定积分，则可得

$$\Delta_r H_m(T) = \Delta H_0 + \int \Delta_r C_{p,m} dT \tag{1.60}$$

式(1.60) 也称为基希霍夫公式。其中的 ΔH_0 是积分常数而不是某个温度下的摩尔反应焓。其值可通过代入某已知温度下的摩尔反应焓而求得。积分常数确定以后，任意给定一个温度 T，就可以由式(1.60) 很方便地求得在该温度下的摩尔反应焓。

例 1.16 对于反应 $H_2(g) + Cl_2(g) \longrightarrow 2HCl(g)$，已知下列数据

$C_{p,m}(H_2,g)/J \cdot K^{-1} \cdot mol^{-1} = 26.88 + 4.374 \times 10^{-3} T/K - 0.3265 \times 10^{-6} (T/K)^2$

$C_{p,m}(Cl_2,g)/J \cdot K^{-1} \cdot mol^{-1} = 31.70 + 10.144 \times 10^{-3} T/K - 4.038 \times 10^{-6} (T/K)^2$

$C_{p,m}(HCl,g)/J \cdot K^{-1} \cdot mol^{-1} = 28.17 + 1.810 \times 10^{-3} T/K + 1.547 \times 10^{-6} (T/K)^2$

$$\Delta_f H_m^{\ominus}(HCl,g,298.15K) = -92.307 kJ \cdot mol^{-1}$$

求 300℃下该反应的摩尔反应热效应。

解：
$$\begin{aligned}\Delta_r H_m^{\ominus}(298.15K) &= \sum \nu_B \Delta_f H_m^{\ominus}(B,298.15K)\\ &= -2 \times 92.307 kJ \cdot mol^{-1}\\ &= -184.614 kJ \cdot mol^{-1}\end{aligned}$$

$$\begin{aligned}\Delta_r C_{p,m}/J \cdot K^{-1} \cdot mol^{-1} &= \sum \nu_B C_{p,m}(B)/J \cdot K^{-1} \cdot mol^{-1}\\ &= -2.24 - 10.871 \times 10^{-3} T/K + 7.459 \times 10^{-6} (T/K)^2\end{aligned}$$

由基希霍夫公式可得

$$\Delta_r H_m(573.15K) = \Delta_r H_m^{\ominus}(298.15K) + \int_{298.15}^{573.15} \Delta_r C_{p,m} dT$$

将 $\Delta_r H_m^{\ominus}(298.15K)$ 的值和 $\Delta_r C_{p,m}$ 的表达式代入此式并积分可得

$$\Delta_r H_m(573.15K) = -186.130 kJ \cdot mol^{-1}$$

1.9.3 相变焓

此处相变化主要是指物理状态的变化，其中包括熔化及其逆过程凝固、蒸发及其逆过程凝结、升华及其逆过程凝华以及固体物质不同晶型之间的转化等。相变焓是指在一定温度和压力下相变过程的焓变，其值等于热效应。故相变焓也叫做相变热。

有许多物质在其**正常熔点**（normal melting point）和**正常沸点**（normal boiling point）❶的相变焓可从相关的工具书中找到，但在其它温度下发生相变化时其相变焓如何求算呢？其实可以把相变化看作是一种简单的化学反应，基希霍夫公式在此也是适用的。此处不必多言，下面给出两个例子。

例 1.17 在 101325Pa 下，当 1mol 80℃的水蒸气变成 80℃的水时，求该过程的热效应。已知 $C_{p,m}(l)=75.3J \cdot K^{-1} \cdot mol^{-1}$，$C_{p,m}(g)=33.6J \cdot K^{-1} \cdot mol^{-1}$。另外还已知

在 25℃下 $\qquad \Delta_f H_m^{\ominus}(H_2O,l)=-285.8kJ \cdot mol^{-1}$

$\qquad\qquad\qquad \Delta_f H_m^{\ominus}(H_2O,g)=-241.8kJ \cdot mol^{-1}$

在 100℃下水的摩尔蒸发热为 $\Delta_{vap} H_m(H_2O)=40.6kJ \cdot mol^{-1}$

解法一

$$
\begin{array}{lllll}
25℃,101325Pa & H_2O(g) & \xrightarrow[①]{\Delta_r H_m(298.15K)} & H_2O(l) \\
& ③\uparrow & & \downarrow④ \\
80℃,101325Pa & H_2O(g) & \xrightarrow[②]{\Delta_r H_m(353.15K)} & H_2O(l)
\end{array}
$$

$$
\begin{aligned}
\Delta_r H_m(298.15K) &= \Delta_r H_m^{\ominus}(298.15K) \\
&= \Delta_f H_m^{\ominus}(H_2O,l) - \Delta_f H_m^{\ominus}(H_2O,g) \\
&= (-285.8+241.8)kJ \cdot mol^{-1} \\
&= -44.0kJ \cdot mol^{-1}
\end{aligned}
$$

根据基希霍夫公式(1.59)

$$
\begin{aligned}
\Delta_r H_m(353.15K) &= \Delta_r H_m(298.15K) + \int_{298.15}^{353.15} \Delta_r C_{p,m} dT \\
&= -44.0 + \int_{298.15}^{353.15}(75.3-33.6)\times 10^{-3} dT \\
&= -41.7kJ \cdot mol^{-1}
\end{aligned}
$$

所以该过程放热 41.7kJ。

解法二

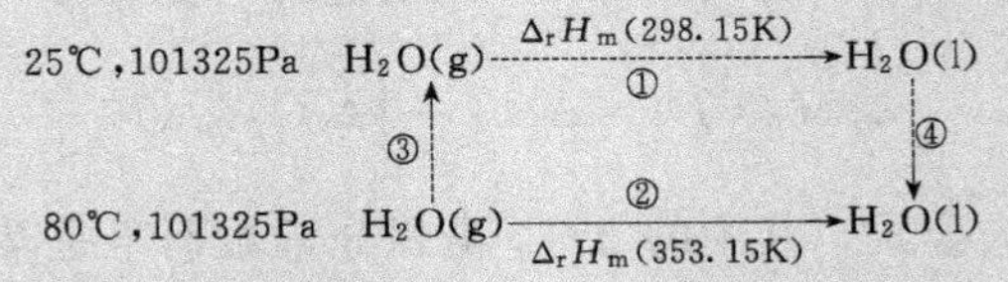

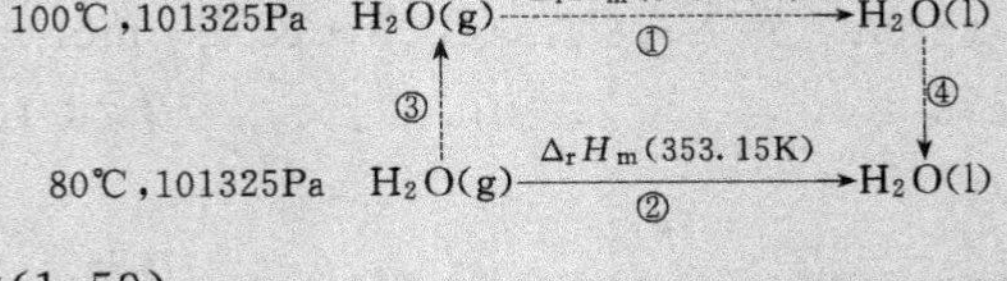

$$
\begin{array}{lllll}
100℃,101325Pa & H_2O(g) & \xrightarrow[①]{\Delta_r H_m(373.15K)} & H_2O(l) \\
& ③\uparrow & & \downarrow④ \\
80℃,101325Pa & H_2O(g) & \xrightarrow[②]{\Delta_r H_m(353.15K)} & H_2O(l)
\end{array}
$$

根据基希霍夫公式(1.59)

$$
\begin{aligned}
\Delta_r H_m(353.15K) &= \Delta_r H_m(373.15K) + \int_{373.15}^{353.15} \Delta_r C_{p,m} dT \\
&= -40.6 + \int_{373.15}^{353.15}(75.3-33.6)\times 10^{-3} dT \\
&= -41.4kJ \cdot mol^{-1}
\end{aligned}
$$

---

❶ 正常熔点是指在压力为 1atm（1atm＝760mmHg＝101325Pa）时的固-液平衡温度；正常沸点是指在压力为 1atm 时的液-气平衡温度。

所以该过程放热 41.7kJ。

以上两种解法最终得到的结果有稍许偏差，但这并不意味着 ΔH 与路线有关，而是由于两种方法当中用到不同的包含一定误差的实验数据造成的。

例 1.18 在 101.325kPa 下，把 2mol 水从 25℃开始加热，使其变为 101.325kPa、120℃的水蒸气。求整个过程中系统吸收的热。已知 $C_{p,m}(l)=75.3J \cdot K^{-1} \cdot mol^{-1}$，$C_{p,m}(g)=33.6J \cdot K^{-1} \cdot mol^{-1}$，在 100℃下 $\Delta_{vap}H_m(H_2O)=40.6kJ \cdot mol^{-1}$。

解：因为这是一个等压过程，所以 $Q=\Delta H$。又因 ΔH 只与始终态有关而与路线无关，因此特设计如下变化路线。

$$\begin{array}{c}25℃,l \\ 101325Pa\end{array} \xrightarrow{①} \begin{array}{c}100℃,l \\ 101325Pa\end{array} \xrightarrow{②} \begin{array}{c}100℃,g \\ 101325Pa\end{array} \xrightarrow{③} \begin{array}{c}120℃,g \\ 101325Pa\end{array}$$

$$\Delta H_1=\int_{298.15}^{373.15} n\,C_{p,m}(l)\,dT=\int_{298.15}^{373.15} 2\times 75.3\,dT$$

$$=11300J=11.3kJ$$

$$\Delta H_2=n\Delta_{vap}H_m(H_2O)=81.2kJ$$

$$\Delta H_3=\int_{373.15}^{393.15} n\,C_{p,m}(g)\,dT=\int_{373.15}^{393.15} 2\times 33.6dT$$

$$=1300J=1.3kJ$$

$$Q=\Delta H=\Delta H_1+\Delta H_2+\Delta H_3$$

$$=93.8kJ$$

在讨论化学反应的摩尔反应焓随温度的变化情况时，若在温度变化区间内某物质会发生相变化，这时不能盲目套用基希霍夫公式。参见下例。

例 1.19 求 100kPa 和 800K 下 NH_3 在纯氧中燃烧反应的 $\Delta_r H_m^{\ominus}$，该反应方程式为 $4NH_3(g)+3O_2(g) = 2N_2(g)+6H_2O(g)$。此处假设暂时没有或找不到气态水的标准摩尔生成焓数据，但是已知在 373K、101.325kPa 下水的摩尔蒸发热为 40.6kJ·mol^{-1}，另外已知

$$C_{p,m}(NH_3,g)=35.06J \cdot K^{-1} \cdot mol^{-1}$$

$$C_{p,m}(O_2,g)=29.36J \cdot K^{-1} \cdot mol^{-1}$$

$$C_{p,m}(N_2,g)=29.13J \cdot K^{-1} \cdot mol^{-1}$$

$$C_{p,m}(H_2O,l)=75.29J \cdot K^{-1} \cdot mol^{-1}$$

$$C_{p,m}(H_2O,g)=33.58J \cdot K^{-1} \cdot mol^{-1}$$

$$\Delta_f H_m^{\ominus}(H_2O,l,298K)=-285.84kJ \cdot mol^{-1}$$

$$\Delta_f H_m^{\ominus}(NH_3,g,298K)=-46.19kJ \cdot mol^{-1}$$

解：本来在 800K 下，$\Delta_r H_m^{\ominus}=\sum\nu_B\Delta_f H_m^{\ominus}(B,800K)$，可是通常我们只有 298.15K 下各物质的标准摩尔生成焓数据而缺少 800K 下各物质的标准摩尔生成焓数据，所以特设计如下过程求解。

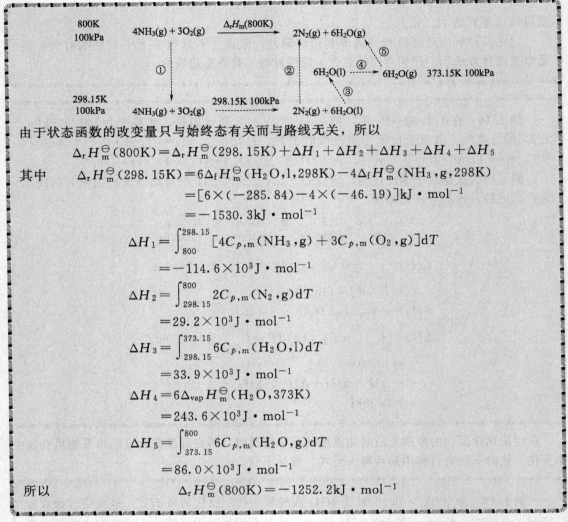

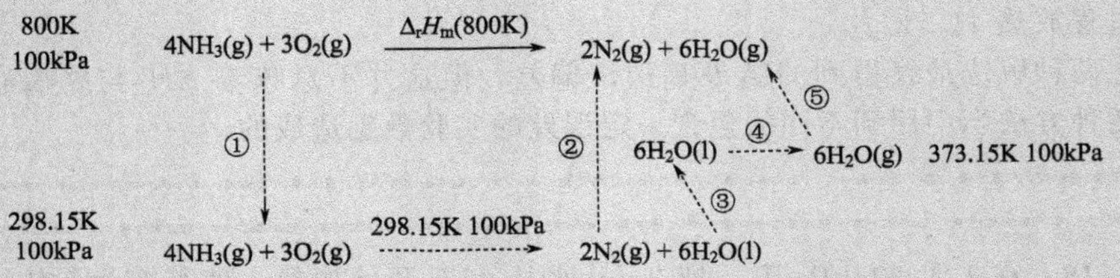

由于状态函数的改变量只与始终态有关而与路线无关，所以

$$\Delta_r H_m^{\ominus}(800K) = \Delta_r H_m^{\ominus}(298.15K) + \Delta H_1 + \Delta H_2 + \Delta H_3 + \Delta H_4 + \Delta H_5$$

其中 $\Delta_r H_m^{\ominus}(298.15K) = 6\Delta_f H_m^{\ominus}(H_2O,l,298K) - 4\Delta_f H_m^{\ominus}(NH_3,g,298K)$

$$= [6\times(-285.84) - 4\times(-46.19)]kJ\cdot mol^{-1}$$

$$= -1530.3kJ\cdot mol^{-1}$$

$$\Delta H_1 = \int_{800}^{298.15}[4C_{p,m}(NH_3,g) + 3C_{p,m}(O_2,g)]dT$$

$$= -114.6\times 10^3 J\cdot mol^{-1}$$

$$\Delta H_2 = \int_{298.15}^{800} 2C_{p,m}(N_2,g)dT$$

$$= 29.2\times 10^3 J\cdot mol^{-1}$$

$$\Delta H_3 = \int_{298.15}^{373.15} 6C_{p,m}(H_2O,l)dT$$

$$= 33.9\times 10^3 J\cdot mol^{-1}$$

$$\Delta H_4 = 6\Delta_{vap} H_m^{\ominus}(H_2O,373K)$$

$$= 243.6\times 10^3 J\cdot mol^{-1}$$

$$\Delta H_5 = \int_{373.15}^{800} 6C_{p,m}(H_2O,g)dT$$

$$= 86.0\times 10^3 J\cdot mol^{-1}$$

所以 $\Delta_r H_m^{\ominus}(800K) = -1252.2kJ\cdot mol^{-1}$

上例用的是分步求解的方法。该题目不能直接套用基希霍夫公式，原因是计算 $\Delta_r C_{p,m}$ 时，对于 H_2O 这种物质到底用气态的 $C_{p,m}$，还是用液态的 $C_{p,m}$。实际上，不论用哪个都是错误的。对于该题目，即使分段使用基希霍夫公式，也得把水的相变热考虑在内，即

$$\Delta_r H_m^{\ominus}(800K) = \Delta_r H_m^{\ominus}(298.15K) + \int_{298.15}^{373.15}\Delta_r C_{p,m}(\mathrm{I})dT$$

$$+ 6\Delta_{vap} H_m^{\ominus}(H_2O,373.15K) + \int_{373.15}^{800}\Delta_r C_{p,m}(\mathrm{II})dT$$

其中 $\Delta_r C_{p,m}(\mathrm{I}) = 6C_{p,m}(H_2O,l) + 2C_{p,m}(N_2,g) - 4C_{p,m}(NH_3,g) - 3C_{p,m}(O_2,g)$

$$\Delta_r C_{p,m}(\mathrm{II}) = 6C_{p,m}(H_2O,g) + 2C_{p,m}(N_2,g) - 4C_{p,m}(NH_3,g) - 3C_{p,m}(O_2,g)$$

1.10 绝热反应

绝热反应是指在反应过程中，系统与环境之间没有热交换。在这种情况下，如果反应是吸热的，则随着反应的进行，系统的温度会逐渐降低。温度降低的结果通常会使反应速率明显减缓。在绝热系统中如果反应是放热的，则随着反应的进行，系统的温度会逐渐升高。温

度升高的结果通常会使反应速率逐渐加快。如果反应放热较多，则这种升温→加速→再升温→再加速……的恶性循环往往会引发许多副反应，往往会导致系统的温度和压力急剧升高甚至爆炸等恶性事故的发生。也有一些速率较快、放热较多的反应，即使所用的密闭反应器不绝热，也可能由于反应器的导热性能较差，不能将反应放出的大量热及时导出，从而导致事故的发生。这一节就是讨论在绝热反应中系统的温度是如何变化的。

1.10.1 等压绝热反应

考虑一个等压绝热反应，最初反应物的温度、压力和体积分别为 T_0、p_0 和 V_0，反应后系统的温度、压力和体积分别为 T、p_0 和 V。为了计算反应后系统的温度，此处也可以另外设计一条路线。

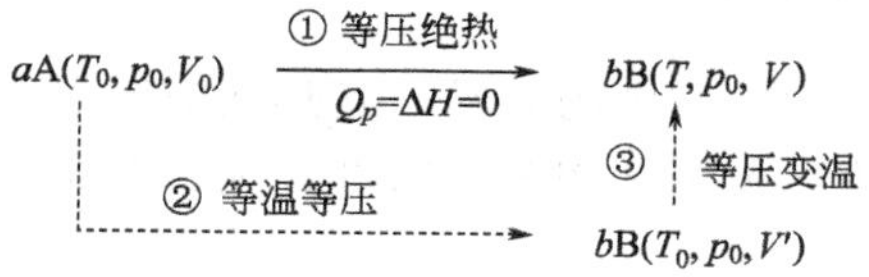

由于状态函数的改变量只与始终态有关而与路线无关，所以

$$\Delta H_2+\Delta H_3=\Delta H_1=0$$

即

$$\Delta_r H_m(T_0)+\int_{T_0}^{T} b\,C_{p,m}(B)\mathrm{d}T=0 \tag{1.61}$$

不论温度 T_0 是多少，借助于 298.15K 下的 $\Delta_f H_m^{\ominus}$ 或 $\Delta_c H_m^{\ominus}$ 数据以及基希霍夫公式，经过计算都可以得到 $\Delta_r H_m(T_0)$。又因 $C_{p,m}(B)$ 是温度的函数，故式(1.61) 中的变上限积分结果是一个以 T 为未知数的方程，解此方程即可得到该等压绝热反应结束后系统的温度 T。

1.10.2 等容绝热反应

考虑一个等容绝热反应，最初反应物的温度、压力和体积分别为 T_0、p_0 和 V_0，反应后系统的温度、压力和体积分别为 T、p 和 V_0。为了计算反应后系统的温度，此处也可以另外设计一条路线。

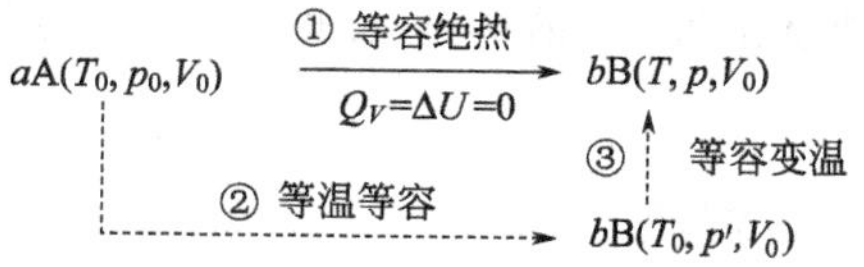

由于状态函数的改变量只与始终态有关而与路线无关，所以

$$\Delta U_2+\Delta U_3=\Delta U_1=0 \tag{1.62}$$

而

$$\Delta U_2=Q_{V,m}(T_0)$$

结合式(1.47) 描述的等压摩尔反应热效应与等容摩尔反应热效应的关系可知

$$\Delta U_2=Q_{p,m}(T_0)-\sum\nu_{B,g}RT_0$$

即

$$\Delta U_2=\Delta_r H_m(T_0)-\sum\nu_{B,g}RT_0 \tag{1.63}$$

又因

$$\Delta U_3=Q_{V,3}=\int_{T_0}^{T} bC_{V,m}(B)\mathrm{d}T \tag{1.64}$$

将式(1.63) 和式(1.64) 代入式(1.62) 可得

$$\Delta_r H_m(T_0)-\sum\nu_{B,g}RT_0+\int_{T_0}^{T} bC_{V,m}(B)\mathrm{d}T=0 \tag{1.65}$$

不论温度 T_0 是多少，借助于 298.15K 下的 $\Delta_f H_m^{\ominus}$ 或 $\Delta_c H_m^{\ominus}$ 数据以及基希霍夫公式，

经过计算都可以得到 $\Delta_r H_m(T_0)$。式(1.65) 中的积分项要用到等容摩尔热容。而我们通常能找到的热容都是等压摩尔热容。在这种情况下，根据前边热容部分的讨论结果

对于凝聚态物质 $C_{V,m}(B) \approx C_{p,m}(B)$

对于理想气体 $C_{V,m}(B) = C_{p,m}(B) - R$

对于实际气体，在许多情况下可近似把它当作理想气体来处理。所以，式(1.65) 也是一个以 T 为未知数的方程，解此方程即可得到该等容绝热反应结束后系统的温度 T。

1.11 溶解热和稀释热

1.11.1 积分溶解热和积分稀释热

当把一种物质溶解到另一种物质中的时候，其热效应除了与溶剂和溶质的本性有关外，还与溶解过程中的温度、压力以及溶剂和溶质的量有关。因此，笼统地讲溶解热时没有可比性，其意义不大。

摩尔积分溶解热是指在一定温度和压力下，把1mol溶质B溶解（solubilize）到一定量的溶剂A中得到一定浓度溶液时的热效应。摩尔积分溶解热可用 $\Delta_{sol} H_{m,积分}$ 表示，其单位是 $J \cdot mol^{-1}$ 或 $kJ \cdot mol^{-1}$。常把摩尔积分溶解热简称为**积分溶解热**(integral heat of solution)。如在 25℃ 和常压下，把 1mol 硫酸溶解于物质的量 n_A 不同的水中得到不同浓度的硫酸水溶液时的积分溶解热如图 1.7 中的曲线所示。

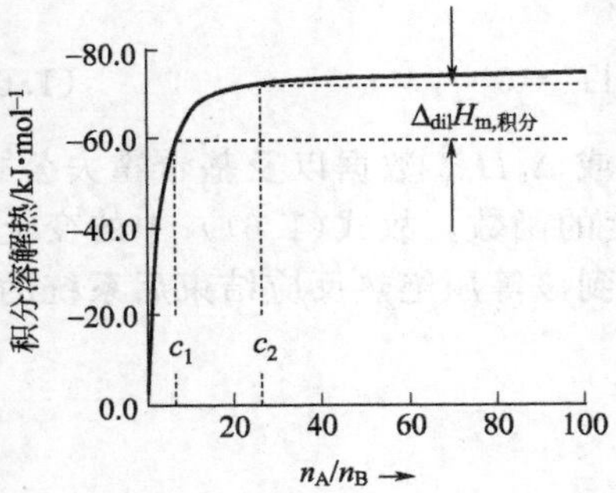

图 1.7 硫酸在水中的积分溶解热

摩尔积分稀释热就是把含有1mol溶质的溶液从浓度 c_1 稀释（dilute）至浓度 c_2 时的热效应。也就是浓度为 c_2 时的积分热解热与浓度为 c_1 时的积分溶解热之差。摩尔积分稀释热可用 $\Delta_{dil} H_{m,积分}$ 表示，其单位也是 $J \cdot mol^{-1}$ 或 $kJ \cdot mol^{-1}$。常把摩尔积分稀释热简称为**积分稀释热**（integral heat of dilution)。如图 1.7 所示，当把硫酸溶液从浓度 c_1 稀释到 c_2 时，它们的积分溶解热的差值就是该过程的积分稀释热。

1.11.2 微分稀释热和微分溶解热

摩尔微分稀释热是指在一定的温度压力和组成条件下，往溶液中加入溶剂A时，加入每mol A所产生的热效应。也就是在一定的温度压力和组成条件下，在溶剂 A 中溶解物质 B 时的积分溶解热 $\Delta_{sol} H$ 随 n_A 的变化率。常把摩尔微分稀释热简称为**微分稀释热**（differential heat of dilution)。该物理量可用数学式表示为

$$\Delta_{dil} H_{m,微分} = \left(\frac{\partial(\Delta_{sol} H)}{\partial n_A}\right)_{T,p,n_B} \tag{1.66}$$

因为

$$\Delta_{sol} H = \Delta_{sol} H_{m,积分} \cdot n_B$$

所以

$$\Delta_{dil} H_{m,微分} = \left(\frac{\partial(\Delta_{sol} H_{m,积分})}{\partial(n_A/n_B)}\right)_{T,p,n_B} \tag{1.67}$$

所以，在一定的温度、压力和组成条件下，微分稀释热就是积分溶解热曲线（如图 1.7 所示）在该组成点上的斜率。

与微分稀释热类似，**摩尔微分溶解热**是指在一定的温度压力和组成条件下，往溶液中加入每摩尔溶质B时产生的热效应。也就是在一定的温度压力和组成条件下，用溶剂 A 溶解物质 B 时溶解热 $\Delta_{sol}H$ 随 n_B 的变化率。常把摩尔微分溶解热简称为**微分溶解热**（differential heat of solution）。该物理量可用数学式表示为

$$\Delta_{sol}H_{m,微分}=\left(\frac{\partial(\Delta_{sol}H)}{\partial n_B}\right)_{T,p,n_A} \tag{1.68}$$

从式(1.67) 和式(1.68) 可以看出，微分稀释热和微分溶解热的单位也都是 $J\cdot mol^{-1}$ 或 $kJ\cdot mol^{-1}$。

虽然从式(1.68) 可以看出微分溶解热的物理意义，但是其值到底如何确定呢？我们知道，从纯溶剂和纯溶质到溶液，其溶解热 $\Delta_{sol}H$ 与温度、压力以及溶液中溶剂和溶质的含量都有关系。当温度和压力恒定不变时，溶解热就只与溶剂和溶质的量有关即

$$\Delta_{sol}H=\Delta_{sol}H(n_A,n_B)$$

这就是说，对于一个温度、压力和各物质的量都已确定的溶液，$\Delta_{sol}H$ 有唯一确定的值。或者说 $\Delta_{sol}H$ 是一个状态函数，其微分是全微分即

$$d(\Delta_{sol}H)=\left(\frac{\partial(\Delta_{sol}H)}{\partial n_A}\right)_{T,p,n_B}dn_A+\left(\frac{\partial(\Delta_{sol}H)}{\partial n_B}\right)_{T,p,n_A}dn_B$$

即

$$d(\Delta_{sol}H)=\Delta_{dil}H_{m,微分}\,dn_A+\Delta_{sol}H_{m,微分}\,dn_B$$

在一定温度和压力下，对于由 n_B 摩尔的溶质 B 和 n_A 摩尔的溶剂 A 组成的系统，从开始未溶解到完全溶解变成溶液，可对上式两边进行积分即

$$\int_0^{\Delta_{sol}H}d(\Delta_{sol}H)=\int_0^{n_A}\Delta_{dil}H_{m,微分}\,dn_A+\int_0^{n_B}\Delta_{sol}H_{m,微分}\,dn_B$$

在一定温度和压力下，对于组成确定的溶液，$\Delta_{dil}H_{m,微分}$ 和 $\Delta_{sol}H_{m,微分}$ 均为常数，所以

$$\Delta_{sol}H=\Delta_{dil}H_{m,微分}\cdot n_A+\Delta_{sol}H_{m,微分}\cdot n_B$$

又因

$$\Delta_{sol}H=\Delta_{sol}H_{m,积分}\cdot n_B$$

所以

$$\Delta_{sol}H_{m,微分}=\Delta_{sol}H_{m,积分}-\Delta_{dil}H_{m,微分}\cdot n_A/n_B \tag{1.69}$$

借助式(1.69)，就可以确定微分溶解热的值。

综上所述，由实验测得的积分溶解热曲线不但可以确定不同浓度溶液的积分溶解热 $\Delta_{sol}H_{m,积分}$ 和积分稀释热 $\Delta_{dil}H_{m,积分}$，还可以借助该曲线在不同浓度点的斜率确定该溶液在相应浓度点的微分稀释热 $\Delta_{dil}H_{m,微分}$，也可以进一步借助式(1.69) 确定该溶液在相应浓度点的微分溶解热 $\Delta_{sol}H_{m,微分}$。

思　考　题

1. 什么是系统的内能？
2. 热力学第一定律是否违背能量守恒定律，为什么？
3. 什么是热力学性质？
4. 什么是状态函数？状态函数有哪些主要特性？
5. 体积功除了与始终态有关外，与态变化的具体路线有没有关系？
6. 对于参数 Q_p、$e^{1/RT}$、$p\Delta V$、$\Delta(pV/T)$、Q/T、$\ln(T_2/T_1)$ 和 $\sqrt{RT/\pi}$，请区分哪些是状态函数，哪些是状态函数的增量，哪些既不是状态函数也不是状态函数的增量？
7. 到底该如何理解环境的压力 p_e 和环境的温度 T_e？
8. 在体积功的计算式 $\delta W=-p_e dV$ 的右边，为什么有一个负号？
9. 在体积功的计算式 $\delta W=-p_e dV$ 中，为什么用 p_e 而不直接用 p？

10. 在等压过程中，系统的压力都恒定不变吗？

11. 在等温过程中，系统的温度都恒定不变吗？

12. 什么是可逆过程？可逆过程有哪些特点？

13. 不可逆过程和可逆过程到底有什么不同，你能举例说明吗？

14. 有人认为 Q_V 是状态函数，也有人认为在等容条件下 Q_V 才是状态函数。这些观点是否正确，为什么？

15. $\Delta V=0$ 的过程必然是等容过程吗？

16. $Q=0$ 的过程必然是绝热过程吗？

17. 理想气体绝热可逆方程的使用条件是什么？

18. $Q_V=\Delta U$ 和 $Q_p=\Delta H$ 的使用条件分别是什么？

19. 在等压和无非体积功的条件下关系式 $Q_p=\Delta H$ 才成立。请结合此式的导出过程，说明等压过程到底对系统和环境的压力分别有什么要求。

20. 试解释方程 $Q_{p,m}-Q_{V,m}=\sum\nu_{B,g}RT$ 中各参数的物理意义。

21. 标准状态只是对于气体物质而言的吗？

22. 不论什么物质，为什么当温度一定时其标准状态也就确定了？

23. 所有物质在其标准状态下的温度都是 25℃吗？

24. 在一定的大气压力下，欲将 500mL 水从 20℃加热到 80℃。此过程中水吸收的热量与选用 500W 的电炉还是 1000W 的电炉是否有关，为什么？

25. 什么是焦耳实验？借用焦耳实验结果能说明什么问题？

26. 仔细想一想，在焦耳实验中为什么 $W=0$？

27. 等容热容 C_V 和等压热容 C_p 都是状态函数吗？

28. 可以把盖斯定律表述为“一个反应不论是一步完成还是分几步完成，其热效应相同”。盖斯定律是千真万确的吗？

29. 为何引入反应进度概念？如何计算反应进度？

30. 为什么产物的计量系数都大于零，而反应物的计量系数都小于零？

31. 为什么说摩尔反应和摩尔反应热效应都与反应方程式的写法有关？

32. 解释符号 $\Delta_r H_m^{\ominus}(T)$ 中的 r、m、T 这三个字母分别代表什么，并用语言完整地描述符号 $\Delta_r H_m^{\ominus}(T)$ 的物理意义。

33. 在任何温度下指定状态单质的标准摩尔生成焓都等于零吗？

34. 在任何温度下 $SO_2(g)$ 的标准摩尔燃烧焓都等于零吗？

35. 在 25℃下 $H_2O(g)$ 的标准摩尔燃烧焓等于多少？

36. $\Delta_r H$ 与 $\Delta_r H_m$ 的物理意义有何区别？两者的单位分别是什么？

37. 你能导出用标准摩尔生成焓计算标准摩尔反应焓的通式吗？

38. 你能导出用标准摩尔燃烧焓计算标准摩尔反应焓的通式吗？

39. 查表看在 25℃下，C(石墨) 的标准摩尔燃烧焓分别与 $CO_2(g)$ 和 $CO(g)$ 的标准摩尔生成焓是否相同，为什么？

40. 查表看，在 25℃下 $H_2(g)$ 的标准摩尔燃烧焓分别与 $H_2O(l)$ 和 $H_2O(g)$ 的标准摩尔生成焓是否相同，为什么？

41. 原则上有了不同物质在 25℃下的标准摩尔生成焓和标准摩尔燃烧焓数据，就可以计算化学反应在任何温度下的摩尔反应热效应。你知道这是为什么吗？

42. 有了不同物质在 25℃下的标准摩尔生成焓和标准摩尔燃烧焓数据，并找到了各物质的等压摩尔热容。在这些前提条件下，从一定温度下的反应物开始，当发生等压绝热反应时，你能否根据态函数的改变量只与始终态有关而与路线无关这一点，设计适当的态变化路线并计算反应结束后系统的终态温度吗？

43. 根据态函数的改变量只与始终态有关而与路线无关，你能导出基希霍夫公式吗？

44. 你能从 $\left(\dfrac{\partial H}{\partial T}\right)_p=C_p$ 出发导出基希霍夫公式吗？

45. 什么是积分溶解热？什么是微分溶解热？

46. 什么是积分稀释热？什么是微分稀释热？

47. 根据本章学习过的内容，可以分析计算在任何温度 T 下从纯物质到纯物质发生等压化学反应时的摩尔反应热效应。那么，在等温等压条件下对于溶液中的反应（即从溶液到溶液），并借助各物质的溶解热数据，是否也可以分析计算溶液中的反应在任何温度 T 下的摩尔反应热效应？

习　　题

1. 试证明：在组成恒定不变的系统中 $\left(\frac{\partial p}{\partial V}\right)_T\left(\frac{\partial V}{\partial T}\right)_p\left(\frac{\partial T}{\partial p}\right)_V=-1$

2. 有一种实际气体，在不发生相变化和化学反应的前提下，有人将其压力的微分用①式表示，也有人将其压力的微分用②式表示。这两个式子中的 b 均为常数。请问这两个式子哪个正确哪个不正确？为什么？（提示：状态函数的微分是全微分）

① $\mathrm{d}p=\frac{2RT}{(V-b)^2}\mathrm{d}V+\frac{R}{V-b}\mathrm{d}T$

② $\mathrm{d}p=-\frac{RT}{(V-b)^2}\mathrm{d}V+\frac{R}{V-b}\mathrm{d}T$

3. 在 15℃和 96kPa 下，100g CaC_2 与过量水反应时，生成的乙炔气体反抗外压对环境所做的功是多少？（3740J）

4. 若有一种真实气体遵守状态方程 $pV_{\mathrm{m}}=RT+bp$，其中 $b=2.67\times10^{-5}\,\mathrm{m^3\cdot mol^{-1}}$。当 1mol 这种气体在不同条件下从 1000kPa 膨胀到 101.3kPa 时，求环境对系统所做的功。

（1）在 20℃下反抗 101.3kPa 的恒定外压膨胀。（−2192J）

（2）在 20℃下等温可逆膨胀。（−5590J）

5. 一个密闭容器内装有氯气，以氯气为系统，如图所示当系统沿第一条路线 $a\to b\to c$ 发生状态变化时，系统从环境吸热 200J，同时系统对外做功 70J。当系统沿第二条路线 $a\to d\to c$ 发生状态变化时，系统对外做功 15J。

（1）系统沿第二条路线变化时将从环境吸收多少热量？（145J）

（2）当系统沿着路线 $c\to e\to a$ 回到初始状态时，环境需要对系统做功 35J，这时系统将从环境吸收多少热？（−165J）

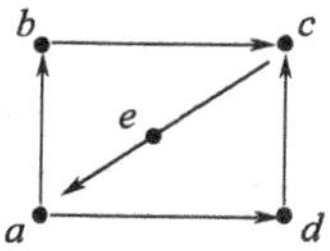

第 5 题

6. 在 0℃和 610Pa 下，已知冰的摩尔熔化热为 $6.02\mathrm{kJ\cdot mol^{-1}}$、液态水的摩尔蒸发热为 $44.84\mathrm{kJ\cdot mol^{-1}}$。计算在同温同压下 2mol 冰变为水蒸气时的焓变。（101.72kJ）

7. 在体积为 5L 的绝热容器中有一个微型电加热器（其体积可忽略不计），容器内装有空气，而且器壁有一个针孔与大气相通，大气的压力为 100kPa。如果用电加热器给容器内的空气加热使其温度从 10℃上升到 50℃，则至少需要消耗多少电功？已知空气的平均等压摩尔热容为 $28.7\mathrm{J\cdot K^{-1}\cdot mol^{-1}}$。（228J）

8. 计算在 100kPa 下把 10kg 水从 10℃加热到 70℃时的 ΔU 和 ΔH。已知常压下水的等压摩尔热容为 $75.30\mathrm{J\cdot K^{-1}\cdot mol^{-1}}$，水在 10℃和 70℃下的密度分别为 $0.9997\mathrm{g\cdot mL^{-1}}$ 和 $0.9778\mathrm{g\cdot mL^{-1}}$。（$\Delta U=$ 2510kPa，$\Delta H=$2510kPa）

9. 已知 $C_{p,\mathrm{m}}(O_2)/\mathrm{J\cdot K^{-1}\cdot mol^{-1}}=36.12+0.845\times10^{-3}(T/\mathrm{K})-4.31\times10^5/(T/\mathrm{K})^2$。计算在不同条件下把 2mol O_2(g) 从 20℃加热到 120℃所需要的热量。

（1）在等压条件下加热。（6530J）

（2）在等容条件下加热。（4870J）

10. 在 25℃下，当把 3mol CO_2(g) 从 55L 压缩到 20L 时，环境至少需要对系统做多少功？（7520J）

11. 在一定压力下，如果把 5 摩尔 CO_2 从 300K 加热到 800K。求该过程的焓变。已知 CO_2 的等压摩尔热容为 $C_{p,\mathrm{m}}=a+bT+cT^2$。其中的参数分别为 $a=26.86\mathrm{J\cdot K^{-1}\cdot mol^{-1}}$、$b=6.966\times10^{-3}\mathrm{J\cdot K^{-2}\cdot mol^{-1}}$、$c=8.243\times10^{-7}\mathrm{J\cdot K^{-3}\cdot mol^{-1}}$。（77400J）

12. 用 1.0MPa 的外压将 273K、0.1MPa 的理想气体绝热压缩至 1.0MPa。计算该气体的终态温度。已知该气体的等容摩尔热容为 $21\mathrm{J\cdot K^{-1}\cdot mol^{-1}}$。（970K）

13. 在 25℃和常压下，当把 1mol $MgSO_4$ 溶解于一定量的水时，会放出 91.12kJ 的热量。当把 1mol

$MgSO_4 \cdot 7H_2O(s)$ 溶解于水形成同样浓度的水溶液时会吸热 13.79kJ。请计算下列反应的摩尔反应焓 $\Delta_r H_m$。($-104.91kJ \cdot mol^{-1}$)

$$MgSO_4(s)+7H_2O(l) = MgSO_4 \cdot 7H_2O(s)$$

14. 在 50℃下，5mol 理想气体经等温可逆膨胀使压力从 200kPa 变为 200Pa。求该过程的 Q、W、ΔU 和 ΔH。($Q=92.8kJ$，$W=-92.8kJ$，$\Delta H=\Delta U=0$)

15. 在不同条件下将 5mol 压力为 100kPa、温度为 273K 的双原子分子理想气体加热到 323K 时，求 Q、W、ΔU 和 ΔH。

(1) 恒容加热。($W=0$，$Q=\Delta U=5200J$，$\Delta H=7270J$,)

(2) 恒压加热。($W=-2070J$，$\Delta U=5200J$，$Q=\Delta H=7270J$)

16. 用不同方式加热 3mol 丙烷气体，使其从 20℃变为 120℃。求加热过程中的 Q、W、ΔU 和 ΔH。已知 $C_{p,m}$(丙烷)$=73.5J \cdot K^{-1} \cdot mol^{-1}$

(1) 等压加热。($Q=\Delta H=22.6kJ$，$W=-2.5kJ$，$\Delta U=20.1kJ$)

(2) 等容加热。($Q=\Delta U=20.1kJ$，$W=0$，$\Delta H=22.6kJ$)

17. 有 2mol 温度为 23℃、压力为 500kPa 的氮气，可把它近似看作理想气体。当该气体在不同条件下膨胀到 200kPa 时，计算相应的 Q、W、ΔU 和 ΔH。

(1) 等温可逆膨胀。($Q=4510J$，$W=-4510J$，$\Delta U=\Delta H=0$)

(2) 在 200kPa 的外压下等温膨胀。($Q=2950J$，$W=-2950J$，$\Delta U=\Delta H=0$)

18. 假设甲烷气体近似遵守理想气体状态方程。其等压摩尔热容为

$$C_{p,m}=35.7J \cdot K^{-1} \cdot mol^{-1}$$

当 1mol 甲烷从 200℃、1000kPa 绝热可逆膨胀到 0℃时

(1) 求终态的压力。(94.2kPa)

(2) 求膨胀过程中系统对外所做的功。(5480J)

19. 2mol 温度为 50℃的氧气经绝热可逆膨胀后，压力从 200kPa 变为 50kPa。求该过程中系统对外所做的功。(4410J)

20. 当 2mol 温度和压力分别为 30℃和 300kPa 的双原子分子理想气体沿不同路线膨胀到 100kPa 时，计算终态温度 T_2 和此过程的 ΔU、ΔH、Q 以及 W。

(1) 绝热可逆膨胀。(221K，$Q=0$，$W=\Delta U=-3341J$，$\Delta H=-4770J$)

(2) 在 100kPa 的恒外压下绝热膨胀。(245K，$Q=0$，$W=\Delta U=-1206J$，$\Delta H=-1688J$)

21. 在 0.1MPa 和 859K 下，计算硫酸锂晶型转化反应 Li_2SO_4(c-Ⅰ) $=$ Li_2SO_4(c-Ⅱ) 的 Q_m、W 和 $\Delta_r U_m$。已知该过程的摩尔反应焓为 $27.2kJ \cdot mol^{-1}$，Li_2SO_4(c-Ⅰ) 和 Li_2SO_4(c-Ⅱ) 的密度分别为 $2.22\times10^3 kg \cdot m^{-3}$ 和 $2.07\times10^3 kg \cdot m^{-3}$。其中 c-Ⅰ和 c-Ⅱ分别表示两种不同晶型。($Q_m=27.2kJ \cdot mol^{-1}$，$W=-0.359J$，$\Delta_r U_m=26.8kJ \cdot mol^{-1}$)

22. 在 600℃下已知下列反应的标准摩尔反应焓。

(1) $3Fe_2O_3(s)+CO(g) = 2Fe_3O_4(s)+CO_2(g)$ $\quad \Delta_r H^{\ominus}_{m,1}=-6.3kJ \cdot mol^{-1}$

(2) $Fe_3O_4(s)+CO(g) = 3FeO(s)+CO_2(g)$ $\quad \Delta_r H^{\ominus}_{m,2}=22.6kJ \cdot mol^{-1}$

(3) $FeO(s)+CO(g) = Fe(s)+CO_2(g)$ $\quad \Delta_r H^{\ominus}_{m,3}=-13.9kJ \cdot mol^{-1}$

求 600℃下反应 $Fe_2O_3(s)+3CO(g) = 2Fe(s)+3CO_2(g)$ 的标准摩尔反应焓。($-14.83kJ \cdot mol^{-1}$)

23. 计算下列反应在 25℃下的标准摩尔反应焓，所需数据可从附录中查找。

(1) $C_2H_4(g)+2H_2O(l) = 2CO(g)+4H_2(g)$ $\quad$ ($298.36kJ \cdot mol^{-1}$)

(2) $Fe_3O_4(s)+H_2(g) = 3FeO(s)+H_2O(g)$ $\quad$ ($79.6kJ \cdot mol^{-1}$)

(3) $C_2H_5OH(l)+3O_2(g) = 2CO_2(g)+3H_2O(l)$ $\quad$ ($-1366.91kJ \cdot mol^{-1}$)

(4) $2CO(g)+O_2(g) = 2CO_2(g)$ $\quad$ ($-565.98kJ \cdot mol^{-1}$)

(5) $3C_2H_2(g) = C_6H_6(l)$ $\quad$ ($-631.21kJ \cdot mol^{-1}$)

(6) $CaCO_3(s) = CaO(s)+CO_2(g)$ $\quad$ ($178.27kJ \cdot mol^{-1}$)

(7) $SO_2(g)+\frac{1}{2}O_2(g) = SO_3(g)$ $\quad$ ($-99.12kJ \cdot mol^{-1}$)

24. 在 298.2K 下已知

$$C_3H_6(g)+H_2(g) \longrightarrow C_3H_8(g) \qquad \Delta_r H_m^{\ominus}=-123.8kJ \cdot mol^{-1}$$

并且已知 $\Delta_c H_m^{\ominus}(C_3H_8,g)=-2219.1kJ \cdot mol^{-1}$

$\Delta_f H_m^{\ominus}(CO_2,g)=-393.6kJ \cdot mol^{-1}$

$\Delta_f H_m^{\ominus}(H_2O,l)=-285.9kJ \cdot mol^{-1}$

求 298.2K 下丙烯 $C_3H_6(g)$ 的标准摩尔生成焓。(18.5kJ·mol⁻¹)

25. 在 298.2K 下，已知反应 $C_2H_5OH(l)+3O_2(g) \longrightarrow 2CO_2(g)+3H_2O(l)$ 的标准摩尔反应焓为 $-1367kJ \cdot mol^{-1}$。

(1) 在 298.2K 和标准压力下，燃烧 1kg 乙醇会放出多少热量？($2.966 \times 10^4 kJ$)

(2) 在 298.2K 的刚性密闭容器内燃烧 1kg 乙醇会放出多少热量？($2.962 \times 10^4 kJ$)

26. 在 25℃下，1.250g 正庚烷（液态）在弹式量热计中充分燃烧时放热 60.09kJ。

(1) 求 25℃下正庚烷燃烧反应 $C_7H_{16}(l)+11O_2(g) \longrightarrow 7CO_2(g)+8H_2O(l)$ 的标准摩尔反应焓即正庚烷的标准摩尔燃烧焓。($-4825kJ \cdot mol^{-1}$)

(2) 在 25℃下，已知氢气和石墨的标准摩尔燃烧焓分别为 $-285.8kJ \cdot mol^{-1}$ 和 $-393.5kJ \cdot mol^{-1}$。求 25℃下正庚烷的标准摩尔生成焓。($-215.9kJ \cdot mol^{-1}$)

27. 在温度为 300K 的刚性密闭容器内，WC(s) 在过量氧中燃烧的等容摩尔反应热为 $-1192kJ \cdot mol^{-1}$。其燃烧反应如下：

$$WC(s)+\frac{5}{2}O_2(g) \longrightarrow WO_3(s)+CO_2(g)$$

已知在 300K 和标准压力下 C(石墨) 单独燃烧生成 $CO_2(g)$ 和 W(s) 单独燃烧生成 $WO_3(s)$ 的摩尔燃烧焓分别为 $-393.5kJ \cdot mol^{-1}$ 和 $-837.5kJ \cdot mol^{-1}$。

(1) 求 300K 下 WC(s) 的标准摩尔燃烧焓 $\Delta_c H_m$。($-1196kJ \cdot mol^{-1}$)

(2) 求 300K 下 WC(s) 的标准摩尔生成焓 $\Delta_f H_m$。($-35.0kJ \cdot mol^{-1}$)

28. 在 298.2K 下，已知石墨的标准摩尔燃烧热为 $-393.51kJ \cdot mol^{-1}$，并已知

$$C_{p,m}(C,石墨)/J \cdot K^{-1} \cdot mol^{-1}=17.15+4.27 \times 10^{-3}(T/K)-8.79 \times 10^5(T/K)^{-2}$$

$$C_{p,m}(O_2)/J \cdot K^{-1} \cdot mol^{-1}=36.12+0.845 \times 10^{-3}(T/K)-4.31 \times 10^5(T/K)^{-2}$$

$$C_{p,m}(CO_2)/J \cdot K^{-1} \cdot mol^{-1}=28.66+35.70 \times 10^{-3}(T/K)$$

求 1000K 下石墨的标准摩尔燃烧热。($-393.76kJ \cdot mol^{-1}$)

29. 在 25℃下，已知 $NH_3(g)$ 的标准摩尔生成焓为 $-46.19kJ \cdot mol^{-1}$，并已知

$$C_{p,m}(NH_3,g)/J \cdot K^{-1} \cdot mol^{-1}=25.90+33.00 \times 10^{-3}(T/K)-30.5 \times 10^{-7}(T/K)^2$$

$$C_{p,m}(N_2,g)/J \cdot K^{-1} \cdot mol^{-1}=27.87+4.27 \times 10^{-3}(T/K)$$

$$C_{p,m}(H_2,g)/J \cdot K^{-1} \cdot mol^{-1}=29.07-0.84 \times 10^{-3}(T/K)+20.1 \times 10^{-7}(T/K)^2$$

求 300℃下合成氨反应 $N_2(g)+3H_2(g) \longrightarrow 2NH_3(g)$ 的标准摩尔反应焓。($-56.55kJ \cdot mol^{-1}$)

30. 用基希霍夫公式计算反应 $4NH_3(g)+5O_2(g) \longrightarrow 4NO(g)+6H_2O(g)$ 在 860℃下的标准摩尔反应焓。需要的数据可从附录中查找。($-926.72kJ \cdot mol^{-1}$)

31. 已知 $C_{p,m}(I_2,s)=54.98J \cdot K^{-1} \cdot mol^{-1}$，$C_{p,m}(I_2,g)=36.86J \cdot K^{-1} \cdot mol^{-1}$，在 458K 和 $p^{\ominus}$ 压力下碘的摩尔升华热为 $25.5kJ \cdot mol^{-1}$。另外已知在 298.2K 下

$$2HI(g)+Cl_2(g) \longrightarrow 2HCl(g)+I_2(s) \qquad \Delta_r H_m^{\ominus}=234kJ \cdot mol^{-1}$$

(1) 求 298.2K 和 $p^{\ominus}$ 压力下碘的摩尔升华热。($28.40kJ \cdot mol^{-1}$)

(2) 求 298.2K 下反应 $2HI(g)+Cl_2(g) \longrightarrow 2HCl(g)+I_2(g)$ 的标准摩尔反应焓。($262.4kJ \cdot mol^{-1}$)

32. 将甲烷与过量 50% 的空气混合，并在一个刚性密闭的绝热容器内燃烧。燃烧前的混合气体至少应预热到多少度才能使燃烧后混合物系的温度达到 2650K？$N_2(g)$、$O_2(g)$、$H_2O(g)$、$CH_4(g)$ 以及 $CO_2(g)$ 的等压摩尔热容和它们在 25℃下的标准摩尔生成焓分别如下：

物　质	$N_2(g)$	$O_2(g)$	$H_2O(g)$	$CH_4(g)$	$CO_2(g)$
$C_{p,m}/J\cdot K^{-1}\cdot mol^{-1}$	29.1	29.4	33.6	35.3	37.1
$\Delta_f H_m^{\ominus}/kJ\cdot mol^{-1}$	0	0	−241.83	−74.85	−393.51

空气中 O_2 和 N_2 的体积比为 1∶4，其它微量气体可忽略不计。(359K)

33. 若空气中除氧气和氮气外，其它微量气体可忽略不计，而且 O_2 和 N_2 的体积比为 1∶4。另外假设甲烷燃烧时只发生如下反应而且反应很完全。

$$CH_4(g)+2O_2(g) = CO_2(g)+2H_2O(g)$$

燃烧前按照所需要的氧量将 25℃的甲烷与空气按比例混合。当燃烧过程在等压绝热条件下进行时，求该燃烧反应发生后的最高温度。所需数据可从附录中查找。(2678.3K)

第 2 章　热力学第二定律

热力学第一定律是能量守恒定律在封闭系统中的一种具体表达形式，所以封闭系统中发生的所有状态变化过程都遵守热力学第一定律。可是，封闭系统中遵守热力学第一定律的状态变化过程是否都可以发生呢？那就不一定了。这是一种原命题与逆命题的关系，如白马是马，但是马未必都是白马。

如果说遵守热力学第一定律的过程未必都能发生，那么一个过程能否发生与什么因素有关呢？一个能够发生的过程是一发不可收拾还是有一定的限度？若态变化过程都有一定的限度（如化学平衡），那么这个最大限度在何处？受哪些因素的影响？如何预测和控制？关于这些问题需要借助热力学第二定律才能分别得到满意的答案。

2.1　自发过程和平衡状态

2.1.1　自发过程及其特点

所谓**自发过程**（spontaneous process），就是在无外界帮助的情况下能自动进行的过程。如热从高温物体传到低温物体；水从高处往低处流；气体从高压区往低压区扩散；溶液中的溶质从高浓度区往低浓度区扩散……自发过程具有以下共同特点。

① 有一定的推动力。如温差 ΔT、水位差 Δh、压力差 Δp、浓度差 Δc 等。

② 有一定的方向，其方向与推动力密切相关。如 ΔT 大于零的变化方向和 ΔT 小于零的变化方向相反。

③ 有一定的限度。当推动力减小到零时，态变化也就不能继续进行了。

④ 都是**不可逆过程**（irreversible process），即欲使自发过程逆向进行使系统复原，必然会给环境留下永远不可磨灭的痕迹。

根据自发过程的上述特点，并结合无数实验事实，人们总结出了**热力学第二定律**（second law of thermodynamics），即热不能自发地从低温物体传到高温物体，或者说热不能从低温物体传到高温物体而不引起任何其它变化。这就是说，一切状态变化过程都有一定的方向。遵守热力学第一定律的态变化过程未必遵守热力学第二定律，未必都能发生。

例如，将两个温度不同的物体放在一起时，自发过程就是有热量 Q' 从高温物体传到低温物体，如图 2.1 所示。使系统复原的逆过程就是使热量 Q' 又从低温物体返回到高温物体。我们知道，这样的逆过程是不会自发进行的，必须借助于热泵如冷冻机、空调器等才能完成。假设热泵工作时无摩擦，当热泵运转一定时间把热量 Q' 从低温物体抽回到高温物体并停机后，低温物体和高温物体就都回到了原来的状态。由于热泵无摩擦无损耗，停机后热泵也恢复到了它自身的原来状态。这时，到底有没有给环境留下永远不可磨灭的痕迹呢？现在，我们把热泵作为系统来考察。

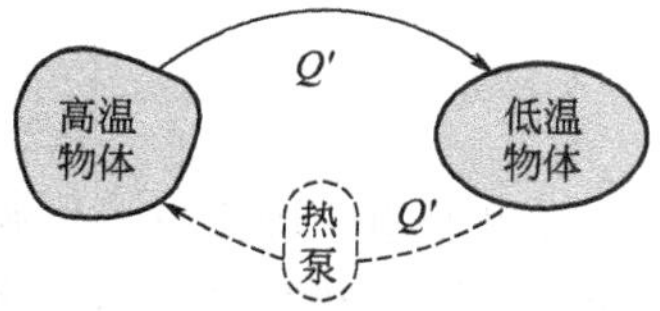

图 2.1　不可逆过程示意图

因为
$$\Delta U=0$$
所以
$$-Q=W$$

由于在热泵运转期间，环境对热泵做了功（如电功），所以 $W>0$。故由上式可知，热泵在运转期间对外放出的热量 $-Q$ 等于环境对热泵所做的功 W。这部分热不是热泵运转时摩擦产生的热，也与热泵从低温物体抽到高温物体的热 Q' 无关。这时，从总能量看环境并未发生变化，但实际上却出现了能量贬值。因为功可以百分之百地变为热，而热却不能百分之百地变为功（关于这一点，可借助于后面将要讨论的卡诺原理进行证明），这种能量贬值是一种永远不可磨灭的痕迹。所以热从高温物体传到低温物体的过程是不可逆过程，它绝不会是可逆过程。

2.1.2 可逆过程与平衡状态

(1) 可逆过程举例

热源是指热容无限大、吸收或放出有限热量时其温度不会发生明显变化的物体。根据前面的讨论，用高温热源加热低温物体是不可逆的。但是，可以设想从 T_1 到 T_2 用无限多个温度彼此相差为 dT 的热源来给低温物体缓慢加热，使其温度从 T_1 变为 T_2，如图 2.2 所示。这样的加热方式会不会可逆呢？在图 2.2 中，把温度相同的热源用虚线相连，这表示它们属于同一个热源。假设被加热物体随箭头所指的方向转动时无摩擦，且转动速度非常缓慢。

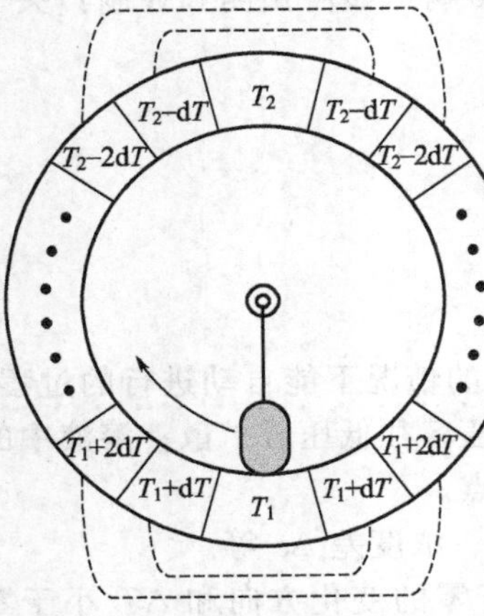

图 2.2 可逆加热过程

当被加热物体转动半圈后，它的温度就会从 T_1 升高到 T_2，就达到了加热的目的。为了分析该加热过程是否可逆，可让该物体继续按顺时针方向非常缓慢地转动半圈，这样就会使它的温度又从 T_2 降低到 T_1，就会使系统复原。系统复原后，该过程给环境留没留下什么痕迹呢？此处热源就是环境，在被加热物体升温和降温这个全过程中，各热源的变化情况如下：

热源	升温时失热（升温 ↑）	降温时得热（降温 ↓）
T_2	δQ	0
T_2-dT	δQ	δQ
T_2-2dT	δQ	δQ
⋮	⋮	⋮
⋮	⋮	⋮
T_1+2dT	δQ	δQ
T_1+dT	δQ	δQ
T_1	0	δQ

可以看出，除了 T_1 热源和 T_2 热源外，其余热源在被加热物体升温时各失去了 δQ 的热量，在被加热物体降温时各自又得到了 δQ 的热量，所以在被加热物体的温度从 T_1 升高到 T_2 又从 T_2 降低到 T_1 完成一个循环后，这些热源都回到了各自的初始状态，没有留下什么痕迹。该循环过程给环境留下的唯一痕迹就是 T_2 热源损失了 δQ 的热量，而 T_1 热源得到了 δQ 的热量。又因 δQ 代表的热量无限小，所以实际上该加热过程反向进行（降温）使系统复原后未给环境留下任何痕迹。所以，用无限多个与被加热物体的温差为无限小的热源给物体缓慢加热时，这种加热过程是可逆的。

可逆过程是一种理想的状态变化过程，其态变化的推动力是无限小，所以自然界并不存在真正可逆过程。此处研究和讨论可逆过程的目的是为了解决实际存在的许许多多与不可逆过程密切相关的实际问题、为了寻找不可逆过程发生的最大限度即平衡状态、为了讨论分析状态变化过程能否发生的判据。

(2) 平衡状态

平衡状态是一种宏观上静止的状态，也是自发过程的极限状态。这时状态变化的推动力为零，这时系统的各种热力学性质都分别有唯一确定的值。

根据上一章的讨论已初步看到，可逆过程的基本特征是推动力无限小、过程无限缓慢、状态变化过程中系统总是无限接近于平衡状态、当无限小的推动力改变方向时状态变化的方向也要发生改变。由可逆过程的这些基本特征不难想象：可逆过程是由一连串的平衡状态组成的。既然如此，就可以把用于判断一个状态变化过程是否可逆的判据拿来作为平衡状态的判据。所以，寻找过程的可逆性判据是热力学第二定律这一章的主要内容之一。

实际上，平衡状态是一种动态平衡。当系统处于平衡状态时，虽然态变化的推动力为零，宏观上系统是静止不动的，但是由于微观粒子时时刻刻都在运动，微观的正逆向变化永远不会停息，只是正逆向的变化速率相同、宏观上表现不出来而已。

2.2 卡诺原理

2.2.1 卡诺热机

热机就是可以把热能转换为机械功的装置。如蒸汽机，它主要是由气缸和活塞组成的。热机的形式是多种多样的，此处主要讨论在温度分别为 T_1（高温）和 T_2（低温）的两个热源之间工作的热机。

(1) 任意热机

此处所讲的任意热机是指：对于热机中的工质（即工作物质）没有任何限制。原则上其工质既可以是气体，也可以是液体或固体。此任意热机的循环过程由下列四步组成。

① 与温度为 T_1 的高温热源接触，在 T_1 温度下等温膨胀。

② 绝热膨胀，使温度从 T_1 降低到 T_2。

③ 与温度为 T_2 的低温热源接触，在 T_2 温度下等温压缩。

④ 绝热压缩，使温度从 T_2 升高到 T_1。

以工质为系统。在绝热过程中，系统与环境之间没有热交换，故不需要热源。在等温膨胀过程中，系统从 T_1 热源吸收的热量为 Q_1；在等温压缩过程中，系统从 T_2 热源吸收的热量为 Q_2。完成一个循环后系统的内能不变，所以

$$-W=Q_1+Q_2 \tag{2.1}$$

热机效率（efficiency of heat engine）是指热机完成一个循环后对外所做的总功与热机从高温热源吸收的热量之比。热机效率常用 η 表示。结合式(2.1)可得

$$\eta=\frac{-W}{Q_1}=\frac{Q_1+Q_2}{Q_1}$$

即

$$\eta=1+\frac{Q_2}{Q_1} \tag{2.2}$$

(2) 卡诺热机

卡诺热机是上述任意热机中的一种，其热机效率服从式(2.2)。**卡诺热机**（Kano engine）的主要特征是：第一，其工质是理想气体；第二，机器循环运转完成的是一个卡

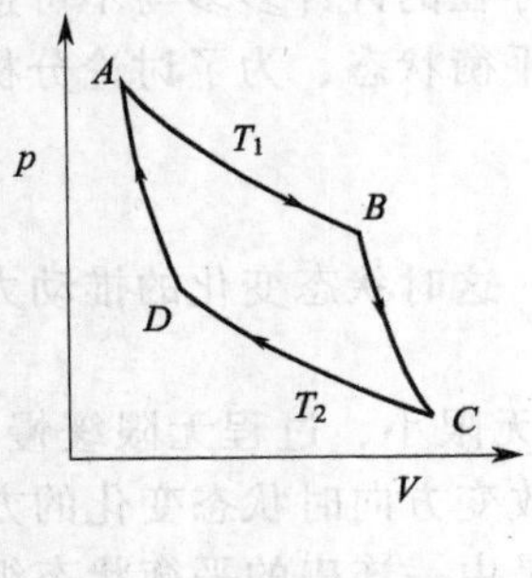

图 2.3　卡诺循环

诺循环，如图 2.3 所示。**卡诺循环**（Kano cycle）由下列四个步骤组成。

① 在 T_1 温度下等温可逆膨胀，从状态 A 到状态 B。

② 绝热可逆膨胀，从状态 B 到状态 C，温度从 T_1 降低到 T_2。

③ 在 T_2 温度下等温可逆压缩，从状态 C 到状态 D。

④ 绝热可逆压缩，从状态 D 到状态 A，温度又从 T_2 升高到 T_1。

以工质理想气体为系统。因理想气体的内能只是温度的函数，故系统在与高温热源（T_1）接触发生等温可逆膨胀时，$\Delta U_1=0$，$Q_1=-W_1>0$。即系统对外做功时系统会从高温热源吸收热量。同理，系统在与低温热源（T_2）接触发生等温可逆压缩时，$Q_2=-W_2<0$，即环境对系统做功时系统会对低温热源放热。这实际上是热机释放给环境的废热。高温热源和低温热源都属于环境。

当卡诺热机完成一个循环后，系统对外做的总功为

$$-W=Q=Q_1+Q_2=-(W_1+W_2)$$

而

$$Q_1=-W_1=nRT_1\ln\frac{V_B}{V_A}$$

$$Q_2=-W_2=nRT_2\ln\frac{V_D}{V_C}$$

将 Q_1 和 Q_2 代入式(2.2) 可得卡诺热机的效率为

$$\eta_{卡}=1+\frac{Q_2}{Q_1}=1+\frac{T_2\ln(V_D/V_C)}{T_1\ln(V_B/V_A)} \tag{2.3}$$

在绝热可逆过程中，根据理想气体的绝热可逆方程

$$T_1V_B^{\gamma-1}=T_2V_C^{\gamma-1} \qquad T_1V_A^{\gamma-1}=T_2V_D^{\gamma-1}$$

所以

$$\frac{V_B}{V_A}=\frac{V_C}{V_D}$$

将此代入式(2.3) 可得

$$\eta_{卡}=1-\frac{T_2}{T_1}=\frac{T_1-T_2}{T_1} \tag{2.4}$$

由式(2.4) 可见，两个热源的温差越大，卡诺热机的效率就越高。但是高温热源的温度 T_1 不可能无限大，低温热源的温度 T_2 也不可能等于零，所以卡诺热机的效率总是小于100%。由后续的卡诺原理可知：对于在两个热源之间工作的所有热机而言，卡诺热机的效率是最高的。所以热不能百分之百地变为功。或者说，不可能制造出一种机器，它循环工作的唯一结果是从单一热源吸收热量，并把它转化为等量的功。这些都是热力学第二定律的不同叙述方法。人们习惯于把效率为百分之百的热机叫做**第二类永动机**。所以，热力学第二定律也可以表述为：不可能制造出第二类永动机。否则，大地、大海或大气都将成为取之不尽、用之不竭的能源。

2.2.2　卡诺原理

卡诺原理（Kano principle）说的是，在 T_1 和 T_2 两个热源之间工作的任意热机如果可逆，其效率就等于卡诺热机的效率；如果不可逆，其效率就小于卡诺热机的效率。或者说不

可能制造出一种机器，它在两个热源之间工作时的效率比卡诺热机的效率还高，即

$$\eta \leqslant \eta_{卡} \qquad \begin{cases} < & 不可逆 \\ = & 可逆 \end{cases} \tag{2.5}$$

根据卡诺原理，由式(2.2) 和式(2.4) 可得

$$1+\frac{Q_2}{Q_1} \leqslant 1-\frac{T_2}{T_1}$$

因为 $Q_1>0 \qquad T_2>0$

所以

$$\frac{Q_1}{T_1}+\frac{Q_2}{T_2} \leqslant 0 \qquad \begin{cases} < & 不可逆 \\ = & 可逆 \end{cases} \tag{2.6}$$

这就是说，在 T_1 和 T_2 两个热源之间工作的任意热机完成一个循环后，其**热温商**（ratio of heat and temperature）之和总是小于或等于零。注意式(2.6) 中的热温商是指系统吸收的热与环境（即热源）温度的比值，而不是系统吸收的热与系统温度的比值。因为对于不可逆热机，系统未必每时每刻有确定的温度，系统的温度未必每时每刻都等于环境的温度。式(2.6) 对于下面的讨论非常重要。如果卡诺原理正确，式(2.6) 就严格成立。那么，卡诺原理是否完全正确呢？下面对此将给予证明。

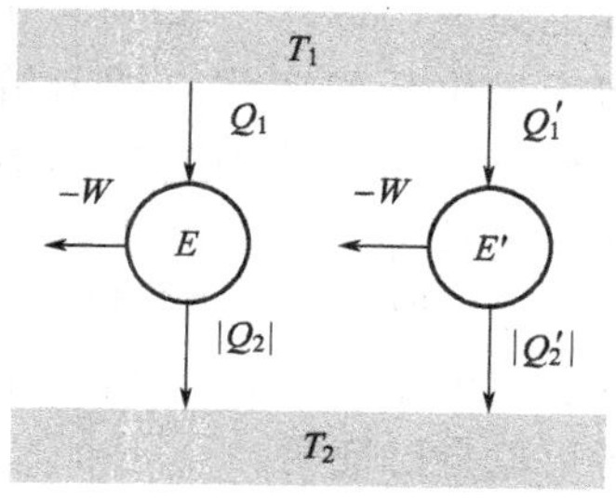

图 2.4　证明卡诺原理

设在 T_1 和 T_2 两个热源之间工作的有不可逆热机 E' 和卡诺热机 E，如图 2.4 所示。卡诺热机的效率为 $\eta_{卡}$，非可逆热机的效率为 η。它们循环一次对外所做的功相同，均为 $-W$。

热机 E 是可逆的，可逆过程就是态变化过程反向进行使系统复原时不会给环境留下任何痕迹的过程。这就是说，对于可逆热机的一个循环过程而言，正向运转从高温热源吸收多少热量，逆向运转时就会对高温热源放出多少热量；正向运转对低温热源放出多少热量，逆向运转时就会从低温热源吸收多少热量；正向运转对外做多少功，逆向运转时就需要外界对系统做多少功。现在用不可逆热机 E' 带动可逆热机 E 使其逆转。当两个热机完成一个循环后，热机 E 从 T_2 热源吸收的热为 $|Q_2|$、对 T_1 热源放出的热为 Q_1；热机 E' 从 T_1 热源吸收的热为 Q_1'、对 T_2 热源放出的热为 $|Q_2'|$。这时

高温热源得到的总热量为　　Q_1-Q_1'

低温热源失去的总热量为　　$|Q_2|-|Q_2'|$

由于循环过程中状态函数不变，即两个热机的内能增量均为 $\Delta U=0$，所以

$$-W=Q_1+Q_2=Q_1'+Q_2'$$

即　　$Q_1-|Q_2|=Q_1'-|Q_2'|$　　（Q_2 和 Q_2' 均小于零）

即

$$Q_1-Q_1'=|Q_2|-|Q_2'| \tag{2.7}$$

假设 1　$\eta>\eta_{卡}$

则

$$\frac{-W}{Q_1'}>\frac{-W}{Q_1}$$

因为　　$-W$、Q_1、Q_1' 均大于零

所以　　$Q_1>Q_1'$

即　　$Q_1-Q_1'>0$

在这种情况下，由式(2.7) 可以看出，用不可逆热机 E' 带动可逆热机 E 使其逆转，待二者均完成一个循环后，高温热源 T_1 的确得到了热量（$Q_1-Q_1'>0$），低温热源 T_2 的确失去了热量（$|Q_2|-|Q_2'|>0$），而且低温热源失去的热量等于高温热源得到的热量。与此同时，两

个热机都回到了原来的状态，未引起任何其它变化。这就相当于有一定热量自发地从低温物体传到了高温物体。显然这违反了热力学第二定律，故假设 1 是错误的。

假设 2　$\eta=\eta_{卡}$

则
$$\frac{-W}{Q_1'}=\frac{-W}{Q_1}$$

所以
$$Q_1=Q_1'$$

即
$$Q_1-Q_1'=0$$

在这种情况下，由式(2.7) 可以看出，用不可逆热机 E' 带动可逆热机 E 使其逆转，待二者均完成一个循环后，高温热源得到的热量为零（$Q_1-Q_1'=0$），低温热源失去的热量也为零($|Q_2|-|Q_2'|=0$)。与此同时，两个热机都回到了原来的状态，热机和环境均未发生任何变化，即未给环境留下任何痕迹。这种情况与不可逆热机 E' 中包含有不可逆过程是矛盾的，所以假设 2 也是错误的。故不可逆热机的效率只能小于卡诺热机的效率即 $\eta<\eta_{卡}$。

综上所述，在 T_1 和 T_2 两个热源之间工作的不可逆热机的效率必然小于卡诺热机的效率。关于在 T_1 和 T_2 两个热源之间工作的所有可逆热机的效率都等于卡诺热机的效率，读者可以自己证明。

例 2.1　欲用冷冻机使 1kg 0℃的水变为同温度的冰，至少要消耗多少电功？已知环境温度是 25℃，冰的摩尔熔化热为 6.02kJ・mol^{-1}，冷冻机工作时会对外放热。

解： 冷冻机是一种热机，当它可逆工作时其效率最高，消耗的电功最少。根据卡诺原理，在两个热源之间工作的可逆热机的效率为

$$\eta=\frac{T_1-T_2}{T_1}$$ 此处 T_1 和 T_2 分别为高温热源和低温热源的温度

$$=\frac{298-273}{298}=0.0839$$

以冷冻机为系统，当 1kg 水结冰时系统需要从低温热源（水）吸收的热量为

$$Q_2=n\cdot\Delta_{fus}H_m$$
$$=\frac{1000g}{18g\cdot mol^{-1}}\times 6.02kJ\cdot mol^{-1}$$
$$=334.4kJ$$

因为
$$\eta=\frac{Q_1+Q_2}{Q_1}=1+\frac{Q_2}{Q_1}$$

所以
$$\frac{Q_2}{Q_1}=\eta-1=-0.9161$$

所以
$$Q_1=Q_2/(-0.9161)=334.4kJ/(-0.9161)$$
$$=-365.0kJ$$

冷冻机循环运转停机后，$\Delta U=0$

所以
$$W=-(Q_1+Q_2)=-(-365.0+334.4)kJ$$
$$=30.6kJ$$

所以，至少要消耗 30.6kJ 的电功。

2.3 熵概念

2.3.1 任意可逆循环的热温商

根据卡诺原理，在 T_1 和 T_2 两个热源之间工作的任意热机必满足式(2.6) 即

$$\frac{Q_1}{T_1}+\frac{Q_2}{T_2}\leqslant 0 \qquad \begin{cases} < & \text{不可逆} \\ = & \text{可逆} \end{cases}$$

此式中的温度 T_1 和 T_2 是环境的温度，而不是系统（即工质）的温度。对于可逆热机而言，因系统的温度与环境的温度时刻相等，所以上式中的温度既是环境的温度也是系统的温度。

对于一个任意可逆循环，如图 2.5 中的光滑闭合曲线所示。循环一次，系统对外所做的功等于该光滑闭合曲线所包围的面积，即

$$-W=\oint p\,\mathrm{d}V$$

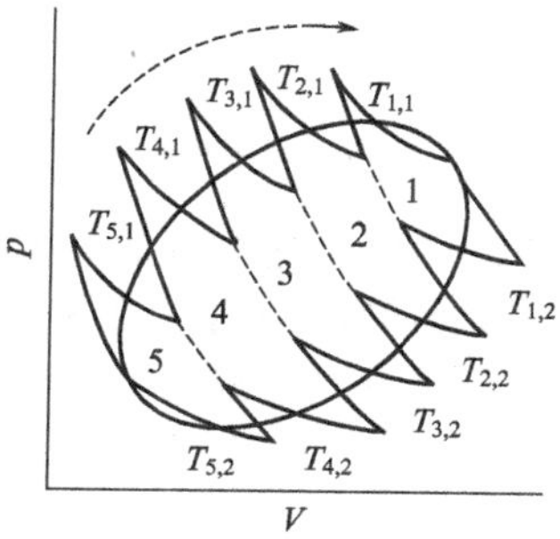

图 2.5 任意可逆循环

在图 2.5 中的任意可逆循环的基础上，用一组可逆等温线和可逆绝热线可以画出一系列在两个热源间工作的可逆循环。如果工质不是理想气体，这时虽然我们未必知道它的等温可逆方程和绝热可逆方程，但是这种方程肯定是存在的，这种曲线肯定也是存在的。故对于任意一个可逆循环过程都可以这么做。

在上述处理过程中，如果把握住这样一个原则：使得由实线组成的锯齿形循环与原任意可逆循环构成的一系列对顶“三角形”的面积大致相等，那么系统沿锯齿形路线循环一次对外所做的功就与沿原任意可逆循环路线循环一次对外所做的功大致相等，就可以用锯齿形可逆循环近似代替原来的任意可逆循环。所以，该任意可逆循环过程的热温商也可以近似用锯齿形可逆循环的热温商来代替，即

$$\oint\frac{\delta Q_{\mathrm{r}}}{T_{\mathrm{e}}}\approx \text{等温线的热温商}+\underbrace{\text{绝热线的热温商}}_{=0}$$

$$=\sum_{i=1}^{5}\left(\frac{Q_{i,1}}{T_{i,1}}+\frac{Q_{i,2}}{T_{i,2}}\right)$$

根据式(2.6)，在两个热源间工作的任意可逆热机的热温商之和为零，即

$$\frac{Q_{i,1}}{T_{i,1}}+\frac{Q_{i,2}}{T_{i,2}}=0$$

所以

$$\oint\frac{\delta Q_{\mathrm{r}}}{T_{\mathrm{e}}}\approx 0$$

当可逆的锯齿形循环中锯齿的数目无限多、锯齿无限小时，锯齿形可逆循环就与原来的任意可逆循环没有什么两样了。这时上式左右两边就完全相等而非近似相等，上式中环境的温度 T_{e} 就可以用系统的温度 T 来代替，上式就可以改写为

$$\oint\frac{\delta Q_{\mathrm{r}}}{T}=0 \tag{2.8}$$

由此可见，任意可逆循环过程的热温商都等于零。该结论在后面还会用到。

2.3.2 熵的引出

若将一个任意可逆循环过程分为两段，如图 2.6 所示，则由式(2.8) 可知

$$\oint \frac{\delta Q_{\mathrm{r}}}{T}=\int_{\mathrm{A}}^{\mathrm{B}} \frac{\delta Q_{\mathrm{r}}(\mathrm{I})}{T}+\int_{\mathrm{B}}^{\mathrm{A}} \frac{\delta Q_{\mathrm{r}}(\mathrm{II})}{T}=0$$

因为路线（Ⅰ）和（Ⅱ）都是可逆的。沿同一条可逆路线进行的方向相反的两个过程的热温商必然绝对值相等而符号相反。故由上式可知

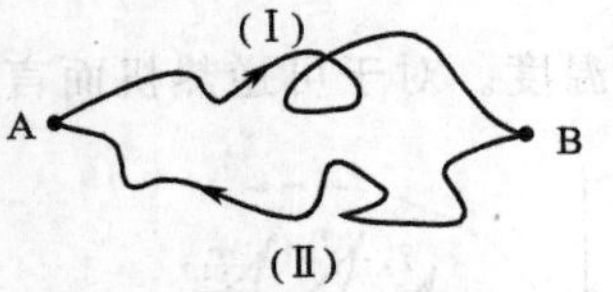

图 2.6　任意可逆循环

$$\int_{\mathrm{A}}^{\mathrm{B}} \frac{\delta Q_{\mathrm{r}}(\mathrm{I})}{T}-\int_{\mathrm{A}}^{\mathrm{B}} \frac{\delta Q_{\mathrm{r}}(\mathrm{II})}{T}=0$$

即

$$\int_{\mathrm{A}}^{\mathrm{B}} \frac{\delta Q_{\mathrm{r}}(\mathrm{I})}{T}=\int_{\mathrm{A}}^{\mathrm{B}} \frac{\delta Q_{\mathrm{r}}(\mathrm{II})}{T} \tag{2.9}$$

由式(2.9) 可以看出，可逆热温商只与始终态有关而与路线无关。这说明可逆过程的热温商在数值上一定反映了某个状态函数的改变量。我们把这个状态函数称为熵，并把它用 S 表示，其单位是 $\mathrm{J \cdot K^{-1}}$。

既然可逆热温商反映了系统的状态函数熵的改变量，那么对于任意一个状态变化过程 A→B 而言，其熵变就可以表示为

$$\Delta S=S_{\mathrm{B}}-S_{\mathrm{A}}=\int_{\mathrm{A}}^{\mathrm{B}} \frac{\delta Q_{\mathrm{r}}}{T} \tag{2.10}$$

虽然完成 A→B 这个状态变化过程的路线有无数条，有可逆路线也有不可逆路线，但是 ΔS 是状态函数的改变量，其值只与始终态有关而与路线无关。所以，不论实际变化过程是否可逆，ΔS 在数值上都等于沿可逆路线完成 A→B 这个态变化时的热温商。因此，为了求算态变化过程的熵变，常常需要在始终态之间寻找或设计一条可逆路线。由于 Q_{r} 与系统中物质的量有关，故由式(2.10) 可见，ΔS 必然与系统中物质的量有关。换句话说，熵是个容量性质，它具有加和性。

2.3.3 任意不可逆循环的热温商

对于一个任意不可逆循环过程而言，其环境温度可能是多种多样的。又因为过程不可逆，所以在循环过程中系统的温度未必处处等于环境的温度。但是在这个任意的不可逆循环过程中，如果近似认为系统与 $T_{1,1}$ 和 $T_{1,2}$，$T_{2,1}$ 和 $T_{2,2}$……$T_{n,1}$ 和 $T_{n,2}$ 共 $2n$ 个热源相接触，也就是说可以把这个任意不可逆循环近似看作在 n 对热源之间进行的循环。在循环过程中，系统从这 n 对热源吸收的热量分别为 $Q_{1,1}$ 和 $Q_{1,2}$，$Q_{2,1}$ 和 $Q_{2,2}$，……$Q_{n,1}$ 和 $Q_{n,2}$。这个任意不可逆循环的热温商可近似表示为

$$\oint \frac{\delta Q_{\mathrm{ir}}}{T_{\mathrm{e}}} \approx \sum_{i=1}^{n}\left(\frac{Q_{i,1}}{T_{i,1}}+\frac{Q_{i,2}}{T_{i,2}}\right) \tag{2.11}$$

当 $n \to \infty$ 时，上式中左右两边就不再是近似相等，而是完全相等。根据式(2.6)，在 $T_{i,1}$ 和 $T_{i,2}$ 两个热源之间发生的任意不可逆循环必满足

$$\frac{Q_{i,1}}{T_{i,1}}+\frac{Q_{i,2}}{T_{i,2}}<0$$

将此代入式(2.11) 可得

$$\oint \frac{\delta Q_{\mathrm{ir}}}{T_{\mathrm{e}}}<0 \tag{2.12}$$

即任意不可逆循环的热温商小于零。在不可逆过程中，由于系统并非每时每刻都处于平衡状态，其热力学性质并非每时每刻都有确定的值，故不可逆过程在 p-V 图中是画不出来的。

2.3.4 熵判据

如果一个不可逆循环是由不可逆过程（Ⅰ）和可逆过程（Ⅱ）组成，如图 2.7 所示。则由式(2.12) 可知

$$\oint \frac{\delta Q}{T_e} = \int_A^B \frac{\delta Q_{ir}(\text{Ⅰ})}{T_e} + \int_B^A \frac{\delta Q_r(\text{Ⅱ})}{T} < 0$$

由于过程（Ⅱ）是可逆的，所以沿该路线变化过程的热温商就等于该过程的熵变，即

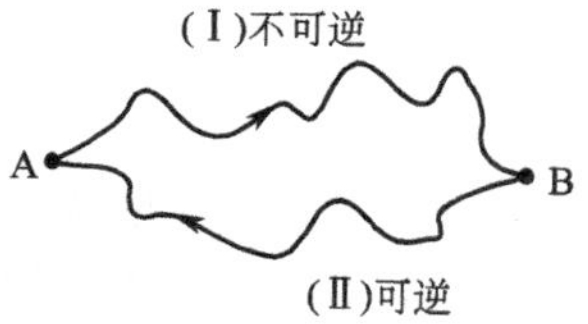

图 2.7 任意不可逆循环

$$\int_B^A \frac{\delta Q_r(\text{Ⅱ})}{T} = S_A - S_B = \Delta_B^A S = -\Delta_A^B S$$

其中 $\Delta_B^A S$ 和 $\Delta_A^B S$ 分别表示系统从 B 到 A 和从 A 到 B 的熵变。将此代入前式可得

$$\int_A^B \frac{\delta Q_{ir}(\text{Ⅰ})}{T_e} - \Delta_A^B S < 0$$

所以

$$\Delta_A^B S > \int_A^B \frac{\delta Q_{ir}(\text{Ⅰ})}{T_e} \tag{2.13}$$

这就是说，不可逆过程的热温商小于它的熵变。综合式(2.10) 和式(2.13) 可得

$$\Delta S \geqslant \int \frac{\delta Q}{T_e} \qquad \begin{cases} > & \text{不可逆} \\ = & \text{可逆} \end{cases} \tag{2.14}$$

或者

$$dS \geqslant \frac{\delta Q}{T_e} \qquad \begin{cases} > & \text{不可逆} \\ = & \text{可逆} \end{cases} \tag{2.15}$$

由式(2.14) 和式(2.15) 可知，热温商大于熵变的过程是不可能发生的。具体对于一个状态变化过程而言，其始终态是确定的。在这种情况下，ΔS 有唯一确定的值，其值不会因完成这个态变化路线的不同而不同。但是热温商是系统吸收的热与环境温度的比值，热温商不是状态函数的改变量，其值不仅与始终态有关，而且还与态变化的具体路线有关。可逆时，热温商等于该过程的熵变；不可逆时，热温商小于该过程的熵变。这就是一个过程能否发生，能发生时是否可逆的熵判据。

实际上，由于热温商与态变化的具体路线有关，计算起来往往有一定的困难，所以上述熵判据在实际应用方面有一定的局限性。不过，该判据对后面进一步讨论分析问题会有很大帮助。另一方面，在此基础上可以考虑一种特殊情况，即对于绝热系统，由式(2.14) 可得

$$\Delta S \geqslant 0 \qquad \begin{cases} > & \text{不可逆} \\ = & \text{可逆} \end{cases} \tag{2.16}$$

这就是说，在绝热系统中，状态变化只能朝着熵增大的方向进行。或者说，绝热系统的熵值永远不会减小。这就是**熵增原理**（principal of entropy increase）。当绝热系统的熵值增大、增大，直至达到最大值时，后续的变化只能是 $\Delta S=0$ 的变化，只能是可逆变化。这就是说，当绝热系统的熵达到最大值时，系统也就到达了平衡状态。

例 2.2 已知 $H_2O(l)$ 的等压摩尔热容为 75.30J · K^{-1} · mol^{-1}。在常压下将 2mol 27℃的水放进已断电的 97℃的大烘箱里。

(1) 足够长时间后水的熵变是多少？

(2) 该过程是否可逆？

解：(1) 以水为系统，根据式(2.10)，在等压升温过程中其熵变为

$$\Delta S_{系统}=\int_{27+273}^{97+273}\frac{nC_{p,m}}{T}dT=nC_{p,m}\ln\frac{370}{300}$$

$$=2\times75.30\ln\frac{370}{300}J\cdot K^{-1}$$

$$=31.6J\cdot K^{-1}$$

(2) 虽然水的熵变求出来了，但是此处不能直接用熵增原理来判断该过程是否可逆。因为熵增原理的使用条件是绝热系统，而放入烘箱的水与环境（烘箱）之间并不是绝热的。不过，可以把水和烘箱合并为一个大的孤立系统（烘箱壁有保温隔热材料且已断电）。由于孤立系统就是绝热系统，故这时可以用熵增原理来判断过程的可逆性。

在水温升高时，烘箱很大，烘箱的温度基本上维持不变。也就是说烘箱本身在此过程中一直处于或无限接近于平衡状态，而可逆过程是由一连串平衡状态组成的。这就是说烘箱本身的变化是近似可逆的。烘箱作为环境其熵变为

$$\Delta S_{环境}=\frac{Q_{环境}}{T_{环境}}=\frac{-Q_{系统}}{T_{环境}}=\frac{-nC_{p,m}(H_2O,l)(T_2-T_1)}{T_{烘箱}}$$

$$=\frac{-2\times75.30\times(97-27)}{273+97}J\cdot K^{-1}$$

$$=-28.5J\cdot K^{-1}$$

$$\Delta S_{孤立}=\Delta S_{系统}+\Delta S_{环境}$$

$$=(31.6-28.5)J\cdot K^{-1}=3.1J\cdot K^{-1}>0$$

故根据熵增原理，该过程是不可逆的。

2.4 熵的统计意义和规定熵

2.4.1 熵的统计意义

(1) 熵的统计意义

热力学的研究对象是由大量微观粒子组成的宏观系统。这种宏观系统的热力学性质是大量微观粒子运动行为的综合表现。如对于理想气体而言，温度 T 是大量分子平均动能的量度，压力 p 是大量分子碰撞单位器壁表面的剧烈程度的量度……下面就来讨论热力学性质熵的统计意义。

设想有一个绝热的长方体容器，其中装有气体。想象中将该容器分为体积和形状均相同的左右两个部分。在这种情况下，由于每个气体分子在容器内的分布是随机的，它处在左右两侧的概率是均等的，所以下面讨论所涉及的该宏观系统中的每一种微观状态出现的概率也是均等的❶。

① 若容器中只有一个分子 a，则有两种微观状态，有两种宏观状态。两种宏观状态分别是左边有分子而右边没有分子和右边有分子而左边没有分子。两种微观状态分别是左边有一个分子 a 而右边没有分子和右边有一个分子 a 而左边没有分子。

---

❶ 这就是统计热力学中的等概率定律。

	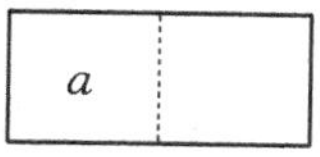	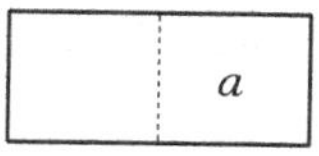
	简记为 $a/$	简记为 $/a$
不同宏观状态出现的概率	$\frac{1}{2}$	$\frac{1}{2}$

② 若容器中有 a，b 两个分子，则有 4 种微观状态，有 3 种宏观状态即

	$ab/$	a/b b/a	$/ab$
不同宏观状态出现的概率	$\frac{1}{4}$	$\frac{2}{4}$	$\frac{1}{4}$

③ 若容器中有 a，b，c 三个分子，则有 8 种微观状态，有 4 种宏观状态即

	$abc/$	ab/c ac/b bc/a	a/bc b/ac c/ab	$/abc$
不同宏观状态出现的概率	$\frac{1}{8}$	$\frac{3}{8}$	$\frac{3}{8}$	$\frac{1}{8}$

④ 若容器中有 a，b，c，d 四个分子，则有 16 种微观状态，有 5 种宏观状态即

	$abcd/$	abc/d abd/c acd/b bcd/a	ab/cd ac/bd ad/bc bc/ad bd/ac cd/ab	a/bcd b/acd c/abd d/abc	$/abcd$
不同宏观状态出现的概率	$\frac{1}{16}$	$\frac{4}{16}$	$\frac{6}{16}$	$\frac{4}{16}$	$\frac{1}{16}$

从以上分析结果可以看出，不论分子数是多还是少，均匀分布都是微观状态数最多、出现概率最大的分布，均匀分布也是**混乱度**（randomness）最大的分布。而所有的分子全部集中在左边或右边的分布是“最守纪律”、“最整齐”、混乱度最小的分布，这种分布出现的概率最小。故在无外界干扰的情况下，一个绝热系统总会自发从混乱度小的状态变为混乱度大的状态，这是很自然的。这与绝热系统的熵值总是从小变大并最终达到最大是一致的。由此推测，熵值应是系统混乱度大小的反映，这就是**熵的统计意义**（statistical significance of entropy）。平衡系统的熵 S 与其混乱度即与其平衡状态所具有的微观状态数 ω 之间必然存在着一定的函数关系。两者之间到底存在什么样的函数关系呢？

设想有 A、B 两个系统，并假设 $S=f(\omega)$，那么

$$S_A=f(\omega_A) \qquad S_B=f(\omega_B)$$

如果把 A、B 两个系统合并起来作为一个新的大系统考虑，则大系统的熵值为

$$S=S_A+S_B$$

即

$$f(\omega)=f(\omega_A)+f(\omega_B) \qquad \omega \text{ 是大系统的微观状态数}$$

又因

$$\omega=\omega_A\omega_B$$

所以

$$f(\omega_A\omega_B)=f(\omega_A)+f(\omega_B)$$

我们知道，只有当 f 为对数函数时才能满足上式，所以令

$$S=k_B\ln\omega \tag{2.17}$$

式(2.17) 称为**玻尔兹曼公式** (Boltzmann's equation)。它反映了宏观平衡系统的熵值与其微观状态数之间的关系。其中的比例系数 k_B 为**玻尔兹曼常数**。玻耳兹曼常数的值到底是多少呢?

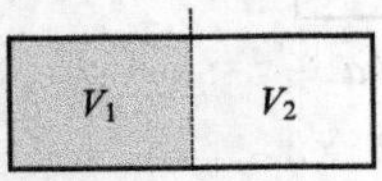

图 2.8 刚性绝热容器

(2) 玻尔兹曼常数

设想有一个刚性绝热容器,如图 2.8 所示。该容器被一个隔板分为体积和形状均相同的两部分 V_1 和 V_2。最初 V_1 中有 $n$mol 理想气体,V_2 中是真空。如果把隔板抽去,最终理想气体就会充满并均匀分布于整个容器。在此过程中,由于 Q 和 W 均为零,故根据热力学第一定律 $\Delta U=0$。又因理想气体的内能只是温度的函数,所以 $\Delta T=0$,即该过程是理想气体在等温条件下体积增大了 1 倍。弄清楚该变化过程的始终态以后,为了求算该过程的熵变 ΔS,可以设想该变化过程沿另一条非绝热的等温可逆路线来完成,因为熵变只与始终态有关而与路线无关。在这种情况下

因为 $\Delta U=0$

所以 $$\Delta S=\frac{Q_r}{T}=\frac{-W_r}{T}=nR\ln\frac{V_1+V_2}{V_1}$$

即 $$\Delta S=nR\ln 2 \tag{2.18}$$

从微观状态数方面考虑,设 $n$mol 理想气体分布在整个容器中的微观状态总数为 ω (其中涉及所有的各不相同的宏观状态);全都分布在 V_1 中(这是最整齐有序的一种宏观状态)的微观状态数为 ω_1;在 V_1 和 V_2 中均匀分布(这是一种最混乱的出现概率最大的宏观状态)的微观状态数为 ω_2。那么由式(2.17) 可知

$$\Delta S=k_B\ln\omega_2-k_B\ln\omega_1=k_B\left(\ln\frac{\omega_2}{\omega}-\ln\frac{\omega_1}{\omega}\right)$$

式中,$\frac{\omega_1}{\omega}$代表所有的分子全部分布在左侧的数学概率,所以

$$\Delta S=k_B\left[\ln\frac{\omega_2}{\omega}-\ln\left(\frac{1}{2}\right)^{nL}\right]$$
$$=k_B\left[\ln\frac{\omega_2}{\omega}+nL\ln 2\right]$$

式中,L 为阿佛伽德罗常数。

对于宏观系统而言,与 $nL\ln 2$ 相比,将 $\ln\frac{\omega_2}{\omega}$忽略不计是完全合理的❶,所以

$$\Delta S=nLk_B\ln 2 \tag{2.19}$$

比较式(2.18) 和式(2.19) 容易看出 $R=Lk_B$

所以 $$k_B=R/L$$
$$=8.314\text{J}\cdot\text{K}^{-1}\cdot\text{mol}^{-1}/(6.022\times10^{23}\text{mol}^{-1})$$
$$=1.381\times10^{-23}\text{J}\cdot\text{K}^{-1}$$

例 2.3 判断下列态变化过程中系统的熵值是增大还是减小。

(1) 在相同的温度和压力下 液态水⟶冰

(2) 在相同的温度和压力下 水+氯化钠⟶溶液

(3) 在相同的温度和压力下

---

❶ 根据统计热力学中的摘取最大项原理,$\ln\omega_2=\ln\omega$,即 $\ln(\omega_2/\omega)=1$。

10 吨海水⟶9.5 吨去离子水＋0.5 吨浓盐水

（4）在相同的温度和压力下　$2H_2(g)+O_2(g)\longrightarrow 2H_2O(l)$

（5）在相同的温度和压力下　$2HI(g)\longrightarrow H_2(g)+I_2(g)$混合气体

解：（1）减小。因为在液态水中，水分子可以自由运动，其混乱度明显大于冰。

（2）增大。因为始态水是水、氯化钠是氯化钠，其混乱度明显小于把两者混合变成溶液后的混乱度。

（3）减小。该过程类似于溶质与溶剂混合变成溶液的逆向变化过程。

（4）减小。其中把两种物质变成一种物质，又把气体变成液体。这两种变化都会使系统的混乱度减小。

（5）增大。虽然始终态的温度和压力相同，分子数也相同，但是纯物质变成了混合物，显然混乱度是增大的。

2.4.2　热力学第三定律和纯物质的规定熵

根据玻尔兹曼公式(2.17)，当 $\omega=1$ 时，$S=0$。所以，在绝对零度，纯完美晶体的熵值为零。此称**热力学第三定律**（third law of thermodynamics）。所谓纯完美晶体，它是指晶体无缺陷，每一个晶格节点上排布的粒子完全相同，而且每个粒子的排布方式即取向也完全相同，否则就不完美。在这种情况下，系统的微观状态只有一种，故根据式(2.17) 其熵值为零。把以此为参考而引入的各物质的熵称为**绝对熵**（absolute entropy）。可是实际上，一方面由于自然界各种元素大多都有它的同位素，所以没有真正的纯完美晶体。另一方面，以纯一氧化碳晶体为例，即使不考虑同位素，也很难得到它的完美晶体。因为在晶格节点上一氧化碳的取向可能是 CO，也可能是 OC。在这种情况下，它的微观状态数就远不止一种了。所以自然界并不存在真正的纯完美晶体，物质的绝对熵是无法知道的，当然就更谈不上应用了。

与此同时，大量的实验结果表明：当温度趋于 0K 时，化学反应的熵变都趋于零即

$$\sum\nu_B S_m(B,0K)=0$$

在满足此式的前提下，我们对不同物质在 0K 时的摩尔熵值 $S_m(B,0K)$ 可以任意选取。这是为什么呢？由于状态函数的改变量只与始终态有关而与路线无关，此处以 T 温度下的反应为例，可以绕道计算其 $\Delta_r S_m(T)$。

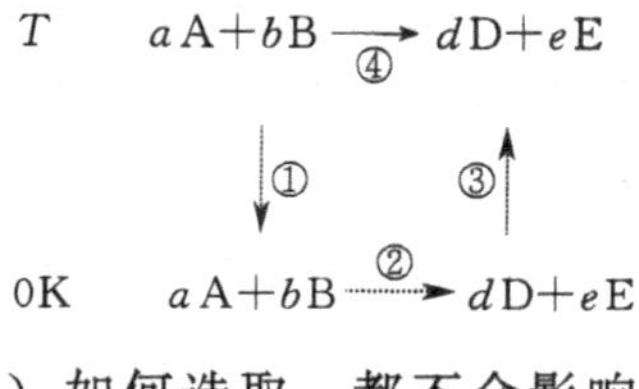

$$\Delta_r S_m(T)=\Delta S_4=\Delta S_1+\Delta S_2+\Delta S_3$$

即
$$\Delta_r S_m(T)=\Delta S_1+\sum\nu_B S_m(B,0K)+\Delta S_3$$

由于过程①和③的始终态是完全确定的，不论对 0K 时各物质的摩尔熵怎么规定，只与始终态有关的 ΔS_1 和 ΔS_3 都恒定不变。所以，在满足$\sum\nu_B S_m(B,0K)=0$ 的前提条件下，不论 $S_m(B,0K)$ 如何选取，都不会影响 $\Delta_r S_m(T)$ 的值。正因为这样，普朗克提出：在 0K 时处于内部平衡的纯物质的熵值为零，即

$$S_m(B,0K)=0 \tag{2.20}$$

这是热力学第三定律的另一种表述，即**热力学第三定律的普朗克假设**。这种假设是对 0K 时纯物质熵值的一种最方便的约定，并不是说 0K 时纯物质的绝对熵值为零。在普朗克假设的基础上，可以计算指定温度下纯物质的熵值。如此得到的熵值就是纯物质的**规定熵**（conventional entropy）。譬如在一定压力下将处于内部平衡的某纯物质从 0K 加热到 T 温度，如果在此温度范围内无相变，则该过程的熵变为

$$\Delta S = S_T - S_0 = \int_0^T \frac{\delta Q_r}{T}$$

因为 $$S_0 = 0$$

所以 $$S_T = \int_0^T \frac{\delta Q_r}{T}$$

S_T 就是该物质在 T 温度下的规定熵。同理，用这种方法得到的 $S_m^{\ominus}(T)$ 就是该物质在 T 温度下的标准摩尔规定熵，简称标准摩尔熵。今后在讨论实际问题时，凡涉及的熵概念或计算都是指规定熵。由于用这种方法在获取熵值的过程中涉及到量热，故由此得到的规定熵也叫做**量热熵**。量热熵与借助统计热力学计算得到的**统计熵**（统计熵也叫做光谱熵）有时会有微小的差别。

在计算规定熵的过程中，如果在 0K～T 的温度范围内有相变化，计算过程就需要分段进行。如某气体物质在 T 温度下的摩尔熵可以表示为

$$S_T = \int_0^{T_f} \frac{\delta Q_r}{T} + \frac{\Delta_{fus} H_m}{T_f} + \int_{T_f}^{T_b} \frac{\delta Q_r}{T} + \frac{\Delta_{vap} H_m}{T_b} + \int_{T_b}^{T} \frac{\delta Q_r}{T}$$

如果固体物质在升温过程中还有相变（如晶型转化），则对固态升温过程既要分段计算，还要把晶型转化过程的熵变考虑在内。

例 2.4 已知在 298.15K 下氧的标准摩尔熵为 $205.03\text{J}\cdot\text{K}^{-1}\cdot\text{mol}^{-1}$，氧气的等压摩尔热容与温度的关系可以表示如下。求 500℃下氧的标准摩尔熵。

$$C_{p,m}(O_2)/\text{J}\cdot\text{K}^{-1}\cdot\text{mol}^{-1} = 36.12 + 0.845\times10^{-3}T/\text{K} - 4.31\times10^{5}(T/\text{K})^{-2}$$

解：

$$\begin{matrix} 1\text{mol } O_2 & & 1\text{mol } O_2 \\ 298.15\text{K} & \xrightarrow{\text{等压变温过程}} & 500+273.15\text{K} \\ p^{\ominus} & & p^{\ominus} \end{matrix}$$

由于熵变 ΔS 是状态函数的改变量，其值只与始终态有关而与路线无关，所以该变化过程也可以沿着一条可逆的等压变温路线来完成，那么

$$\Delta S_m = \int_{298.15}^{773.15} \frac{C_{p,m}}{T}\text{d}T = \int_{298.15}^{773.15} \frac{36.12 + 0.845\times10^{-3}T - 4.31\times10^{5}T^{-2}}{T}\text{d}T$$

$$= 32.76\text{J}\cdot\text{K}^{-1}\cdot\text{mol}^{-1}$$

所以 $$S_m^{\ominus}(500℃) = S_m^{\ominus}(25℃) + \Delta S_m = (205.03 + 32.76)\text{J}\cdot\text{K}^{-1}\cdot\text{mol}^{-1}$$

$$= 237.79\text{J}\cdot\text{K}^{-1}\cdot\text{mol}^{-1}$$

2.5 熵变的计算

2.5.1 简单变化

(1) 等容变温过程

例如在等容条件下的变温过程

$$A(T_1) \longrightarrow A(T_2)$$

如果等容变温过程可逆，热温商中环境的温度 T_e 就可用系统的温度 T 来代替即

$$\Delta S=\int_{T_1}^{T_2}\frac{\delta Q_r}{T}=\int_{T_1}^{T_2}\frac{C_V}{T}dT$$

若 C_V 为常数，则由上式可得

$$\Delta S=C_V\ln\frac{T_2}{T_1}=nC_{V,m}\ln\frac{T_2}{T_1} \tag{2.21}$$

虽然式(2.21) 是由等容可逆变温过程推导出来的，但由于 ΔS 只与始终态有关而与路线无关，所以不论实际等容变温过程是否可逆，其熵变都可以用式(2.21) 进行计算。

(2) 等压变温过程

例如在等压条件下的变温过程

$$A(T_1)\longrightarrow A(T_2)$$

如果等压变温过程可逆，热温商中环境的温度 T_e 就可用系统的温度 T 来代替即

$$\Delta S=\int_{T_1}^{T_2}\frac{\delta Q_r}{T}=\int_{T_1}^{T_2}\frac{C_p}{T}dT$$

若 C_p 为常数，则由上式可得

$$\Delta S=C_p\ln\frac{T_2}{T_1}=nC_{p,m}\ln\frac{T_2}{T_1} \tag{2.22}$$

虽然式(2.22) 是由等压可逆变温过程推导出来的，但由于 ΔS 只与始终态有关而与路线无关，所以不论实际等压变温过程是否可逆，其熵变都可以用式(2.22) 进行计算。

(3) 等温过程

以理想气体为例，对于等温条件下的状态变化

$$A(T,p_1,V_1)\longrightarrow A(T,p_2,V_2)$$

由于 ΔS 只与始终态有关而与路线无关，故不论实际等温过程是否可逆，都可以沿等温可逆路线来计算该过程的熵变。又因理想气体的内能只是温度的函数，所以在等温过程中

$$\Delta U=0$$

所以

$$\Delta S=\frac{Q_r}{T}=\frac{-W_r}{T}$$

即

$$\Delta S=nR\ln\frac{V_2}{V_1}=nR\ln\frac{p_1}{p_2} \tag{2.23}$$

不论实际等温过程是否可逆，理想气体的熵变都可以用式(2.23) 进行计算。

关于凝聚态物质在等温过程中的熵变，将在本章后续的“热力学基本方程及其应用”部分进行讨论。

例 2.5 如果把空气近似看作理想气体，对于 5mol $p=0.1$MPa、$T=35$℃的空气

(1) 若将该气体等温可逆压缩至 0.3MPa，分别求算空气和环境的熵变。

(2) 若将该气体绝热可逆压缩至 0.3MPa，分别求算空气和环境的熵变。

(3) 若从等温可逆压缩后的状态开始，让系统在绝热条件下反抗零外压又膨胀到 0.1MPa。分别求算空气和环境的熵变。

解：(1) 对于理想气体，因温度不变，所以 $\Delta U=0$，$Q=-W$

$$(\Delta S)_{系统}=\int\frac{\delta Q_r}{T}=\frac{Q_r}{T}=\frac{-W_r}{T}=nR\ln\frac{V_2}{V_1}=nR\ln\frac{p_1}{p_2}$$

$$=\left(5\times 8.314\ln\frac{0.1}{0.3}\right)\text{J}\cdot\text{K}^{-1}$$

$$=-45.67\text{J}\cdot\text{K}^{-1}$$

如果把系统（空气）与环境合并为一个大的孤立系统，则由于过程可逆，由熵增原理可知该孤立系统的熵变为零即

$$(\Delta S)_{孤立}=(\Delta S)_{系统}+(\Delta S)_{环境}=0$$

所以 $$(\Delta S)_{环境}=-(\Delta S)_{系统}=45.67\mathrm{J\cdot K^{-1}}$$

（2）由于绝热可逆，所以 $(\Delta S)_{系统}=0$。此处不要误以为熵变与路线（即可逆或不可逆）有关。事实上在绝热可逆压缩过程中，根据绝热可逆方程，空气的温度会升高。所以此处绝热可逆压缩的终态与（1）中等温可逆压缩的终态不同。在这种情况下，过程（2）的熵变与过程（1）的熵变不同就很自然了。

由于环境通常都很大，在系统发生状态变化的过程中，环境通常自始至终都近似处于平衡状态，故一般都可以把环境变化过程看作是可逆的。所以在绝热过程中（不论可逆与否）环境的热温商即环境的熵变都等于零，即 $(\Delta S)_{环境}=0$。

（3）因为 $Q=0$ $W=0$ 所以 $\Delta U=0$

对于理想气体而言，$\Delta U=0$ 就意味着 $\Delta T=0$。这就是说，该过程的终态压力和温度分别与过程(1) 的始态压力和温度相同，即该过程的终态与过程(1) 的始态相同。所以在过程(3) 中

$$(\Delta S)_{系统}=45.67\mathrm{J\cdot K^{-1}}$$

又因该过程绝热，根据对过程(2) 的解释，$(\Delta S)_{环境}=0$。

例 2.6 当 0.5kg 氧气从 18℃、0.1MPa 变化为 50℃、0.2MPa 时，计算该过程的熵变。已知氧气的等压摩尔热容为 $29.36\mathrm{J\cdot K^{-1}\cdot mol^{-1}}$。

解：

$$O_2(0.5\mathrm{kg},18℃,0.1\mathrm{MPa})\longrightarrow O_2(0.5\mathrm{kg},50℃,0.2\mathrm{MPa})$$

$$\xrightarrow{①} O_2(0.5\mathrm{kg},50℃,0.1\mathrm{MPa}) \xrightarrow{②}$$

$$\Delta S=\Delta S_1+\Delta S_2$$

由式(2.22) 可知

$$\begin{aligned}\Delta S_1&=nC_{p,\mathrm{m}}\ln\frac{T_2}{T_1}\\&=\frac{0.5}{0.032}\times 29.36\ln\frac{50+273}{18+273}\mathrm{J\cdot K^{-1}}\\&=47.86\mathrm{J\cdot K^{-1}}\end{aligned}$$

由式(2.23) 可知

$$\begin{aligned}\Delta S_2&=nR\ln\frac{p_1}{p_2}\\&=\frac{0.5}{0.032}\times 8.314\ln\frac{0.1}{0.2}\mathrm{J\cdot K^{-1}}\\&=-90.04\mathrm{J\cdot K^{-1}}\end{aligned}$$

所以 $$\begin{aligned}\Delta S&=(47.86-90.04)\mathrm{J\cdot K^{-1}}\\&=-42.18\mathrm{J\cdot K^{-1}}\end{aligned}$$

2.5.2 相变化

首先考察在一定温度和压力下，A 物质由 α 相可逆地变为 β 相。

$$A(\alpha) \rightleftharpoons A(\beta)$$

式中，α 和 β 可分别代表固态、液态、气态……由于该过程等温等压可逆，所以

$$\Delta S = \int \frac{\delta Q}{T} = \frac{Q}{T} = \frac{\Delta H}{T}$$

此处 ΔH 是一定温度和压力下发生可逆相变化时的相变焓亦即相变热。

例 2.7 某有机物 A 的正常沸点是 77℃，在正常沸点的摩尔汽化热为 $30.3\text{kJ} \cdot \text{mol}^{-1}$，而且已知 $C_{p,\text{m}}(\text{g}) = 40\text{J} \cdot \text{K}^{-1} \cdot \text{mol}^{-1}$，$C_{p,\text{m}}(\text{l}) = 60\text{J} \cdot \text{K}^{-1} \cdot \text{mol}^{-1}$。求算在 101.325kPa 和 57℃下 6mol 气体 A 凝结成液体时的熵变。

解：因 A 的正常沸点（即 101.325kPa 下的沸点）是 77℃而不是 57℃，所以过程①是不可逆的，过程①的热温商不等于熵变 ΔS_1。另一方面，由于熵变只与始终态有关而与路线无关，所以可借助另外设计的可逆路线②、③、④来求算 ΔS_1。

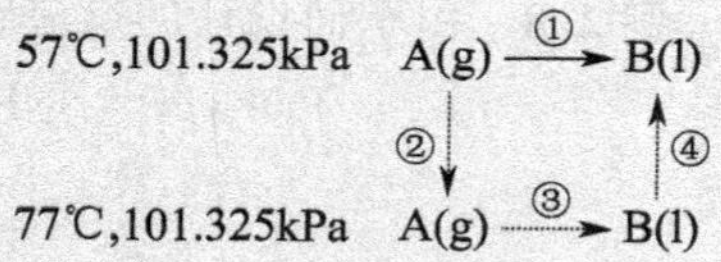

$$\Delta S_3 = \frac{-n\Delta_{\text{vap}}H_{\text{m}}}{T_{\text{b}}} = \frac{-6 \times 30.3 \times 10^3}{77+273}\text{J} \cdot \text{K}^{-1} = -519.4\text{J} \cdot \text{K}^{-1}$$

$$\Delta S_2 = \int_{57+273}^{77+273} \frac{nC_{p,\text{m}}(\text{g})}{T}\text{d}T = nC_{p,\text{m}}(\text{g})\ln\frac{350}{330}$$

$$= 6 \times 40 \ln\frac{350}{330}\text{J} \cdot \text{K}^{-1}$$

$$= 14.1\text{J} \cdot \text{K}^{-1}$$

$$\Delta S_4 = \int_{77+273}^{57+273} \frac{nC_{p,\text{m}}(\text{l})}{T}\text{d}T = nC_{p,\text{m}}(\text{l})\ln\frac{330}{350}$$

$$= 6 \times 60 \ln\frac{330}{350}\text{J} \cdot \text{K}^{-1}$$

$$= -21.2\text{J} \cdot \text{K}^{-1}$$

所以 $\Delta S_1 = \Delta S_2 + \Delta S_3 + \Delta S_4 = -526.5\text{J} \cdot \text{K}^{-1}$

2.5.3 化学反应

根据热力学第三定律的普朗克假设，有了各物质的规定熵，就可以计算化学反应的熵变。

(1) 计算 298.15K 下的标准摩尔反应熵 $\Delta_r S_m^{\ominus}(298.15\text{K})$

对于反应

$$aA + bB = dD + eE$$

$$\Delta_r S_m^{\ominus}(298.15\text{K}) = dS_m^{\ominus}(\text{D}, 298.15\text{K}) + eS_m^{\ominus}(\text{E}, 298.15\text{K}) - aS_m^{\ominus}(\text{A}, 298.15\text{K}) - bS_m^{\ominus}(\text{B}, 298.15\text{K})$$

即

$$\Delta_r S_m^{\ominus}(298.15\text{K}) = \sum \nu_B S_m^{\ominus}(\text{B}, 298.15\text{K})$$

式中，$S_m^{\ominus}(\text{B}, 298.15\text{K})$ 是 B 物质在 298.15K 下的标准摩尔熵，其值有工具书可以查找，本书附录Ⅰ中给出了一些物质在 298.15K 下的标准摩尔熵。

(2) 计算其它温度下的标准摩尔反应熵 $\Delta_r S_m^{\ominus}(T)$

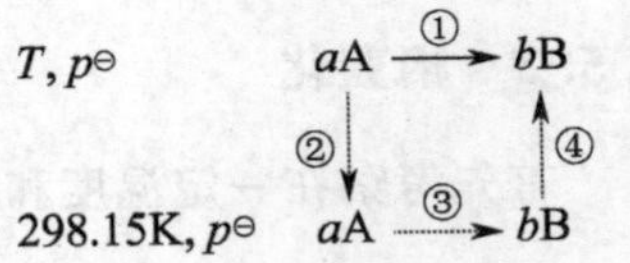

如求算 T 温度下反应 $a\mathrm{A} \mathrel{=\!=\!=} b\mathrm{B}$ 的标准摩尔反应熵。由于熵变只与始终态有关而与路线无关，故可沿另一条路线来计算 $\Delta_r S_m^{\ominus}(T)$。

$$\Delta_r S_m^{\ominus}(T) = \Delta S_2 + \Delta S_3 + \Delta S_4$$

其中

$$\Delta S_3 = \Delta_r S_m^{\ominus}(298.15\mathrm{K}) = \sum \nu_B S_m^{\ominus}(B, 298.15\mathrm{K})$$

ΔS_2 和 ΔS_4 都是简单变化过程的熵变，其计算方法在前面已讨论过，此处不再重复了。

从表面上看，这与不同温度下相变过程熵变的计算方法大致是一样的。实际上，区别的确不大，只是在化学反应中反应物和产物往往都不止一种，各物质前的系数未必都是 1。另外，在②、④两个过程中可能还会有相变化。与相变化过程相比较，计算不同温度下的摩尔反应熵通常会稍复杂一些。

例 2.8 由下面设计的反应路线求算该反应在 400K 下的标准摩尔反应熵。

$$400\mathrm{K}, p^{\ominus} \quad 8\mathrm{NH}_3(\mathrm{g}) + 6\mathrm{NO}_2(\mathrm{g}) \xrightarrow{\;①\;} 7\mathrm{N}_2(\mathrm{g}) + 12\mathrm{H}_2\mathrm{O}(\mathrm{g})$$

$$298\mathrm{K}, p^{\ominus} \quad 8\mathrm{NH}_3(\mathrm{g}) + 6\mathrm{NO}_2(\mathrm{g}) \xrightarrow{\;③\;} 7\mathrm{N}_2(\mathrm{g}) + 12\mathrm{H}_2\mathrm{O}(\mathrm{g})$$

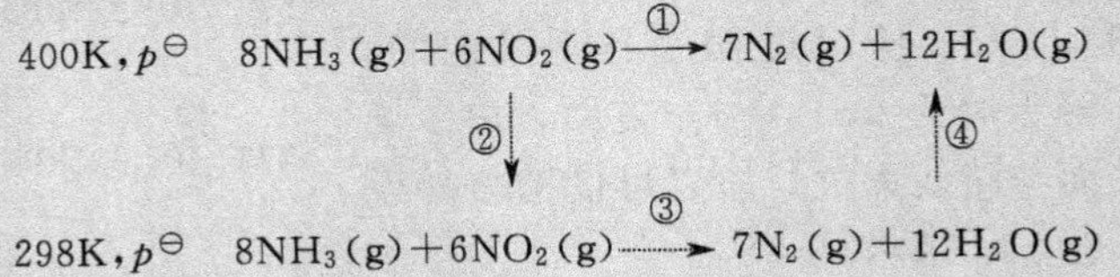

已知 $\sum \nu_B C_{p,m}(B) = 102.80\,\mathrm{J \cdot K^{-1} \cdot mol^{-1}}$。

解： $\Delta_r S_m^{\ominus}(400\mathrm{K}) = \Delta_r S_m^{\ominus}(298\mathrm{K}) + \Delta S_2 + \Delta S_4$

其中

$$\Delta_r S_m^{\ominus}(298\mathrm{K}) = \sum \nu_B S_m^{\ominus}(B, 298\mathrm{K})$$

$$= (7 \times 191.6 + 12 \times 188.83 - 8 \times 192.8 - 6 \times 240.1)\,\mathrm{J \cdot K^{-1} \cdot mol^{-1}}$$

$$= 624.16\,\mathrm{J \cdot K^{-1} \cdot mol^{-1}}$$

$$\Delta S_2 + \Delta S_4 = \int_{400}^{298} \frac{8C_{p,m}(\mathrm{NH}_3,\mathrm{g}) + 6C_{p,m}(\mathrm{NO}_2,\mathrm{g})}{T}\mathrm{d}T$$

$$+ \int_{298}^{400} \frac{7C_{p,m}(\mathrm{N}_2,\mathrm{g}) + 12C_{p,m}(\mathrm{H}_2\mathrm{O},\mathrm{g})}{T}\mathrm{d}T$$

$$= \int_{298}^{400} \frac{\sum \nu_B C_{p,m}(B)}{T}\mathrm{d}T = \int_{298}^{400} \frac{102.80}{T}\mathrm{d}T$$

$$= 30.26\,\mathrm{J \cdot K^{-1} \cdot mol^{-1}}$$

所以 $\Delta_r S_m^{\ominus}(400\mathrm{K}) = (624.16 + 30.26)\,\mathrm{J \cdot K^{-1} \cdot mol^{-1}} = 654.42\,\mathrm{J \cdot K^{-1} \cdot mol^{-1}}$

2.6 亥姆霍兹函数和吉布斯函数

关于态变化的方向和可逆性问题，前面已得到了熵增原理，但是熵增原理仅仅适用于绝热系统。对于非绝热系统，原则上可以把系统与环境合并成一个大的孤立系统，然后用熵增原理进行判断。但是，并非任何时候环境都很大，把环境吸收或放出的热当作可逆热来处理未必都合适。在这种情况下，环境的熵变就无法计算，熵增原理也就无法使用了。因此仅有熵增原理是远远不够的，有必要寻找关于态变化方向及其可逆性的其它判据。

2.6.1 亥姆霍兹函数

封闭系统都遵守热力学第一定律即

$$dU = \delta Q + \delta W$$

其中 $\delta W = \delta W_{p\text{-}V} + \delta W'$ W'为非体积功

由熵判据式(2.15)可知

$$\delta Q \leqslant T_e dS \quad \begin{cases} < & 不可逆 \\ = & 可逆 \end{cases}$$

将此代入热力学第一定律可得

$$dU \leqslant T_e dS + \delta W$$

即

$$dU - T_e dS \leqslant \delta W \tag{2.24}$$

在式(2.24)的基础上，下面分别考察几种不同的态变化过程。

(1) 等温过程

对于等温过程

$$T_e dS = T_e(S_2 - S_1) = T_2 S_2 - T_1 S_1 = d(TS)$$

故式(2.24)可改写为

$$dU - d(TS) \leqslant \delta W$$

即

$$d(U - TS) \leqslant \delta W \tag{2.25}$$

定义

$$F = U - TS \tag{2.26}$$

称 F 为**亥姆霍兹函数**（Helmholtz function），简称亥氏函数，它具有能量的量纲。由于亥氏函数是状态函数的组合，所以亥氏函数也是状态函数。将式(2.26)代入式(2.25)可得

$$dF \leqslant \delta W \quad \begin{cases} < & 不可逆 \\ = & 可逆 \end{cases}$$

即

$$\begin{aligned} -dF &\geqslant -\delta W \\ -\Delta F &\geqslant -W \end{aligned} \quad \begin{cases} > & 不可逆 \\ = & 可逆 \end{cases} \tag{2.27}$$

这就是说，在等温过程中系统对外所做的总功 $-W$ 只能小于或等于系统的亥氏函数减小值 $-\Delta F$，但不可能大于亥氏函数减小值 $-\Delta F$。换句话说，在等温条件下亥氏函数的降低值是系统对外做功能力的量度。可逆时，系统的对外做功能力可以全部发挥出来，对外做的功最多；不可逆时，系统的对外做功能力不能全部发挥出来，系统对外做的功小于它的对外做功能力 $-\Delta F$。这就是亥姆霍兹函数的物理意义。如果给式(2.27)两边同乘以 -1 就可以看出，在等温过程中，环境对系统所做的总功 W 不可能小于系统的亥姆霍兹函数的增量 ΔF。否则，这种等温过程就不可能发生。

(2) 等温等容过程

由于在等温等容过程中 $\delta W_{p\text{-}V} = 0$，所以由式(2.27)可知

$$\begin{aligned} -dF &\geqslant -\delta W' \\ -\Delta F &\geqslant -W' \end{aligned} \quad \begin{cases} > & 不可逆 \\ = & 可逆 \end{cases} \tag{2.28}$$

这就是说，在等温等容条件下，亥氏函数的降低值是系统对外做非体积功能力的量度。对于同一个等温等容态变化过程，可逆时系统对外做的非体积功最多，不可逆时系统对外做的非体积功较少。系统对外所做的非体积功大于亥氏函数减小值的等温等容过程是不可能发生的。如果给式(2.28)两边同乘以 -1 就可以看出，在等温等容过程中，环境对系统所做的非体积功 W' 不可能小于系统的亥氏函数增量 ΔF。否则，这种等温等容过程就不可能发生。

(3) 等温等容而且无非体积功的过程

在等温等容而且无非体积功的过程中 $\delta W_{p\text{-}V} = \delta W' = 0$，此时由式(2.27)可知

$$\begin{aligned} dF &\leqslant 0 \\ \Delta F &\leqslant 0 \end{aligned} \quad \begin{cases} < & 不可逆 \\ = & 可逆 \end{cases} \tag{2.29}$$

这就是说，在等温等容而且无非体积功的条件下，亥姆霍兹函数增大的过程是不可能发生

的。或者说，在等温等容而且无非体积功的条件下，系统的亥氏函数永远不会增大，平衡的标志是亥氏函数为最小。此称**亥氏函数最低原理**（Helmholtz function minimum principle）。其使用条件是等温等容而且无非体积功。

例 2.9 当 1.5mol 温度为 100℃、压力为 101325Pa 的水沿不同路线变为同温同压的水蒸气时，求算该过程的 ΔF。

（1）可逆蒸发。

（2）向真空蒸发。

解：（1）由于等温可逆，所以由式(2.27)可知

$$\Delta F = W$$

又因无非体积功，而且是个等压过程，所以

$$W = W_{p\text{-}V} = -p_e(V_g - V_l) \approx -p_e V_g = -nRT$$
$$= -1.5 \times 8.314 \times 373.2\text{J}$$
$$= -4654\text{J}$$

所以 $\Delta F = -4654\text{J}$

（2）虽然这个变化路线与（1）中的变化路线不同，W 不同（此处 $W=0$），但是这两种变化的始态和终态都相同，所以 ΔF 仍为 -4654J。

例 2.10 在 25℃下，已知下列数据

物质	$C_7H_6O_2(s)$	$O_2(g)$	$CO_2(g)$	$H_2O(l)$
$\Delta_f H_m^\ominus/\text{kJ}\cdot\text{mol}^{-1}$	−384.18	0	−393.51	−285.84
$S_m^\ominus/\text{J}\cdot\text{K}^{-1}\cdot\text{mol}^{-1}$	170.54	205.03	213.64	69.94

求 25℃下反应 $C_7H_6O_2(s) + \frac{15}{2}O_2(g) \longrightarrow 7CO_2(g) + 3H_2O(l)$ 的 $\Delta_r F_m^\ominus$。

解：$\Delta_r H_m^\ominus = \sum \nu_B \Delta_f H_m^\ominus(B) = (-7\times 393.51 - 3\times 285.84 + 384.18)\text{kJ}\cdot\text{mol}^{-1}$

$$= -3327.01\text{kJ}\cdot\text{mol}^{-1}$$

因为 $U = H - pV$

所以 $\Delta_r U_m^\ominus = \Delta_r H_m^\ominus - \Delta_r(pV)_m \approx \Delta_r H_m^\ominus - \sum \nu_{B,g} RT$

$$= \left[-3327.01 - \left(7 - \frac{15}{2}\right) \times 8.314 \times 298.2 \times 10^{-3}\right]\text{kJ}\cdot\text{mol}^{-1}$$
$$= -3325.77\text{kJ}\cdot\text{mol}^{-1}$$

又因 $\Delta_r S_m^\ominus = \sum \nu_B S_m^\ominus(B)$

$$= (7\times 213.64 + 3\times 69.94 - 170.54 - 7.5\times 205.03)\text{J}\cdot\text{K}^{-1}\cdot\text{mol}^{-1}$$
$$= -2.97\text{J}\cdot\text{K}^{-1}\cdot\text{mol}^{-1}$$

所以，由式(2.26)可知

$$\Delta_r F_m^\ominus = \Delta_r U_m^\ominus - T\Delta_r S_m^\ominus$$
$$= (-3325.77 + 298.2 \times 2.97 \times 10^{-3})\text{kJ}\cdot\text{mol}^{-1}$$
$$= -3324.88\text{kJ}\cdot\text{mol}^{-1}$$

2.6.2 吉布斯函数

根据热力学第一定律

$$\mathrm{d}U=\delta Q-p_{\mathrm{e}}\mathrm{d}V+\delta W'$$

由熵判据式(2.15) 可知

$$\delta Q\leqslant T_{\mathrm{e}}\mathrm{d}S \qquad \begin{cases} < & \text{不可逆} \\ = & \text{可逆} \end{cases}$$

将此代入上式可得

$$\mathrm{d}U\leqslant T_{\mathrm{e}}\mathrm{d}S-p_{\mathrm{e}}\mathrm{d}V+\delta W' \tag{2.30}$$

在式(2.30) 的基础上，下面分别考察两种不同的态变化过程。

(1) 等温等压过程

在等温等压条件下，式(2.30) 可以改写为

$$\mathrm{d}U\leqslant \mathrm{d}(TS)-\mathrm{d}(pV)+\delta W'$$

所以

$$\mathrm{d}U+\mathrm{d}(pV)-\mathrm{d}(TS)\leqslant\delta W'$$

即

$$\mathrm{d}H-\mathrm{d}(TS)\leqslant\delta W'$$

即

$$\mathrm{d}(H-TS)\leqslant\delta W'$$

定义

$$G=H-TS \tag{2.31}$$

称 G 为**吉布斯函数**（Gibbs Function)，简称吉氏函数，它也具有能量的量纲。由于吉氏函数是状态函数的组合，所以吉氏函数也是状态函数。将式(2.31) 代入其前式可得

$$\mathrm{d}G\leqslant\delta W' \qquad \begin{cases} < & \text{不可逆} \\ = & \text{可逆} \end{cases}$$

即

$$\left.\begin{aligned}-\mathrm{d}G&\geqslant-\delta W'\\ -\Delta G&\geqslant-W'\end{aligned}\right. \qquad \begin{cases} > & \text{不可逆} \\ = & \text{可逆} \end{cases} \tag{2.32}$$

这就是说，在等温等压过程中，系统对外所做的非体积功 $-W'$ 只能小于或等于吉氏函数的减小值 $-\Delta G$，而不可能大于吉氏函数减小值。换句话说，在等温等压条件下吉氏函数的减小值是系统对外做非体积功能力的量度。可逆时，系统对外做非体积功的能力可以全部发挥出来，系统对外做的非体积功最多；不可逆时，系统对外做非体积功的能力不能全部发挥出来，系统对外做的非体积功小于它对外做非体积功的能力 $-\Delta G$。如果给式(2.32) 两边同乘以 -1 就可以看出，在等温等压过程中，环境对系统所做的非体积功 W' 不能小于系统的吉布斯函数增量 ΔG。否则，这种等温等压过程就不可能发生。

(2) 等温等压无非体积功的过程

在等温等压而且无非体积功的条件下，由式(2.32) 可知

$$\left.\begin{aligned}\mathrm{d}G&\leqslant 0\\ \Delta G&\leqslant 0\end{aligned}\right. \qquad \begin{cases} < & \text{不可逆} \\ = & \text{可逆} \end{cases} \tag{2.33}$$

这就是说，在等温等压而且无非体积功的条件下，不可能发生吉布氏函数增大的过程。或者说，在等温等压而且无非体积功的条件下，系统的吉氏函数永远不会增大，平衡的标志是吉氏函数为最小。此称**吉氏函数最低原理**（Gibbs function minimum principle)。其使用条件是等温等压而且无非体积功。

例 2.11 已知水的正常沸点是100℃，水在其正常沸点的摩尔蒸发热为40.6kJ·mol^{-1}。如果在100℃下给1mol压力为101.325kPa的水加热，使其向真空蒸发，最终全部变成101.325kPa、100℃的水蒸气。

(1) 求该过程的Q、W、ΔU、ΔH、ΔS、ΔF和ΔG。

(2) 应该用什么判据来判断该过程是否可逆？

分析： 100℃的水如果是在101.325kPa的恒定外压下蒸发，则由于在该温度和压力下水和水蒸气处于平衡状态，所以这种蒸发过程是可逆的。但是此例中把100℃的水向真空蒸发，这是一个具有一定推动力（推动力不是无限小）的自发过程，是不可逆的。与此同时，仔细分析可知，此例中100℃的水进行不可逆蒸发与可逆蒸发的始态和终态都相同。所以不可逆过程中状态函数的改变量应与可逆过程的相同。

解： (1) 此处按等温等压下的可逆蒸发过程求算状态函数的改变量

$$\Delta H = n\Delta_{vap}H_m = 40.6\text{kJ}$$

$$\Delta U = \Delta H - \Delta(pV) \approx \Delta H - (nRT - 0)$$

$$= (40.6 - 8.314\times373\times10^{-3})\text{kJ} = 37.5\text{kJ}$$

$$\Delta S = \frac{\Delta H}{T} = \frac{40.6\times10^3}{373}\text{J}\cdot\text{K}^{-1} = 108.8\text{J}\cdot\text{K}^{-1}$$

$$\Delta F = \Delta U - T\cdot\Delta S = [37.5 - 373\times108.8\times10^{-3}]\text{kJ} = -3.1\text{kJ}$$

根据吉布斯函数最低原理　$\Delta G = 0$

由于往真空蒸发时$p_e = 0$，所以$W = 0$

所以　$$Q = \Delta U = 37.5\text{kJ}$$

(2) 虽然往真空蒸发后始终态的温度相同，始终态的压力也相同，但蒸发过程中p_e不是常数。所以该过程不是一个等压过程，而是一个等温过程。关于态变化的方向与可逆性，此处只能用$-\Delta F \geqslant -W$这个判据，而不能使用$\Delta G \leqslant 0$这个判据。从(1)中的计算结果可知$-\Delta F > -W$，所以该过程是自发不可逆的。

到目前为止，总共新引出了5个状态函数。按照引出的先后顺序，这5个状态函数分别是U、H、S、F和G，再加上T、p、V这几个早已熟悉的变量。它们之间的函数关系是很基本的，一定要牢牢掌握。

$$\begin{array}{ccc} H & = U & + pV \\ \| & \| & \\ G & = F & + pV \\ + & + & \\ TS & TS & \end{array}$$

这些函数关系式本身并未涉及状态变化，所以不必与过程瓜葛在一起。这些关系式的成立没有什么附加条件，只要系统处于平状态即可。因为只有当系统处于平衡状态时，系统才会有确定的温度T和压力p等。因此，对于态变化过程中的始态可以用这些关系式，对于态变化过程中的终态也可以用这些关系式。

2.7 热力学基本方程及其应用

至今，在熵判据的基础上，又学习了亥姆霍兹函数判据和吉布斯函数判据。但是在具体应用时，亥姆霍兹函数的改变量和吉布斯函数的改变量怎样获得呢？这个问题与这一节将要讨论的热力学基本方程密切相关。

2.7.1 热力学基本方程

封闭系统发生态变化时必然遵守热力学第一定律即

$$dU=\delta Q+\delta W_{p\text{-}V}+\delta W'$$

在态变化过程中，如果无非体积功而且过程可逆，则

$$\delta W'=0 \qquad \delta W_{p\text{-}V}=-p\,dV \qquad \delta Q=T\,dS$$

这时热力学第一定律可以改写为

$$dU=T\,dS-p\,dV \tag{2.34}$$

根据焓的定义式

$$dH=dU+p\,dV+V\,dp$$

将式(2.34)代入此式可得

$$dH=T\,dS+V\,dp \tag{2.35}$$

根据亥姆霍兹函数的定义式

$$dF=dU-T\,dS-S\,dT$$

将式(2.34)代入此式可得

$$dF=-S\,dT-p\,dV \tag{2.36}$$

根据吉布斯函数的定义式

$$dG=dH-T\,dS-S\,dT$$

将式(2.35)代入此式可得

$$dG=-S\,dT+V\,dp \tag{2.37}$$

式(2.34)～式(2.37)就是**热力学基本方程**（fundamental equation of thermodynamics）。根据得到式(2.34)的前提条件，对于封闭系统中无非体积功的可逆过程而言，不论是简单变化、相变化还是化学反应，这四个基本方程都是适用的。在化学热力学这部分，如果没有明显的标志或说明，封闭系统和无非体积功这两点都是默认的，所以此处只要求可逆就够了。

仔细想想，式(2.34)～式(2.37)都只有两个自变量，即左边状态函数的微分都是由右边两个自变量的微分（即微小变化）引起的。以式(2.37)为例，系统的吉布斯函数的微分是由于温度和压力的微小变化引起的。可是在相变化和化学反应中，除了系统的温度和压力会发生变化外，系统内化学组成也会发生变化。在这种情况下，用两个自变量能把可逆的相变化或化学反应描述清楚吗？回答是肯定的。因为可逆过程是由一连串平衡状态组成的，即可逆过程中系统每时每刻都处于平衡状态，每时每刻系统都有确定的组成。而具有确定组成（即组成恒定不变）的平衡系统就只有两个独立变量。所以只要过程可逆，就可以用式(2.34)～式(2.37)这些只有两个自变量的关系式描述系统中状态函数的变化情况。

如果相变化和化学反应不可逆，在态变化过程中系统并非每时每刻都处于平衡状态，这时系统的温度、压力以及组成就是彼此独立的，这时用这些只含两个自变量的方程式来讨论问题就欠妥了。但是对于简单变化而言，系统的组成自始至终恒定不变，所以系统的状态可以用两个自变量来描述，状态函数及其改变量也可以用两个自变量来描述。又因状态函数的改变量只与始终态有关而与路线无关，所以可逆的简单变化过程可以用这些只含两个自变量的基本方程来描述，不可逆的简单变化过程也可以用这些只含两个自变量的基本方程来描述。由此可见，对于封闭系统中的简单变化，不论变化过程是否可逆，这些热力学基本方程都是适用的。

综上所述，如果把方程式(2.34)～式(2.37)用于相变化或化学反应，就必须满足可逆和无非体积功这个特殊要求，否则就不能使用。但如果系统是无非体积功的定组成闭合相系

统，即系统中的不同物相都是封闭的，而且各相的组成都恒定不变，则系统中就没有相变化或化学反应，这时不论态变化过程是否可逆，方程式(2.34)～式(2.37) 都是完全适用的。所以，把方程式(2.34)～式(2.37) 也叫做**定组成闭合相热力学基本方程**。

定组成闭合相热力学基本方程很重要，一定要熟记。将它们按照引入的先后顺序写出来，其规律性还是比较明显的。

$$dU = TdS - p dV$$
$$dH = TdS + V dp$$
$$dF = -SdT - p dV$$
$$dG = -SdT + V dp$$

第一，这些方程的右边均由两项组成。第一项包含 T 和 S 两个变量，第二项包括 p 和 V 两个变量。第二，这些方程式右边的第一项变化较慢，从上到下走两步，其正负号才变化一次，T 和 S 的先后位置才交换一次。第三，这些方程式右边的第二项变化较快，从上到下每走一步，其正负号就变化一次，p 和 V 的先后位置就交换一次。所以，只要把第一个方程记住了，其余的也就很容易写出来了。

例 2.12 在 100kPa 下，如果将 3mol CO_2 从 25℃加热到 125℃。求该过程的 ΔG。已知在 25℃ 下 $S_m^{\ominus}(CO_2) = 213.64 J \cdot K^{-1} \cdot mol^{-1}$，$C_{p,m}(CO_2) = 37.49 J \cdot K^{-1} \cdot mol^{-1}$，并假设在上述温度变化范围内 $C_{p,m}(CO_2)$ 为常数。

解：由式(2.37) 可知，在等压条件下

$$dG = -SdT$$

所以

$$\Delta G = -\int_{298}^{398} S dT \tag{A}$$

由于在等压条件下

$$dS = \frac{C_p}{T} dT = \frac{nC_{p,m}}{T} dT$$

所以

$$S = \int \frac{nC_{p,m}}{T} dT + C = nC_{p,m} \ln T + C \quad C \text{ 为积分常数} \tag{B}$$

在 298K 和 $p^{\ominus}$ 压力下由上式可得

$$(3 \times 213.64) J \cdot K^{-1} = (3 \times 37.49 \ln 298) J \cdot K^{-1} + C$$

所以

$$C = 0.168 J \cdot K^{-1}$$

把 C 代入式(B) 后可得

$$S = nC_{p,m} \ln T + 0.168 J \cdot K^{-1}$$

将此代入式(A) 可得

$$\Delta G = -\int_{298K}^{398K} (nC_{p,m} \ln T + 0.168) dT$$
$$= -nC_{p,m} \int_{298K}^{398K} \ln T dT - 16.8 \quad \text{可进行分部积分}$$
$$= -3 \times 37.49 \times [(398 \ln 398 - 298 \ln 298) - (398 - 298)] - 16.8$$
$$= -65.80 kJ$$

2.7.2 麦克斯威关系式

在定组成闭合相热力学基本方程式(2.34)～式(2.37) 中，dU、dH、dF 和 dG 均为状态函数的微分，这些微分都是全微分。根据态函数和全微分的性质，分别由式(2.34)～式(2.37) 可得

$$\left(\frac{\partial T}{\partial V}\right)_S=-\left(\frac{\partial p}{\partial S}\right)_V \tag{2.38}$$

$$\left(\frac{\partial T}{\partial p}\right)_S=\left(\frac{\partial V}{\partial S}\right)_p \tag{2.39}$$

$$\left(\frac{\partial S}{\partial V}\right)_T=\left(\frac{\partial p}{\partial T}\right)_V \tag{2.40}$$

$$\left(\frac{\partial S}{\partial p}\right)_T=-\left(\frac{\partial V}{\partial T}\right)_p \tag{2.41}$$

式(2.38)～式(2.41) 均称为**麦克斯威关系式**（Maxwell relations）。这些关系式是在定组成闭合相热力学基本方程的基础上，根据状态函数和全微分的性质写出来的，根本不需要死记硬背。

有了热力学基本方程和麦克斯威关系式，并结合已学过的基本知识，可以演绎出大量的方程式，演绎出的许多方程式对讨论分析种种实际问题是很有帮助的。

例 2.13 试证明对于简单的状态变化过程

$$dS=\frac{nC_{V,m}}{T}\left(\frac{\partial T}{\partial p}\right)_V dp+\frac{nC_{p,m}}{T}\left(\frac{\partial T}{\partial V}\right)_p dV$$

证明： 在简单变化过程中系统的组成恒定不变。这种系统只有两个独立变数。设 $S=S(p, V)$，则由于状态函数的微分是全微分，所以

$$dS=\left(\frac{\partial S}{\partial p}\right)_V dp+\left(\frac{\partial S}{\partial V}\right)_p dV$$

此式可以改写为

$$dS=\left(\frac{\partial S}{\partial T}\right)_V\left(\frac{\partial T}{\partial p}\right)_V dp+\left(\frac{\partial S}{\partial T}\right)_p\left(\frac{\partial T}{\partial V}\right)_p dV \tag{A}$$

因为

$$dU=TdS-pdV$$

在等容条件下两边同除以 dT 可得

$$\left(\frac{\partial S}{\partial T}\right)_V=\frac{1}{T}\left(\frac{\partial U}{\partial T}\right)_V=\frac{nC_{V,m}}{T} \tag{B}$$

又因

$$dH=TdS+Vdp$$

在等压条件下两边同除以 dT 可得

$$\left(\frac{\partial S}{\partial T}\right)_p=\frac{1}{T}\left(\frac{\partial H}{\partial T}\right)_p=\frac{nC_{p,m}}{T} \tag{C}$$

把式(B) 和式(C) 代入式(A) 可得

$$dS=\frac{nC_{V,m}}{T}\left(\frac{\partial T}{\partial p}\right)_V dp+\frac{nC_{p,m}}{T}\left(\frac{\partial T}{\partial V}\right)_p dV$$

证毕。

例 2.14 试证明在定组成闭合相中

$$\left(\frac{\partial U}{\partial V}\right)_p=C_V\left(\frac{\partial T}{\partial V}\right)_p+T\left(\frac{\partial p}{\partial T}\right)_V-p$$

证明：

$$dU=TdS-pdV$$

在一定压力下，此式两边同除以 dV 可得

$$\left(\frac{\partial U}{\partial V}\right)_p=T\left(\frac{\partial S}{\partial V}\right)_p-p \tag{A}$$

设 $S=S(T, V)$，则

$$dS=\left(\frac{\partial S}{\partial T}\right)_V dT+\left(\frac{\partial S}{\partial V}\right)_T dV \tag{B}$$

在一定压力下，式(B) 两边同除以 dV 可得

$$\left(\frac{\partial S}{\partial V}\right)_p=\left(\frac{\partial S}{\partial T}\right)_V\left(\frac{\partial T}{\partial V}\right)_p+\left(\frac{\partial S}{\partial V}\right)_T \tag{C}$$

将式(C) 代入式(A) 可得

$$\left(\frac{\partial U}{\partial V}\right)_p=T\left[\left(\frac{\partial S}{\partial T}\right)_V\left(\frac{\partial T}{\partial V}\right)_p+\left(\frac{\partial S}{\partial V}\right)_T\right]-p$$

因为 $$\left(\frac{\partial S}{\partial T}\right)_V=\frac{C_V}{T} \qquad \left(\frac{\partial S}{\partial V}\right)_T=\left(\frac{\partial p}{\partial T}\right)_V$$

所以 $$\left(\frac{\partial U}{\partial V}\right)_p=T\left[\frac{C_V}{T}\left(\frac{\partial T}{\partial V}\right)_p+\left(\frac{\partial p}{\partial T}\right)_V\right]-p$$

即 $$\left(\frac{\partial U}{\partial V}\right)_p=C_V\left(\frac{\partial T}{\partial V}\right)_p+T\left(\frac{\partial p}{\partial T}\right)_V-p$$

证毕。

例 2.15 试证明$\left(\frac{\partial C_p}{\partial p}\right)_T=-T\left(\frac{\partial^2 V}{\partial T^2}\right)_p$

注：系统中的物质未必是理想气体。

证明：

$$\left(\frac{\partial C_p}{\partial p}\right)_T=\left[\frac{\partial\left(\frac{\partial H}{\partial T}\right)_p}{\partial p}\right]_T$$

因为状态函数的混合偏导数与求导次序无关

所以 $$\left(\frac{\partial C_p}{\partial p}\right)_T=\left[\frac{\partial\left(\frac{\partial H}{\partial p}\right)_T}{\partial T}\right]_p \tag{A}$$

又因 $$dH=TdS+Vdp$$

在一定温度下此式两边同除以 dp 可得

$$\left(\frac{\partial H}{\partial p}\right)_T=T\left(\frac{\partial S}{\partial p}\right)_T+V$$

即 $$\left(\frac{\partial H}{\partial p}\right)_T=-T\left(\frac{\partial V}{\partial T}\right)_p+V$$

将此代入式(A) 可得

$$\left(\frac{\partial C_p}{\partial p}\right)_T=-\left(\frac{\partial V}{\partial T}\right)_p-T\left(\frac{\partial^2 V}{\partial T^2}\right)_p+\left(\frac{\partial V}{\partial T}\right)_p$$

所以

$$\left(\frac{\partial C_p}{\partial p}\right)_T=-T\left(\frac{\partial^2 V}{\partial T^2}\right)_p$$

证毕。

2.7.3 热力学基本方程的应用

(1) 焓与压力的关系

此处讨论在其它条件恒定不变的情况下焓与压力的关系。对于定组成闭合相系统，根据热力学基本方程

$$dH=TdS+Vdp$$

在一定温度下此式两边同除以 dp 可得

$$\left(\frac{\partial H}{\partial p}\right)_T=T\left(\frac{\partial S}{\partial p}\right)_T+V$$

将麦克斯威关系式(2.41) 代入此式可得

$$\left(\frac{\partial H}{\partial p}\right)_T=-T\left(\frac{\partial V}{\partial T}\right)_p+V$$

所以

$$\left(\frac{\partial H_m}{\partial p}\right)_T=-T\left(\frac{\partial V_m}{\partial T}\right)_p+V_m \qquad (2.42)$$

在式(2.42) 的基础上，下面将分几种不同情况进行讨论。

① 对于凝聚态物质　与气体相比较，凝聚态物质的摩尔体积 V_m 很小，可近似当作零。在一定压力下，凝聚态物质的摩尔体积随温度的变化率更小，也可以近似当作零即

$$V_m\approx 0 \qquad \left(\frac{\partial V_m}{\partial T}\right)_p\approx 0$$

所以，对于凝聚态物质由式(2.42) 可得

$$\left(\frac{\partial H_m}{\partial p}\right)_T\approx 0$$

这就是说，压力对于凝聚态物质的焓值影响很小，通常可忽略不计。

② 对于理想气体　对于理想气体，由于 $V_m=\frac{RT}{p}$，所以

$$-T\left(\frac{\partial V_m}{\partial T}\right)_p=-V_m$$

所以，对于理想气体，由式(2.42) 可得

$$\left(\frac{\partial H_m}{\partial p}\right)_T=0$$

这就是说，理想气体的焓只是温度的函数，它与压力无关。通常，实际气体在许多方面与理想气体差别不大。虽严格说来，实际气体的焓与压力有关，但压力对实际气体焓值的影响通常很小。综上所述，不论什么物质，通常压力对其焓值的影响都可以忽略不计。

③ 化学反应或相变化　可以把相变化用反应方程式的形式写出来，故也可以把相变化视为一种简单的化学反应。根据上述讨论，对于反应中的任意一种物质 B 而言

$$\left(\frac{\partial H_m(B)}{\partial p}\right)_T \approx 0$$

所以
$$\left(\frac{\partial \nu_B H_m(B)}{\partial p}\right)_T \approx 0$$

参照配平的反应方程式，对于反应中的每一种物质，都有这种等式存在。把所有这些式子的左右两边分别加和可得

$$\left(\frac{\partial \sum \nu_B H_m(B)}{\partial p}\right)_T = \left(\frac{\partial \Delta_r H_m}{\partial p}\right)_T \approx 0 \tag{2.43}$$

所以，压力对 $\Delta_r H_m$ 影响不大，通常对化学反应的 $\Delta_r H_m$ 和 $\Delta_r H_m^{\ominus}$ 不必加以严格区分。

例 2.16 在 25℃下，当压力从 0.1MPa 增大到 15MPa 时，准确求算每摩尔水的焓变。已知 25℃下水的密度 ρ 和热胀系数 α 分别为 $0.9971\text{g}\cdot\text{mL}^{-1}$ 和 $2.57\times10^{-4}\text{K}^{-1}$。其中热胀系数的定义式如下：

$$\alpha = \frac{1}{V}\left(\frac{\partial V}{\partial T}\right)_p = \frac{1}{V_m}\left(\frac{\partial V_m}{\partial T}\right)_p$$

解：根据热胀系数的定义式可得

$$\left(\frac{\partial V_m}{\partial T}\right)_p = \alpha V_m$$

将此代入式(2.42) 可得

$$\left(\frac{\partial H_m}{\partial p}\right)_T = -\alpha T V_m + V_m = V_m(1-\alpha T)$$

所以
$$dH_m = V_m(1-\alpha T)dp = \frac{M}{\rho}(1-\alpha T)dp$$

在一定温度下可以把 ρ 和 α 视为常数。对上式积分可得

$$\begin{aligned}\Delta H_m &= \frac{M}{\rho}(1-\alpha T)(p_2-p_1)\\ &= \frac{18.02\times10^{-3}}{0.9971\times10^{3}}\times(1-2.57\times10^{-4}\times298.15)\times(15-0.1)\times10^{6}\text{J}\cdot\text{mol}^{-1}\\ &= 249\text{J}\cdot\text{mol}^{-1} = 0.249\text{kJ}\cdot\text{mol}^{-1}\end{aligned}$$

由此例可以看出，压力的确对焓值影响很小，即系统的焓对压力很不敏感。

(2) 熵与温度的关系

此处讨论在其它条件恒定不变的情况下熵与温度的关系。

① 简单的等容变温过程　对于定组成闭合相系统，根据热力学基本方程

$$dU = TdS - pdV$$

在 V 一定的情况下，此式两边同除以 dT 可得

$$\left(\frac{\partial U}{\partial T}\right)_V = T\left(\frac{\partial S}{\partial T}\right)_V$$

因为
$$\left(\frac{\partial U}{\partial T}\right)_V = C_V$$

所以
$$\left(\frac{\partial S}{\partial T}\right)_V = \frac{C_V}{T} \tag{2.44}$$

所以在等容变温过程中

$$dS=\frac{C_V}{T}dT$$

$$\Delta S=\int_{T_1}^{T_2}\frac{C_V}{T}dT$$

由于熵变是状态函数的改变量，其值只与始终态有关而与路线无关，所以不论简单的等容变温过程是否可逆，都可以用上式计算系统的熵变。

② 简单的等压变温过程　对于定组成闭合相系统，根据热力学基本方程

$$dH=TdS+Vdp$$

在 p 一定的情况下，此式两边同除以 dT 可得

$$\left(\frac{\partial H}{\partial T}\right)_p=T\left(\frac{\partial S}{\partial T}\right)_p$$

因为

$$\left(\frac{\partial H}{\partial T}\right)_p=C_p$$

所以

$$\left(\frac{\partial S}{\partial T}\right)_p=\frac{C_p}{T} \tag{2.45}$$

所以在等压变温过程中

$$dS=\frac{C_p}{T}dT$$

$$\Delta S=\int_{T_1}^{T_2}\frac{C_p}{T}dT$$

由于熵变是状态函数的改变量，其值只与始终态有关而与路线无关，所以不论简单的等压变温过程是否可逆，都可以用上式计算系统的熵变。

③ 对于化学反应或相变化　通常等温等压反应的反应温度不同，其摩尔反应熵就不同。那么，摩尔反应熵与反应温度之间有什么关系呢？对于反应中的任意一种物质 B 而言，由式(2.45) 可知

$$\left(\frac{\partial S_m(B)}{\partial T}\right)_p=\frac{C_{p,m}(B)}{T}$$

所以

$$\left(\frac{\partial \nu_B S_m(B)}{\partial T}\right)_p=\frac{\nu_B C_{p,m}(B)}{T}$$

参照配平的反应方程式，对于反应中的每一种物质，都有这种等式存在。把所有这些式子的左右两边分别加和可得

$$\left(\frac{\partial(\Delta_r S_m)}{\partial T}\right)_p=\frac{\sum\nu_B C_{p,m}(B)}{T}=\frac{\Delta_r C_{p,m}}{T} \tag{2.46}$$

这就是在一定压力下，摩尔反应熵随温度的变化率。其确切含义是指在一定压力下，发生等温反应的温度不同（可以在 T_1 温度下发生等温反应，也可以在 T_2 温度下发生等温反应），其摩尔反应熵就不同。式(2.46) 两边同乘以 dT 并积分可得

所以

$$\Delta_r S_m(T_2)-\Delta_r S_m(T_1)=\int_{T_1}^{T_2}\frac{\Delta_r C_{p,m}}{T}dT \tag{2.47}$$

同理，等温等容反应的摩尔反应熵与温度的关系可以表示为：

$$\left(\frac{\partial(\Delta_r S_m)}{\partial T}\right)_V=\frac{\sum\nu_B C_{V,m}(B)}{T}=\frac{\Delta_r C_{V,m}}{T} \tag{2.48}$$

$$\Delta_r S_m(T_2)-\Delta_r S_m(T_1)=\int_{T_1}^{T_2}\frac{\Delta_r C_{V,m}}{T}dT \tag{2.49}$$

例 2.17 已知 $SO_2(g)$、$O_2(g)$ 和 $SO_3(g)$ 的等压摩尔热容分别为 $39.8J\cdot K^{-1}\cdot mol^{-1}$、$29.4J\cdot K^{-1}\cdot mol^{-1}$和 $50.6J\cdot K^{-1}\cdot mol^{-1}$。这几种物质在 298K 下的标准摩尔熵分别为 $248.5J\cdot K^{-1}\cdot mol^{-1}$、$205.0J\cdot K^{-1}\cdot mol^{-1}$和 $256.2J\cdot K^{-1}\cdot mol^{-1}$。求下述反应在 450℃下的标准摩尔反应熵。

$$SO_2(g)+\frac{1}{2}O_2(g)=\!=\!=SO_3(g)$$

解： 由题目所给的数据可直接求得该反应在 298K 下的标准摩尔反应熵 $\Delta_r S_m^{\ominus}(298K)$，但此处题目要求算的是在 450℃下的标准摩尔反应熵 $\Delta_r S_m^{\ominus}(723K)$。$\Delta_r S_m^{\ominus}(298K)$ 和 $\Delta_r S_m^{\ominus}(723K)$ 对应的反应都是等温等压反应，只是反应温度有别。所以此处需要考虑的就是等压下摩尔反应熵随温度的变化情况。

由式(2.46) 可知

$$\int_{\Delta_r S_m^{\ominus}(298K)}^{\Delta_r S_m^{\ominus}(723K)}d(\Delta_r S_m^{\ominus})=\int_{298K}^{723K}\frac{\Delta_r C_{p,m}}{T}dT$$

所以
$$\Delta_r S_m^{\ominus}(723K)=\Delta_r S_m^{\ominus}(298K)+\int_{298K}^{723K}\frac{\Delta_r C_{p,m}}{T}dT$$

其中 $\Delta_r C_{p,m}=\left(50.6-39.8-\frac{1}{2}\times29.4\right)J\cdot K^{-1}\cdot mol^{-1}=-3.9J\cdot K^{-1}\cdot mol^{-1}$

$\Delta_r S_m^{\ominus}(298K)=\left(256.2-248.5-\frac{1}{2}\times205.0\right)J\cdot K^{-1}\cdot mol^{-1}=-94.8J\cdot K^{-1}\cdot mol^{-1}$

将 $\Delta_r C_{p,m}$ 和 $\Delta_r S_m^{\ominus}(298K)$ 代入上式可得

$$\Delta_r S_m^{\ominus}(723K)=-97.8J\cdot K^{-1}\cdot mol^{-1}$$

(3) 熵与压力的关系

根据麦克斯威关系式
$$\left(\frac{\partial S}{\partial p}\right)_T=-\left(\frac{\partial V}{\partial T}\right)_p$$

此式将不易测量的量（左边）与容易测量的量（右边）联系在一起，这对讨论分析许多实际问题是非常重要的。由此式可得在一定温度下由压力的微小变化引起的熵变为

$$dS=-\left(\frac{\partial V}{\partial T}\right)_p dp$$

所以
$$\Delta S=\int_{p_1}^{p_2}-\left(\frac{\partial V}{\partial T}\right)_p dp$$

对于理想气体，由于 $\left(\frac{\partial V}{\partial T}\right)_p=\frac{nR}{p}$，所以在一定温度下

$$\Delta S=\int_{p_1}^{p_2}-\frac{nR}{p}dp=nR\ln\frac{p_1}{p_2}=nR\ln\frac{V_2}{V_1} \tag{2.50}$$

对于凝聚态物质，由于$\left(\frac{\partial V}{\partial T}\right)_p\approx 0$，所以$\left(\frac{\partial S}{\partial p}\right)_T\approx 0$。故一定温度下，凝聚态物质的熵对压力很不敏感，通常可以忽略压力对凝聚态物质的熵的影响。

例 2.18 在 100℃下，将 4mol 甲烷气体压缩，使其温度不变而体积从 50L 变为 15L。求该过程的熵变。

解：此处把甲烷气体视为理想气体。根据式(2.50)，该过程的熵变为

$$\Delta S=nR\ln\frac{V_2}{V_1}=\left(4\times 8.314\ln\frac{15}{50}\right)\mathrm{J\cdot K^{-1}}=-40.04\mathrm{J\cdot K^{-1}}$$

对于理想气体，只要始终态的温度相同，式(2.50) 就适用，而与态变化的路线无关。因为若始终态的温度相同，且知道了 V_1 和 V_2，始终态就确定了，ΔS 也就确定了。

(4) 吉布斯函数与温度的关系

根据定组成闭合相热力学基本方程

$$\mathrm{d}G=-S\mathrm{d}T+V\mathrm{d}p$$

在一定压力下，两边同除以 dT 可得

$$\left(\frac{\partial G}{\partial T}\right)_p=-S=\frac{G-H}{T}=\frac{G}{T}-\frac{H}{T}$$

即
$$\left(\frac{\partial G}{\partial T}\right)_p-\frac{G}{T}=-\frac{H}{T}$$

即
$$\frac{1}{T}\left(\frac{\partial G}{\partial T}\right)_p-\frac{G}{T^2}=-\frac{H}{T^2}$$

所以
$$\left(\frac{\partial (G/T)}{\partial T}\right)_p=-\frac{H}{T^2}\qquad(2.51)$$

此称**吉布斯-亥姆霍兹方程**。

对于一定压力下的化学反应

因为
$$\left(\frac{\partial\left(\frac{\Delta_r G_m}{T}\right)}{\partial T}\right)_p=\left(\frac{\partial\left(\frac{\sum\nu_B G_m(B)}{T}\right)}{\partial T}\right)_p=\sum\nu_B\left(\frac{\partial\left(\frac{G_m(B)}{T}\right)}{\partial T}\right)_p$$

由式(2.51) 可知

$$\left(\frac{\partial (G_m(B)/T)}{\partial T}\right)_p=-\frac{H_m(B)}{T^2}$$

将此代入上式可得

$$\left(\frac{\partial\left(\frac{\Delta_r G_m}{T}\right)}{\partial T}\right)_p=\sum\nu_B\left(-\frac{H_m(B)}{T^2}\right)_p=\left(-\frac{\sum\nu_B H_m(B)}{T^2}\right)_p$$

即
$$\left(\frac{\partial\left(\frac{\Delta_r G_m}{T}\right)}{\partial T}\right)_p=-\frac{\Delta_r H_m}{T^2}\qquad(2.52)$$

将式(2.52) 变形并积分可得

$$\frac{\Delta_r G_m(T_2)}{T_2}-\frac{\Delta_r G_m(T_1)}{T_1}=\int_{T_1}^{T_2}-\frac{\Delta_r H_m}{T^2}\mathrm{d}T\qquad(2.53)$$

式(2.52)和式(2.53)描述了在一定压力下摩尔反应吉布斯函数与温度的关系。

例 2.19 求反应 $2NO_2(g) \rightleftharpoons N_2O_4(g)$ 在 200℃下的 $\Delta_r G_m^\ominus$。已知下列数据

物质	$\Delta_f H_m^\ominus(25℃)/kJ \cdot mol^{-1}$	$\Delta_f G_m^\ominus(25℃)/kJ \cdot mol^{-1}$	$C_{p,m}/J \cdot K^{-1} \cdot mol^{-1}$
$NO_2(g)$	33.85	51.84	37.91
$N_2O_4(g)$	9.66	98.29	79.08

解： 根据式(2.53)

所以
$$\frac{\Delta_r G_m^\ominus(T)}{T} - \frac{\Delta_r G_m^\ominus(25℃)}{298} = \int_{298}^{T} -\frac{\Delta_r H_m^\ominus(T)}{T^2}dT \tag{A}$$

而
$$\Delta_r G_m^\ominus(25℃) = \sum \nu_B \Delta_f G_m^\ominus(B,25℃) = (98.29 - 2\times 51.84)kJ \cdot mol^{-1}$$
$$= -5.39kJ \cdot mol^{-1}$$

根据基希霍夫公式

$$\Delta_r H_m^\ominus(T) = \Delta_r H_m^\ominus(298K) + \int_{298K}^{T} \Delta_r C_{p,m} dT$$
$$= (9.66 - 2\times 33.85)\times 10^3 + \int_{298K}^{T}(79.08 - 2\times 37.91)dT$$

即
$$\Delta_r H_m^\ominus(T) = -58.04\times 10^3 + 3.26T$$

将 $\Delta_r G_m^\ominus(25℃)$ 和 $\Delta_r H_m^\ominus(T)$ 代入式(A)可得

$$\frac{\Delta_r G_m^\ominus(T)}{T} = \frac{-5.39\times 10^3}{298} + \int_{298}^{T}\frac{58.04\times 10^3 - 3.26T}{T^2}dT$$

在 200℃(即 473K)下，由此式可得

$$\frac{\Delta_r G_m^\ominus(200℃)}{473} = 52.47J \cdot K^{-1} \cdot mol^{-1}$$

所以
$$\Delta_r G_m^\ominus(200℃) = 52.47\times 473J \cdot mol^{-1} = 24.82kJ \cdot mol^{-1}$$

(5) 吉布斯函数与压力的关系

对于热力学基本方程 $dG = -SdT + Vdp$，在一定温度下两边同除以 dp 可得

$$\left(\frac{\partial G}{\partial p}\right)_T = V \tag{2.54}$$

对于理想气体的等温过程，由式(2.54)可得

$$\Delta G = \int_{p_1}^{p_2} V dp = nRT\ln\frac{p_2}{p_1}$$

例 2.20 在 35℃下，当 8mol CO_2 沿不同路线从 150kPa 膨胀到 100kPa 时，计算 CO_2 的 ΔG。

(1) 等温可逆膨胀。

(2) 反抗 100kPa 的恒定外压等温膨胀。

解： (1) 由 $dG = -SdT + Vdp$ 可知，在等温条件下

$$dG = Vdp$$

对于理想气体，上式可改写为

$$dG=\frac{nRT}{p}dp=nRT\,d\ln p$$

所以 $$\Delta G=nRT\ln\frac{p_2}{p_1}=\left[8\times 8.314\times(35+273.2)\ln\frac{100}{150}\right]\text{J}$$

$$=-8312\text{J}$$

（2）由于 ΔG 只与始终态有关而与路线无关，所以结果仍为 -8312J。

对于一定温度下的化学反应

$$\left(\frac{\partial(\Delta_r G_m)}{\partial p}\right)_T=\left(\frac{\partial[\sum\nu_B G_m(B)]}{\partial p}\right)_T=\sum\nu_B\left(\frac{\partial G_m(B)}{\partial p}\right)_T$$

由式(2.54) 可知

$$\left(\frac{\partial G_m(B)}{\partial p}\right)_T=V_m(B)$$

所以 $$\left(\frac{\partial(\Delta_r G_m)}{\partial p}\right)_T=\sum\nu_B V_m(B)$$

即 $$\left(\frac{\partial(\Delta_r G_m)}{\partial p}\right)_T=\Delta_r V_m \tag{2.55}$$

对式(2.55) 变形并积分可得

$$\Delta_r G_m(p_2)-\Delta_r G_m(p_1)=\int_{p_1}^{p_2}\Delta_r V_m dp \tag{2.56}$$

式(2.55) 和式(2.56) 描述了一定温度下的摩尔反应吉布斯函数与压力的关系。

例 2.21 在 298K 下已知下列数据

物　质	$\Delta_f H_m^\ominus$/kJ · mol^{-1}	$S_m^\ominus$/J · K^{-1} · mol^{-1}	密度 ρ/g · mL^{-1}
金刚石	1.897	2.38	3.513
石墨	0	5.74	2.260

（1）在 298K 和 $p^\ominus$ 压力下，反应 C(石墨)══C(金刚石) 能否发生？

（2）温度不变，压力增大时发生上述反应的可能性会不会增大？如果可以，发生上述反应所需要的最小压力是多少？

解：（1）在 298K 和 $p^\ominus$ 压力下该反应过程是一个等温等压过程，而且各物质都处于标准状态。此反应能否发生，关键在于标准摩尔反应吉布斯函数是不是小于或等于零。

因为 $$\Delta_r H_m^\ominus(298\text{K})=\sum\nu_B\Delta_f H_m^\ominus(\text{B},298\text{K})=1.897\text{kJ}\cdot\text{mol}^{-1}$$

$$\Delta_r S_m^\ominus(298\text{K})=\sum\nu_B S_m^\ominus(\text{B},298\text{K})$$

$$=(2.38-5.74)\text{J}\cdot\text{K}^{-1}\cdot\text{mol}^{-1}$$

$$=-3.36\text{J}\cdot\text{K}^{-1}\cdot\text{mol}^{-1}$$

由 $G=H-TS$ 可知

$$\Delta_r G_m^{\ominus}(298K)=\Delta_r H_m^{\ominus}(298K)-298\Delta_r S_m^{\ominus}(298K)$$
$$=[1.897\times10^3-298\times(-3.36)]$$
$$=2898J\cdot mol^{-1}>0$$

所以在 298K 和 $p^{\ominus}$ 压力下，上述反应不能发生。

(2) 在温度不变的情况下，加压可否增大发生上述反应的可能性呢？注意此处加压后，反应仍然是个等温等压过程，只是整个反应是在一个新的较高的压力下进行。所以加压可否增大该反应的可能性，关键是加压后在新条件下发生等温等压反应时的摩尔反应吉布斯函数 $\Delta_r G_m$ 会不会减小。根据式(2.55)

$$\left(\frac{\partial(\Delta_r G_m)}{\partial p}\right)_T=\Delta_r V_m \tag{A}$$

而

$$\Delta_r V_m=V_{m,金}-V_{m,石}=\left(\frac{M_{金}}{\rho_{金}}-\frac{M_{石}}{\rho_{石}}\right)$$
$$=\left(\frac{12\times10^{-3}}{3.513\times10^3}-\frac{12\times10^{-3}}{2.260\times10^3}\right)m^3\cdot mol^{-1}$$
$$=-1.894\times10^{-6}m^3\cdot mol^{-1}<0$$

所以压力增大时，摩尔反应吉布斯函数 $\Delta_r G_m$ 是减小的。当压力增大到一定程度并使 $\Delta_r G_m$ 减小到零时，上述反应就能发生。设发生该反应所需的最小压力为 p_{min}，那么对式(A) 变形并积分可得

$$\int_{\Delta_r G_m^{\ominus}}^{0} d(\Delta_r G_m)=\int_{p^{\ominus}}^{p_{min}}\Delta_r V_m dp$$

即

$$0-\Delta_r G_m^{\ominus}=\Delta_r V_m(p_{min}-p^{\ominus})$$

所以

$$p_{min}=p^{\ominus}-\frac{\Delta_r G_m^{\ominus}}{\Delta_r V_m}=\left(10^5-\frac{2898}{-1.894\times10^{-6}}\right)Pa$$
$$=1530MPa$$

思 考 题

1. 什么是自发过程？自发过程有哪些特点？
2. 为什么说自发过程都是不可逆的？
3. 为什么说可逆过程是由一连串平衡状态组成的？
4. 为什么把可逆过程也叫做准静态过程？
5. 可否将热力学第二定律表述为“热不能从低温物体传递到高温物体”？
6. 为什么说卡诺热机是在两个热源之间工作的热机？
7. 何谓卡诺原理？你能借助此原理说明任意循环过程的热温商都小于或等于零吗？
8. 讨论卡诺原理对熵概念的引入有何帮助？
9. 为什么说熵是系统混乱度的反映？
10. 根据熵的统计意义判断下列态变化过程哪些是熵增大过程，哪些是熵减小过程？

(1) 冰熔化变成水。

(2) 把固体硫酸铜溶解于水。

(3) 在一定温度和压力下，氢气和氧气化合生成气态水。

(4) 在一定温度和压力下 $CaCO_3(s) = CaO(s) + CO_2(g)$

(5) 用适当的方法分离较稀的氯化钠水溶液，结果得到一些纯水和较浓的氯化钠溶液。

11. 什么是熵增原理？熵增原理的使用条件是什么？

12. “熵减小的过程都不能自发进行”这句话对吗？试举例说明。

13. 状态变化过程的热温商都等于熵变吗？

14. 什么是绝对熵？什么是规定熵？热力学第三定律的两种表述方法分别是什么？

15. 有没有熵值小于零的物质？

16. 根据熵增原理，有人认为：在绝热系统中，同样的状态变化过程如果沿可逆路线完成，其熵变为零；如果沿不可逆路线完成，其熵变就大于零。请分析此观点的谬误。

17. 使用熵判据时，有时需要计算热温商，而热温商是指 $\int \frac{\delta Q}{T}$ 还是指 $\int \frac{\delta Q}{T_e}$？

18. 原本熵变等于可逆热温商，但是对于无非体积功的等压过程而言，不论过程是否可逆，都可以用积分 $\int_{T_1}^{T_2} \frac{C_p}{T} dT$ 计算过程的熵变。你能说清其中的道理吗？

19. 怎样理解亥姆霍兹函数和吉布斯函数的物理意义？

20. 三种亥姆霍兹函数判据分别是什么？它们的使用条件分别是什么？

21. 有人说，关系式 $G = H - TS$ 只在等温等压条件下才适用。请辨析此观点的谬误。

22. 关系式 $\Delta G = \Delta H - T\Delta S$ 在什么条件下才成立？

23. 有人说，关系式 $G = F + pV$ 只适用于理想气体。这种观点正确吗？

24. 在一定温度和压力下，$\Delta G > 0$ 的过程绝对不能发生吗？

25. 什么是吉布斯函数最低原理？该原理的使用条件是什么？

26. 在一定压力下某物质由高温自然冷却到室温，这是一个自发过程。在该过程中，必然 $\Delta G < 0$ 吗？必然 $\Delta S > 0$ 吗？

27. 本章所讨论的熵判据、亥姆霍兹函数判据以及吉布斯函数判据最初都是状态变化过程的可逆性判据，为什么可用这些判据来判断系统（如化学反应）是否处于平衡状态？

28. 不论系统对外做功还是外界对系统做功，在可逆条件下做功效率最高。对此该如何理解？

29. 如果把 $p_1 = p_2 = p_e$ 而 p_e 恒定不变为常数的过程都视为等压过程，而不管态变化过程中系统的压力是否发生波动，并且把 $T_1 = T_2 = T_e$ 而 T_e 恒定不变为常数的过程都视为等温过程，而不管态变化过程中系统的温度是否发生波动，则吉布斯函数最低原理对于所有无非体积功的等温等压过程都能适用吗？

30. 你能默写出四个定组成闭合相热力学基本方程吗？

31. 何谓定组成闭合相系统？

32. 定组成闭合相热力学基本方程对于相变化和化学反应一概不适用吗？

33. 有人根据关系式 $dU = TdS - pdV$ 推理，当气体向真空绝热膨胀时，dU 和 pdV 都等于零，所以 $dS = 0$，所以气体向真空绝热膨胀过程都是可逆过程。此结论是否正确？为什么？

34. 你能根据定组成闭合相热力学基本方程默写出四个麦克斯威公式吗？

35. 从关系式 $\left(\frac{\partial S}{\partial T}\right)_p = \frac{C_p}{T}$ 出发，对于化学反应你能导出关系式 $\left(\frac{\partial \Delta_r S_m}{\partial T}\right)_p = \frac{\Delta_r C_{p,m}}{T}$ 吗？

36. 在一定压力下升高温度时，为什么焓 H 会增大而吉布斯函数 G 会减小？

37. 对于体积减小的反应，你能否从 $\left(\frac{\partial G}{\partial p}\right)_T = V$ 出发并分析说明：在一定温度下增大压力会对该反应有利。

习　　题

1. 某卡诺热机在一个循环中，从 380℃ 的热源吸收了 100kJ 的热量。如果低温热源的温度为 100℃，那

么在一个循环中该热机会对外做多少功。(43kJ)

2. 一个卡诺热机完成一个循环后，会对外做 150kJ 的功、会从 227℃ 的高温热源吸收 225kJ 的热量。

(1) 求该热机的效率。(0.667)

(2) 求低温热源的温度。(167K)

3. 有一个卡诺热机，它的两个热源温度分别为 1000K 和 400K。在与高温热源接触并等温可逆膨胀时，系统对外所做的功为 300kJ。请计算在下列不同过程中环境对系统所做的功、系统从环境吸收的热量、系统内能的改变量、焓的改变量以及熵的改变量。

(1) 等温可逆膨胀。($Q_1=300\text{kJ}$，$W_1=-300\text{kJ}$，$\Delta U_1=\Delta H_1=0$，$\Delta S_1=0.3\text{kJ}\cdot\text{K}^{-1}$)

(2) 等温可逆压缩。($Q_2=-120\text{kJ}$，$W_2=120\text{kJ}$，$\Delta U_2=\Delta H_2=0$，$\Delta S_2=-0.3\text{kJ}\cdot\text{K}^{-1}$)

(3) 完成一个循环。($Q=180\text{kJ}$，$W=-180\text{kJ}$，$\Delta U=\Delta H=0$，$\Delta S=0$)

4. 有一个装有 3mol －5℃ 过冷水的杜瓦瓶（刚性绝热）。当把一块非常微小的冰投入杜瓦瓶后，会诱发过冷水迅速结冰。已知液态水的等压摩尔热容为 $75.3\text{J}\cdot\text{K}^{-1}\cdot\text{mol}^{-1}$；在 0℃ 下冰的摩尔熔化热为 $6030\text{J}\cdot\text{mol}^{-1}$。

(1) 最终有多少水结成了冰？(0.187mol)

(2) 求上述过程的熵变。($0.0453\text{J}\cdot\text{K}^{-1}$)

5. 在绝对零度，一氧化碳分子在其晶格中有两种取向即 CO 和 OC，所以无法得到一氧化碳的纯完美晶体。请根据玻尔兹曼公式计算 0K 时一氧化碳晶体的摩尔熵。($5.76\text{J}\cdot\text{K}^{-1}\cdot\text{mol}^{-1}$)

6. 已知甲烷气体在 25℃ 下的标准摩尔熵为 $186.2\text{J}\cdot\text{K}^{-1}\cdot\text{mol}^{-1}$，它的等压摩尔热容为 $C_{p,\text{m}}/\text{J}\cdot\text{K}^{-1}\cdot\text{mol}^{-1}=14.32+74.66\times10^{-3}(T/\text{K})-17.13\times10^{-7}(T/\text{K})^2$

计算在 500℃、1MPa 下甲烷气体的摩尔熵。($215.72\text{J}\cdot\text{K}^{-1}\cdot\text{mol}^{-1}$)

7. 当 1 摩尔理想气体在 300K 下沿不同路线从 10.0L 膨胀到 100.0L 时，分别求算系统和环境的熵变。

(1) 等温可逆膨胀。($\Delta S_{系}=-\Delta S_{环}=19.14\text{J}\cdot\text{K}^{-1}$)

(2) 反抗零外压等温膨胀。($\Delta S_{系}=19.14\text{J}\cdot\text{K}^{-1}$，$\Delta S_{环}=0$)

8. 在 20.0℃ 下，3.00mol 理想气体从 30.0L 沿不同路线膨胀到 50.0L 时，其熵变和热温商分别是多少？并请说明计算结果与熵判据是否一致。

(1) 等温可逆膨胀。($\Delta S=Q/T_e=12.7\text{J}\cdot\text{K}^{-1}$)

(2) 向真空等温膨胀。($\Delta S=12.7\text{J}\cdot\text{K}^{-1}$，$Q/T_e=0$)

9. 在一定温度和压力下将 1.0mol $N_2(g)$、2.0mol $H_2(g)$ 和 3.0mol $NH_3(g)$ 混合。求该过程的熵变。假设系统中无化学反应发生，而且把这些气体都可以看作理想气体。($50.5\text{J}\cdot\text{K}^{-1}$)

10. 在 101kPa 下，将 1 摩尔 500℃ 的铁投入到 100℃ 的大量水中，求铁和水的总熵变。已知铁的等压摩尔热容为 $27.0\text{J}\cdot\text{K}^{-1}\cdot\text{mol}^{-1}$。($9.28\text{J}\cdot\text{K}^{-1}$)

11. 当 10mol O_2 从 25℃ 和 150kPa 变为 18℃ 和 101kPa 时，求该变化过程的熵变。已知 $C_{p,\text{m}}(O_2,g)=29.36\text{J}\cdot\text{K}^{-1}\cdot\text{mol}^{-1}$ ($25.90\text{J}\cdot\text{K}^{-1}$)

12. 氯仿在其正常沸点 61.7℃ 下的摩尔蒸发热为 $31.8\text{kJ}\cdot\text{mol}^{-1}$。在 61.7℃ 和 101.3kPa 下当 1mol 氯仿往真空蒸发，最终变为 101.3kPa 和 61.7℃ 的气态氯仿时，

(1) 计算该过程的熵变和热温商。($\Delta S=94.95\text{J}\cdot\text{K}^{-1}$，$Q/T_e=86.65\text{J}\cdot\text{K}^{-1}$)

(2) 上述计算结果表明该过程是否可逆？(不可逆)

13. 将 50g 温度为 0℃ 的冰投入装有 50g 100℃ 水的保温瓶中。已知 0℃ 下冰的摩尔熔化热为 $6.02\text{kJ}\cdot\text{mol}^{-1}$，水的等压摩尔热容为 $75.3\text{J}\cdot\text{K}^{-1}\cdot\text{mol}^{-1}$。

(1) 求系统的终态温度。(10.1℃)

(2) 求冰和水组成的整个系统的熵变。($11.1\text{J}\cdot\text{K}^{-1}$)

14. 当 5mol 理想气体沿不同路线膨胀使体积加倍时，求它的熵变。

(1) 等温可逆膨胀。($28.8\text{J}\cdot\text{K}^{-1}$)

(2) 绝热可逆膨胀。(0)

(3) 绝热自由膨胀。($28.8\text{J}\cdot\text{K}^{-1}$)

15. 在 35℃下，将装有 0.1mol 液体乙醚的微小玻璃球放入体积为 10L 的刚性密闭容器中。该容器内盛有压力为 101.3kPa 的氮气。打破微小玻璃球后，乙醚完全气化并与 N_2 混合但不发生反应。已知乙醚的正常沸点是 35℃，其摩尔蒸发热为 25.1kJ・mol^{-1}。

(1) 求平衡混合气中乙醚的分压。(25.62×10^3 Pa)

(2) 求乙醚的熵变。(9.28J・K^{-1})

16. 在 25℃下液态水的标准摩尔熵为 69.94J・K^{-1}・mol^{-1}，在 100℃下水的摩尔蒸发热为 40.66kJ・mol^{-1}，液态水的等压摩尔热容为 75.48J・K^{-1}・mol^{-1}。对于态变化过程

$$H_2O(l,p^{\ominus},25℃)\longrightarrow H_2O(g,p^{\ominus},100℃)$$

(1) 计算该过程的 ΔS_m。(125.8J・K^{-1}・mol^{-1})

(2) 计算该过程的 ΔG_m。(−5.874kJ・mol^{-1})

17. 汞在其熔点−39℃下的摩尔熔化热为 2367J・mol^{-1}，液态汞和固态汞的等压摩尔热容均为 28.3 J・K^{-1}・mol^{-1}，在 25℃下液态汞的标准摩尔熵为 77.4J・K^{-1}・mol^{-1}。

(1) 计算在−50℃下汞凝固时的 ΔS_m 和 ΔG_m。(−10.11J・K^{-1}・mol^{-1}，−110.4J・mol^{-1})

(2) 计算在−50℃下液态汞的标准摩尔熵。(69.2J・K^{-1}・mol^{-1})

(3) 在绝热容器内，当 1mol−50℃的液态汞变化到平衡时，求该过程的 ΔS 和 ΔG？(0.027J・K^{-1}，−761J)

18. 在 35℃下，把 14mol 理想气体从 100kPa 压缩到 1000kPa。求该过程的 ΔF 和 ΔG。($\Delta G=\Delta F=82.6\times10^3$ J)

19. 在 18℃下，将 1mol 空气从 100kPa 等温可逆压缩到 500kPa，求此过程的 Q、W、ΔU、ΔH、ΔS、ΔF 和 ΔG。($\Delta H=\Delta U=0$，$W=-Q=3890$J，$\Delta S=13.4$J・K^{-1}，$\Delta G=\Delta F=3900$J)

20. 在 101.3kPa 下，当 1mol 处于正常沸点 80.1℃的苯沿不同路线变为同温同压的苯蒸气时，计算该过程的 Q、W、ΔU、ΔH、ΔS、ΔF 和 ΔG。已知苯在其正常沸点下的摩尔蒸发热为 31.40kJ・mol^{-1}。

(1) 可逆蒸发。($Q=\Delta H=31.40$kJ，$\Delta F=W=-2.94\times10^3$ J，$\Delta S=88.88$J・K^{-1}，$\Delta G=0$)

(2) 向真空容器蒸发。($Q=\Delta U=28.46$kJ，$W=\Delta G=0$，$\Delta H=31.40$kJ，$\Delta S=88.88$J・K^{-1}，$\Delta F=-2.94$kJ)

21. 结合热力学基本方程，证明在一定温度下理想气体的内能与体积（或压力）无关。

22. 对于定组成闭合相系统，试证明 $dS=\frac{C_p}{T}dT-\left(\frac{\partial V}{\partial T}\right)_p dp$

23. 对于遵守状态方程 $p(V-nb)=nRT$ 的实际气体，其中 b 为常数。请导出

(1) 在等温过程中 ΔS 的表达式。

(2) 在等温过程中 ΔG 的表达式。

24. 试证明（系统是随意的，未必是理想气体）

(1) $\left(\frac{\partial F}{\partial V}\right)_S=S\left(\frac{\partial p}{\partial S}\right)_V-p$

(2) $\left(\frac{\partial U}{\partial V}\right)_T=T\left(\frac{\partial p}{\partial T}\right)_V-p$

25. 对于理想气体，试证明

$$\left(\frac{\partial T}{\partial V}\right)_S=(1-\gamma)\frac{T}{V}\qquad 其中\ \gamma=C_{p,m}/C_{V,m}$$

26. 试证明（系统是随意的，未必是理想气体）

$$dS=\frac{nC_{V,m}}{T}\left(\frac{\partial T}{\partial p}\right)_V dp+\frac{nC_{p,m}}{T}\left(\frac{\partial T}{\partial V}\right)_p dV$$

27. 试证明 $\left(\frac{\partial C_V}{\partial V}\right)_T=T\left(\frac{\partial^2 p}{\partial T^2}\right)_V$

28. 已知下列数据

物　质	$\Delta_r H_m^\ominus(298K)/kJ \cdot mol^{-1}$	$S_m^\ominus(298K)/J \cdot K^{-1} \cdot mol^{-1}$	$C_{p,m}/J \cdot K^{-1} \cdot mol^{-1}$
白锡	0	52.30	26.15
灰锡	−2.197	44.76	25.73

(1) 在10℃和标准压力下，金属锡的哪一种晶型较稳定？(灰锡)

(2) 在标准压力下，这两种晶型的平衡温度是多少？(291.4K 或 18.2℃)

29. 文石和方解石是 $CaCO_3$ 的两种不同晶型。在 298K 和标准压力下，当文石转化为方解石时，$\Delta_r V_m = 2.75 \times 10^{-6} m^3 \cdot mol^{-1}$，$\Delta_r G_m^\ominus = -0.795 kJ \cdot mol^{-1}$。那么，在 298K 下至少需要施加多大压力才能使文石成为 $CaCO_3$ 的稳定相？(289MPa)

第3章　多组分系统热力学

3.1　基本概念和组成表示法

3.1.1　基本概念

前几章所涉及的态变化主要是组成恒定不变的简单变化、从纯物质到纯物质的相变化以及从纯物质到纯物质的化学反应。但是在科研和生产实践中所遇到的系统并非都是组成恒定不变的系统，也不都是从纯物质到纯物质的相变化或化学反应，而是往往涉及由多种物质组成的多组分系统，往往涉及多组分系统的简单变化、相变化和化学反应。在状态变化过程中系统的组成常常也会发生变化。如混合气体的反应、溶液中的反应、溶液的蒸发等等。而且这些过程往往都是不可逆的，所以前面讨论过的定组成闭合相热力学基本方程在此大都是不适用的。此处有必要在学习了前两章基本知识之后，进一步讨论多组分系统热力学。此处首先介绍几个基本概念。

溶液（solution）是指由两种或两种以上物质以分子、原子或离子的形式均匀分散形成的分散系统。溶液本身也有多种不同类型。

溶液
- 气态溶液
- 液态溶液
  - 非电解质溶液
  - 电解质溶液
- 固态溶液（固溶体）

由于气体分子的彼此间距很大，故彼此之间的相互作用很弱。相同分子彼此之间和不同分子彼此之间的相互作用大小相差无几。所以，不同气体物质都能彼此完全互溶形成气态溶液。液态溶液和固态溶液还可以进一步细分为完全互溶系统和部分互溶系统。完全互溶系统是指溶液中包含的那些物质可以以任意比例相互溶解，即溶液中每一种物质的含量可以从0～100%连续变化。如水和乙醇就可以以任意比例相互溶解形成液态溶液。又如铜和锌两者也可以以任意比例相互溶解生成固态溶液即黄铜。溶液中**溶剂**和**溶质**的划分是相对的。通常把溶液中含量较多的组分称为溶剂，而把其余的物质称为溶质。

3.1.2　组成表示法

对于溶液，常用的组成表示方法有以下几种。

(1) 物质的量分数浓度

物质的量分数浓度亦称为**摩尔分数浓度**（mole fraction concentration），常用 x 表示。如溶液中任意一种组分B的摩尔分数浓度 x_B 就是溶液中组分B的摩尔数 n_B 与溶液中所有物质的总摩尔数 $\sum n_B$ 的比值即

$$x_B=\frac{n_B}{\sum n_B} \tag{3.1}$$

物质的量分数浓度是一个纯数，它没有单位，而且 $\sum x_B=1$。

(2) 质量分数浓度

质量分数浓度乘以百分之百得到的就是质量百分比浓度。常把质量分数浓度用 w 表示。

如溶液中任意一种组分 B 的质量分数浓度 w_B 就是溶液中组分 B 的质量与溶液总质量的比值即

$$w_B = \frac{m_B}{\sum m_B} \tag{3.2}$$

质量分数浓度也是一个纯数，它也没有单位，而且 $\sum w_B = 1$。

(3) 物质的量浓度

物质的量浓度就是经常使用的体积摩尔浓度，并且经常将其简称为浓度。常把物质的量浓度用 c 表示。如溶液中任意一种组分 B 的物质的量浓度 c_B 就是指溶液中组分 B 的物质的量 n_B 与溶液总体积 V 的比值即

$$c_B = \frac{n_B}{V} \tag{3.3}$$

该浓度的常用单位是 $mol \cdot L^{-1}$，它的 SI 单位是 $mol \cdot m^{-3}$。

(4) 质量摩尔浓度

质量摩尔浓度 (stoichiometric molality) 是指单位质量溶剂中含某溶质的物质的量，常用 b 表示。如溶液中任意一种组分 B 的质量摩尔浓度 b_B 就是指溶液中组分 B 的物质的量 n_B 与溶液中溶剂 A 的质量 m_A 的比值即

$$b_B = \frac{n_B}{m_A} \tag{3.4}$$

质量摩尔浓度的 SI 单位是 $mol \cdot kg^{-1}$。

在这些组成表示方法当中，物质的量浓度使用起来非常方便。但是当外界条件变化较大时，物质的量浓度会发生明显波动。因为溶液的体积会发生热胀冷缩，也可以被压缩。不同组成表示方法彼此之间存在着一定的函数关系。如果把溶剂型组分用 A 表示，把溶质型组分用 B、C …… 表示，则

$$x_B = \frac{n_B}{n_A + \sum_{B\neq A} n_B} = \underbrace{\frac{w_B/M_B}{w_A/M_A + \sum_{B\neq A}(w_B/M_B)}}_{\text{在单位质量溶液中}}$$

$$= \underbrace{\frac{c_B}{(\rho - \sum_{B\neq A} c_B M_B)/M_A + \sum_{B\neq A} c_B}}_{\text{在单位体积溶液中}} = \underbrace{\frac{b_B}{1/M_A + \sum_{B\neq A} b_B}}_{\text{在含单位质量溶剂的溶液中}}$$

式中，V 和 ρ 分别代表溶液的总体积和溶液的密度；M_A 和 M_B 分别代表溶剂型组分 A 和溶质型组分 B 的摩尔质量。当溶液很稀时，上式分母中与溶质型组分相关的待加和项都很小，都可以忽略不计，而且此时 $w_A \approx 1$，溶液的密度 ρ 约等于纯溶剂的密度 ρ_A。所以当溶液很稀时，上式可改写为

$$x_B \approx \frac{n_B}{n_A} \approx \frac{w_B M_A}{M_B} \approx \frac{c_B M_A}{\rho_A} \approx b_B M_A \tag{3.5}$$

对于以水为溶剂的稀溶液，由式(3.5) 可知

$$c_B \approx \rho_A b_B = \rho_水 b_B$$

由于常温下 $\rho_水 \approx 1000 kg \cdot m^{-3}$，所以

$$c_B \approx 1000 kg \cdot m^{-3} \{b_B\} mol \cdot kg^{-1} = 1000 \{b_B\} mol \cdot m^{-3}$$

即
$$c_B \approx \{b_B\} \text{mol} \cdot \text{L}^{-1}$$
所以
$$c_B/\text{mol} \cdot \text{L}^{-1} \approx b_B/\text{mol} \cdot \text{kg}^{-1}$$
这就是说，在稀水溶液中，以 $\text{mol} \cdot \text{L}^{-1}$为单位的体积摩尔浓度和以 $\text{mol} \cdot \text{kg}^{-1}$为单位的质量摩尔浓度在数值上近似相等。

例 3.1 求质量分数浓度为 1.5%的硫酸溶液的摩尔分数浓度和质量摩尔浓度。

解：
$$x_{H_2SO_4} = \frac{n_{H_2SO_4}}{n_{H_2SO_4} + n_{H_2O}} = \frac{1.5/98}{1.5/98 + 98.5/18} = 2.79 \times 10^{-3}$$
$$b_{H_2SO_4} = \frac{n_{H_2SO_4}}{m_{H_2O}} = \frac{1.5/98}{98.5 \times 10^{-3}} \text{mol} \cdot \text{kg}^{-1} = 0.155 \text{mol} \cdot \text{kg}^{-1}$$

3.2 偏摩尔量

3.2.1 概念的引出

实验表明，在 20℃和标准压力下，纯水和纯乙醇的摩尔体积分别为 $18.09\text{mL} \cdot \text{mol}^{-1}$和 $58.36\text{mL} \cdot \text{mol}^{-1}$。那么，1mol 水与 1mol 乙醇混合前的总体积为
$$18.09\text{mL} + 58.36\text{mL} = 76.45\text{mL}$$
可是实际上，在 20℃和标准压力下，1mol 水与 1mol 乙醇混合后的总体积只有 74.40mL。这是为什么呢？下面就对此做一些具体分析。

定组成闭合相系统只有两个独立变数，通常选用温度 T 和压力 p 作为独立变数。那么当 T 和 p 一定时，系统的状态就确定了，系统的任何一个状态函数就都有了唯一确定的值。所以，定组成闭合相系统的任意一个容量性质 X（如 S、H、V …… ）都可以表示成 T 和 p 的函数即
$$X = X(T, p)$$
但是对于一个敞开相系统而言，它的任意一个容量性质除了与 T 和 p 有关外，还与该相中各组分的物质的量 n_A、n_B、n_C…… 有关即
$$X = X(T, p, n_A, n_B, n_C, \cdots\cdots)$$
由于 X 是状态函数，它的微分是全微分，所以
$$dX = \left(\frac{\partial X}{\partial T}\right)_{p, n_C} dT + \left(\frac{\partial X}{\partial p}\right)_{T, n_C} dp + \sum_B \left(\frac{\partial X}{\partial n_B}\right)_{T, p, n_C(C \neq B)} dn_B$$
在上式中，下标 n_C 表示系统中所有组分的量都恒定不变，下标 $n_C(C \neq B)$ 表示除了组分 B 以外其余各组分的物质的量都恒定不变。

定义
$$X_m(B) = \left(\frac{\partial X}{\partial n_B}\right)_{T, p, n_C(C \neq B)} \tag{3.6}$$
式(3.6) 中的 $X_m(B)$ 表示在一定的温度、压力和组成条件下组分 B 的摩尔性质，它不是纯 B 的摩尔性质。结合式(3.6) 的表示形式，我们把 $X_m(B)$ 称为多组分混合系统中组分 B 的**偏摩尔量**（partial molar quantity）或**偏摩尔性质**。此处需要注意，并非容量性质对某物质的摩尔数的偏导数都是偏摩尔量。只有在一定的温度、压力和组成条件下，多组分系统的容量性质对某组分的摩尔数的偏导数才是此系统中该组分的偏摩尔量。从 1mol 水与 1mol 乙醇混合前后的体积可以看出，一种物质处于纯态时的摩尔体积与它在多组分混合物中的**偏摩尔体积**（partial molar volume）是不同的。多组分系统的其它容量性质一般都有这种情况。

既然如此，从现在开始我们把纯组分 B 的摩尔性质用 $X_m^*(B)$ 表示，以示与其偏摩尔性质 $X_m(B)$ 的区别。从定义式(3.6) 可以看出，偏摩尔量是状态函数的组合，所以偏摩尔量也是状态函数。所有容量性质对于混合物系中的每一种组分都有相应的偏摩尔量。如对于溶液中的任意一种组分 B 而言

偏摩尔体积 $V_m(B)=\left(\frac{\partial V}{\partial n_B}\right)_{T,p,n_C(C\neq B)}$ 单位：$m^3 \cdot mol^{-1}$

偏摩尔熵 $S_m(B)=\left(\frac{\partial S}{\partial n_B}\right)_{T,p,n_C(C\neq B)}$ 单位：$J \cdot K^{-1} \cdot mol^{-1}$

偏摩尔吉布斯函数 $G_m(B)=\left(\frac{\partial G}{\partial n_B}\right)_{T,p,n_C(C\neq B)}$ 单位：$J \cdot mol^{-1}$

$$\vdots$$

将式(3.6) 代入其前式可得

$$dX=\left(\frac{\partial X}{\partial T}\right)_{p,n_C}dT+\left(\frac{\partial X}{\partial p}\right)_{T,n_C}dp+\sum_B X_m(B)dn_B \tag{3.7}$$

借助于偏摩尔量，式(3.7) 描述了当多组分敞开相系统发生一个微小的状态变化时，其容量性质 X 的微分的表达式。

3.2.2 偏摩尔量的集合公式

若状态变化是在一定温度和压力下发生的，则由式(3.7) 可得

$$dX=\sum_B X_m(B)dn_B \tag{3.8}$$

设想在一定温度和压力下，将组成恒定不变的溶液从 A 杯转移到 B 杯，如图 3.1 所示。根据式(3.8)，随着转移过程的进行，B 杯中溶液总体积的微分可以表示为

$$dV=\sum_B V_m(B)dn_B$$

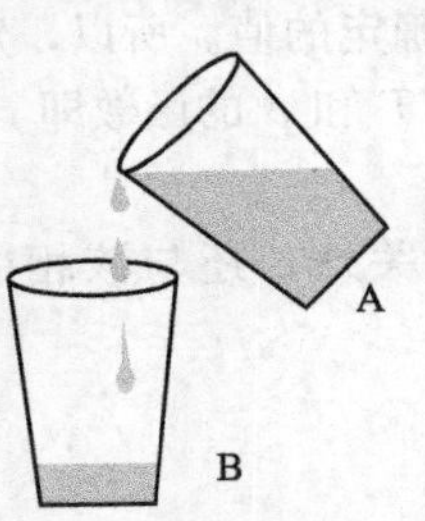

图 3.1 从 A 到 B 转移溶液

对此式两边积分可得

$$V=\sum_B\int_0^{n_B}V_m(B)\ dn_B$$

因为在转移溶液的过程中，温度、压力及浓度都恒定不变，故 $V_m(B)$ 为常数。所以由上式可得

$$V=\sum_B V_m(B)n_B$$

同理，多组分系统的任何一个容量性质都可以表示为

$$X=\sum_B X_m(B)n_B \tag{3.9}$$

式(3.9) 称为偏摩尔量的**集合公式**。虽然此式是借助于等温等压下的态变化过程导出的，但是此式本身并不涉及状态函数的改变量，并不涉及状态变化过程。只要系统处于平衡状态，偏摩尔量的集合公式(3.9) 就是成立的。

根据偏摩尔量的集合公式(3.9)，乙醇水溶液的总体积可表示为

$$V=V_m(水)n_{水}+V_m(乙醇)n_{乙醇}$$

又因

$$V\neq V_m^*(水)n_{水}+V_m^*(乙醇)n_{乙醇}$$

所以 $V_m(水)\neq V_m^*(水)$，$V_m(乙醇)\neq V_m^*(乙醇)$，即乙醇水溶液中各组分的偏摩尔体积 $V_m(B)$

不等于该组分处于纯态时的摩尔体积 $V_m^*(B)$。其它偏摩尔性质也都如此，它们未必等于纯态时的摩尔性质。又如在 101325Pa、20℃下甲醇水溶液的实验数据见下表：

$x_甲$	1.0	0.8	0.6	0.4	0.2
V_m(甲)/mL·mol^{-1}	40.5	40.4	39.8	39.0	37.8

甲醇水溶液中甲醇的偏摩尔体积之所以随浓度的变化而变化，原因是体积与分子间距密切相关，而分子间距又与分子间的相互作用有关。不同分子之间的相互作用不同，而且这种相互作用会随浓度的变化而变化。所以，溶液中各组分的偏摩尔体积都会随溶液组成的变化而变化。

例 3.2 在 25℃和 101.3kPa 下，将 NaBr 溶于 1kg 水中，所得溶液的体积与溶入的 NaBr 的摩尔数 n 之间的关系如下：

$$V/\text{mL}=1002.93+23.189(n/\text{mol})+2.197\,(n/\text{mol})^{3/2}-0.178\,(n/\text{mol})^2$$

在 25℃和 101.3kPa 下，当 $n=0.25$mol 时，溶液的总体积以及溶液中水和 NaBr 的偏摩尔体积分别是多少？

解： 根据题目所给的条件，$n=0.25$mol 时所得溶液的总体积为

$$V=(1002.93+23.189\times0.25+2.197\times0.25^{3/2}-0.178\times0.25^2)\text{mL}$$
$$=1008.99\text{mL}$$

根据偏摩尔量的定义式(3.6)，溶液中 NaBr 的偏摩尔体积为

$$V_m(\text{NaBr})=\left(\frac{\partial V}{\partial n}\right)_{T,p,n_水}$$
$$=[23.189+1.5\times2.197(n/\text{mol})^{1/2}-2\times0.178(n/\text{mol})]\text{mL}\cdot\text{mol}^{-1}$$

当 $n=0.25$mol 时，由此式可得 NaBr 的偏摩尔体积为

$$V_m(\text{NaBr})=24.75\text{mL}\cdot\text{mol}^{-1}$$

根据偏摩尔量的集合公式(3.9)

$$V=V_m(水)n_水+V_m(\text{NaBr})n$$

所以 $$V_m(水)=\frac{V-V_m(\text{NaBr})n}{n_水}$$

$$=\left(\frac{1008.99-24.75\times0.25}{1000/18}\right)\text{mL}\cdot\text{mol}^{-1}=18.05\text{mL}\cdot\text{mol}^{-1}$$

3.2.3 偏摩尔量之间的关系

在前面学习过的许多热力学关系式中，如果将其中的容量性质都改为多组分系统中任意一个组分 B 的偏摩尔量，则这些等式仍然成立。如按照定义

$$G=H-TS$$

此式两边在一定温度、压力和组成条件下同时对 n_B 求导可得

$$\left(\frac{\partial G}{\partial n_B}\right)_{T,p,n_C(C\neq B)}=\left(\frac{\partial H}{\partial n_B}\right)_{T,p,n_C(C\neq B)}-T\left(\frac{\partial S}{\partial n_B}\right)_{T,p,n_C(C\neq B)}$$

所以

$$G_m(B)=H_m(B)-TS_m(B) \tag{3.10}$$

又如，对于定组成闭合相系统

$$dG=-SdT+Vdp$$

由此可得 $\left(\frac{\partial G}{\partial T}\right)_p=-S \qquad \left(\frac{\partial G}{\partial p}\right)_T=V$

由于是定组成闭合相系统，故也可以把这两个式子分别改写为

$$\left(\frac{\partial G}{\partial T}\right)_{p,n_C}=-S \tag{A}$$

$$\left(\frac{\partial G}{\partial p}\right)_{T,n_C}=V \tag{B}$$

在一定的温度、压力及组成条件下，式(A) 两边对 n_B 求导可得

$$\left(\frac{\partial\left(\frac{\partial G}{\partial T}\right)_{p,n_C}}{\partial n_B}\right)_{T,p,n_C(C\neq B)}=-\left(\frac{\partial S}{\partial n_B}\right)_{T,p,n_C(C\neq B)}=-S_m(B)$$

由于状态函数的混合偏导数与求导次序无关，故可以把上式改写为

$$\left(\frac{\partial\left(\frac{\partial G}{\partial n_B}\right)_{T,p,n_C(C\neq B)}}{\partial T}\right)_{p,n_C}=-S_m(B)$$

即

$$\left(\frac{\partial G_m(B)}{\partial T}\right)_{p,n_C}=-S_m(B) \tag{3.11}$$

按照同样的方法和步骤由式(B) 可得

$$\left(\frac{\partial G_m(B)}{\partial p}\right)_{T,n_C}=V_m(B) \tag{3.12}$$

把式(A) 和式(3.11)、式(B) 和式(3.12) 分别进行比较可以看出：在式(A)、式(B) 两式中，将各容量性质都改写为组分 B 的偏摩尔量后，该等式仍然成立。

由于偏摩尔量本身也是状态函数，故偏摩尔量的微分也是全微分。所以，对于一个敞开相的多组分系统

$$G_m(B)=f(T,p,n_A,n_B\cdots\cdots)$$

$$dG_m(B)=\left(\frac{\partial G_m(B)}{\partial T}\right)_{p,n_C}dT+\left(\frac{\partial G_m(B)}{\partial p}\right)_{T,n_C}dp+\sum_B\left(\frac{\partial G_m(B)}{\partial n_B}\right)_{T,p,n_C(C\neq B)}dn_B$$

将式(3.11) 和式(3.12) 代入此式可得

$$dG_m(B)=-S_m(B)dT+V_m(B)dp+\sum_B\left(\frac{\partial G_m(B)}{\partial n_B}\right)_{T,p,n_C(C\neq B)}dn_B$$

对于组成恒定不变的物系，$dn_B=0$，故上式可改写为

$$dG_m(B)=-S_m(B)dT+V_m(B)dp \tag{3.13}$$

式(3.13) 在形式上与定组成闭合相热力基本方程完全相同。又因为 $dG_m(B)$ 是全微分，故由式(3.13) 进一步可得

$$\left(\frac{\partial S_m(B)}{\partial p}\right)_T=-\left(\frac{\partial V_m(B)}{\partial T}\right)_p \tag{3.14}$$

从形式上看，式(3.14) 上也与第 2 章中引入的相应麦克斯威关系式完全相同。所以，的确在许多热力学关系式中，如果将其中的容量性质都改为多组分混合物系中任意一个组分 B 的偏摩尔量，则这些等式都仍然成立。通过这种方法，可以直接写出敞开相系统中许多偏摩尔量之间的关系式，此处不必赘述。

3.3 敞开相热力学基本方程和化学势概念

3.3.1 敞开相热力学基本方程

与定组成闭合相系统相对应，所谓**敞开相**系统，就是可以有物质在不同相之间发生迁移的系统。敞开相系统可以是敞开系统，这时系统与环境之间有物质交换。另一方面，敞开相系统也可以是封闭系统，系统与环境之间没有物质交换，但系统内部的不同相之间是敞开的，不同相彼此之间可以发生物质交换。或者说在封闭的敞开相系统内，发生的状态变化过程可以是简单变化，可以是相变化，也可以是化学反应。

定组成闭合相系统只有两个独立变数。譬如，用 S 和 V 这两个变数来描述系统的状态时，系统的内能可以表示为 S 和 V 的函数即

$$U=U(S,V)$$

但是对于敞开相系统而言，其中每一相的状态除了与 S 和 V 有关外，还与它的组成有关。所以，应把敞开相系统中每一相的内能表示为

$$U=U(S,V,n_{\mathrm{A}},n_{\mathrm{B}}\cdots\cdots)$$

所以
$$\mathrm{d}U=\left(\frac{\partial U}{\partial S}\right)_{V,n_{\mathrm{C}}}\mathrm{d}S+\left(\frac{\partial U}{\partial V}\right)_{S,n_{\mathrm{C}}}\mathrm{d}V+\sum_{\mathrm{B}}\left(\frac{\partial U}{\partial n_{\mathrm{B}}}\right)_{S,V,n_{\mathrm{C}}(\mathrm{C}\neq\mathrm{B})}\mathrm{d}n_{\mathrm{B}} \tag{3.15}$$

由定组成闭合相热力学基本方程 $\mathrm{d}U=T\mathrm{d}S-p\mathrm{d}V$ 可以看出

$$T=\left(\frac{\partial U}{\partial S}\right)_{V} \quad 即 \quad T=\left(\frac{\partial U}{\partial S}\right)_{V,n_{\mathrm{C}}}$$

$$-p=\left(\frac{\partial U}{\partial V}\right)_{S} \quad 即 \quad -p=\left(\frac{\partial U}{\partial V}\right)_{S,n_{\mathrm{C}}}$$

因此，可以把式(3.15) 改写为

$$\mathrm{d}U=T\mathrm{d}S-p\mathrm{d}V+\sum_{\mathrm{B}}\left(\frac{\partial U}{\partial n_{\mathrm{B}}}\right)_{S,V,n_{\mathrm{C}}(\mathrm{C}\neq\mathrm{B})}\mathrm{d}n_{\mathrm{B}}$$

定义
$$\mu_{\mathrm{B}}=\left(\frac{\partial U}{\partial n_{\mathrm{B}}}\right)_{S,V,n_{\mathrm{C}}(\mathrm{C}\neq\mathrm{B})} \tag{3.16}$$

称 μ_{B} 为系统中组分 B 的**化学势** (chemical potential)。从式(3.16) 可见：组分 B 的化学势 μ_{B} 反映了在熵 S、体积 V 和组成都一定的条件下，在多组分系统中组分 B 的摩尔内能。该定义式虽然也是个偏导数，但它不是 B 组分的偏摩尔内能，不是偏摩尔量。结合此定义，其前式就变为

$$\mathrm{d}U=T\mathrm{d}S-p\mathrm{d}V+\sum_{\mathrm{B}}\mu_{\mathrm{B}}\mathrm{d}n_{\mathrm{B}} \tag{3.17}$$

又因
$$\mathrm{d}H=\mathrm{d}U+p\mathrm{d}V+V\mathrm{d}p$$

将式(3.17) 代入此式可得

$$\mathrm{d}H=T\mathrm{d}S+V\mathrm{d}p+\sum_{\mathrm{B}}\mu_{\mathrm{B}}\mathrm{d}n_{\mathrm{B}} \tag{3.18}$$

又因
$$\mathrm{d}F=\mathrm{d}U-T\mathrm{d}S-S\mathrm{d}T$$

将式(3.17) 代入此式可得

$$\mathrm{d}F=-S\mathrm{d}T-p\mathrm{d}V+\sum_{\mathrm{B}}\mu_{\mathrm{B}}\mathrm{d}n_{\mathrm{B}} \tag{3.19}$$

又因
$$\mathrm{d}G=\mathrm{d}H-T\mathrm{d}S-S\mathrm{d}T$$

将式(3.18) 代入此式可得

$$\mathrm{d}G=-S\mathrm{d}T+V\mathrm{d}p+\sum_{\mathrm{B}}\mu_{\mathrm{B}}\mathrm{d}n_{\mathrm{B}} \tag{3.20}$$

称式(3.17)～式(3.20)为**敞开相热力学基本方程**。这些方程与定组成闭合相热力学基本方程的区别仅在于每个表达式中多加了一项，即 $\sum_{B}\mu_{B}dn_{B}$。

另一方面，从式(3.17)～式(3.20)可见

$$\mu_{B}=\left(\frac{\partial U}{\partial n_{B}}\right)_{S,V,n_{C}(C\neq B)}=\left(\frac{\partial H}{\partial n_{B}}\right)_{S,p,n_{C}(C\neq B)}=\left(\frac{\partial F}{\partial n_{B}}\right)_{T,V,n_{C}(C\neq B)}=\left(\frac{\partial G}{\partial n_{B}}\right)_{T,p,n_{C}(C\neq B)} \tag{3.21}$$

由此可见，化学势有四种不同表示方法，但是只有用吉布斯函数 G 的偏导数表示时，它才是等温等压和定组成条件下容量性质对一种指定组分的物质的量的偏导数，才满足偏摩尔量的定义式(3.6)，才是偏摩尔量。因此，通常都把化学势理解为**偏摩尔吉布斯函数**(partial molar Gibbs function)。在实践中等温等压条件容易实现和控制，这种情况遇到的也最多，等温等压无非体积功条件下的吉布斯函数最低原理用得也最多。化学势的另外几种表示方法虽然都是偏导数，但是根据偏摩尔量的定义式(3.6)，它们都不是偏摩尔量。

3.3.2 相变化和化学反应的平衡条件

所谓平衡状态，它是指系统的所有宏观物理性质和化学性质分别有唯一确定值的状态。所以，平衡状态同时包括以下几方面的平衡：

热平衡(thermal equilibrium) 热平衡是指系统内各相的温度都相同，并等于环境的温度 T_e 即

$$T^{(1)}=T^{(2)}=\cdots\cdots=T_e$$

其中 $T^{(i)}$ 表示系统中第 i 相的温度。如果不满足这样的热平衡条件，即系统内部不同相之间或系统与环境之间有明显的温差，这时热交换的推动力 ΔT 就不是无限小，系统内不同相之间或系统与环境之间必然会发生不可逆热交换，这样的系统不可能处于平衡状态。

力平衡(mechanical equilibrium) 力平衡是指系统内各相的压力都相同，并等于环境的压力 p_e 即

$$p^{(1)}=p^{(2)}=\cdots\cdots=p_e$$

其中 $p^{(i)}$ 表示系统中第 i 相的压力。如果不满足这样的力平衡条件，则系统内部不同相之间或系统与环境之间就会有明显的压力差，这时膨胀或压缩的推动力 Δp 就不是无限小，系统内不同相之间或系统与环境之间必然会发生不可逆膨胀或压缩。这样的系统也不可能处于平衡状态。

相平衡(phase equilibrium) 相平衡是指系统内不仅每个相自身都处于平衡状态，而且相与相彼此之间也处于平衡状态。实际上，即使一个系统处于热平衡和力平衡状态，但它未必处于相平衡状态。如在95℃、101.325kPa下的水和水蒸气就不是处于相平衡状态。

化学平衡(chemical equilibrium) 化学平衡是指系统中包含的所有化学反应都达到了平衡。以乙酸乙酯的皂化反应为例

$$CH_3COOC_2H_5+NaOH = CH_3COONa+C_2H_5OH$$

乙酸乙酯微溶于水。在温度和压力一定并且不断搅拌的情况下，不论乙酸乙酯和水溶液彼此之间的溶解度是大还是小，系统都处于热平衡、力平衡和相平衡状态，但是皂化反应一直在进行，乙酸乙酯层的量越来越少。只有反应足够长时间后，皂化反应才能达到平衡。

一个系统只有同时满足热平衡、力平衡、相平衡和化学平衡这四个条件时，系统才能真正处于热力学平衡状态。此处将讨论在一定温度和压力下(即等温等压)化学反应和相变化的平衡条件。

(1) 化学反应

以化学反应 $aA+bB \rightleftharpoons dD+eE$ 为例。根据敞开相热力学基本方程，在反应过程中

$$dG=-SdT+Vdp+\sum\mu_B dn_B$$

若反应是在一定温度和压力下进行的，则根据此式并结合吉布斯函数最低原理可得

$$dG=\sum\mu_B dn_B \leqslant 0 \tag{3.22}$$

因为 $$\xi=\frac{\Delta n_B}{\nu_B}=\frac{n_B-n_{B,0}}{\nu_B} \qquad d\xi=\frac{dn_B}{\nu_B}$$

所以 $$dn_B=\nu_B d\xi$$

将此代入式(3.22) 可得

$$dG=\sum\nu_B\mu_B d\xi$$

前面已说明这是个等温等压反应，故两边同除以 $d\xi$ 可得

$$\left(\frac{\partial G}{\partial \xi}\right)_{T,p}=\sum\nu_B\mu_B$$

此式左边表示在一定温度和压力下，单位反应进度引起的吉布斯函数改变量，简称摩尔反应吉布斯函数，其值与化学反应系统中各组分的化学势有关，本质上与化学反应系统的组成有关。通常将该量简记为 $\Delta_r G_m$，其单位为 $J \cdot mol^{-1}$ 或 $kJ \cdot mol^{-1}$。故上式可改写为

$$\Delta_r G_m=\sum\nu_B\mu_B \tag{3.23}$$

根据吉布斯函数最低原理，在一定温度和压力下

$$\sum\nu_B\mu_B \leqslant 0 \quad \begin{cases} <0 & \text{自发,不可逆} \\ =0 & \text{可逆,即处于化学平衡} \end{cases} \tag{3.24}$$

式(3.24) 就是化学平衡条件，它是化学平衡一章重要的理论基础。在封闭系统中，在一定温度和压力下随着化学反应的进行，系统的组成会不断发生变化，其中各组分的化学势 μ_B 也会不断发生变化，但是在到达化学平衡之前必然 $\sum\nu_B\mu_B<0$。当 $\sum\nu_B\mu_B=0$ 时，化学反应就达到了平衡。在一定温度和压力下，$\sum\nu_B\mu_B>0$ 的化学反应是不可能发生的。

(2) 相变化

设想一个系统中含有 A、B、C …… 多种物质，其中有 α 和 β 两个相。如空气和水组成的系统就属于这种情况。其中，空气中的许多组分可溶解于水，同时空气当中也有水蒸气。在一定温度和压力下，当微量的 B 物质从 α 相迁移到 β 相时，根据式(3.20)

$$dG=\sum_B \mu_B dn_B=\mu_B^\alpha(-dn_B)+\mu_B^\beta dn_B$$

即 $$dG=(\mu_B^\beta-\mu_B^\alpha)dn_B$$

所以 $$\Delta G_m=\left(\frac{\partial G}{\partial n_B}\right)_{T,p}=\mu_B^\beta-\mu_B^\alpha$$

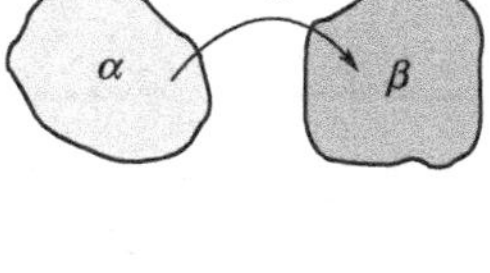

其中，ΔG_m 表示在一定温度和压力下的摩尔相变吉布斯函数。由吉布斯函数最低原理可知：

$$\mu_B^\beta \leqslant \mu_B^\alpha \quad \begin{cases} < & \text{自发,不可逆} \\ = & \text{可逆,即 B 在两相间处于平衡} \end{cases} \tag{3.25}$$

也可以把这种变化视为一种简单的化学反应即 $B(\alpha) \longrightarrow B(\beta)$。此时根据式(3.23)，其摩尔反应吉布斯函数为

$$\Delta_r G_m=\sum_B \nu_B\mu_B=\mu_B^\beta-\mu_B^\alpha$$

根据吉布斯函数最低原理，由此可得到与式(3.25) 相同的结论。

综上所述，在一定温度和压力下，任何物质在其化学势高的相中都不稳定，而在其化学势低的相中较稳定。相变化只能是各物质从自身化学势高的相往化学势低的相发生迁移。当一种物质在不同相中的化学势相等时，该物质在不同相中就处于平衡状态。当系统中的所有物质在不同相中的化学势彼此相等时即

$$\mu_A^\alpha=\mu_A^\beta \quad \mu_B^\alpha=\mu_B^\beta \quad \mu_C^\alpha=\mu_C^\beta \quad \cdots\cdots$$

整个系统才处于相平衡状态。这就是相平衡条件。该结论是相平衡一章重要的理论基础。

从这一节的上述讨论可以看出，化学势是一个很重要的物理量。对于所有的相变化和化学反应，都可以借助化学势来讨论分析沿指定方向发生变化的可能性，讨论分析态变化过程的最大限度（即平衡）。状态变化过程的可能性和最大限度不仅仅是化学领域需要密切关注的首要问题之一，而且在其它许多学科的科研和生产实践中同样会广泛涉及类似的问题。所以，化学势概念是非常重要的。在用化学势讨论化学反应和相变化问题的同时，不仅会使人们对问题的认识更清楚更深刻，而且会开阔思路，会使人得到启发。因此，后面紧接着还要针对不同系统讨论其中各组分的化学势与组成的关系。

例 3.3 已知冰的正常熔点是0℃。在101.3kPa下，比较在0℃、0℃以下及0℃以上冰和水的化学势大小。

解：根据相平衡条件，当系统处于相平衡时，各物质在不同相中的化学势必然相等。如果系统未处于相平衡，则各物质的迁移方向就是它的化学势降低的方向，所以

0℃	0℃以下	0℃以上
$\mu_{冰}=\mu_{水}$	$\mu_{冰}<\mu_{水}$	$\mu_{冰}>\mu_{水}$

例 3.4 在一定温度和压力下，比较蔗糖溶液中的蔗糖与纯蔗糖的化学势大小。(1) 不饱和蔗糖溶液；(2) 饱和蔗糖溶液；(3) 过饱和蔗糖溶液。

解：参见例 3.3，根据相平衡条件和相变化的方向

不饱和蔗糖溶液	$\mu_{蔗糖}$(溶液)$<\mu_{蔗糖}$(纯蔗糖)
饱和蔗糖溶液	$\mu_{蔗糖}$(溶液)$=\mu_{蔗糖}$(纯蔗糖)
过饱和蔗糖溶液	$\mu_{蔗糖}$(溶液)$>\mu_{蔗糖}$(纯蔗糖)

例 3.5 在101.3kPa下，水的沸点是100℃。请分析说明下列四个系统中水的化学势大小，并把它们从大到小排队。

(1) 101.3kPa、100℃的液态水

(2) 101.3kPa、100℃的气态水

(3) 2×101.3kPa、100℃的液态水

(4) 2×101.3kPa、100℃的气态水

解：在100℃和101.3kPa下，由于液态水和气态水处于平衡状态，所以根据相平衡条件可知，水在这两相中的化学势相等即

$$\mu_1=\mu_2$$

由热力学基本方程 $dG=-SdT+Vdp$ 可知，$\left(\frac{\partial G}{\partial p}\right)_T=V$，所以

$$\left(\frac{\partial \mu_B}{\partial p}\right)_T=V_m(B) \qquad [因为\quad \mu_B=G_m(B)]$$

对于纯物质，由上式可知

$$\left(\frac{\partial \mu_B^*}{\partial p}\right)_T=V_m^*(B)$$

由于一定温度下气态水的摩尔体积和液态水的摩尔体积都大于零，故一定温度下液态水和气态水的化学势均随压力的增大而增大，所以

$$\mu_3>\mu_1 \qquad\qquad \mu_4>\mu_2$$

又因气态水的摩尔体积大于液态水的摩尔体积，故100℃下当压力从101.3kPa增大到2×101.3kPa时，气态水的化学势比液态水的化学势增大得更多，所以

$$\mu_4>\mu_3$$

所以

$$\mu_4>\mu_3>\mu_2=\mu_1$$

3.4 纯凝聚态物质和理想气体的化学势

根据敞开相热力学基本方程

$$dG=-SdT+Vdp+\sum\mu_B dn_B$$

对于由纯物质B组成的系统而言，此式就变为

$$dG=-SdT+Vdp+\mu_B dn_B$$

所以

$$\mu_B=\left(\frac{\partial G}{\partial n_B}\right)_{T,p}=G_m^*(B)=\mu_B^* \qquad (3.26)$$

此处用上标 * 表示该物理量与纯物质相对应。所以，任意一种纯物质B的化学势 μ_B^* 就等于纯物质B的摩尔吉布斯函数 $G_m^*(B)$。

现考察在一定温度下，当压力变化时纯物质的化学势是怎样变化的。根据定组成闭合相热力学基本方程，对于纯物质B而言

$$dG_m^*(B)=-S_m^*(B)dT+V_m^*(B)dp$$

即

$$d\mu_B^*=-S_m^*(B)dT+V_m^*(B)dp$$

对于等温态变化过程，此式就变为

$$d\mu_B^*=V_m^*(B)dp \qquad (3.27)$$

在式(3.27)的基础上，下面分不同情况进行讨论。

3.4.1 纯凝聚态物质的化学势

对于纯凝聚态物质，在 T 温度下对式(3.27)两边积分即

$$\int_{\mu_B^{\ominus}(T)}^{\mu_B^*(T,p)} d\mu_B^*=\int_{p^{\ominus}}^{p} V_m^*(B)dp$$

常用 $\mu^{\ominus}$ 表示标准态的化学势。对于纯凝聚态物质B而言，在 T 温度和标准压力 $p^{\ominus}$ 下的状态就是 T 温度下纯B物质的标准态。所以在 T 温度下，当上式右边的积分下限取标准压力 $p^{\ominus}$ 时，左边的积分下限就是 T 温度下纯凝聚态物质B的标准态化学势 $\mu_B^{\ominus}(T)$。当上式右边的积分上限取压力 p 时，左边的积分上限就是在 T 温度和 p 压力下纯凝聚态物质B的化学势 $\mu_B^*(T,p)$。对上式积分后可得

$$\mu_B^*(T,p)=\mu_B^{\ominus}(T)+\int_{p^{\ominus}}^{p}V_m^*(B)dp \tag{3.28}$$

从式(3.28) 可以看出，B物质的标准态化学势可以用下式表示：

$$\mu_B^{\ominus}(T)=\mu_B^*(T,p)|_{p=p^{\ominus}} \tag{3.29}$$

所以，标准态化学势只是温度的函数，而与实际系统所处的压力无关。

实际上，由于纯凝聚态物质的 $V_m^*(B)$ 值很小，当实际系统的压力 p 不很大时，式(3.28) 中的积分项可忽略不计。故对于纯凝聚态物质B，通常认为

$$\mu_B^*(T,p)\approx\mu_B^{\ominus}(T) \tag{3.30}$$

式(3.28) 和式(3.30) 都是纯凝聚态物质的化学势表达式，但两者的使用场合不同。通常当压力不很大时，可直接用式(3.30)。但是在压力很大的情况下或者在某些严格的理论推导和分析过程中，需要用式(3.28)。

3.4.2 纯理想气体的化学势

纯理想气体的摩尔体积为 $V_m^*(B)=RT/p$，将此代入式(3.27) 并积分即

$$\int_{\mu_B^{\ominus}(T)}^{\mu_B^*(T,p)}d\mu_B^*=\int_{p^{\ominus}}^{p}\frac{RT}{p}dp \tag{3.31}$$

对于纯理想气体B而言，在 T 温度和标准压力 $p^{\ominus}$ 下的状态就是它在 T 温度下的标准态。所以，当上式右边的积分下限取标准压力 $p^{\ominus}$ 时，左边的积分下限就是 T 温度下理想气体B的标准态化学势 $\mu_B^{\ominus}(T)$；当上式右边的积分上限取压力 p 时，左边的积分上限就是在 T 温度和 p 压力下纯理想气体B的化学势 $\mu_B^*(T,p)$。上式积分后可得

$$\mu_B^*(T,p)=\mu_B^{\ominus}(T)+RT\ln\frac{p}{p^{\ominus}} \tag{3.32}$$

式(3.32) 就是通常所使用的纯理想气体的化学势表达式。其中的标准态只与温度有关，其中的标准态化学势仅仅是温度的函数。

例 3.6 求 3mol 乙炔气体在 15℃下从 250kPa 变为 150kPa 时的 ΔG。

解：

$$\Delta G=G_2-G_1=n\mu_2-n\mu_1=n(\mu_2-\mu_1)$$

根据式(3.32)

$$\mu_1=\mu^{\ominus}(288K)+RT\ln\frac{p_1}{p^{\ominus}}\qquad \mu_2=\mu^{\ominus}(288K)+RT\ln\frac{p_2}{p^{\ominus}}$$

所以

$$\Delta G=nRT\ln\frac{p_2}{p_1}=\left(3\times8.314\times288\ln\frac{150\times10^3}{250}\right)J=-3669J$$

3.4.3 理想气体混合物中各组分的化学势

根据理想气体的微观模型，理想气体分子没有体积，分子之间无相互作用。所以，对于理想气体混合物中的任何一种组分而言，周围存在和不存在其它分子都是一样的。即理想气

体混合物中每一种组分的表现行为和同温度下该组分单独存在于同一个容器中的表现行为完全相同。因此，理想气体混合物中任意一种组分B的化学势表达式应与该组分单独存在时的化学势表达式(3.32)相同即

$$\mu_B(T,p)=\mu_B^{\ominus}(T)+RT\ln\frac{p_B}{p^{\ominus}} \tag{3.33}$$

式中，p_B 是理想气体混合物中组分B的分压。根据**分压力**（partial pressure）的定义，p_B 在数值上等于混合气体中组分B的摩尔分数浓度 y_B 与混合气体总压力 p 的乘积即❶

$$p_B=y_Bp$$

由于是理想气体，故此式可改写为

$$p_B=\frac{n_B}{\sum n_B}\cdot\frac{\sum n_BRT}{V}=\frac{n_BRT}{V} \tag{3.34}$$

由此可见，理想气体混合物中组分B的分压等于在混合气体的温度和总体积条件下组分B单独存在时的压力，此称**道尔顿分压定律**（Dalton's law)，简称**分压定律**。道尔顿分压定律只适用于理想气体。理想气体混合物中各组分的标准态仍然是一定温度和 $p^{\ominus}$ 压力下的纯理想气体。

例3.7 欲将500L温度为20℃、压力为120kPa、$y_{O_2}=0.2$ 的氮氧混合气体分开，使它们都变为20℃、120kPa的纯气体。

(1) 求该过程的 ΔG。

(2) 要完成这项工作，环境至少需要对系统做多少非体积功？

解：视这些气体为理想气体。其中

$$n_{O_2}=\frac{p_{O_2}V}{RT}=\frac{y_{O_2}pV}{RT}=\frac{0.2\times(120\times10^3)\times0.5}{8.314\times293}=4.926\text{mol}$$

$$n_{N_2}=\frac{p_{N_2}V}{RT}=\frac{y_{N_2}pV}{RT}=\frac{0.8\times(120\times10^3)\times0.5}{8.314\times293}=19.704\text{mol}$$

(1) 根据偏摩尔量的集合公式

$$\Delta G=(\sum n_B\mu_B)_{终}-(\sum n_B\mu_B)_{始}=\sum n_B[\mu_{B,终}-\mu_{B,始}]$$

将式(3.33)代入此式后可得

$$\begin{aligned}\Delta G&=\sum n_BRT\ln\frac{p_{B,终}}{p_{B,始}}=\sum n_BRT\ln\frac{p}{y_Bp}=\sum n_BRT\ln\frac{1}{y_B}\\&=4.926\times8.314\times293\ln(1/0.2)+19.704\times8.314\times293\ln(1/0.8)\text{J}\\&=30.0\times10^3\text{J}=30.0\text{kJ}\end{aligned}$$

(2) 在一定温度和压力下，根据吉布斯函数判据

$$\Delta G\leqslant W'\begin{cases}< & 自发不可逆\\ = & 可逆\end{cases}$$

所以，要实现上述分离过程，环境至少需要对系统做30.0kJ的非体积功。

❶ 为了与液态溶液有所区分，常把气态混合物即气态溶液和固态溶液中的摩尔分数浓度用 y 表示而不用 x 表示。在多组分液气平衡和多组分液固平衡系统中更有必要进行这样的区分。

例 3.8 对于下列反应，在 298K 下已知 $\Delta_r G_{m,1} = -457.2\text{kJ} \cdot \text{mol}^{-1}$，那么在相同温度下的 $\Delta_r G_{m,2}$ 是多少？

(1) $2H_2(g, 100kPa) + O_2(g, 100kPa) = 2H_2O(g, 100kPa)$

(2) $2H_2(g, 10kPa) + O_2(g, 40kPa) = 2H_2O(g, 70kPa)$

解：对于反应 (2)

$$\Delta_r G_{m,2} = \sum \nu_B \mu_B$$

因为
$$\mu_B(T,p) = \mu_B^{\ominus}(T) + RT\ln\frac{p_B}{p^{\ominus}}$$

所以
$$\Delta_r G_{m,2} = \sum \nu_B \mu_B^{\ominus} + \sum RT\ln(p_B/p^{\ominus})^{\nu_B}$$

即
$$\Delta_r G_{m,2} = \Delta_r G_m^{\ominus} + RT\ln\prod(p_B/p^{\ominus})^{\nu_B}$$

由于反应(1) 中的各物质都处于标准状态，所以

$$\Delta_r G_m^{\ominus} = \Delta_r G_{m,1} = -457.2\text{kJ} \cdot \text{mol}^{-1}$$

所以 $$\Delta_r G_{m,2} = \left[-457.2\times10^3 + 8.314\times298\ln\frac{(70/100)^2}{(10/100)^2\times(40/100)}\right]\text{J} \cdot \text{mol}^{-1}$$
$$= -445.3\text{kJ} \cdot \text{mol}^{-1}$$

3.5 溶液的饱和蒸气压和理想溶液

3.5.1 纯液体的饱和蒸气压

在 T 温度下，将纯液体 A 注入真空容器中，如图 3.2 所示。能量较大的分子会冲出液面进入气相（即蒸发），而气相中的 A 分子与液面碰撞时，也可能因损失能量而重新返回到液相（即凝结）。最初因液面上方是真空，所以最初蒸发速率大于凝结速率。但是随着气相中的 A 分子逐渐增多，A 组分的分压会逐渐增大，A 的凝结速率也会逐渐加快。最终当蒸发速率与凝结速率相等时，就到达了气-液平衡状态。这时的蒸气就是 T 温度下 A 液体的饱和蒸气，这时蒸气的压力就是纯 A 液体在 T 温度下的**饱和蒸气压**（saturated vapor pressure），通常将其简称为**蒸气压**并用 p_A^* 表示。

同一种物质在一定温度下的饱和蒸气压有唯一确定的值。但在相同温度下，不同物质的饱和蒸气压一般说来是不同的。而且不论什么物质，温度越高其饱和蒸气压就越大。表 3.1 给出了几种物质在不同温度下的饱和蒸气压。

表 3.1 几种物质在不同温度下的饱和蒸气压（kPa）

温度	四氯化碳	甲醇	乙醇	异丙醇	丙酮	醋酸	苯	甲苯	乙苯
20℃	1.22	12.75	5.95	4.41	24.61	1.54	10.03	2.91	0.94
25℃	1.52	16.67	7.97	6.02	30.67	2.10	12.69	3.79	1.27
30℃	1.89	21.57	10.56	8.11	37.89	2.84	15.91	4.89	1.68
35℃	2.33	27.64	13.85	10.80	46.42	3.78	19.77	6.24	2.21

请注意，上面所讲的每一种物质在一定温度下的饱和蒸气压有唯一确定值的前提条件是：液体所处的压力就是由饱和蒸气产生的压力，就等于饱和蒸压。如果温度不变但改变液

体所承受的压力，则液体的状态就会发生变化，这时与液体呈平衡的饱和蒸气压也会发生变化，只是液体的饱和蒸气压随压力变化很不明显，一般情况下都不考虑压力对饱和蒸气压的影响。如果需要具体分析这种影响，请参阅化学平衡一章中的“压力对平衡常数的影响”或参阅相平衡一章中的“外压对液体饱和蒸气压的影响”。

图 3.2　饱和蒸气压示意图

3.5.2　溶液的饱和蒸气压

参见图 3.2，在等温条件下若往 A 液体中加入部分 B 物质使其变成溶液，结果必然会影响 A 的蒸发速率和饱和蒸气压，其主要原因可从以下两个方面考虑。

(1) 稀释效应

在一定温度下，在单位面积的液面上，A 分子越多，A 分子蒸发逃逸出去的机会就越多，蒸发就越快，饱和蒸气压也就越大。往纯 A 液体中加入 B 物质使其成为溶液后，单位面积的液面上 A 分子数目必然减少，A 液体的蒸发速率必然减小。所以，气液两相重新达到平衡时，溶液上方 A 的饱和蒸气分压必然减小。把这种由于自身浓度减小而造成的其饱和蒸气压减小的现象称为**稀释效应**（dilution effect）。

(2) 分子间的相互作用

通常分子间的相互作用主要是相互吸引。在一定温度下，如果 A 分子彼此之间的相互作用 $f_{A\text{-}A}$ 小于 A 分子与 B 分子之间的相互作用 $f_{A\text{-}B}$，则溶液的形成会使 A 分子蒸发逃逸出液面的阻力增大，结果使溶液上方 A 的饱和蒸气分压小于纯液体 A 的饱和蒸气压。或者说，与纯溶剂 A 相比，溶液上方溶剂 A 的饱和蒸气压必然下降。

在一定温度下，如果 A 分子彼此之间的相互作用 $f_{A\text{-}A}$ 大于 A 分子与 B 分子之间的相互作用 $f_{A\text{-}B}$，则溶液的形成使 A 分子更容易蒸发逃逸出液面，结果会使溶液上方 A 的饱和蒸气分压大于纯溶剂 A 的饱和蒸气压。或者说，与纯溶剂 A 相比，溶液上方溶剂 A 的饱和蒸气压会增大。

由于目前有关溶液的理论模型尚未很好地建立，不同分子间的相互作用又比较复杂，所以从理论高度准确地分析探讨分子间的相互作用对饱和蒸气压的影响还有一定困难。但是，当不同分子之间的相互作用彼此完全相同或大致相同时，影响各组分饱和蒸气分压的就只有稀释效应了。在这种情况下当温度一定时

蒸发速率　$r_{蒸} \propto x_A$　或者　$r_{蒸} = kx_A$　k 为比例系数

凝结速率　$r_{凝} \propto p_A$　或者　$r_{凝} = k'p_A$　k'为比例系数

平衡时，这两个方向相反的过程速率相等即

$$kx_A = k'p_A$$

所以

$$p_A = \frac{k}{k'}x_A$$

可以看出在上式中

$$\frac{k}{k'} = p_A|_{x_A=1} = p_A^*$$

所以

$$p_A = p_A^* x_A \tag{3.35}$$

式(3.35) 说明，在一定温度下，溶液上方组分 A 的饱和蒸气分压 p_A 等于同温度下纯 A 的饱和蒸气压 p_A^* 与溶液中 A 的摩尔分数浓度 x_A 的乘积。此称**拉乌尔定律**（Raoult's law），式(3.35) 是拉乌尔定律的数学式。拉乌尔定律的使用对象是饱和蒸气压只受稀释因素影响的组分。

对于溶液中遵守拉乌尔定律的组分，通常我们只用摩尔分数这一种组成表示方法。因为在一定温度下，拉乌尔定律数学式中的比例系数是同温度下纯液体 A 的饱和蒸气压，所以对于溶液中遵守拉乌尔定律的组分只能用摩尔分数浓度。

3.5.3 理想溶液

当往液体 A 中加入液体 B 形成溶液时，若 A 分子和 B 分子的大小以及结构都相似，则它们之间的相互作用就大致相同即

$$f_{\text{A-A}} \approx f_{\text{A-B}} \approx f_{\text{B-B}}$$

在这种情况下，A 分子在溶液中与在纯溶剂 A 中的受力情况大致相同。那么，必然在全部浓度范围内（x_A 从 0→1）A 的饱和蒸气压只与稀释因素有关，并且遵守拉乌尔定律。同样，B 组分的饱和蒸气压也在全部浓度范围内只与稀释因素有关，也遵守拉乌尔定律。

理想溶液（ideal solution）就是溶液中的每一种组分在全部浓度范围内都遵守拉乌尔定律的溶液。理想溶液也叫做**理想的液态混合物**。现在仍以 A、B 二组分溶液为例，如果该溶液是理想溶液，则根据拉乌尔定律

$$p_A = p_A^* x_A = p_A^*(1-x_B) = p_A^* - p_A^* x_B$$

$$p_B = p_B^* x_B$$

饱和蒸气总压为

$$p = p_A + p_B = p_A^* + (p_B^* - p_A^*)x_B$$

由于一定温度下纯组分的饱和蒸气压 p^* 为常数，故 A、B 二组分理想溶液中各组分的饱和蒸气分压以及溶液上方的饱和蒸气总压均与溶液的组成呈线性关系，如图 3.3 所示。实际上，真正的理想溶液很少。严格说来，没有真正的理想溶液，因为不同分子间的相互作用不可能完全相同。但是，理想溶液如同理想气体，它是有关溶液的一种简单的近似处理模型，而且以此为基础会便于讨论实际溶液。

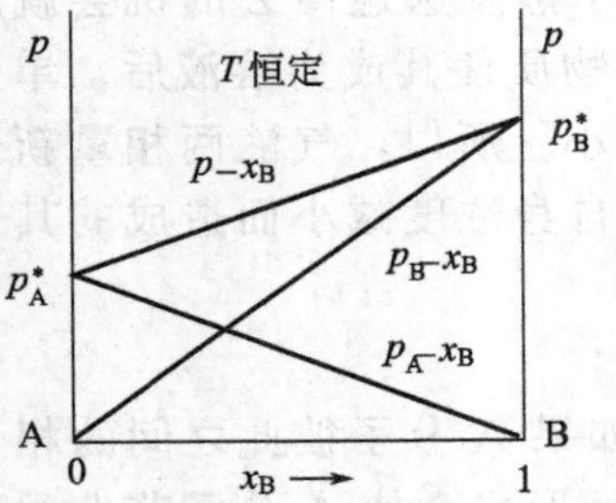

图 3.3 理想溶液的饱和蒸气压与组成的关系

例 3.9 在 50℃下，已知纯苯（1）和纯甲苯（2）的饱和蒸气压分别为 36.16kPa 和 12.28kPa，而且两者混合可以形成理想溶液。

（1）求 50℃下 2mol 苯和 1mol 甲苯混合所得溶液的饱和蒸气的组成。

（2）在 50℃下，如果对 2mol 气态苯和 1mol 气态甲苯组成的混合气体逐渐加压，求最初凝结的第一滴液体的组成及所需要的最小压力。

解：（1）$p_1 = p_1^* x_1 = 36.16 \times \frac{2}{3}\text{kPa} = 24.11\text{kPa}$

$$p_2 = p_2^* x_2 = 12.28 \times \frac{1}{3}\text{kPa} = 4.09\text{kPa}$$

所以，溶液上方饱和蒸气中苯和甲苯的摩尔分数分别为

$$y_1 = \frac{p_1}{p_1 + p_2} = \frac{24.11}{24.11 + 4.09} = 0.855 \quad y_2 = 1 - 0.855 = 0.145$$

（2）当气体开始凝结时，凝结出的液体与蒸气处于平衡状态。设刚凝结出的第一滴液体中苯和甲苯的摩尔分数分别为 x_1' 和 x_2'，此时的气相组成几乎未变，那么

$$p_1 = p_1^* x_1' \qquad p_2 = p_2^*(1-x_1')$$

依题意 $\frac{p_1}{p_2} = \frac{p_1^* x_1'}{p_2^*(1-x_1')}$ 即 $\frac{2}{1} = \frac{36.16x_1'}{12.28(1-x_1')}$

由此解得 $x_1'=0.403 \qquad x_2'=1-0.403=0.597$

所以，开始凝结出液体所需的最小压力为

$$
\begin{aligned}
p &= p_1+p_2=p_1^* x_1'+p_2^*(1-x_1') \\
&= (36.36\times 0.403+12.28\times 0.597)\ \mathrm{kPa} \\
&= 21.98\mathrm{kPa}
\end{aligned}
$$

从上例可以看出，理想溶液虽然与它的饱和蒸气处于平衡状态，但是两者的组成却不相同。实际上，不论是不是理想溶液，溶液与其饱和蒸气的组成一般都是不相同的。只有在特殊情况下如在恒沸混合物[1]中，两者才会彼此相等。

3.5.4 理想溶液中各组分的化学势

在一定温度 T 和压力 p 下，当理想溶液与其蒸气达到平衡时，其中任意一种组分 B 都在气-液两相处于平衡状态即

$$\mathrm{B}(\text{溶液}, x_\mathrm{B}) \rightleftharpoons \mathrm{B}(\text{气相}, p_\mathrm{B}) \qquad p_\mathrm{B}\text{ 是组分 B 的饱和蒸气分压}$$

根据一定温度和压力下的相平衡条件，组分 B 在气液两相的化学势相等即

$$\mu_\mathrm{B}(T,p,x_\mathrm{B})=\mu_\mathrm{B}(T,p_\mathrm{B},\mathrm{g}) \tag{3.36}$$

当总压力 p 不很大时，可以把溶液上方的蒸气视为理想气体，那么

$$\mu_\mathrm{B}(T,p_\mathrm{B},\mathrm{g})=\mu_\mathrm{B}^{\ominus}(T,\mathrm{g})+RT\ln\frac{p_\mathrm{B}}{p^{\ominus}}$$

因为

$$p_\mathrm{B}=p_\mathrm{B}^* x_\mathrm{B}$$

所以

$$\mu_\mathrm{B}(T,p_\mathrm{B},\mathrm{g})=\underbrace{\mu_\mathrm{B}^{\ominus}(T,\mathrm{g})+RT\ln\frac{p_\mathrm{B}^*}{p^{\ominus}}}_{\mu_\mathrm{B}^*(T,p,\mathrm{l})}+RT\ln x_\mathrm{B}$$

此式右边前两项的加和是在 T、p 条件下纯液体 B 的饱和蒸气的化学势。联想到相平衡条件，则此式右边前两项的加和应与 T、p 条件下纯液体 B 的化学势 $\mu_\mathrm{B}^*(T, p, \mathrm{l})$ 相等。将此代入式(3.36) 可得

$$\mu_\mathrm{B}(T,p,x_\mathrm{B})=\mu_\mathrm{B}^*(T,p,\mathrm{l})+RT\ln x_\mathrm{B} \tag{3.37}$$

根据纯凝聚态物质的化学势与压力的关系 [见式(3.28)]

$$\mu_\mathrm{B}^*(T,p,\mathrm{l})=\mu_\mathrm{B}^{\ominus}(T,\mathrm{l})+\int_{p^{\ominus}}^{p} V_\mathrm{m}^*(\mathrm{B},T,\mathrm{l})\mathrm{d}p$$

将此代入式(3.37) 可得

$$\mu_\mathrm{B}(T,p,x_\mathrm{B})=\mu_\mathrm{B}^{\ominus}(T,\mathrm{l})+RT\ln x_\mathrm{B}+\int_{p^{\ominus}}^{p} V_\mathrm{m}^*(\mathrm{B},T,\mathrm{l})\mathrm{d}p \tag{3.38}$$

式(3.37) 和 (3.38) 是理想溶液中组分 B 的化学势的准确表达式。式(3.38) 中的 $\mu_\mathrm{B}^{\ominus}(T,\mathrm{l})$

[1] 恒沸混合物就是在一定压力下，在沸腾蒸发的过程中其沸点恒定不变的溶液。参见相平衡章。

是溶液中组分B在 T 温度下的标准态化学势。其标准态是 T 温度和 $p^{\ominus}$ 压力下纯液体B所处的状态。通常由于 $V_m^*(B, T, l)$ 的值很小，因此在压力 p 不是很大的情况下，式(3.38) 中的积分项可以忽略不计，这时

$$\mu_B(T,p,x_B)=\mu_B^{\ominus}(T,l)+RT\ln x_B \tag{3.39}$$

式(3.39) 是常用的近似描述理想溶液中任意一种组分化学势的表达式。

例 3.10 在25℃和常压下，欲从大量的氯苯 (1) 和溴苯 (2) 组成的 $x_1=0.2$ 的理想溶液中分离出2mol纯氯苯，求该过程的 ΔG。

解：该状态变化过程可以表示如下

$$\underbrace{\begin{matrix} n\ \text{mol 氯苯} \\ + \\ 4n\ \text{mol 溴苯}\end{matrix}}_{\text{理想溶液}(x_1=0.2)} \longrightarrow \underbrace{\begin{matrix} (n-2)\text{mol 氯苯} \\ + \\ 4n\ \text{mol 溴苯}\end{matrix}}_{\text{理想溶液}(x_1=0.2)} + 2\text{mol 氯苯}$$

由于溶液是大量的（即 n 值非常大），所以分离出2mol纯氯苯后剩余溶液的组成基本上保持不变，仍为 $x_1=0.2$。因此，该过程除了从系统中分离出的2mol氯苯以外，其余物质的状态在此过程中基本上未发生变化。引起整个系统吉布斯函数发生变化的就是2mol氯苯从 $x_1=0.2$ 的理想溶液变为纯氯苯，所以

$$\Delta G=G_2-G_1=2\mu_1^*-2\mu_1$$

由式(3.37) 可知

$$\mu_1=\mu_1^*+RT\ln 0.2$$

所以

$$\begin{aligned}\Delta G&=-2RT\ln 0.2\\&=(-2\times 8.314\times 298\ln 0.2)\text{J}\\&=7970\text{J}\end{aligned}$$

3.5.5 理想溶液混合过程中态函数的变化

(1) 混合吉布斯函数 $\Delta_{mix}G$

对于由组分A、B、C……混合形成的溶液，根据偏摩尔量的集合公式

混合前的吉布斯函数为 $G_1=\sum\mu_B^* n_B$

混合后的吉布斯函数为 $G_2=\sum\mu_B n_B$

所以混合吉布斯函数为

$$\Delta_{mix}G=G_2-G_1=\sum(\mu_B-\mu_B^*)n_B \tag{3.40}$$

如果组分A、B、C …… 混合形成的溶液是理想溶液，则将式(3.37) 代入上式可得

$$\Delta_{mix}G=RT\sum n_B\ln x_B \tag{3.41}$$

由于 $x_B<1$，$\ln x_B<0$，故由式(3.41) 可见，理想溶液的混合吉布斯函数 $\Delta_{mix}G$ 必然小于零。根据吉布斯函数最低原理，在一定温度和压力下，理想溶液的混合过程是一个自发不可逆过程。实际上，这种混合过程的确是自发不可逆的。

例 3.11 在 298K 下，将 1mol 苯（A）加入到 2mol 苯与 2mol 甲苯（B）组成的理想溶液中。求该过程的吉布斯函数改变量 ΔG。

解： 由态函数的性质可以看出

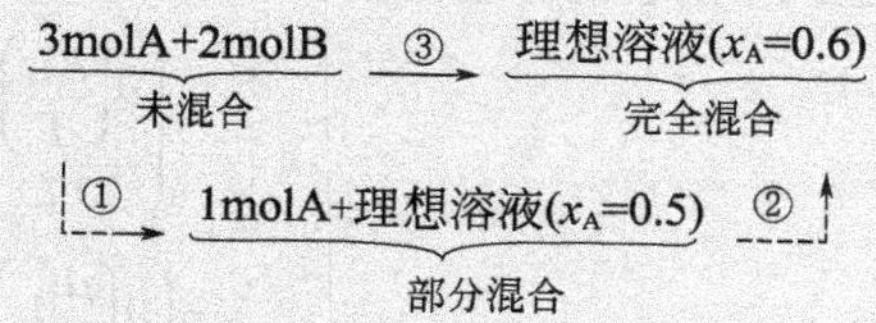

$$\Delta G_1+\Delta G_2=\Delta G_3$$

所以
$$\Delta G_2=\Delta G_3-\Delta G_1$$

由式(3.41) 可知

$$\begin{aligned}\Delta G_3&=\Delta_{\text{mix}}G_3\\&=RT\sum n_B\ln x_B\\&=8.314\times298\times(3\ln0.6+2\ln0.4)\text{J}\\&=-8337\text{J}\end{aligned}$$

$$\begin{aligned}\Delta G_1&=\Delta_{\text{mix}}G_1=RT\sum n_B\ln x_B\\&=8.314\times298\times(2\ln0.5+2\ln0.5)\text{J}\\&=-6869\text{J}\end{aligned}$$

所以
$$\Delta G_2=(-8337+6869)\text{J}=-1468\text{J}$$

(2) 混合过程中体积的变化 $\Delta_{\text{mix}}V$

根据敞开相热力学基本方程 $\quad dG=-SdT+Vdp+\sum\mu_B dn_B$

$$\left(\frac{\partial G}{\partial p}\right)_{T,n_C}=V$$

若将上式中的容量性质都改写为组分 B 的偏摩尔量，则

$$\left(\frac{\partial G_m(\text{B})}{\partial p}\right)_{T,n_C}=V_m(\text{B})$$

即
$$\left(\frac{\partial \mu_B}{\partial p}\right)_{T,n_C}=V_m(\text{B}) \tag{A}$$

同理
$$\left(\frac{\partial \mu_B^*}{\partial p}\right)_{T,n_C}=V_m^*(\text{B}) \tag{B}$$

由理想溶液中组分 B 的化学势表达式 $\mu_B=\mu_B^*+RT\ln x_B$ 可知

$$\left(\frac{\partial \mu_B}{\partial p}\right)_{T,n_C}=\left(\frac{\partial \mu_B^*}{\partial p}\right)_{T,n_C}$$

将式(A)、式(B) 代入此式可得

$$V_m(\text{B})=V_m^*(\text{B}) \tag{3.42}$$

所以
$$\Delta_{\text{mix}}V=\sum n_B V_m(\text{B})-\sum n_B V_m^*(\text{B})=0 \tag{3.43}$$

由式(3.42) 可以看出：理想溶液中任意一个组分的偏摩尔体积等于该组分处于纯态时的摩尔体积，故理想溶液在混合前后其总体积不变。究其原因，由于理想溶液中不同分子间的相互作用与同种分子间的相互作用大小相等，即混合前后每一种分子的受力情况不变，所以混合过程不会影响相邻的同种分子的间距，不会影响每一种组分的摩尔体积。

(3) 混合焓 $\Delta_{\text{mix}}H$

前一章中已讨论过定组成闭合相系统的吉布斯函数与温度的关系即

$$\left(\frac{\partial\left(\frac{G}{T}\right)}{\partial T}\right)_{p,n_C}=-\frac{H}{T^2}$$

若将上式中所有的容量性质都改写为组分 B 的偏摩尔量，则

$$\left(\frac{\partial\left(\frac{\mu_B}{T}\right)}{\partial T}\right)_{p,n_C}=-\frac{H_m(B)}{T^2} \tag{C}$$

同理

$$\left(\frac{\partial\left(\frac{\mu_B^*}{T}\right)}{\partial T}\right)_{p,n_C}=-\frac{H_m^*(B)}{T^2} \tag{D}$$

又因在理想溶液中 $\mu_B=\mu_B^*+RT\ln x_B$，所以

$$\frac{\mu_B}{T}=\frac{\mu_B^*}{T}+R\ln x_B$$

在一定压力和组成条件下，此式两边对温度求导可得

$$\left(\frac{\partial\left(\frac{\mu_B}{T}\right)}{\partial T}\right)_{p,n_C}=\left(\frac{\partial\left(\frac{\mu_B^*}{T}\right)}{\partial T}\right)_{p,n_C}$$

将式(C)、式(D) 两式代入此式可得

$$H_m(B)=H_m^*(B) \tag{3.44}$$

所以

$$\Delta_{mix}H=\sum n_B H_m(B)-\sum n_B H_m^*(B)=0 \tag{3.45}$$

所以，理想溶液是无热溶液，即理想溶液在混合过程中的热效应为零。究其原因，由于理想溶液中不同分子间的相互作用与同种分子间的相互作用大小相等，所以混合过程中系统的内能不变即 $\Delta U=0$。又因为理想溶液混合前后体积不变，故在一定压力下混合时，$\Delta(pV)=0$，由此进一步可知 $\Delta_{mix}H=0$。所以，也常把理想溶液叫做**无热溶液**（athermal solution），因为理想溶液在混合过程中没有热效应。

(4) 混合熵 $\Delta_{mix}S$

由敞开相热力学基本方程 $dG=-SdT+Vdp+\sum\mu_B dn_B$ 可知

$$\left(\frac{\partial G}{\partial T}\right)_{p,n_C}=-S$$

若将此式中所有的容量性质都改写为组分 B 的偏摩尔量，则

$$\left(\frac{\partial \mu_B}{\partial T}\right)_{p,n_C}=-S_m(B) \tag{E}$$

同理

$$\left(\frac{\partial \mu_B^*}{\partial T}\right)_{p,n_C}=-S_m^*(B) \tag{F}$$

根据式(3.37)，在理想溶液中

$$\mu_B=\mu_B^*+RT\ln x_B$$

在一定压力和组成条件下，此式两边对温度求导可得

$$\left(\frac{\partial \mu_B}{\partial T}\right)_{p,n_C}=\left(\frac{\partial \mu_B^*}{\partial T}\right)_{p,n_C}+R\ln x_B$$

将式(E) 和式(F) 两式代入此式并移项可得

$$S_m(B)-S_m^*(B)=-R\ln x_B$$

所以

$$\Delta_{mix}S=\sum S_m(B)n_B-\sum S_m^*(B)n_B$$

即
$$\Delta_{\min} S = -R\sum n_B \ln x_B \tag{3.46}$$
由于 $x_B<1$，$\ln x_B<0$，故由式(3.46) 可见，理想溶液的混合熵 $\Delta_{mix}S$ 必然大于零。与此同时，由于理想溶液的混合过程无热效应［见式(3.45)］，即理想溶液的混合过程是一个绝热过程，故由熵增原理可知：理想溶液的混合过程必为自发不可逆过程。该结论与从混合吉布斯函数得到的结论是一致的。

例 3.12 在 298K 下把 1mol 苯（A）和 2mol 甲苯（B）组成的理想溶液 1 与 1mol 苯（A）和 3mol 甲苯（B）组成的理想溶液 2 混合后得到理想溶液 3。求该混合过程的熵变 ΔS。

解： 这个状态变化过程可分解如下

$$\left.\begin{array}{l}\text{理想溶液 1}\ (x_A=1/3)\\ \text{理想溶液 2}\ (x_A=1/4)\end{array}\right\}\xrightarrow{③}\text{理想溶液 3}\ (x_A=2/7)$$

$$\uparrow \text{①} \quad \underbrace{2\text{mol A}+5\text{mol B}}_{\text{未混合}} \quad \text{②} \uparrow$$

根据题意，就是要求算过程③的熵变。

因为
$$② = ① + ③$$
所以
$$③ = ② - ①$$
所以
$$\Delta S_3 = \Delta S_2 - \Delta S_1$$
根据式(3.46)
$$\begin{aligned}\Delta S_1 &= -R\sum n_B \ln x_B\\ &= -8.314\times[\ln(1/3)+2\ln(2/3)+\ln(1/4)+3\ln(3/4)]\,\text{J}\cdot\text{K}^{-1}\\ &= 34.58\,\text{J}\cdot\text{K}^{-1}\\ \Delta S_2 &= -R\sum n_B \ln x_B\\ &= -8.314\times[2\ln(2/7)+5\ln(5/7)]\,\text{J}\cdot\text{K}^{-1}\\ &= 34.82\,\text{J}\cdot\text{K}^{-1}\\ \Delta S_3 &= (34.82-34.58)\,\text{J}\cdot\text{K}^{-1}\\ &= 0.24\,\text{J}\cdot\text{K}^{-1}\end{aligned}$$

3.6 理想稀溶液和亨利定律

3.6.1 理想稀溶液和亨利定律

之所以可近似把一种溶液看作理想溶液，原因是溶液中各组分分子的大小和结构近似相同。这样高的要求往往是很难完全满足的，所以实际溶液一般都是非理想的。其中任意一种挥发性[1]组分 B 的饱和蒸气分压可能不遵守拉乌尔定律，它对拉乌尔定律可能产生正偏差（其实际饱和蒸气分压大于根据拉乌尔定律计算得到的结果），也可能产生负偏差（其实际饱和蒸气分压小于根据拉乌尔定律计算得到的结果），如图 3.4 中的实线所示。如果遵守拉乌

[1] 原则上讲，没有不挥发的物质，只是挥发性有大有小。通常把相对而言饱和蒸气压较大的物质都叫做挥发性物质，而把相对而言饱和蒸气压很小的物质都叫做难挥发物质或非挥发性物质。

尔定律，组分 B 的饱和蒸气分压应如过 p_B^* 点的虚线所示。不论对拉乌尔定律产生正偏差还是负偏差，它们都有一些共同特点：

第一，当 $x_B \to 1$ 时，组分 B 是很稀的溶液中的溶剂。这时由图 3.4 可见，组分 B 逐渐趋近于服从拉乌尔定律。原因是在很稀的溶液中，每个溶质分子完全被溶剂分子 B 包围着（即溶剂化），这时可以把一个个溶剂化的溶质分子连同它的溶剂化层作为一个整体，并将其视为溶质粒子。由于溶液很稀，这种溶质粒子很少，故这种溶质粒子的溶剂化层对溶剂 B 的饱和蒸气压的贡献很小，可以忽略不计。而且在很小的浓度范围内，这种溶质粒子的性质不会随浓度的变化而发生变化。在这种情况下，影响溶剂 B 饱和蒸气压的因素也就只有稀释因素了。所以在很稀的浓度范围内，溶剂 B 的饱和蒸气压近似服从拉乌尔定律即

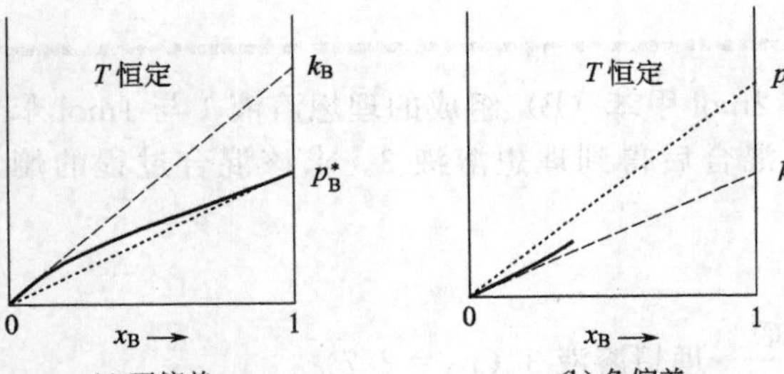

(a) 正偏差　(b) 负偏差

图 3.4　实际溶液的饱和蒸气压与组成的关系

$$p_B = p_B^* x_B$$

第二，当 $x_B \to 0$ 时，组分 B 扮演的角色与 $x_B \to 1$ 时不同，此时它是很稀溶液中的溶质。由图 3.4 可见，此时组分 B 虽然不遵守拉乌尔定律，但是它的饱和蒸气分压 p_B 与组成 x_B 之间呈线性关系即

$$p_B = k_{B,x} x_B \tag{3.47}$$

式(3.47) 可用文字表述为：在一定温度下，在很稀的溶液中，挥发性溶质 B 的饱和蒸气分压 p_B 与其在溶液中的摩尔分数浓度 x_B 成正比。此称**亨利定律**（Henry's law）。式(3.47) 是亨利定律的数学式，其中的比例系数 $k_{B,x}$ 是溶液中组分 B 的亨利常数（Henry's law constant），其单位与压力的单位相同。亨利常数不等于同温度下纯溶质 B 的饱和蒸气压 p_B^*，原因是在很稀的溶液中溶质 B 分子所处的状态与它在纯溶质 B 中所处的状态完全不同。

当 $x_B \to 0$ 时，为什么组分 B 遵守亨利定律呢？原因是当溶液很稀时，每个溶质分子 B 完全被溶剂分子包围着，而且 B 分子的这种受力情况在很稀的浓度范围内不会随浓度的变化而变化，所以影响 B 组分饱和蒸气分压的也只有稀释因素。在这种情况下，p_B 与其在溶液中的摩尔分数浓度 x_B 成正比是很自然的。

理想稀溶液（ideal dilute solution）是指溶剂型组分遵守拉乌尔定律，而溶质型组分遵守亨利定律的浓度很小溶液。对于理想稀溶液中的溶剂，由于要借助拉乌尔定律来讨论它的化学势及其性质，所以其浓度表示方法只有物质的量分数这一种。但对于理想稀溶液中的溶质，通常有多种不同的浓度表示方法。以其中的溶质型组分 B 为例，由于溶液很稀，其物质的量分数浓度 x_B 与质量摩尔浓度 b_B 以及体积摩尔浓度 c_B 之间的简单线性关系［参见式(3.5)］可表示如下：

$$x_B = M_A b_B = \frac{M_A}{\rho_A} c_B$$

在一定温度下，由于溶剂型组分 A 的密度 ρ_A 和摩尔质量 M_A 均为常数，故结合式(3.47) 可以看出：理想稀溶液中溶质 B 的饱和蒸气分压 p_B 也分别与它的质量摩尔浓度 b_B 和它的体积摩尔浓度 c_B 成正比。由于使用不同浓度时比例系数即亨利常数不同，所以使用质量摩尔浓度和体积摩尔浓度时亨利定律可分别表示如下：

$$p_B = k_{B,b} b_B \tag{3.48}$$

$$p_B = k_{B,c} c_B \tag{3.49}$$

式中，亨利常数 $k_{B,b}$ 和 $k_{B,c}$ 的单位分别是 $Pa \cdot kg \cdot mol^{-1}$ 和 $Pa \cdot L \cdot mol^{-1}$。一定条件下对于同一溶液，不论其中组分 B 的组成用什么浓度表示，液面上方该组分的饱和蒸气分压 p_B 应该是唯一确定的。

3.6.2 亨利常数的物理意义

根据式(3.47)，从表面上看

$$k_{B,x} = p_B \big|_{x_B=1}$$

即从表面上看，$k_{B,x}$ 是纯组分 B 的饱和蒸气压。可是实际上，从图 3.4 可以看出，x_B 稍大一点，实际溶液中的组分 B 的饱和蒸气压就会偏离线性关系、就不遵守亨利定律了。所以，不能强行把式(3.47) 外推到 $x_B=1$。而且由图 3.4 可见，$k_{B,x}$ 的确与 p_B^* 差别很大。不过，我们可以把 $k_{B,x}$ 看作是 $x_B=1$、而且遵守亨利定律的那样一种假想的纯液体 B 的饱和蒸气压。

实际上，溶液越稀溶质型组分 B 的饱和蒸气压与亨利定律的偏差越小。所以根据式(3.47)，亨利常数的准确表达式如下：

$$k_{B,x} = \frac{p_B}{x_B}\bigg|_{x_B \to 0} \tag{3.50}$$

故可以把 $\frac{p_B}{x_B} \sim x_B$ 曲线外推到 $x_B=0$，这时 $\frac{p_B}{x_B} \sim x_B$ 曲线的截距就是 $k_{B,x}$。也可以由 $x_B \to 0$ 时 $p_B \sim x_B$ 曲线的斜率得到 $k_{B,x}$。

同理，根据式(3.48)，可以把 $k_{B,b}$ 看作是 $b_B = b^{\ominus} = 1mol \cdot kg^{-1}$ 而且遵守亨利定律的那样一种假想状态的 B 的饱和蒸气压。实际上，$k_{B,b}$ 的准确表达式如下：

$$k_{B,b} = \frac{p_B}{b_B}\bigg| b_B \to 0 \tag{3.51}$$

同理，根据式(3.49)，可以把 $k_{B,c}$ 看作是 $c_B = c^{\ominus} = 1mol \cdot L^{-1}$、而且遵守亨利定律的那样一种假想状态的 B 的饱和蒸气压。实际上，$k_{B,c}$ 的准确表达式如下：

$$k_{B,c} = \frac{p_B}{c_B}\bigg| c_B \to 0 \tag{3.52}$$

对于液态溶液而言，亨利定律只涉及溶质型组分在气液两相的平衡，它并不要求溶质本身一定是液态。因此，亨利定律也适用于气体物质在液体中的溶解平衡。这时亨利定律可以表述为：在一定温度下，气体物质在液体中的溶解度（即平衡浓度）与该气体的平衡分压成正比。

例 3.13 在 25℃下，当甲烷分压为 101kPa 时，每千克苯中可溶解 0.51L（标准状况）甲烷气体。

(1) 求 25℃下甲烷苯溶液的亨利常数 $k_{甲,b}$。

(2) 25℃下当甲烷分压为 150kPa 时，每千克苯中可溶解多少克甲烷？

解：(1) $n_{甲} = \frac{0.51L}{22.4L \cdot mol^{-1}} = 0.0228mol$

所以　$b = 0.0228mol \cdot kg^{-1}$

因为　$p_{甲} = k_{甲,b} b_{甲}$

所以　　$k_{甲,b}=\dfrac{p_{甲}}{b_{甲}}=\dfrac{101\times10^3\,\text{Pa}}{0.0228\text{mol}\cdot\text{kg}^{-1}}=4.43\times10^6\,\text{Pa}\cdot\text{mol}^{-1}\cdot\text{kg}$

（2）由 $p_{甲}=k_{甲,b}b_{甲}$ 可知

$$b_{甲}=\frac{p_{甲}}{k_{甲,b}}=\frac{150\times10^3\,\text{Pa}}{4.43\times10^6\,\text{Pa}\cdot\text{mol}^{-1}\cdot\text{kg}}=0.0339\text{mol}\cdot\text{kg}^{-1}$$

所以每千克苯中可溶解甲烷气体的质量为

$$m_{甲}=0.0339\text{mol}\times16\text{g}\cdot\text{mol}^{-1}\qquad(M_{甲}=16\text{g}\cdot\text{mol}^{-1})$$
$$=0.542\text{g}$$

例 3.14　有人在25℃下测定了 CO_2 气体在环己醇中的溶解情况。实验结果见下表中的第一行和第二行。其中 x_{CO_2} 和 p_{CO_2} 分别代表气液两相平衡时液相中 CO_2 的摩尔分数浓度和气相中 CO_2 的分压。求25℃下 CO_2 在环己醇溶液中的亨利常数。

x_{CO_2}	0.0259	0.0536	0.0796	0.108	0.164	0.227
p_{CO_2}/MPa	0.9733	1.970	2.966	3.962	5.950	7.950
(p_{CO_2}/x_{CO_2})/MPa	37.58	36.75	37.26	36.69	36.28	35.02

解：先计算 CO_2 的分压与其饱和溶液的浓度之比，并将其列于表中第三行。

根据亨利定律，$p_{CO_2}=k_x x_{CO_2}$。因亨利定律只适合于理想稀溶液中的溶质，故亨利常数等于 $p_{CO_2}/x_{CO_2}\sim x_{CO_2}$ 曲线的截距，如图A所示，其值约为37.65MPa。

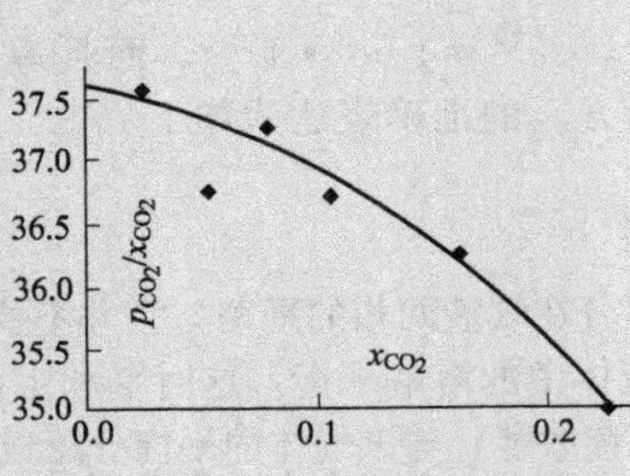

图A　由 $p_{CO_2}/x_{CO_2}\sim$ x_{CO_2} 线截距求 k_x

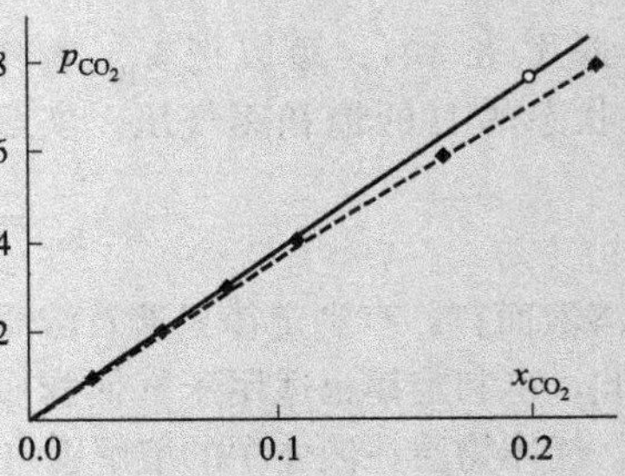

图B　由 $p_{CO_2}\sim$ x_{CO_2} 线斜率求 k_x

另一方面，根据亨利定律，亨利系数就是当 $x_{CO_2}\to0$ 时 $p\sim x_B$ 曲线的斜率，如图B所示。用此方法可得亨利常数约为38.0MPa。

应用亨利定律讨论气体在液体中的溶解度时，需要注意两个问题。第一，溶解度应很小。第二，溶质在气液两相的组成应该相同。如氧气溶解于水，氧在气相和液相的组成相同，其组成均为 O_2，故亨利定律是适用的。又如氨溶解于水，氨在气相的组成是 NH_3，但在水溶液中它主要是以 NH_4OH 形式出现的，即它在气相和液相的组成不同，所以氨在水中的溶解度不遵守亨利定律。

3.6.3 理想稀溶液中各组分的化学势

通常溶液上方的压力不大，所以可将其饱和蒸气当作理想气体来处理。

(1) 溶剂型组分 A

由于理想稀溶液中的溶剂型组分 A 遵守拉乌尔定律，所以其化学势表达式与前面讨论过的理想溶液中各组分的化学势表达式完全相同即

$$\mu_A(T,p,x_A)=\mu_A^*(T,p,1)+RT\ln x_A$$

或

$$\mu_A(T,p,x_A)=\mu_A^{\ominus}(T)+RT\ln x_A+\int_{p^{\ominus}}^{p}V_m^*(A)dp$$

通常，上式中的积分项可忽略不计，这时

$$\mu_A(T,p,x_A)=\mu_A^{\ominus}(T)+RT\ln x_A$$

关于理想稀溶液中溶剂型组分标准态的规定与对理想溶液中各组分标准态的规定相同。即在 T 温度下，理想稀溶液中溶剂型组分 A 的标准态只有一种，它是 T 温度和 $p^{\ominus}$ 压力下纯液体 A 所处的状态。

(2) 溶质型组分 B

在一定温度和压力（总压力）下，当气液两相达到平衡时，必然有

$$\mu_B(\text{溶液})=\mu_B(\text{气相})$$

即

$$\mu_B(T,p,x_B)=\mu_B(T,p_B) \tag{3.53}$$

而

$$\mu_B(T,p_B)=\mu_B^{\ominus}(T,g)+RT\ln\frac{p_B}{p^{\ominus}}$$

将亨利定律式(3.47) 代入此式可得

$$\mu_B(T,p_B)=\mu_B^{\ominus}(T,g)+RT\ln\frac{k_{B,x}x_B}{p^{\ominus}}$$

即

$$\mu_B(T,p_B)=\underbrace{\mu_B^{\ominus}(T,g)+RT\ln\frac{k_{B,x}\times 1}{p^{\ominus}}}_{\mu_{B,x}^{\Delta}(T,p)}+RT\ln x_B$$

此式右边前两项的加和是在 T、p 条件下 $x_B=1$ 而且遵守亨利定律的那个假想状态（实际上，x_B 稍大一点就已经不遵守亨利定律了）的纯液体 B 的饱和蒸气的化学势。根据相平衡条件，这两项加和在数值上也等于同温同压下 $x_B=1$ 而且遵守亨利定律的那个假想状态的纯液体 B 的化学势 $\mu_{B,x}^{\Delta}(T,\ p)$。此处用上标 Δ 表示假想状态，以便和用上标 * 表示的真实纯态进行区分。将上式代入式(3.53) 即可得到理想稀溶液中溶质 B 的化学势表达式即

$$\mu_B(T,p,x_B)=\mu_{B,x}^{\Delta}(T,p)+RT\ln x_B \tag{3.54}$$

对于一个给定的理想稀溶液，在一定温度下 $\mu_{B,x}^{\Delta}(T,\ p)$ 只与总压力 p 有关。由敞开相热力学基本方程可知

$$\left(\frac{\partial\mu_B}{\partial p}\right)_{T,n_C}=V_m(B)$$

所以

$$\left(\frac{\partial\mu_{B,x}^{\Delta}}{\partial p}\right)_{T,n_C}=V_{m,x}^{\infty}(B)$$

此处，$V_{m,x}^{\infty}(B)$ 表示溶液中溶质型组分 B 的摩尔分数浓度 x_B 等于 1、但仍然具有无限稀释溶液特性即仍然遵守亨利定律的那样一种假想的纯液体 B 的摩尔体积。在一定温度和组成条件下，对上式两边同乘以 dp 并积分即

$$\int_{\mu_{B,x}^{\ominus}(T)}^{\mu_{B,x}^{\triangle}(T,p)} d\mu_{B,x}^{\triangle} = \int_{p^{\ominus}}^{p} V_{m,x}^{\infty}(B)dp$$

当右边对压力积分的积分下限取 $p^{\ominus}$ 时，左边对化学势积分的积分下限就是 T 温度和 $p^{\ominus}$ 压力下 $x_B=1$ 而且遵守亨利定律的那个假想的纯液体 B 的化学势。由于这样的假想状态就是人们规定的使用摩尔分数浓度时理想稀溶液中溶质型组分 B 的标准状态，所以左边的积分下限就是组分 B 在 T 温度下的标准态化学势 $\mu_{B,x}^{\ominus}(T)$。同理当右边的积分上限取 p 时，左边的积分上限就是 T 温度和 p 压力下 $x_B=1$ 而且遵守亨利定律的那个假想的纯液体 B 的化学势 $\mu_{B,x}^{\triangle}(T,p)$。对上式的积分结果移项可得

$$\mu_{B,x}^{\triangle}(T,p) = \mu_{B,x}^{\ominus}(T) + \int_{p^{\ominus}}^{p} V_{m,x}^{\infty}(B)dp \tag{3.55}$$

将式(3.55) 代入式(3.54) 可得

$$\mu_B(T,p,x_B) = \mu_{B,x}^{\ominus}(T) + RT\ln x_B + \int_{p^{\ominus}}^{p} V_{m,x}^{\infty}(B)dp \tag{3.56}$$

对于溶质型组分 B 而言，虽然其假想的标准态纯液体 B 并不存在，但由于这种状态是假想的凝聚态，其摩尔体积 $V_{m,x}^{\infty}(B)$ 也一定很小。所以当压力 p 不很大时，式(3.56) 中的积分项可忽略不计。在这种情况下

$$\mu_B(T,p,x_B) = \mu_{B,x}^{\ominus}(T) + RT\ln x_B \tag{3.57}$$

此处虽然导出了化学式表达式(3.54)、式(3.56) 和式(3.57)，但具体使用时应注意以下几点。对于后面将要导出的用其它浓度时的化学势表达式，同样需要注意这几点。

第一，溶质型组分 B 的标准态是假想的，不是真实的。

第二，这些化学势表达式只适用于很稀的溶液中的溶质。浓度较大时这些表达式就不适用了，就需要对这些式子进行修正。

第三，这些化学势表达式虽然是从挥发性溶质导出的，但是这些式子也适用于非挥发性溶质。原因是挥发和非挥发是相对的，没有绝对不挥发的物质。

3.6.4 使用不同浓度时溶质的化学势表达式

为了讨论问题方便，对于溶液中的溶质型组分可以使用不同的浓度表示方法，因此就会引入不同的标准态。使用质量摩尔浓度时，规定 $1\text{mol}\cdot\text{kg}^{-1}$ 为标准态浓度，并将其记为 $b^{\ominus}$；使用物质的量浓度时，规定 $1\text{mol}\cdot\text{L}^{-1}$ 为标准态浓度，并将其记为 $c^{\ominus}$。

分别从式(3.48) 和式(3.49) 可以看出

$$k_{B,b} = p_B\big|_{b_B=b^{\ominus}=1\text{mol}\cdot\text{kg}^{-1}}$$

$$k_{B,c} = p_B\big|_{c_B=c^{\ominus}=1\text{mol}\cdot\text{L}^{-1}}$$

即亨利常数 $k_{B,b}$ 是 $b_B=b^{\ominus}$ 而且遵守亨利定律（这么大的浓度，组分 B 实际上可能早已不遵守亨利定律了）的那样一种假想状态溶液中 B 的饱和蒸气压；$k_{B,c}$ 是 $c_B=c^{\ominus}$ 而且遵守亨利定律的另一种假想状态溶液中 B 的饱和蒸气压。

在一定温度和压力下，当气液两相达到平衡时，根据相平衡条件

$$\mu_B(\text{溶液}) = \mu_B(\text{气相})$$

即

$$\mu_B(T,p,b_B) = \mu_B(T,p_B) \tag{3.58}$$

而

$$\mu_B(T,p_B) = \mu_B^{\ominus}(T,\text{g}) + RT\ln\frac{p_B}{p^{\ominus}}$$

将式(3.48) 代入此式并变形可得

$$\mu_B(T,p_B)=\underbrace{\mu_B^{\ominus}(T,g)+RT\ln\frac{k_{B,b}b^{\ominus}}{p^{\ominus}}}_{\mu_{B,b}^{\Delta}(T,p)}+RT\ln\frac{b_B}{b^{\ominus}}$$

根据式(3.48)，$k_{B,b}b^{\ominus}$是 $b_B=b^{\ominus}$ 而且遵守亨利定律的那个假想状态的溶液中组分 B 的饱和蒸气压，所以上式右边前两项的加和代表同温同压（温度为 T，压力为 p）下 $b_B=b^{\ominus}$ 而且遵守亨利定律的那个假想状态溶液中 B 的饱和蒸气的化学势。根据相平衡规则，这两项加和在数值上也等于同温同压下 $b_B=b^{\ominus}$ 而且遵守亨利定律的那个假想状态溶液中组分 B 的化学势 $\mu_{B,b}^{\Delta}(T,p)$。同样，此处上标 Δ 表示假想状态。将上式代入式(3.58) 即可得到理想稀溶液中溶质 B 的化学势表达式即

$$\mu_B(T,p,b_B)=\mu_{B,b}^{\Delta}(T,p)+RT\ln\frac{b_B}{b^{\ominus}} \tag{3.59}$$

类似于前面的推理，由敞开相热力学基本方程可得

$$\left(\frac{\partial\mu_{B,b}^{\Delta}}{\partial p}\right)_{T,n_C}=V_{m,b}^{\infty}(B)$$

此处，$V_{m,b}^{\infty}(B)$ 表示 $b_B=b^{\ominus}$ 但仍具有无限稀释溶液特性（即仍遵守亨利定律）的那样一种假想状态的溶液中组分 B 的偏摩尔体积。对上式变形并积分即

$$\int_{\mu_{B,b}^{\ominus}(T)}^{\mu_{B,b}^{\Delta}(T,p)}d\mu_{B,b}^{\Delta}=\int_{p^{\ominus}}^{p}V_{m,b}^{\infty}(B)dp$$

所以

$$\mu_{B,b}^{\Delta}(T,p)=\mu_{B,b}^{\ominus}(T)+\int_{p^{\ominus}}^{p}V_{m,b}^{\infty}(B)dp \tag{3.60}$$

式(3.60) 中的 $\mu_{B,b}^{\ominus}(T)$ 是 T 温度下溶液中组分 B 的标准态化学势。其标准态是指在 T 温度和 $p^{\ominus}$ 压力下 $b_B=b^{\ominus}$ 而且遵守亨利定律的那个假想状态的溶液中组分 B 所处的状态。

将式(3.60) 代入式(3.59) 可得

$$\mu_B(T,p,b_B)=\mu_{B,b}^{\ominus}(T)+RT\ln\frac{b_B}{b^{\ominus}}+\int_{p^{\ominus}}^{p}V_{m,b}^{\infty}(B)dp \tag{3.61}$$

若压力 p 不很大，则式(3.61) 中的积分项可忽略不计，这时

$$\mu_B(T,p,b_B)=\mu_{B,b}^{\ominus}(T)+RT\ln\frac{b_B}{b^{\ominus}} \tag{3.62}$$

同样的道理，对理想稀溶液中的溶质 B 使用物质的量浓度 c_B 时可以得到

$$\mu_B(T,p,c_B)=\mu_{B,c}^{\Delta}(T)+RT\ln\frac{c_B}{c^{\ominus}} \tag{3.63}$$

其中

$$\mu_{B,c}^{\Delta}(T,p)=\mu_{B,c}^{\ominus}(T)+\int_{p^{\ominus}}^{p}V_{m,c}^{\infty}(B)dp \tag{3.64}$$

所以

$$\mu_B(T,p,c_B)=\mu_{B,c}^{\ominus}(T)+RT\ln\frac{c_B}{c^{\ominus}}+\int_{p^{\ominus}}^{p}V_{m,c}^{\infty}(B)dp \tag{3.65}$$

若压力 p 不很大，则式(3.65) 中的积分项可忽略不计，这时

$$\mu_B(T,p,c_B)=\mu_{B,c}^{\ominus}(T)+RT\ln\frac{c_B}{c^{\ominus}} \tag{3.66}$$

3.7 实际溶液中各组分的化学势

前面学习过的化学势表达式有

① 理想气体 B $\mu_B(T,p_B)=\mu_B^{\ominus}(T)+RT\ln\dfrac{p_B}{p^{\ominus}}$

② 纯凝聚态物质 B $\mu_B^*(T,p)=\mu_B^{\ominus}(T)+\int_{p^{\ominus}}^{p}V_m^*(B)dp$

③ 理想溶液中组分 B $\mu_B(T,p,x_B)=\mu_B^{\ominus}(T)+RT\ln x_B+\int_{p^{\ominus}}^{p}V_m^*(B)dp$

不论是纯凝聚态物质还是理想溶液，其中各组分的标准态都是一定温度和标准压力下的纯物质所处的状态，是真实的状态。

④ 理想稀溶液

溶剂 A：化学势表达式和标准态的规定同理想溶液中的各组分。

溶质 B： $\mu_B(T,p,x_B)=\mu_{B,x}^{\ominus}(T)+RT\ln x_B+\int_{p^{\ominus}}^{p}V_{m,x}^{\infty}(B)dp$

或 $\mu_B(T,p,x_B)=\mu_{B,b}^{\ominus}(T)+RT\ln\dfrac{b_B}{b^{\ominus}}+\int_{p^{\ominus}}^{p}V_{m,b}^{\infty}(B)dp$

或 $\mu_B(T,p,x_B)=\mu_{B,c}^{\ominus}(T)+RT\ln\dfrac{c_B}{c^{\ominus}}+\int_{p^{\ominus}}^{p}V_{m,c}^{\infty}(B)dp$

对于理想稀溶液，其溶质的标准态有多种多样，其标准态是指一定温度和标准压力下 $x_B=1$ 或 $c_B=c^{\ominus}$ 或 $b_B=b^{\ominus}$…… 而且遵守亨利定律的那样一种假想状态的溶液中的 B。不论哪一种情况，标准态的组成和压力都是确定的，只有温度是可变的，所以不同温度下有不同的标准态，标准态化学势都只是温度的函数。这一点一定要牢记。

上述化学势表达式都是严格准确的。如果所讨论系统的压力 p 不是非常大，则由于被积函数本身都很小，故上述化学势表达式中的积分项均可忽略不计。在这种情况下，所有的化学势表达式都具有相同的形式即

$$\mu_B(T,p,x_B)=\mu_B^{\ominus}(T)+RT\ln\nabla$$

对于气体，∇代表相对压力；对于溶液中的组分，∇代表浓度或相对浓度；对于纯凝聚态物质，∇等于 1。有了这样的化学势表达通式，会对讨论许多与化学平衡相关的问题带来很大的方便。

与此同时，仅仅有这种通用的化学势表达式还是不够的。原因是广泛存在的实际溶液往往既不是理想溶液，也不是理想稀溶液。那么，实际溶液中各组分的化学势与哪些因素有关，其化学势表达式又如何呢？最好的办法就是以理想溶液或理想稀溶液为参考，对其化学式表达式进行适当的修正。

3.7.1 以理想溶液为参考

实际溶液与理想溶液不同，所以对于实际溶液中任意一个组分 B 而言，下式左右两边是不相等的即

$$\mu_B(T,p,x_B)\neq\mu_B^{\ominus}(T)+RT\ln x_B+\int_{p^{\ominus}}^{p}V_m^*(B)dp$$

若其它参数都不变，只对右边的浓度进行适当修正，总能使此式左右两边相等。

令

$$a_B=\gamma_B x_B \tag{3.67}$$

式中，a_B 称为组分 B 的**活度**（activity），是修正后的浓度。从化学势角度考虑，活度 a_B 就相当于把实际溶液视为理想溶液时，其中组分 B 应该具有的浓度；γ_B 称为组分 B 的**活度系数**（activity coefficient），是组分 B 的浓度校正系数。此处的活度和活度系数都是没有单位的纯数。

引入活度概念后，以理想溶液为参考，实际溶液中任一组分 B 的化学势可以表示为

$$\mu_B(T,p,x_B)=\mu_B^{\ominus}(T)+RT\ln a_B+\int_{p^{\ominus}}^{p}V_m^*(B)dp \tag{3.68}$$

当 $x_B\to1$ 时，实际溶液中的组分 B 就成了理想稀溶液中的溶剂，其饱和蒸气压遵守拉乌尔定律，其化学势表达式与借助拉乌尔定律导出的理想溶液中组分 B 的化学势表达式完全相同。所以当 $x_B\to1$ 时，$\gamma_B=1$，$a_B=x_B$。这是以理想溶液为参考对实际溶液进行修正时的一个显著特点。通常如果压力 p 不很大，则式(3.68) 中的积分项就可以忽略不计，这时可以把式(3.68) 改写为

$$\mu_B(T,p,x_B)=\mu_B^{\ominus}(T)+RT\ln a_B \tag{3.69}$$

以理想溶液为参考对实际溶液进行修正时，到底该如何确定溶液中任意一种组分 B 的活度和活度系数，后面会进一步讨论。

3.7.2 以理想稀溶液为参考

如果构成溶液的各组分（尤其是溶质）处于纯态时与溶液的物理状态相同（都是液体或都是固体)，并且溶质和溶剂彼此能以任意的比例完全互溶，则上述以理想溶液为参考的修正方法对溶液中的任何一种组分都是比较方便的。但是，如果各组分处于纯态时与溶液的物理状态不同，譬如溶液是液态而溶质是固态或气态，或者纯溶质与溶液的物理状态虽然相同，但各组分彼此不能以任意比例完全互溶，这时用上述修正方法就欠妥了。因为这种溶液不符合上述修正的特点。当 $x_B\to1$ 时，如果组分 B 的物理状态与溶液的物理状态都不一样，就更谈不上遵守拉乌尔定律了。如果组分 B 与其它组分不能以任意比例完全互溶，那么 x_B 逐渐增大直到 $x_B\to1$ 这种情况就根本无法实现，也无法想象。在这种情况下，仍坚持以理想溶液为参考讨论其活度和活度系数就没有意义了。所以有必要探讨以理想稀溶液为参考对实际溶液中各组分的化学势表达式进行修正。

(1) 溶剂型组分 A

理想稀溶液中的溶剂型组分 A 与理想溶液中的各种组分都遵守拉乌尔定律。理想稀溶液中溶剂型组分 A 的化学势表达式与理想溶液中各组分的化学势表达式相同。所以，以理想稀溶液为参考，对实际溶液中溶剂型组分 A 的化学势表达式进行修正与以理想溶液为参考所做的修正完全相同，且具有相同的特点，即当 $x_A\to1$ 时，$\gamma_A=1$，$a_A=x_A$。其溶剂型组分 A 的化学势可用式(3.68) 或式(3.69) 表示。

(2) 溶质型组分 B

与理想稀溶液不同，对于实际溶液中的任意一种溶质型组分 B 而言，下式左右两边是不相等的即

$$\mu_B(T,p,x_B)\neq\mu_{B,x}^{\ominus}(T)+RT\ln x_B+\int_{p^{\ominus}}^{p}V_{m,x}^{\infty}(B)dp$$

同样在其它参数不变的情况下，若对右边的浓度项进行适当修正，总可以使上式的左右两边相等。此处令

$$a_{B,x}=\gamma_{B,x}x_B \tag{3.70}$$

式中，$a_{B,x}$ 称为组分 B 的活度，它是修正后的浓度。从化学势角度考虑，活度 $a_{B,x}$ 就相当于把实际溶液视为理想稀溶液时，溶质 B 应该具有的浓度。$\gamma_{B,x}$ 称为组分 B 的活度系数。

对于溶液中的溶质型组分，当用不同的浓度表示方法表示同一种溶质型组分的浓度时，对应的标准态和标准态化学势就不同了，其活度和活度系数也会有所差异。因此，对于溶质型组分的标准态化学势、活度以及活度系数，可以用下标的形式表明所使用的浓度标度即浓

标（concentration scale）。

当使用 x 浓标时，实际溶液中任意一种溶质 B 的化学势可以表示为

$$\mu_B(T,p,x_B)=\mu_{B,x}^{\ominus}(T)+RT\ln a_{B,x}+\int_{p^{\ominus}}^{p}V_{m,x}^{\infty}(B)dp \tag{3.71}$$

当 $x_B \to 0$ 时，实际溶液中的组分 B 就成了理想稀溶液中的溶质，此时其饱和蒸气压遵守亨利定律，其化学势表达式与理想稀溶液中溶质 B 的化学势表达式完全相同。所以当 $x_B \to 0$ 时，$\gamma_{B,x}=1$，$a_{B,x}=x_B$。这是以理想稀溶液为参考对实际溶液中的溶质型组分进行修正的一个显著特点。至于如何确定其活度和活度系数，后面会进一步讨论。

同理，当对溶质型组分 B 使用 c 浓标或者 b 浓标时，其化学势表达式分别如下：

$$\mu_B(T,p,x_B)=\mu_{B,c}^{\ominus}(T)+RT\ln a_{B,c}+\int_{p^{\ominus}}^{p}V_{m,c}^{\infty}(B)dp \tag{3.72}$$

$$\mu_B(T,p,x_B)=\mu_{B,b}^{\ominus}(T)+RT\ln a_{B,b}+\int_{p^{\ominus}}^{p}V_{m,b}^{\infty}(B)dp \tag{3.73}$$

其中

$$a_{B,c}=\gamma_{B,c}\frac{c_B}{c^{\ominus}} \tag{3.74}$$

$$a_{B,b}=\gamma_{B,b}\frac{b_B}{b^{\ominus}} \tag{3.75}$$

不论使用什么浓标，活度和活度系数都是没有单位的纯数。当压力 p 不很大时，式(3.71)～式(3.73) 中的积分项都可以忽略不计，此时这三个式子可分别改写为

$$\mu_B(T,p,x_B)=\mu_{B,x}^{\ominus}(T)+RT\ln a_{B,x} \tag{3.76}$$

$$\mu_B(T,p,x_B)=\mu_{B,c}^{\ominus}(T)+RT\ln a_{B,c} \tag{3.77}$$

$$\mu_B(T,p,x_B)=\mu_{B,b}^{\ominus}(T)+RT\ln a_{B,b} \tag{3.78}$$

3.8 活度的蒸气压测定法

前述以理想溶液为参考对实际溶液中各组分的化学势表达式作了修正，也以理想稀溶液为参考对实际溶液中溶剂型组分的化学势表达式作了修正，原因是实际溶液中的各组分不遵守拉乌尔定律、不符合借助拉乌尔定律导出的化学势表达式。所以，以理想溶液为参考对实际溶液中各组分的化学势表达式进行修正和以理想稀溶液为参考对实际溶液中溶剂型组分的化学势表达式进行修正，其本质都是以拉乌尔定律为参考的修正。

以理想稀溶液为参考对实际溶液中溶质型组分的化学势表达式进行修正，实际上就是由于实际溶液中的溶质型组分不遵守亨利定律、不符合由亨利定律导出的化学势表达式。所以，这种修正实际上就是以亨利定律为参考的修正。

根据上一节修正的结果，不论以拉乌尔定律为参考还是以亨利定律为参考，当压力不很大时，实际溶液中任意一种组分 B 的化学势可用一个通式表示为

$$\mu_B=\mu_B^{\ominus}+RT\ln a_B \tag{3.79}$$

不过，对实际溶液修正时的参考对象不同或者对于实际溶液中的溶质型组分所使用的浓标不同，其标准态就不同，那么式(3.79) 中的活度 a_B 和标准态化学势 $\mu_B^{\ominus}$ 也就不同。

另一方面，不论什么溶液，在一定的温度、压力和组成条件下，当溶液中的任意一种溶质型组分 B 使用不同浓标时，虽然组分 B 的活度 a_B、活度系数 γ_B 以及标准态化学势 $\mu_B^{\ominus}$ 各不相同，但是 B 的化学势 μ_B 作为状态函数，其值是唯一确定的，与选用什么浓标无关。

当溶液与其液面上方的蒸气处于平衡状态时，溶液中任意一种组分 B 的化学势必然等

于平衡蒸气中该组分 B 的化学势即

$$\mu_B = \mu_B^{\ominus}(g) + RT\ln\frac{p_B}{p^{\ominus}}$$

将此式与式(3.79) 比较可以看出

$$\mu_B^{\ominus}(g) + RT\ln\frac{p_B}{p^{\ominus}} = \mu_B^{\ominus} + RT\ln a_B$$

由于 $\mu^{\ominus}$ 仅仅是温度的函数，故在一定温度下对此式两边求微分可得

$$d\ln p_B = d\ln a_B$$

即

$$d\ln\frac{p_B}{a_B} = 0$$

所以，在一定温度和压力下 p_B/a_B 为常数。

令

$$\frac{p_B}{a_B} = C \tag{3.80}$$

式中，C 为比例系数。C 在一定温度下为常数，它与浓度的大小无关。

3.8.1 以拉乌尔定律为参考

根据一定温度下实际溶液的表现行为，当 $x_B \to 1$ 时，B 遵守拉乌尔定律。此时在 B 组分的化学势表达式中，$a_B = x_B$，其活度系数为 $\gamma_B = 1$。此时由式(3.80) 可知

$$p_B = Cx_B \tag{A}$$

与此同时，由拉乌尔定律可知

$$p_B = p_B^* x_B \tag{B}$$

比较式(A)、式(B) 两式可以看出，$C = p_B^*$，故可以把式(3.80) 改写为

$$p_B = p_B^* a_B \tag{3.81}$$

所以

$$a_B = \frac{p_B}{p_B^*} \tag{3.82}$$

式(3.81) 表明：虽然实际溶液中组分 B 不遵守拉乌尔定律，但是若将该组分的浓度进行适当的修正，即用其活度代替浓度时，此式仍可用于计算实际溶液中组分 B 的饱和蒸气压。该式在形式上与拉乌尔定律相同。与此同时，根据实际溶液上方组分 B 的饱和蒸气压 p_B 的实测结果，就可以用式(3.82) 确定溶液中组分 B 的活度。用这种方法得到的活度 a_B 就是以拉乌尔定律为参考时组分 B 的活度。

3.8.2 以亨利定律为参考

根据一定温度下实际溶液的表现行为，当 $x_B \to 0$ 时，组分 B 遵守亨利定律。这时 B 组分的活度系数为 $\gamma_B = 1$，所以此时

$$a_B = a_{B,x} = x_B \quad 或 \quad a_B = a_{B,b} = b_B/b^{\ominus} \quad 或 \quad a_B = a_{B,c} = c_B/c^{\ominus}$$

此时由式(3.80) 可知

$$p_B = Cx_B \quad 或 \quad p_B = Cb_B/b^{\ominus} \quad 或 \quad p_B = Cc_B/c^{\ominus}$$

与此同时，由亨利定律可知

$$p_B = k_{B,x}x_B \quad 或 \quad p_B = k_{B,b}b_B \quad 或 \quad p_B = k_{B,c}c_B$$

所以

$$C = k_{B,x} \quad 或 \quad C = k_{B,b}b^{\ominus} \quad 或 \quad C = k_{B,c}c^{\ominus}$$

将此结果代入式(3.80) 并变形可得

$$p_B = k_{B,x} a_{B,x} \quad 或 \quad p_B = k_{B,b} b^{\ominus} a_{B,b} \quad 或 \quad p_B = k_{B,c} c^{\ominus} a_{B,c} \tag{3.83}$$

所以

$$a_{B,x} = \frac{p_B}{k_{B,x}} \tag{3.84}$$

$$a_{B,b} = \frac{p_B}{k_{B,b} b^{\ominus}} \tag{3.85}$$

$$a_{B,c} = \frac{p_B}{k_{B,c} c^{\ominus}} \tag{3.86}$$

式(3.83)表明，虽然实际溶液中的溶质型组分 B 不遵守亨利定律，但是若将该组分的浓度进行适当的修正，即用 $a_{B,x}$ 代替 x_B 或者用 $b^{\ominus} a_{B,b}$ 代替 b_B 或者用 $c^{\ominus} a_{B,c}$ 代替 c_B 时，此式仍可用于计算实际溶液中组分 B 的饱和蒸气压。该式在形式上与亨利定律相似。与此同时，根据实际溶液上方组分 B 的饱和蒸气压 p_B 的实测结果，可分别用式(3.84)～式(3.86)确定使用不同浓标时溶液中组分 B 的活度 $a_{B,x}$、$a_{B,b}$ 和 $a_{B,c}$。

例 3.15 在 37.2℃下，纯 CS_2 的饱和蒸气压为 68.3kPa。当把少量丙酮溶于 CS_2 并且当 $x_{丙}=0.038$ 时，液面上方丙酮的饱和蒸气分压为 9.79kPa。此时因溶液较稀，丙酮近似遵守亨利定律。当 $x_{丙}=0.182$ 时，液面上方丙酮的饱和蒸气分压为 24.0kPa，CS_2 的饱和蒸气分压为 62.0kPa。对于 $x_{丙}=0.182$ 的溶液，

(1) 求丙酮的活度和活度系数。

(2) 求 CS_2 的活度和活度系数。

解：(1) 由于 $x_{丙}=0.038$ 时丙酮近似遵守亨利定律，所以

$$k_{丙,x} = \frac{p_{丙}}{x_{丙}} = \frac{9.79 \times 10^3}{0.038} = 2.58 \times 10^5 \, \text{Pa}$$

当 $x_{丙}=0.182$ 时，由式(3.83) 可知 $p_{丙} = k_{丙,x} \cdot a_{丙,x}$，所以

$$a_{丙,x} = \frac{p_{丙}}{k_{丙,x}} = \frac{24.0 \times 10^3}{2.58 \times 10^5} = 0.093$$

所以

$$\gamma_{丙,x} = \frac{a_{丙,x}}{x_{丙}} = \frac{0.093}{0.182} = 0.511$$

(2) 对于溶剂型组分 CS_2，由式(3.81) 可知

$$a_{CS_2} = \frac{p_{CS_2}}{p^*_{CS_2}} = \frac{62.0 \times 10^3}{68.3 \times 10^3} = 0.907$$

所以

$$\gamma_{CS_2} = \frac{a_{CS_2}}{x_{CS_2}} = \frac{0.907}{1-0.182} = 1.11$$

*3.8.3 不同浓标对应的活度系数不同

以 A、B 二组分系统为例，对于溶质型组分 B，根据式(3.83)

$$p_B = k_{B,x} \gamma_{B,x} x_B$$

或

$$p_B = k_{B,b} b^{\ominus} \gamma_{B,b} \frac{b_B}{b^{\ominus}} = k_{B,b} \gamma_{B,b} b_B$$

所以

$$k_{B,x}\gamma_{B,x}x_B=k_{B,b}\gamma_{B,b}b_B$$

所以

$$\frac{\gamma_{B,x}}{\gamma_{B,b}}=\frac{k_{B,b}}{k_{B,x}}\frac{b_B}{x_B}$$

因为

$$x_B=\frac{b_B}{b_B+1/M_A}$$

所以

$$\frac{\gamma_{B,x}}{\gamma_{B,b}}=\frac{k_{B,b}}{k_{B,x}}(b_B+1/M_A) \tag{3.87}$$

由式(3.87) 可见，$\gamma_{B,x}/\gamma_{B,b}$会随$b_B$的变化而变化。这就是说，对于同一个溶液中的同一种组分，使用不同浓标时，活度系数的比值会随浓度的变化而变化。所以，不要误以为对于同一种组分使用不同浓标时其活度系数相同。

*3.9 实际二组分溶液的理论分析

3.9.1 吉布斯-杜亥姆公式

根据偏摩尔量的集合公式，当系统发生一个微小状态变化时

$$\mathrm{d}X=\sum X_m(B)\mathrm{d}n_B+\sum n_B\mathrm{d}X_m(B) \tag{A}$$

另一方面，容量性质 X 作为状态函数，它的微分是全微分，所以

$$X=X(T,p,n_A,n_B,\cdots\cdots)$$

$$\mathrm{d}X=\left(\frac{\partial X}{\partial T}\right)_{p,n_C}\mathrm{d}T+\left(\frac{\partial X}{\partial p}\right)_{T,n_C}\mathrm{d}p+\sum X_m(B)\mathrm{d}n_B \tag{B}$$

比较式(A)、式(B) 两个式子可得

$$\left(\frac{\partial X}{\partial T}\right)_{p,n_C}\mathrm{d}T+\left(\frac{\partial X}{\partial p}\right)_{T,n_C}\mathrm{d}p=\sum n_B\mathrm{d}X_m(B) \tag{3.88}$$

在一定温度和压力下，由上式可得

$$\sum n_B\mathrm{d}X_m(B)=0 \tag{3.89}$$

所以

$$\sum x_B\mathrm{d}X_m(B)=0 \tag{3.90}$$

式(3.88)、式(3.89) 和式(3.90) 均称为吉布斯-杜亥姆公式（Gibbs-Duhem equation）。

3.9.2 杜亥姆-马居尔公式

对于 A、B 二组分溶液，在一定温度和压力下由式(3.90) 可知

$$x_A\mathrm{d}\mu_A+x_B\mathrm{d}\mu_B=0 \tag{3.91}$$

因溶液中任意一种组分 B 的化学势 μ_B 与饱和蒸气中该组分的化学势相等即

$$\mu_B=\mu_B(T,p_B)$$

所以

$$\mu_B=\mu_B^{\ominus}(T,\mathrm{g})+RT\ln\frac{p_B}{p^{\ominus}}$$

在一定温度和压力下，对此式两边微分可得

$$\mathrm{d}\mu_B=RT\mathrm{d}\ln p_B$$

结合此式，式(3.91) 可以改写为

$$x_A\mathrm{d}\ln p_A+x_B\mathrm{d}\ln p_B=0$$

由于温度和压力一定，故此式两边同除以 $\mathrm{d}x_B$ 后可得

$$x_A\left(\frac{\partial \ln p_A}{\partial x_B}\right)_{T,p}+x_B\left(\frac{\partial \ln p_B}{\partial x_B}\right)_{T,p}=0 \tag{3.92}$$

又因

$$dx_B=-dx_A$$

所以

$$x_A\left(\frac{\partial \ln p_A}{\partial x_A}\right)_{T,p}=x_B\left(\frac{\partial \ln p_B}{\partial x_B}\right)_{T,p}$$

即

$$\left(\frac{\partial \ln p_A}{\partial \ln x_A}\right)_{T,p}=\left(\frac{\partial \ln p_B}{\partial \ln x_B}\right)_{T,p} \tag{3.93}$$

式(3.92)、式(3.93) 均称为杜亥姆-马居尔公式（Duhem-Margules equation）。由这些公式可得如下结果。

(1) 在同一浓度区间若 A 遵守拉乌尔定律 B 就遵守亨利定律

在一定温度和压力下，在同一浓度区间若 A 遵守拉乌尔定律，则

$$p_A=p_A^* x_A$$

所以

$$d\ln p_A=d\ln x_A$$

将此代入式(3.93) 可得

$$\left(\frac{\partial \ln p_B}{\partial \ln x_B}\right)_{T,p}=1$$

即 $d\ln p_B=d\ln x_B$ 或 $d\ln \dfrac{p_B}{x_B}=0$

所以 $\dfrac{p_B}{x_B}=常数=k_{B,x}$

即 $p_B=k_{B,x}\cdot x_B$

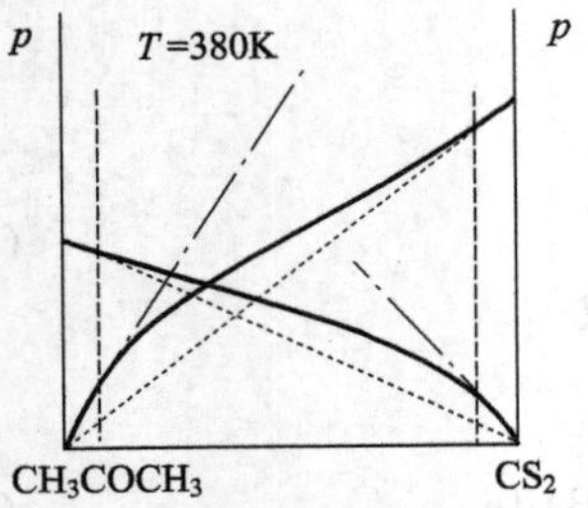

图 3.5 实际溶液的饱和蒸气压

此式表明，溶液上方组分 B 的饱和蒸气压与溶液中该组分的摩尔分数浓度成正比，即组分 B 遵守亨利定律。这个结论与实验事实完全相符。即在很稀的溶液中，溶剂遵守拉乌尔定律，溶质遵守亨利定律。当浓度较大时，若溶剂不遵守拉乌尔定律，溶质也就不遵守亨利定律了，如图 3.5 所示。

(2) 组成变化时若 p_A 升高则 p_B 降低

由式(3.92) 可知

如果

$$\left(\frac{\partial \ln p_B}{\partial x_B}\right)_{T,p}>0$$

则

$$\left(\frac{\partial \ln p_A}{\partial x_B}\right)_{T,p}<0$$

所以当 A、B 二组分溶液的组成变化时，若 p_B 升高则 p_A 必然降低，反之则反。

3.9.3 A、B 二组分系统的气-液平衡组成

对于溶液而言，由偏摩尔量的集合公式可知

$$dG=\sum\mu_B dn_B+\sum n_B d\mu_B$$

又因

$$dG=-SdT+Vdp+\sum\mu_B dn_B$$

所以

$$-SdT+Vdp=\sum n_B d\mu_B$$

此式在本质上与吉布斯-杜亥姆公式(3.88) 相同。在等温过程中，由此可得

$$\sum n_B d\mu_B=Vdp$$

两边同除以溶液的总摩尔数 $\sum n_B$ 可得

$$\sum x_B d\mu_B = V_m(l)dp \tag{3.94}$$

式中，$V_m(l)$ 是溶液的摩尔体积，即溶液的总体积与其总摩尔数的比值。

溶液中任意一种组分 B 的化学势 μ_B 等于饱和蒸气中该组分的化学势即

$$\mu_B = \mu_B^{\ominus}(g) + RT\ln\frac{p_B}{p^{\ominus}}$$

在一定温度下对此式两边微分可得

$$d\mu_B = RTd\ln p_B$$

将此式代入式(3.94) 可得

$$RT\sum x_B d\ln p_B = V_m(l)dp$$

即
$$\sum x_B d\ln p_B = \frac{V_m(l)}{RT}dp = \frac{V_m(l)}{RT/p}\frac{dp}{p}$$

即
$$\sum x_B d\ln p_B = \frac{V_m(l)}{V_m(g)}d\ln p \tag{3.95}$$

在式(3.95) 中，$V_m(g) = RT/p$，它是 T 温度和 p 压力下理想气体的摩尔体积。也可将其视为 1mol 溶液（溶剂和溶质的总摩尔数为 1mol）全部变成 T、p 条件下的蒸气（理想气体）时所具有的体积。

对于 A、B 二组分溶液，如果用 x_B 和 y_B 分别表示溶液及其饱和蒸气中组分 B 的摩尔分数浓度，用 p 表示饱和蒸气总压，则

$$p_B = py_B \qquad p_A = p(1-y_B)$$

将 p_A 和 p_B 代入式(3.95) 可得

$$x_B d\ln(py_B) + (1-x_B)d\ln[p(1-y_B)] = \frac{V_m(l)}{V_m(g)}d\ln p$$

即
$$\frac{x_B}{py_B}(pdy_B + y_B dp) + \frac{1-x_B}{p(1-y_B)}[(1-y_B)dp - pdy_B] = \frac{V_m(l)}{V_m(g)}d\ln p$$

对此式经进一步整理和变形可得

$$\left(\frac{\partial \ln p}{\partial y_B}\right)_T = \frac{y_B - x_B}{y_B(1-y_B)\left[1-\frac{V_m(l)}{V_m(g)}\right]}$$

即
$$\left(\frac{\partial \ln p}{\partial x_B}\right)_T\left(\frac{\partial x_B}{\partial y_B}\right)_T = \frac{y_B - x_B}{y_B(1-y_B)\left[1-\frac{V_m(l)}{V_m(g)}\right]}$$

所以
$$\left(\frac{\partial \ln p}{\partial x_B}\right)_T = \frac{y_B - x_B}{y_B(1-y_B)\left[1-\frac{V_m(l)}{V_m(g)}\right]}\left(\frac{\partial y_B}{\partial x_B}\right)_T \tag{3.96}$$

在一定温度和压力下，在两个浓度不同但浓度都可以连续互变的 A、B 二组分溶液之间（在相平衡一章的部分互溶双液系中，共轭溶液的浓度不能连续互变），每一个组分都会自发地从自身的高浓度区往低浓度区扩散。所以在一定温度和压力下，在浓度可连续变化的范围内，溶液中任意一种组分 B 的浓度 x_B 越大，其化学势 μ_B 就越高，在溶液上方的饱和蒸气分压 p_B 也就越大。同理，溶液中任意一种组分的浓度越小，其化学势就越低，在溶液上方它的饱和蒸气分压也就越小。

根据上述分析，在一定温度下，当连续互溶的 A、B 二组分溶液中的 x_B 增大时，溶液上方饱和蒸气中的 p_B 就会增大。与此同时，x_B 增大时 x_A 就会减小，溶液上方饱和蒸气中

的 p_A 也就会减小。所以 x_B 增大时，蒸气中组分 B 的摩尔分数浓度 y_B 就会增大，即

$$\left(\frac{\partial y_B}{\partial x_B}\right)_T > 0 \tag{3.97}$$

又因为式(3.96) 中的 y_B、$(1-y_B)$ 和 $[1-V_m(l)/V_m(g)]$都大于零，故由此式可得如下结论：

(1) 若 $\left(\frac{\partial \ln p}{\partial x_B}\right)_T=0$，则 $y_B-x_B=0$，即 $y_B=x_B$

这就是说，在 A、B 二组分溶液的饱和蒸气总压力与组成的关系曲线上，如果有最高点或最低点，则由于在该点上$(\partial \ln p/\partial x_B)_T=0$,所以在该点上气-液两相的组成必然相同，即 $y_B=x_B$，$y_A=x_A$。

(2) 若 $\left(\frac{\partial \ln p}{\partial x_B}\right)_T>0$，则 $y_B>x_B$；若 $\left(\frac{\partial \ln p}{\partial x_B}\right)_T<0$，则 $y_B<x_B$

这就是说，在连续互溶的 A、B 二组分溶液中，x_B 增大时若溶液的饱和蒸气总压 p 也增大，即组分 B 相对而言是容易挥发的，则 $y_B-x_B>0$。这说明组分 B 在蒸气中的含量大于它在溶液中的含量；相反，在连续互溶的 A、B 二组分溶液中，x_B 增大时若溶液的饱和蒸气总压 p 减小，即组分 B 相对而言是不容易挥发的，则 $y_B-x_B<0$。这说明组分 B 在蒸气中的含量小于它在溶液中的含量。换句话说，易挥发组分在气相中的含量大于它在液相中的含量，难挥发组分在气相中的含量小于它在液相中的含量。在相平衡一章，这个结论对充分认识和理解连续互溶双液系的气-液平衡相图会有较大的帮助。

3.10 分配平衡

水与四氯化碳彼此间的溶解度非常小，通常可近似认为二者互不相溶。可是，它们都能溶解一定量的碘。如果把碘加入到含有水和四氯化碳的试管里并充分振荡，则碘会部分溶解于水、部分溶解于四氯化碳，并在两相之间处于平衡状态。由于四氯化碳的相对密度（$d_4^{20}=1.595$）明显比水的大，所以碘的四氯化碳溶液在下层，而碘的水溶液在上层，如图 3.6 所示。类似于化学平衡，碘在水和四氯化碳两相之间的平衡可用下式表示。

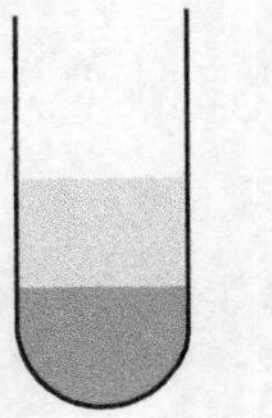

图 3.6 分配平衡示意图

$$I_2(H_2O) \rightleftharpoons I_2(CCl_4)$$

根据前面引入的相平衡条件，在一定的温度和压力下达到平衡时，碘在这两相中的化学势必然相等即

$$\mu_{I_2}(H_2O)=\mu_{I_2}(CCl_4)$$

即

$$\mu_{I_2}^{\Delta}(H_2O)+RT\ln a_{I_2}(H_2O)=\mu_{I_2}^{\Delta}(CCl_4)+RT\ln a_{I_2}(CCl_4)$$

此处把两种溶液视为实际溶液，把其中的碘都视为溶质，并以亨利定律为参考对其进行修正。其中的 $\mu_{I_2}^{\Delta}$ 代表一种假想状态的碘溶液中碘的化学势，其值不仅与温度 T 有关，而且还与压力 p 有关。对此可参阅式(3.54)、式(3.55)、式(3.71) 附近的相关内容。上式变形可得

所以

$$\mu_{I_2}^{\Delta}(CCl_4)-\mu_{I_2}^{\Delta}(H_2O)=-RT\ln\frac{a_{I_2}(CCl_4)}{a_{I_2}(H_2O)}$$

令

$$K=\left[\frac{a_{I_2}(CCl_4)}{a_{I_2}(H_2O)}\right]_{平衡} \tag{3.98}$$

则

$$\Delta\mu_{I_2}^{\Delta}=-RT\ln K \tag{3.99}$$

由式(3.98) 可见，K 代表分配平衡时的活度商，我们将其称为**分配系数**（distribution coefficient)。分配系数是个没有单位的纯数。在式(3.99) 中，由于原则上 $\Delta\mu_{I_2}^{\Delta}$ 是温度和压力的函数，故原则上分配系数 K 与温度和压力都有关系。换句话说，原则上在温度和压力都恒定不变的情况下分配系数才是一个常数。在一定温度下，原则上 K 会随压力的变化而变化❶。

另一方面，由于分配平衡只涉及凝聚态物系的平衡，压力对 $\Delta\mu^{\Delta}$ 的影响很小。故一定温度下当压力变化范围不很大时，分配系数 K 变化很不明显。通常可以把分配系数视为只与温度有关的常数。

如果碘在两相的浓度都较小，此时可把它近似看作理想稀溶液中的溶质。那么它的活度系数就等于 1，它的活度就等于它的相对浓度，其活度商就等于浓度商即

$$K=\left[\frac{c_{I_2}(CCl_4)/c^{\ominus}}{c_{I_2}(H_2O)/c^{\ominus}}\right]_{\text{平衡}}=\left[\frac{c_{I_2}(CCl_4)}{c_{I_2}(H_2O)}\right]_{\text{平衡}}$$

这种情况在分配平衡系统中是广泛存在的。所以这种情况可以推广并笼统的概括为：在一定温度下若压力变化范围不很大，则同一种物质 B 在两个共存但互不相溶的液相中分配并达到平衡时，物质 B 在两相的浓度之比为常数。此称**分配定律**。

分配平衡在生产实践中会经常遇到。如萃取分离、色谱分析等过程的基本原理都与分配平衡密切相关，而且常常涉及到定量计算。

例 3.16 室温下往 100mL 浓度为 $0.4\text{mol}\cdot\text{L}^{-1}$ 的二氧化硫水溶液中加入 100mL 氯仿（$CHCl_3$）。当该系统达到平衡时，溶解在水中和溶解在氯仿中的 SO_2 分别有几克。已知在室温下水和氯仿彼此不互溶，二氧化硫在水和氯仿中的分配系数为

$$c_{SO_2}(H_2O)/c_{SO_2}(CHCl_3)=0.98。$$

解：SO_2 的总质量为

$$\begin{aligned}m&=cV_{H_2O}M_{SO_2}=0.4\text{mol}\cdot\text{L}^{-1}\times0.1\text{L}\times64\text{g}\cdot\text{mol}^{-1}\\&=2.56\text{g}\end{aligned}$$

设平衡时 100mL 水中含 x g SO_2，则 100mL 氯仿中含有 $(2.56-x)$g SO_2。

$$c_{SO_2}(H_2O)=\frac{x}{M_{SO_2}V_{H_2O}}\qquad c_{SO_2}(CHCl_3)=\frac{2.56-x}{M_{SO_2}V_{CHCl_3}}$$

所以

$$0.98=\frac{c_{SO_2}(H_2O)}{c_{SO_2}(CHCl_3)}=\frac{x}{2.56-x}$$

所以

$$x=1.267\text{g}\qquad 2.56-x=1.293\text{g}$$

如果溶质在某溶剂中会发生缔合或解离现象，这时分配定律只适用于在不同溶剂中分子形态相同的那部分溶质。所以分配定律在使用过程中也要谨慎。例如，水和氯仿基本上互不相溶，但是二者都可以溶解苯甲酸。苯甲酸在水溶液中会发生部分解离，存在着解离平衡；苯甲酸在氯仿中会部分缔合成二聚体，单分子与二聚体之间也存在着缔合-解离平衡。在一定条件下，该系统的分配系数应该是平衡时水相中未电离的苯甲酸的浓度与氯仿相中未缔合的单分子苯甲酸的浓度之比。

❶ 关于分配系数与压力之间关系的进一步分析，稍后可参阅化学平衡章中的“平衡常数与压力的关系”。

例 3.17 如果某溶质B既可溶解于溶剂（1），也可溶解于溶剂（2），但是溶剂（1）和溶剂（2）是彼此不互溶的。另外，溶质B溶于溶剂（2）以后几乎完全以聚合体 B_n 的形式存在。试证明在一定温度下，当溶质B在溶剂（1）和溶剂（2）之间达到平衡时，B在这两相的总浓度（均以单体的体积摩尔浓度表示）c_1 和 c_2 满足下式。

$$\frac{c_1}{\sqrt[n]{c_2}}=C \qquad C\text{ 在一定温度下为常数}$$

证明： 虽然B在溶剂（2）中主要以聚合体 B_n 的形式存在，但是其中必然也有单体B存在。当整个系统处于平衡状态时，溶剂（2）中的单体B和聚合体 B_n 也处于化学平衡状态即

$$B_n \rightleftharpoons nB$$

不解离时的浓度 $c_2/n \qquad 0$

解离平衡时的浓度 $(1-\alpha)c_2/n \qquad \alpha c_2$

其中，α 为聚合体 B_n 的解离度。针对该反应，根据化学平衡条件

$$\sum \nu_B \mu_B = 0$$

即

$$n\mu_B^{\ominus}+RT\ln\left(\frac{\alpha c_2}{c^{\ominus}}\right)^n-\mu_{B_n}^{\ominus}-RT\ln\frac{(1-\alpha)c_2/n}{c^{\ominus}}=0$$

即

$$\Delta_r G_m^{\ominus}+RT\ln\frac{c^{\ominus}}{c^{\ominus n}}+RT\ln\frac{(\alpha c_2)^n}{(1-\alpha)c_2/n}=0$$

在一定温度下，由于前两项为常数，故第三项也是常数

令

$$K_c=\frac{(\alpha c_2)^n}{(1-\alpha)c_2/n}$$

此处，K_c 为缔合物解离反应的实验平衡常数，其值只是温度的函数。在一定温度下，K_c 有唯一确定的值。根据上式

$$\alpha c_2=[K_c(1-\alpha)c_2/n]^{1/n}$$

αc_2 是以单体形式存在于溶剂（2）中的溶质B的浓度。由于分配系数 K 是指分配平衡时，两相中以相同形式存在的溶质浓度之比，所以

$$K=\frac{c_1}{\alpha c_2}=\frac{c_1}{[K_c(1-\alpha)c_2/n]^{1/n}}$$

由于B在溶剂（2）中几乎完全以 B_n 形式存在，即 $\alpha\approx 0$，故上式可改写为

$$K=\frac{c_1}{[K_c c_2/n]^{1/n}}=\frac{c_1}{(K_c/n)^{1/n}c_2^{1/n}}$$

所以

$$\frac{c_1}{\sqrt[n]{c_2}}=K(K_c/n)^{1/n}=C \qquad C\text{ 在一定温度下为常数}$$

证毕。

3.11 稀溶液的依数性

稀溶液的依数性（colligative property of dilute solution）是指稀溶液的某些性质只与稀溶液的浓度大小有关，而与溶液中有几种溶质或溶质是什么都没有关系。常见稀溶液的依数性包括饱和蒸气压降低、凝固点降低、沸点升高以及渗透压。关于稀溶液的依数性，此处先从浓度很小的非电解质溶液入手。可以把这种溶液近似当作理想稀溶液来处理，其中的溶剂都遵守拉乌尔定律。

3.11.1 蒸气压降低

考虑一种由 A、B、C …… 多种物质组成的溶液，其中 A 为溶剂，$\sum_{B\neq A} x_B$ 很小。在一定温度下液面上方溶剂 A 的饱和蒸气压为

$$p_A = p_A^* x_A$$

与同温度下的纯溶剂相比较，液面上方 A 的饱和蒸气压降低值为

$$\Delta p_A = p_A^* - p_A = p_A^* (1 - x_A)$$

即

$$\Delta p_A = p_A^* \sum_{B\neq A} x_B$$

这就是说，稀溶液中溶剂的饱和蒸气压降低值只与溶质的总浓度有关，而与溶质的本性即溶质的种类无关。所以此处称 Δp_A 为稀溶液的依数性。

如果溶质都是非挥发性的，那么溶液的饱和蒸气总压 p 就等于溶液中溶剂 A 的饱和蒸气压 p_A。与纯溶剂相比，溶液的饱和蒸气总压降低值 Δp 就等于溶液上方溶剂 A 的饱和蒸气压降低值 Δp_A 即

$$\Delta p = \Delta p_A = p_A^* \sum_{B\neq A} x_B \qquad (3.100)$$

所以，由非挥发性溶质组成的稀溶液，其饱和蒸气总压的降低值 Δp 也遵守依数性，其值只与溶质的总浓度有关，而与溶质的本性无关。

例 3.18 在 20℃下，乙醇的饱和蒸气压为 5.930kPa。当把 15g 某非挥发性有机物 B 溶解在 1000g 乙醇后，溶液上方的饱和蒸气总压为 5.865kPa。求算该有机物的摩尔质量。

解： 由于 $\Delta p = \Delta p_乙 = p_乙^* x_B$，所以

$$x_B = \frac{\Delta p}{p_乙^*} = \frac{5.930 - 5.865}{5.930} = 0.0110$$

又因

$$x_B = \frac{m_B/M_B}{m_B/M_B + m_乙/M_乙}$$

即

$$0.0110 = \frac{15/M_A}{15/M_A + 1000/46}$$

所以

$$M_B = 62.0 \text{g} \cdot \text{mol}^{-1}$$

根据以上讨论，对于稀溶液而言，不论溶质是否挥发，Δp_A $(= p_A^* - p_A)$ 肯定大于零，而且遵守依数性，即 Δp_A 的值与溶质的总浓度成正比而与溶液中溶质的种类及各自的浓度大小无关，其比例系数为 p_A^*。如果溶质是非挥发的，则 $\Delta p = \Delta p_A$，即饱和蒸气总压

的降低情况也遵守依数性，比例系数仍为 p_A^*。如果溶质是挥发的，这时虽然稀溶液的 Δp_A 仍遵守依数性，但是 Δp 可能大于零也可能小于零，而且其值还与溶质的本性有关。

3.11.2 凝固点降低

同一种物质，不论从固体到气体还是从液体到气体，态变化过程都是吸热的。结合化学平衡移动原理，温度升高时，与固体或液体呈平衡的蒸气的压力必然都会升高。即温度升高时，固体和液体的饱和蒸气压都会增大。而且由于从固体到气体吸收的热（即升华热）大于从液体到气体吸收的热（即蒸发热），所以温度升高时，固体的饱和蒸气压比液体的饱和蒸气压增大得更快。

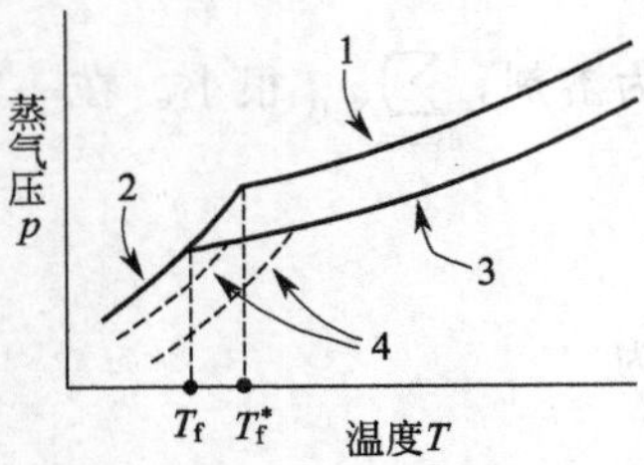

图 3.7 溶液的凝固点降低示意图

1—纯液体 A 的 p_A-T 曲线；

2—纯固体 A 的 p_A-T 曲线；

3—溶液中溶剂 A 的 p_A-T 曲线；

4—固溶体中溶剂 A 的 p_A-T 曲线

液体的**凝固点**（freezing point）是指在一定压力下，固-液两相平衡时的温度，常用 T_f 表示。该温度也称作固体的熔点。此处所讨论的溶液凝固时只析出纯固体溶剂，而不析出**固溶体**（solid solution）。那么，根据相平衡条件［参见式(3.25)］，在凝固点固体溶剂的化学势等于溶液中溶剂的化学势，固体溶剂的饱和蒸气压等于溶液中溶剂的饱和蒸气分压。换句话说，凝固点就是固液两相中溶剂型组分的饱和蒸气分压相等时的温度。如图 3.7 所示，其中 T_f^* 是纯溶剂的凝固点。由于溶液中溶剂的饱和蒸气压会下降，结果导致溶液的凝固点 T_f 必然低于 T_f^*，即溶液的凝固点必然降低，参见图 3.7 中的曲线 1、2 和 3。

如果溶液凝固时析出的不是纯固体溶剂而是固溶体，则这种溶液与纯液体溶剂相比较，其凝固点可能降低也可能升高。因为与纯固体溶剂相比较，固溶体中溶剂型组分的饱和蒸气分压也会降低，它的饱和蒸气分压与溶液中溶剂型组分的饱和蒸气分压相等时的温度才是该溶液的凝固点。参见图 3.7 中的虚线 4。若固溶体中溶剂型组分的饱和蒸气压降低较少，则它与溶液中溶剂型组分的饱和蒸气分压相等时的温度会低于 T_f^*，即溶液的凝固点会比纯溶剂的凝固点低；若固溶体中溶剂型组分的饱和蒸气压降低较多，则它与溶液中溶剂型组分的饱和蒸气分压相等时的温度会高于 T_f^*，即溶液的凝固点会比纯溶剂的凝固点高。

在 T 温度和 p 压力下，当溶液与纯固体溶剂 A 处于平衡状态时

$$\mathrm{A(s,纯)} \rightleftharpoons \mathrm{A(溶液},x_A)$$

根据相平衡条件

$$\mu_A^*(T,p,\mathrm{s})=\mu_A(T,p,x_A)$$

根据常压下的化学势表达式，上式可改写为

$$\mu_A^\ominus(T,\mathrm{s})=\mu_A^\ominus(T,\mathrm{l})+RT\ln a_A$$

所以

$$-RT\ln a_A=\mu_A^\ominus(T,\mathrm{l})-\mu_A^\ominus(T,\mathrm{s})$$

所以

$$-R\ln a_A=\frac{\Delta_{\mathrm{fus}}G_m^\ominus}{T}$$

其中，$\Delta_{\mathrm{fus}}G_m^\ominus$ 是 T 温度下的标准摩尔熔化（fusion）吉布斯函数。

因为

$$\left(\frac{\partial\left(\frac{\Delta_{\mathrm{fus}}G_m^\ominus}{T}\right)}{\partial T}\right)_p=-\frac{\Delta_{\mathrm{fus}}H_m^\ominus}{T^2}$$

所以

$$\left(\frac{\partial \ln a_A}{\partial T}\right)_p=\frac{\Delta_{\mathrm{fus}}H_m^\ominus}{RT^2}$$

式中，$\Delta_{\mathrm{fus}}H_m^\ominus$ 是 T 温度下的标准摩尔熔化焓，也就是 T 温度和 $p^\ominus$ 压力下纯固体 A 的摩

尔熔化热。由于同温度非标准压力下纯 A 的摩尔熔化焓 $\Delta_{fus}H_m^*(A)$ 与 $\Delta_{fus}H_m^{\ominus}$ 近似相等，所以上式可改写为

$$\left(\frac{\partial \ln a_A}{\partial T}\right)_p=\frac{\Delta_{fus}H_m^*(A)}{RT^2}$$

此式反映了溶液凝固平衡时，溶液里溶剂的活度与平衡温度即凝固点之间的关系，亦即凝固点与溶液组成的关系。此式两边同乘以 dT 并积分即

$$\int_{a_A=x_A=1}^{a_A}d\ln a_A=\int_{T_f^*}^{T_f}\frac{\Delta_{fus}H_m^*(A)}{RT^2}dT$$

当溶液很稀时，溶剂型组分 A 遵守拉乌尔定律，此时 $\gamma_A=1$，故对于稀溶液可用 x_A 代替 a_A。当左边的积分下限取 $a_A=x_A=1$ 时，对应着纯液体 A 与纯固体 A 之间的平衡，其平衡温度就是纯 A 的凝固点 T_f^*，故这时右边的积分下限是 T_f^*。当左边的积分上限取 a_A 时（溶液未必很稀），对应着活度为 a_A 的溶液与纯固体 A 之间的平衡，其平衡温度就是该溶液的凝固点 T_f，故这时右边的积分上限是 T_f。在 $T_f\rightarrow T_f^*$ 这个较小的温度范围内，可将原本与温度有关的 $\Delta_{fus}H_m^*(A)$ 近似当作常数，故积分可得

$$\ln a_A=-\frac{\Delta_{fus}H_m^*(A)}{R}\left(\frac{1}{T_f}-\frac{1}{T_f^*}\right) \tag{3.101}$$

所以，与纯溶剂相比溶液的凝固点降低值为

$$\Delta T=T_f^*-T_f=-\frac{RT_fT_f^*}{\Delta_{fus}H_m^*(A)}\ln a_A \tag{3.102}$$

由式(3.102) 可以得到以下结论。

① 由于以拉乌尔定律为参考时，溶液中的 a_A 总小于 1，所以必然 $\Delta T>0$。即与纯溶剂相比，不生成固溶体的溶液的凝固点必然降低。

② 用凝固点降低法可以测定溶液中溶剂型组分 A 的活度 a_A。

③ 溶液的浓度越大，a_A 就越小，溶液的凝固点降低得就越多。

④ 在凝固过程中，随着纯固体 A 的析出，溶液的浓度越来越大，活度 a_A 越来越小，所以溶液的凝固点会越来越低。因此，溶液通常不可能在某一个温度下全部凝固。这与纯液体的凝固过程明显不同。

例 3.19 常压下，一个浓度为 0.1320mol·kg^{-1} 的水溶液的凝固点为 −0.28℃，而且凝固时只析出纯冰。求该溶液中水的活度及活度系数。已知冰的熔点为 0℃，冰的摩尔熔化热为 6.010kJ·mol^{-1}。

解：根据式(3.101)

$$\ln a_A=-\frac{6.010\times10^3}{8.314}\left(\frac{1}{273.15-0.28}-\frac{1}{273.15}\right)=-2.716\times10^{-3}$$

所以

$$a_A=\exp(-2.716\times10^{-3})=0.9973$$

在该溶液中水的浓度为

$$x_A=\frac{n_A}{n_A+n_B}=\frac{1000/18.02}{1000/18.02+0.1320}=0.9976$$

所以

$$\gamma_A=\frac{a_A}{x_A}=\frac{0.9973}{0.9976}=0.9997$$

当溶液很稀（即 $\sum_{B\neq A} x_B$ 很小）时，γ_A 近似等于 1，在这种情况下，

第一，溶液的凝固点降低很少，即 $T_f T_f^* \approx T_f^{*2}$

第二，溶剂型组分 A 的活度近似等于它的浓度，即 $a_A = x_A$，那么

$$\ln a_A = \ln x_A = \ln\left(1 - \sum_{B\neq A} x_B\right) = -\sum_{B\neq A} x_B$$ ❶

第三，由式(3.5) 可知 $\sum_{B\neq A} x_B = M_A \sum_{B\neq A} b_B$

所以溶液很稀时，式(3.102) 可改写为

$$\Delta T = \frac{RT_f^{*2} M_A}{\Delta_{fus} H_m^*(A)} \sum_{B\neq A} b_B \tag{3.103}$$

令

$$K_f = \frac{RT_f^{*2} M_A}{\Delta_{fus} H_m^*(A)} \tag{3.104}$$

则

$$\Delta T = K_f \sum_{B\neq A} b_B \tag{3.105}$$

由式(3.104) 可以看出，K_f 是一个只与溶剂 A 的本性有关的常数，我们把它称为溶剂 A 的**凝固点降低常数**（freezing-point depression constant）。部分物质的凝固点降低常数见附录Ⅴ。由式(3.105) 可以看出，稀溶液的凝固点降低值只与单位质量溶剂中含有的溶质粒子数目有关，而与溶质的本性无关。所以，式(3.105) 反映出来的凝固点降低规律也属于稀溶液的依数性。

在实践中，冷水浴最多可冷到 0℃。但是用较浓的盐水浴可以冷到零下三四十摄氏度而不结冰，冷却效果好而且廉价。这时虽然盐水的浓度越大，其凝固点降低就越多，但是其凝固点降低值不符合式(3.105)，不遵守依数性。这时的凝固点降低值要用式(3.102) 来描述。

例 3.20 已知水的相对分子量为 18，水的凝固点是 0℃，水的摩尔熔化热为 $6.01\text{kJ}\cdot\text{mol}^{-1}$。

(1) 计算水的凝固点降低常数 K_f。

(2) 将 4g 某物质溶解到 250g 水中后，所得溶液逐渐降温时会在 −0.087℃ 析出纯冰。求所用溶质的摩尔质量。

解：(1)
$$K_f = \frac{RT_f^{*2} M_A}{\Delta_{fus} H_m^*(A)} = \frac{8.314 \times 273.2^2 \times 18 \times 10^{-3}}{6.01 \times 10^3}\text{K}\cdot\text{mol}^{-1}\cdot\text{kg} = 1.86\text{K}\cdot\text{mol}^{-1}\cdot\text{kg}$$

(2)
$$\Delta T = K_f b_B = K_f \frac{4.0/M}{250 \times 10^{-3}}$$

所以
$$M = \frac{4.0 K_f}{250 \times 10^{-3} \Delta T} = \frac{4.0 \times 1.86}{0.25 \times 0.087} = 342.1\text{g}\cdot\text{mol}^{-1}$$

---

❶ 根据常用函数的幂级数展开式 $\ln(1-x) = -\left(x + \frac{x^2}{2} + \frac{x^3}{3} + \cdots\cdots\right)$ $(-1 \leqslant x < 1)$。
当 $x \to 0$ 时，$\ln(1-x) = -x$。

3.11.3 沸点升高

沸点 (boiling point) 是指在一定压力下，气-液两相平衡时的温度，也就是液体的饱和蒸气总压等于外压时的温度，常用 T_b 表示。

结合图 3.8，在纯溶剂的沸点温度 T_b^* 下，对于纯溶剂而言，它的气泡内的压力由纯溶剂的饱和蒸气组成并且等于外压，所以气泡能稳定存在并上浮，从而产生沸腾现象。在 T_b^* 温度下对于由相同溶剂和非挥发性溶质组成的溶液而言，它的气泡内的压力仍由溶剂的饱和蒸气分压组成，但它小于纯溶剂的饱和蒸气压即小于外压，参见图 3.9 中的溶液 1 曲线。在这种情况下，液体内的气泡会被挤压缩小、再缩小，直到最终消失，故不可能产生沸腾现象。在 T_b^* 温度下对于由挥发性溶质组成的溶液而言，它的气泡内的压力等于溶剂和溶质的饱和蒸气分压之和。其值可能小于也可能大于纯溶剂的饱和蒸气压。如果气泡内的蒸气总压力大于纯溶剂的饱和蒸气压，它就大于外压。这种溶液在到达 T_b^* 温度之前就沸腾了，参见图 3.9 中的溶液 2 曲线。与纯溶剂相比，这种溶液的沸点不是升高了而是降低了。所以，此处讲沸点升高只是针对由非挥发性溶质组成的溶液而言的。

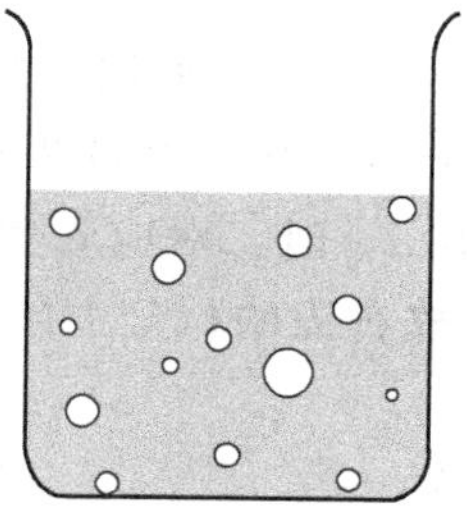

图 3.8 液体沸腾示意图

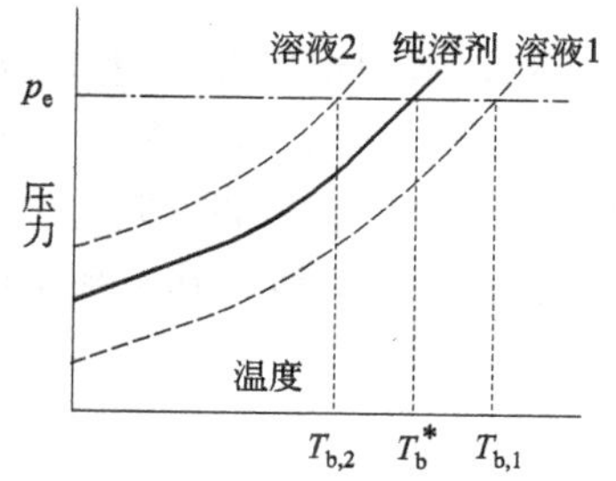

图 3.9 沸点升高示意图

如果溶液中的溶质都是非挥发性的，则溶液上方的蒸气压仅由溶剂 A 的蒸气分压组成，即 $p=p_A$。在 T 温度和 p 压力下当这种溶液与其蒸气处于平衡状态时

$$A(T,p,x_A,\text{溶液}) \rightleftharpoons A(T,p_A=p,\text{蒸气})$$

这时

$$\mu_A(T,p,x_A)=\mu_A(T,p_A=p)$$

在常压下，上式可展开为

$$\mu_A^{\ominus}(T,\mathrm{l})+RT\ln a_A=\mu_A^{\ominus}(T,\mathrm{g})+RT\ln\frac{p}{p^{\ominus}}$$

式中，$\mu_A^{\ominus}(T,\mathrm{l})$ 和 $\mu_A^{\ominus}(T,\mathrm{g})$ 分别是 T 温度下液体 A 和气体 A 的标准态化学势。移项可得

$$RT\ln\frac{p^{\ominus}a_A}{p}=\mu_A^{\ominus}(T,\mathrm{g})-\mu_A^{\ominus}(T,\mathrm{l})=\Delta_{\mathrm{vap}}G_m^{\ominus}$$

即

$$R\ln\frac{p^{\ominus}a_A}{p}=\frac{\Delta_{\mathrm{vap}}G_m^{\ominus}}{T} \tag{3.106}$$

此处的 $\Delta_{\mathrm{vap}}G_m^{\ominus}$ 是 T 温度下纯溶剂 A 的标准摩尔蒸发吉布斯函数。

由于

$$\left(\frac{\partial\left(\frac{\Delta_{\mathrm{vap}}G_m^{\ominus}}{T}\right)}{\partial T}\right)_p=-\frac{\Delta_{\mathrm{vap}}H_m^{\ominus}}{T^2}$$

所以
$$R\left(\frac{\partial \ln a_{\mathrm{A}}}{\partial T}\right)_p=-\frac{\Delta_{\mathrm{vap}} H_{\mathrm{m}}^{\ominus}}{T^2}$$

即
$$\left(\frac{\partial \ln a_{\mathrm{A}}}{\partial T}\right)_p=-\frac{\Delta_{\mathrm{vap}} H_{\mathrm{m}}^{\ominus}}{R T^2}$$

式中，$\Delta_{\mathrm{vap}} H_{\mathrm{m}}^{\ominus}$ 是 T 温度下溶剂 A 的标准摩尔蒸发热。由于溶液中溶剂型组分 A 的标准态是指 T 温度和 $p^{\ominus}$ 压力下纯液体 A 所处的状态，故 $\Delta_{\mathrm{vap}} H_{\mathrm{m}}^{\ominus}$ 是 T 温度和 $p^{\ominus}$ 压力下纯溶剂 A 的摩尔蒸发热，而且它与 T 温度、p 压力下纯溶剂 A 的摩尔蒸发热 $\Delta_{\mathrm{vap}} H_{\mathrm{m}}^{*}(\mathrm{A})$ 近似相等(因为压力对焓变影响很小)。所以，上式可改写为
$$\left(\frac{\partial \ln a_{\mathrm{A}}}{\partial T}\right)_p=-\frac{\Delta_{\mathrm{vap}} H_{\mathrm{m}}^{*}(\mathrm{A})}{R T^2}$$

两边同乘以 $\mathrm{d}T$ 并积分即
$$\int_{a_{\mathrm{A}}=x_{\mathrm{A}}=1}^{a_{\mathrm{A}}} \mathrm{d} \ln a_{\mathrm{A}}=\int_{T_{\mathrm{b}}^{*}}^{T_{\mathrm{b}}}-\frac{\Delta_{\mathrm{vap}} H_{\mathrm{m}}^{*}(\mathrm{A})}{R T^2} \mathrm{d} T$$

当溶液很稀时，溶剂型组分 A 遵守拉乌尔定律，即 $\gamma_{\mathrm{A}}=1$，$a_{\mathrm{A}}=x_{\mathrm{A}}$。所以，当左边的积分下限取 $a_{\mathrm{A}}=x_{\mathrm{A}}=1$ 时，对应着纯液体 A 与纯气体 A 之间的平衡，其平衡温度就是纯溶剂 A 的沸点 T_{b}^{*}，故右边的积分下限是 T_{b}^{*}。当左边的积分上限取 a_{A} 时，对应着气体 A 与活度为 a_{A} 的溶液之间的平衡，其平衡温度是该溶液的沸点 T_{b}，故右边的积分上限是 T_{b}。上式的积分结果为
$$\ln a_{\mathrm{A}}=\frac{\Delta_{\mathrm{vap}} H_{\mathrm{m}}^{*}(\mathrm{A})}{R}\left(\frac{1}{T_{\mathrm{b}}}-\frac{1}{T_{\mathrm{b}}^{*}}\right)$$

所以
$$\Delta T=T_{\mathrm{b}}-T_{\mathrm{b}}^{*}=-\frac{R T_{\mathrm{b}} T_{\mathrm{b}}^{*}}{\Delta_{\mathrm{vap}} H_{\mathrm{m}}^{*}(\mathrm{A})} \ln a_{\mathrm{A}} \tag{3.107}$$

由式(3.107) 可得到以下结论。

① 以拉乌尔定律为参考时，a_{A} 总小于 1，所以 $\Delta T>0$。这就是说，由非挥发性溶质组成的溶液的沸点肯定比纯溶剂的沸点高。

② 用沸点升高法可以测定溶液中溶剂型组分 A 的活度。

③ 溶液越浓，a_{A} 就越小，溶液沸点升高得就越多。

④ 由于溶质是非挥发的，所以在蒸发过程中，溶液的浓度会越来越大，a_{A} 会越来越小，溶液的沸点会越来越高。因此，溶液蒸发过程不可能在某一个温度下完成。这与纯液体 A 的蒸发过程明显不同。

当溶液很稀（即 $\sum_{\mathrm{B} \neq \mathrm{A}} x_{\mathrm{B}}$ 很小）时，a_{A} 接近于 1，在这种情况下

第一，沸点升高很少，即 $T_{\mathrm{b}} T_{\mathrm{b}}^{*} \approx T_{\mathrm{b}}^{*2}$

第二，溶剂型组分遵守拉乌尔定律，其活度等于浓度即 $a_{\mathrm{A}}=x_{\mathrm{A}}$，那么
$$\ln a_{\mathrm{A}}=\ln x_{\mathrm{A}}=\ln \left(1-\sum_{\mathrm{B} \neq \mathrm{A}} x_{\mathrm{B}}\right)=-\sum_{\mathrm{B} \neq \mathrm{A}} x_{\mathrm{B}}$$

第三，
$$\sum_{\mathrm{B} \neq \mathrm{A}} x_{\mathrm{B}}=M_{\mathrm{A}} \sum_{\mathrm{B} \neq \mathrm{A}} b_{\mathrm{B}}$$

所以，当溶液很稀时，可以把式(3.107) 改写为

$$\Delta T=\frac{RT_b^{*2}M_A}{\Delta_{vap}H_m^*(A)}\sum_{B\neq A}b_B \tag{3.108}$$

若令

$$K_b=\frac{RT_b^{*2}M_A}{\Delta_{vap}H_m^*(A)} \tag{3.109}$$

则

$$\Delta T=K_b\sum_{B\neq A}b_B \tag{3.110}$$

由式(3.109) 可以看出，K_b 是一个只与溶剂 A 的本性有关的常数，我们把它称为溶剂 A 的**沸点升高常数**（ebullioscopic constant）。部分物质的沸点升高常数见附录 V。由式(3.110) 可以看出，稀溶液的沸点升高只与单位质量溶剂中含有的非挥发性溶质的粒子数有关，而与溶质的本性无关。所以式(3.110) 反映出来的沸点升高规律也属于稀溶液的依数性。

3.11.4 等压过程的组合

在稀溶液的依数性部分，在讨论渗透压之前首先讨论一下关于等压过程的组合。如果一个大系统是由子系统 a 和子系统 b 两部分组成的，则根据热力学第一定律

$$dU=\delta Q+\delta W_{p\text{-}V}+\delta W'$$

式中，δQ 代表大系统从环境吸收的微量热，$\delta W_{p\text{-}V}$ 和 $\delta W'$ 分别代表环境对大系统所做的微量体积功和微量非体积功。也可以把上式改写为

$$dU_a+dU_b=\delta Q+\delta W_{p\text{-}V,a}+\delta W_{p\text{-}V,b}+\delta W'$$

此处，$\delta W_{p\text{-}V,a}$ 和 $\delta W_{p\text{-}V,b}$ 分别是环境对子系统 a 和子系统 b 所做的体积功。在状态变化过程中，如果子系统 a 和子系统 b 经历的都是等压过程，但二者经历的外压 p_e 可以相同也可以不同。这时可进一步把上式改写为

$$dU_a+dU_b=\delta Q-d(pV)_a-d(pV)_b+\delta W'$$

即

$$dH_a+dH_b=\delta Q+\delta W' \tag{3.111}$$

如果状态变化过程中没有非体积功，则由式(3.111) 可得

$$dH=\delta Q$$

即

$$\Delta H=Q \tag{3.112}$$

式(3.112) 原本只对无非体积功的等压过程才适用，即等压过程是式(3.112) 成立的必要条件。反过来，式(3.112) 成立是等压过程的充分条件。这就是说，式(3.112) 适用的过程必然是等压过程。所以，等压过程的组合仍然是等压过程。

另外，还可以把式(3.111) 改写为

$$dH_a+dH_b=\delta Q_a+\delta Q_b+\delta W' \tag{3.113}$$

根据熵判据 $\delta Q\leqslant T_e dS$，此处 T_e 代表环境的温度。在状态变化过程中，如果子系统 a 和子系统 b 所经历的不仅都是等压过程而且都是等温过程，但二者经历的环境温度 T_e 可以相同也可以不同。这时可以把式(3.113) 改写为

$$dH_a+dH_b\leqslant d(TS)_a+d(TS)_b+\delta W'$$

即

$$dG_a+dG_b\leqslant\delta W'$$

所以

$$dG\leqslant\delta W' \tag{3.114}$$

如果态变化过程中无非体积功，由式(3.114) 可得

$$dG\leqslant 0 \tag{3.115}$$

原本式(3.114) 只对等温等压过程才适用，式(3.115) 只对无非体积功的等温等压过程才适用，即等压过程是式(3.114) 和式(3.115) 成立的必要条件。反过来，式(3.114) 或

式(3.115)成立是等压过程的充分条件。此处借助吉布斯函数判据再次说明：等压过程的组合仍然是等压过程。

3.11.5 渗透压

顾名思义，**半透膜**（semipermeable membrane）是指能选择性地只允许某些分子或离子透过的膜状物。如动物的膀胱膜、肠衣膜、细胞膜等都是天然的半透膜；也有各种各样的人造半透膜，它们大多都是由人工合成的高聚物制成的，如硝酸纤维、聚醋酸乙烯酯、聚醋酸酰胺等等。把不同物质通过半透膜迁移的现象叫做**渗透**（osmosis）。

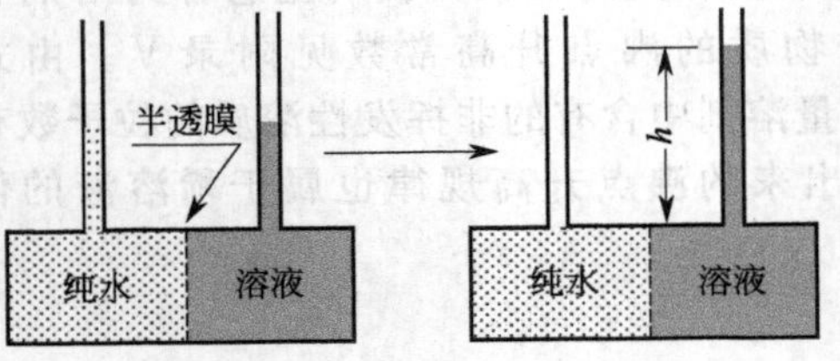

图 3.10 渗透平衡示意图

通过前面的学习我们知道，在一定条件下状态变化过程都有一定的限度，即最终都会达到平衡。在只允许溶剂分子透过的半透膜两侧建立起来的平衡属于**渗透平衡**（osmotic equilibrium）。

先做一个关于渗透平衡的实验，如图 3.10 所示。其半透膜只允许水分子透过。该装置中虽然有半透膜，但是左右两侧最初被另外一个隔板完全隔开，两侧的液位相同。当把隔板抽去以后，水分子就可以通过半透膜发生渗透。既可以从左往右渗透，也可以从右往左渗透。当最终达到渗透平衡时，必然溶液方的液位较高，纯水方的液位较低，两边的液位差为 h。设溶液的密度为 ρ，则在纯溶剂的液面高度处，两边的压力差为 ρgh。此压力差叫做**渗透压**（osmotic pressure），常用 π 表示即

$$\pi=\rho gh \tag{3.116}$$

为什么会产生渗透压？渗透压与哪些因素有关呢？

在 T 温度和 p 压力（这是环境施加给系统的压力即外压）下，当图 3.10 右侧所示的渗透平衡系统从左到右发生一个微小（无限小）变化时，其变化过程可表示为

$$\mathrm{A}(\text{纯溶剂},x_\mathrm{A}=1,T,p) \xlongequal{} \mathrm{A}(\text{溶液},x_\mathrm{A},T,p+\pi)$$

在这个微小变化过程中，不论半透膜的左侧还是右侧，其压力均保持不变。即半透膜两侧经历的都是等压过程。由于等压过程的组合仍然是等压过程，故渗透平衡系统进一步发生的微小变化过程既是等温过程，又是等压过程。根据敞开相热力学基本方程可知

$$\mathrm{d}G=\sum\mu_\mathrm{A}\mathrm{d}n_\mathrm{A}$$

因为

$$\mathrm{d}n_{\mathrm{A},左}=-\mathrm{d}n_{\mathrm{A},右}$$

所以

$$\mathrm{d}G=-\mu_{\mathrm{A},左}\mathrm{d}n_{\mathrm{A},右}+\mu_{\mathrm{A},右}\mathrm{d}n_{\mathrm{A},右}$$

即

$$\mathrm{d}G=(\mu_{\mathrm{A},右}-\mu_{\mathrm{A},左})\mathrm{d}n_{\mathrm{A},右}$$

在等温等压而且无非体积功的条件下，根据吉布斯函数最低原理，由此式可得

$$\mu_{\mathrm{A},左}\geqslant\mu_{\mathrm{A},右}\begin{cases}> & \text{自发不可逆}\\ = & \text{可逆,即平衡}\end{cases} \tag{3.117}$$

这就是等温等压且无非体积功时的相平衡条件。这就是说，在一定温度和压力下发生渗透的组分只能从化学势高的相渗透到化学势低的相，直到该组分在两相的化学势相等为止。

在 T 温度和 p 压力下，溶液中溶剂水（A）的化学势可以表示为

$$\mu_\mathrm{A}(T,p)=\mu_\mathrm{A}^*(T,p)+RT\ln a_\mathrm{A}$$

由于 $a_\mathrm{A}<1$，所以水溶液中水的化学势 $\mu_\mathrm{A}(T,p)$ 必然小于纯水的化学势 $\mu_\mathrm{A}^*(T,p)$。宏观上纯水会通过半透膜向溶液方渗透，使溶液方的液位升高。在溶液一侧液位升高的过程中，在半透膜两侧相同的液位高度处溶液方的压力会逐渐增大。根据热力学基本方程

$$\mathrm{d}G=-S\mathrm{d}T+V\mathrm{d}p$$

所以

$$\mathrm{d}\mu_{\mathrm{A}}=-S_{\mathrm{m}}(\mathrm{A})\mathrm{d}T+V_{\mathrm{m}}(\mathrm{A})\mathrm{d}p$$

故在一定温度下的渗透过程中，溶液中水的化学势会随压力的增大而增大。在同一高度处，当水在半透膜两侧的化学势相等时，就达到了渗透平衡。这时 $\mu_{\mathrm{A},左}=\mu_{\mathrm{A},右}$，即

$$\mu_{\mathrm{A}}^{*}(T,p)=\mu_{\mathrm{A}}^{*}(T,p+\pi)+RT\ln a_{\mathrm{A}}$$

将纯物质的化学势与压力的关系式(3.28) 代入此式后可得

$$\mu_{\mathrm{A}}^{\ominus}(T)+\int_{p^{\ominus}}^{p}V_{\mathrm{m}}^{*}(\mathrm{A})\mathrm{d}p=\mu_{\mathrm{A}}^{\ominus}(T)+\int_{p^{\ominus}}^{p+\pi}V_{\mathrm{m}}^{*}(\mathrm{A})\mathrm{d}p+RT\ln a_{\mathrm{A}}$$

即

$$0=\int_{p}^{p+\pi}V_{\mathrm{m}}^{*}(\mathrm{A})\mathrm{d}p+RT\ln a_{\mathrm{A}}$$

在 $p\sim(p+\pi)$ 压力范围内，可把纯水的摩尔体积 $V_{\mathrm{m}}^{*}(\mathrm{A})$ 近似当作常数，所以

$$\pi=-\frac{RT}{V_{\mathrm{m}}^{*}(\mathrm{A})}\ln a_{\mathrm{A}} \tag{3.118}$$

借助式(3.118)，可用渗透压力法确定溶液中的溶剂型组分 A 的活度。

当溶液很稀时，$a_{\mathrm{A}}=x_{\mathrm{A}}$，这时

$$\ln a_{\mathrm{A}}=\ln x_{\mathrm{A}}=\ln\left(1-\sum_{\mathrm{B}\neq\mathrm{A}}x_{\mathrm{B}}\right)=-\sum_{\mathrm{B}\neq\mathrm{A}}x_{\mathrm{B}}$$

$$=-\sum_{\mathrm{B}\neq\mathrm{A}}\frac{M_{\mathrm{A}}}{\rho_{\mathrm{A}}}c_{\mathrm{B}}=-V_{\mathrm{m}}^{*}(\mathrm{A})\sum c_{\mathrm{B}}$$

将此代入式(3.118) 可得

$$\pi=\sum_{\mathrm{B}\neq\mathrm{A}}c_{\mathrm{B}}RT \tag{3.119}$$

式(3.119) 中的 c_{B} 为溶质 B 的物质的量浓度。用此式计算时，c_{B} 必须使用 SI 单位即 $\mathrm{mol\cdot m^{-3}}$，这时得到的渗透压的单位也是 SI 单位 Pa。

从式(3.119) 可以看出，稀溶液的渗透压也具有依数性。当溶液较浓时，就不能从式(3.118) 过渡到式(3.119) 了，即较浓溶液的渗透压不遵守依数性。但是溶液越浓，a_{A} 就越小，从式(3.118) 看，它的渗透压也就越大。

例 3.21 在常压下，使某个水溶液逐渐降温到−0.087℃时，开始析出纯冰。求15℃下该溶液的渗透压。已知常温常压下水的密度近似为 $1.00\mathrm{g\cdot mL^{-1}}$，水的凝固点降低常数为 $1.86\mathrm{K\cdot mol^{-1}\cdot kg}$。

解：因为

$$\Delta T=K_{\mathrm{f}}b_{\mathrm{B}}$$

所以

$$b_{\mathrm{B}}=\frac{\Delta T}{K_{\mathrm{f}}}=\frac{0.087\mathrm{K}}{1.86\mathrm{K\cdot mol\cdot kg^{-1}}}$$

$$=0.04677\mathrm{mol\cdot kg^{-1}}$$

当溶液很稀时，根据式(3.5)

$$\frac{c_{\mathrm{B}}M_{\mathrm{A}}}{\rho_{\mathrm{A}}}\approx b_{\mathrm{B}}M_{\mathrm{A}}$$

所以

$$c_{\mathrm{B}}\approx b_{\mathrm{B}}\rho_{\mathrm{A}}=0.04677\mathrm{mol\cdot kg^{-1}}\times1000\mathrm{kg\cdot m^{-3}}$$

即

$$c_{\mathrm{B}}\approx46.77\mathrm{mol\cdot m^{-3}}$$

所以

$$\pi=c_{\mathrm{B}}RT=46.77\times8.314\times(273.2+15)\mathrm{Pa}$$

$$=112.1\mathrm{kPa}$$

从另一方面考虑，渗透平衡时若溶液上方的渗透压 π 不是由 h 段溶液的静压力产生，而是由外界提供（如压力活塞），这时半透膜两侧溶剂型组分 A 的化学势仍然相等，整个系统仍处于渗透平衡状态。如果在溶液上方由外界提供的压力大于该溶液的渗透压 π，这时溶液中溶剂型组分 A 的化学势就大于纯溶剂中 A 的化学势，A 分子就会从溶液方渗透到纯溶剂方，此称**反渗透**（reverse osmosis）。反渗透是 20 世纪 60 年代发展起来的一种水处理技术，目前已广泛用于海水淡化、工业废水处理等许多方面。

关于稀溶液的依数性，前面讨论的都是非电解质稀溶液。实际上，稀的电解质溶液也遵守稀溶液的依数性规律。但在电解质溶液中，由于不同离子之间有较强的静电相互作用，故稀溶液的依数性对电解质溶液的稀释程度要求更高。当电解质溶液的浓度足够小时，才近似具有依数性。这时电解质溶液的蒸气压降低、凝固点降低、沸点升高和渗透压才只与溶液中粒子的总浓度有关而不管它们带不带电荷，不管它们分别带几个电荷，也不管它们分别带正电还是带负电。如对于浓度为 $1.0\times10^{-3}\,\mathrm{mol\cdot L^{-1}}$ 的 Na_2SO_4 溶液，若该溶液近似遵守稀溶液的依数性，则在计算其渗透压时，代入式（3.119）的总浓度应为

$$\sum_{B\neq A} c_B = c(\mathrm{Na^+}) + c(\mathrm{SO_4^{2-}}) = 3.0\times10^{-3}\,\mathrm{mol\cdot L^{-1}}$$

计算其它依数性时情况也是这样。

思　考　题

1. 在质量分数浓度、摩尔分数浓度、物质的量浓度和质量摩尔浓度中，可能会随温度或压力的变化而变化的是什么浓度？

2. 如果你把不同浓度表示方法的物理意义都弄清楚了，你能用公式的形式默写出不同浓度彼此之间的关系吗？

3. 关系式 $c/\mathrm{mol\cdot L^{-1}}\approx b/\mathrm{mol\cdot kg^{-1}}$ 对于什么样的溶液才是适用的？

4. 容量性质对物质的量的偏导数都是偏摩尔量吗？

5. 偏摩尔量与纯物质的摩尔量的物理意义有何异同？

6. 偏摩尔量是不是状态函数？

7. 你能根据偏摩尔量的集合公式写出乙醇和丙酮混合溶液的总体积表示式吗？

8. 在一个多组分系统中，四个偏摩尔量 $U_m(B)$、$H_m(B)$、$F_m(B)$ 和 $G_m(B)$ 都代表系统中组分 B 的化学势吗？

9. 四个敞开相热力学基本方程是很常用的，你能默写出来吗？

10. 引入化学势概念有什么用处？

11. 一定温度下升高压力时，多组分系统中任意组分 B 的化学势将会怎样变化？

12. 一定压力下升高温度时，多组分系统中任意组分 B 的化学势将会怎样变化？

13. 一定温度和压力下的化学平衡条件是什么？该条件是怎样得到的？

14. 什么是相平衡？一定温度和压力下的相平衡条件是什么？

15. 敞开相系统一定是敞开系统吗？

16. 定组成闭合相系统与敞开相系统有何异同？

17. 对于纯凝聚态物质而言，为什么 $\mu_B\approx\mu_B^{\ominus}$？

18. 饱和蒸气压是不是状态函数？处于沸点温度以下的液体有没有饱和蒸气压？

19. “任何物质的饱和蒸气压都会随温度的升高而增大”这句话对吗？为什么？

20. 在什么情况下溶液里溶剂的饱和蒸气压才遵守拉乌尔定律？

21. 在凝固点温度下，固体和液体的饱和蒸气压一定相等吗？为什么？

22. 有人说：在一定温度和压力下，当溶液中任意一种组分 B 的浓度逐渐增大时，组分 B 的化学势必然也逐渐增大。对此你是怎样认识的？

23. 有人认为在一定温度和压力下，当溶液中组分 B 的浓度增大时，组分 B 的饱和蒸气压一定会增大。你认为这种观点是否正确，为什么？

24. 拉乌尔定律在什么条件下才适用？使用拉乌尔定律时浓度的表示方法有几种？

25. 什么是理想溶液？什么是理想稀溶液？

26. 有人说“理想溶液中各组分的化学势表达式相同，各组分的标准态化学势也相同”。请分析说明这种观点是否正确。

27. 亨利定律在什么条件下才适用？

28. 为什么使用亨利定律时可用不同的浓度表示方法？

29. 亨利常数的物理意义是什么？

30. 使用不同浓标时，请写出活度与浓度的关系。

31. 为什么活度和活度系数都是没有单位的纯数？

32. 在 T 温度下实际溶液中组分 B 的化学势可以表示为 $\mu_B=\mu_B^\ominus+RT\ln a_B$，由此可见 $\mu_B^\ominus=\mu_B|_{a_B=1}$。故有人认为：在 T 温度下溶液中任意一个组分 B 的标准态是指同温度下 $a_B=1$ 的状态。对此你是怎样认识的？

33. 对于溶液中的任意一种组分 B，当使用不同浓标时，组分 B 的标准态是否相同？组分 B 的活度系数是否相同？组分 B 的化学势是否相同？

34. 一定温度下当同一种物质在两相分配达到平衡时，该物质在两相的浓度之比一定是个常数，并且与压力及浓度的大小都没有关系吗？

35. 任何物质在其凝固点温度下固态和液态的化学势相等，固体和液体的饱和蒸气压也相等，请问此时两者的标准态化学势是否相等？

36. 请分析说明：在凝固点温度以下液体和固体的饱和蒸气压哪个大？在凝固点温度以上液体和固体的饱和蒸气压哪个大？

37. 为什么把稀溶液的饱和蒸气压降低、沸点升高等都叫做稀溶液的依数性？

38. 稀溶液的蒸气压一定都下降、凝固点一定都降低、沸点一定都升高吗？

39. 有人说“只有稀溶液才具有依数性，故浓溶液的凝固点不会降低”，这种说法对吗？

40. 如果溶液凝固时只析出纯固体溶剂，则溶液的凝固点必然低于纯溶剂的凝固点。你能说清楚其中的道理吗？

41. 在一定压力下，为什么由非挥发性溶质组成的溶液的沸点都高于纯溶剂的沸点？

42. 根据稀溶液的依数性计算稀溶液的渗透压时，如果得到的渗透压的单位是 Pa，则溶液的浓度 c 应该用什么单位？

43. 讨论稀溶液的依数性有什么意义？

44. 稀溶液在以下方面遵守依数性的前提条件分别是什么？

(1) 饱和蒸气压下降　　(2) 凝固点降低

(3) 沸点升高　　(4) 渗透压

45. 什么是反渗透？讨论反渗透有何意义？

习　题

1. 对于质量百分比浓度为 2.00% 的盐酸溶液，请计算它的物质的量分数浓度、体积摩尔浓度和质量摩尔浓度。已知该溶液的密度为 $1.016\text{g}\cdot\text{mL}^{-1}$。

($x=9.96\times10^{-3}$；$c=0.557\text{mol}\cdot\text{L}^{-1}$；$b=0.559\text{mol}\cdot\text{kg}^{-1}$)

2. 在 25℃ 和 101.3kPa 下，实验结果表明 1kg 水中溶入物质的量为 n 的 NaCl 后所得溶液的体积可以表示为

$$V/\text{mL}=1001.38+16.6253(n/\text{mol})+1.7738(n/\text{mol})^{3/2}+0.1194(n/\text{mol})^2$$

(1) 求质量百分比浓度为 8%的 NaCl 溶液中水的偏摩尔体积。(18.01mL · mol^{-1})

(2) 求质量百分比浓度为 8%的 NaCl 水溶液的密度。(1.056g · mL^{-1})

3. 在 298K 下，实验测得不同质量分数浓度的乙醇水溶液的密度如下表所示。

w(乙醇)	20%	30%	40%	50%	60%	70%
密度 ρ/g · mL^{-1}	0.9664	0.9507	0.9315	0.9099	0.8870	0.8634

对于摩尔分数浓度为 $x_乙=0.5$ 的乙醇水溶液，请结合偏摩尔量的定义和偏摩尔量的集合公式，用作图法求该溶液中乙醇和水的偏摩尔体积。

[V_m(乙醇)=57.0mL · mol^{-1}, V_m(水)=17.06mL · mol^{-1}]

4. 在 101.3kPa 和 18℃下，实验测得不同浓度的乙醇水溶液中乙醇和水的偏摩尔体积如下，且已知纯水的密度为 0.9991g · mL^{-1}。

乙醇的质量百分比浓度	V_m(水)/mL · mol^{-1}	V_m(乙醇)/mL · mol^{-1}
95.6	14.61	58.01
56.0	17.11	56.58

(1) 在 101.3kPa 和 18℃下，把 500L 质量百分比浓度为 95.6%的乙醇水溶液稀释成质量百分比浓度为 56%水溶液时，需要加多少体积的纯水？(285.5L)

(2) 稀释后的乙醇水溶液总体积是多少升？(761.4L)

5. 一定温度下，乙醇水溶液中乙醇的摩尔分数是 0.6，它的偏摩尔体积是 57.5mL · mol^{-1}，溶液的密度是 849.4kg · m^{-3}。求该溶液中水的偏摩尔体积。(16.33mL · mol^{-1})

6. 试证明在等温等容且无非体积功的条件下，化学反应平衡条件与等温等压且无非体积功时的化学反应平衡条件相同即

$$\sum \nu_B \mu_B \leqslant 0 \quad \begin{cases} <0 & \text{自发不可逆} \\ =0 & \text{可逆,即化学平衡} \end{cases}$$

7. 试证明在一个均匀混合物系中

(1) $\left(\dfrac{\partial \mu_B}{\partial p}\right)_T = V_m(B)$

(2) $\mu_B = H_m(B) - TS_m(B)$

8. 已知在 101.3kPa 下水的沸点是 100℃。请把下列各系统中水的化学势从大到小排序，并说明理由。

(1) 101.3kPa 和 100℃下的液态水。

(2) 101.3kPa 和 100℃下氯化钠水溶液中的水。

(3) 101.3kPa 和 100℃下的气态水。

(4) 2×101.3kPa 和 100℃下的液态水。

(5) 2×101.3kPa 和 100℃下的气态水。 ($\mu_5 > \mu_4 > \mu_3 = \mu_1 > \mu_2$)

9. 在一定温度和压力下，把下列不同系统中蔗糖的化学势从大到小排序。

(1) 纯蔗糖。 (2) 饱和蔗糖水溶液中的蔗糖。

(3) 非饱和蔗糖水溶液中的蔗糖。 (4) 过饱和蔗糖水溶液中的蔗糖。

(5) 饱和的蔗糖乙醇溶液中的蔗糖。(6) 蔗糖和食盐混合物中的蔗糖。($\mu_4 > \mu_1 = \mu_2 = \mu_5 = \mu_6 > \mu_3$)

10. 在−5℃和常压下，过冷液态苯凝固时的摩尔熵变为−35.65J · K^{-1} · mol^{-1}，放热 9.874kJ · mol^{-1}。已知在−5℃下固态苯的饱和蒸气压为 2280Pa，那么在−5℃下液态苯的饱和蒸气压是多少？(2623Pa)

11. 在 80℃下，当把 6mol 压力为 200kPa 的氧气注入体积为 3.5m^3、内含压力为 100kPa 空气的刚性容器时，求该过程的吉布斯函数改变量 ΔG。(−64.88kJ)

12. 把温度同为 35℃、压力同为 150kPa 的 10 升氧气和 10 升氮气混合时，求该过程的 ΔG 和 ΔS。

(1) 混合后温度仍为 35℃，总压力仍为 150kPa。($\Delta G=-2080$J，$\Delta S=6.754$J · K^{-1})

(2) 混合后温度仍为 35℃，各组分的分压力不变。($\Delta G=0$，$\Delta S=0$)

13. 硫有单斜硫和正交硫（正交硫也叫斜方硫）两种晶型。在 25℃和常压下，1kg 苯可单独溶解单斜

硫 27.1g，1kg 苯可单独溶解正交硫 21.2g。两种晶型的硫溶于苯中后均以 S_8 这种形式存在，而且其表现行为都近似于理想溶液。求 25℃下单斜硫转化为正交硫时的 $\Delta_r G_m^{\ominus}$。（$-75.5J \cdot mol^{-1}$）

14. 在 0℃下，纯液态 $SiCl_4$ 和纯液态 CCl_4 的饱和蒸气压分别为 10.32kPa 和 4.97kPa。同温度下，在 3mol $SiCl_4$ 和 4mol CCl_4 组成的理想溶液上方。

（1）饱和蒸气总压是多少？（7.26kPa）

（2）该溶液的饱和蒸气中CCl_4 的摩尔分数浓度是多少？（$y_{CCl_4}=0.391$）

15. 在 15℃下，将 1mol 纯苯加入到苯的摩尔分数浓度为 0.2 的大量的苯-甲苯理想溶液中，求该过程的吉布斯函数改变量。（-3.856kJ）

16. 在 35℃和常压下，欲从 3mol 苯和 2mol 甲苯组成的理想溶液中分离出 1mol 纯苯，则环境至少需要对系统做多少非体积功？（$W'_{min}=1.52$kJ）

17. 300K 下，在三氯甲烷和苯的混合物中，当三氯甲烷的摩尔分数分别为 $x_1=0.12$ 和 $x_2=0.80$ 时，两种溶液上方三氯甲烷的饱和蒸气分压分别为 2.67kPa 和 29.3kPa。

（1）求三氯甲烷在这两种溶液中的化学势之差。（$5.970kJ \cdot mol^{-1}$）

（2）若这两种溶液都是理想溶液，则两种溶液中三氯甲烷的化学势之差又是多少？（$4.730kJ \cdot mol^{-1}$）

18. 已知在 0℃下，纯正己烷（A）和纯正庚烷（B）的饱和蒸气压分别为 6.07kPa 和 1.52kPa。在同温度下，如果正己烷和正庚烷组成的理想溶液的饱和蒸气总压为 4.96kPa，求该溶液中正己烷的摩尔分数浓度。（0.756）

19. CCl_4(1) 和 $SiCl_4$(2) 可以形成理想溶液。已知在 323K 下纯 CCl_4 和纯 $SiCl_4$ 的饱和蒸气压分别为 42.4kPa 和 80.0kPa。

（1）计算能在 323K 和 53.5kPa 下沸腾的溶液的组成。（$x_1=0.705$）

（2）在 323K 和 53.5kPa 下蒸馏上述溶液时，开始蒸出的第一滴冷凝液中 $SiCl_4$ 的摩尔分数浓度是多少？ **提示：**由于蒸馏时用冷凝管对蒸出来的蒸气强制冷却，故所得冷凝液的组成与蒸气的组成相同。（$y_1=0.559$）

20. 苯（1）和甲苯（2）可形成理想溶液。已知在 50℃下纯苯和纯甲苯的饱和蒸气压分别为 36.16kPa 和 12.28kPa。试证明：

（1）溶液上方的饱和蒸气总压 p 与蒸气中苯的摩尔分数浓度 y_1 存在如下关系：

$$p/\text{kPa}=\frac{444}{36.16-23.88y_1}$$

（2）溶液上方饱和蒸气的组成 y_1 与溶液的组成 x_1 存在如下关系：

$$y_1=\frac{2.945[x_1/(1-x_1)]}{1+2.945[x_1/(1-x_1)]}$$

21. 已知空气中氮气和氧气的摩尔比约为 4∶1，其它气体的含量都很小，可以忽略不计。水在 25℃下的密度为 $1.0g \cdot mL^{-1}$，氮气和氧气在水中的亨利常数分别为

$$k_{N_2}=8700\text{MPa} \qquad k_{O_2}=4400\text{MPa}$$

在 1MPa 和 25℃下，当水与空气处于平衡状态时

（1）计算水中氮气和氧气的摩尔分数浓度。（$x_{N_2}=9.20\times10^{-5}$，$x_{O_2}=4.55\times10^{-5}$）

（2）计算每升水中可溶解氮气和氧气的质量。（$m_{N_2}=0.143$g，$m_{O_2}=0.081$g）

22. 在 25℃和 101.3kPa 下，在 500mL 水里可以溶解甲烷气体 15.03mL（标准状况）。那么在 25℃和多大的压力下，300mL 水中才能溶解 1.00mmol 甲烷气体？已知在 25℃下水的密度为 $1.00g \cdot mL^{-1}$。（251kPa）

23. 在 18℃和 101kPa 下，暴露在空气中的水最多可溶解氧气 $10mg \cdot L^{-1}$。在石油开采过程中如果需要往油井注水，并要求水中的氧含量不超过 $1mg \cdot L^{-1}$。那么注水前对 18℃的河水进行脱氧处理时，水面上方气相的最大压力应控制在多少？已知空气中氧的体积百分含量为 21%，脱氧塔内气相中氧的体积百分含量为 35%。（6.08kPa）

24. 有一个由氯仿（1）和丙酮（2）组成的溶液，其中丙酮的摩尔分数浓度为 $x_2=0.713$。在 28℃下测得该溶液的饱和蒸气总压为 2.94×10^4Pa，饱和蒸气中丙酮的摩尔分数浓度为 $y_2=0.818$。已知纯氯仿在

28℃下的饱和蒸气压为2.96×10^4 Pa。求该溶液中氯仿的活度a_1和活度系数γ_1。($a_1=0.181$；$\gamma_1=0.631$)

25. 在某温度下将碘溶解于CCl_4中。当碘的摩尔分数浓度x_{I_2}在0.01～0.04范围内时，此溶液符合理想稀溶液规律。今测得液相中碘的摩尔分数浓度分别为0.03和0.50时，其平衡气相中碘蒸气的分压分别为1.638kPa和16.72kPa。求$x_{I_2}=0.50$时溶液中碘的活度和活度系数。($a=0.306$，$\gamma=0.612$)

26. 水和氯仿是互不相溶的。在25℃下将0.1mol NH_3溶于1L氯仿中，所得溶液上方NH_3的饱和蒸气分压是4.433kPa。在相同温度下，如果把0.1mol NH_3溶于1L水中，则所得溶液上方NH_3的饱和蒸气分压是0.887kPa。求NH_3在水中和在氯仿中的分配系数。 **注**：求解时忽略水中少量NH_4^+的存在。(4.998)

27. 室温下氯化汞在水（1）和苯（2）中的分配系数是$K=c^{(1)}/c^{(2)}=12$，此处c是体积摩尔浓度。现有溶解了0.2g氯化汞的苯溶液1000mL，欲用水萃取其中的氯化汞。

(1) 用1000mL水萃取一次后，苯溶液里剩余氯化汞的质量是多少？(0.0154g)

(2) 若每次用100mL水萃取，试证明萃取n次后苯中剩余氯化汞的质量m_n可表示为

$$m_n=m_0\left(\frac{1000}{1000+100K}\right)^n$$

(3) 若每次用100mL水萃取，共萃取五次，则最终苯溶液里剩余氯化汞的质量是多少？(0.0039g)

28. 水在20℃下的饱和蒸气压为2338Pa，而质量百分比浓度为10%的尿素水溶液上方的饱和水蒸气分压为2257Pa。求尿素的摩尔质量。($55.79g\cdot mol^{-1}$)

29. 已知纯$PbCl_2$的熔点是496℃，摩尔熔化热是$24.29kJ\cdot mol^{-1}$。固体$PbCl_2$和KCl几乎是互不相溶的。从$x_{PbCl_2}=0.853$的熔体中开始析出$PbCl_2$晶体的温度是440℃。请计算该熔体中$PbCl_2$的活度和活度系数。($a=0.742$，$\gamma=0.870$)

30. 已知金属锡Sn的熔点是505K，摩尔熔化热是$7.201kJ\cdot mol^{-1}$。

(1) 求Sn的凝固点降低常数K_f。($34.95K\cdot mol^{-1}\cdot kg$)

(2) 固体Sn和固体Mg几乎不互溶。求Mg的质量百分比浓度为0.85%的Sn-Mg熔体的凝固点。($T_f=492.7K=219.5$℃)

31. 在101.3kPa下，浓度为$0.5mol\cdot kg^{-1}$的蔗糖水溶液的沸点是100.3℃。请计算在沸点温度下这种蔗糖水溶液中水的活度系数。已知纯水的正常沸点为100℃，水的摩尔蒸发热为$40.6kJ\cdot mol^{-1}$。($\gamma=0.9984$)

32. 某种非挥发性溶质溶于CCl_4中得到质量百分比浓度为2%的溶液。该溶液的正常沸点为77.6℃，而纯CCl_4的正常沸点是76.7℃。上述溶液在76.7℃下的饱和蒸气压为98.66kPa。已知CCl_4的相对分子量为153.8。

(1) 求该化合物的摩尔质量。(116.0)

(2) 求CCl_4的摩尔蒸发热。($30.48kJ\cdot mol^{-1}$)

33. 已知纯苯的沸点是80.1℃，而在100g苯中加入13.76g联苯(C_6H_5-C_6H_5)后所得溶液的沸点为82.4℃。苯和联苯的相对分子量分别为78和154。联苯的挥发性很小，可忽略不计。

(1) 求苯的沸点升高常数。($2.57K\cdot kg\cdot mol^{-1}$)

(2) 求苯的摩尔蒸发热。($\Delta_{vap}H_m^*=31.54kJ\cdot mol^{-1}$)

34. 在20℃下，将6.5g摩尔质量为$50kg\cdot mol^{-1}$的某聚合物溶解于1kg水中，所得溶液的密度为$0.996kg\cdot L^{-1}$。计算该溶液在20℃下的渗透压。(313Pa)

35. 在25℃下，把7.36g尿素溶于1L水中，所得溶液的渗透压为304kPa。请计算在25℃下这种溶液中的水与纯水的摩尔吉布斯函数的差值ΔG_m。已知25℃下纯水的密度为$1.0kg\cdot L^{-1}$。溶液中水的偏摩尔体积近似等于纯水的摩尔体积。($-5.47J\cdot mol^{-1}$)

36. 请从理论出发，推导有关渗透压的半经验公式

$$\frac{\pi}{C'}=\frac{RT}{M}+BC'$$

其中C'是单位体积溶液中溶质（非电解质）的质量；B在一定温度下为常数；M是溶质的摩尔质量。上式可在浓度不很稀的情况下使用。

37. 有一种含非挥发性溶质的水溶液。在 37℃下该溶液的渗透压为 8kPa。求同温度下该溶液的饱和蒸气压降低值。已知纯水在 37℃下的饱和蒸气压为 6.19kPa，纯水的密度为 $1.0g \cdot mL^{-1}$。(0.346Pa)

38. 人的血浆是以水为溶剂的溶液，其凝固点为－0.56℃。已知水的凝固点降低常数为 $1.86K \cdot kg \cdot mol^{-1}$。求健康人体内血浆（体温为 37℃）的渗透压。($7.76\times10^5 Pa$)

39. 在 30℃下，如果在 1000g 水中同时溶解了 10g 葡萄糖（$C_6H_{12}O_6$）和 15g 蔗糖（$C_{12}H_{22}O_{11}$），所得溶液的密度近似等于纯水的密度即 $1.0g \cdot mL^{-1}$。

(1) 求该溶液在30℃下的饱和蒸气压。已知 30℃时纯水的饱和蒸气压为 4.243kPa。

(2) 求该溶液的凝固点。已知 $K_{f,水}=1.86K \cdot kg \cdot mol^{-1}$。

(3) 求该溶液的正常沸点。已知 $K_{b,水}=0.516K \cdot kg \cdot mol^{-1}$。

(4) 求该溶液在25℃下的渗透压。

($p=4.235kPa$，$T_f=-0.18℃$，$T_b=100.05℃$，$\pi=246\times10^3 Pa$)

第4章 化学平衡

化学平衡（chemical equilibrium）是一定条件下化学反应所能到达的最大限度。如一定条件下当合成氨反应达到平衡时若 H_2 的转化率是60％，这时如果其它条件都不变，仅通过延长反应时间不可能增大 H_2 的转化率。实际上，在一定条件下任何反应都有一定的限度，都存在化学平衡状态，只是有些反应的平衡状态更接近于产物；有些反应的平衡状态更接近于反应物；有些反应速率较快，容易达到化学平衡；有些反应速率较慢，不容易达到化学平衡。所谓不能发生的反应，通常是指平衡状态非常接近于反应物；所谓能进行完全的反应，通常是指平衡状态非常接近于产物。

研究化学平衡的实验方法较多，从大的方面可分为物理方法和化学方法。

物理方法就是通过测定化学平衡系统的物理性质，从而间接地确定化学平衡系统中各组分的含量或浓度。如测定压力、电导率、旋光度等等。用物理方法测定化学平衡组成时一般都是在线检测，不需要取样，而且在测定过程中一般不会对平衡状态产生干扰。如测定压力用的压力传感器、测定电导率用的电导池等等。所以物理方法的测定结果较准确，测定过程较迅速。另一方面，物理方法一般说来所用的仪器设备比较复杂，在实验室内（非生产现场）常常会受到条件的限制而不易实施。

化学方法是利用化学分析方法测定化学平衡系统中各组分的含量，如滴定分析、比色分析、电化学分析等等。化学方法一般都比较简单，但通常都要取样，都要进行离线分析。具体实施起来往往会改变化学平衡系统的条件（如温度、压力等），从而对化学平衡系统产生一定的干扰，使化学平衡发生移动，使最终得到的分析结果不能完全准确地反映实际的化学平衡状态。所以，取样时应设法尽快使样品的平衡状态“冻结”。常用的“冻结”方法有三种，即骤冷、移去催化剂、加入大量溶剂稀释。这些方法虽然不同，但其目的都是一样的，都是要减缓反应速率，都是要减缓化学平衡移动的速率。即使这样，也要抓紧时间，尽快完成取出样品的分析工作。

本章是把热力学基本原理用于化学反应，从理论高度探讨在一定条件下化学反应进行的方向和化学平衡。实际上，在许多情况下这些工作都可以通过简单的理论计算来完成，然后在此基础上再做一些实验验证工作即可，而不必盲目地做大量的实验测定工作。

4.1 化学反应的可能性与化学平衡

对于化学反应

$$a\mathrm{A}+b\mathrm{B} = d\mathrm{D}+e\mathrm{E}$$

在一定温度和压力下，其摩尔反应吉布斯函数为

$$\Delta_r G_m = \sum \nu_B \mu_B$$

根据吉布斯函数判据

$$\begin{cases} \text{若 } \Delta_r G_m < 0 & \text{反应将正向进行} \\ \text{若 } \Delta_r G_m = 0 & \text{处于化学平衡状态} \\ \text{若 } \Delta_r G_m > 0 & \text{反应将逆向进行} \end{cases}$$

如果上述反应是一定温度和压力下的理想气体反应，则结合理想气体的化学势表达式，

其摩尔反应吉布斯函数可以表示为

$$\Delta_r G_m = \underbrace{\sum \nu_B \mu_B^{\ominus}}_{A_1} + \underbrace{RT\ln \frac{(p_D/p^{\ominus})^d (p_E/p^{\ominus})^e}{(p_A/p^{\ominus})^a (p_B/p^{\ominus})^b}}_{A_2} \tag{4.1}$$

如果上述反应是一定温度和压力下在理想溶液中的反应，则结合理想溶液中各组分的化学势表达式，其摩尔反应吉布斯函数可以表示为

$$\Delta_r G_m = \underbrace{\sum \nu_B \mu_B^{\ominus}}_{A_1} + \underbrace{RT\ln \frac{x_D^d x_E^e}{x_A^a x_B^b}}_{A_2} \tag{4.2}$$

在一定温度和压力下，式(4.1) 和式(4.2) 中的 A_1 都是常数，它们分别有唯一确定的值。不论是理想气体反应还是理想溶液反应，如果最初系统中只有反应物而没有产物，则由于式(4.1) 中最初 $p_D/p^{\ominus}=p_E/p^{\ominus}=0$，由于式(4.2) 中最初 $x_D=x_E=0$，从而使化学反应最初的 $\Delta_r G_m$ 都趋于负无穷。所以，任何反应最初都能发生，或者说没有不能发生的化学反应。

又因随着反应的进行，A_2 将逐渐增大，因此 $\Delta_r G_m$ 将逐渐增大，而且它们都是连续变化的。假设当反应趋于完全时，$p_A/p^{\ominus}=p_B^{\ominus}/p^{\ominus}=0$，或者 $x_A=x_B=0$，这时反应的 $\Delta_r G_m$ 就趋于正无穷，此时反应必然逆向自发进行而不能正向进行。所以，这些反应原本都不可能进行完全，都有化学平衡存在。

由于 $\Delta_r G_m$ 是连续变化的，当 $\Delta_r G_m$ 从负无穷变为正无穷时，必然要经过 $\Delta_r G_m=0$ 的状态点。当 $\Delta_r G_m=0$ 时反应就到达了平衡状态，反应就不能继续进行了。这也说明在一定条件下，任何反应都不可能百分之百的完成。摩尔反应吉布斯函数与反应进度的关系如图 4.1 所示。

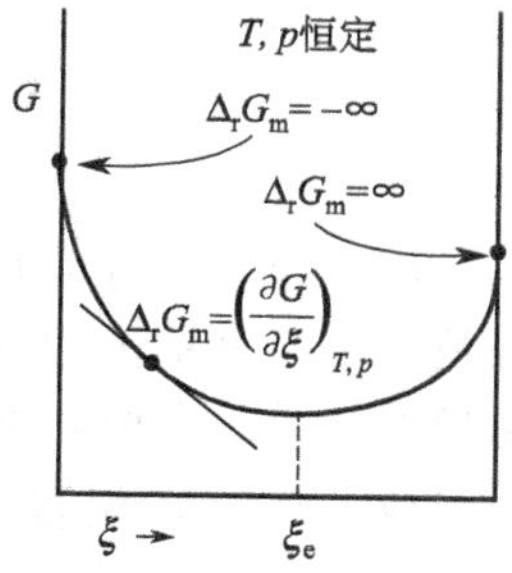

图 4.1 摩尔反应吉布斯函数

综上所述，可以得到这样的结论：第一，严格说来没有不能发生的反应；第二，化学平衡是普遍存在的。

4.2 理想气体的化学平衡

4.2.1 化学反应的标准平衡常数

以理想气体反应为例。

$$aA + bB = dD + eE$$

在一定温度和压力下，在任意某时刻的摩尔反应吉布斯函数为

$$\Delta_r G_m = \left(\frac{\partial G}{\partial \xi}\right)_{T,p} = \sum \nu_B \mu_B$$

将理想气体的化学势表达式代入此式后可得

$$\Delta_r G_m = \sum \nu_B \mu_B^{\ominus} + \sum RT\ln \left(\frac{p_B}{p^{\ominus}}\right)^{\nu_B}$$

即
$$\Delta_r G_m = \Delta_r G_m^{\ominus} + RT\ln\prod\left(\frac{p_B}{p^{\ominus}}\right)^{\nu_B} \tag{4.3}$$
其中
$$\Delta_r G_m^{\ominus} = \sum \nu_B \mu_B^{\ominus} \tag{4.4}$$
式(4.4) 中，$\Delta_r G_m^{\ominus}$ 是**标准摩尔反应吉布斯函数**（standard molar Gibbs function of reaction），即在各物质都处于标准状态的情况下发生 1mol 反应时引起的吉布斯函数增量，其单位是 $J \cdot mol^{-1}$ 或 $kJ \cdot mol^{-1}$。由于 $\mu_B^{\ominus}$ 仅仅是温度的函数，所以 $\Delta_r G_m^{\ominus}$ 也仅仅是温度的函数。

令
$$J_p = \prod\left(\frac{p_B}{p^{\ominus}}\right)^{\nu_B} \tag{4.5}$$
即
$$J_p = \frac{(p_D/p^{\ominus})^d (p_E/p^{\ominus})^e}{(p_A/p^{\ominus})^a (p_B/p^{\ominus})^b}$$
式中，J_p 是该反应的**相对压力商**。在 J_p 中，产物的相对压力都处在分子的位置，反应物的相对压力都处在分母的位置。反应的相对压力商与实际反应系统所处的状态（各物质的分压或浓度）有关。J_p 是个没有单位的纯数。将式(4.5) 代入式(4.3) 可得
$$\Delta_r G_m = \Delta_r G_m^{\ominus} + RT\ln J_p \tag{4.6}$$
式(4.6) 称为化学反应等温方程式。此式描述了一定温度和压力下，$\Delta_r G_m$ 与实际反应系统的组成之间的关系。可以看出，$\Delta_r G_m$ 会随着系统组成的变化而变化。根据吉布斯函数最低原理，在一定温度和压力下如果没有非体积功，则当 $\Delta_r G_m$ 为零时系统就处于平衡状态。所以由式(4.6) 可知，当化学反应达到平衡时
$$\Delta_r G_m^{\ominus} = -RT\ln(J_p)_{平衡}$$
令
$$K_p^{\ominus} = (J_p)_{平衡} \tag{4.7}$$
则
$$\Delta_r G_m^{\ominus} = -RT\ln K_p^{\ominus} \tag{4.8}$$

从式(4.7) 可以看出，$K_p^{\ominus}$ 等于平衡时的相对压力商，而不是平衡时的压力商。$K_p^{\ominus}$ 本身是一个没有单位的纯数，其值与计算过程中所选用的单位无关，但是它与化学平衡组成密切相关。另一方面，由于 $\Delta_r G_m^{\ominus}$ 仅仅是温度的函数，所以由式(4.8) 可见，$K_p^{\ominus}$ 也只是温度的函数。在一定温度下，$K_p^{\ominus}$ 有唯一确定的值。我们把 $K_p^{\ominus}$ 称为反应的**标准平衡常数**（standard equilibrium constant）。由于标准平衡常数与化学平衡组成密切相关，所以标准平衡常数在化学平衡移动以及化学平衡组成的分析计算等方面非常重要。

综上所述，从实验角度考虑，标准平衡常数由式(4.7) 来描述，其值等于化学反应达到平衡时的相对压力商。另一方面，不论一个化学反应是否发生，不论化学反应是否达到平衡，都可以根据式(4.8) 理论计算化学反应在指定温度下的标准平衡常数。

4.2.2 $K_p^{\ominus}$ 与 K_p、K_c、K_x、K_n 的关系

(1) $K_p^{\ominus}$ 与 K_p 的关系

根据式(4.7)
$$K_p^{\ominus} = \prod\left(\frac{p_B}{p^{\ominus}}\right)^{\nu_B}_{平衡} = \prod (p_B)^{\nu_B}_{平衡} \cdot \left(\frac{1}{p^{\ominus}}\right)^{\sum\nu_B}$$
令
$$K_p = \prod (p_B)^{\nu_B}_{平衡}$$
即令
$$K_p = \left(\frac{p_D^d p_E^e}{p_A^a p_B^b}\right)_{平衡} \tag{4.9}$$

则
$$K_p^{\ominus}=K_p(1/p^{\ominus})^{\Sigma\nu_B} \tag{4.10}$$
式(4.9) 表明：K_p 是平衡时的压力商，其值也与化学平衡组成密切相关。由式(4.10) 可见，由于 $K_p^{\ominus}$ 仅仅是温度的函数，所以 K_p 也仅仅是温度的函数。与标准平衡常数 $K_p^{\ominus}$ 类似，K_p 在一定温度下也有唯一确定的值。我们把 K_p 叫做**实验平衡常数**（experimental equilibrium constant）。如果 $\Sigma\nu_B=0$，则 $K_p^{\ominus}=K_p$，这时 K_p 也是个没有单位的纯数。但是，如果 $\Sigma\nu_B\neq0$，则 K_p 有单位，其值与所选用的单位有关。

(2) $K_p^{\ominus}$ 与 K_c 的关系

对于理想气体，根据道尔顿分压定律，$p_B=n_BRT/V=c_BRT$，故式(4.7) 可改写为
$$K_p^{\ominus}=\Pi(c_B)^{\nu_B}_{平衡}\cdot(RT/p^{\ominus})^{\Sigma\nu_B}$$
令
$$K_c=\Pi(c_B)^{\nu_B}_{平衡}$$

即令
$$K_c=\left(\frac{c_D^d\cdot c_E^e}{c_A^a\cdot c_B^b}\right)_{平衡} \tag{4.11}$$
则
$$K_p^{\ominus}=K_c(RT/p^{\ominus})^{\Sigma\nu_B} \tag{4.12}$$
式(4.11) 表明：K_c 是平衡时的浓度商，其值与化学平衡组成密切相关。由于 $K_p^{\ominus}$ 仅仅是温度的函数，故由式(4.12) 可见，K_c 也仅仅是温度的函数。与标准平衡常数 $K_p^{\ominus}$ 类似，K_c 在一定温度下也有唯一确定的值。我们把 K_c 也叫做实验平衡常数。如果 $\Sigma\nu_B=0$，则 $K_p^{\ominus}=K_c$，这时 K_c 也是个没有单位的纯数。如果 $\Sigma\nu_B\neq0$，则 K_c 有单位，其值与所选用的单位有关。

(3) $K_p^{\ominus}$ 与 K_x 的关系

根据分压力的定义
$$p_B=x_B\cdot p$$
将此代入式(4.7) 可得
$$K_p^{\ominus}=\Pi(x_B^{\nu_B})_{平衡}\cdot\left(\frac{p}{p^{\ominus}}\right)^{\Sigma\nu_B}$$
令
$$K_x=\Pi(x_B^{\nu_B})_{平衡} \tag{4.13}$$
则
$$K_p^{\ominus}=K_x\cdot\left(\frac{p}{p^{\ominus}}\right)^{\Sigma\nu_B} \tag{4.14}$$
K_x 代表平衡时的摩尔分数商。式(4.13) 表明：K_x 与化学平衡组成密切相关。由于一定温度下改变压力时 $K_p^{\ominus}$ 不变，这时从式(4.14) 可以看出：若 $\Sigma\nu_B=0$，则 $K_x=K_p^{\ominus}$。在这种情况下，K_x 也是一个只与温度有关的纯数；若 $\Sigma\nu_B\neq0$，则 $K_x=K_x(T,\ p)$。在这种情况下，K_x 不仅与温度 T 有关，还与总压力 p 有关。由于 K_x 在一定温度下未必是常数，所以不能把 K_x 称为平衡常数。另一方面，由于 K_x 与平衡组成密切相关，所以在化学平衡移动和化学平衡组成的分析计算过程中，有时使用 K_x 会给我们带来许多方便。这一点在做课后练习的过程中会逐渐体会到。

(4) $K_p^{\ominus}$ 与 K_n 的关系

根据分压力的定义
$$p_B=\frac{n_B}{\Sigma n_B}\cdot p$$
此式中的 Σn_B 是指反应系统中所有气体物质的总摩尔数，其中不仅包括参与反应的气体，

也包括不参与反应的其它气体即**惰性气体**（inert gas）。惰性气体也叫做**局外气体**。将此代入式(4.7) 并适当变形可得

$$K_p^{\ominus}=\prod(n_B^{\nu_B})_{平衡}\cdot\left(\frac{p}{\sum n_B\cdot p^{\ominus}}\right)^{\sum\nu_B}$$

令
$$K_n=\prod(n_B^{\nu_B})_{平衡} \tag{4.15}$$

则
$$K_p^{\ominus}=K_n\cdot\left(\frac{p}{\sum n_B\cdot p^{\ominus}}\right)^{\sum\nu_B} \tag{4.16}$$

K_n 代表平衡时的摩尔商。式(4.15) 表明，K_n 与化学平衡组成密切相关。由于一定温度下 $K_p^{\ominus}$ 是个常数，故由式(4.16) 可以看出：若 $\sum\nu_B=0$，则 $K_p^{\ominus}=K_n$，在这种情况下，K_n 也是个只与温度有关的纯数；若 $\sum\nu_B\neq0$，则 $K_n=K_n(T, p, \sum n_B)$，在这种情况下，K_n 不仅与温度 T 有关，还与系统的总压力 p 以及平衡时反应系统中气体物质的总摩尔数 $\sum n_B$ 有关。由于 K_n 在一定温度下未必是常数，所以不能把 K_n 称为平衡常数。另一方面，由于 K_n 与平衡组成密切相关，所以在化学平衡移动和化学平衡组成的分析计算过程中，有时使用 K_n 会给我们带来许多方便。

综上所述，$K_p^{\ominus}$ 与 K_p、K_c、K_x、K_n 的关系可归纳如下

$$K_p^{\ominus}=K_p\cdot\left(\frac{1}{p^{\ominus}}\right)^{\sum\nu_B}=K_c\cdot\left(\frac{RT}{p^{\ominus}}\right)^{\sum\nu_B}=K_x\cdot\left(\frac{p}{p^{\ominus}}\right)^{\sum\nu_B}=K_n\cdot\left(\frac{p}{\sum n_B\cdot p^{\ominus}}\right)^{\sum\nu_B} \tag{4.17}$$

例 4.1 在 25℃和 101.3kPa 下，$N_2O_4(g)$ 分解为 $NO_2(g)$ 的平衡分解率为 30.4%。求 25℃下反应 $N_2O_4(g)$══$2NO_2(g)$的标准平衡常数 $K_p^{\ominus}$。

解：

	$N_2O_4(g)$ ══	$2NO_2(g)$	
最初各物质的量	n	0	
平衡时各物质的量	$n(1-\alpha)$	$2n\alpha$	α 为平衡分解率

平衡时气体物质的总量为

$$\sum n_B=n(1-\alpha)+2n\alpha=n(1+\alpha)$$

平衡时
$$p_{N_2O_4}=x_{N_2O_4}p=\frac{1-\alpha}{1+\alpha}p$$

$$p_{NO_2}=x_{NO_2}p=\frac{2\alpha}{1+\alpha}p$$

所以
$$K_p^{\ominus}=\frac{(p_{NO_2}/p^{\ominus})^2}{p_{N_2O_4}/p^{\ominus}}=\frac{4\alpha^2}{1-\alpha^2}\frac{p}{p^{\ominus}}$$

$$=\frac{4\times0.304^2}{1-0.304^2}\times\frac{101.3}{100}$$

$$=0.413$$

4.2.3 影响化学平衡的因素

根据**勒夏特里原理**（Le Châtelier' s principle），当改变平衡系统的条件时，化学平衡就会朝着削弱这个变化的方向移动。由此可以判断条件变化时化学平衡移动的方向。但是这仅

仅局限于定性判断，并不能阐明化学平衡移动的动因，不能定量地分析计算平衡移动后的结果。在掌握了部分化学热力学基础知识以后，现在我们可以对此做一些深入的讨论分析。

(1) 浓度的影响

在一定的温度和压力下，根据化学反应等温方程式

$$\Delta_r G_m = \Delta_r G_m^{\ominus} + RT\ln J_p$$

由于

$$\Delta_r G_m^{\ominus} = -RT\ln K_p^{\ominus}$$

所以

$$\Delta_r G_m = RT\ln \frac{J_p}{K_p^{\ominus}} \tag{4.18}$$

由于平衡时 $\Delta_r G_m = 0$，所以平衡时 $J_p = K_p^{\ominus}$。这时若增大平衡系统中反应物的浓度或减小产物的浓度，则 J_p 必然减小，从而使 $J_p < K_p^{\ominus}$，使 $\Delta_r G_m < 0$。在这种情况下，化学反应必将正向进行，这就是化学平衡正向移动。化学平衡正向移动会使 J_p 逐渐增大，直到化学反应再次达到平衡，再次使得 $J_p = K_p^{\ominus}$、使 $\Delta_r G_m = 0$ 为止。相反，若减小化学平衡系统中反应物的浓度或增大产物的浓度，则 J_p 必然增大，从而使 $J_p > K_p^{\ominus}$，使 $\Delta_r G_m > 0$。在这种情况下，化学反应必将逆向进行，这就是化学平衡逆向移动。化学平衡逆向移动会使 J_p 逐渐减小，直到化学反应再次达到平衡，再次使得 $J_p = K_p^{\ominus}$、使 $\Delta_r G_m = 0$ 为止。

例 4.2 对于化学平衡系统 $N_2O_4(g) \rightleftharpoons 2NO_2(g)$，在等温等容条件下，

(1) 加入 $N_2O_4(g)$ 时，化学平衡将朝哪个方向移动？

(2) 加入 $NO_2(g)$ 时，$N_2O_4(g)$ 的平衡转化率将会增大还是减小？

解： 根据式(4.18)，化学反应达到平衡时 $\Delta_r G_m = 0$，$J_p = K_p^{\ominus}$，

(1) 加入 $N_2O_4(g)$ 时 J_p 会减小，结果使 $J_p < K_p^{\ominus}$，使 $\Delta_r G_m < 0$。这时，只能发生正向反应，故化学平衡将正向移动。

(2) 加入 $NO_2(g)$ 时 J_p 会增大，结果使 $J_p > K_p^{\ominus}$，使 $\Delta_r G_m > 0$。这时，只能发生逆向反应，故化学平衡将逆向移动。化学平衡逆向移动的结果必然使 $N_2O_4(g)$ 的平衡转化率减小。

(2) 总压力的影响

根据 $K_p^{\ominus}$ 与 K_x 之间的关系式(4.14)

$$K_p^{\ominus} = K_x \left(\frac{p}{p^{\ominus}}\right)^{\sum \nu_B}$$

对于气体分子数增多的反应，$\sum \nu_B > 0$。气体分子数增多的反应就是在一定温度和压力下总体积增大的反应。由于 $K_p^{\ominus}$ 在一定温度下为常数，故平衡系统的总压力 p 增大时 K_x 必然减小。又因 K_x 等于平衡系统的摩尔分数商，故 K_x 减小就意味着平衡逆向移动。换句话说，增大总压力 p 会使化学平衡朝着体积减小的方向移动。与此相反，在一定温度下减小总压力 p 会使 K_x 增大，会使化学平衡朝着体积增大的方向移动。

对于 $\sum \nu_B = 0$ 的反应，$K_x = K_p^{\ominus}$。这种反应的 K_x 也只是温度的函数而与压力无关。所以在一定温度下改变压力时，化学平衡不会发生移动。

例 4.3 在一定温度下，针对化学平衡系统 $N_2O_4(g) \rightleftharpoons 2NO_2(g)$

(1) 增大压力时，平衡将朝哪个方向移动？

(2) 增大压力时，K_x 将增大还是减小？

(3) 增大压力时，$K_p^\ominus$ 将增大还是减小？

解： (1) 增大压力时，平衡将朝体积减小的方向移动，即逆向移动。

(2) 增大压力时，由于平衡逆向移动，所以 K_x 必然减小。

(3) 由于 $K_p^\ominus$ 仅仅是温度的函数，且增大压力时温度不变，所以 $K_p^\ominus$ 保持不变。

(3) 惰性气体的影响

根据 $K_p^\ominus$ 与 K_n 之间的关系式(4.16)

$$K_p^\ominus = K_n\left(\frac{p}{\sum n_B p^\ominus}\right)^{\sum \nu_B}$$

式中，$\sum n_B$ 是化学反应平衡系统中所有气体的总摩尔数，其中也包括不参与反应的惰性气体。在一定温度和压力下对于 $\sum \nu_B = 0$ 的反应，由于 $K_n = K_p^\ominus$，故 K_n 也只与温度有关。所以在一定温度和压力下，增多或减少惰性气体时 K_n 恒定不变，化学平衡不会发生移动。

对于体积增大的反应，$\sum \nu_B > 0$。在温度和总压力一定的情况下，若增加系统中的惰性气体使 $\sum n_B$ 增大，则由于 $K_p^\ominus$ 恒定不变，所以 K_n 必然增大。K_n 增大意味着化学平衡正向移动。故在一定温度和压力下，引入惰性气体会使 $\sum n_B$ 增大，使化学平衡朝着体积增大的方向移动。与此相反，在一定温度和压力下，减少惰性气体会使 $\sum n_B$ 减小，使化学平衡朝着体积减小的方向移动。

实际上，在温度和总压力维持不变的情况下引入惰性气体时，惰性气体的总压力就会增大。与此同时，参与反应的局内气体的总压力就会减小。按照压力对化学平衡的影响，局内气体总压力减小的结果必然使化学平衡朝体积增大的方向移动。相反，在一定温度和压力下，减少系统中的惰性气体时，结果会使惰性气体的总压力减小而使局内气体的总压力增大，结果必然使化学平衡朝着体积减小的方向移动。

根据惰性气体对化学平衡的影响，在生产实践中对于体积减小的反应，为了提高平衡产率或反应物的平衡转化率，应尽量减少气体反应物中的杂质气体，即反应物的纯度应尽量高。相反，对于体积增大的反应，为了提高平衡产率或某种昂贵的气体反应物的平衡转化率，必要时可以人为引入一些不参与反应的惰性气体。

例 4.4 在一定温度和压力下，往化学平衡系统 $N_2O_4(g) \rightleftharpoons 2NO_2(g)$ 中加入不参与反应的 CCl_4 气体时，$N_2O_4(g)$ 的平衡转化率将增大还是减小？

解： 对于这个反应，根据式(4.16)

$$K_p^\ominus = K_n\left(\frac{p}{\sum n_B p^\ominus}\right)$$

依题意，温度和压力都恒定不变，那么 $K_p^\ominus$ 和 p 均为常数。所以，加入惰性气体时，$\sum n_B$ 将增大，$p/(\sum n_B p^\ominus)$ 将减小，故 K_n 将增大。K_n 增大意味着化学平衡正向移动，$N_2O_4(g)$ 的平衡转化率将增大。

例 4.5 在 903K 和 101.3kPa 条件下，将 1mol SO_2 与 1mol O_2 的混合气体通过装有催化剂铂丝的玻璃管，并控制气流速度使玻璃管出口的混合气体能够达到化学平衡。然后将混合气体急速冷却，并将其通入 KOH 水溶液中以吸收其中的 SO_2 和 SO_3。最后剩下的 O_2 在标准状况下只有 13.78L。

（1）求 903K 下反应 $SO_2+\frac{1}{2}O_2 = SO_3$ 的 $K_p^\ominus$、K_p 和 $\Delta_r G_m^\ominus$。

（2）如果最初反应混合气由 1mol SO_2、1mol O_2 和 1mol $H_2O(g)$ 组成，其中 H_2O 不参与反应，反应器中的总压力为 200kPa。求最终剩余 O_2 的量。

解：（1）平衡时

$$n(O_2)=\frac{pV}{RT}=\frac{101.3\times10^3\times13.78\times10^{-3}}{8.314\times273.2}\text{mol}=0.615\text{mol}$$

所以平衡时

$$n(SO_3)=2[1-n(O_2)]=0.770\text{mol}$$

$$n(SO_2)=1-n(SO_3)=0.230\text{mol}$$

$$\sum n_B=(0.615+0.770+0.230)\text{mol}=1.615\text{mol}$$

由式(4.16) 可知

$$K_p^\ominus=K_n\left(\frac{p}{\sum n_B p^\ominus}\right)^{\sum\nu_B}$$

$$=\frac{0.770}{0.230\times0.615^{\frac{1}{2}}}\times\left(\frac{101.3}{100\times1.615}\right)^{1-1-\frac{1}{2}}$$

$$=5.41$$

所以

$$\Delta_r G_m^\ominus=-RT\ln K_p^\ominus$$

$$=(-8.314\times903\times10^{-3}\times\ln5.41)\text{kJ}\cdot\text{mol}^{-1}$$

$$=-12.67\text{kJ}\cdot\text{mol}^{-1}$$

由式(4.10) 可知

$$K_p=K_p^\ominus(p^\ominus)^{\sum\nu_B}$$

$$=5.41\times(10^5\text{Pa})^{1-1-\frac{1}{2}}$$

$$=0.017\text{Pa}^{-\frac{1}{2}}$$

（2）平衡时，设 SO_3 物质的量为 $x$mol，则其它物质的量如下：

	SO_2	$+\frac{1}{2}O_2$	$= SO_3$	H_2O
物质的量/mol	$1-x$	$1-0.5x$	x	1

平衡时系统中气体物质的总量为

$$\sum n_B/\text{mol}=3-0.5x=\frac{6-x}{2}$$

由式(4.17) 可知

$$K_n=K_p^\ominus\left(\frac{\sum n_B p^\ominus}{p}\right)^{\sum\nu_B}$$

$$=5.41\times\left(\frac{(6-x)\times100}{2\times200}\right)^{1-1-\frac{1}{2}}$$

即 $$K_n=5.41\times\left(\frac{4}{6-x}\right)^{\frac{1}{2}}$$

又因 $$K_n=\frac{x}{(1-x)(1-x/2)^{\frac{1}{2}}}$$

所以 $$\frac{x}{(1-x)(1-x/2)^{\frac{1}{2}}}=5.41\times\left(\frac{4}{6-x}\right)^{\frac{1}{2}}$$

由此可解得 $$x=0.972$$

所以，平衡时剩余 O_2 的物质的量为

$$(1-0.5x)\text{mol}=0.514\text{mol}$$

4.3 纯凝聚态物质与理想气体之间的化学平衡

4.3.1 平衡常数

如反应 $$a_1A_1(g)+a_2A_2(g)=\!=\!=a_3A_3(g)+a_4A_4(s)$$

$$\Delta_rG_m=\sum_{B=A_1}^{A_4}\nu_B\mu_B$$

对于理想气体 $$\mu_B=\mu_B^{\ominus}+RT\ln\frac{p_B}{p^{\ominus}}$$

当压力不很大时，纯凝聚态物质的化学势可以表示为

$$\mu_B\approx\mu_B^{\ominus}$$

所以 $$\Delta_rG_m=\sum_{B=A_1}^{A_4}\nu_B\mu_B^{\ominus}+RT\ln\prod_{B=A_1}^{A_3}\left(\frac{p_B}{p^{\ominus}}\right)^{\nu_B}$$

即 $$\Delta_rG_m=\Delta_rG_m^{\ominus}+RT\ln J_p$$

注意此处的相对压力商 J_p 中只涉及理想气体，而与纯凝聚态物质无关。在 T 温度和 p 压力下，当该反应达到平衡时，$\Delta_rG_m=0$。所以平衡时

$$\Delta_rG_m^{\ominus}=-RT\ln(J_p)_{平衡}$$

由于 $\Delta_rG_m^{\ominus}$ 只是温度的函数，所以 $(J_p)_{平衡}$ 也只是温度的函数。在一定温度下，$(J_p)_{平衡}$ 有唯一确定的值，与压力无关。此处需注意，该结论只是在压力不很大的情况下才是正确的（参见本章 4.9 平衡常数与压力的关系）。

令 $$K_p^{\ominus}=(J_p)_{平衡}$$

即令 $$K_p^{\ominus}=\left(\frac{[p(A_3)/p^{\ominus}]^{a_3}}{[p(A_1)/p^{\ominus}]^{a_1}[p(A_2)/p^{\ominus}]^{a_2}}\right)_{平衡} \tag{4.19}$$

$K_p^{\ominus}$ 是该反应的标准平衡常数，其值等于平衡时气体物质的相对压力商，它与纯凝聚态物质无关。讨论理想气体与纯凝聚态物质之间的化学平衡时，需注意以下几点。

第一，前边讨论过的 $K_p^{\ominus}$ 与 K_p、K_c、K_x、K_n 的关系依然成立。

第二，K_p、K_c、K_x 和 K_n 的含义同前，其中都只涉及参与反应的理想气体，而与惰性气体及纯凝聚态物质无关。

第三，$\sum\nu_B$ 也只涉及参与反应的理想气体，与惰性气体和纯凝聚态物质无关。例如反应 $NH_4Cl(s) \longrightarrow NH_3(g)+HCl(g)$ 的$\sum\nu_B$等于 2。

例 4.6 在 1000K 和 100kPa 条件下，反应 $C(s)+H_2O(g) \longrightarrow CO(g)+H_2(g)$ 达到平衡时，H_2O 的平衡转化率为 $\alpha=0.844$。

(1) 求 1000K 下该反应的标准摩尔反应吉布斯函数 $\Delta_r G_m^\ominus$。

(2) 在 1000K 和 200kPa 下 H_2O 的平衡转化率。

解： (1)

	$C(s)+H_2O(g) \longrightarrow$	$CO(g)$	$+H_2(g)$	
初始摩尔数	1	0	0	
平衡摩尔数	$1-\alpha$	α	α	(α 为 H_2O 的平衡转化率)
平衡时总摩尔数	$\sum n_B=1+\alpha$			

所以

$$K_p^\ominus=K_n\left(\frac{p}{p^\ominus\sum n_B}\right)^{\sum\nu_B}=\frac{\alpha^2}{1-\alpha}\left(\frac{1}{1+\alpha}\right)=\frac{\alpha^2}{1-\alpha^2}$$

$$=\frac{0.844^2}{1-0.844^2}=2.476$$

$$\Delta_r G_m^\ominus=-RT\ln K_p^\ominus=(-8.314\times1000\times\ln2.476)\text{J}\cdot\text{mol}^{-1}$$

$$=-7.538\text{kJ}\cdot\text{mol}^{-1}$$

(2) 设 H_2O 的平衡转化率为 x，则

$$K_n=\frac{x^2}{1-x^2}\qquad \sum n_B=1+x$$

所以

$$K_p^\ominus=K_n\left(\frac{p}{p^\ominus\sum n_B}\right)^{\sum\nu_B}=\frac{x^2}{1-x}\left[\frac{200}{100(1+x)}\right]=\frac{2x^2}{1-x^2}$$

即

$$2.476=\frac{2x^2}{1-x^2}$$

由此解得

$$x=0.744$$

由此可见，增大压力的结果使 H_2O 的平衡转化率减小了。

4.3.2 分解压

分解压（decomposition pressure）是指纯凝聚态物质在一定温度下分解达到平衡时气体产物的总压力。如

$$CaCO_3(s) \longrightarrow CaO(s)+CO_2(g)$$

因为

$$K_p^\ominus=\left(\frac{p(CO_2)}{p^\ominus}\right)_{\text{平衡}}$$

所以

$$\text{分解压}=p(CO_2)_{\text{平衡}}=p^\ominus K_p^\ominus$$

由此可见，这类反应在一定温度下达到平衡时，其分解压为常数。

根据化学平衡移动原理，当分解压大于外压时，分解反应可以发生；当分解压小于外压时，分解反应不能发生。所以分解压的大小可用来衡量纯凝聚态物质的稳定性。分解压越小的物质越稳定。

对于反应

$$FeO(s) \longrightarrow Fe(s)+\frac{1}{2}O_2(g)$$

由于 $$K_p^{\ominus}=\left[\frac{p(O_2)}{p^{\ominus}}\right]_{平衡}^{\frac{1}{2}}$$

所以 $$分解压=p(O_2)_{平衡}=p^{\ominus}K_p^{\ominus 2}$$

对于反应 $$(NH_4)_2S(s) \xlongequal{} 2NH_3(g)+H_2S(g)$$

设平衡时 $$\frac{2}{3}p \qquad \frac{1}{3}p$$

其中 p 为平衡时分解产物的总压力即分解压，那么

$$K_p^{\ominus}=K_p\left(\frac{1}{p^{\ominus}}\right)^{\Sigma\nu_B}=\frac{4}{27}p^3\left(\frac{1}{p^{\ominus}}\right)^3$$

所以 $$分解压=p=\left(\frac{27}{4}K_p^{\ominus}\right)^{\frac{1}{3}}p^{\ominus}$$

4.4 溶液中的化学平衡

4.4.1 标准平衡常数

溶液中各组分的化学势表达式如下：

以拉乌尔定律为参考时 $$\mu_B=\mu_B^{\ominus}+RT\ln a_B+\int_{p^{\ominus}}^{p}V_m^*(B)dp$$

以亨利定律为参考时 $$\mu_B=\mu_B^{\ominus}+RT\ln a_B+\int_{p^{\ominus}}^{p}V_m^{\infty}(B)dp$$

虽然这两个化学势表达式相似，但是 $V_m^*(B)$ 和 $V_m^{\infty}(B)$ 的含义明显不同，它们的标准态也不同。一个是纯物质所处的真实状态，另一个是纯物质所处的假想状态。通常当压力 p 不很大时，这两个式子中的积分项均可忽略不计，这时两个式子的形式完全相同即

$$\mu_B=\mu_B^{\ominus}+RT\ln a_B$$

那么，对于一定温度和压力下的化学反应而言

$$\Delta_rG_m=\Sigma\nu_B\mu_B^{\ominus}+RT\ln\Pi a_B^{\nu_B}$$

即 $$\Delta_rG_m=\Delta_rG_m^{\ominus}+RT\ln J_a \tag{4.20}$$

其中 $$J_a=\Pi a_B^{\nu_B}$$

J_a 是实际反应系统的活度商，其中产物的活度都处在分子的位置，反应物的活度都处在分母的位置。J_a 与实际系统所处的状态密切相关。在一定温度和压力下，当化学反应达到平衡时，根据吉布斯函数最低原理，$\Delta_rG_m=0$。这时由式(4.20) 可得

$$\Delta_rG_m^{\ominus}=-RT\ln(J_a)_{平衡}$$

令 $$K_a^{\ominus}=(J_a)_{平衡} \tag{4.21}$$

则 $$\Delta_rG_m^{\ominus}=-RT\ln K_a^{\ominus} \tag{4.22}$$

因为 $\Delta_rG_m^{\ominus}$ 只是温度的函数，所以 $K_a^{\ominus}$ 在一定温度下有唯一确定的值，故把 $K_a^{\ominus}$ 称为溶液中化学反应的**标准平衡常数**，其值等于平衡时的活度商。此处需注意，该结论只是在压力不很大的情况下才是正确的（参见本章 4.9 平衡常数与压力的关系）。

另外，对溶液中的每一种物质可以选用不同的浓标。选用不同浓标时，a_B 的值就不同，$\Delta_rG_m^{\ominus}$ 的值也不同。故由式(4.22) 可见，一定温度下选用不同浓标时，标准平衡常数 $K_a^{\ominus}$ 的值不同，在平衡组成计算时应使用的浓度也不同。下面分别讨论常压下的几种不同情况。

4.4.2 理想溶液中的化学平衡

在理想溶液中，只使用一种浓标（即摩尔分数浓度及其对应的标准态），由于此时 $\gamma_B=1$，$a_B=x_B$，所以由式(4.21) 可见

$$K_a^{\ominus}=(\prod a_B^{\nu_B})_{平衡}=(\prod x_B^{\nu_B})_{平衡}=K_x \tag{4.23}$$

即理想溶液中化学反应的标准平衡常数等于平衡时的摩尔分数商 K_x。

4.4.3 理想稀溶液中的化学平衡

对于理想稀溶液中的同一种物质，可以选用不同的浓标。在这种情况下，组分 B 的标准态及其活度 a_B 的含义会随所选用浓标的不同而不同。在理想稀溶液中由于 $\gamma_B=1$，所以

$$a_B=\gamma_{B,x}x_B=x_B \quad 或\ a_B=\gamma_{B,b}\frac{b_B}{b^{\ominus}}=\frac{b_B}{b^{\ominus}} \quad 或\ a_B=\gamma_{B,c}\frac{c_B}{c^{\ominus}}=\frac{c_B}{c^{\ominus}}$$

(1) 使用摩尔分数浓标

使用摩尔分数浓标时，$a_B=x_B$，这时由式(4.21) 可知

$$K_a^{\ominus}=(\prod a_B^{\nu_B})_{平衡}=(\prod x_B^{\nu_B})_{平衡}=K_x \tag{4.24}$$

即标准平衡常数等于平衡时的摩尔分数商。

(2) 使用物质的量浓标

使用物质的量浓标时，$a_B=c_B/c^{\ominus}$，这时由式(4.21) 可知

$$K_a^{\ominus}=\prod(a_B^{\nu_B})_{平衡}=\prod\left(\frac{c_B}{c^{\ominus}}\right)_{平衡}^{\nu_B}=K_c^{\ominus} \tag{4.25}$$

即标准平衡常数等于平衡时的相对体积摩尔浓度商。

(3) 使用质量摩尔浓标

使用质量摩尔浓标时，$a_B=b_B/b^{\ominus}$，这时由式(4.21) 可知

$$K_a^{\ominus}=\prod(a_B^{\nu_B})_{平衡}=\prod\left(\frac{b_B}{b^{\ominus}}\right)_{平衡}^{\nu_B}=K_b^{\ominus} \tag{4.26}$$

即标准平衡常数等于平衡时的相对质量摩尔浓度商。

总之，在一定温度下使用不同浓标时，由化学平衡系统的组成计算出来的标准平衡常数的值是不一样的。那么，由标准摩尔反应吉布斯函数 $\Delta_r G_m^{\ominus}$ 计算出来的标准平衡常数应该是哪一个呢？这与计算 $\Delta_r G_m^{\ominus}$ 时所选用的标准态有关。附录Ⅲ中给出了水溶液中部分物质的热力学数据，其标准态是 25℃下 $b=b^{\ominus}=1\mathrm{mol\cdot L^{-1}}$ 的水溶液、而且具有无限稀释溶液特性（即遵守亨利定律）的状态。所以由附录Ⅲ中的数据计算得到 $\Delta_r G_m^{\ominus}$ 后，进一步由 $\Delta_r G_m^{\ominus}$ 并借助式(4.22) 计算得到的标准平衡常数只能是以质量摩尔浓度为浓标的 $K_a^{\ominus}$ 或者是 $K_b^{\ominus}$。在水溶液中当浓度不大时，一般 $c/\mathrm{mol\cdot L^{-1}}\approx b/\mathrm{mol\cdot kg^{-1}}$，故 $K_b^{\ominus}\approx K_c^{\ominus}$。

4.4.4 多相反应平衡

多相反应是指参与反应的物质不全是气体或不全处在同一个溶液相中。根据前边学习过的知识，物质 B 在不同相中的化学势可分别表示为

气相
$$\mu_B=\mu_B^{\ominus}+RT\ln\frac{p_B}{p^{\ominus}}$$

溶液
$$\mu_B=\mu_B^{\ominus}+RT\ln a_B$$

纯凝聚态 $\mu_B=\mu_B^\ominus+RT\ln 1$

所以，在一定温度和压力下多相反应的摩尔反应吉布斯函数为

$$\Delta_r G_m=\sum\nu_B\mu_B$$

即 $$\Delta_r G_m=\Delta_r G_m^\ominus+RT\ln J$$

式中，J 为实际反应系统的混合商。在计算 J 时，对于气体物质就用它的相对压力；对于溶液中的物质就用它的活度；对于纯凝聚态物质就用 1。如对于反应

$$a\text{A(sln)}+b\text{B(s)} = d\text{D(g)}+e\text{E(sln)}$$

此处，用 sln 表示溶液。

$$J=\frac{(p_D/p^\ominus)^d a_E^e}{a_A^a}$$

即在多相反应中，J 与纯凝聚态物质无关。由于平衡时，$\Delta_r G_m=0$，所以平衡时

$$\Delta_r G_m^\ominus=-RT\ln J_{平衡}=-RT\ln K^\ominus$$

$K^\ominus$ 为标准平衡常数，它在一定温度下有确定的值，其值等于平衡时的混合商即

$$K^\ominus=\left[\frac{(p_D/p^\ominus)^d a_E^e}{a_A^a}\right]_{平衡} \tag{4.27}$$

$K^\ominus$ 也与纯凝聚态物质无关。

例 4.7 在 25℃和常压下，在 80%的乙醇水溶液中，α 右旋葡萄糖和 β 右旋葡萄糖饱和溶液的浓度分别为 $20\text{g}\cdot\text{L}^{-1}$ 和 $49\text{g}\cdot\text{L}^{-1}$。已知在 25℃下，$\alpha$ 右旋葡萄糖（纯固体）变为 β 右旋葡萄糖（纯固体）的标准摩尔反应吉布斯函数为 $1.68\text{kJ}\cdot\text{mol}^{-1}$。求 25℃和常压下，在 80%的乙醇水溶液中，$\alpha$ 右旋葡萄糖变为 β 右旋葡萄糖的标准平衡常数。

解： 根据式 $\Delta_r G_m^\ominus=-RT\ln K_a^\ominus$ 可求算标准平衡常数，其中

$$\Delta_r G_m^\ominus=\sum\nu_B\mu_B^\ominus$$

此处需要用到的 $\Delta_r G_m^\ominus$ 不是题目中告诉的 $1.68\text{kJ}\cdot\text{mol}^{-1}$，而是溶液中反应的标准摩尔反应吉布斯函数。此处若把溶液视为理想稀溶液，则对于两种饱和溶液之间的反应

$$\Delta_r G_m=\sum_B\nu_B\mu_B=\Delta_r G_m^\ominus+RT\ln\frac{c_{\beta,饱和}/c^\ominus}{c_{\alpha,饱和}/c^\ominus} \tag{A}$$

由于 $\Delta_r G_m$ 只与始终态有关而与路线无关，故可以另设计一条反应路线。

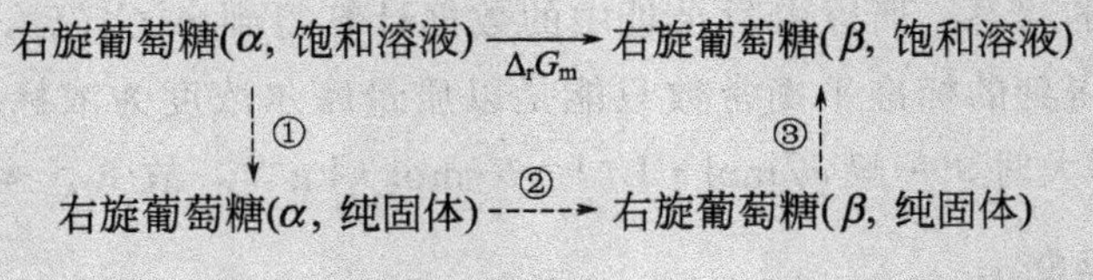

$$\Delta_r G_m=\Delta_r G_{m,1}+\Delta_r G_{m,2}+\Delta_r G_{m,3}=0+\Delta_r G_{m,2}+0$$

即 $$\Delta_r G_m=\Delta_r G_{m,2}^\ominus$$

将此代入式(A) 可得

$$\Delta_r G_{m,2}^\ominus=\Delta_r G_m^\ominus+RT\ln\frac{c_{\beta,饱和}/c^\ominus}{c_{\alpha,饱和}/c^\ominus}$$

所以
$$\Delta_r G_m^{\ominus} = \Delta_r G_{m,2}^{\ominus} - RT\ln \frac{c_{\beta,饱和}/c^{\ominus}}{c_{\alpha,饱和}/c^{\ominus}}$$
$$= \left(1.68\times10^3 - 8.314\times298\ln\frac{49/M}{20/M}\right)\text{J}\cdot\text{mol}^{-1}$$
$$= -542\text{J}\cdot\text{mol}^{-1}$$

所以
$$K^{\ominus} = \exp\left(\frac{-\Delta_r G_m^{\ominus}}{RT}\right) = \exp\left(\frac{542}{8.314\times298}\right) = 1.24$$

4.5 平衡常数的计算

根据平衡常数的大小，可以定性判断正向反应趋势的大小和化学反应的最大限度，也可以定量计算化学反应达到平衡时系统的组成，所以平衡常数是很重要的。那么，可否不做实验就能得到反应的标准平衡常数呢？在讨论这个问题之前有一点需要说明，那就是平衡常数与反应方程式的写法有关。因为 $\Delta_r G_m^{\ominus} = -RT\ln K^{\ominus}$，而 $\Delta_r G_m^{\ominus}$ 本身与方程式的写法有关，所以 $K^{\ominus}$ 与方程式的写法有关。

例 4.8 在一定温度下，已知反应①的标准平衡常数为 $K_1^{\ominus}$。求相同温度下反应②和反应③的标准平衡常数。

① $$A + 2B \Longrightarrow C$$
② $$2A + 4B \Longrightarrow 2C$$
③ $$C \Longrightarrow A + 2B$$

解：由于 $② = 2\times①$ $\quad$ $③ = -1\times①$

所以 $\Delta_r G_{m,2}^{\ominus} = 2\Delta_r G_{m,1}^{\ominus}$ $\quad$ $\Delta_r G_{m,3}^{\ominus} = -\Delta_r G_{m,1}^{\ominus}$

所以 $-RT\ln K_2^{\ominus} = -2RT\ln K_1^{\ominus}$ $\quad$ $-RT\ln K_3^{\ominus} = RT\ln K_1^{\ominus}$

所以 $K_2^{\ominus} = K_1^{\ominus 2}$ $\quad$ $K_3^{\ominus} = 1/K_1^{\ominus}$

由上例可见，化学反应方程式的写法不同，其标准平衡常数就不同，而且彼此可能差别很悬殊。所以谈论平衡常数时，应与相应配平的反应方程式联系在一起。

根据前边学习过的内容，计算平衡常数的关键是求算 $\Delta_r G_m^{\ominus}$。常用的计算方法如下：

4.5.1 标准摩尔生成吉布斯函数法

类似于标准摩尔生成焓，我们把在 T 温度下由指定态单质生成 1mol 物质 B 时的标准摩尔反应吉布斯函数 $\Delta_r G_m^{\ominus}$ 称为 T 温度下 B 物质的**标准摩尔生成吉布斯函数**(standard molar Gibbs function of formation)，并把它记为 $\Delta_f G_m^{\ominus}(\text{B}, \beta, T)$，其单位是 $\text{J}\cdot\text{mol}^{-1}$ 或 $\text{kJ}\cdot\text{mol}^{-1}$。其中，$\beta$ 是指 B 物质的物理状态或晶型。

根据上述标准摩尔生成吉布斯函数的定义，在任何温度下，指定态单质的标准摩尔生成吉布斯函数都等于零。现考察在 T 温度下的反应

$$a\text{A} + b\text{B} \Longrightarrow d\text{D} + e\text{E}$$

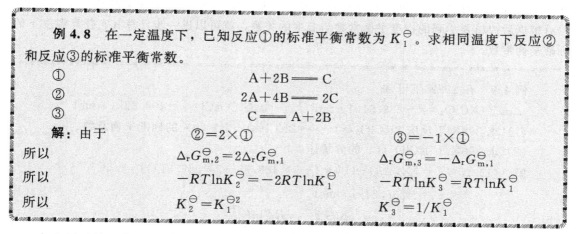

该反应的 $\Delta_r G_m^\ominus$ 是指在 T 温度下从标准态的反应物到标准态的产物发生 1mol 反应时引起的吉布斯函数改变量。由于 $\Delta_r G_m^\ominus$ 是状态函数的改变量，其值只与始终态有关而与路线无关，故可以沿另外一条从反应物到产物的变化路线来计算 $\Delta_r G_m^\ominus$ 即

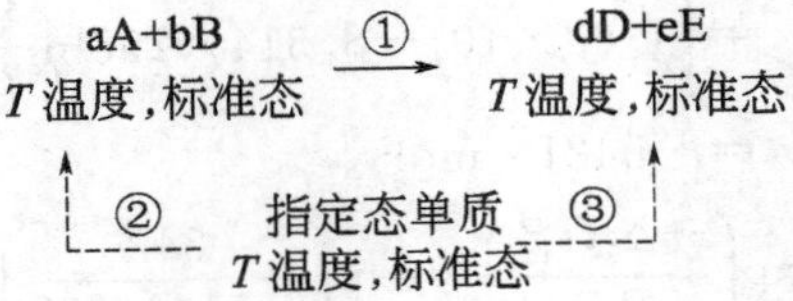

可以看出

$$\Delta G_2 + \Delta G_1 = \Delta G_3 \qquad \text{即 } \Delta G_1 = \Delta G_3 - \Delta G_2$$

所以 $$\Delta_r G_m^\ominus = \Delta G_3 - \Delta G_2$$

而 $$\Delta G_3 = d\Delta_f G_m^\ominus(\mathrm{D}) + e\Delta_f G_m^\ominus(\mathrm{E}) \qquad \Delta G_2 = a\Delta_f G_m^\ominus(\mathrm{A}) + b\Delta_f G_m^\ominus(\mathrm{B})$$

所以 $$\Delta_r G_m^\ominus = \sum \nu_B \Delta_f G_m^\ominus(\mathrm{B}) \tag{4.28}$$

准确地讲，根据式(4.28) 只能从 T 温度下各物质的 $\Delta_f G_m^\ominus$ 计算 T 温度下的 $\Delta_r G_m^\ominus$。然后由 T 温度下的 $\Delta_r G_m^\ominus$ 只能计算 T 温度下的 $K^\ominus$。通常工具书中给出的不同物质的 $\Delta_f G_m^\ominus$ 大多都是 25℃下的数据。这就是说，通常用式(4.28) 只能计算 25℃下的 $\Delta_r G_m^\ominus$，由此只能进一步计算 25℃下的标准平衡常数。不过没有关系，只要能计算某一个温度下的标准平衡常数，然后根据后边将要学到的标准平衡常数与温度的关系，就可以进一步计算其它任意温度下的标准平衡常数。

例 4.9 在 298K 下已知

$\Delta_f G_m^\ominus(KClO_3) = -289.91\text{kJ} \cdot \text{mol}^{-1}$ $\qquad$ $\Delta_f G_m^\ominus(KCl) = -408.33\text{kJ} \cdot \text{mol}^{-1}$

(1) 求 298K 下反应 $2KClO_3(s) = 2KCl(s) + 3O_2(g)$ 的标准平衡常数。

(2) 求 298K 下 $KClO_3(s)$ 的分解压。

解：(1) $\Delta_r G_m^\ominus = \sum \nu_B \Delta_f G_m^\ominus(\mathrm{B}) = (-2\times 408.33 + 2\times 289.91)\text{kJ} \cdot \text{mol}^{-1}$

$= -236.84\text{kJ} \cdot \text{mol}^{-1}$

由于 $$\Delta_r G_m^\ominus = -RT\ln K_p^\ominus$$

所以 $$K_p^\ominus = \exp\left(\frac{-\Delta_r G_m^\ominus}{RT}\right) = \exp\left(\frac{236.84\times 10^3}{8.314\times 298}\right)$$
$$= 3.28\times 10^{41}$$

(2) 由于 $$K_p^\ominus = \left(\frac{p_{O_2}}{p^\ominus}\right)^3_{\text{平衡}}$$

所以 $$\text{分解压} = p_{O_2} = p^\ominus (K_p^\ominus)^{\frac{1}{3}}$$
$$= 100\times 10^3 \times (3.28\times 10^{41})^{\frac{1}{3}}\,\text{Pa}$$
$$= 6.9\times 10^{18}\,\text{Pa}$$

4.5.2 标准熵法

根据第 1 章中学习过的知识，在一定压力下焓与温度的关系可以表示为

$$\left(\frac{\partial H_m(B)}{\partial T}\right)_p = C_{p,m}(B)$$

所以

$$\left(\frac{\partial \nu_B H_m(B)}{\partial T}\right)_p = \nu_B C_{p,m}(B)$$

将该式用于配平的反应方程式中的所有物质，然后把每个式子的左右两边分别加和可得

$$\left(\frac{\partial \sum \nu_B H_m(B)}{\partial T}\right)_p = \sum \nu_B C_{p,m}(B)$$

即

$$\left(\frac{\partial(\Delta_r H_m)}{\partial T}\right)_p = \Delta_r C_{p,m} \tag{4.29}$$

根据第 2 章中学习过的知识，在一定压力下熵与温度的关系可以表示为

$$\left(\frac{\partial S_m(B)}{\partial T}\right)_p = \frac{C_{p,m}(B)}{T}$$

所以

$$\left(\frac{\partial \nu_B S_m(B)}{\partial T}\right)_p = \frac{\nu_B C_{p,m}(B)}{T}$$

将该式用于配平的反应方程式中的所有物质，然后把每个式子的左右两边分别加和可得

$$\left(\frac{\partial \sum \nu_B S_m(B)}{\partial T}\right)_p = \frac{\sum \nu_B C_{p,m}(B)}{T}$$

即

$$\left(\frac{\partial(\Delta_r S_m)}{\partial T}\right)_p = \frac{\Delta_r C_{p,m}}{T} \tag{4.30}$$

发生 1mol 反应时等压摩尔热容的改变量 $\Delta_r C_{p,m}$ 一般不等于零，故根据式(4.29) 和式(4.30)，摩尔反应焓和摩尔反应熵一般都与温度有关。但通常当温度变化范围不大时，可以把 $\Delta_r H_m$ 和 $\Delta_r S_m$ 都近视看作常数。在这种情况下

$$\Delta_r G_m^\ominus(T_2) = \Delta_r H_m^\ominus(T_1) - T_2 \Delta_r S_m^\ominus(T_1) \tag{4.31}$$

例 4.10 对于反应 $CaCO_3(s) \xlongequal{} CaO(s) + CO_2(g)$

已知在 298K 下 $\Delta_r H_m^\ominus = 177.0 kJ \cdot mol^{-1}$ $\Delta_r S_m^\ominus = 160.51 J \cdot K^{-1} \cdot mol^{-1}$

(1) 在 1000K 和 100kPa 的密闭容器内若只有 $CaCO_3(s)$，则 $CaCO_3(s)$ 能否分解？

(2) 在 1000K 和 100kPa 的空气中，$CaCO_3(s)$ 能否分解？已知空气中 CO_2 的体积百分含量为 0.028%。

解：根据式(4.31)

$$\begin{aligned}\Delta_r G_m^\ominus(1000K) &= \Delta_r H_m^\ominus(298K) - 1000K \Delta_r S_m^\ominus(298K) \\ &= (177.0 - 1000 \times 160.5 \times 10^{-3}) kJ \cdot mol^{-1} \\ &= 16.5 kJ \cdot mol^{-1}\end{aligned}$$

注意，若仅仅因为 $\Delta_r G_m^\ominus > 0$ 就说反应不能发生，那就错了。实际上，$\Delta_r G_m^\ominus > 0$ 只能说明反应的平衡常数小于 1。实际上，在一定温度和压力下，在不做非体积功的系统中，$\Delta_r G_m > 0$ 的反应都不能发生，而非 $\Delta_r G_m^\ominus > 0$ 的反应都不能发生。

(1)

$$\Delta_r G_m^\ominus = -RT\ln K^\ominus = -RT\ln\left[\frac{p(CO_2)}{p^\ominus}\right]_{平衡}$$

即

$$16.5 \times 10^3 J \cdot mol^{-1} = -8.314 \times 1000 \times \ln\left[\frac{p(CO_2)}{p^\ominus}\right]_{平衡}$$

由此解得平衡时

$$p(CO_2) = 14.1 kPa$$

这就是说，在 1000K 下，$CaCO_3$(s) 的分解压为 14.1kPa。由于外压是 100kPa，即 $CaCO_3$(s) 的分解压小于外压，所以 $CaCO_3$(s) 在密闭容器内不能分解。

(2) 在 100kPa 的空气中，CO_2 的分压为

$$p'(CO_2)=100\times0.028\%\ \text{kPa}=0.028\text{kPa}$$

即空气中 CO_2 的分压小于 $CaCO_3$(s) 的分解压。根据化学平衡移动原理，在 1000K 和 100kPa 的空气中，$CaCO_3$(s) 可以分解。

4.5.3 线性组合法

此法就是把不同的化学反应进行线性组合，并从中寻找不同反应的平衡常数之间的关系。由于目前没有一个通用的通俗易懂的名称，此处为了便于理解和记忆，给这种方法起一个形象一点的名字叫“线性组合法”。

例 4.11 在 298K 下已知

① $$3Fe_2O_3+CO = 2Fe_3O_4+CO_2 \qquad K_1^{\ominus}=a$$

② $$Fe_3O_4+CO = 3FeO+CO_2 \qquad K_2^{\ominus}=b$$

③ $$FeO+CO = Fe+CO_2 \qquad K_3^{\ominus}=c$$

求 298K 下反应④的标准平衡常数。

④ $$Fe_2O_3+3CO = 2Fe+3CO_2$$

解：由于 $$①+2\times②+6\times③=3\times④$$

所以 $$\Delta_r G_{m,1}^{\ominus}+2\Delta_r G_{m,2}^{\ominus}+6\Delta_r G_{m,3}^{\ominus}=3\Delta_r G_{m,4}^{\ominus}$$

将关系式 $\Delta_r G_m^{\ominus}=-RT\ln K^{\ominus}$ 代入上式并整理可得

$$K_1^{\ominus}K_2^{\ominus 2}K_3^{\ominus 6}=K_4^{\ominus 3}$$

即 $$ab^2c^6=K_4^{\ominus 3}$$

所以 $$K_4^{\ominus}=(ab^2c^6)^{1/3}$$

从上例可以看出，如果化学反应彼此之间存在加减的关系，则其平衡常数彼此之间就存在乘除的关系，即加减法变乘除法。在反应方程的线性组合关系式中，各反应前的系数（即相乘的倍数关系）在平衡常数的关系式中就是指数，即乘法变为乘方。

4.5.4 水溶液中离子的标准热力学数据

对于水溶液中的电解质而言，如果将其视为一个整体，那么根据标准摩尔生成焓的定义、标准摩尔生成吉布斯函数的定义以及标准摩尔熵的物理意义，很容易确定它们的 $\Delta_f H_m^{\ominus}$、$\Delta_f G_m^{\ominus}$ 以及 $S_m^{\ominus}$。以 HCl 水溶液为例，在一定温度下，HCl 水溶液的标准摩尔生成焓就是在相同温度下 HCl 气体的标准摩尔生成焓与 HCl 气体在水中溶解时的标准摩尔溶解焓的加和。可是在水溶液中，任何电解质都会不同程度地以离子的形式出现，而且正负离子同时存在。我们没有合适的方法来确定水溶液中各不同离子的标准热力学数据。然而，在讨论分析有离子参与的化学反应及化学平衡时，很需要离子的标准热力学数据。在这种情况下，有必要人为设定一个参考标准，并在此基础上确定其它所有离子的标准

热力学数据。

在具体介绍这种参考标准之前，有必要先强调一下，对于溶液中的溶质型组分（其中也包括电解质水溶液中的离子），原则上可以选用各种不同的浓标。但在具体操作时，常把水溶液中的各种未解离的溶质型组分和解离后产生的离子型组分的标准态选定为：在一定温度和标准压力下 $b=b^{\ominus}=1\text{mol}\cdot\text{kg}^{-1}$ 而且具有无限稀释溶液特性的状态。

已知在 25℃下，HCl 水溶液的标准热力学数据如下：

$$\Delta_f H_m^{\ominus}(\text{HCl},\text{aq})=-167.44\text{kJ}\cdot\text{mol}^{-1}$$

$$S_m^{\ominus}(\text{HCl},\text{aq})=55.2\text{J}\cdot\text{K}^{-1}\cdot\text{mol}^{-1}$$

$$\Delta_f G_m^{\ominus}(\text{HCl},\text{aq})=-131.17\text{kJ}\cdot\text{mol}^{-1}$$

在明确了水溶液中离子的标准状态以后，为了确定水溶液中各不同离子的标准摩尔生成焓、标准摩尔熵和标准摩尔生成吉布斯函数，人为规定水溶液中的氢离子 H^+ 在任何温度下

$$\Delta_f H_m^{\ominus}(\text{H}^+,\text{aq})=0\text{kJ}\cdot\text{mol}^{-1} \tag{4.32}$$

$$S_m^{\ominus}(\text{H}^+,\text{aq})=0\text{J}\cdot\text{K}^{-1}\cdot\text{mol}^{-1} \tag{4.33}$$

$$\Delta_f G_m^{\ominus}(\text{H}^+,\text{aq})=0\text{kJ}\cdot\text{mol}^{-1} \tag{4.34}$$

在此规定的基础上

由于

$$\Delta_f H_m^{\ominus}(\text{HCl},\text{aq})=\Delta_f H_m^{\ominus}(\text{H}^+,\text{aq})+\Delta_f H_m^{\ominus}(\text{Cl}^-,\text{aq})$$

$$S_m^{\ominus}(\text{HCl},\text{aq})=S_m^{\ominus}(\text{H}^+,\text{aq})+S_m^{\ominus}(\text{Cl}^-,\text{aq})$$

$$\Delta_f G_m^{\ominus}(\text{HCl},\text{aq})=\Delta_f G_m^{\ominus}(\text{H}^+,\text{aq})+\Delta_f G_m^{\ominus}(\text{Cl}^-,\text{aq})$$

所以

$$\Delta_f H_m^{\ominus}(\text{Cl}^-,\text{aq})=-167.44\text{kJ}\cdot\text{mol}^{-1}$$

$$S_m^{\ominus}(\text{Cl}^-,\text{aq})=55.2\text{J}\cdot\text{K}^{-1}\cdot\text{mol}^{-1}$$

$$\Delta_f G_m^{\ominus}(\text{Cl}^-,\text{aq})=-131.17\text{kJ}\cdot\text{mol}^{-1}$$

以式(4.32)、式(4.33)、式(4.34) 为参考得到的这些热力学数据有没有意义呢？现以用此法得到的其它离子的标准摩尔生成焓为例。假设式(4.32) 的规定使 H^+(aq) 的标准摩尔生成焓比它的真值小了 $a\text{kJ}\cdot\text{mol}^{-1}$，由此推测用这种方法会使 Cl^-(aq) 的标准摩尔生成焓都比它的真值大 $a\text{kJ}\cdot\text{mol}^{-1}$，同理会使 Br^-(aq)、OH^-(aq)、NO_3^-(aq) 等所有一价负离子的标准摩尔生成焓都比它的真值大 $a\text{kJ}\cdot\text{mol}^{-1}$，会使 SO_4^{2-}、CO_3^{2-}、S^{2-} 等所有二价负离子的标准摩尔生成焓都比它的真值大 $2a\text{kJ}\cdot\text{mol}^{-1}$……借助这些负离子的标准摩尔生成焓用同样的方法进一步推测，结果会使 Na^+、K^+、NH_4^+ 等所有一价正离子的标准摩尔生成焓都比它的真值小 $a\text{kJ}\cdot\text{mol}^{-1}$，会使 Mg^{2+}、Ca^{2+}、Cu^{2+} 等所有二价正离子的标准摩尔生成焓都比它的真值小 $2a\text{kJ}\cdot\text{mol}^{-1}$……对于一个配平的反应方程式而言，左右两边的离子电荷（即总电荷或净电荷）不仅符号相同，而且数目相等。所以，使用上述关于 H^+(aq) 的标准热力学数据的规定时，会使左右两边的焓值以相同的幅度增大或减小，但这不会影响反应的焓变，不会影响标准摩尔反应焓。

同理，使用分别以式(4.33) 和式(4.34) 为参考得到的其它离子的标准摩尔熵和标准摩尔生成吉布斯函数时，对化学反应的标准摩尔反应熵 $\Delta_r S_m^{\ominus}$ 和标准摩尔反应吉布斯函数 $\Delta_r G_m^{\ominus}$ 的计算也不会带来任何偏差。

在 25℃下，水溶液中部分离子的标准热力学数据列于附录Ⅲ中。有了水溶液中离子反应的 $\Delta_r G_m^{\ominus}$，就可以计算水溶液中离子反应的标准平衡常数和平衡组成。

例 4.12 在水溶液中，计算下列反应在25℃下的标准平衡常数。

(1) $$Mg(OH)_2 \xlongequal{} Mg^{2+} + 2OH^-$$

(2) $$Cr_2O_7^{2-} + 6Cr^{2+} + 14H^+ \xlongequal{} 8Cr^{3+} + 7H_2O$$

解：(1) $$Mg(OH)_2 \xlongequal{} Mg^{2+} + 2OH^-$$

查表可得 $\Delta_f G_m^{\ominus}/kJ \cdot mol^{-1}$ -833.74 -456.01 -157.22

$$\Delta_r G_m^{\ominus}/kJ \cdot mol^{-1} = -456.01 - 2\times157.22 + 833.74$$

即 $$\Delta_f G_m^{\ominus} = 63.29 kJ \cdot mol^{-1}$$

所以 $$K^{\ominus} = \exp\left(\frac{-\Delta_r G_m^{\ominus}}{RT}\right) = \exp\left(\frac{-63.29\times10^3}{8.314\times298.2}\right)$$

$$= 8.19\times10^{-12}$$

(2) $$Cr_2O_7^{2-} + 6Cr^{2+} + 14H^+ \xlongequal{} 8Cr^{3+} + 7H_2O$$

查表可得 $\Delta_f G_m^{\ominus}/kJ \cdot mol^{-1}$ -1257.3 -176.1 0 -215.5 -237.13

$$\Delta_r G_m^{\ominus}/kJ \cdot mol^{-1} = -8\times215.5 - 7\times237.13 + 1257.3 + 6\times176.1$$

即 $$\Delta_r G_m^{\ominus} = -1070 kJ \cdot mol^{-1}$$

所以 $$K^{\ominus} = \exp\left(\frac{-\Delta_r G_m^{\ominus}}{RT}\right) = \exp\left(\frac{1070\times10^3}{8.314\times298.2}\right)$$

$$= 2.75\times10^{187}$$

4.6 平衡常数与温度的关系

4.6.1 范特霍夫方程

在一定压力下，物质B的摩尔吉布斯函数与温度的关系可表示如下：

$$\left[\frac{\partial\left(\frac{G_m(B)}{T}\right)}{\partial T}\right]_p = -\frac{H_m(B)}{T^2}$$

对于化学反应中的B物质，由此可得

$$\left(\frac{\partial\left(\frac{\nu_B G_m(B)}{T}\right)}{\partial T}\right)_p = -\frac{\nu_B H_m(B)}{T^2}$$

将此式用于化学反应中的所有物质，然后把每个式子的左右两边分别加和可得

$$\left(\frac{\partial\left(\frac{\sum\nu_B G_m(B)}{T}\right)}{\partial T}\right)_p = -\frac{\sum\nu_B H_m(B)}{T^2}$$

即 $$\left(\frac{\partial\left(\frac{\Delta_r G_m}{T}\right)}{\partial T}\right)_p = -\frac{\Delta_r H_m}{T^2}$$

同理 $$\left(\frac{\partial\left(\frac{\Delta_r G_m^{\ominus}}{T}\right)}{\partial T}\right)_p = -\frac{\Delta_r H_m^{\ominus}}{T^2}$$

由于 $\Delta_r G_m^{\ominus}$ 只是温度的函数，它与压力无关，故上式可改写为

$$\frac{\mathrm{d}\left(\frac{\Delta_r G_m^{\ominus}}{T}\right)}{\mathrm{d}T}=-\frac{\Delta_r H_m^{\ominus}}{T^2}$$

又因

$$\Delta_r G_m^{\ominus}=-RT\ln K^{\ominus}$$

所以

$$\frac{\mathrm{d}\ln K^{\ominus}}{\mathrm{d}T}=\frac{\Delta_r H_m^{\ominus}}{RT^2} \tag{4.35}$$

因为 ΔH 对压力不敏感，通常 $\Delta_r H_m \approx \Delta_r H_m^{\ominus}$，故上式也可以改写为

$$\frac{\mathrm{d}\ln K^{\ominus}}{\mathrm{d}T}=\frac{\Delta_r H_m}{RT^2} \tag{4.36}$$

式(4.35) 和式(4.36) 均称为**范特霍夫方程**（van' t Hoff equation)。在一定压力下，$\Delta_r H_m$ 是摩尔反应热效应。由范特霍夫方程可见，升高温度时，吸热反应（$\Delta_r H_m>0$）的平衡常数会增大，化学平衡会正向移动；升高温度时，放热反应（$\Delta_r H_m<0$）的平衡常数会减小，化学平衡会逆向移动。换句话说，升高温度时化学平衡将朝着吸热的方向移动，降低温度时化学平衡将朝着放热的方向移动。这种情况也与勒夏特里原理完全一致。

4.6.2 温度对平衡常数的影响

由范特霍夫方程式(4.36) 可得

$$\mathrm{d}\ln K^{\ominus}=\frac{\Delta_r H_m}{RT^2}\mathrm{d}T \tag{4.37}$$

(1) 近似积分法

当温度变化范围不大时，可以把 $\Delta_r H_m$ 近似看作常数。此时对式(4.37) 作定积分可得

$$\ln\frac{K^{\ominus}(T_2)}{K^{\ominus}(T_1)}=\frac{\Delta_r H_m(T_2-T_1)}{RT_1T_2} \tag{4.38}$$

如果知道摩尔反应焓 $\Delta_r H_m$ 和 T_1 温度下的标准平衡常数 $K^{\ominus}(T_1)$，就可以用式(4.38) 计算出任意温度 T_2 下的标准平衡常数 $K^{\ominus}(T_2)$。

也可以对式(4.37) 作不定积分，并得到

$$\ln K^{\ominus}=-\frac{\Delta_r H_m}{RT}+I \tag{4.39}$$

只要把已知的某温度下的标准平衡常数和可近似看作常数的摩尔反应焓 $\Delta_r H_m$ 代入上式，就可以确定积分常数 I。然后就可以根据式(4.39) 计算任意温度下的标准平衡常数了。

不论是定积分还是不定积分，只需知道一个温度下的平衡常数即可。所以，一般工具书中只给出不同物质在 25℃下的标准摩尔生成吉布斯函数是可以满足要求的。

(2) 精确积分法

实际上，$\Delta_r H_m$ 与温度有关。通常当温度变化范围较大时，$\Delta_r H_m$ 的变化也会比较明显。根据第一章中学过的基希霍夫公式

$$\Delta_r H_m=\underbrace{\int \Delta_r C_{p,m}\mathrm{d}T}_{\text{是温度}T\text{的函数}}+C$$

其中的 $\Delta_r C_{p,m}$ 是温度的函数，并且可以查表计算。上式中不定积分的结果也是温度的函数。所以，只要将某已知温度下的 $\Delta_r H_m$ 代入上式，便可以确定积分常数 C。有了积分常数 C，摩尔反应焓 $\Delta_r H_m$ 与温度 T 的函数关系就完全确定了。此时上式可简记为

$$\Delta_r H_m = g(T)$$

将此代入式(4.37)并对两边进行积分，就可以得到较准确的结果。同样，此处既可以作定积分，也可以作不定积分。作不定积分时，同样需要知道某个温度下的标准平衡常数，这样才能把积分常数确定下来。

例 4.13 已知反应 $3CuCl(g) \rightleftharpoons Cu_3Cl_3(g)$ 的标准摩尔反应吉布斯函数与温度的关系如下：

$$\Delta_r G_m^{\ominus}/J \cdot mol^{-1} = -528900 - 22.73T/K \cdot \ln(T/K) + 438.2T/K$$

(1) 求 2000K 下此反应的 $\Delta_r H_m^{\ominus}$ 和 $\Delta_r S_m^{\ominus}$。

(2) 求 2000K 和 $10p^{\ominus}$ 条件下，平衡混合物中 Cu_3Cl_3 的摩尔分数。

解：(1) 可以先分别求出 2000K 下的 $\Delta_r G_m^{\ominus}$ 和 $\Delta_r H_m^{\ominus}$，然后根据这两个量便可求得 2000K 下的 $\Delta_r S_m^{\ominus}$。为此，将 $T=2000K$ 代入 $\Delta_r G_m^{\ominus} \sim T$ 关系式可得

$$\Delta_r G_m^{\ominus} = 1990J \cdot mol^{-1} = 1.99kJ \cdot mol^{-1}$$

由于
$$\Delta_r G_m^{\ominus} = -RT\ln K_p^{\ominus}$$

所以
$$\ln K_p^{\ominus} = -\frac{\Delta_r G_m^{\ominus}}{RT} = \frac{528900}{RT} + \frac{22.73\ln T}{R} - \frac{438.2}{R}$$ ❶

所以
$$\frac{d\ln K_p^{\ominus}}{dT} = -\frac{528900}{RT^2} + \frac{22.73}{RT} = \frac{-528900 + 22.73T}{RT^2}$$

又因
$$\frac{d\ln K_p^{\ominus}}{dT} = \frac{\Delta_r H_m^{\ominus}}{RT^2}$$

所以
$$\Delta_r H_m^{\ominus}/J \cdot mol^{-1} = -528900 + 22.73T/K$$

当 $T=2000K$ 时，由此可得

$$\Delta_r H_m^{\ominus} = -483.4 \times 10^3 J \cdot mol^{-1} = -483.4kJ \cdot mol^{-1}$$

所以
$$\Delta_r S_m^{\ominus} = \frac{\Delta_r H_m^{\ominus} - \Delta_r G_m^{\ominus}}{T} = 240.7J \cdot mol^{-1} \cdot K^{-1}$$

(2) $T=2000K$ 时

$$K_p^{\ominus} = \exp\left(\frac{-\Delta_r G_m^{\ominus}}{RT}\right) = \exp\left(\frac{-1990}{8.314 \times 2000}\right) = 0.887$$

$$3CuCl(g) \rightleftharpoons Cu_3Cl_3(g)$$

平衡时的摩尔分数 x $1-x$

由于
$$K_p^{\ominus} = K_x\left(\frac{p}{p^{\ominus}}\right)^{\Sigma\nu_B} = K_x\left(\frac{10p^{\ominus}}{p^{\ominus}}\right)^{-2} = K_x \frac{1}{100}$$

所以
$$0.887 = \frac{1-x}{100x^3}$$

由此可解得 $x=0.209$ $1-x=0.791$

所以在 2000K 和 $10p^{\ominus}$ 条件下，平衡混合物中 Cu_3Cl_3 的摩尔分数为 0.791。

---

❶ 此处的推导过程涉及多个步骤、多个关系式。为简单起见，只要保证最初所使用的关系式是根据 SI 单位导出的，并且代入的各物理量的数值也是与 SI 单位相对应的数值即可。

4.7 同时平衡

4.7.1 同时平衡

实际上，一个反应系统内往往会同时发生多个反应。其中有主反应也有副反应，或是反应物中的杂质与反应物或产物发生反应，或是第一步反应的产物还可以进一步发生反应等等。在这种情况下，只有当系统中的每一个反应都达到化学平衡时，整个系统才会处于平衡状态。所以称这种平衡为**同时平衡**（simultaneous equilibria）。

例 4.14 已知在 2000K 下，CO_2 和 H_2O 可发生的反应如下：

① $$2H_2O(g) \longrightarrow 2H_2(g)+O_2(g)$$

② $$2CO_2(g) \longrightarrow 2CO(g)+O_2(g)$$

③ $$H_2O(g)+CO(g) \longrightarrow CO_2(g)+H_2(g)$$

其中 $K_{p,1}^{\ominus}=8.76\times10^{-8}$，$K_{p,2}^{\ominus}=1.87\times10^{-6}$。在 2000K 和 $p^{\ominus}$ 压力下，当等摩尔的 CO_2 和 H_2O 反应达到平衡时，分别求 H_2O 和 CO_2 的分解率 α_1 和 α_2。

分析：可以看出，上述三个反应彼此之间存在如下关系：

$$①=②+2\times③$$

所以 $$K_{p,1}^{\ominus}=K_{p,2}^{\ominus}K_{p,3}^{\ominus 2}$$

由此可见，当整个反应系统达到平衡时，只要上述三个反应中的五种物质 CO_2、H_2O、CO、H_2 和 O_2 的浓度或分压满足其中任意两个反应的平衡常数，也就必然满足第三个反应的平衡常数。所以，针对这个问题我们只需讨论其中任意两个反应即可。实际上，类似于这样的问题是很多的。为讨论问题方便，有必要引入独立反应概念。**独立反应**（independent reaction）是指描述系统的化学平衡组成所需要的数目最少的那些化学反应。确定独立反应的方法是：经过仔细检查，如果一组反应中的任何一个反应都不能表示为其它反应的线性组合，则这组反应就是独立反应。在分析讨论同时平衡问题时，只需讨论其中的独立反应即可。仔细分析，此例中只有两个独立反应。

解：选反应①和②为独立反应。最初和平衡时系统中各物质的量如下

	$2H_2O(g)$	$\longrightarrow 2H_2(g)$	$+O_2(g)$	$2CO_2(g)$	$\longrightarrow 2CO(g)$	$+O_2(g)$
初始摩尔数	1	0	0	1	0	0
平衡摩尔数	$1-\alpha_1$	α_1	$\frac{1}{2}\alpha_1+\frac{1}{2}\alpha_2$	$1-\alpha_2$	α_2	$\frac{1}{2}\alpha_1+\frac{1}{2}\alpha_2$

平衡时总摩尔数为

$$\sum n_B=(1-\alpha_1)+\alpha_1+\frac{\alpha_1+\alpha_2}{2}+(1-\alpha_2)+\alpha_2=2+\frac{\alpha_1+\alpha_2}{2}$$

所以 $$K_{p,1}^{\ominus}=K_{n,1}\left(\frac{p}{p^{\ominus}\sum n_B}\right)^{\sum\nu_B}$$

即 $$K_{p,1}^{\ominus}=\frac{\alpha_1^2\frac{\alpha_1+\alpha_2}{2}}{(1-\alpha_1)^2}\times\frac{1}{2+\frac{\alpha_1+\alpha_2}{2}} \tag{A}$$

$$K_{p,2}^{\ominus}=K_{n,2}\left(\frac{p}{p^{\ominus}\sum n_{\mathrm{B}}}\right)^{\sum\nu_{\mathrm{B}}}$$

即

$$K_{p,2}^{\ominus}=\frac{\alpha_2^2\cdot\dfrac{\alpha_1+\alpha_2}{2}}{(1-\alpha_2)^2}\cdot\frac{1}{2+\dfrac{\alpha_1+\alpha_2}{2}} \qquad \text{(B)}$$

把 $K_{p,1}^{\ominus}$ 和 $K_{p,2}^{\ominus}$ 的数值分别代入式(A) 和式(B)，然后两式联立求解可得

$$\alpha_1=0.00398 \qquad \alpha_2=0.01815$$

本来，联立求解此处的二元高次方程组不方便，但如果在计算机上，借 excel 软件用尝试的方法求解，这个问题就很简单了。

*4.7.2 甲烷水蒸气转化制氢

在 600℃下，在甲烷与水蒸气转化制氢的反应系统中主要有以下两个反应：

① $CH_4(g)+H_2O(g) = CO(g)+3H_2(g)$ $\qquad K_1^{\ominus}=0.589$

② $CO(g)+H_2O(g) = CO_2(g)+H_2(g)$ $\qquad K_2^{\ominus}=2.21$

由于生产中所使用的镍催化剂活性很高，使得出料时这两个反应可近似达到平衡。在 600℃下，该系统中除了上述两个主反应外，还可能发生以下几个副反应：

③ $CH_4(g) = C(s)+2H_2(g)$ $\qquad K_3^{\ominus}=2.16$

④ $CO(g)+H_2(g) = C(s)+H_2O(g)$ $\qquad K_4^{\ominus}=3.67$

⑤ $2CO(g) = C(s)+CO_2(g)$ $\qquad K_5^{\ominus}=8.03$

从标准平衡常数看，这些副反应发生的趋势都还比较大。这些副反应的发生，会使反应器内积炭。积炭的结果不仅会使反应器内的有效体积减小，而且会影响反应器的热传递效率。可是，如何消除副反应从而避免反应器内积炭呢？根据前边讨论过的化学反应等温式

$$\Delta_{\mathrm{r}}G_{\mathrm{m}}=RT\ln\frac{J}{K^{\ominus}}$$

在等温等压条件下，只要满足 $J_3>K_3^{\ominus}$、$J_4>K_4^{\ominus}$、$J_5>K_5^{\ominus}$ 这三个条件，反应③、④、⑤就只能逆向进行。此时不仅不会产生积炭，而且还能使已有的积炭减少直至消失。

仔细分析，反应④和⑤都可以用前三个反应的线性组合来表示即

④=③－① $\qquad K_4^{\ominus}=K_3^{\ominus}/K_1^{\ominus}$

⑤=②+③－① $\qquad K_5^{\ominus}=K_2^{\ominus}\cdot K_3^{\ominus}/K_1^{\ominus}$

而前三个反应中的任何一个都不能用另外两个的线性组合来表示，故可以把前三个反应视为该反应系统中的独立反应，其中包括主反应①、②和副反应③。从上述两个不同反应彼此间的关系式可以看出，只要副反应③能发生，副反应④和⑤也必然能发生；同理，只要副反应④能发生，副反应③也就能发生（因为③=①+④），这时副反应⑤也就能发生（因为⑤=②+③－①）。所以，该系统中的副反应如果能发生就都能发生，如果不能发生就都不能发生。对此还可以换一个角度来分析，即该系统中如果有一个副反应能发生，系统中就有积炭 C(s)。一旦有积炭 C(s)，则另外两个副反应所涉及的所有物质就都存在，另外两个副反应必然也存在。反过来，如果有任何一个副反应不能发生，系统中就没有积炭 C(s)。没有积炭 C(s)，这说明所有副反应都不能发生。

综上所述，$J_3>K_3^\ominus$、$J_4>K_4^\ominus$、$J_5>K_5^\ominus$ 这三个条件当中只要有一个满足，另外两个也必然满足。因此，在下面的分析中只需考察其中任意一个即可。

反应①和②的平衡组成以及 J_3 均与原料气的配比（$n_{水}/n_{甲}$）有关。设无副反应发生时原料气的配比为 $n_{水}/n_{甲}=n$，则对于两个主反应而言

	$CH_4(g)$	$+H_2O(g)$	$=\!=\!= CO(g)$	$+3H_2(g)$	$CO(g)$	$+H_2O(g)$	$=\!=\!= CO_2(g)$	$+H_2(g)$
初始量	1	n	0	0	0	n	0	0
平衡量	$1-x$	$n-x-y$	$x-y$	$3x+y$	$x-y$	$n-x-y$	y	$3x+y$

平衡时，系统中气体的总摩尔数为

$$\sum n_B=(1-x)+(n-x-y)+(x-y)+(3x+y)+y=1+n+2x$$

若把这些气体都视为理想气体，则由 $K^\ominus$ 与 K_n 的关系可知

$$K_1^\ominus=\frac{(x-y)(3x+y)^3}{(1-x)(n-x-y)}\left(\frac{p}{p^\ominus(1+n+2x)}\right)^2 \tag{A}$$

$$K_2^\ominus=\frac{y(3x+y)}{(x-y)(n-x-y)} \tag{B}$$

而
$$J_3=\prod_B\left(\frac{p_B}{p^\ominus}\right)^{\nu_B}=\prod_B n_B^{\nu_B}\left(\frac{p}{p^\ominus\sum n_B}\right)^{\sum\nu_B}$$

即
$$J_3=\frac{(3x+y)^2}{1-x}\frac{p}{p^\ominus(1+n+2x)} \tag{C}$$

在一定温度和压力下，对于原料气的配料比，可以给定一系列不同的值 n_i，然后由式(A)和式(B) 联立求解，可得多组不同的 x_i 和 y_i。最后把每一组 n_i、x_i 和 y_i 代入式(C)，可得一个 $J_3(i)$。如此操作可得到多组 n_i、x_i、y_i 和 $J_3(i)$ 数据。用 $J_3(i)$ 对 n_i 作图，可得一条在指定温度和压力下的 $J_3\sim n$ 曲线，如图 4.2 中的实线所示。

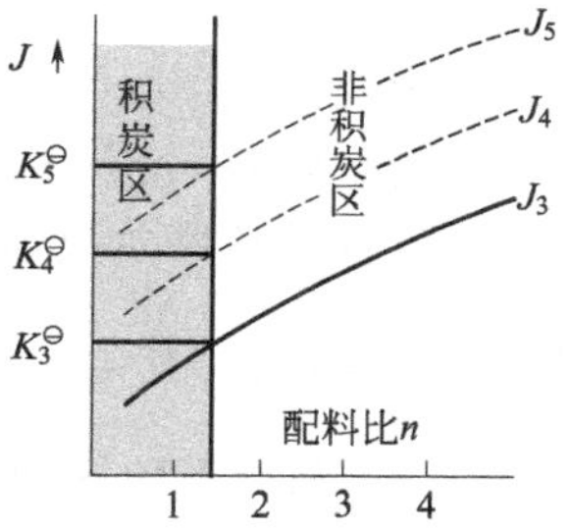

图 4.2　配料比与积炭

从图 4.2 可以看出，大约当原料气的配比 n 大于 1.4 时，$J_3>K_3^\ominus$。这时积炭反应③就不能发生。与此同时，根据前面的分析也必然$J_4>K_4^\ominus$、$J_5>K_5^\ominus$，即此时积炭反应④和⑤必然也不能发生。

*4.7.3　反应的耦合

如果系统中可以发生多个反应，但这些反应不是完全独立的，而是有先后次序。其中一个反应的产物是另一个反应的反应物。我们把这些反应称为**耦合反应** (coupled reaction)。如在 298K 下

① $TiO_2(s)+2Cl_2(g) =\!=\!= TiCl_4(l)+O_2(g)$　　$\Delta_r G_{m,1}^\ominus=161.94\text{kJ}\cdot\text{mol}^{-1}$

② $C(s)+O_2(g) =\!=\!= CO_2(g)$　　$\Delta_r G_{m,2}^\ominus=-394.38\text{kJ}\cdot\text{mol}^{-1}$

从标准摩尔反应吉布斯函数看，由反应①很难或者根本无法制得 $TiCl_4(l)$。但可以看出，反应①和反应②是耦合反应，把这两个反应相加可得

③ $$TiO_2(s)+2Cl_2(g)+C(s) =\!=\!= TiCl_4(l)+CO_2(g)$$

$$\Delta_r G_{m,3}^\ominus=\Delta_r G_{m,1}^\ominus+\Delta_r G_{m,2}^\ominus=-232.44\text{kJ}\cdot\text{mol}^{-1}$$

如此看来，通过耦合反应③制备 $TiCl_4(l)$ 是比较容易的。

又如在 298K 下，以甲醇为原料制备甲醛。

① $CH_3OH(g) \xlongequal{} CH_2O(g)+H_2(g)$ $\Delta_r G^{\ominus}_{m,1}=59.43\text{kJ}\cdot\text{mol}^{-1}$

② $H_2(g)+\frac{1}{2}O_2(g) \xlongequal{} H_2O(g)$ $\Delta_r G^{\ominus}_{m,2}=-228.57\text{kJ}\cdot\text{mol}^{-1}$

可以看出，直接由反应①很难制得甲醛，但是反应①和②相加可得

③ $CH_3OH(g)+\frac{1}{2}O_2(g) \xlongequal{} CH_2O(g)+H_2O(g)$

$$\Delta_r G^{\ominus}_{m,3}=\Delta_r G^{\ominus}_{m,1}+\Delta_r G^{\ominus}_{m,2}=-161.14\text{kJ}\cdot\text{mol}^{-1}$$

所以工业上就是利用耦合反应③来制备甲醛的。

从上述两个例子可以看出，耦合反应会对设计新的合成路线有很大帮助。

*4.8 绝热反应

前边讨论的大多都是等温等压反应，可是实际情况不全是这样。在一定压力下，如果反应速率很快，反应很容易达到平衡。那么在短时间的反应过程中，系统与环境交换的热量就很少，以至可忽略不计。在这种情况下，就可将反应近似看作**等压绝热反应**（isobar adiabatic reaction）。与此类似，如果化学反应是在刚性密闭容器中进行，就可以将反应近似看作**等容绝热反应**（isochoric adiabatic reaction）。当等压绝热反应或等容绝热反应达到平衡时，其平衡温度和平衡组成该如何确定呢？

在第 1 章中也曾讨论过绝热反应，但当时未考虑化学平衡，只考察了在绝热条件下反应物完全消失变为产物后系统的终态温度是多少。现在既要考虑反应是绝热的，也要考虑化学平衡。如对于下面的等压绝热反应

	$2A(g)$	$+\ B(g)$	$\xlongequal{}\ 3D(g)$	$+\ E(g)$		
初始摩尔数	1	1	0	0	T_0	p
平衡摩尔数	$1-2x$	$1-x$	$3x$	x	T	p

平衡时气体的总摩尔数为 $\sum n_B=2+x$

平衡时反应进度为 $\xi=\frac{\Delta n_B}{\nu_B}=x$

假设在 T_0 温度下的标准平衡常数 $K_p^{\ominus}(T_0)$ 和摩尔反应热效应 $\Delta_r H_m(T_0)$ 都是已知的。为讨论问题方便，现在另设计一条反应路线。

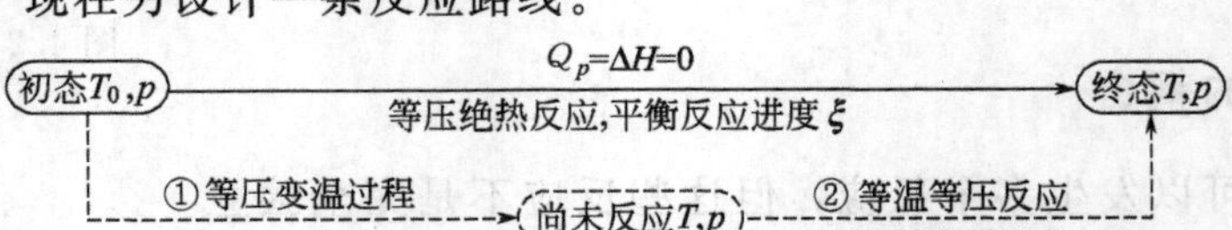

因为 $$\Delta H=0$$

所以 $$\Delta H_1+\Delta H_2=0 \tag{A}$$

而 $$\Delta H_1=\int_{T_0}^{T}[C_{p,m}(A)+C_{p,m}(B)]dT \tag{B}$$

$$\Delta H_2=\xi\Delta_r H_m(T)=x\Delta_r H_m(T)$$

根据基希霍夫公式，此式可展开为

$$\Delta H_2=x\left[\Delta_r H_m(T_0)+\int_{T_0}^{T}\Delta_r C_{p,m}dT\right] \tag{C}$$

把式(B) 和式(C) 代入式(A) 可得

$$\int_{T_0}^{T}[C_{p,\mathrm{m}}(\mathrm{A})+C_{p,\mathrm{m}}(\mathrm{B})]\mathrm{d}T+x\left[\Delta_r H_{\mathrm{m}}(T_0)+\int_{T_0}^{T}\Delta_r C_{p,\mathrm{m}}\mathrm{d}T\right]=0$$

其中，$\Delta_r H_m(T_0)$ 可以设法测定或计算、$C_{p,m}$ 和 $\Delta_r C_{p,m}$ 可以查表计算。故此式积分后，所得结果中只包含 T 和 x 两个变量，可以把它简记为

$$T=f(x) \tag{4.40}$$

式(4.40) 描述了在等压绝热条件下，终态温度 T 与反应进度 x 的关系。给定一个 x，就有一定的反应进度和热效应，根据式(4.40) 就有一个终态温度 T。但是，随意给定的 x 是否满足 T 温度下的标准平衡常数是无法保证的，即此处未考虑终态是不是处于化学平衡状态。

另一方面，根据平衡常数与温度的关系

$$\frac{\mathrm{d}\ln K_p^{\ominus}}{\mathrm{d}T}=\frac{\Delta_r H_m}{RT^2}$$

$$\ln\frac{K_p^{\ominus}(T)}{K_p^{\ominus}(T_0)}=\int_{T_0}^{T}\frac{\Delta_r H_m}{RT^2}\mathrm{d}T$$

所以 $$K_p^{\ominus}(T)=K_p^{\ominus}(T_0)\exp\left[\int_{T_0}^{T}\frac{\Delta_r H_m}{RT^2}\mathrm{d}T\right]$$

即 $$K_p^{\ominus}(T)=K_p^{\ominus}(T_0)\exp\left[\int_{T_0}^{T}\frac{\int_{T_0}^{T}\Delta_r C_{p,m}\mathrm{d}T+\Delta_r H_m(T_0)}{RT^2}\mathrm{d}T\right] \tag{D}$$

又因 $$K_p^{\ominus}(T)=K_n\left(\frac{p}{p^{\ominus}\sum n_B}\right)^{\sum\nu_B}$$

即 $$K_p^{\ominus}(T)=\frac{(3x)^3x}{(1-2x)^2(1-x)}\times\frac{p}{p^{\ominus}(2+x)} \tag{E}$$

由式(D)、式(E) 两式可得

$$\frac{(3x)^3x}{(1-2x)^2(1-x)}\times\frac{p}{p^{\ominus}(2+x)}=K_p^{\ominus}(T_0)\cdot\exp\left[\int_{T_0}^{T}\frac{\int_{T_0}^{T}\Delta_r C_{p,m}\mathrm{d}T+\Delta_r H_m(T_0)}{RT^2}\mathrm{d}T\right]$$

由于总压力 p 是确定的，故上式积分后也只有 T 和 x 两个变量，可把它简记为

$$T=g(x) \tag{4.41}$$

式(4.41) 描述了平衡温度 T 与平衡反应进度 x 之间的关系，但是其中未考虑系统是否绝热。

如果把式(4.40) 和式(4.41) 联立求解，则得到的 T 和 x 既满足绝热条件，也满足化学平衡条件，其结果就是等压绝热反应达到平衡时的温度和反应进度。

也可以根据式(4.40) 和式(4.41)，分别画出两条 $T\sim x$ 曲线，其交点对应的 T 和 x 必然既满足方程式(4.40)，又满足方程式(4.41)。其交点对应的 T 和 x 就是我们要求的等压绝热反应达到平衡时的温度和反应进度。

*4.9 平衡常数与压力的关系

根据前一章多组系统热力学中的讨论，在 T 温度和 p 压力下不同物系的化学势如下：

理想气体 $$\mu_B(T,p)=\mu_B^{\ominus}(T)+RT\ln\frac{p_B}{p^{\ominus}}$$

纯凝聚态物质 $\mu_B(T,p)=\mu_B^*(T,p)+RT\ln 1$

溶液 $\mu_B(T,p)=\mu_B^*(T,p)+RT\ln a_B$ 以拉乌尔定律为参考

$\mu_B(T,p)=\mu_B^{\Delta}(T,p)+RT\ln a_B$ 以亨利定律为参考

实际上，在一定压力下理想气体的 μ_B 只与其自身的分压力 p_B 有关而与总压 p 无关。有关 $\mu_B^*(T,p)$ 和 $\mu_B^{\Delta}(T,p)$ 的物理意义在多组系统热力学部分已做了详细说明。在上述化学势表达式中，其右边均由两项组成，而且这两项的形式都大致相同。对于凝聚态物质（包括纯凝聚态物质和溶液），其化学势可用一种通式表示为

$$\mu_B(T,p)=\mu_B^{\#}(T,p)+RT\ln a_B \tag{4.42}$$

针对不同物系，式(4.42) 中的 $\mu_B^{\#}(T,\ p)$ 可能是 T 温度和 p 压力下纯物质 B 的化学势，也可能是 T 温度和 p 压力下物质 B 的一种假想状态的化学势。不论属于哪种情况，其状态既与温度 T 有关，也与压力 p 有关。只有当温度 T 和压力 p 都确定以后，其状态才能完全确定，这时 $\mu_B^{\#}(T,\ p)$ 才有唯一确定的值。

在本章前面已详细讨论了理想气体的化学平衡。从中可以看出：理想气体反应的标准平衡常数 $K_p^{\ominus}$ 与其标准摩尔反应吉布斯函数 $\Delta_r G_m^{\ominus}$ 之间存在严格意义上的一一对应关系。在这种情况下，由于 $\Delta_r G_m^{\ominus}$ 仅仅是温度的函数而与压力无关，所以不论压力大小，理想气体反应的标准平衡常数 $K_p^{\ominus}$ 在严格意义上只与温度有关，而与压力无关。

在 T 温度和 p 压力下根据式(4.42)，凝聚态物质反应的摩尔反应吉布斯函数为

$$\Delta_r G_m=\sum\nu_B\mu_B^{\#}(T,p)+RT\ln\prod a_B^{\nu_B}$$

当反应达到平衡时，根据吉布斯函数最低原理 $\Delta_r G_m=0$，所以

$$\sum\nu_B\mu_B^{\#}(T,p)=-RT\ln\left(\prod a_B^{\nu_B}\right)_{平衡}$$

根据前面的讨论，对于凝聚态物质的反应，其标准平衡常数 $K_a^{\ominus}$ 等于该反应的平衡活度商 $\left(\prod a_B^{\nu_B}\right)_{平衡}$。因此，可以把上式改写为

$$\sum\nu_B\mu_B^{\#}(T,p)=-RT\ln K_a^{\ominus} \tag{4.43}$$

由式(4.43) 可见，严格说来凝聚态物质反应的标准平衡常数与温度和压力都有关系。压力到底怎样影响凝聚态物质反应的标准平衡常数 $K_a^{\ominus}$ 呢？在一定温度下，式(4.43) 两边分别对压力求导可得

$$\sum\nu_B\left(\frac{\partial\mu_B^{\#}}{\partial p}\right)_T=-RT\left(\frac{\partial\ln K_a^{\ominus}}{\partial p}\right)_T$$

由定组成闭合相热力学基本方程可知

$$\left(\frac{\partial\mu_B^{\#}}{\partial p}\right)_T=V_m^{\#}(\mathrm{B}) \tag{4.44}$$

式(4.44) 中的 $V_m^{\#}(\mathrm{B})$ 可能是 T 温度和 p 压力下纯物质 B 所处状态的摩尔体积，也可能是 T 温度和 p 压力下凝聚态物质 B 的一种假想状态的偏摩尔体积。把式(4.44) 代入其前式并移项可得

$$-RT\left(\frac{\partial\ln K_a^{\ominus}}{\partial p}\right)_T=\sum\nu_B V_m^{\#}(\mathrm{B})$$

即

$$\left(\frac{\partial\ln K_a^{\ominus}}{\partial p}\right)_T=-\frac{\Delta_r V_m^{\#}}{RT} \tag{4.45}$$

此处的 $\Delta_r V_m^{\#}$ 是摩尔反应体积，即发生 1mol 反应时凝聚态物质体积的改变量。从式(4.45) 可见：在一定温度下增大压力时，对于体积增大的反应，$K_a^{\ominus}$ 将减小，平衡将逆向移动；对

于体积减小的反应，$K_a^\ominus$ 将增大，平衡将正向移动。

式(4.45) 从严格意义上描述了一定温度下凝聚态物质反应的标准平衡常数与压力的关系。由于 $\Delta_r V_m^\#$ 通常不等于零，故压力的确会影响凝聚态物质反应的标准平衡常数。另一方面，凝聚态物质的 $V_m^\#(B)$ 本来就很小，凝聚态物质反应的 $\Delta_r V_m^\#$ 更小。因此当压力变化范围不很大时，标准平衡常数 $K_a^\ominus$ 的变化通常是微乎其微的，通常可将 $K_a^\ominus$ 近似当作常数而不用考虑压力对它的影响。

真正当压力变化范围很大并需要考虑压力对 $K_a^\ominus$ 的影响时，应首先把 $\Delta_r V_m^\#$ 确定下来。结合式(4.44)，考虑到 $\Delta_r V_m^\#$ 的物理意义，这其中常涉及到假想的凝聚态物质的偏摩尔体积。与此同时，凝聚态物质都有各自的压缩系数，即一定温度下 $V_m^\#(B)$ 是压力的函数而非常数，故一定温度下 $\Delta_r V_m^\#$ 也是压力的函数。对于假想的凝聚态物质所处的状态，关于 $V_m^\#(B)$与压力的关系目前是无法确定的，故 $\Delta_r V_m^\#$ 与压力的关系也就无法确定。因此，不论实验测定还是理论计算 $\Delta_r V_m^\#$ 都是不现实的。

实际上，不仅凝聚态反应的 $\Delta_r V_m^\#$ 很小，而且其值对压力也不敏感。在这种情况下，可以把 $\Delta_r V_m^\#$ 近似当作常数，把式(4.45) 变形并进行不定积分后可得

$$\ln K_a^\ominus = -\frac{\Delta_r V_m^\#}{RT}p + B \qquad B\text{ 为积分常数}$$

即

$$\ln K_a^\ominus = Ap + B \tag{4.46}$$

根据式(4.46)，一定温度下 $\ln K_a^\ominus \sim p$ 呈线性关系。借助不同压力下的标准平衡常数可以得到常数 A 和 B，这时 $\ln K_a^\ominus \sim p$ 线性关系就完全确定了。这时由式(4.46) 便可得到任意压力下的标准平衡常数 $K_a^\ominus$。

根据本节讨论问题的基本思路不难想象，在一定温度下涉及分配平衡的分配系数和涉及蒸发平衡的饱和蒸气压严格说来也都与压力有关。只是当压力变化范围不很大时，压力的影响很小，可以忽略不计这种影响。在这种情况下，可以把一定温度下的分配系数和饱和蒸气压视为与压力无关常数。

思 考 题

1. 摩尔反应吉布斯函数表示式 $\Delta_r G_m = \sum \nu_B \mu_B$ 是怎么得来的？

2. 从符号 $\Delta_r G_m$ 本身看，$\Delta_r G_m$ 是状态函数的改变量。但是从该量的表达式 $\Delta_r G_m = \sum \nu_B \mu_B$ 看，$\Delta_r G_m$ 与系统所处的状态有关，它是一个状态函数，其值与化学反应系统的温度、压力及各物质所处的状态有关。对此你是怎样理解的？

3. $\Delta_r G_m > 0$ 的反应都不能发生吗？

4. 在等温等压而且无非体积功的条件下化学反应能否发生，关键取决于 $\Delta_r G_m$ 是否小于等于零还是取决于 $\Delta_r G_m^\ominus$是否小于等于零？为什么？

5. 在一定温度和压力下无非体积功时，$\Delta_r G_m^\ominus > 0$ 的反应都不能发生吗？

6. 严格说来，化学反应的标准平衡常数仅仅是温度的函数吗？

7. 任何反应的标准平衡常数都是一个没有单位的纯数吗，为什么？

8. 有人说“没有不可以发生的气相反应”，这句话对吗？为什么？

9. 为什么严格说来，化学反应都有化学平衡存在？

10. 实验平衡常数与标准平衡常数有什么区别？

11. 实验平衡常数与 $\Delta_r G_m^\ominus$有直接关系吗？

12. 既然一定温度下化学反应的标准平衡常数有唯一确定的值，为什么在一定温度下改变压力或改变

反应物或产物的浓度会使化学平衡发生移动？

13. 在平衡常数与化学平衡组成的关系式里，为什么没有参与反应的纯凝聚态物质？

14. 什么是分解压？引入此概念有什么意义？

15. 在一定温度下，当理想气体化学反应达到平衡时，$\prod p_{B,平衡}^{\nu_B}$ 是否有唯一确定的值？

16. 在一定温度下，当溶液中的化学反应达到平衡时，$\prod c_{B,平衡}^{\nu_B}$ 是否有唯一确定的值？

17. 在一定温度下，一个理想气体化学反应的 K_x（或 K_n）是否有唯一确定的值？

18. 在一定温度下，既然理想气体化学反应的 K_x 和 K_n 未必都是常数，为什么还要引入这两个参数？

19. 为什么说平衡常数与化学反应方程式的写法有关？

20. 在一定条件下，化学平衡常数与化学反应方程式的写法有关，但化学反应平衡组成与反应方程式的写法无关。对此你能完全理解吗？

21. 用实验平衡常数讨论化学平衡组成时，为避免差错需要注意什么问题？

22. 通常影响化学平衡的因素有哪些？

23. 为什么浓度会影响化学平衡？

24. 为什么压力会影响化学平衡？

25. 什么是惰性气体？为什么惰性气体会影响化学平衡？

26. 在一定温度下，对化学平衡系统进行干预时，为什么通过比较 J 与 $K^{\ominus}$ 的大小就能对化学平衡将正向移动还是逆向移动做出判断？

27. 在一定温度和压力下当化学反应达到平衡时，$\Delta_r G_m^{\ominus}=0$ 还是 $\Delta_r G_m=0$？

28. 水溶液中离子的标准热力学数据都是在把氢离子的 $\Delta_f H_m^{\ominus}$、$S_m^{\ominus}$ 和 $\Delta_f G_m^{\ominus}$ 人为规定为零并以此为参考得到的。这种人为规定会不会影响水溶液中的化学反应热效应和平衡常数的数值？会不会影响化学反应平衡组成的计算结果？

29. 为什么温度会影响化学平衡？

30. 你能从吉布斯函数与温度的关系式 $\left(\frac{\partial (G/T)}{\partial T}\right)_p=-\frac{H}{T^2}$ 出发导出标准平衡常数与温度的关系即范特霍夫方程 $\frac{\mathrm{d}\ln K^{\ominus}}{\mathrm{d}T}=\frac{\Delta_r H_m^{\ominus}}{RT^2}$ 吗？

31. 涉及化学平衡问题时，范特霍夫方程 $\frac{\mathrm{d}\ln K^{\ominus}}{\mathrm{d}T}=\frac{\Delta_r H_m^{\ominus}}{RT^2}$ 是很重要的。你能由此出发导出标准平衡常数与温度之间的 $K^{\ominus}\sim T$ 关系吗？

32. 用标准熵法计算不同温度下的标准平衡常数时，所得结果是准确的还是近似的？

33. 什么是独立反应？

34. 何谓同时平衡？考察同时平衡时，为何只需讨论其中的独立反应？

35. 何谓耦合反应？讨论耦合反应有什么意义？

36. 对于刚性绝热容器内的反应，讨论分析平衡温度和平衡组成的基本思路是什么？

习　题

1. 在 200℃和 101.3kPa 下，当纯 PCl_5 的分解反应 $PCl_5(g) = PCl_3(g)+Cl_2(g)$ 达到平衡时，该混合物系统的密度为 3.880g·L^{-1}。计算在 200℃和 101.3kPa 下 PCl_5 的平衡分解率。(38.2%)

2. 在 200℃、101.3kPa 下 PCl_5 的平衡分解率为 38.2%。

(1) 计算该反应在 200℃下的标准平衡常数 $K_p^{\ominus}$。(0.173)

(2) 计算在 200℃和 500kPa 下 PCl_5 的平衡分解率。(18.3%)

3. 在 101.3kPa 下，将 1750mL 温度为 25℃、$x_{H_2S}=0.513$ 的 H_2S 和 CO_2 混合气体通入 350℃的管式炉，使其发生如下反应

$$H_2S(g)+CO_2(g) = COS(g)+H_2O(g)$$

然后把平衡混合气体迅速冷却，并使其通过 $CaCl_2$ 干燥管，结果干燥管的质量增加了 0.0347g。求 350℃下

该反应的标准摩尔反应吉布斯函数 $\Delta_r G_m^{\ominus}$。(14.20kJ・mol^{-1})

4. 单独某个条件变化时，下列化学平衡将正向移动？逆向移动？还是不移动？请将答案填入表中。

① $H_2(g)+Br_2(g) = 2HBr(g)$

② $2H_2O(g)+2SO_2(g) = 2H_2S(g)+3O_2(g)$

③ $2SO_2(g)+O_2(g) = 2SO_3(g)$

④ $2CO(g) = C(s)+CO_2(g)$

⑤ $CaSO_4(s)+2H_2O(g) = CaSO_4 \cdot 2H_2O(s)$

反应	①	②	③	④	⑤
增加总压力					
引入惰性气体					

5. 在 1000K 下，已知反应 $2SO_2(g)+O_2(g) = 2SO_3(g)$ 的标准平衡常数为 $K_p^{\ominus}=3.45$。同温度下，对于 SO_2、O_2 和 SO_3 的分压分别为 0.80MPa、0.60MPa 和 1.4MPa 的混合气体（可视为理想气体）而言

(1) 发生上述反应的 $\Delta_r G_m$ 是多少？(−15.9kJ・mol^{-1})

(2) 在温度和总压力恒定不变的情况下，平衡时 SO_3 的分压是多少？(1.88MPa)

6. 在 502.2K 下，反应 $PCl_5(g) = PCl_3(g)+Cl_2(g)$ 的标准平衡常数为 $K_p^{\ominus}=0.571$。温度同为 502.2K，请计算不同情况下 $PCl_5(g)$ 的平衡分解率。

(1) 最初反应器内只有 $PCl_5(g)$，总压力恒为 500kPa。(32%)

(2) 最初反应器内有等摩尔的 $PCl_5(g)$ 和 $Cl_2(g)$，总压力恒为 500kPa。(17.5%)

7. 在 3500K 下，反应 $C_2N_2(g) = 2CN(g)$ 的标准平衡常数为 $K_p^{\ominus}=2.5$。

(1) 求 3500K 下该反应的 K_p 和 K_c。($K_p=2.5\times10^5$Pa，$K_c=8.59$mol・m^{-3})

(2) 在 3500K 和 200kPa 条件下，$C_2N_2(g)$ 的平衡分解率是多少？(48.8%)

8. 在 133℃ 和 100kPa 下，当气态乙酸与它的二聚体处于平衡状态时，该混合气体的密度为 2.78×10^{-3}g・mL^{-1}。

(1) 求 133℃ 下反应 $(CH_3COOH)_2(g) = 2CH_3COOH(g)$ 的标准平衡常数。(0.338)

(2) 计算 133℃ 和 100kPa 下，平衡混合气中乙酸二聚体的质量百分比浓度。(72.1%)

9. 在 400℃ 下，反应 $NH_3(g) = \frac{1}{2}N_2(g)+\frac{3}{2}H_2(g)$ 的标准平衡常数为 78.1。

(1) 证明在 400℃ 下，NH_3 的平衡分解率 α 与总压力 p 之间存在如下关系：

$$\alpha=\frac{1}{\sqrt{1+bp/p^{\ominus}}} \qquad \text{其中 } b \text{ 为常数}$$

(2) 计算 400℃ 下的 b 值。(0.0166)

10. 在 25℃ 下，反应 $BF_3(g)+BCl_3(g) = BFCl_2(g)+BF_2Cl(g)$ 的标准平衡常数为 0.53。在一个 25℃ 的刚性密闭反应器内，如果最初只有反应物，而且 BF_3 和 BCl_3 的初始分压分别为 50kPa 和 60kPa。求化学反应达到平衡时 BF_2Cl 的分压。(23kPa)

11. 工业上可在常压下用乙苯脱氢的方法制备苯乙烯，其反应方程式如下：

$$C_6H_5CH_2CH_3(g) = C_6H_5CHCH_2(g)+H_2(g)$$

已知在 627℃ 下，该反应的标准平衡常数为 $K_p^{\ominus}=1.49$。

(1) 计算在 627℃ 和标准压力下纯乙苯的平衡转化率。(77.4%)

(2) 在 627℃ 和标准压力下，若使用乙苯与水蒸气的摩尔比为 10∶1 的原料气，那么乙苯的平衡转化率又是多少？其中水蒸气不参与反应。(78.2%)

12. $Ag_2O(s)$ 在 25℃ 下，$\Delta_f H_m^{\ominus}=-30.6$kJ・mol^{-1}，$\Delta_f G_m^{\ominus}=-10.84$kJ・mol^{-1}。

(1) 计算在 25℃ 下 $Ag_2O(s)$ 的分解压。(15.93Pa)

(2) 用标准熵法计算在 100kPa 下 $Ag_2O(s)$ 的分解温度。(462K)

13. 欲将 Ag_2CO_3 在 110℃ 的干燥空气流中干燥去水，但是 Ag_2CO_3 受热时可能会发生分解反应即 $Ag_2CO_3(S) = Ag_2O(S)+CO_2(g)$。下表给出了 25℃ 下的相关数据。

物 质	$\Delta_f H_m^{\ominus}/kJ \cdot mol^{-1}$	$S_m^{\ominus}/J \cdot K^{-1} \cdot mol^{-1}$	$C_{p,m}/J \cdot K^{-1} \cdot mol^{-1}$
$CO_2(g)$	−393.51	213.64	37.13
$Ag_2O(s)$	−30.57	121.71	65.56
$Ag_2CO_3(s)$	−506.14	167.4	112.1

(1) 求25℃下 Ag_2CO_3 的分解压。(0.250Pa)

(2) 求110℃下 Ag_2CO_3 的分解压。(374Pa)

(3) 在110℃下的干燥过程中，空气的最小压力应控制在多少才能防止 Ag_2CO_3 分解？已知空气中 CO_2 的体积百分含量为0.03%。(1.25MPa)

14. 对于反应 $2C(石墨)+3H_2(g) \longrightarrow C_2H_6$（乙烷，g）

(1) 计算25℃下该反应的标准平衡常数 $K_p^{\ominus}$。所需数据可从附录中查找。(5.77×10^5)

(2) 在5L的刚性密闭容器内，欲使12mg石墨在25℃下全部转化为乙烷，开始最少需要加入几摩尔 H_2？(0.00183mol)

15. 已知在298.15K下，固体 MgF_2 和水溶液中 Mg^{2+} 及 F^- 的标准摩尔生成吉布斯函数分别为 $-1049kJ \cdot mol^{-1}$、$-456.01kJ \cdot mol^{-1}$ 和 $-276.48kJ \cdot mol^{-1}$。求298.15K下 MgF_2 的溶度积常数 $K_{sp}^{\ominus}$。(9.72×10^{-8})

16. 查表计算AgCl在25℃下的溶度积常数。(1.78×10^{-10})

17. 反应 $ZnO(s)+H_2(g) \longrightarrow Zn(g)+H_2O(g)$ 的标准摩尔反应吉布斯函数与温度的关系可以表示为

$$\Delta_r G_m^{\ominus}/kJ \cdot mol^{-1}=232-0.16T/K$$

(1) 把 $H_2(g)$ 和足量的 $ZnO(s)$ 在刚性密闭容器中加热到1000K。平衡时，若 $H_2(g)$ 的分压为100kPa，则 $Zn(g)$ 的分压是多少？(1.32kPa)

(2) 已知液态锌的饱和蒸气压与温度的关系如下

$$\ln(p/kPa)=-\frac{14200}{T/K}+16.7$$

若往上述化学平衡系统中加入足量的液态锌，温度不变。求重新达到平衡时 $H_2(g)$ 和 $H_2O(g)$ 的分压之比。**注：**液态锌和 $ZnO(s)$ 的体积可忽略不计。(703)

18. 在25℃下，已知下列热力学数据

物 质	$CH_3OH(l)$	$CH_3OH(g)$
$\Delta_f H_m^{\ominus}/kJ \cdot mol^{-1}$	−238.7	−200.7
$S_m^{\ominus}/J \cdot K^{-1} \cdot mol^{-1}$	127.0	239.7

(1) 请导出甲醇的饱和蒸气压的对数 $\ln p$ 与温度 T 的关系。

(2) 用此处所给的条件求算甲醇的正常沸点 T_b^*。($T_b=337.5K=64.3℃$)

19. 在900K下已知

(1) $2CO(g) \longrightarrow 2C(s)+O_2(g)$ $\quad K_{p,1}^{\ominus}=5.61\times10^{-23}$

(2) $2CO_2(g) \longrightarrow 2CO(g)+O_2(g)$ $\quad K_{p,2}^{\ominus}=2.07\times10^{-24}$

求900K下反应 $CO_2(g)+C(s) \longrightarrow 2CO(g)$ 的标准平衡常数 $K_{p,3}^{\ominus}$。(0.192)

20. 在25℃下，气相异构化反应 C_5H_{12}（正戊烷，g）$\longrightarrow$ C_5H_{12}（异戊烷，g）的标准平衡常数为 $K_p^{\ominus}=13.24$。这两种液态异构体的饱和蒸气压与温度的关系分别为

$$\ln(p_{正}^*/kPa)=13.77-\frac{2453}{T/K-41}$$

$$\ln(p_{异}^*/kPa)=13.62-\frac{2349}{T/K-40}$$

如果这两种异构体可形成理想溶液，请计算25℃下液相异构化反应的标准平衡常数。(9.91)

21. 在25℃下，$CuSO_4 \cdot H_2O$ 与 $CuSO_4$ 的平衡压力是392.0Pa，$Ca(OH)_2$ 与CaO的平衡压力是 6.27×10^{-7}Pa。这两个化学平衡中均涉及气态水。请计算下列反应在25℃下的 $\Delta_r G_m^{\ominus}$。($-50.21kJ \cdot mol^{-1}$)

$$CuSO_4 \cdot H_2O(s)+CaO(s) \longrightarrow CuSO_4+Ca(OH)_2$$

22. 许多反应的标准摩尔反应吉布斯函数与温度的关系可近似用下式表示：

$$\Delta_r G_m^{\ominus} = a + bT$$

其中 a 和 b 为常数。试推导验证此式，并说明 a 和 b 分别与什么量有关？

23. 反应 $2TiCl_3(s) + 2HCl(g) = 2TiCl_4(g) + H_2(g)$ 在 400℃和 450℃下的标准平衡常数分别为 7.51 和 23.0。对于该反应 $\Delta_r C_{p,m} = -50.2 J \cdot K^{-1} \cdot mol^{-1}$。

(1) 求该反应的摩尔反应热效应与温度的关系。

(2) 求 25℃下该反应的摩尔反应热效应。($110.5 kJ \cdot mol^{-1}$)

(3) 在一个 500℃的刚性密闭容器内，若最初只有反应物，而且 HCl 的初始压力为 100kPa，$TiCl_3$ 的量很充分。求平衡时 $TiCl_4$ 的分压。(91.90kPa)

24. 已知反应①和反应②的标准平衡常数与温度的关系，据此计算 500℃下反应③的标准摩尔反应热效应 $\Delta_r H_{m,3}^{\ominus}$。($-95.44 kJ \cdot mol^{-1}$)

① $$CH_3COOH(g) + 2H_2(g) = 2CH_3OH(g)$$

$$\ln K_{p,1}^{\ominus} = \frac{7253}{T/K} - 12.51$$

② $$CH_3OH(g) + CO(g) = CH_3COOH(g)$$

$$\ln K_{p,2}^{\ominus} = \frac{4226}{T/K} - 15.22$$

③ $$CO(g) + 2H_2(g) = CH_3OH(g)$$

25. 水蒸气与赤热的铁可发生反应 $Fe(s) + H_2O(g) = FeO(s) + H_2(g)$。在 101.3kPa 和 1205℃下其平衡混合气中 H_2O 的体积百分含量为 43.8%；在 101.3kPa 和 900℃下其平衡混合气中 H_2O 的体积百分含量为 40.8%。若该反应的摩尔反应热与温度无关，则其值是多少？($-5.814 kJ \cdot mol^{-1}$)

26. 辰砂 (HgS) 有两种晶型，彼此间转化反应 HgS(s,红) = HgS(s,黑) 的标准摩尔反应吉布斯函数与温度的关系如下：

$$\Delta_r G_m^{\ominus} / kJ \cdot mol^{-1} = 4184 - 5.44 T/K$$

(1) 在 500℃下，辰砂的哪一种晶型比较稳定。

(2) 求两种晶型的转化温度。(769.1K=495.9℃)

(3) 求该反应的 $\Delta_r H_m^{\ominus}$ 和 $\Delta_r S_m^{\ominus}$。($4.184 kJ \cdot mol^{-1}$，$5.44 J \cdot K^{-1} \cdot mol^{-1}$)

27. 反应 $COCl_2(g) = CO(g) + Cl_2(g)$ 的标准摩尔反应吉布斯函数与温度的关系如下：

$$\Delta_r G_m^{\ominus}(J \cdot mol^{-1}) = 3.72 T\ln T + 2.09 \times 10^{-3} T^2 - 164.33 T + 115700$$

(1) 求 1500K 下该反应的 $\Delta_r H_m^{\ominus}$ 和 $\Delta_r S_m^{\ominus}$。($105.42 kJ \cdot mol^{-1}$，$128.13 J \cdot K^{-1} \cdot mol^{-1}$)

(2) 在 1500K 和 500kPa 下，求纯 $COCl_2(g)$ 分解达平衡时 CO(g) 的分压。(249.7kPa)

28. 让氮气通过 600℃的铜粉即可除去氮气中的杂质氧，其反应如下：

$$4Cu(s) + O_2(g) = 2Cu_2O(s)$$

在 298K 下，已知下列数据

物　质	Cu(s)	$O_2(g)$	$Cu_2O(s)$
$\Delta_f H_m^{\ominus} / kJ \cdot mol^{-1}$	0	0	−166.5
$S_m^{\ominus} / J \cdot K^{-1} \cdot mol^{-1}$	33.47	205.0	93.72

(1) 对于该反应，$\sum \nu_B C_{p,m}(B) = 2.092 J \cdot K^{-1} \cdot mol^{-1}$。求 600℃下该反应的标准平衡常数。

(2) 在 600℃和 200kPa 下进行脱氧处理时，如果让气流缓慢通过铜粉使反应达到平衡，那么经过脱氧处理后的氮气中杂质氧的体积分数是多少？($K^{\ominus} = 1.13 \times 10^{12}$，$x_{O_2} = 4.42 \times 10^{-13}$)

29. 求 FeO 在 0.1MPa 空气中的分解温度。已知空气中 O_2 的体积百分含量为 21%，FeO 的分解压与温度的关系如下：(3761K 或 3488℃)

$$\ln(p/Pa) = -\frac{6.16 \times 10^4}{T/K} + 26.33$$

30. 在 375℃下，已知

① $$NH_4I(s) \rightleftharpoons HI(g) + NH_3(g) \qquad K_1^{\ominus} = 0.126$$

② $$2HI(g) \rightleftharpoons H_2(g) + I_2(g) \qquad K_2^{\ominus} = 0.0150$$

有人把足量的 NH_4I 放入一个刚性密闭反应器内使其发生反应。

(1) 求 375℃下平衡时各组分的分压。($p_{I_2} = p_{H_2} = 3.90kPa$，$p_{NH_3} = 39.64kPa$，$p_{HI} = 31.84kPa$)

(2) 求 375℃下平衡时系统的总压力。(79.28kPa)

第5章 相 平 衡

通常化学反应都有平衡存在，反应的产物需要从反应混合物中分离。在生产实践中还有许多反应未达到平衡，反应混合物就离开了反应器。不论哪一种情况，接下来都要涉及反应混合物的分离。所以在生产实践中常常会遇到结晶、蒸馏、分馏、萃取等不同的分离过程。在这些分离过程中，相平衡原理具有重要的理论指导意义。

5.1 相律

通常我们把系统划分为孤立系统、封闭系统和敞开系统。实际上，孤立系统是封闭系统中的一部分。所以粗略划分时，可将所有的系统分为两大类，即封闭系统和敞开系统。

另一方面，任何系统都是由其中的物相组成的。也可以根据系统在状态变化过程中有无相变化，把系统划分为闭合相系统和敞开相系统。可以想象，闭合相系统必然是封闭系统。因为系统中的每个相都是闭合的，系统内部的相与相之间都没有物质交换，系统与环境之间就更谈不上有物质交换了。但是敞开相系统可能是敞开系统，也可能是封闭系统。原因是当敞开相系统发生变化时，如果系统与环境之间有物质交换，它就是敞开系统。当敞开相系统发生变化时，如果系统与环境之间没有物质交换，只是系统内部的不同相之间有物质转移，这样的系统就是封闭系统。

封闭系统 { 闭合相——闭合相系统；敞开相 }
敞开系统——敞开相
（敞开相、敞开相 } 敞开相系统）

在描述系统状态时，经常会涉及到自由度的概念。所谓**自由度**（degrees of freedom），它是指描述系统状态所需要的独立变量的数目。常把自由度用 f 表示。在定组成闭合相系统，由于每一相都是封闭的，每一相的组成都恒定不变，故系统中没有相变化和化学反应。所以，描述定组成闭合相系统的状态只需要两个独立变量，其自由度为 $f=2$。如指定了系统的温度 T 和压力 p 后，整个系统的状态就确定了。因为整个系统处于平衡状态时，各相的温度和压力都相同，整个系统只有一个温度和一个压力。可是对于敞开相系统（整个系统仍然是封闭的，下同）而言，每一相的组成未必恒定不变。每一相的状态除了与 T、p 有关外，还与该相中 n 种物质的浓度 x_1、x_2……x_{n-1} 有关，即描述一个相的状态就需要 $(n-1)+2$ 个独立变量。此处 n 是该相中含有物质的种类数。例如

物相	独立变量	自由度
纯水	T、p	2
盐酸水溶液	T、p、x_{HCl}	3
水溶液中含氯化钠和蔗糖	T、p、x_{NaCl}、$x_{蔗糖}$	4

当一个敞开相系统中含有多种物质、多个相时，描述其中一个相的状态就需要这么多的独立变量，那描述整个系统的状态需要多少个独立变量呢？即整个系统的自由度是多少有何规律可循呢？关于这个问题，此处将要学习的相律会给出一个满意的答复。

现在考察一个平衡系统，其中共含有 S 种物质（substance），共有 P 个相（phase）。

假设① 每个相中都含有 S 种物质。

假设② 系统只受温度和压力两个外界因素的影响。

此处的假设②把温度和压力划归为影响系统的外界因素，原因是当环境的温度 T_e 与系统的温度 T 不相同时，系统就会从环境吸热或放热给环境，系统的状态就要发生变化；当环境的压力即外压 p_e 与系统的压力 p 不同时，系统就会膨胀或被压缩，其状态也会发生变化。另外，此处假设影响系统的外界因素只有温度和压力，其意是说在状态变化过程中，外场（如重力场、电磁场等）都恒定不变。

由于描述每一相的组成需要（$S-1$）个浓度变量，又因系统中共有 P 个相，再加上温度和压力两个外界影响因素，因此直观看上去，描述整个系统状态需要的变量总数应为

$$\text{变量总数}=P(S-1)+2 \tag{5.1}$$

可是这些变量是否完全独立呢？描述系统状态是否真的需要这么多的变量呢？关于这个问题，接下来将从几个不同角度做一些具体分析。

(1) 相平衡

此处用 μ_i^j 表示第 i 种物质在第 j 相中的化学势。根据多组分系统热力学中讨论化学势时引入的相平衡条件，当系统处于相平衡时，每一种物质在不同相中的化学势相等即

$$\underbrace{\left.\begin{array}{l}\mu_1^1=\mu_1^2 \quad \mu_1^2=\mu_1^3\cdots\cdots\mu_1^{P-1}=\mu_1^P\\ \mu_2^1=\mu_2^2 \quad \mu_2^2=\mu_2^3\cdots\cdots\mu_2^{P-1}=\mu_2^P\\ \qquad\qquad\vdots\\ \mu_S^1=\mu_S^2 \quad \mu_S^2=\mu_S^3\cdots\cdots\mu_S^{P-1}=\mu_S^P\end{array}\right\}\text{共有 } S \text{ 行}}_{\text{每行有}(P-1)\text{个独立方程}}$$

此处罗列出来的这些方程彼此都是相互独立的，因为其中任何一个方程都不能用其它方程的线性组合表示出来。实际上，根据相平衡条件，此处还可以写出许多方程如 $\mu_1^1=\mu_1^3$、$\mu_1^1=\mu_1^4$……，但是方程 $\mu_1^1=\mu_1^3$ 可由方程 $\mu_1^1=\mu_1^2$ 与 $\mu_1^2=\mu_1^3$ 加和得到，方程 $\mu_1^1=\mu_1^4$ 可由方程 $\mu_1^1=\mu_1^2$、$\mu_1^2=\mu_1^3$、$\mu_1^3=\mu_1^4$ 加和得到，故方程 $\mu_1^1=\mu_1^3$、$\mu_1^1=\mu_1^4$……都不是独立的。

回想一下不同物质的化学势表达式，我们知道上述众多的独立方程实际上是把同一种物质在不同相的组成（浓度或分压）联系在一起的方程。这些方程可以联立求解并得到与方程数目相等的组成参数。所以式(5.1) 所反映的那么多的变量不是完全独立的。此处若把上述独立的方程总数用“独立方程数 1”表示，则

$$\text{独立方程数 }1=S(P-1) \tag{5.2}$$

(2) 化学平衡

如果该系统中有 R 个**独立的化学反应**（number of independent reactions），那么当系统处于平衡状态时，这些化学反应必然也处于平衡状态。这时，根据一定温度和压力下的化学平衡条件，对于每个反应来说都有一个相应的方程存在即

$$\sum\nu_B\mu_B=0$$

与相平衡中罗列出来的方程式不同，此式是把一个反应中不同物质的组成（浓度或分压）联系在一起的方程，而不是把同一种物质在不同相中的组成联系在一起的方程。而且这些方程也彼此独立。此处的独立方程总数为

$$\text{独立方程数 }2=R \tag{5.3}$$

(3) 独立的额外制约条件

如果系统中还有R'个**独立的额外制约条件**（number of additional restrictions），就还有R'个独立方程即

$$独立方程数\ 3=R' \tag{5.4}$$

什么是独立的额外制约条件呢？譬如说系统中有一个反应如下：

$$NH_4Cl(s) \longrightarrow NH_3(g)+HCl(g)$$

系统中的$NH_3(g)$和$HCl(g)$都是由该反应产生的，即最初系统中没有$NH_3(g)$和HCl(g)。那么，当该系统达到平衡时必有下列关系式存在。

$$x_{NH_3}=x_{HCl}$$
$$c_{NH_3}=c_{HCl}$$
$$p_{NH_3}=p_{HCl}$$

这些也都是把不同物质的组成联系在一起的方程式，而且这些方程式与根据相平衡和化学平衡罗列出来的方程式没有重复，所以这种方程是相平衡和化学平衡中未考虑到的额外制约条件。额外制约条件大多都属于这种情况。与此同时，这三个关系式不是完全独立的，从其中任意一个就可以导出另外两个，故其中只有一个是独立的。所以如果系统中有R'个独立的额外制约条件，就有R'个独立方程。

由式(5.2)、式(5.3)、式(5.4)可知，系统中的独立方程总数为

$$独立方程总数=S(P-1)+R+R' \tag{5.5}$$

这么多的独立方程联立求解，就可以确定这么多的组成变量。所以由式(5.1)和式(5.5)可得系统中真正能独立存在的变量数即自由度为

$$f=变量总数-独立方程总数$$
$$=S-R-R'-P+2$$

令
$$C=S-R-R' \tag{5.6}$$
则
$$f=C-P+2 \tag{5.7}$$

这就是**相律**（phase rule）的数学式，把其中的C称为系统的**组分数**（number of components）。可用语言把相律表述为：平衡系统的自由度等于平衡系统的组分数与相数之差再加2。

回头看，由式(5.7)给出的相律是否具有普遍性？是否反映了平衡系统的普遍规律呢？具体地说，如果假设①或假设②不成立，平衡系统的自由度还能用式(5.7)计算吗？实际上，不论假设①是否满足，都可以导出式(5.7)。譬如，第一种物质除了在第一相中不存在以外，它在其它相中都存在；其余各物质同前，它们在每一相中都存在；独立的化学反应数和独立的额外制约条件数不变。直观看上去，这时描述该系统状态的总变量数就比式(5.1)给出的数目少1个。因为第一相中少了一种物质，描述其状态所需的浓度参数也减少一个即

$$变量总数=P(S-1)+2-1 \tag{5.8}$$

与此同时，根据相平衡罗列出的独立方程中就没有$\mu_1^1=\mu_1^2$这个方程了。此时独立方程数1也比式(5.2)给出的数目少1个即

$$独立方程数\ 1=S(P-1)-1 \tag{5.9}$$

而式(5.3)和式(5.4)不变。在这种情况下，自由度作为变量总数与独立方程总数之差也不

会发生变化，即同样可以得到相律的数学式(5.7)。所以，不论假设①是否成立，相律的数学式(5.7) 都是正确的，即假设①完全没有必要，可以取消。

关于假设②，从上述的相律推导过程可以看出，式(5.7) 中的 2 就是式(5.1) 中的 2，也就是假设②中影响系统的外界因素的数目（温度和压力）。既然如此，若影响系统的外界因素不是两个而是 n 个，就应该把相律的数学式(5.7) 改写为

$$f=C-P+n \tag{5.10}$$

这时假设②也就没有必要了。所以式(5.10) 是相律的更一般更普遍的表达形式。在具体应用时需要注意 n 值的确定。由于通常不考虑外场的变化，影响系统的外界因素只有温度和压力这两个，故通常 $n=2$，$f=C-P+2$；在温度一定或压力一定的条件下 $n=1$，这时 $f=C-P+1$；在温度和压力都恒定不变的条件下 $n=0$，这时 $f=C-P$。

虽然相律的数学式(5.7) 和式(5.10) 形式简单，但在具体应用时却容易出差错，其难点在于组分数 C 的确定。确定组分数的关键在于确定独立的化学反应数 R 和独立的额外制约条件数 R'。

例 5.1 指出下列各平衡系统的组分数、相数和自由度。

(1) 水和水蒸气。

(2) 在 203kPa 下的水和水蒸气。

(3) $NH_4HS(s)$ 易发生分解生成 $NH_3(g)$ 和 $H_2S(g)$。将 $NH_4HS(s)$ 放入一个真空容器，平衡时仍有 $NH_4HS(s)$ 存在。

(4) 将 $NH_4HS(s)$ 放入一个氨气罐中，平衡时仍有 $NH_4HS(s)$ 存在。

(5) 将 $NH_4HS(s)$ 放入一个真空容器，平衡时没有 $NH_4HS(s)$ 存在。

解：(1) $S=1$　　$R=0$　　$R'=0$　　$P=2$

所以　$C=S-R-R'=1$

所以　$f=C-P+2=1-2+2=1$　　此处 $n=2$

自由度等于 1，这意味着对于该系统只要指定一个独立变量，系统的状态就确定了。如只要给定温度，系统的压力也就被唯一地确定了。因为如果压力太大，水蒸气就要消失；如果压力太小，水就要消失。只有在给定温度对应的水的饱和蒸气压力下，水和水蒸气才能平衡共存。

(2) $S=1$　　$R=0$　　$R'=0$　　$P=2$

所以　$C=S-R-R'=1$

所以　$f=C-P+1=1-2+1=0$　　此处 $n=1$

水的沸点会随压力的变化而变化。在 203kPa 下水和水蒸气平衡共存的温度即沸点是唯一确定的，即在 203kPa 下水和水蒸气平衡共存的状态是唯一的，不需要给出其它变量。所以在 203kPa 下水和水蒸气平衡共存时系统的自由度为零。

(3)　$$NH_4HS(s) \rightleftharpoons NH_3(g)+H_2S(g)$$

该平衡系统中　$S=3$　　$R=1$　　$R'=1$　　$P=2$

此处有一个独立的额外制约条件即 $x_{NH_3}=x_{H_2S}$

此处有两个相，即 $NH_4HS(s)$ 是一相，$NH_3(g)$ 和 $H_2S(g)$ 混合气体是另一相。

所以　$C=S-R-R'=1$

所以　$f=C-P+2=1-2+2=1$　　此处 $n=2$

温度越高，$NH_4HS(s)$ 分解得就越多，平衡压力就越大。所以，平衡温度和平衡压力有一一对应的关系。只需指定其中一个，另一个也就确定了，平衡系统的状态也就确定了，故系统的自由度为1。

(4) 该平衡系统中　　$S=3$　　$R=1$　　$R'=0$　　$P=2$

此处没有额外制约条件，因为最初氨气罐中的氨气可多可少。所以平衡时 $NH_3(g)$ 和 $H_2S(g)$ 的浓度或分压之间没有确定的关系，即没有额外制约条件。如果一个系统中有独立的额外制约条件，就应该可以用数学式的形式把它写出来，而且写出的方程式与式(5.2)和式(5.3)中包含的方程式不重复，应的确是额外的、独立的。

所以　　$C=S-R-R'=2$

所以　　$f=C-P+2=2-2+2=2$　　此处 $n=2$

此处若只给一个温度，由此只能确定该反应的平衡常数，但平衡组成无法知道。还需要给出一个参数如 $NH_3(g)$ 的浓度或分压，这时系统的状态才能完全确定下来。

(5) 该平衡系统中　　$S=2$　　$R=0$　　$R'=1$　　$P=1$

此处需要注意，虽然 $NH_3(g)$ 和 $H_2S(g)$ 都是由 $NH_4HS(s)$ 分解产生的，而且两者的分压相等，有一个独立的额外制约条件，但是平衡时反应物 $NH_4HS(s)$ 全消失了，当然也就不存在化学反应了，即 $R=0$。

所以　　$C=S-R-R'=1$

所以　　$f=C-P+2=1-1+2=2$　　此处 $n=2$

自由度是2，这意味着对于该系统，只有同时给出两个独立变量如温度和压力，系统的状态才能确定下来。

例 5.2　确定氯化钠水溶液的组分数和自由度数。

解法一　$S=2$　　这两种物质分别是 H_2O 和 NaCl

$R=0$　　$R'=0$　　$P=1$

所以　　$C=S-R-R'=2$

所以　　$f=C-P+2=2-1+2=3$

解法二　$S=5$　　这五种物质分别是 H_2O、H^+、OH^-、Na^+ 和 Cl^-

$R=1$　　即 $H_2O \longrightarrow H^+ + OH^-$

氯化钠是强电解质，在水中完全解离。即水中无未解离的 NaCl，当然也就没有 NaCl 的解离反应了。所以，此系统只有一个独立的化学反应，物种数是5。

$R'=2$　　即 $x_{Na^+}=x_{Cl^-}$　　$x_{H^+}=x_{OH^-}$

$P=1$

所以　　$C=S-R-R'=5-1-2=2$

所以　　$f=C-P+2=2-1+2=3$

由此例可见，对于一个给定的系统，其物种数可随考虑问题方式方法的不同而不同，但是组分数和自由度不会随考虑问题方式方法的不同而发生变化。

例 5.3 在一定温度下，当碘的水溶液和碘的四氯化碳溶液平衡共存时，求系统的组分数和自由度。

解：

$$S=3 \qquad R=0 \qquad R'=0 \qquad P=2$$

所以

$$C=S-R-R'=3-0-0=3$$

所以

$$f=C-P+1=3-2+1=2$$

此处需要注意：根据分配平衡原理，在一定温度下碘在这两相的浓度之比等于分配系数，虽然这是一个浓度制约条件，但是这个制约条件是借助于相平衡条件推导出来的，这样的制约条件已包含在式(5.2) 所示的独立方程中，所以这种制约条件不是额外的，不能记入 R'。

5.2 克拉佩龙方程

5.2.1 克拉佩龙方程

当纯物质系统处于两相平衡时，如

固-液平衡 $$\mathrm{s} \underset{凝固}{\overset{熔化}{\rightleftharpoons}} \mathrm{l}$$

液-气平衡 $$\mathrm{l} \underset{凝结}{\overset{蒸发}{\rightleftharpoons}} \mathrm{g}$$

固-气平衡 $$\mathrm{s} \underset{凝华}{\overset{升华}{\rightleftharpoons}} \mathrm{g}$$

这些系统的组分数都是 1，都是单组分系统。根据相律，这些系统的自由度为

$$f=C-P+2=1-2+2=1$$

自由度是 1，这说明影响这种单组分两相平衡系统状态的独立变量只有一个，平衡温度和平衡压力这两个变量中只要有一个被确定下来，系统的状态就确定了。这时，作为状态函数的其它变量当然也就都确定了。这就是说，当纯物质系统处于两相平衡时，其平衡温度和平衡压力彼此之间必然存在一定的函数关系。下边就来讨论分析这种函数关系。

设想在 T，p 条件下，A 物质在 α 相和 β 相之间处于平衡状态。当温度从 T 到 $T+\mathrm{d}T$ 发生一个微小变化时，要维持这两相仍处于平衡状态，则由于自由度为 1，故系统的压力也必然有一个相应的微小变化即从 p 到 $p+\mathrm{d}p$。

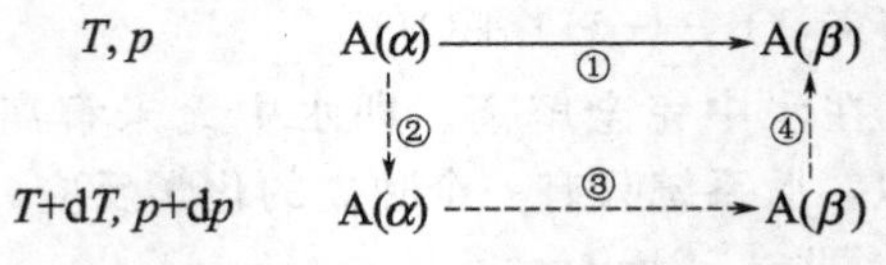

状态函数的改变量只与始终态有关而与路线无关，所以

$$\Delta G_1=\mathrm{d}G_2+\Delta G_3+\mathrm{d}G_4$$

根据吉布斯函数最低原理

$$\Delta G_1=\Delta G_3=0$$

所以

$$\mathrm{d}G_2+\mathrm{d}G_4=0$$

②和④都是简单变化过程，都遵守定组成闭合相热力学基本方程即

$$\mathrm{d}G_2=-S_{\mathrm{m}}^*(\alpha)\mathrm{d}T+V_{\mathrm{m}}^*(\alpha)\mathrm{d}p$$

$$dG_4=-S_m^*(\beta)(-dT)+V_m^*(\beta)(-dp)$$

所以 $$-S_m^*(\alpha)dT+V_m^*(\alpha)dp-S_m^*(\beta)(-dT)+V_m^*(\beta)(-dp)=0$$

即 $$[S_m^*(\beta)-S_m^*(\alpha)]dT-[V_m^*(\beta)-V_m^*(\alpha)]dp=0$$

所以 $$\frac{dp}{dT}=\frac{\Delta S_m^*}{\Delta V_m^*} \tag{5.11}$$

其中，ΔS_m^* 和 ΔV_m^* 分别是从 α 相到 β 相发生 1mol 相变化时的熵变和体积改变量。由于此处所讨论的系统处于两相平衡状态，故该相变过程是等温等压条件下的可逆过程，所以

$$Q=Q_r=Q_p=\Delta H_m^*$$

所以 $$\Delta S_m^*=\frac{Q_r}{T}=\frac{\Delta H_m^*}{T}$$

将此代入式(5.11) 可得

$$\frac{dp}{dT}=\frac{\Delta H_m^*}{T\Delta V_m^*} \tag{5.12}$$

此即**克拉佩龙方程**（Clapeyron equation)。该方程描述了纯物质两相平衡时平衡温度与平衡压力之间的关系。

例 5.4 已知水和冰的密度分别为 $1.0g\cdot mL^{-1}$ 和 $0.917g\cdot mL^{-1}$，冰的摩尔熔化热为 $6.01kJ\cdot mol^{-1}$，在 101.3kPa 下冰的熔点为 273.2K，重力加速度为 $9.8m\cdot s^{-2}$。求算在南极附近 3000 米高的冰山下冰的熔点。

解：由克拉佩龙方程可知，冰-水的平衡温度与平衡压力存在如下关系

$$\frac{dp}{dT}=\frac{\Delta_{fus}H_m^*}{T\Delta_{fus}V_m^*} \quad 即 \quad dp=\frac{\Delta_{fus}H_m^*}{T\Delta_{fus}V_m^*}dT$$

若将 $\Delta_{fus}H_m^*$ 和 $\Delta_{fus}V_m^*$ 都近似当作常数，并对上式两边进行积分，则

$$\int_{p_{大气}}^{p_{大气}+\rho gh}dp=\int_{273.2K}^{T}\frac{\Delta_{fus}H_m^*}{T\Delta_{fus}V_m^*}dT$$

所以 $$\rho gh=\frac{\Delta_{fus}H_m^*}{\Delta_{fus}V_m^*}\ln\frac{T}{273.2K} \tag{A}$$

而 $$\rho gh=0.917\times10^3kg\cdot m^{-3}\times9.8m\cdot s^{-2}\times3000m$$
$$=2.696\times10^7Pa$$

$$\Delta_{fus}V_m^*=\frac{M}{\rho_{水}}-\frac{M}{\rho_{冰}}=\left(\frac{0.018}{1000}-\frac{0.018}{917}\right)m^3\cdot mol^{-1}$$
$$=-1.63\times10^{-6}m^3\cdot mol^{-1}$$

将 ρgh、$\Delta_{fus}H_m^*$ 和 $\Delta_{fus}V_m^*$ 的值代入式(A) 可得

$$T=271.2K=-2.0℃$$

5.2.2 克劳修斯-克拉佩龙方程

如果纯物质的两相平衡系统中有一个相是气态，另一相是凝聚态（固体或液体），这时克拉佩龙方程仍然是适用的。例如

$$A(\alpha)\rightleftharpoons A(g)$$

对于液-气平衡（即 $\alpha=1$)，该过程从左到右就是蒸发过程，从右到左就是凝结过程。系统

的平衡压力就是在平衡温度下纯液体A的饱和蒸气压。系统的平衡温度就是在平衡压力下纯液体A的沸点。沸点也叫做**泡点**（bubbling point），它就是开始冒泡沸腾的温度。沸点也是在平衡压力下气体A的露点。**露点**（dew point）就是从蒸气中开始凝结出露珠的温度。上述过程的摩尔焓变就是纯液体A的摩尔蒸发焓（也叫做摩尔蒸发热）即

$$\Delta H_m^* = \Delta_{vap} H_m^*$$

对于固-气平衡（即 $\alpha = s$），上述过程从左到右就是**升华**（sublime）过程，从右到左就是**凝华**过程。系统的平衡压力就是在平衡温度下纯固体A的饱和蒸气压。摩尔焓变就是纯固体A的摩尔升华焓（摩尔升华焓也叫做摩尔升华热）即

$$\Delta H_m^* = \Delta_{sub} H_m^*$$

不论是蒸发过程还是升华过程，当压力不很大时，均可以把蒸气视为理想气体，相变过程的摩尔体积改变量都可以表示为

$$\Delta V_m^* = V_m^*(g) - V_m^*(\alpha) \approx V_m^*(g) = \frac{RT}{p}$$

将此代入克拉佩龙方程式(5.12)并变形整理可得

$$\frac{d\ln p}{dT} = \frac{\Delta H_m^*}{RT^2} \tag{5.13}$$

此即**克劳修斯-克拉佩龙方程**（Clausius-Clapeyron equition），也常常将其简称为**克-克方程**。克-克方程描述了纯凝聚态物质的饱和蒸气压与温度的关系。温度升高时，凝聚态物质的饱和蒸气压都会增大。对于液体物质，克-克方程中的 ΔH_m^* 代表该液体的摩尔蒸发热即 $\Delta_{vap} H_m^*$；对于固体物质，克-克方程中的 ΔH_m^* 代表该固体的摩尔升华热即 $\Delta_{sub} H_m^*$。对同一种物质，由于摩尔升华热大于摩尔蒸发热，故由式(5.13)可知，温度升高时固体的饱和蒸气压比液体的饱和蒸气压升高得更快。

回想一下，克-克方程(5.13)在形式上与描述化学反应的标准平衡常数与温度之间关系的范特霍夫方程完全相同。其实，这是很自然的。如果把相变化 $A(\alpha) \rightleftharpoons A(g)$ 视为一种简单的化学反应，则其标准平衡常数可以表示为

$$K^{\ominus} = \Pi \left(\frac{p_A}{p^{\ominus}}\right)^{\nu_A} = \frac{p_A}{p^{\ominus}} = \frac{p}{p^{\ominus}}$$

故

$$d\ln K^{\ominus} = d\ln p$$

所以，克-克方程与范特霍夫方程在形式上完全相同。

如果温度变化范围不大，则可以把克-克方程中的摩尔相变热 ΔH_m^* 视为常数。在这种情况下，对克-克方程式(5.13)两边同乘以 dT 并积分可得

$$\ln p = -\frac{\Delta H_m^*}{RT} + C \tag{5.14}$$

式中，C 是积分常数。这就是说，纯凝聚态物质的饱和蒸气压的对数 $\ln p$ 与温度的倒数 $1/T$ 呈线性关系。由该直线的斜率可以求得该物质的摩尔相变热 ΔH_m^*。

例 5.5 在不同温度下，测得水的饱和蒸气压如下表的第一行和第二行所示。请根据克-克方程用作图法求水的摩尔蒸发热。

t/℃	25.2	30.6	40.4	46.4	52.0
p/kPa	3.205	4.390	7.534	10.29	13.61
$T^{-1}\times10^3$/K^{-1}	3.353	3.294	3.191	3.131	3.077
$\ln(p$/kPa$)$	1.165	1.479	2.019	2.331	2.611

解：根据克-克方程

$$\frac{d\ln p}{dT}=\frac{\Delta_{vap}H_m^*}{RT^2}$$

两边同乘以 dT 并积分可得

$$\ln p=-\frac{\Delta_{vap}H_m^*}{R}\frac{1}{T}+C$$

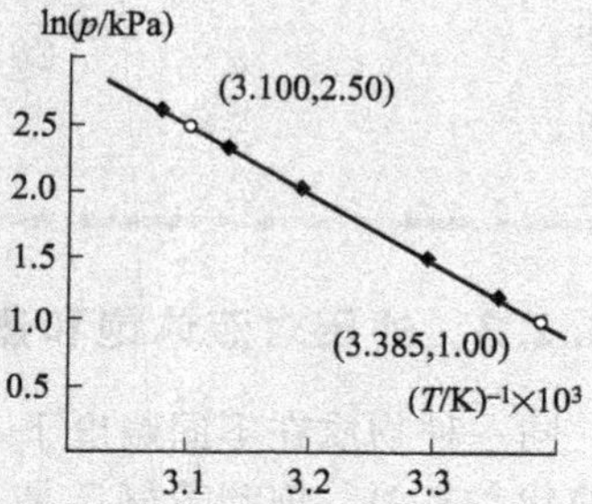

即 $\ln p\sim 1/T$ 呈线性关系。把实验测得的（t，p）数据换算成（$1/T$，$\ln p$），并填入表中的第三行和第四行，然后画出 $\ln p\sim 1/T$ 曲线如图所示，由图可知，该线近似为直线，其斜率为 -5.263×10^3K，所以

$$-5.263\times 10^3\,\text{K}=-\frac{\Delta_{vap}H_m^*}{R}$$

$$\Delta_{vap}H_m^*=5.263\times 10^3\,\text{K}\cdot R=43.76\times 10^3\,\text{J}\cdot\text{mol}^{-1}$$

$$=43.76\,\text{kJ}\cdot\text{mol}^{-1}$$

例 5.6　在 25℃下已知气态溴的标准摩尔生成热和标准摩尔生成吉布斯函数分别为 30.71kJ·mol^{-1}和 3.14kJ·mol^{-1}。

（1）求 25℃下液态溴的饱和蒸气压。

（2）把液态溴的摩尔蒸发热近似当作常数，求 35℃下液态溴的饱和蒸气压。

解：（1）若将相变过程 $Br_2(l)$ ══ $Br_2(g)$ 视为化学反应，则

$$\Delta_rG_m^\ominus=\Delta_fG_m^\ominus(Br_2,g)$$

又因　$$\Delta_rG_m^\ominus=-RT\ln K_p^\ominus=-RT\ln\frac{p}{p^\ominus}$$

所以　$$\Delta_fG_m^\ominus(Br_2,g)=-RT\ln\frac{p}{p^\ominus}$$

所以　$$p=p^\ominus\exp\left[\frac{-\Delta_fG_m^\ominus(Br_2,g)}{RT}\right]$$

在 25℃下　$$p=10^5\times\exp\left(\frac{-3.14\times 10^3}{8.314\times 298}\right)\text{Pa}=28.2\times 10^3\,\text{Pa}$$

（2）根据克-克方程　$$\frac{d\ln p}{dT}=\frac{\Delta_{vap}H_m^*}{RT^2}$$

在 25℃下

$$\Delta_{vap}H_m^*=\Delta_fH_m^\ominus(Br_2,g)-0=30.71\,\text{kJ}\cdot\text{mol}^{-1}$$

如果把 $\Delta_{vap}H_m^*$ 近似当作常数，则对克-克方程变形并积分可得

$$\ln\frac{p_2}{p_1}=\frac{\Delta_{vap}H_m^*}{R}\times\frac{T_2-T_1}{T_2T_1}$$

即
$$\ln\frac{p_2}{28.2\times10^3\,\text{Pa}}=\frac{30.71\times10^3}{8.314}\times\frac{308-298}{308\times298}$$

所以
$$p_2=42.7\times10^3\,\text{Pa}$$

*5.2.3 外压对液体饱和蒸气压的影响

同一种物质在不同温度下，其饱和蒸气压不同。这就是说，物质的饱和蒸气压与物质所处的状态有关，饱和蒸气压是一种状态函数。

我们知道，在 101.3kPa 下（即外压 p_e 是 101.3kPa），当把水加热到 100℃时水就沸腾了，这时水和水蒸气平衡共存。原因是在 100℃下水的饱和蒸气压等于外压 101.3kPa。如果温度低于 100℃，水就不能沸腾，水蒸气就不能与水平衡共存。原因是在 100℃以下，水的饱和蒸气压小于外压 101.3kPa。这时如果适当降低外压，同样会出现水沸腾即水与水蒸气平衡共存的现象。由此可见，在一定条件下即使蒸气不存在，凝聚态物质的饱和蒸气压作为状态函数仍有一定的值，而且饱和蒸气压会随状态的变化而变化。不能因为没有蒸气存在就认为凝聚态物质没有饱和蒸气压。举一个类似的例子，水的等压热容是指水在等压条件下升高单位温度时需要吸收的热量。不能因为水的温度不变就说水没有热容。

设想在 T 温度和 p 压力下，液体 A 的饱和蒸气压为 p_A；在 T 温度和（$p+dp$）压力下，液体 A 的饱和蒸气压为（p_A+dp_A）。根据相平衡原理，在压力变化前，液体 A 和与它能平衡共存的饱和蒸气的化学势相等；压力变化后，液体 A 和与它能平衡共存的饱和蒸气的化学势也相等。所以，对于一定温度下 A 的液气两相平衡系统，压力变化时液体 A 的化学势增量等于能与它平衡共存的饱和蒸气的化学势增量即

$$d\mu_A^*(l)=d\mu_A(g)$$

在一定温度下，如果把液体 A 的饱和蒸气视为理想气体，则根据定组成闭合相热力学基本方程以及理想气体的化学势表达式，可以把上式改写为

$$V_m^*(A,l)dp=RT\,d\ln p_A$$

即
$$\frac{d\ln p_A}{dp}=\frac{V_m^*(A,l)}{RT} \tag{5.15}$$

式(5.15) 表明：压力增大时，液体的饱和蒸气压必然会增大。但由于液体的摩尔体积 V_m^*(A, l) 通常都很小，所以通常认为液体的饱和蒸气压与压力无关。如果压力变化范围很大，液体饱和蒸气压的变化就会比较明显，这时就不能忽略压力对饱和蒸气压的影响了。此处虽然以液体为例进行讨论，但对于固体的饱和蒸气压与外压的关系也可以进行类似的分析，其结论与式(5.15) 同形，只需把式(5.15) 中的 V_m^*(A, l) 改为 V_m^*(A, s) 即可。

5.3 单组分系统相图

相图（phase diagram）是表示相平衡系统的温度、压力和组成之间关系的图形。相图

也叫**平衡状态图**。对于单组分系统，根据相律其自由度可表示为

$$f=1-P+2$$

由相律可以看出，系统中平衡共存的相数越少，自由度就越多。不论什么系统，其相数至少为1，即 $P_{\min}=1$。所以单组分系统自由度的最大值为 $f_{\max}=2$，可以用二维平面图来描述单组分系统的平衡状态。

对于单组分二相平衡系统，根据相律 $f=1$，平衡温度与平衡压力之间存在一定的函数关系，这种关系就是前面讨论过的克拉佩龙方程或克-克方程。根据克-克方程，任何物质的饱和蒸气压都会随温度的升高而增大。而且对于同一种物质而言，与液体相比，其固体的饱和蒸气压随温度升高而增大得更快，因为任何物质的摩尔升华热都大于它的摩尔蒸发热。以水为例，其相图如图5.1所示。

(1) *OA* 线

这是液态水的饱和蒸气压曲线，该曲线遵守克-克方程。当系统的温度和压力的交点落于该线上时，系统中有气-液两相平衡共存，其自由度为1。

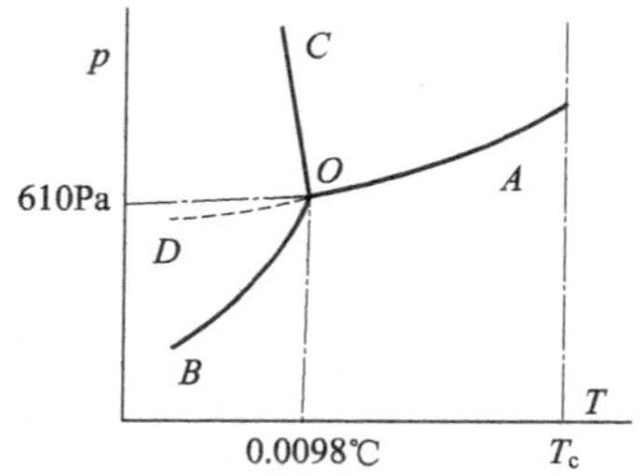

图5.1 水的相图

当用温度和压力描述的系统状态点落在 *OA* 线的上方时，系统为液态单相。因为此时的压力（即外界施加给系统的压力）大于同温度下液态水的饱和蒸气压。在这样的温度和压力下，即使有气态水，气态水也不能稳定存在，它会全部凝结变为液态水。所以 *OA* 线以上的区域属于液态水稳定存在区域，是单相区，自由度为2。

当系统的状态点处于 *OA* 线的下方时，系统为气态单相，自由度为2。因为压力（即外界施加给系统的压力）小于同温度下水的饱和蒸气压，故此时液态水不能稳定存在，它会完全蒸发。

T_c 是水的临界温度（critical temperature）。不论什么物质，当温度高于它的临界温度时，该物质就不能液化了，只能以气态形式存在。所以 *OA* 线到此为止，不能继续延伸。

(2) *OB* 线

这是冰的饱和蒸气压曲线，该曲线也遵守克-克方程。当系统的温度和压力的交点落在该线上时，系统中有水蒸气和冰两相平衡共存，其自由度为1。

当系统的状态点处于 *OB* 线的上方时，系统中只有冰这一个相，自由度为2。因为系统受到的压力大于同温度下冰的饱和蒸气压，故此时气态水不能稳定存在。

当系统的状态点处于 *OB* 线的下方时，系统中只有水蒸气这一个相。因为系统的压力小于同温度下冰的饱和蒸气压，故此时冰不能稳定存在，会全部升华。

(3) *OC* 线

这是冰-水平衡共存曲线，亦即冰的熔点随压力变化的曲线。当系统的状态点（即温度和压力的交点）落在该线上时，系统中有冰-水两相平衡共存。对于相变化

$$H_2O(s) \Longrightarrow H_2O(l)$$

由于与其它物质不同，液态水的密度大于固态水（冰）的密度，所以 $\Delta_{fus}V_m^*<0$。又因为 $\Delta_{fus}H_m^*>0$，故由克拉佩龙方程式(5.11)可知

$$\frac{dp}{dT}=\frac{\Delta_{fus}H_m^*}{T\Delta_{fus}V_m^*}<0$$

所以，冰-水平衡曲线 *OC* 朝着压力轴倾斜，即压力越大，水的凝固点越低。其它绝大多数

物质与水不同，其固态的密度大于液态的密度，$\Delta_{fus}V_m^*>0$，所以其它绝大多数物质的固-液平衡曲线不是朝压力轴倾斜，而是朝着相反的方向倾斜，即压力越大凝固点越高。

(4) *O* 点

O 点既属于 *OA* 线、也属于 *OB* 线和 *OC* 线。所以在 *O* 点上，气-液-固三相平衡共存，*O* 点被称为**三相点**（three-phase point）。在三相点上，$f=1-3+2=0$，即单组分系统三相平衡共存时，其温度和压力分别有唯一确定的值，所以三相点是个无变点。

水的三相点温度是 0.0098℃，三相点压力是 610Pa。水的三相点与冰的正常熔点不同。我们知道冰的正常熔点是 0℃，它的确切含义是指在 101325Pa 下，冰与被空气饱和了的水平衡共存时的温度。此时平衡共存的只有冰和被空气饱和了的水两个相。此时的平衡系统不是单组分系统，而是多组分系统。由此可见，冰的正常熔点比水的三相点温度低 0.0098℃，其中有两方面的原因。

第一，从水的相图看，压力升高时冰的熔点会降低。当压力从 610Pa 变为 101325Pa 时，冰的熔点会降低 0.0075℃。此值可以根据克拉佩龙方程式(5.11) 计算得到。

第二，当水被 101325Pa 的空气饱和后，纯水变成了稀水溶液，这又会使其凝固点降低 0.0023℃。此值可根据稀溶液的依数性进行计算。

把以上两方面综合起来，其总结果使冰-水平衡温度降低了 0.0098℃。在 0℃ 和 101325Pa 的敞开系统中，通常只有冰-水两相平衡共存。此时空气中也有水蒸气，但是水蒸气与冰和水未必处于平衡状态。

综上所述，水的相图主要分为三个区域。∠*COB* 包围的区域属于固相区；∠*COA* 包围的区域属于液相区；∠*AOB* 包围的区域属于气相区。当温度高于临界温度 T_c 时，不论压力多大，都只有单一的气相。

(5) *OD* 虚线

这是 *OA* 线向低温方向的延伸，也就是过冷水的饱和蒸气压随温度的变化曲线。由于过冷水的饱和蒸气压大于同温度下冰的饱和蒸气压，所以过冷水的化学势高于冰的化学势，过冷水不如冰稳定。但是适当控制条件可以使纯净水过冷到零下十几度甚至二十几度都不结冰。原因是最初冰从无到有形成时比较困难。我们把类似于过冷水这种本来不稳定，但表面上又貌似稳定的状态叫做亚稳状态。这种亚稳状态与表面现象有关，待学习了表面现象的有关知识以后，对这种亚稳态就容易理解了。

5.4 二组分部分互溶双液系

此处的双液系是指组成该系统的两种物质都是液体。二组分系统的自由度为

$$f=2-P+2=4-P$$

由此可以看出，二组分系统的最大自由度是 3，因此需要用三维立体图形才能充分描述二组分系统的状态，但这样做起来多有不便之处，对初步认识和掌握平衡状态图是不利的。所以，我们可以在一定温度或一定压力下对二组分系统进行讨论分析，这时由相律可知，系统的最大自由度是 2，可用二维平面图形进行讨论分析。

5.4.1 水-苯酚相图

以下是在系统压力 p 恒定不变的情况下进行讨论。在 T_1 温度下，往水（A）中逐滴加入苯酚（B），系统内苯酚的浓度 x_B 将从零开始逐渐增大，描述整个系统状态的点将从左向右逐渐移动，如图 5.2 所示。

在水溶液中苯酚的化学势为

$$\mu_B=\mu_B^{\ominus}+RT\ln(\gamma_B x_B)$$

式中，$\mu_B^{\ominus}$ 是在相同温度下，在苯酚水溶液（苯酚溶于水）中苯酚的标准态化学势，其值是确定的。最初未加入苯酚时水相中 $x_B=0$，所以 $\mu_B=-\infty$。根据相变化的基本规律，在一定温度和压力下，每一种物质总是从自身化学势高的相往化学势低的相迁移，直到该物质在不同相中的化学势彼此相等为止。所以，开始加入的苯酚肯定会溶解到水里变成溶液。由此可以推论：严格说来，没有彼此绝对不互溶的物质，只有溶解度大小的分别。通常我们所说的不溶解，实际上都是溶解度很小可忽略不计，并不是完全不溶解。

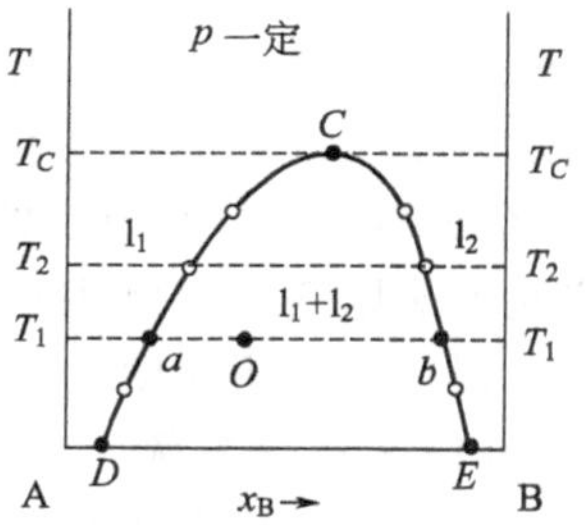

图 5.2　水-苯酚相图

随着苯酚的不断加入，溶液中的 x_B 会逐渐增大，水溶液中苯酚的 μ_B 也会逐渐增大。可以想象，当 μ_B 等于相同温度下纯苯酚的化学势 μ_B^* 时就达到了饱和。此时如果继续加入苯酚，似乎就会有不溶解的纯苯酚出现在溶液的下层（苯酚比水的相对密度大，$d_4^{20}=1.071$）。但是仔细想一想，这种情况是不会出现的。因为在水的苯酚溶液（水溶于苯酚）中水的化学势为

$$\mu_A=\mu_A^{\ominus}+RT\ln(\gamma_A x_A)$$

式中的 $\mu_A^{\ominus}$ 是相同温度下，在苯酚相中水的标准态化学势，其值是确定的。在纯苯酚中由于 $x_A=0$，所以 $\mu_A=-\infty$。所以根据相变化的基本规律，在一定温度和压力下，不会有苯酚水溶液与纯苯酚平衡共存。水会很自然地从苯酚水溶液中迁移到水的化学势为负无穷的纯苯酚中形成水的苯酚溶液。实际上，这其中迁移的是溶液，其中既有水也有苯酚。因为苯酚水溶液已经饱和了，若只有其中的水发生迁移，则剩余溶液就变成过饱和了，就不稳定了。这种迁移一直持续到水在两种溶液中的化学势相等、苯酚在两种溶液中的化学势也相等为止，因为这是两种溶液平衡共存的基本条件。平衡后系统中有两种溶液，这两种溶液的温度和压力虽然都相同，但它们的组成不同。

根据以上分析，在 p 压力和 T_1 温度下往水中逐滴加入苯酚时，实际情况如下：

开始加入苯酚，加一点溶解一点，再加一点再溶解一点……形成不饱和的苯酚水溶液 l_1，系统是单相。随着苯酚浓度逐渐增大，水溶液中苯酚的化学势会逐渐升高。当整个系统的状态点右移到 a 点时，就得到了饱和的苯酚水溶液 l_1，此时系统仍为单相。继续加入苯酚时，就会出现另一种饱和溶液相 l_2（水溶解于苯酚）而不是纯苯酚，这时系统中有两个相。新出现的溶液相的状态点是 b。这时，a 点表示的苯酚水溶液 l_1 与 b 点表示的水的苯酚溶液 l_2 平衡共存。我们把两种平衡共存的溶液称为**共轭溶液**（conjugated solution）。这时 l_1 中的 x_B 就是 p 压力和 T_1 温度下苯酚在水中的溶解度，l_2 中的 x_A 就是 p 压力和 T_1 温度下水在苯酚中的溶解度。继续加入苯酚时，描述整个系统状态的点即**系点**（system's state point）会继续沿着虚线在 a、b 之间右移，但是描述两个溶液（即两个相）状态的点即**相点**（phase point）a 和 b 均保持不变，只是在系点右移的过程中，饱和溶液 l_1 逐渐减少，饱和溶液 l_2 逐渐增多。原因是在一定温度和压力下不同物质彼此间的溶解度是确定的。当系点右移到 b 点时，溶液 l_1 的量就减少到零，这时就只剩下饱和溶液 l_2 了。如果还继续加入苯酚，系统中就只有不饱和溶液 l_2 这一相了。这时相点与系点重合，原因是单相系统中这一相的状态也就是整个系统的状态。

如果在 p 压力和 T_1 温度下，往苯酚中逐滴加入水，同样可以得到 b 点和 a 点，情况与往水中逐滴加入苯酚类似，只是两者的变化方向相反。

压力 p 恒定不变，可用上述方法在不同温度下测定苯酚在水中的溶解度和水在苯酚中的溶解度，并在图中画出不同温度下饱和溶液的状态点，然后把这些饱和溶液的状态点连接起来，就会得到饱和溶解度曲线 DCE。这时得到的 T-x 图（即图 5.2）就是在 p 压力下的水-苯酚部分互溶双液系的相图。部分互溶就是指两种物质彼此之间虽有一定的溶解度，但彼此不能以任意比例相互溶解。

现在来分析说明水-苯酚相图中各不同区域的相态。

(1) *CD* 线左侧

CD 线代表苯酚在水中的溶解度随温度变化的曲线，当系点落在 CD 线左侧时，系统中只有苯酚溶解在水里形成的不饱和溶液 l_1 这一相。因为 CD 线左侧任意一点对应的苯酚含量 x_B 都小于同温度下苯酚在水中的溶解度。

(2) *CE* 线右侧

CE 线代表水在苯酚中的溶解度随温度变化的曲线，当系点落在 CE 线右侧时，系统中只有水溶解在苯酚里形成的不饱和溶液 l_2 这一相。因为 CE 线右侧任意一点对应的水含量 x_A 都小于同温度下水在苯酚中的溶解度。

(3) *DCE* 曲线下

当系点落在该区域时，以该曲线下的任意一点 o 为例。从左看，整个系统中 B 的含量超过了同温度下 B 在 A 中的溶解度，超过了饱和溶液 l_1 的组成，故系统中必然有 l_1 饱和溶液；从右看，整个系统的组成超过了同温度下 A 在 B 中的溶解度，超过了饱和溶液 l_2 的组成，故系统中必然有 l_2 饱和溶液。所以当系点落在该区域时，系统中有 l_1 和 l_2 两种饱和溶液平衡共存，即该区域为双相区。在该区域内，系点和相点是不重合的，因为不论哪一相的组成都与整个系统的组成不同。如果温度和压力都保持不变，系点 o 在该区域不论怎样变化（朝左或朝右），相点 a 和 b 都固定不变。

在二相平衡共存区域，把链接两个平衡共存相的连线叫做**连结线**（tie line）。连结线的两个端点就代表平衡共存的两个相的相点。图 5.2 中的 ab 线就是一条连结线。

(4) $T \geqslant T_C$ 区域

可以看出，在 DCE 曲线下的二相区内，随着温度升高，共轭溶液 l_1 和 l_2 的组成越来越靠近。原因是随着温度的升高，水和苯酚彼此间的溶解度都逐渐增大。当 $T=T_C$ 时，两个相点完全重合，此时两个相的温度、压力及组成都相同，彼此没有任何区别了。实际上此时系统中只有一种溶液，只有一个相。所以把 C 点称为**会溶点**（consolute point），把会溶点对应的温度 T_C 称为**会溶温度**（consolute temperature）。在 $T \geqslant T_C$ 区域，这两种物质可以以任意比例相互溶解，并且只得到一种溶液，不会再出现共轭溶液。

压力一定时，若系统中只有一个相，根据相律其自由度为 $f=2-1+1=2$。这在相图上是很明显的，即在图 5.2 的单相区（DEC 曲线以外），只有把温度和组成这两个变量都确定下来以后，系统（即溶液）的状态才能确定下来。

在压力一定时，若系统中有两个相，根据相律其自由度为 $f=2-2+1=1$。这似乎与相图中的二相区不一致。在二相区内（DEC 曲线下），表面看上去只有把温度和组成这两个变量都确定下来以后，系点才能确定下来，整个系统的状态才能确定下来。但是在二相区内（系点处在二相区内），相点与系点不重合，实际系统的状态由两个相所处的状态反映出来，与系点的具体位置无关。在二相区内，只要给定任何一种饱和溶液如 l_1 的组成，在 CD 线上 l_1 的相点就确定了。当 l_1 的相点确定后，l_2 的相点也就被唯一的确定下来了，因为 l_2 的相点必然在 CE 曲线上，而且平衡共存的 l_1 和 l_2 两个溶液的温度必然相等，故过溶液 l_1 的相点作一条等温线，该等温线与 CE 线的交点就是溶液 l_2 的相点。同样，在二相区内只给出系统的温度，也可以通过等温线与 DCE 曲线的交点把两个共轭溶液的相点找到。两个相点都找到了，两个相的状态当然也就确定了。所以在二相区内，系统的自由度是 1。

概括起来，二组分部分互溶双液系主要有以下几种类型：

① 具有最高会溶温度。如上述的水-苯酚系统，见图 5.2。

② 具有最低会溶温度。如水-三乙胺系统，见图 5.3(a)。

③ 具有最高和最低会溶温度。如水-烟碱系统，见图 5.3(b)。

④ 没有会溶温度。如水-乙醚系统，见图 5.3(c)。当温度足够高时就全汽化了。

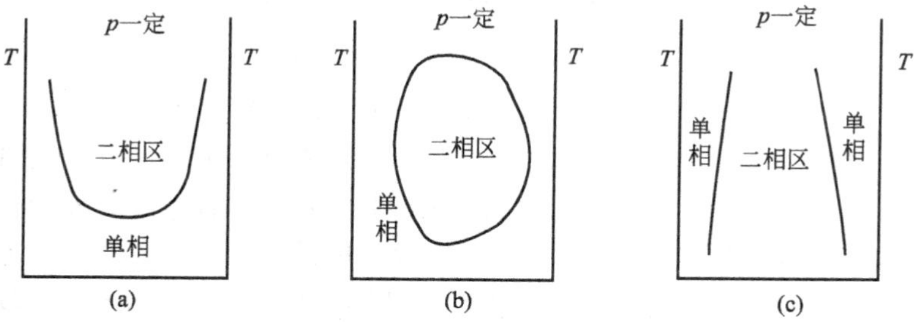

图 5.3 另外三种部分互溶双液系相图

5.4.2 杠杆规则

以水-苯酚相图（见图 5.2）为例。在二相区内，如果系点是 o 点，则相点分别是 a 点和 b 点。下面考察分析一下系点与相点的关系。

此处用 n_i 表示与状态点 i（可以是系点，也可以是相点）对应的系统或某一相中不同物质的总摩尔数，用 x_i 表示与状态点 i 对应的系统或某一相中苯酚的摩尔分数浓度。

那么

$$n_o x_o = n_a x_a + n_b x_b \tag{5.16}$$

而

$$n_o = n_a + n_b$$

将此代入上式并整理可得

$$n_a(x_o - x_a) = n_b(x_b - x_o)$$

即

$$n_a \overline{ao} = n_b \overline{ob} \tag{5.17}$$

式(5.17) 反映了在二相区内，两个平衡共存相的物质的量与系点和相点的相对位置之间的关系。由于此式与杠杆原理同形，故称式(5.17) 为**杠杆规则**（lever rule）。在二组分平衡状态图中，杠杆规则只在二相区内适用。如果相图中把组成用质量分数 w 表示，把物质的量用质量 m 表示，同样可以得到杠杆规则。这时杠杆规则可表示如下：

$$m_a(w_o - w_a) = m_b(w_b - w_o)$$

例 5.7 在 101.3kPa 下，水（A）-异丁醇（B）部分互溶双液系的实验数据如下：

T/K	293	333	373	393	406
上层 $w_B \times 100$	83.6	77.2	70.2	61.5	37
下层 $w_B \times 100$	8.5	6.6	9.3	14.0	37

其中 w_B 表示组分 B 的质量分数。

（1）在 350K 下把 90g 异丁醇逐滴加入 10g 水中，说明此过程的状态变化情况。

（2）在 400K 下将 15g 水和 35g 异丁醇混合，所得系统有几个相？

（3）将（2）中所得系统冷却到 320K 时，系统中有几相？它们的质量分别是多少？

解：先根据实验数据画出 101.3kPa 下的水-异丁醇相图。

(1) 由于实验过程中温度保持在 350K 不变，所以在滴加异丁醇 (B) 的过程中，系点将沿着 350K 等温线从左到右逐渐移动。最初只有纯水，$w_B=0$。随着异丁醇的加入，w_B 逐渐增大。当 $w_B \leqslant 7\%$ 时，系统中只有异丁醇水溶液这一相，即加入的异丁醇都能溶解。继续加入异丁醇直到 $w_B>7\%$ 时，系统中除了 $w_B=7\%$ 的异丁醇水溶液外，还会出现水的异丁醇溶液这个新相。在该新相中，$w_B=75\%$。

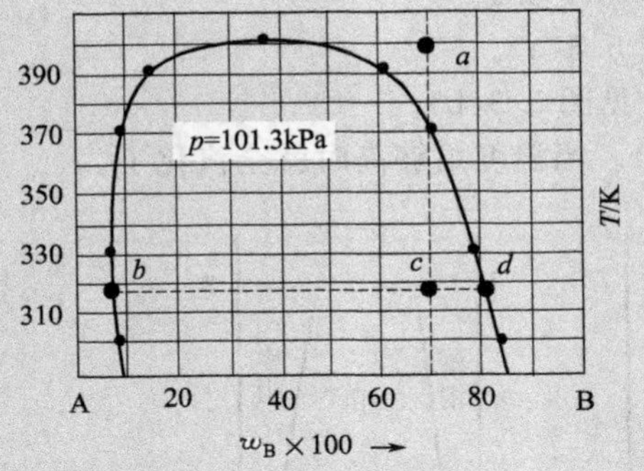

当整个系统中异丁醇的含量介于 7%～75% 之间时，系统内就会有上述两种饱和溶液平衡共存，而且它们的组成恒定不变。当整个系统中异丁醇的含量在 7%～75% 的范围内逐渐增大时，系点在二相区内逐渐右移。根据杠杆规则，此过程中 $w_B=7\%$ 的溶液会逐渐减少，而 $w_B=75\%$ 的溶液会逐渐增多。

当系点在二相区内右移到 $w_B=75\%$ 时，根据杠杆规则，$w_B=7\%$ 的溶液就消失了，这时就只剩下 $w_B=75\%$ 这一种溶液了。继续加入异丁醇，系点就进入了单相区，这时系点与相点重合。继续加入异丁醇，最终得到的是 $w_B=90\%$ 的溶液这一相。

(2) 从相图看，在 400K 下将 15g 水和 35g 异丁醇混合时，$w_B=70\%$，系点 a 落在了二相区外的单相区，故所得系统只有一相，相点与系点重合。

(3) 在冷却过程中，整个系统的组成不变，所以系点直线下降。当把系统冷却到 320K 时，系点为 c，即系点落在了二相区。此时系统中有分别用 b 点和 d 点表示的两种溶液。根据杠杆规则，这两种溶液的质量满足下式。

$$m_b\overline{bc}=m_d\overline{cd}$$

即 $$m_b(70-8)=(50-m_b)\times(81-70)$$

所以 $$m_b=6.3\text{g} \qquad m_d=50-m_b=43.7\text{g}$$

5.5 二组分完全互溶双液系

与二组分部分互溶双液系不同，此处完全互溶双液系意味着两种液体物质可以按任意比例相互溶解，结果只形成一种溶液。如水和乙醇、甲醇和乙醇、苯和甲苯等都属于这种系统。

5.5.1 理想溶液的压力-组成图

如果 A、B 两种液体物质可以完全互溶并形成理想溶液，则一定温度下溶液中各种组分的蒸气分压以及溶液上方的饱和蒸气总压随溶液组成的变化情况如图 5.4 所示。

由图 5.4 可见，$p_A^*<p_B^*$，即 B 组分比 A 组分容易挥发。另外，$p_A^*<p<p_B^*$。由此推测，溶液上方的饱和蒸气中各组分的摩尔分数浓度（用 y 表示）为

$$y_A=\frac{n_A}{n_A+n_B}=\frac{p_A}{p}=\frac{p_A^* x_A}{p}<x_A \tag{5.18}$$

$$y_B=\frac{n_B}{n_A+n_B}=\frac{p_B}{p}=\frac{p_B^* x_B}{p}>x_B \tag{5.19}$$

这就是说，不易挥发的组分 A 在饱和蒸气中的含量小于它在溶液中的含量，而容易挥发的组分 B 在饱和蒸气中的含量大于它在溶液中的含量。不仅理想溶液是这样，根据第 3 章中“实际二组分溶液的理论分析”中讨论的内容，A、B 二组分非理想溶液也是如此，即难挥发组分在饱和蒸气中的含量小于它在溶液中的含量，而易挥发组分在饱和蒸气中的含量大于它在溶液中的含量。

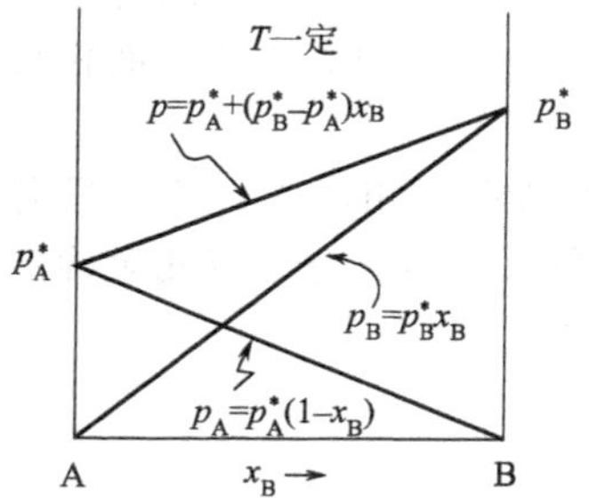

图 5.4　理想溶液中各组分的饱和蒸气压

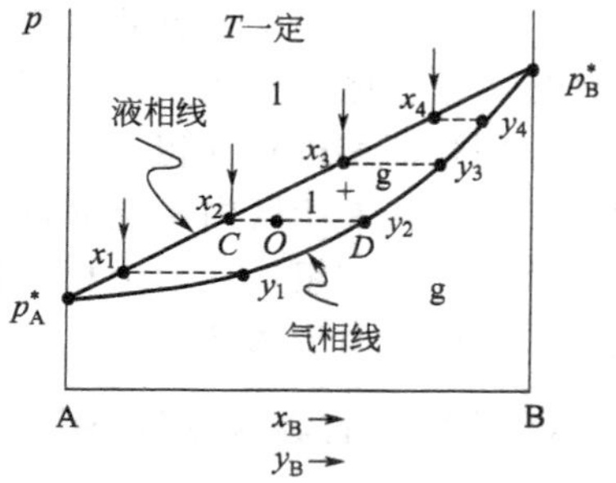

图 5.5　理想溶液的 p-x 图

现设想在 T 温度下，将许多不同组成的 A、B 二组分理想溶液从很高的压力下逐渐降压，当压力降低到各自的饱和蒸气总压时，溶液就会与其蒸气平衡共存。

在图 5.4 中，连接 p_A^* 与 p_B^* 的直线是 A、B 二组分理想溶液的饱和蒸气总压随溶液组成的变化曲线。将该曲线画在图 5.5 中，当组成为 x_1 的溶液从很高的压力逐渐降压至它的饱和蒸气总压时，该溶液就会与它的组成为 y_1 的饱和蒸气平衡共存。根据式(5.18) 或式(5.19)，当气-液两相平衡共存时，平衡蒸气中易挥发组分 B 的摩尔分数浓度 y_1 大于溶液中组分 B 的摩尔分数浓度 x_1，所以平衡蒸气的相点（即气相点）y_1 必位于溶液相点（简称液相点）x_1 之右。当气-液两相平衡时，两者必然具有相同的压力，该压力既是组成为 x_1 的溶液的饱和蒸气压，也是组成为 y_1 的混合气体的凝结压力。这就是说，当把组成为 y_1 的蒸气从很小的压力逐渐压缩到该压力时，就会凝结出组成为 x_1 的溶液。

用多个组成不同的溶液做类似的实验，可以得到多组气-液平衡时的液相点和气相点。将得到的气相点 y_1、y_2、……连接起来又会得到一条曲线，这条曲线在理想溶液的饱和蒸气压曲线的下方。这时得到的图形就是 A、B 二组分理想溶液的压力-组成图，简称 p-x 图。其中上边那条线叫做**液相线**，下边那条线叫做**气相线**。

现在分析图 5.5 中各不同区域的相态。

(1) 液相线以上

该区域是溶液单相区。因为当系点落在该区域时，系统的压力都大于同组成溶液的饱和蒸气总压，这时蒸气不能稳定存在，所以该区域是溶液单相区。正因为这样，才把溶液的饱和蒸气总压随组成变化的曲线叫做液相线。

(2) 气相线以下

该区域是混合气体单相区。因为当系点落在该区域时，系统的压力都小于同组成气体的凝结压力，这时溶液不能稳定存在，溶液会完全蒸发。所以该区域是混合气体稳定存在的单相区。正因为这样，才把蒸气的凝结压力随组成变化的曲线叫做气相线。

(3) 液相线和气相线之间

该区域是气-液两相平衡共存区。因为对该区域内任意一点 o 而言，从上往下看，系统的压力小于同组成溶液的饱和蒸气压，这时蒸气能稳定存在，肯定有蒸气相；从下往上看，系统的压力大于同组成蒸气的凝结压力，这时溶液能稳定存在，肯定有溶液相。所以当系点落在该区域时，实际系统中既有溶液又有混合气体，该区域是气-液两相平衡共存区。那么，与系点 o 对应的液相点和气相点分别在何处呢？首先，当系统处于平衡状态时，平衡共存的各相必然具有相同的压力，该压力等于整个系统的压力，故两个相点必然与系点 o 处在同一条等压线上。又因为气液两相的组成不同，故二者不可能与 o 点重合，也不可能位于系点 o 的同一侧，而是分别位于 o 点的右侧和左侧。又因为易挥发组分在气相中的含量大于它在液相中的含量，故右侧是气相点，左侧是液相点。实际上，过系点的等压线与液相线和气相线的交点就分别是液相点和气相点。

根据相律，在二相区内系统的自由度为 1。如果系点落在二相区内，这时只需要指定系统的压力或某一相的组成，两个相点就完全确定了，整个系统的状态也就完全确定了。在单相区内，系统的自由度为 2。

5.5.2 理想溶液的温度-组成图

在实践中，温度-组成图用得更多一些。此处仍以 A、B 二组分理想溶液为例（A 难挥发，B 易挥发）。从图 5.5 可以看出，理想溶液中易挥发组分 B 的含量越高，溶液的蒸气总压就越大，因此在一定压力下这种溶液的沸点就越低。所以在一定压力下，A、B 二组分理想溶液的沸点-组成曲线大致如图 5.6 中的下线所示，此线为液相线。其中的 T_A^* 和 T_B^* 分别是 p 压力下纯 A 和纯 B 的沸点。

此处需要注意，即使是理想溶液，其沸点-组成曲线通常都不是直线。在前面关于稀溶液的依数性即沸点升高问题的讨论中，在一定压力下当气-液两相平衡时曾推导出

$$\left(\frac{\partial \ln a_A}{\partial T}\right)_p = -\frac{\Delta_{vap}H_m^*(A)}{RT^2}$$

对于理想溶液中的 A，其活度系数为 1，$a_A = x_A$，故此式可改写为

$$\left(\frac{\partial \ln x_A}{\partial T}\right)_p = -\frac{\Delta_{vap}H_m^*(A)}{RT^2}$$

把 $\Delta_{vap}H_m^*(A)$ 视为常数时。两边同乘以 dT 后的积分结果可以表示为

$$\ln x_A = \frac{\Delta_{vap}H_m^*(A)}{RT} + C$$

由此可见，在一定压力下理想溶液的气-液平衡温度 T 与其浓度 x_A 之间不是线性关系。只是在一定温度下，其饱和蒸气压遵守拉乌尔定律，其饱和蒸气压与组成之间呈线性关系。

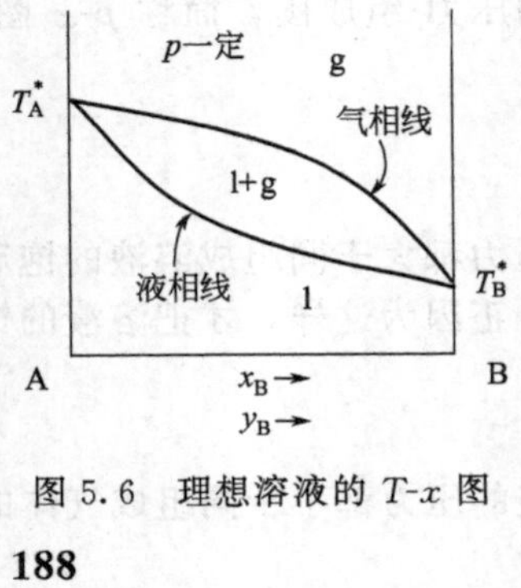

图 5.6 理想溶液的 T-x 图

将不同组成的溶液在 p 压力下逐渐加热至沸点，这时每一种溶液都与各自的饱和蒸气处于平衡状态。此时，易挥发组分 B 在蒸气中的含量大于它在溶液中的含量，所以气相点必然位于液相点的右边，而且与液相点的温度相同。把与多个组成不同的溶液处于平衡状态的蒸气相的相点连接起来又会得一条曲线，如图 5.6 中的上线所示，此线为气相线。

在一定压力下，气-液两相平衡时的温度既是溶液的泡点，也是与溶液成平衡的蒸气的露点。所以把图 5.6 中的液相线也称为**泡点线**，把气相线也称为**露点线**。

有了液相线和气相线，就得到了 A、B 二组分理想溶液的温度-组成图，简称 T-x 图。该图中各不同区域的相态如下：

① 液相线以下　该区域为溶液单相区。因为该区域内任意一点的温度都低于同组成溶液的沸点，这时蒸气不能稳定存在，所以液相线以下是溶液单相区。

② 气相线以上　该区域为蒸气单相区。因为该区域内任意一点的温度都高于同组成蒸气的露点，这时溶液不能稳定存在，所以气相线以上是混合气体单相区。

③ 气相线与液相线之间　该区域为气-液平衡共存的二相区。因为对于该区域内的任何一点而言，从下往上看，系统的温度高于同组成溶液的沸点，肯定有蒸气相；从上往下看，系统的温度低于同组成蒸气的露点，肯定有溶液相。所以该区域内既有溶液又有蒸气，该区域是气-液两相平衡共存区。

现在根据 A、B 二组分理想溶液的 T-x 图，考察在 p 压力下把一个系统从 S_1 点逐渐加热到 S_2 点的过程中所发生的变化情况，如图 5.7 所示。

当 $T<T_1$ 时，系统内只有单一的溶液相。

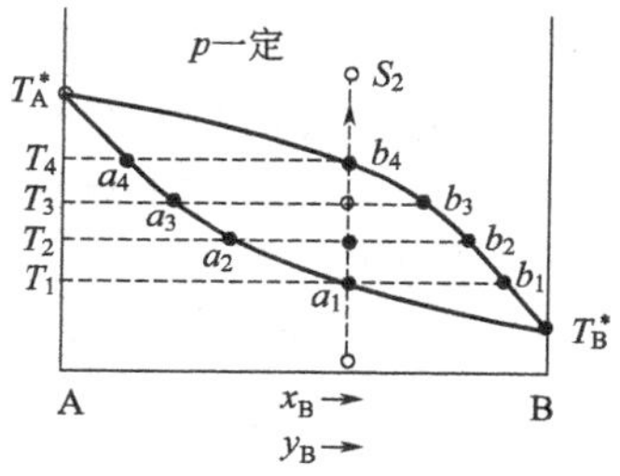

图 5.7　理想溶液升温过程

当 $T=T_1$ 时，该系统刚刚到达了它的沸点，此时液相点和气相点分别如 a_1 点和 b_1 点所示。但根据杠杆规则，此时气相的物质的量为零。这不足为怪，因为在升温过程中系统一直从环境吸热。当温度刚到达其沸点温度 T_1 时，环境必须继续供热，液体才会蒸发产生蒸气。所以 $T=T_1$ 时，虽到达了二相区，但是气相的量为零，系统中只有溶液这一相，溶液的相点与系点仍重合在一起。这时若环境继续供热，蒸气才会从无到有、从少到多发生变化；溶液就会从多到少发生变化。这种变化与杠杆规则中两个力臂的变化相对应。因此在该变化过程中，系统的温度会继续升高。供热越多，温度升高越多，产生的蒸气也就越多，剩下的溶液也就越少。在二相区内，结合杠杆规则可以明显看出这种变化趋势。在二相区内，随着温度升高，整个系统的组成不变，所以系点直线上升。可是实际上该系统是以两个相的形式出现的，相点与系点是分开的，而且在升温过程中，两个相的组成一直都在变化。

$T=T_4$ 时，根据杠杆规则液相的量已减少到零，只剩下蒸气这一相了，所以蒸气相的相点与系点重合。这时如果继续供热，系统内的唯一变化就是蒸气的温度逐渐升高。

以上分析说明，溶液蒸发变成气体不是在某一个温度下完成的，而是在一定温度范围内（$T_1 \sim T_4$）完成的。这一点与纯液体的蒸发过程明显不同。究其原因，对于单组分系统（纯物质）而言，在一定压力下当两相平衡共存时，由相律可知系统的自由度为零；但是对于二组分系统而言，在一定压力下当两相平衡共存时，其自由度为 1。

在搞清楚此相图和上述态变化过程的基础上，如果在 p 压力和 T_3 温度下往纯 A 组分中逐渐加入 B 组分，系统将陆续发生哪些变化呢？请读者思考。

*5.5.3　精馏原理

精馏是化学实验和化工生产中重要的分离方法之一。用该方法可以把溶液中的不同组分彼此分开。该分离过程所用的主要设备是分馏柱或精馏塔。图 5.8 是精馏塔示意图。该设备是从底部加热的，所以塔内从低到高温度逐渐降低。

关于**精馏原理**（distillation principle），结合图 5.9，设想在较大的压力下，将组成为

x_0 的 A、B 二组分理想溶液先预热到 T_0 温度（此时仍是液体），然后将这种料液从图 5.8 所示的塔内温度为 T_0 的高度处送入压力为 p 的塔内。这时系统会以气-液两相平衡共存的形式出现，其相点分别为 x_1 和 y_1。

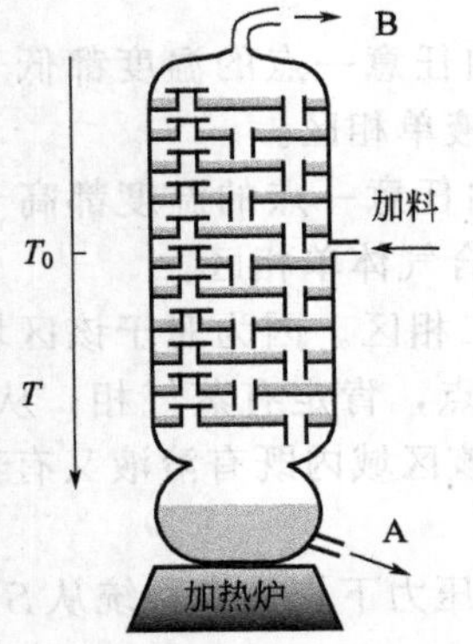

图 5.8　精馏装置示意图

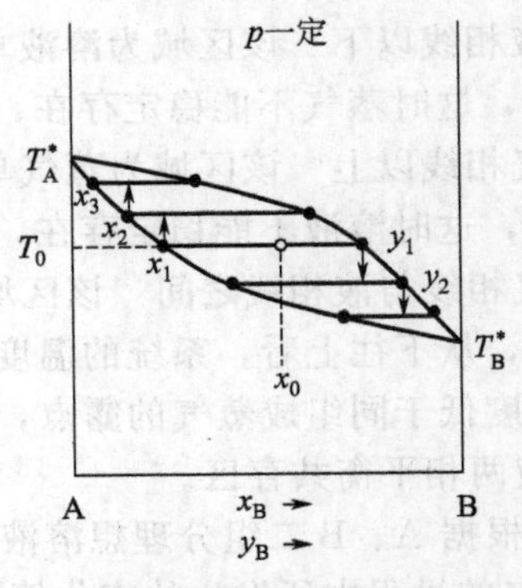

图 5.9　精馏原理示意图

一方面，由于易挥发组分 B 在气相中的含量大于它在液相中的含量，而难挥发组分 A 在液相中的含量大于它在气相中的含量，即气、液两相组成不同。这种情况有利于两种组分的分离。另一方面，由于气、液两相密度相差悬殊，蒸气往上升，溶液往下流，结果易使气-液两相分开。

组成为 y_1 的气体通过塔板上的罩帽上升后温度会降低，所以在上一个塔板上蒸气会发生冷凝，结果达到新的气-液两相平衡。此时气相的相点为 y_2。与 y_1 相比较，气相点 y_2 中易挥发组分 B 的含量又得到了提高。组成为 y_2 的气体进一步上升，温度会降低，气体会凝结，又达到气-液两相平衡。这时气相中易挥发组分 B 的含量又得到了提高……如此反复，最终从精馏塔顶出来的就是纯气体组分 B。

组成为 x_1 的液体从精馏塔入口处的塔板往下流。到了下一个塔板温度就会升高，结果会使溶液蒸发又达到新的气-液两相平衡。这时液相点为 x_2。与入口处塔板上的液相点 x_1 相比较，液相中难挥发组分 A 的含量得到了提高。组成为 x_2 的液体进一步往下流，温度又升高，又变为气-液两相平衡，液相点为 x_3，液相中难挥发组分 A 的含量又得到提高……如此反复，最终聚集在精馏塔底部的是纯液体 A。

5.5.4　A、B 二组分非理想溶液的 *T-x* 图

(1) 溶液的沸点总介于 T_A^* 和 T_B^* 之间

既然不论组成如何，在一定压力下溶液的沸点都介于两种纯组分的沸点 T_A^* 和 T_B^* 之间，那么这种非理想溶液的 *T-x* 图必然与前边讨论过的理想溶液的 *T-x* 图相似，仅仅在二相区的高矮肥瘦方面彼此有别。对于这种系统同样可用精馏的方法将 A、B 两种组分分开。此处不必赘述。

(2) 溶液的沸点有一个极小值

在一定压力下，溶液的沸点会随组成的变化而变化，并且其中有一个极小值，如图 5.10 中的液相线所示。究其原因，该溶液中的两种组分都对拉乌尔定律产生较大的正偏差，结果导致随着溶液组成的变化，溶液上方的饱和蒸气总压有一个极大值，如图 5.11 所示。由于饱和蒸气压越大的液体越容易沸腾，其沸点也就越低，所以在一定压力下这种溶液的沸点-组成曲线有一个极小值。

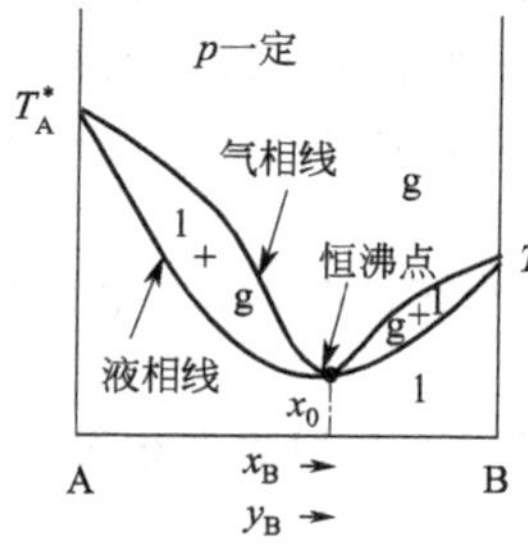

图 5.10 非理想溶液的 T-x 图

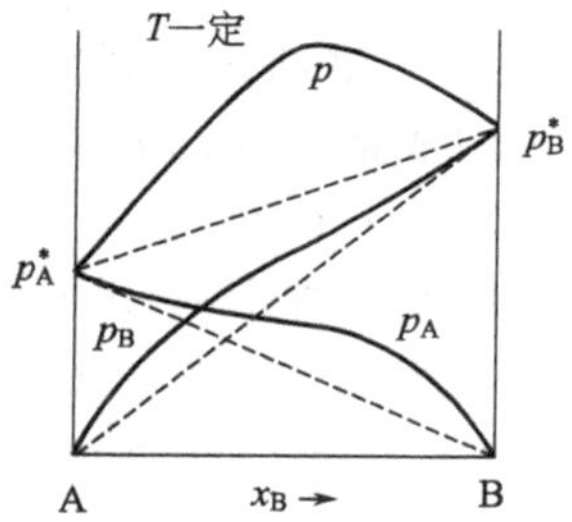

图 5.11 非理想溶液的饱和蒸气压

在图 5.10 中，设液相线极小点对应的组成为 x_0。在 $x_B<x_0$ 的范围内，溶液的沸点随 x_B 的增大而降低。这说明在此浓度范围内，组分 B 表现为容易挥发。所以在 $x_B<x_0$ 的范围内，当气-液两相平衡时，气相中 B 的含量必然高于液相中 B 的含量，即气相点必位于液相点之右。在 $x_B>x_0$ 的范围内，溶液的沸点随 x_B 的增大而升高。这说明在此浓度范围内，组分 B 表现为难挥发。所以在 $x_B>x_0$ 的范围内，当气-液两相平衡时，气相中 B 的含量必然小于液相中 B 的含量，即气相点必位于液相点之左。把不同组成的溶液加热至沸腾时，得到的气相点就不同（但气-液两相的温度相同）。把气相点彼此连接即可得到气相线，如图 5.10 中的上线所示。这样便得到了这种系统的 T-x 图。

(3) 溶液的沸点有一个极大值

在一定压力下，溶液的沸点会随组成的变化而变化，并且其中有一个极大值，如图 5.12 中的液相线所示。究其原因，在一定温度下该溶液中各组分都对拉乌尔定律产生较大的负偏差，结果导致随着溶液组成的变化，其饱和蒸气总压有一个极小值，如图 5.13 所示。饱和蒸气总压越小的液体越不容易沸腾，其沸点也就越高，故这种溶液的沸点有一个极大值。

在 $x_B<x_0$ 的范围内，组分 B 表现为难挥发。所以在 $x_B<x_0$ 的范围内，当气-液两相平衡时，气相点必位于液相点之左。在 $x_B>x_0$ 的范围内，组分 B 表现为容易挥发。所以在 $x_B>x_0$ 的范围内，当气-液两相平衡时，气相点必位于液相点之右。把不同组成的溶液加热至沸腾时，得到的气相点就不同。把气相点彼此连接起来，即可得到气相线，如图 5.12 中的上线所示。这样便得到了这种系统的 T-x 图。

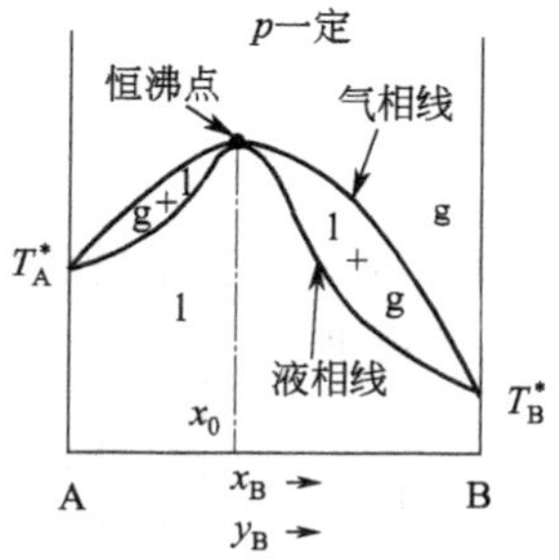

图 5.12 非理想溶液的 T-x 图

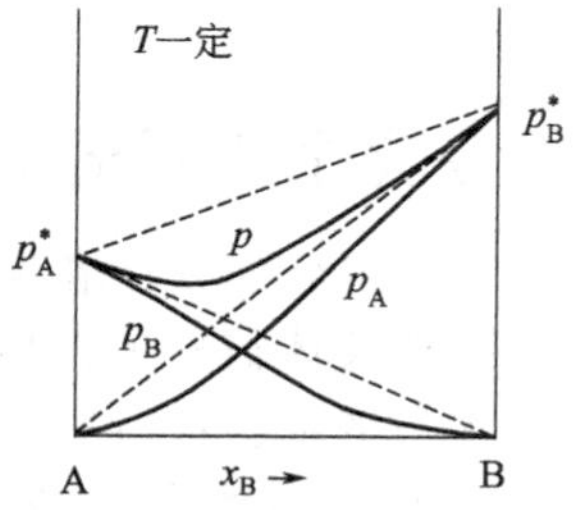

图 5.13 非理想溶液的饱和蒸气压

(4) 恒沸混合物

图 5.10 和图 5.12 这两种 T-x 图中的最低点和最高点均称为**恒沸点**（azeotropic point）。

因为当 $x_B=x_0$ 时，沸点随组成的变化率是 $(dT/dx_B)=0$，这时 B 表现为既不容易挥发，也不难挥发。当气-液两相达到平衡时，组分 B 在两相中的含量相同。这种溶液不论蒸发掉多少，溶液的组成都不变，溶液的沸点当然也不变。所以把一定压力下 $x_B=x_0$ 的溶液称为**恒沸混合物**（azeotrope）。

恒沸混合物是一种溶液，而不是一种化合物。在一定压力下，A、B 二组分系统的恒沸混合物有确定的组成。因为一定压力下，在恒沸点上

$S=2\quad R=0\quad R'=1$ 独立的额外制约条件是气、液两相浓度相等

所以 $\quad C=1\qquad f=1-2+1=0$

但是当压力变化时，恒沸点（包括恒沸混合物的组成及其沸点）也会发生变化。

对于恒沸混合物，仅靠简单精馏的方法是无法将它们分开的。对于可形成恒沸混合物的 A、B 二组分系统，如果溶液中 B 的含量 x_B 小于恒沸混合物中 B 的含量，如图 5.14 中的 x_1 所示，则用精馏方法只能得到纯组分 A 和恒沸混合物。如果溶液中 B 的含量大于恒沸混合物中 B 的含量，用精馏方法只能得到纯组分 B 和恒沸混合物。

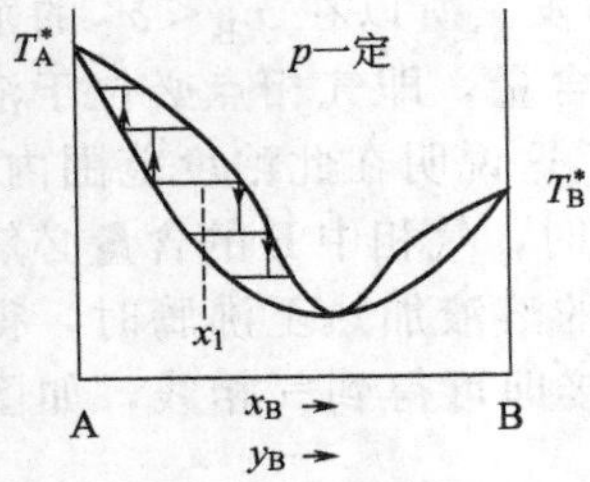

图 5.14 恒沸混合物的精馏原理示意图

关于恒沸混合物的分离，情况比较复杂。不过，温度降低时若恒沸混合物能分层，也就是说温度降低时恒沸混合物会从单一的溶液相变成类似于部分互溶双液系中的共轭溶液两个相，则这种系统相对还比较简单，仍可用精馏法进行分离。因为对于共轭溶液而言，平衡时两者的温度和压力均相同，唯一不同的就是它们的组成。对于由恒沸混合物得到的共轭溶液而言，它们的组成必然都与恒沸混合物不同，必然分别处在恒沸混合物的左侧和右侧。在这种情况下，可将二者在不同的塔内进行精馏。整个分离过程如下：

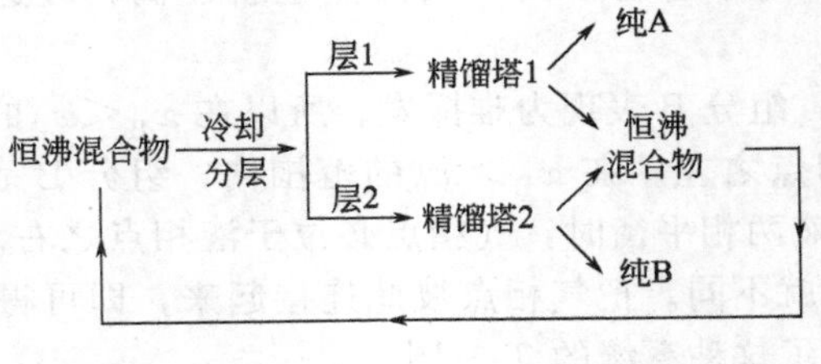

如果恒沸混合物降温后不分层，就得考虑用别的方法分离这类混合物了。

5.6 二组分完全不互溶双液系

根据本章“二组分部分互溶双液系”中讨论过的内容，真正完全不互溶的液体对是不存在的，但是当两种液体彼此的溶解度很小时，可近似将其看作彼此完全不互溶。如水与氯苯、水与二硫化碳等均属于这种系统。

图 5.15 完全不互溶双液系

在这类系统中，各组分自成一体（即形成多个不同的相而非单相），各自的饱和蒸气压与它们单独存在时的饱和蒸气压相同。以 A、B 二组分完全不互溶双液系为例，参见图 5.15。其饱和蒸气总压为

$$p=p_A^*+p_B^*$$

当该系统的饱和蒸气总压 p 等于外压时，A、B 混合液系统（不是溶

液）就会沸腾。所以，A、B 二组分完全不互溶混合物系的沸点既低于纯 A 的沸点 T_A^*，也低于纯 B 的沸点 T_B^*。蒸出来的混合气体经过冷凝变为液体后又会分层。故从冷凝液中很容易分出待蒸馏的物质。在生产实践中，常利用这一点并借助水来提纯或分离与水不互溶但沸点较高且在高温下易分解的有机化合物，这就是常用的**水蒸气蒸馏法**（wet distillation）。

水蒸气蒸馏法是分离和提纯许多有机化合物的常用方法之一。例如，若反应的目标产物中溶有较多的非挥发性杂质，而且目标产物本身的沸点较高，在较高温度下蒸馏时又容易发生分解或容易发生别的副反应，这时用水蒸气蒸馏法会有较大的优势。水蒸气蒸馏法可除去待分离物中溶解的非挥发性杂质。使用水蒸气蒸馏法时，首先待蒸出物应几乎不溶于水，而且要求在实验温度下待蒸出物与水长时间共存也不会发生化学反应。另外，待蒸出物在接近100℃时的蒸气压通常应不小于 1.5kPa。

水蒸气蒸馏时，蒸出物在冷凝之前，待分离物（B）与水（A）的分压之比为

$$\frac{p_B^*}{p_A^*}=\frac{n_B}{n_A}=\frac{m_B/M_B}{m_A/M_A} \quad (m\ \text{表示质量})$$

所以

$$\frac{m_B}{m_A}=\frac{M_B p_B^*}{M_A p_A^*} \tag{5.20}$$

虽然一定温度下高沸点有机化合物的饱和蒸气压 p_B^* 通常明显低于水的饱和蒸气压 p_A^*，但由于高沸点有机化合物的摩尔质量 M_B 通常比水的摩尔质量 M_A 大得多，故由式(5.20) 可以看出，水蒸气蒸馏的效率一般不会很低。

例 5.8 在 101kPa 下，用水蒸气蒸馏法蒸馏溴苯时，沸点为 95℃。已知在 95℃下水的饱和蒸气压为 84.5kPa。问在蒸出 100g 水的同时，可以蒸出多少克溴苯？

解：沸腾时水和溴苯的饱和蒸气压之和等于外压，故溴苯的饱和蒸气压为：

$$p_{溴}^*=101\text{kPa}-p_{水}^*=101\text{kPa}-84.5\text{kPa}=16.5\text{kPa}$$

对于蒸出物而言

$$\frac{p_{溴}^*}{p_{水}^*}=\frac{n_{溴}}{n_{水}}=\frac{m_{溴}/M_{溴}}{m_{水}/M_{水}}$$

所以

$$m_{溴}=\frac{p_{溴}^* m_{水} M_{溴}}{p_{水}^* M_{水}}=\frac{16.5\text{kPa}\times 0.1\text{kg}\times 0.157\text{kg}\cdot\text{mol}^{-1}}{84.5\text{kPa}\times 0.018\text{kg}\cdot\text{mol}^{-1}}=0.170\text{kg}$$

5.7 二组分简单低共熔混合物系

在二组分**简单低共熔混合物系**（simple eutectic system）中，所谓简单就是两个组分在固态是完全不互溶的，即两者不生成**固溶体**（solid solution）。低共熔的意思就是这两种固体物质以适当比例混合时具有最低熔点。

5.7.1 二组分简单低共熔混合物系的 T-x 图

在一定压力下，根据稀溶液的依数性，稀溶液凝固时若不生成固溶体，则其凝固点的降低值与溶液组成的关系可以表示为

$$\Delta T=K_{\mathrm{f}}\sum b_{\mathrm{B}}=K\sum x_{\mathrm{B}}$$

式中，$\sum x_{\mathrm{B}}$表示稀溶液中溶质型组分的摩尔分数浓度之和。由此可见，稀溶液的浓度越大，其凝固点降低得就越多。当溶液较浓时，其凝固点降低值虽不遵守稀溶液的依数性（即不遵守上式），但总趋势仍然是浓度越大其凝固点降低得越多。

现在考察 A、B 二组分简单低共熔混合物系。在压力 p 下，这两个纯组分的熔点分别为 T_{A}^{*} 和 T_{B}^{*}。如果在 p 压力和较高的温度下，往液体 A 中加入不同量的 B，所得溶液的凝固点随组成的变化情况如图 5.16 中的 $T_{\mathrm{A}}^{*}E$ 曲线所示。如果在压力 p 和较高的温度下，往液体 B 中加入不同量的 A，所得溶液的凝固点随组成的变化情况如图 5.16 中的 $T_{\mathrm{B}}^{*}E$ 曲线所示。

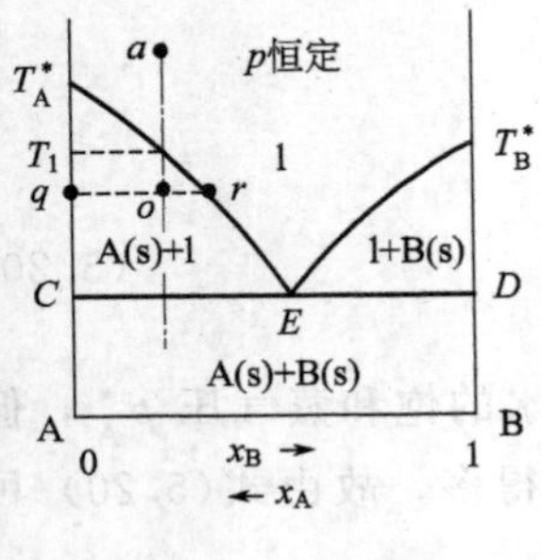

图 5.16 二组分简单低共熔混合物系

E 点是 $T_{\mathrm{A}}^{*}E$ 曲线和 $T_{\mathrm{B}}^{*}E$ 曲线的交点。过 E 点作等温线，可得直线 CED。这时得到的图形便是 p 压力下 A、B 二组分简单低共熔混合物系的 T-x 图。下边就来具体分析一下该相图中各区域的相态。

(1) 在曲线 $T_{\mathrm{A}}^{*}ET_{\mathrm{B}}^{*}$ 以上

该区域为溶液单相区。因为该区域内任意一点的温度都高于同组成溶液的凝固点。在该区域内，系统的自由度为 2。

(2) 两个三角形区域

此处所讲的三角形实际上仅仅是貌似三角形，而非真正的三角形，因为其中的三条边不全是直线。考虑三角形区域 $T_{\mathrm{A}}^{*}CE$ 内任意一点 o（系点）。由于 o 点所代表系统的温度低于同组成溶液的凝固点，所以系统中必然有析出的纯固体 A（溶剂）存在。另一方面，沿着过 o 点的垂直线从上往下看，当溶液的温度高于其凝固点时，系统中只有单一的溶液相。当温度到达凝固点时开始析出纯固体 A。析出纯固体 A 后，剩余溶液中 A 的含量就会减少，B 的含量就会增大，溶液就会变浓，其凝固点就会变得更低，从而使剩余溶液不能继续凝固。只有当系统继续放热、温度继续降低时，溶液中的 A 才能继续析出。所以，溶液中的 A 不可能在某一个温度下全部析出，而是温度降低一点析出一点，再降低一点再析出一点。

根据上述分析，当溶液降温时，一旦系点进入三角形区域 $T_{\mathrm{A}}^{*}CE$ 内，系统中就一直有纯固体 A 和溶液这两个相平衡共存。对于该区域内任意一个系点 o 而言，过系点 o 作等温线，此线与该区域边界的交点 q 和 r 就分别是在该温度下平衡共存的纯固体 A 和溶液的相点。

同理，在 $T_{\mathrm{B}}^{*}DE$ 三角形区域内有纯固体 B 和溶液两个相平衡共存。

(3) CED 等温线

考察在 p 压力下溶液 a 的冷却过程。当 $T>T_1$时，系统内只有单一的液相（溶液）。而在 $T_1>T>T_E$区间，有纯固体 A 与溶液平衡共存。当温度刚刚降低到 T_E时，系统内仍然只有纯固体 A 与 E 点对应的溶液 $l(E)$ 这两个相平衡共存，即

$$\mathrm{A(s)}\rightleftharpoons l(E)$$

这时从右边看，E 点也属于 $T_{\mathrm{B}}^{*}DE$ 三角形区域，E 点对应的溶液 $l(E)$ 也可以和纯 B(s) 平衡共存。所以，只要系点落在 CED 等温线上，就可能有 A(s)、B(s) 和 $l(E)$ 三个相平

衡共存。此处的纯 B(s) 相从无到有，可通过下列的共晶反应产生。

$$l(E)\xrightleftharpoons[\text{吸热}]{\text{放热}}\mathrm{A(s)}+\mathrm{B(s)}$$

所谓**共晶反应** (eutectic reaction)，就是从一种溶液 $l(E)$ 中同时析出两种固体 A(s) 和 B(s) 的变化过程。共晶反应实际上是物理变化而不是真正的化学反应。计算组分数时，共晶反应对 R 没有贡献。共晶反应得到的共晶体是两种晶体的混合物、是两个相，而不是固溶体单相。

当上述系统刚刚降温到 T_E 时，系统中只有 A(s) 和 $l(E)$ 这两个相。此时根据上述共晶反应并结合化学平衡移动原理，只有当系统继续放热时才会产生 B(s)。否则，系统就停留在 A(s) 和 $l(E)$ 这两个相平衡共存的状态。当系统放热产生了部分 B(s) 并处于三相平衡共存状态时，根据相律

$$f=2-3+1=0$$

自由度为零意味着：三相平衡共存时二组分系统中没有可独立变化的热力学性质，要想使系统的某个热力学性质发生变化如温度继续降低，就必须有一相消失使系统获得一个自由度才行。要达到这个目的，根据共晶反应，只要系统放出足够多的热量使溶液消失即可。

(4) 矩形区域 *CABD*

矩形区域 $CABD$ 是纯 A(s) 和纯 B(s) 两相平衡共存区域。

由共晶反应得到的 A(s) 和 B(s) 混合物叫**共晶体** (eutectic)。用肉眼看，共晶体貌似单相，实为两相。它是 A(s) 和 B(s) 以很小的颗粒（但不是分子或原子）均匀分散而成的机械混合物。共晶体亦称为**低共熔混合物** (eutectic mixture)，原因是它能与 E 点对应的溶液平衡共存。换句话说，低共熔混合物就是 A、B 二组分简单低共熔混合物系中，其组成与最低熔点相对应的混合物。在低共熔温度下，只要供给足够的热量，共晶体就可以全部熔化变为溶液。保险丝就是根据这个原理用不同金属（如铅和锑）并按适当比例制作而成的。

E 点称为**低共熔点** (eutectic point)。低共熔点对应的温度称为**低共熔温度** (eutectic temperature)。对于一个给定的二组分简单低共熔混合物系，在一定压力下其低共熔点（用温度和组成描述）是确定的。但是当压力变化时，严格说来低共熔点也会随之发生改变。

5.7.2 热分析法绘制相图

在一定压力下，一个温度较高系统的冷却速度可用它的温度随时间的变化情况即 $T\sim t$ 曲线的斜率来描述。在冷却过程中，随着时间的推移温度是单调降的。通常 $T\sim t$ 线虽然不是直线，但它是一条光滑的曲线。可是在冷却过程中如果系统内有相变化发生，就会由于相变热的存在而明显影响系统的降温速率，使其 $T\sim t$ 曲线上出现明显的拐点。其拐点对应的温度就是开始发生相变化的温度。通常把这种 $T\sim t$ 曲线称为**步冷曲线** (cooling curve)。根据图 5.17(a) 所示的简单低共熔混合物系相图，可以画出不同组成溶液的步冷曲线，如图 5.17(b) 所示。

对于 $x_B=0.0$ 的样品，当 $T=T_A^*$ 时，纯 A(s) 与纯 A(l) 处于平衡状态。在液体 A 未全部凝固之前系统的温度不变，即步冷曲线上会出现一个平台。原因是在一定压力下，当单组分系统两相平衡共存时

$$f=1-2+1=0$$

对于 $x_B=1.0$ 的样品，其步冷曲线的变化情况与 $x_B=0.0$ 的样品类似。只是由于 A、B 两种物质的熔点不同，所以它们的步冷曲线上的平台温度有别。

对于组成不同的其它样品（属于二组分系统），其步冷曲线的变化情况彼此相似。以

(a) 简单低共熔物系相图　　　　　　(b) 步冷曲线

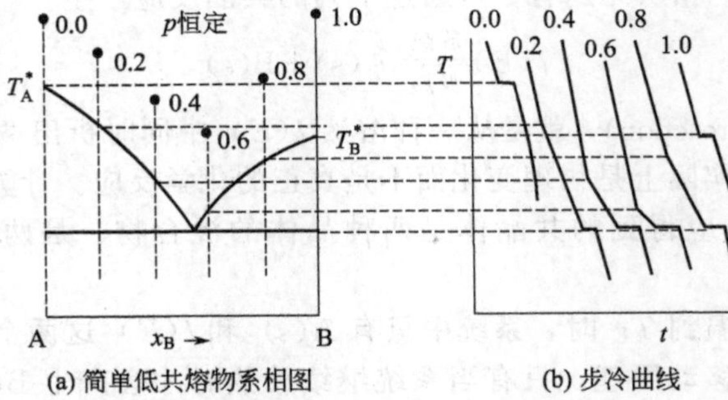

图 5.17　相图和步冷曲线

$x_B=0.2$ 的样品为例，当样品冷却但未进入二相区时，系统内只有单相溶液。这时系统只是对外放热而没有热量的补充，所以温度降低较快。当系统进入下面的三角形二相区后，随着系点下移，由杠杆规则可知系统内析出的 A(s) 的量不断增多。由于从溶液中析出 A(s) 是个放热过程，所以在二相区内虽然系统对外放热，但与此同时因 A(s) 的析出又会补充部分热量，因此进入二相区后系统的温度降低速度会明显减缓。这种变化会使步冷曲线上出现一个拐点。当温度降低到低共熔温度时，由于共晶反应又使系统多了一个相，使系统变成了三相平衡共存。这时系统的自由度为 0。所以，三相平衡共存时系统的温度恒定不变，结果使步冷曲线上出现一个水平线段即温度平台。只有当共晶反应结束后（溶液完全消失了），继续散热时温度才会继续下降。

综上所述，相图和步冷曲线必然有一一对应的关系。反过来，可以用测定步冷曲线的方法绘制相图，这就是**热分析法**（thermal analysis）。其具体做法如下。

① 由多个步冷曲线的平台温度分别找出 T_A^*、T_B^* 以及低共熔温度 T_E。

② 画出 T_E 等温线。

③ 由与步冷曲线相对应的组成和该曲线的拐点找出 T-x 相图中 $T_A^* E T_B^*$ 线上的点。

④ 连结各点并适当延长可得 $T_A^* E$ 线和 $T_B^* E$ 线及其交点即低共熔点 E。E 点应落在 T_E 等温线上。这样就得到了 A、B 二组分简单低共熔混合物系的 T-x 相。

5.8　二组分连续互溶固溶体系统

可以简单地把固态 A、B 二组分系统分为以下几种类型：

固态 A、B
二组分系统
$\begin{cases} \text{不生成固溶体} \longrightarrow \text{简单低共熔混合物系} \\ \text{生成固溶体} \begin{cases} \text{有限互溶（部分互溶）固溶体} \\ \text{连续互溶固溶体} \end{cases} \end{cases}$

这一节主要讨论连续互溶固溶体系统。连续互溶就是能以任意比例相互溶解。

5.8.1　固溶体的熔点介于 T_A^* 和 T_B^* 之间

这种系统在熔点温度下，放热时溶液就会凝固析出固溶体，吸热时固溶体就会熔化变为液态溶液。这是在同一个温度下的两个方向相反的热力学可逆过程，其中组分 A 的变化可用化学反应方程式的形式表示如下：

$$\text{A}(\text{固溶体}, y_A) \underset{\text{放热}}{\overset{\text{吸热}}{\rightleftharpoons}} \text{A}(\text{溶液}, x_A)$$

式中，x 和 y 分别代表溶液和固溶体中的摩尔分数浓度。若固溶体和溶液都是理想溶液，则其中各组分的活度就等于它的浓度。那么，该反应的平衡常数就可以表示为

$$K^{\ominus}=K_x=\frac{x_A}{y_A}$$

根据平衡常数与温度的关系

$$\frac{\mathrm{d}\ln(x_A/y_A)}{\mathrm{d}T}=\frac{\Delta_r H_m^{\ominus}}{RT^2} \tag{5.21}$$

由于固溶体和溶液都是理想溶液，其中 A 的标准态分别是一定温度和 $p^{\ominus}$ 压力下的纯固体 A 和纯液体 A，故此处的 $\Delta_r H_m^{\ominus}$ 是指在一定温度和 $p^{\ominus}$ 压力下，1mol 纯 A(s) 变为 1mol 纯 A(l) 时的焓变，亦即纯 A 在一定温度下的标准摩尔熔化热。又因压力对焓变影响很小，所以

$$\Delta_r H_m^{\ominus}=\Delta_{fus} H_m^{\ominus}(A)=\Delta_{fus} H_m^*(A)$$

这样，就可以把式(5.21) 改写为

$$\frac{\mathrm{d}\ln(x_A/y_A)}{\mathrm{d}T}=\frac{\Delta_{fus} H_m^*(A)}{RT^2}$$

两边同乘以 $\mathrm{d}T$ 并积分即

$$\int_{1/1}^{x_A/y_A}\mathrm{d}\ln(x_A/y_A)=\int_{T_A^*}^{T}\frac{\Delta_{fus} H_m^*(A)}{RT^2}\mathrm{d}T$$

当左边的积分下限取 1/1 时，这意味着 $x_A=y_A=1$，意味着纯 A(l) 与纯 A(s) 处于平衡状态，所以此时右边对温度积分的积分下限就是纯 A 的熔点 T_A^*。当左边的积分上限取 x_A/y_A时，这意味着固溶体与溶液处于平衡状态，故此时右边的积分上限是 T。

在上述积分中，可以把 $\Delta_{fus} H_m^*(A)$ 近似看作常数，这样便可得到

$$\ln\frac{x_A}{y_A}=\frac{\Delta_{fus} H_m^*(A)}{R}\left(\frac{1}{T_A^*}-\frac{1}{T}\right) \tag{5.22}$$

同理

$$\ln\frac{x_B}{y_B}=\ln\frac{1-x_A}{1-y_A}=\frac{\Delta_{fus} H_m^*(B)}{R}\left(\frac{1}{T_B^*}-\frac{1}{T}\right) \tag{5.23}$$

在式(5.22) 和式(5.23) 这两个方程式中，总共有 x_A、y_A和 T 三个变量。任意给定其中一个变量，就可以联立求解，并得到与该变量对应的另外两个变量的值，系统的状态就能完全确定。这与用相律求得的二组分两相平衡共存系统的自由度为 1 是一致的。

由于固溶体的熔点介于 T_A^* 和 T_B^* 之间，即 $T_A^*\neq T\neq T_B^*$，所以分别由式(5.22) 和式(5.23)可知 $x_A\neq y_A$，$x_B\neq y_B$。这就是说，固溶体与溶液平衡共存时，溶液和固溶体的组成是不相同的。这一点与前边讨论过的二组分气-液平衡系统相似。在那里，溶液与其饱和蒸气的组成不同。如果固溶体的熔点与组成的关系如图 5.18 中的固相线所示，即固溶体的熔点介于 T_A^* 和 T_B^* 之间，则分别由式(5.22) 和式(5.23) 可知：当固-液两相平衡时

$$x_A>y_A \qquad x_B<y_B$$

这就是说，易熔化组分 A 在溶液中的含量大于它在固溶体中的含量；难熔化组分 B 在溶液中的含量小于它在固溶体中的含量。这是二组分固-液平衡系统的一个普遍规律。

掌握了上述规律后，现在结合图 5.18，若把一个 A、B 二组分固溶体样品加热到它的熔点，这时得到的与固溶体呈平衡的溶液中易熔化组分 A 的含量一定大于固溶体中 A 的含

量，溶液的相点一定处在固溶体相点的左边，且两者的温度相同。此时的温度既是固溶体的熔点，也是溶液的凝固点。把多个组成不同的固溶体加热到刚刚开始熔化，这时根据固溶体的组成、所得溶液的组成以及平衡温度可以得到多个固相点和多个液相点。将所得的固相点连结起来即得到固相线，将所得的液相点连接起来即得到液相线。有了固相线和液相线，就得到了这种系统的 T-x 相图。其中固相线以下是固溶体单相区，液相线以上是溶液单相区，两条线之间是固溶体和溶液两相平衡共存区。

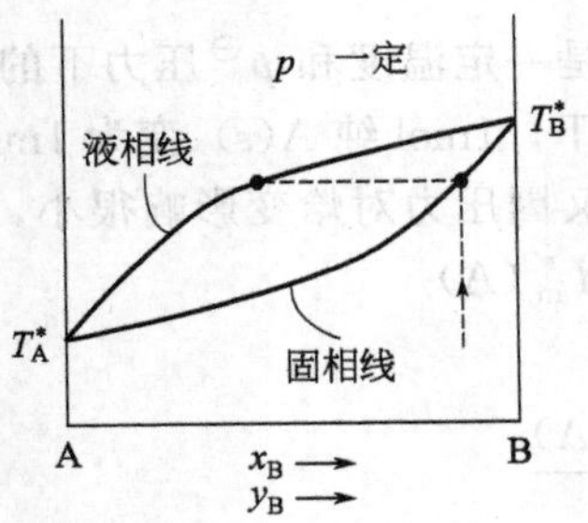

图 5.18　连续互溶固溶体相图

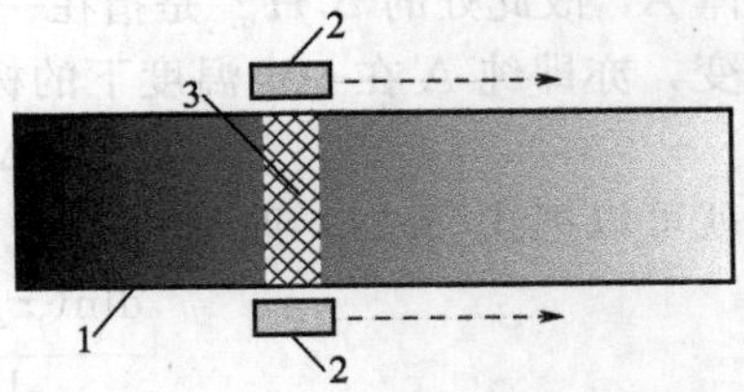

图 5.19　区域熔炼过程示意图
1—固溶体棒；2—管式炉的加热管；
3—高温下的溶液相

区域熔炼技术（zone melting technique）可以结合图 5.18 所示相图来解释。该技术是制备高纯度半导体材料的常用方法之一。该方法用管式炉加热固溶体棒，如图 5.19 所示。将加热管一次又一次地从左到右缓慢移动。原本固溶体棒各处的组成是均匀一致的。由图 5.18 可以看出，由于固-液平衡时低熔点组分 A 在液相中的含量明显大于它在固相中的含量，而高熔点组分 B 在液相中的含量明显小于它在固相中的含量，所以加热管从左到右移动时，溶液中的低熔点组分总是迟迟不凝固，并在溶液中随着加热管往右侧移动，而高熔点组分会积极朝加热管的尾部即左侧迁移并凝固。加热管从左到右反复移动的结果会把低熔点组分 A 逐步驱赶到右端，与此同时将高熔点组分 B 逐步驱赶到左端。虽然此时从左到右组成是连续变化的，但是最右端是纯度最高的 A 组分，最左端是纯度最高的 B 组分。用区域熔炼技术提纯后的半导体中的杂质含量可以降低到 $10^{-10} \sim 10^{-9}$。

5.8.2　具有最低熔点或最高熔点的连续互溶固溶体

具有最低熔点和最高熔点的连续互溶固溶体的固-液平衡相图分别如图 5.20 和图 5.21 所示。图中的固相线就是固溶体的熔点随组成变化的关系曲线。这两个图与具有最低恒沸点和最高恒沸点的二组分完全互溶双液系的气-液平衡相图类似，只是此处讨论的是固-液平衡，而不是液-气平衡。

以图 5.20 为例，在 $x_B < x_0$ 的浓度范围，固溶体的熔点随 B 组分浓度的增大而降低，故在此浓度范围，组分 B 表现为易熔化。所以在 $x_B < x_0$ 的浓度范围，当固溶体与溶液平衡共存时，液相中 B 的含量必大于固相中 B 的含量，故液相点必然处于固相点之右。在 $x_B > x_0$ 的浓度范围，固溶体的熔点随 B 组分浓度的增大而升高，故在此浓度范围，组分 B 表现为难熔化。所以在 $x_B > x_0$ 的浓度范围，当固溶体与溶液平衡共存时，液相中 B 的含量必小于固相中 B 的含量，故液相点必然处于固相点之左。把与不同组成的固溶体呈平衡的溶液相的相点连接起来就会得到液相线。对于图 5.21 也可以作类似的分析。

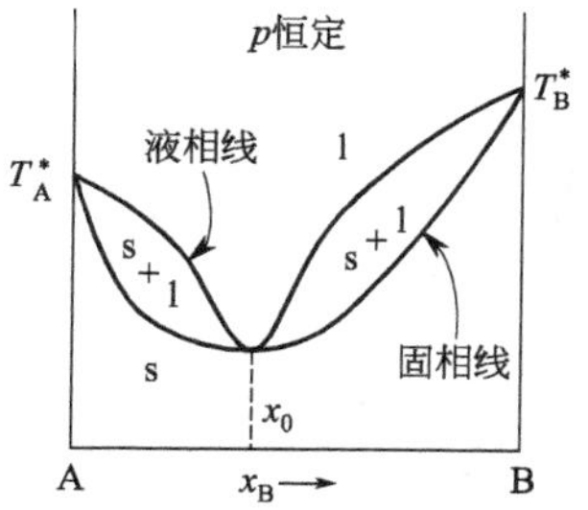

图 5.20　具有最低熔点的连续固溶体相图

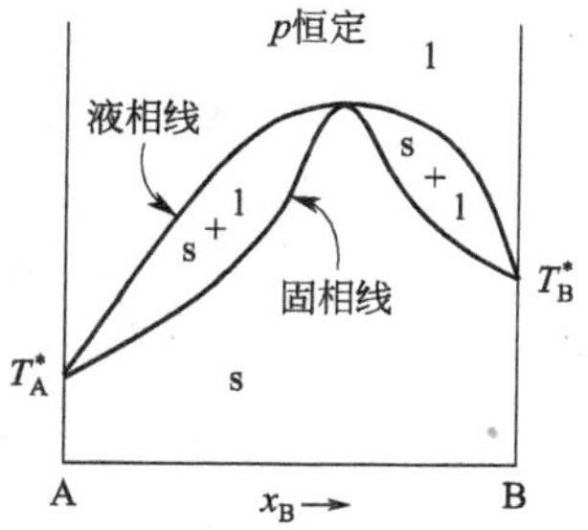

图 5.21　具有最高熔点的连续固溶体相图

5.9　二组分有限互溶固溶体系统

在许多情况下，两种物质不论是固体还是液体，彼此的溶解度会随温度的升高而增大。温度较低时二者表现为有限互溶即部分互溶，温度较高时两者可以完全互溶。前边讨论过二组分简单低共熔系统和二组分连续互溶固溶体系统，实际上这只是两种极端情况。图 5.22 和图 5.23 是在较宽温度范围内许多二组分**有限互溶固溶体**（solid solution with limited solubility）系统的相图。在这两个图中都用 l 表示液相，实际上是液态溶液；都用 s 表示固相，实际上是固溶体。温度较低时，A 和 B 彼此是部分互溶的。在一定浓度范围内，两种组成不同的固溶体会同时存在。在这种情况下，为了便于区分，可将两种平衡共存的固溶体分别用 α 和 β 表示。在这两个图中，平衡共存的 α 固溶体中组分 B 的含量较少，β 固溶体中组分 B 的含量较多。当温度高于会溶温度时，固体 A 和固体 B 可以完全互溶。这时不会有组成不同的两种固溶体同时存在，所以在会溶温度以上可以把固溶体都用 s 表示。

图 5.22 和图 5.23 都是在一定压力下得到的相图。这两种相图相对都比较简单，比较容易理解。当压力逐渐变化时，图 5.22 和图 5.23 中各曲线的位置及变化趋势也会逐渐发生改变。在一定压力下，有些二组分系统的上下两个二相区相距较远，有些二组分系统的上下两个二相区相距较近，也有些二组分系统的上下两个二相区会发生重叠。当这两个二相区发生重叠时，情况就比较复杂了。下面将分两种情况对此进行讨论。

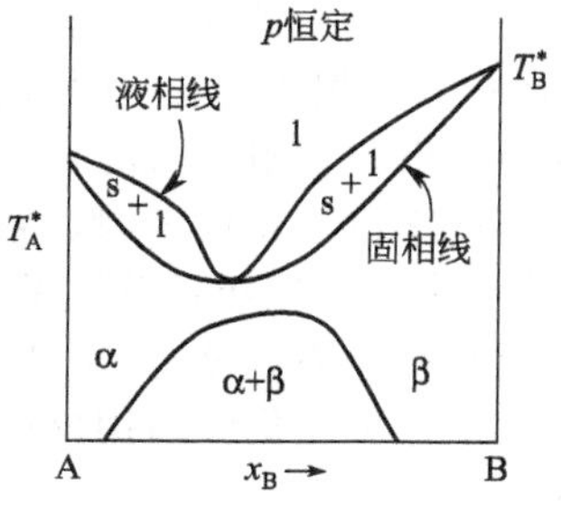

图 5.22　二组分有限互溶固溶体相图

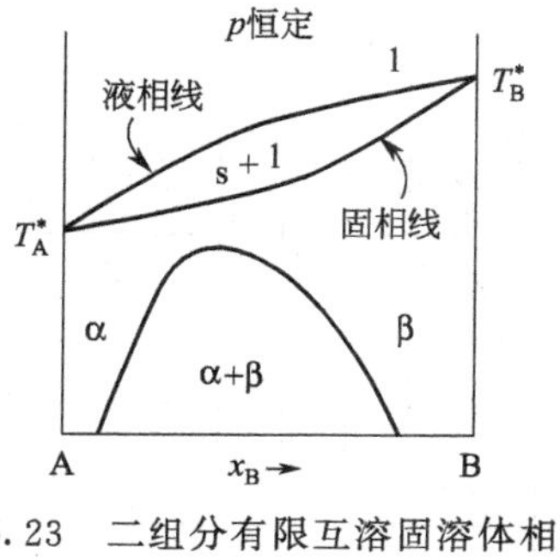

图 5.23　二组分有限互溶固溶体相图

5.9.1　共晶型有限互溶固溶体系统

在压力 p 下，当图 5.22 中上下两个二相区重叠时，其相图就会发生明显变化，如图 5.24(a) 所示。其中各相区的相态已在图中标明。

当一个用点 a 表示的系统逐渐冷却时，其系点将沿垂直方向逐渐下移。在单相溶液区内，随着系点下移，系统的温度逐渐下降。当系点进入(α+l)二相区后，α 固溶体就会从无

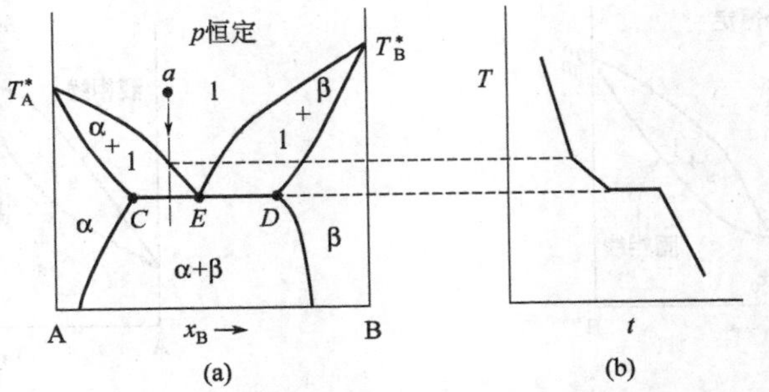

图 5.24　共晶型有限互溶固溶体相图及其步冷曲线

到有，从少到多。与此同时，溶液的量会逐渐减少。这种变化遵守杠杆规则。当系点刚刚到达 CED 等温线时，系统中仍然只有 C 点对应的固溶体 $\alpha(C)$ 和 E 点对应的溶液 $l(E)$ 平衡共存。该平衡可用下式表示。

$$\alpha(C) \rightleftharpoons l(E)$$

这时从右边看，也可以把 E 点视为 $(l+\beta)$ 相区。这就是说，E 点对应的溶液 $l(E)$ 也可以和 D 点对应的固溶体 $\beta(D)$ 平衡共存。可是从组成方面考虑，$\alpha(C)$ 或 $l(E)$ 单独消失或二者同时消失并完全变为 $\beta(D)$ 都是不可能的。$\beta(D)$ 只能通过下列共晶反应产生。

$$l(E) \underset{\text{吸热}}{\overset{\text{放热}}{\rightleftharpoons}} \alpha(C) + \beta(D)$$

该过程从左到右液体消失变为固体，故这是一个放热过程，其逆向变化是吸热过程。当系点刚刚到达 CED 等温线时，系统中只有 $\alpha(C)$ 和 $l(E)$ 这两相平衡共存。这时如果系统继续放热，上述平衡就会右移，$\beta(D)$ 固溶体相就会从无到有、从少到多逐渐产生。这时系统内有 $\alpha(C)$、$l(E)$ 和 $\beta(D)$ 三个相平衡共存，其自由度为零。正因为这样，才在点 a 所示系统的步冷曲线上会有一个平台，如图 5.24(b) 所示。等温线 CED 也叫做三相线。因为只要系点落在这条线上，$\alpha(C)$、$l(E)$ 和 $\beta(D)$ 这三相就有可能平衡共存。

当系统放出足够多的热量后，溶液 $l(E)$ 就完全消失了，这时就只剩下 $\alpha(C)$ 和 $\beta(D)$ 两个固溶体相了。这时系统又获得了一个自由度，继续散热时系统的温度就会下降。共晶反应是该系统的一个显著特点，所以把该系统称为共晶型有限互溶固溶体系统。

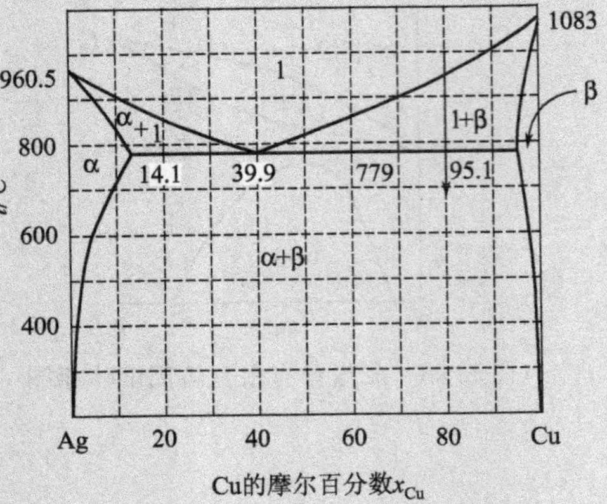

Ag-Cu 相图

例 5.9　已知金属银和铜的熔点分别为 960.5℃和 1083℃。根据 Ag-Cu 相图

（1）解释 α 相和 β 相分别代表什么。

（2）当系点落在三相线上时，系统内可能有哪几相平衡共存？其组成分别是多少？

（3）三相平衡共存时若系统对外放热，则系统内会发生什么变化？请用反应方程式的形式表示。

（4）三相平衡共存时，若系统从环境吸热，则系统内会发生什么变化？请用反应方程式的形式表示。

解：（1）α 相实为 Ag 和 Cu 形成的固溶体。它是 Cu 在 Ag 中溶解得到的固态溶液，以 Ag 为主。在 α 相区，这种固溶体未达到饱和，所以 α 区内只有不饱和的 α 固溶体这一个相。β 相也是 Ag 和 Cu 形成的固溶体，但它是 Ag 在 Cu 中溶解得到的固态溶液，以 Cu 为主。在 β 相区，这种固溶体未达到饱和，所以 β 区内只有不饱和的 β 固溶体这一个相。

注意：固溶体虽然是单相，但它不是固态纯物质，而是固态溶液。

(2) 当系点落在三相线上时，系统内可能有 α 固溶体、β 固溶体以及溶液这三相平衡共存，也可能是这三相当中的任意两相平衡共存，也可能只存在某一个相。在这三相中，Cu 的摩尔分数浓度分别为 14.1%、95.1%和 39.9%。

(3) 在三相线上，当系统对外放热时，系统内会发生共晶反应即

$$\mathrm{l}(39.9\%) \longrightarrow \alpha(14.1\%)+\beta(95.1\%)$$

(4) 在三相线上，当系统从环境吸热时，系统内将发生共晶反应的逆反应即

$$\alpha(14.1\%)+\beta(95.1\%) \longrightarrow \mathrm{l}(39.9\%)$$

此即共熔反应，即两种固体同时熔化变为液态溶液。

5.9.2 包晶型有限互溶固溶体系统

在压力 p 下，当图 5.23 中上下两个二相区重叠时，其相图也会发生明显的变化，如图 5.25(a) 所示。其中各相区的相态在图中已标明。

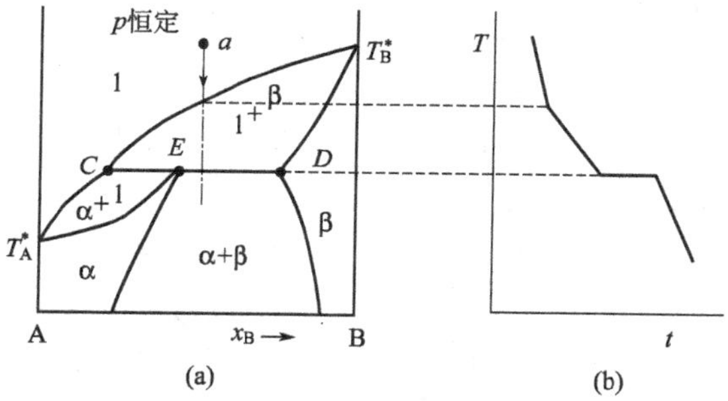

图 5.25　包晶型有限互溶固溶体

当一个用点 a 表示的系统逐渐冷却时，其系点将沿垂直方向逐渐下移。在单相溶液区内随着系点下移，系统的温度逐渐降低。当系点进入 (l+β) 二相区后，β 固溶体就会从无到有、从少到多逐渐产生。与此同时，溶液的量会逐渐减少。当系点刚刚到达 CED 等温线时，系统中仍然只有 β 固溶体和溶液这两相平衡共存。该平衡可用下式表示。

$$\mathrm{l}(C) \rightleftharpoons \beta(D)$$

这时从下边看，也可以把 C 点视为 (α+l) 相区，即 l(C) 也可以和 α(E) 平衡共存。可是从组成方面考虑，β(D) 和 l(C) 都不可能单独消失变为 α(E)。不过 β(D) 和 l(C) 可通过下列过程逐渐减少并产生 α(E)。

$$\mathrm{l}(C)+\beta(D) \underset{\text{吸热}}{\overset{\text{放热}}{\rightleftharpoons}} \alpha(E)$$

该过程从左到右，有部分液体消失变为固体，故这是一个放热过程，其反向变化过程是吸热过程。当系点刚刚到达 CED 等温线时，系统中只有 l(C) 和 β(D) 两相平衡共存。这时如果系统继续放热，上述平衡就会正向移动，固溶体 α(E) 就会从无到有、从少到多逐渐产生。这时系统内有 l(C)、β(D) 和 α(E) 三相平衡共存，其自由度为零。正因为这样，才在点 a 所示系统的步冷曲线上会出现一个温度平台，如图 5.25(b) 所示。等温线 CED 也叫

做三相线。只要系点落在这条线上，$l(C)$、$\beta(D)$ 和 $\alpha(E)$ 这三相就有可能平衡共存。

当系统放出足够多的热量后，溶液 $l(C)$ 就会完全消失，这时就只剩下 $\alpha(E)$ 和 $\beta(D)$ 这两个固溶体相了。与此同时，系统又获得了一个自由度。

由于上述三相线上的变化是溶液 $l(C)$ 和固溶体 $\beta(D)$ 发生反应（实为物理变化），这种反应只能在相界面上进行。又因生成的固溶体 $\alpha(E)$ 是固态，所以生成的固溶体 $\alpha(E)$ 自然地包覆在固溶体 $\beta(D)$ 的外面，所以把该变化过程称为**包晶反应**（peritectic phase transition）。包晶反应是该系统的一个显著特点，所以把该系统称为包晶型有限互溶固溶体系统。

例 5.10 已知金属银和铂的熔点分别为 960.5℃和 1769℃。根据 Ag-Pt 相图

(1) 指出 Ag-Pt 相图中各区域分别有哪几个相。

(2) 当把 Pt 的摩尔分数浓度为 60％的 Ag-Pt 溶液冷却到 1400℃时，系统中有哪几个相？其组成分别是多少？

(3) 当把 Pt 的摩尔分数浓度为 60％的 Ag-Pt 溶液刚刚冷却到 1185℃时，系统中有哪几个相？其组成分别是多少？

(4) 当把 0.5kg Pt 的摩尔分数浓度为 60％的 Ag-Pt 溶液逐渐冷却到温度刚刚低于 1185℃时，系统中有哪几个相？其组成和质量分别是多少？

解：(1) ① Ag-Pt 溶液 l　　单相

② l＋Ag-Pt 固溶体 β　　双相

③ l＋Ag-Pt 固溶体 α　　双相

④ 固溶体 α　　单相

⑤ 固溶体 α＋固溶体 β　　双相

⑥ 固溶体 β　　单相

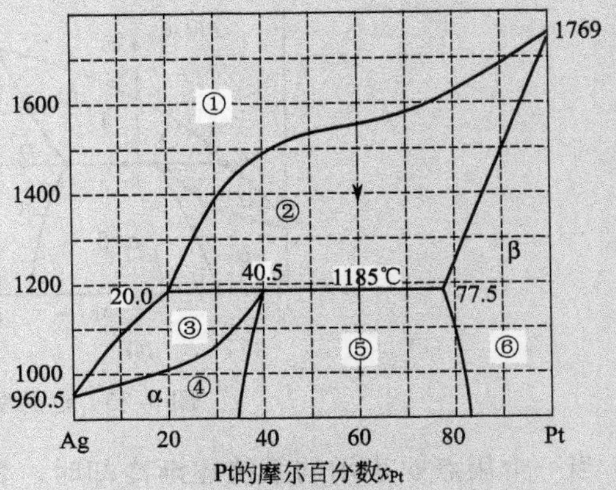

Ag-Pt相图

(2) 冷却到 1400℃时，系点在②区，所以有 Ag-Pt 溶液和 β 固溶体两个相。在 1400℃作一条等温线，该线与相区②边界的交点分别是溶液的相点和 β 固溶体的相点。这两个相点的横坐标就代表这两个相的组成。此时溶液的浓度为 $x_{Pt}=31.5\%$，β 固溶体的浓度为 $x_{Pt}=86\%$。

(3) 系统刚刚冷却到 1185℃时，系点仍然在②区，所以仍然是 Ag-Pt 溶液和 β 固溶体两个相平衡共存。此时溶液的浓度为 $x_{Pt}=20.0\%$，β 固溶体的浓度为 $x_{Pt}=77.5\%$。

(4) 温度刚刚低于 1185℃时，系点在⑤区，所以有 α 固溶体和 β 固溶体两个相平衡共存。此时 α 固溶体的浓度为 $x_{Pt}=40.5\%$，β 固溶体的浓度为 $x_{Pt}=77.5\%$。根据杠杆规则

$$n_\alpha(60-40.5)=n_\beta(77.5-60)$$

所以
$$n_\alpha/n_\beta=0.897 \quad (A)$$

又因
$$(n_\alpha\times40.5\%+n_\beta\times77.5\%)\times M_{Pt}+(n_\alpha\times59.5\%+n_\beta\times22.5\%)\times M_{Ag}=0.5\text{kg}$$

即
$$(0.405n_\alpha+0.775n_\beta)\times0.195+(0.595n_\alpha+0.225n_\beta)\times0.108=0.5 \quad (B)$$

(A)、(B) 两式联立求解可得

$$n_\alpha = 1.66\text{mol}$$

所以

$$m_\alpha = n_\alpha \times 40.5\% \times M_{Pt} + n_\alpha \times 59.5\% \times M_{Ag}$$
$$= 1.66 \times 0.405 \times 0.195\text{kg} + 1.66 \times 0.595 \times 0.108\text{kg}$$
$$= 0.238\text{kg}$$
$$m_\beta = 0.5\text{kg} - m_\alpha$$
$$= 0.262\text{kg}$$

5.10 形成化合物的二组分凝聚物系

此处主要是指两个组分能形成固体化合物，如

$$mA + nB \longrightarrow A_mB_n(s)$$

形成化合物 $A_mB_n(s)$ 的形式是多种多样的。许多盐与水接触可以形成水合盐，如五水硫酸铜 $CuSO_4 \cdot 5H_2O$、六水三氯化铁 $FeCl_3 \cdot 6H_2O$ 等。许多不同的盐相遇可以形成复盐，如硫酸铝钾 $KAl(SO_4)_2$、硫酸亚铁铵 $Fe(NH_4)_2(SO_4)_2$ 等。有机化合物苯酚和苯胺可以形成 $C_6H_5OH \cdot C_6H_5NH_2$。两种氧化物在固态相遇也可以形成化合物，如 SiO_2 和 MnO 可以形成 $2MnO \cdot SiO_2$，也可以形成 $MnO \cdot SiO_2$。两种金属相遇也可以形成金属化合物，如 Mg 与 Ge 可形成化合物 Mg_2Ge，K 和 Na 可以形成 Na_2K。

对于由物质 A 和 B 组成的二组分系统，不论它们两者是否可以形成化合物，也不论它们可以形成几种化合物，系统的组分数都是 2。原因是每形成一种化合物，物种数就会增加一个，与此同时也会增加一个独立的化学反应，所以系统的组分数不变。这类化合物与大多数普通化合物不同，其稳定性较差。一般当其熔化变成液体时就都分解为 A 和 B 了，有些甚至未到达熔点就分解了。所以液态溶液通常都是由 A 和 B 组成的，其中都没有化合物。

5.10.1 化合物与 A、B 二组分在固态完全不互溶

因化合物 A_mB_n 是由 A 和 B 两种物质组成的，所以化合物的组成 x_B（即化合物中组分 B 的摩尔分数浓度）必然介于 0 和 1 之间。在组成坐标上化合物必然处于纯 A 与纯 B 之间。

(1) 形成稳定的化合物

将化合物 A_mB_n 加热到刚开始熔化时，若所得液相的组成与该化合物的组成相同，就说这种化合物是**稳定化合物**，如图 5.26 所示。由于把这类化合物加热到开始产生液体时，固液两相的组成相同，所以也把这类化合物叫做**具有相合熔点的化合物**或**固液同成分化合物**。

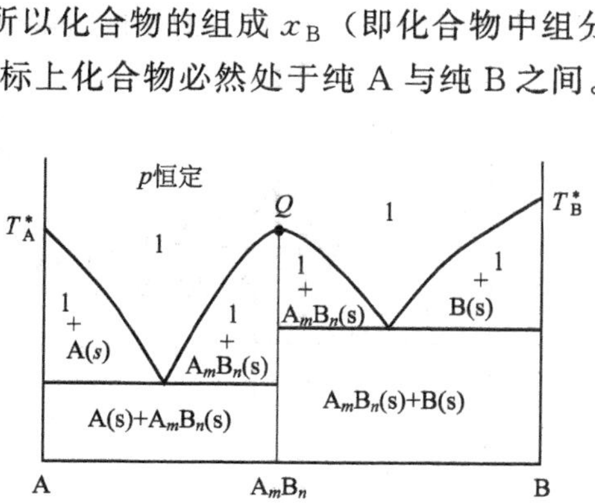

图 5.26 形成稳定化合物的二组分系统

图 5.26 中的 Q 点对应的温度就是该化合物的熔点。由于在固态该化合物与 A 完全不互溶，与 B 也完全不互溶，所以当整个系统的组成小于化合物的组成时，系点处于该化合物的左侧，这时实际系统就是 A 与 A_mB_n 组成的二组分简单低共熔混合物系；当整个系统的组成大于化合物的组成时，系点处于该化合物的右侧，这时实

际系统就是 B 与 A_mB_n 组成的二组分简单低共熔混合物系。图 5.26 中已标明各不同区域的相态。

(2) 形成不稳定的化合物

当把化合物 A_mB_n 加热到刚开始熔化时，若所得液相与该化合物的组成不同，就说这种化合物是**不稳定化合物**。不稳定化合物也叫做**具有不相合熔点的化合物**或**固液异成分化合物**。实际上当温度升高时，不稳定化合物开始产生液体的温度并不真正是该化合物的熔点，而是它的分解温度。这种系统的相图有两种主要类型。

第一种类型如图 5.27 所示。假想该化合物的熔点本应该是 Q 点对应的温度，其相图本应与图 5.26 相似，参见图 5.27 中的虚线。但实际上，由于该化合物不稳定，当其升温至 R 点对应的温度时就发生分解了。它的分解产物是什么呢？

从左边看，R 点属于 $l+A_mB_n(s)$ 相区，$A_mB_n(s)$ 可与 C 点对应的溶液 $l(C)$ 平衡共存。但是从组成方面考虑，$A_mB_n(s)$ 分解时不可能都变为 $l(C)$。从右边看，R 点属于另一个 $l+A_mB_n(s)$ 相区，$A_mB_n(s)$ 可与 D 点对应的溶液 $l(D)$ 平衡共存。但是从组成方面考虑，$A_mB_n(s)$ 分解时也不可能都变为 $l(D)$。综合考虑，$A_mB_n(s)$ 分解时只能同时生成 $l(C)$ 和 $l(D)$ 两种溶液。这两种溶液平衡共存，属于共轭溶液，是两个相。这两种溶液的组成都与化合物的组成不同，所以说该化合物具有不相合熔点。该变化过程的反应方程式如下：

$$A_mB_n(s) \underset{\text{放热}}{\overset{\text{吸热}}{\rightleftharpoons}} l(C)+l(D) \qquad \text{(固体变液体是吸热过程)}$$

从平衡移动原理分析，当把化合物刚刚加热至分解温度时，如果停止加热，系统中就只有固体化合物这一个相；如果继续加热，该化合物就开始分解，系统从一相变为三相，此时自由度为零。所以，只有当系统得到足够多的热量使化合物完全分解后，其温度和各相的组成才有可能发生变化。所以，CRD 线是一条三相线。

化合物刚分解完时，系统中只有 $l(C)$ 和 $l(D)$ 这两个共轭溶液平衡共存。温度升高时它们的组成也会发生变化。所以，化合物分解温度以上的拱形实线区域是两种共轭溶液平衡共存区。实际相图中并无虚线存在。

生成不稳定化合物的第二种情况如图 5.28 所示。假想该化合物的熔点本应为 Q 点对应的温度，其相图本应与图 5.26 相似，参见图 5.28 中的虚线。但实际上，由于该化合物不稳定，当其升温至 R 点对应的温度时就发生分解。它的分解产物是什么呢？

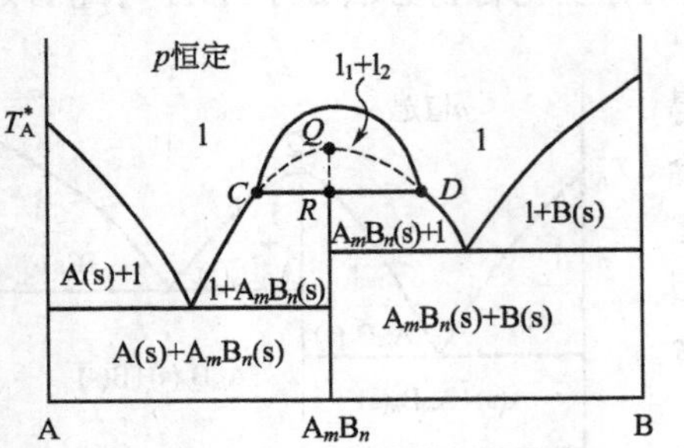

图 5.27　形成不稳定化合物的二组分系统

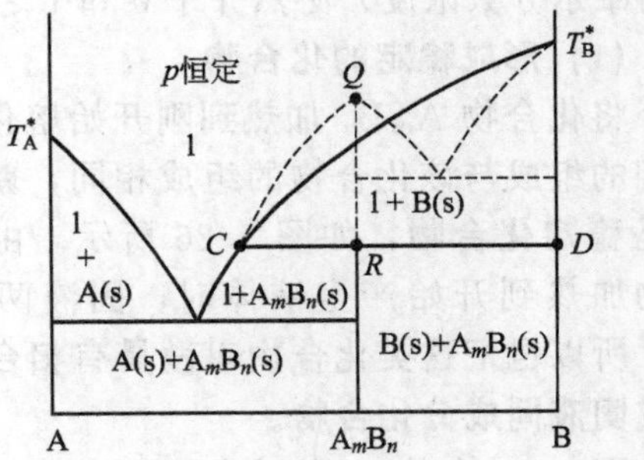

图 5.28　形成不稳定化合物的二组分系统

从左边看，R 点属于 $l+A_mB_n(s)$ 相区，$A_mB_n(s)$ 可与 C 点对应的溶液 $l(C)$ 平衡共存。但是从组成方面考虑，$A_mB_n(s)$ 分解时不可能全变为 $l(C)$。从右边看，R 点属于 $B(s)+A_mB_n(s)$ 相区，$A_mB_n(s)$ 可与 $B(s)$ 平衡共存。但是 $A_mB_n(s)$ 分解时也不可能全变为 B(s)。综合考虑，$A_mB_n(s)$ 分解时只能同时生成 l(C) 溶液和纯 B(s)。此处溶液l(C)的组成与化合物的组成不同，即该化合物也具有不相合熔点。该变化过程的反应方程式如下：

$$A_mB_n(s)\underset{放热}{\overset{吸热}{\rightleftharpoons}}l(C)+B(s)$$

从左到右有部分固体变成了液体，故该过程是吸热的，其逆过程是放热的。从平衡移动原理分析，当化合物升温至刚刚到达分解温度 T_R 时，如果停止加热，系统中就只有固体化合物这一相；如果继续加热，该化合物就会分解，系统会从一相变为三相，这时自由度为零。当系统吸收足够多的热量使化合物完全分解后，其温度和各相的组成才有可能发生变化。所以，CRD 线是一条三相线。

化合物完全分解后，系统中只有 l(C) 和 B(s) 两相平衡共存。此处可以把 B 视为溶液中的溶剂型组分，此时的温度就是溶液 l(C) 的凝固点。由图可见，溶液 l(C) 的凝固点明显低于纯溶剂 B 的凝固点 T_B^*。根据溶液（只析出纯固体溶剂，不析出固溶体）的凝固点降低普遍规律，x_B 越大溶液就越稀，其凝固点降低得就越少，其凝固点就越高。所以，CT_B^* 曲线就反映了溶液的凝固点随组成变化的曲线，即化合物分解温度以上的三角形区域 T_B^*CD 是 A、B 所组成的溶液和纯固体 B 二相平衡共存的区域。实际相图中并无虚线存在。

图 5.27 和图 5.28 都是生成不稳定化合物系统的相图，两者的显著区别在于：图 5.27 中不稳定化合物的分解温度比左右两个低共熔温度都高，而图 5.28 中化合物的分解温度介于想象中的两个低共熔温度之间，实际上这种系统相图中只有一个低共熔温度。

例 5.11 在 25℃下，已知下列数据

物质	$ZnCO_3(s)$	$ZnO(s)$	$CO_2(g)$
$\Delta_f H_m^\ominus/kJ\cdot mol^{-1}$	−812.5	−348.3	−393.51
$\Delta_f G_m^\ominus/kJ\cdot mol^{-1}$	−731.51	−318.30	−394.36

(1) 近似计算 100kPa 下，$ZnCO_3(s)$ 分解为 $ZnO(s)$ 和 $CO_2(g)$ 的分解温度。

(2) 画出 ZnO-CO_2 二组分系统的相图。已知固体 $ZnCO_3$ 和固体 ZnO 完全不互溶。

解：(1) 要使 $ZnCO_3(s)$ 在 100kPa 下分解，则它的分解压应不小于 100kPa，即反应 $ZnCO_3(s)=ZnO(s)+CO_2(g)$ 达到平衡时，$CO_2(g)$ 的最小压力为 100kPa。这就是说，当该反应达到平衡时，各物质都处于标准状态。设平衡温度为 T，则

$$\Delta_r G_m^\ominus(T)=0$$

由吉布斯函数的定义式可得

$$0=\Delta_r H_m^\ominus(T)-T\cdot\Delta_r S_m^\ominus(T)$$

所以
$$T=\frac{\Delta_r H_m^\ominus(T)}{\Delta_r S_m^\ominus(T)}$$

此处把 $\Delta_r H_m^\ominus(T)$ 和 $\Delta_r S_m^\ominus(T)$ 都近似当作与温度无关的常数，那么

$$T=\frac{\Delta_r H_m^\ominus(298.2K)}{\Delta_r S_m^\ominus(298.2K)}=\frac{\Delta_r H_m^\ominus(298.2K)}{[\Delta_r H_m^\ominus(298.2K)-\Delta_r G_m^\ominus(298.2K)]/298.2K}$$

而 $\Delta_r H_m^\ominus(298.2K)=(-348.3-393.51+812.5)kJ\cdot mol^{-1}=70.69kJ\cdot mol^{-1}$

$\Delta_r G_m^\ominus(298.2K)=(-318.30-394.36+731.51)kJ\cdot mol^{-1}=18.85kJ\cdot mol^{-1}$

所以 $$T=\frac{70.69\times10^3\text{K}}{(70.69\times10^3-18.85\times10^3)/298.2}=406.6\text{K}$$

（2）从 $ZnCO_3$（s）分解反应的逆反应看，ZnO（s）和 CO_2（g）可以形成化合物 $ZnCO_3$（s），故可以把该系统视为可形成化合物的二组分系统。其相图如右图所示。其中

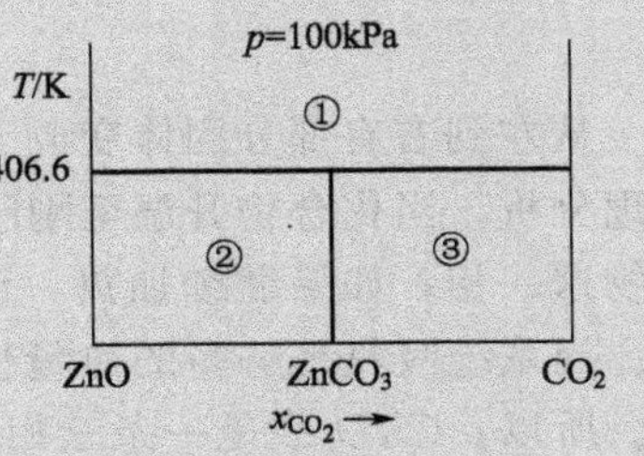

①区：ZnO(s)＋CO_2(g)　　二相

②区：ZnO(s)＋$ZnCO_3$(s)　　二相

③区：$ZnCO_3$(s)＋CO_2(g)　　二相

5.10.2 化合物与 A、B 二组分可形成有限互溶固溶体

图 5.29 和图 5.30 是两个典型的化合物既能与 A 也能与 B 形成有限互溶固溶体系统的相图。在前面已学习过知识的基础上，这两个相图是不难理解的。此处不必赘述。

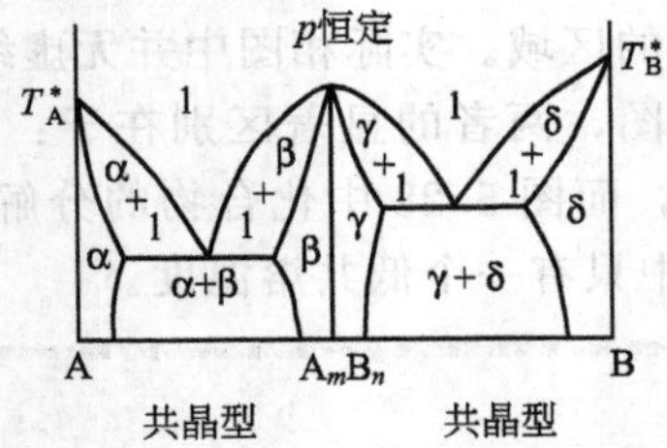

图 5.29　化合物与 A 和 B 都生成共晶型有限互溶固溶体

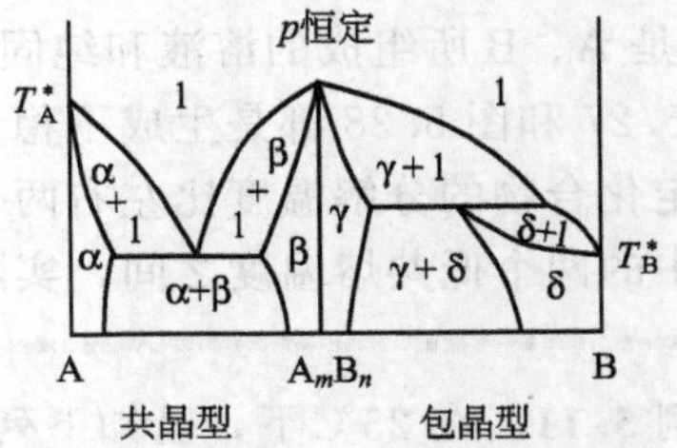

图 5.30　化合物与 A 和 B 分别生成共晶型和包晶型有限互溶固溶体

5.11 三组分系统相图

5.11.1 三角坐标系

根据相律，A、B、C 三组分系统的自由度为

$$f=3-P+2=5-P$$

所以

$$f_{\max}=4$$

这就是说，只有借助于四元函数才能完整地描述三组分系统。在这种情况下，无法画出相图。考虑到此处是为了初步了解和认识三组分系统相图，故先在一定温度和压力下讨论三组分系统，这时根据相律 $f_{\max}=2$。即在一定温度和压力下，可以用二维平面图形来描述三组分系统的平衡状态图。常用的二维平面图是以边长为 1（即单位长度）的等边三角形为坐标系即**三角坐标系**（triangular coordinate），如图 5.31 所示。其中的 A、B、C 三个点分别表示纯组分 A、纯组分 B 和纯组分 C；三条边 AB、BC、CA 分别表示 A-B 二组分系统、B-C 二组分系统和 C-A 二组分系统。三角形内任意一点 S 表示 A、B、C 三组分系统。这是为什么呢？三组

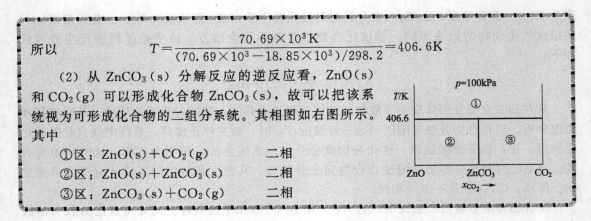

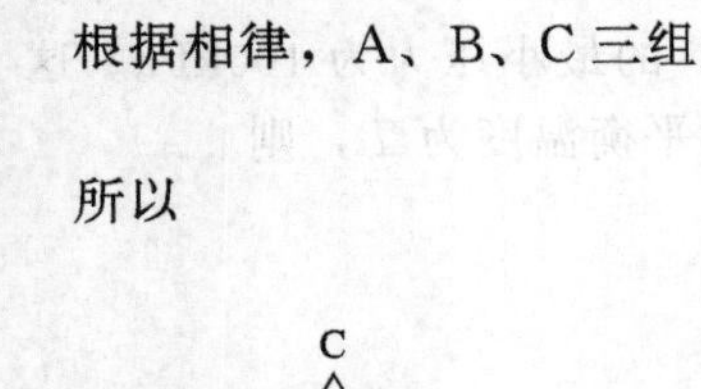

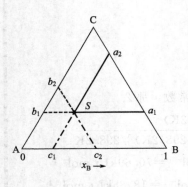

图 5.31　三角坐标系

分系统的组成到底如何描述呢？

用三角形内任意一点 S 代表一个三组分系统的状态点即系点，并且过 S 点作平行于三条边的直线。这时可以形象地将系点 S 视为一个三头六臂大仙的重心；把 A、B、C 三点视为大仙的三个头（三种组分）；把等长的 Sa_1 和 Sa_2 视为 A 头（A 组分）的两条腿，把等长的 Sb_1 和 Sb_2 视为 B 头（B 组分）的两条腿，把等长的 Sc_1 和 Sc_2 视为 C 头（C 组分）的两条腿。

由于
$$x_A+x_B+x_C=1$$
又因
$$Sa_1+Sb_1+Sc_1=c_2B+c_1A+c_1c_2=1$$
再结合图 5.31 还可以看出，不论系点 S 怎样变化，各组分腿长的变化范围都是 0～1。这就是说，各组分的摩尔分数浓度与它的腿长具有完全相同的性质。所以，可以用等边三角形内任意一点 S 代表三组分系统的系点，可以用 S 点对应的各组分的腿长来表示系统中该组分的摩尔分数浓度。如此说来，S 点所代表的系统中哪个组分的腿最长，它在系统中的含量也就最高，反之则反。实际上，也可以用 S 点对应的各组分的腿长来表示系统中该组分的质量分数浓度。

当系点 S 朝 c_1 方向移动时，C 组分的含量越来越少，A 的含量越来越多，B 的含量保持不变。当系点移动到 c_1 时，C 组分的含量为零。此时系统中只含有 A 和 B 两种组分，这两个组分的腿长即二者的摩尔分数浓度之和等于 1。当系点继续从 c_1 点朝 A 方向继续移动时，A 的含量越来越多，B 的含量越来越少，C 的含量恒定为零。当系点移动到 A 时，C 和 B 的含量均为零，此时系统中只有组分 A，其摩尔分数浓度为 1。

在一定温度和压力下，用于描述三组分系统平衡状态的三角坐标系具有下述特性。

(1) 等含量性质

在图 5.32 所示的三角坐标系内，ab 是平行于 AB 边的任意一条直线。在该直线上，样品 S_1、S_2 和 S_3 中组分 C 的腿长彼此相等，故在该直线上所有样品中组分 C 的含量都相同。由此可得：在平行于任意一条边的直线上，该直线对角那个组分的含量处处相等。此称**等含量性质**。

(2) 定比例性质

在三角坐标系内，过某顶点任意作一条直线，如图 5.33 中的 CD 线所示。在该直线上任意取两个样品点 S_1 和 S_2，并且过这两点分别作平行于 AC 边的直线 S_1a_1 和 S_2a_2 以及平行于 BC 边的直线 S_1b_1 和 S_2b_2。如果用 $x_{B,i}$ 代表样品 i 中组分 B 的摩尔分数浓度，则

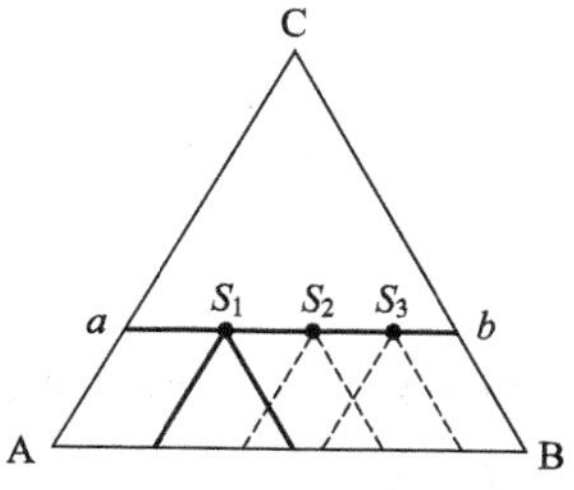

图 5.32　三角坐标系的等含量性质

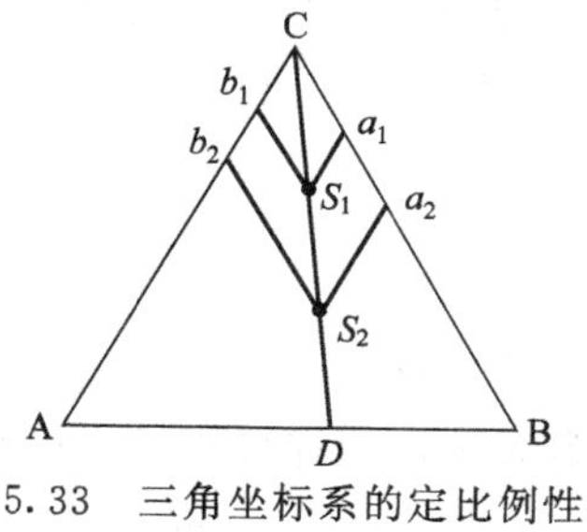

图 5.33　三角坐标系的定比例性质

由于
$$\frac{x_{B,1}}{x_{B,2}}=\frac{\overline{S_1b_1}}{\overline{S_2b_2}}=\frac{\overline{CS_1}}{\overline{CS_2}}$$
又因
$$\frac{\overline{CS_1}}{\overline{CS_2}}=\frac{\overline{S_1a_1}}{\overline{S_2a_2}}=\frac{x_{A,1}}{x_{A,2}}$$

所以
$$\frac{x_{B,1}}{x_{B,2}}=\frac{x_{A,1}}{x_{A,2}}$$

即
$$\frac{x_{B,1}}{x_{A,1}}=\frac{x_{B,2}}{x_{A,2}} \tag{5.24}$$

式（5.24）表明，在三角坐标系内，在过某顶点的直线上另外两个顶点所代表组分的含量之比恒定不变，此称**定比例性质**。

(3) 三组分系统杠杆规则

如图 5.34 所示，当把状态点 S_1 和 S_2 分别代表的两个三组分物系混合后，得到的新系统仍为三组分系统。设所得新系统的状态点为 S_3。在此图中，除了连结点 S_1 和 S_2 的线（此线是否过点 S_3，下边将给予证明）以外，其余线条都是从 S_1 或 S_2 或 S_3 点引出的，并平行于三角坐标系的某一条边。此处如果用 n_i 表示状态点 i 所代表物系的总摩尔数，用 $x_{B,i}$ 表示状态点 i 所代表的物系中组分 B 的摩尔分数浓度，则根据物质不灭定律

$$n_1x_{B,1}+n_2x_{B,2}=n_3x_{B,3}$$

即
$$n_1x_{B,1}+n_2x_{B,2}=(n_1+n_2)x_{B,3}$$

所以
$$n_1(x_{B,1}-x_{B,3})=n_2(x_{B,3}-x_{B,2})$$

所以
$$\frac{n_1}{n_2}=\frac{x_{B,3}-x_{B,2}}{x_{B,1}-x_{B,3}}=\frac{\overline{FS_2}}{\overline{EF}} \tag{5.25}$$

同理
$$\frac{n_1}{n_2}=\frac{x_{A,3}-x_{A,2}}{x_{A,1}-x_{A,3}}=\frac{\overline{DE}}{\overline{DS_1}} \qquad \frac{n_1}{n_2}=\frac{x_{C,3}-x_{C,2}}{x_{C,1}-x_{C,3}}=\frac{\overline{GS_2}}{\overline{GH}}$$

所以
$$\frac{\overline{FS_2}}{\overline{EF}}=\frac{\overline{DE}}{\overline{DS_1}}=\frac{\overline{GS_2}}{\overline{GH}} \tag{5.26}$$

式（5.26）是根据物质不灭定律得到的，此处并不涉及点 S_3 是否落在点 S_1 和 S_2 的连线上。

假设点 S_3 落在点 S_1 和 S_2 的连线上，则同样可得式（5.26）。因为结合相似三角形的性质，此时式（5.26）中的每一项都等于$\overline{S_3S_2}/\overline{S_3S_1}$。

相反，如果假设点 S_3 不在 S_1 和 S_2 的连线上，而是离开了 S_1 和 S_2 的连线，这时式（5.26）中的三个分数就会有的增大，有的减小，从而导致该式不成立。如果式（5.26）不成立，那就意味着物质不灭定律是错误的，因为该式最初是由物质不灭定律推导出来的。这显然有悖公理，故点 S_3 不在 S_1 和 S_2 的连线上的这种假设是错误的。所以把两个三组分系统 S_1 和 S_2 混合后所得新系统的状态点 S_3 必然位于 S_1 和 S_2 的连线上。在这种情况下，由式（5.25）进一步可知

$$\frac{n_1}{n_2}=\frac{\overline{FS_2}}{\overline{EF}}=\frac{\overline{S_3S_2}}{\overline{S_3S_1}}$$

所以
$$n_1\cdot\overline{S_3S_1}=n_2\cdot\overline{S_3S_2} \tag{5.27}$$

由此可见，状态点 S_1、S_2、S_3 之间也遵守杠杆规则。在三角坐标系中，如果把系统的组成用质量分数表示，同样可以导出杠杆规则。这时杠杆规则可以表示为

$$m_1\overline{S_3S_1}=m_2\overline{S_3S_2} \qquad (m\ 表示质量)$$

(4) 三组分系统的重心规则

参考图 5.35。当把 D、E、F 三个 A、B、C 三组分系统混合时，可设想先把 E 和 F 两个系统混合。根据前边的讨论，E 和 F 混合后所得新系统的状态点 G 必位于 E 和 F 的连线上。接下再把 G 与 D 混合后所得新系统的状态点 H 必位于 G 和 D 的连线上。所以，三个三组分系统 D、E、F 混合后所得新系统的系点 H 必位于三角形 DEF 内。这就是三组分系统的**重心规则**。

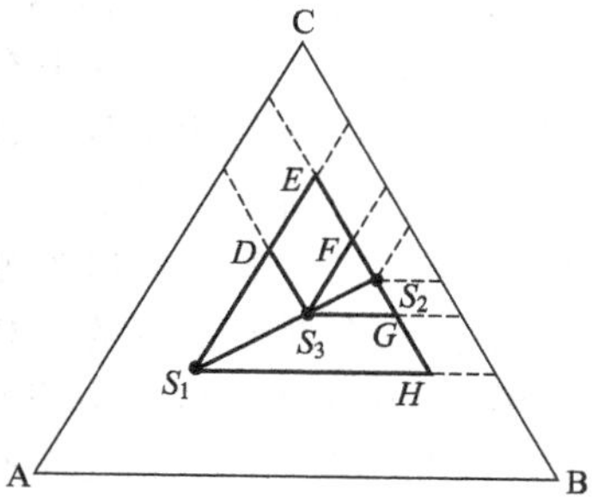

图 5.34　三组分系统的杠杆规则

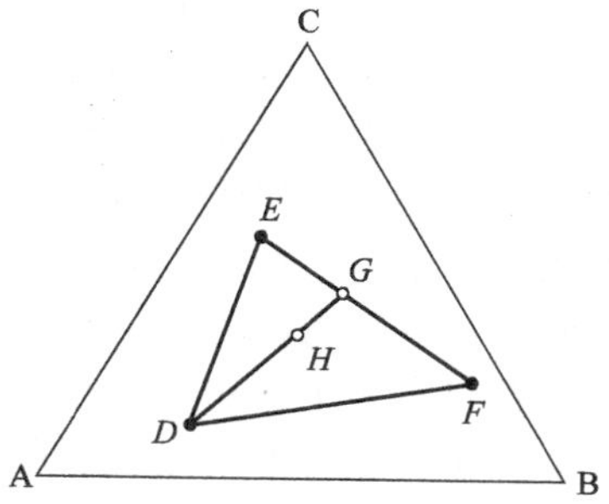

图 5.35　三组分系统的重心规则

反过来，若三角形 DEF 是个三相区，D、E、F 是平衡共存的三个相的相点。在这种情况下，对于三相区内一个任意给定的系点 H，都可以计算出系统中平衡共存的三个相 D、E、F 的量。具体计算时，根据系统（用 H 点表示）的总量由杠杆规则可以算出 D 相和 G 点的量，然后根据 G 点的量可进一步用杠杆规则计算出 E 相和 F 相的量。

5.11.2　部分互溶系统相图

以水、甲苯以及醋酸为例。在 25℃和常压下，水和甲苯都能与醋酸完全互溶，但是水与甲苯彼此只能部分互溶。其实验数据见下表。

实验编号	甲苯层(w/%)			水层(w/%)		
	HAc	H_2O	C_7H_8	HAc	H_2O	C_7H_8
1	1.4	约 0	98.6	21.4	78.4	0.2
2	4.1	约 0	95.9	37.7	61.8	0.5
3	10.4	0.3	89.3	58.1	40.4	1.5
4	24.9	0.9	74.2	70.6	25.4	4.0

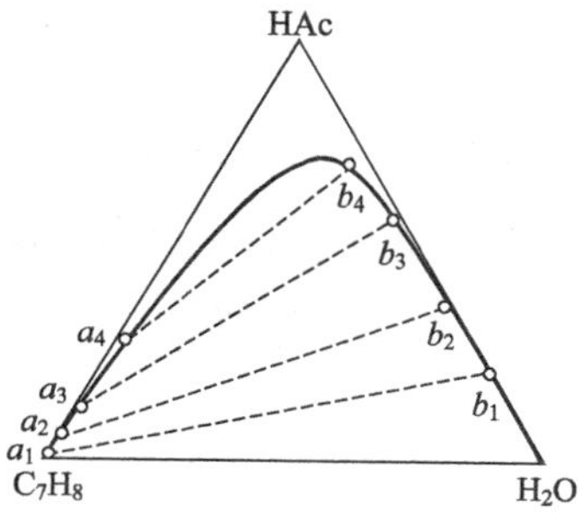

图 5.36　水-甲苯-醋酸三组分系统相图

由表中的数据可画出水-甲苯-醋酸三组分系统的相图，如图 5.36 所示。其中 a_1 点和 b_1 点、a_2 点和 b_2 点……分别是两个平衡共存溶液（即共轭溶液）的相点；线段 a_1b_1、a_2b_2……都是连结线。可以看出，此处的连结线与三角坐标系的三条边都不是平行的。所以，三组分系统相图中的连结线一般都是必不可少的。否则，平衡共存的两个共轭溶液的相点就无法确定。该相图中的曲线是把平衡共存溶液的相点 a_1、a_2…、b_1、b_2…连结所得到的。在该曲线所包围的区域以外是单一溶液相区，其自由度是 2。在该曲线包围的区域内是二相区。处在二相区内的系统中有两种溶液平衡共存。两种溶液的相点分别位于过系点的连结线的两端。反过来由两个平衡共存溶液（即共轭溶液）组成的系统，其系点必位于它们的连结线上。根据相律，在二相区内系统的自由度为 1。这就是说，在一定温度和压力下，在平衡共存的两个溶液当中，只要给定任意一个溶液中的某一种组分的浓度，该溶液的相点即可以确定。这时借助连结线也就能把另一个相点确定下来。两个相点都确定了，整个系统的状态也就确定了。与此同时，借助于两个相点与系点的相对位置，还可以根据杠杆规则计算出两个相的相对量的多少。

上例中醋酸和甲苯、醋酸和水都能完全互溶，只有甲苯和水是部分互溶的，相图中只有一个部分互溶的二相区。如果 A、B、C 三组分系统中，A 与 B 可完全互溶，而 A 与 C、B 与 C 都只能部分互溶，在一定温度和压力下其相图大致如图 5.37(a) 所示，其中有两个部分互溶的二相区。当温度或压力变化时，图中的两个二相区的形状及大小也会发生改变。当两个二相区重叠时，其相图中的相区分布就可能如图 5.37(b) 所示。在 A、B、C 三组分系统中，如果三个组分彼此之间都只能部分互溶，则在一定温度和压力下，其相图可能如图 5.37(c) 所示，也可能如图 5.37(d) 所示。在图 5.37(d) 中，三个部分互溶的二相区都发生了重叠。这时有三个二相区，有三个单相区，有一个三相区。在三相区内，平衡共存的三个相的相点就是该三角形的三个顶点。在三相区内系统的自由度为零，因为这三个相的状态点是完全确定的。当系统点在三角形内发生变化时，这三个相的量会随之发生变化，但三个相点都不变。

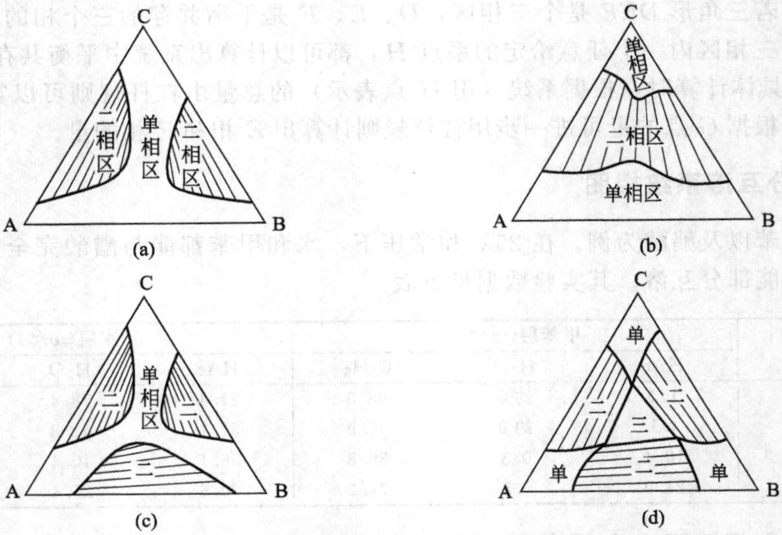

图 5.37　两对部分互溶和三对部分互溶的三组分系统相图

5.11.3　二固体盐-水系统

(1) 无化合物生成的系统

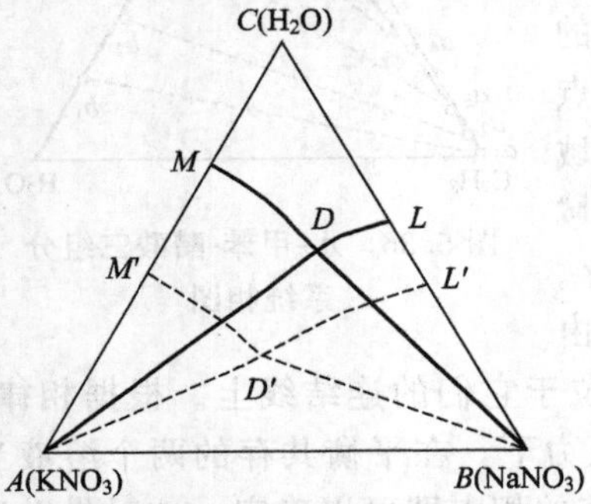

图 5.38　无机化合物生成的三组分系统

以 $NaNO_3$-KNO_3-H_2O 三组分系统为例。在常压和 25℃下，其相图如图 5.38 中的实线所示。其中各相区的相态分别是：四边形 *CMDL* 是 $NaNO_3$-KNO_3-H_2O 溶液单相区；*M* 点对应的组成是 KNO_3 在 H_2O 中的溶解度，其中 $NaNO_3$ 的含量为零；*L* 点对应的组成是 $NaNO_3$ 在 H_2O 中的溶解度，其中 KNO_3 的含量为零；*MD* 曲线是 KNO_3 在不同浓度的 $NaNO_3$ 水溶液中的溶解度曲线。因为过 *A* 点任意作一条通过 *MD* 曲线的直线到 *CB* 边时，该直线的末端代表 $NaNO_3$ 水溶液，其中不含 KNO_3。往该溶液中逐渐加入 KNO_3 时，根据定比例性质，系点将沿该直线逐渐朝 *A* 方向移动。最初加入的 KNO_3 都会溶解，系统中只有溶液这一个相，系点就是相点。当系点到达 *MD* 线时，KNO_3 就溶解达到了饱和。继续加入 KNO_3 使系点超过 *MD* 线后，新加入的 KNO_3 就不再溶解了。此时系统

中有固体 KNO_3（相点为 A）和 $NaNO_3$-KNO_3-H_2O 溶液两个相，该直线与 MD 曲线的交点就是溶液的相点。所以，ΔAMD 是 $NaNO_3$-KNO_3-H_2O 溶液和固体 KNO_3 两相平衡共存区。同理，LD 曲线是 $NaNO_3$ 在不同浓度的 KNO_3 水溶液中的溶解度曲线。ΔBLD 是 $NaNO_3$-KNO_3-H_2O 溶液和固体 $NaNO_3$ 两相平衡共存区。D 点代表 $NaNO_3$ 和 KNO_3 均达到饱和的水溶液。因为往 D 点所代表的溶液中加入 $NaNO_3$ 时，$NaNO_3$ 不会溶解；加入 KNO_3 时，KNO_3 也不会溶解。所以，ΔADB 是固体 $NaNO_3$、固体 KNO_3 和 D 点所对应的溶液三相平衡共存区。

温度升高时，$NaNO_3$ 和 KNO_3 在水中的溶解度都会增大。在常压和 100℃下，该三组分系统的相图如图 5.38 中的虚线所示。

例 5.12 现有固体 $NaNO_3$ 和 KNO_3 混合物，其中也含有微量不溶性杂质。其组成可用图中的 x_1 点表示。问如何从该混合物中分离出部分纯 $NaNO_3$ 和纯 KNO_3？

解：具体做法如下：

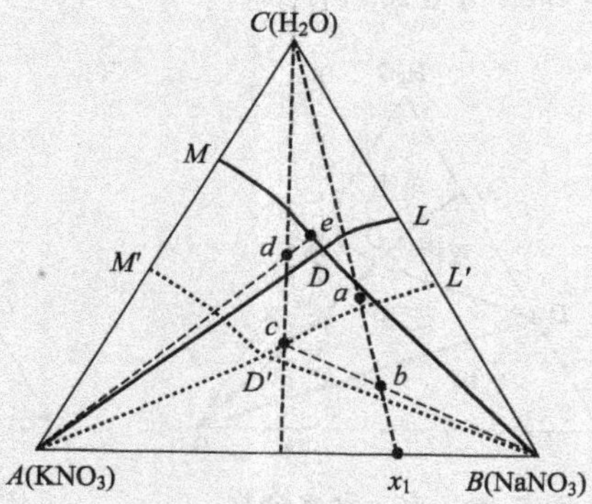

首先在 100℃下，可给组成为 x_1 的混合物中逐渐加入水。根据定比例性质，系点将沿着 Cx_1 线逐渐上移。待到达 a 点时（应超过 $D'L'$ 线）停止加水。这时 $NaNO_3$ 和 KNO_3 已全部溶解，过滤即可除去不溶性杂质。

接下来，在 100℃下将滤液蒸发使系点下移到 b 点（不能超过 $D'B$ 线）。这时，过滤即可得到部分纯固体 $NaNO_3$，而滤液是 c 点所代表的溶液。

最后，给 c 点所代表的滤液中逐渐加水并将其冷却至 25℃，待系点沿着 cC 线上移到 d 点时（应超过 AD 线）停止加水。这时过滤即可得到部分纯固体 KNO_3，滤液是 e 点所对应的溶液。

（2）有水合物生成的系统

在两种盐 A、B 和水组成的三组分系统中，如果 A 可与水形成一种含结晶水的盐 $A \cdot mH_2O$，其相图就会如图 5.39 所示。其中 D 点代表水合盐 $A \cdot mH_2O$；ΔDMO 是 A-B-H_2O 溶液和纯固体 $A \cdot mH_2O$ 两相平衡共存区；ΔBLO 是 A-B-H_2O 溶液和纯固体 B 两相平衡共存区；ΔDOB 是 O 点所代表的溶液和纯固体 $A \cdot mH_2O$、纯固体 B 三相平衡共存区；ΔADB 是纯固体 A、纯固体 $A \cdot mH_2O$ 和纯固体 B 三相平衡共存区。

在两种盐 A、B 和水组成的三组分系统中，若 A 可形成一种含结晶水盐 $A \cdot mH_2O$，B 可形成一种含结晶水盐 $B \cdot nH_2O$，则其相图就大致如图 5.40 所示。其中 D 点代表水合盐 $A \cdot mH_2O$，E 点代表水合盐 $B \cdot nH_2O$；ΔDMO 是 A-B-H_2O 溶液和纯 D(s) 两相平衡共存区；ΔELO 是 A-B-H_2O 溶液和纯 E(s) 两相平衡共存区；ΔDOE 是纯 D(s)、纯 E(s) 和 O 点所对应的 A-B-H_2O 溶液三相平衡共存区。

图 5.40 中的四边形区域 $ADEB$ 被 AE 线或 DB 线分割成两个三相平衡共存的三角形区域。每个三相平衡共存区中的三个相就是三角形的三个顶点所代表的物相。该四边形区域到底是如何划分的呢？这与化合物 A、B、D、E 的稳定性有关。

① $A(s)+mH_2O(l)=\!=\!=D(s)$

② $B(s)+nH_2O(l)=\!=\!=E(s)$

$n\times$①$-m\times$②可得

③ $n\text{A(s)}+m\text{E(s)}$ ══ $m\text{B(s)}+n\text{D(s)}$

由于反应③中涉及到的物质都是纯凝聚态物质，所以 $\Delta_r G_{m,3}=\Delta_r G^{\ominus}_{m,3}$。若 $\Delta_r G^{\ominus}_{m,3}<0$，则反应③只能向右进行，即 A(s) 和 E(s) 不能同时存在。在这种情况下，图 5.40 中的四边形区域 $ADEB$ 将被 DB 线分割成两个三相平衡共存的三角形区域。如果 $\Delta_r G^{\ominus}_{m,3}>0$，则反应③只能向左进行，B(s) 和 D(s) 不能同时存在。在这种情况下，图 5.40 中的四边形区域 $ADEB$ 将被 AE 线分割成两个三相平衡共存的三角形区域。

(3) 有复盐生成的系统

在两种盐 A、B 和水组成的三组分系统中，如果 A 和 B 可以生成复盐 A_mB_n，则其相图就会如图 5.41 所示。其中的 D 点代表复盐 A_mB_n；ΔAMO 是 A-B-H_2O 溶液和纯固体 A 两相平衡共存区；ΔDOP 是 A-B-H_2O 溶液和纯固体 A_mB_n 两相平衡共存区；ΔBPL 是 A-B-H_2O 溶液和纯固体 B 两相平衡共存区；ΔAOD 是 O 点所代表的 A-B-H_2O 溶液和纯固体 A、纯固体 A_mB_n 三相平衡共存区；ΔDPB 是 P 点所代表的 A-B-H_2O 溶液和纯固体 A_mB_n、纯固体 B 三相平衡共存区。

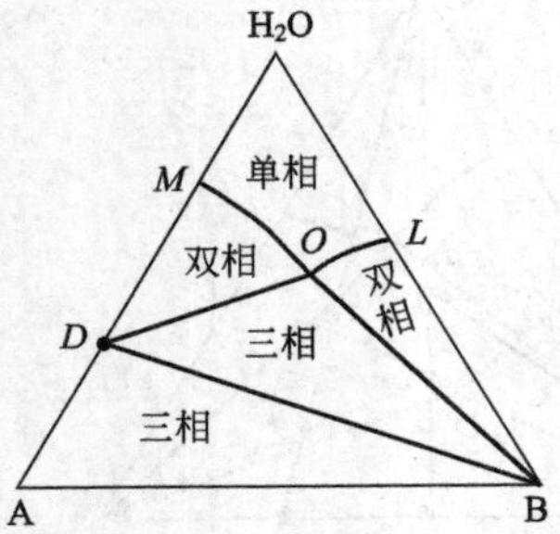

图 5.39 有一种水合物生成的三组分系统

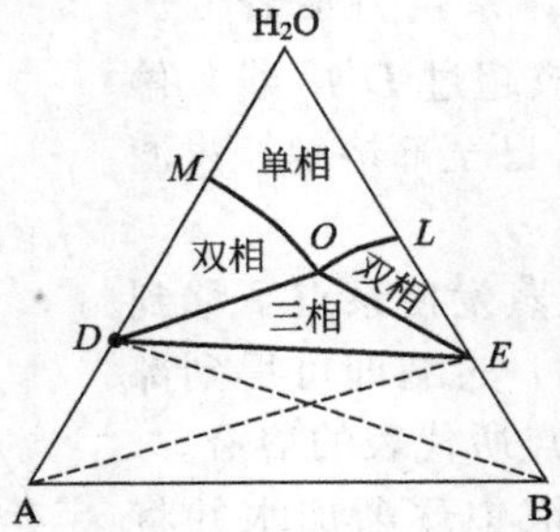

图 5.40 有两种水合物生成的三组分系统

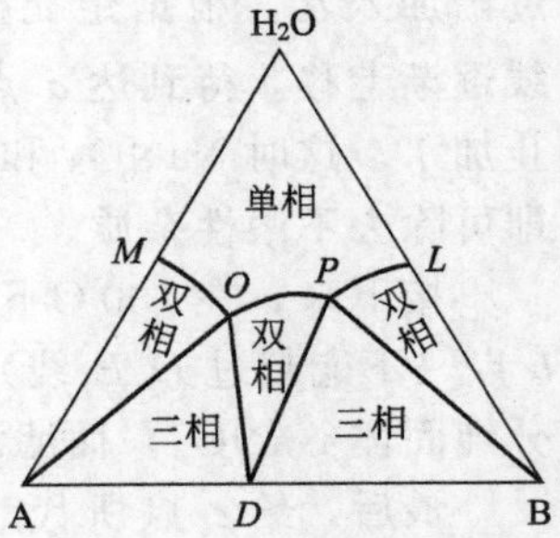

图 5.41 有一种复盐生成的三组分系统

思 考 题

1. 与定组成闭合相系统相比较，何谓敞开相系统？
2. 自由度的物理意义是什么？
3. 直观看上去，一个系统中到底有几个相，应如何区分和计数？
4. 相律的数学式中涉及组分数，而组分数又与系统中独立的化学反应数目 R 和独立的额外制约条件数目 R' 有关。请问如何确定 R 和 R'？
5. 相律的数学通式可以表示为 $f=C-P+n$，其中 f、C、P 和 n 分别表示自由度、组分数、相数和影响系统状态的外界因素数目。你对 n 的含义是如何理解的？面对实际问题时应如何确定 n 的值？
6. 系统的组分数与物种数有关，而物种数与考虑问题的方式方法有关。如对于纯水，可认为其中只有一种物质即 H_2O，也可以认为其中有三种物质即 H_2O、H^+ 和 OH^-。那么，考虑问题的方式方法的差异会不会影响组分数 C？会不会影响系统的自由度 f？
7. 克拉佩龙方程中各参数的确切含义分别是什么？此方程可用来讨论什么问题？
8. 你能定性画出水的相图并能合理解释各曲线的含义及其变化趋势吗？
9. 各物质的固-液-气三相点会不会随外界条件的变化而变化？
10. 纯物质的固-液-气三相点的温度与它在一定压力下的熔点是否相同？为什么？
11. 纯物质的固-液-气三相点的压力与该物质是否容易升华有什么关系？
12. 为什么严格说来，没有完全不相互溶解的物质对？

13. 在一定条件下，随着水和苯酚混合比的变化，它们可以形成一种溶液，也可以形成平衡共存但浓度不同的两种溶液（即共轭溶液）。你能解释清楚这是为什么吗？

14. 在一定压力下，结合水-苯酚二组分系统的相图，在会融温度 T_C 以下当往水中逐渐加入苯酚时，对于系统中逐渐发生的变化过程你能描述清楚吗？

15. 在一定压力下，结合水-苯酚的相图，当把水-苯酚混合物从高于 T_C 的温度逐渐冷却时，对于系统中逐渐发生的变化过程你能描述清楚吗？

16. 部分互溶双液系相图中的曲线所代表的物理意义是什么？

17. 在一定温度和压力下，在水-苯酚系统的二相区内，当二者的混合比发生变化时，为什么两种平衡共存的溶液的组成会保持不变？

18. 二组分系统最多会有几个相平衡共存？

19. 在一定温度和压力下，当二组分系统处于液-气两相平衡时，通常这两相的组成是不同的。你能以理想溶液为例说明其中的道理吗？

20. 在 A、B 二组分理想溶液的 p-x 图中，你能充分理解两条曲线分别代表的物理意义吗？

21. 在 A、B 二组分理想溶液的 p-x 图中，你能充分理解各区域分别有哪几相平衡共存吗？

22. 在 A、B 二组分理想溶液的 T-x 图中，你能充分理解两条曲线分别代表的物理意义吗？

23. 在 A、B 二组分理想溶液的 T-x 图中，你能充分理解各区域分别有哪几相平衡共存吗？

24. 结合 A、B 二组分理想溶液的 T-x 图，在一定压力下给一种溶液逐渐加热升温时，你能详细说清楚其中逐渐发生的变化吗？

25. 杠杆规则是怎样根据物质不灭定律得来的？你自己能推导出杠杆规则吗？

26. 部分互溶双液系和连续互溶双液系有什么不同？

27. 典型的二组分连续互溶双液系相图有哪几种？

28. 为什么有些二组分连续互溶双液系随组成的变化，其沸点会有一个极大值或极小值？读者应从此得到启发：并非任何溶液的沸点都高于纯溶剂的沸点。

29. 什么是恒沸混合物？恒沸混合物像普通化合物那样有恒定不变的化学组成吗？

30. 试分析在 A、B 二组分物系的恒沸点上，系统的组分数、相数和自由度分别是几？

31. 用精馏法能否把所有的二组分恒沸混合物分开？为什么？

32. 为什么水蒸气蒸馏具有操作温度低的优点？这种方法的使用范围受到什么限制？

33. 什么是二组分简单低共熔混合物系？二组分简单低共熔混合物系相图中各曲线、点分别代表什么？你能对其中的各曲线给予合理的解释吗？

34. 什么是步冷曲线？为何步冷曲线上常会出现拐点？拐点的拐向与什么有关？

35. 结合二组分简单低共熔混合物系相图，你能定性画出任意一个溶液的步冷曲线吗？

36. 结合二组分简单低共熔混合物系相图，当对任意给定的一个样品逐渐加热时，若将其温度随时间的变化曲线称为步热曲线，你能正确画出一个任意组成样品的步热曲线吗？

37. 当二组分简单低共熔混合物系逐渐冷却到低共熔温度时，有一段时间系统的温度恒定不变。你能借助相律对此作出合理解释吗？

38. 若把一个二组分简单低共熔混合物系逐渐冷却，当温度刚刚降低到低共熔温度和刚刚离开低共熔温度时，系统中分别有哪几个相平衡共存？这些相之间彼此是怎样变化的？变化的推动力是什么？

39. 对于一定温度或一定压力下的二组分系统，杠杆规则一般在三相线上是否适用？在什么特殊情况下杠杆规则在三相线上才适用？

40. 什么是固溶体？在一定条件下一种固溶体中有几个相？

41. 什么是共晶反应？什么是包晶反应？这两种反应正向进行还是逆向进行取决于什么？

42. 什么是二组分部分互溶固溶体系统？什么是二组分连续互溶固溶体系统？

43. 许多二组分连续互溶固溶体系统随组成的变化，其凝固点会有一个极大值。这种情况看似与稀溶液的依数性有矛盾。对此应如何理解？

44. 在三组分系统相图中，什么是等含量性质？什么是定比例性质？什么是重心规则？

45. 在三组分系统相图中，什么是连结线？为什么连结线很重要？

46. 在一定温度和压力下的三组分系统相图中，杠杆规则在二相区和三相区都是适用的。你知道在三相区内怎样使用杠杆规则吗？

习　题

1. 指出下列平衡系统中各有几个相？这些相分别是由哪些物质组成的？

(1) 把某氯化钠水溶液在足够低的温度下放置好长时间后，系统中有固体氯化钠、有冰、有氯化钠水溶液同时存在。(3)

(2) 在常压下，把纯净水冷却到0℃后，系统中有冰-水平衡共存。(2)

(3) 室温下有人往1L水里随意加入了一些固体蔗糖、固体氯化钠、乙醇及醋酸，结果乙醇和醋酸全部溶解了，而蔗糖、氯化钠均未完全溶解。(3)

(4) 把水、四氯化碳、碘、氯化钠及蔗糖混合物充分振荡，最终溶液分为两层。一层以水为主，另一层以四氯化碳为主，而且还有未溶解完的固体氯化钠及蔗糖。(4)

2. 指出下列平衡系统中各有几个相？这些相分别是由哪些物质组成的？

(1) 使用铁催化剂（固体）的合成氨反应系统。(2)

(2) 碳酸钙和氧化钙彼此不互溶。在一定温度和压力下当碳酸钙分解达到平衡时。(3)

(3) 固体 NH_4Cl 和固体 $(NH_4)_2S$ 不互溶，但两者都不稳定。NH_4Cl 可分解为 $NH_3(g)$ 和 $HCl(g)$，$(NH_4)_2S$ 可分解为 $NH_3(g)$ 和 $H_2S(g)$。平衡时系统中仍有固体 NH_4Cl 和固体 $(NH_4)_2S$。(3)

(4) 对于水煤气反应平衡系统，其反应方程式如下：

$$C(\text{煤粉}) + H_2O(g) \rightleftharpoons CO(g) + H_2(g) \qquad (2)$$

3. 指出下列平衡系统的组分数和自由度数。

(1) 氧气、水蒸气和溶解了氧气的液态水。(2，2)

(2) 冰、盐酸溶液、水蒸气、氯化氢气体和氮气。(3，2)

4. 求下列各平衡系统的组分数和自由度数

(1) $CaCO_3(s)$ 在900℃下分解达到平衡。(2，0)

(2) $NH_4HS(s)$ 分解生成 $NH_3(g)$ 和 $H_2S(g)$ 并达到平衡。(1，1)

(3) 常压下，同时含有 NaCl、KCl 和 $NaNO_3$ 的水溶液。(4，4)

5. $CuSO_4$ 与水可形成水合盐 $CuSO_4 \cdot H_2O$、$CuSO_4 \cdot 3H_2O$ 和 $CuSO_4 \cdot 5H_2O$。

(1) 在常压下能与 $CuSO_4$ 水溶液及冰平衡共存的水合盐最多有几种？(1)

(2) 在25℃下，能与水蒸气平衡共存的水合盐最多有几种？(2)

6. 根据克拉佩龙方程，欲使水的凝固点降低至−1℃，则所需的压力是多少？已知冰的正常熔点是0℃，冰的摩尔熔化热为6025J·mol^{-1}，水和冰的密度分别为0.9999g·mL^{-1}和0.9168g·mL^{-1}。(13.62MPa)

7. 苯的熔点随压力的变化率是0.296K·MPa^{-1}。在苯的正常熔点5.5℃下，固态苯和液态苯的密度分别为1.02g·mL^{-1}和0.89g·mL^{-1}。求苯的摩尔熔化热。(10.6kJ·mol^{-1})

8. 汞的正常熔点是234.28K，摩尔熔化热是2.292kJ·mol^{-1}，熔化时的摩尔体积改变量为0.517mL·mol^{-1}，液态汞的密度为13.6g·mL^{-1}，重力加速度为9.80m·s^{-2}。求10m高的汞柱底部汞的凝固点。(234.35K)

9. 结晶型的单质硫 S_8 通常有两种晶型即正交硫（也叫斜方硫）和单斜硫。在298K下，两者的标准摩尔燃烧热分别为−296.7kJ·mol^{-1}和−297.1kJ·mol^{-1}。两者的密度分别为2.07g·mL^{-1}和1.96g·mL^{-1}，在101.3kPa下两种晶型的平衡转化温度是96.7℃。试分析判断在100℃和500kPa下哪种晶型稳定。(单斜硫)

10. 已知水的正常沸点是100℃，在80℃下水的饱和蒸气压是47.3kPa。

(1) 求水的摩尔蒸发焓。(41.7kJ·mol^{-1})

(2) 求350℃下水的饱和蒸气压。(22.24MPa)

11. 已知水的正常沸点是100℃，水的摩尔蒸发热为40.6kJ·mol^{-1}。

(1) 在青藏高原某处水的沸点为84.5℃，求此处的大气压力。(57.46kPa)

（2）压水推核电站的一回路循环水在340℃下循环工作。问至少需要施加多大的压力才能保证水不汽化？（16.97MPa）

12. 在0℃下，乙醚的饱和蒸气压是24.66kPa。乙醚的正常沸点是35℃。在−75℃可以得到乙醚干冰。求−75℃下液体乙醚的饱和蒸气压。（0.223kPa）

13. 有人用简易方法粗略地测定了水和冰在不同温度下的饱和蒸气压，见下表。

温度 t/℃	−20	−15	−10	−5	0	20	40
水的饱和蒸气压 p/Pa		190	286	422	611	2339	7374
冰的饱和蒸气压 p/Pa	103	165	259	401	611		

（1）试用作图法求水的摩尔蒸发热 $\Delta_{vap}H_m$。（44.48kJ·mol^{-1}）

（2）试用作图法求冰的摩尔升华热 $\Delta_{sub}H_m$。（51.05kJ·mol^{-1}）

（3）由这些实验数据求水的正常沸点即101325Pa下的沸腾温度。（96.7℃）

14. 实验测得固体CO_2（干冰）在不同温度下的饱和蒸气压如下：

温度 t/℃	−119.5	−108.6	−102.2	−85.7	−78.2
饱和蒸气压 p/kPa	1.333	5.333	13.33	53.33	101.33

请用作图法求算干冰的摩尔升华热。（26.20kJ·mol^{-1}）

15. H_2O和D_2O的正常沸点分别是100.00℃和101.42℃，二者可形成理想溶液。并且已知D_2O的摩尔蒸发热为41.67kJ·mol^{-1}。

（1）求D_2O在100.00℃下的饱和蒸气压。（96.30kPa）

（2）在H_2O和D_2O组成的溶液中，若D_2O的摩尔分数浓度为0.200，求该溶液在100.00℃下的饱和蒸气组成。（$y_{D_2O}=0.192$）

16. 在25℃下，已知固态碘的饱和蒸气压为41.3Pa，固态碘和气态碘的标准摩尔熵分别为116.7J·K^{-1}·mol^{-1}和260.7J·K^{-1}·mol^{-1}，固态碘和气态碘的等压摩尔热容分别为54.4J·K^{-1}·mol^{-1}和29.1J·K^{-1}·mol^{-1}。求算100kPa下碘的升华温度。（164.1℃）

17. 已知C_6H_5Cl在110℃和130℃下的饱和蒸气压分别为55.7kPa和96.5kPa，C_6H_5Br在110℃和130℃下的饱和蒸气压分别为26.4kPa和49.7kPa。那么等摩尔C_6H_5Cl和C_6H_5Br混合所得理想溶液的正常沸点是多少？（142.2℃）

18. 根据下列数据计算

（1）水-甲苯完全不互溶双液系在$p^\ominus$压力下的沸点。（83.4℃）

（2）求该双液系在沸腾温度下的蒸气组成。（$y_水=0.551$）

物质	正常沸点/K	$\Delta_{vap}H_m$/kJ·mol^{-1}
水	373.2	40.66
甲苯	383.8	33.48

19. 固态氨和液态氨的饱和蒸气压与温度的关系如下：

$$\ln(p_s/\text{Pa})=27.92-\frac{3754}{T/\text{K}}$$

$$\ln(p_l/\text{Pa})=24.38-\frac{3063}{T/\text{K}}$$

（1）求氨的三相点温度和压力。（195.20K，5934Pa）

（2）在101.3kPa下，升高温度时固体氨是否会升华？（不能升华）

（3）求氨的摩尔熔化热、摩尔蒸发热和摩尔升华热。

（$\Delta_{fus}H_m=5.74$kJ·mol^{-1}，$\Delta_{vap}H_m=25.47$kJ·mol^{-1}，$\Delta_{sub}H_m=31.21$kJ·mol^{-1}）

20. 根据单质硫的相图回答下列问题。

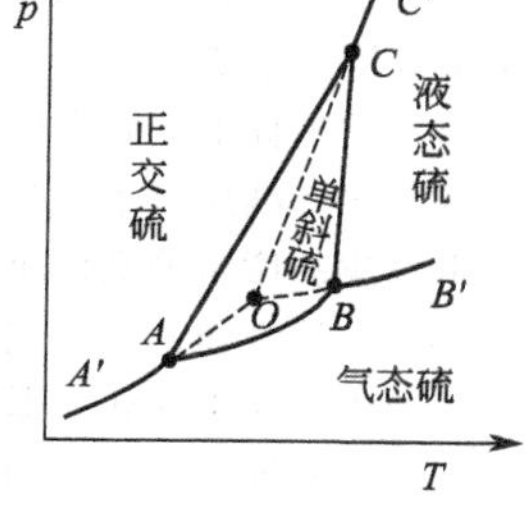

第20题

（1）在图中的实线AA'、BB'、CC'、AB、BC、AC上分别有哪几相平衡共存？

（2）在虚线OA、OB、OC上分别有哪几相平衡共存？

(3) 在三相点 A、B、C 和亚稳的三相点 O 上分别有哪三相平衡共存？

21. 在常压下，将质量百分比浓度不同的间甲基苯胺的甘油溶液从0℃开始逐渐加热，结果测得单相变为双相的温度 t_1 和双相又变为单相的温度 t_2 见下表。

间甲基苯胺的质量分数	18%	20%	40%	60%	80%	85%
t_1/℃	48	18	8	10	19	25
t_2/℃	53	90	120	118	93	53

(1) 根据实验数据，在坐标纸上画出常压下间甲基苯胺-甘油二组分系统的相图。

(2) 找出最高会溶点和最低会溶点的温度与组成。(45%，121℃；45%，7℃)

(3) 在35℃下，将45克间甲基苯胺与55克甘油混合。该系统有几个相，它们的质量分别是多少？(两个相，$m_1=59.7\text{g}$，$m_2=40.3\text{g}$)

22. 在大气压力下，水-苯酚部分互溶双液系的质量百分比浓度与温度的关系见下表。

t/℃	2.6	23.9	32.5	45.7	55.5	60.5	65.0	66.8
l_1(酚)/%	6.4	7.5	8.0	9.8	12.0	14.0	18.5	34.5
l_2(酚)/%	75.6	71.2	69.0	64.4	60.0	55.5	50.0	34.5

(1) 根据这些数据，在坐标纸上画出水-苯酚部分互溶双液系的相图。

(2) 在60℃下，往65g水中加入35g苯酚，平衡后系统有哪几相？其组成如何？

(只有一种溶液，$w_{苯酚}=35\%$。)

(3) 在25℃下，往65g水中加入35g苯酚，平衡后系统有哪几相？其组成如何？

(共两相　溶液1中 $w_{苯酚}=7\%$，溶液2中 $w_{苯酚}=72\%$)

23. 在常压和30℃下，水与苯酚可形成部分互溶双液系。已知共轭溶液 l_1 和 l_2 中苯酚的质量百分比浓度分别为8.75%和69.9%。

(1) 在30℃下，把100g水和100g苯酚混合并达到平衡时，共轭溶液 l_1 和 l_2 的质量分别是多少？($m_1=65.1\text{g}$，$m_2=134.9\text{g}$)

(2) 往上述系统中再加入100g苯酚，然后搅拌混合并再次达到平衡时，系统中有哪几个相，各相的质量分别是多少？($m_1=15.8\text{g}$，$m_2=284.2\text{g}$)

24. 在101.3kPa下，实验测得甲醇-水二组分系统的气液平衡数据见下表。

沸点/℃	100	89.3	84.4	81.7	78.0	75.3	73.1	71.2	69.3	67.6	66.0	64.5
液相组成 $x_甲$	0.00	0.08	0.15	0.20	0.30	0.40	0.50	0.60	0.70	0.80	0.90	1.00
气相组成 $y_甲$	0.00	0.365	0.517	0.579	0.665	0.729	0.779	0.825	0.870	0.915	0.958	1.00

(1) 根据实验数据，在坐标纸上画出101.3kPa下甲醇-水二组分系统的气液平衡相图。

(2) 在101.3kPa下，$x_{甲醇}=0.55$ 的溶液的泡点是多少？刚沸腾时平衡气相中甲醇的摩尔分数浓度 $y_甲$ 是多少？(71.9℃，$y_{甲醇}=0.80$)

(3) 在101.3kPa下，$y_{甲醇}=0.55$ 的混合气体的露点是多少？刚开始凝结时所得溶液中甲醇的摩尔分数浓度 $x_{甲醇}$ 是多少？(82.8℃，$x_{甲醇}=0.18$)

25. 在标准压力下，当 CH_3COCH_3 和 $CHCl_3$ 形成的溶液与其蒸气平衡共存时，气液两相的平衡组成与平衡温度见下表。

(1) 在坐标纸上画出标准压力下该系统的温度-组成图。

(2) 在标准压力下，当对1mol CH_3COCH_3 与4mol $CHCl_3$ 的混合溶液进行蒸馏时，得到的第一滴冷凝液中丙酮的摩尔分数浓度是多少？(0.11)

(3) 在标准压力下，对1mol CH_3COCH_3 与4mol $CHCl_3$ 的混合溶液进行蒸馏。当温度上升到60℃时，剩余溶液中丙酮的摩尔分数浓度是多少？(0.26)

(4) 在标准压力下，对1mol CH_3COCH_3 与4mol $CHCl_3$ 混合溶液逐渐加热升温，当剩下最后一小滴溶液时，该溶液中丙酮的摩尔分数浓度是多少？(0.31)

t/℃	56.0	59.0	62.5	65.0	62.5	61.0
$x(CH_3COCH_3,l)$	0.00	0.20	0.40	0.65	0.80	1.00
$y(CH_3COCH_3,g)$	0.00	0.11	0.31	0.65	0.88	1.00

26. 在常压下，甲醇和氯仿二组分系统的气液平衡组成与平衡温度见下表。

沸点 t/℃	54.0	53.0	52.5	54.0	54.5	56.5	57.5	60.0	68.0
w(氯仿,g)×100	100.0	90.80	86.21	82.51	79.61	70.53	53.01	41.02	0.00
w(氯仿,l)×100	100.0	91.73	83.21	76.20	62.98	51.40	42.84	27.09	0.00

(1) 请在坐标纸上画出常压下甲醇-氯仿二组分系统的气液平衡相图。

(2) 如果溶液中氯仿的含量为40%，则该溶液的沸点是多少？该系统完全气化的最低温度是多少？(沸点：57.8℃，完全气化温度：60.2℃)

(3) 如果将上述溶液精馏，请说明最终得到的产物及其组成。

(塔底是纯甲醇，塔顶是氯仿含量为87.5%的恒沸混合物。)

27. 水-异丁醇系统在液相属于部分互溶。在101.3kPa下系统的共沸温度为89.7℃。在共沸温度下，平衡共存的气（g）-溶液（l_1）-溶液（l_2）三相中异丁醇的含量依次为：70.0%，8.7%和85.0%。在101.3kPa下，把350g水和150g异丁醇组成的系统从室温开始加热。

(1) 温度刚到达共沸温度时，平衡系统存在那几个相？其质量分别是多少？

(溶液 l_1 和溶液 l_2 两个相。m_1=360.4g，m_2=139.6g)

(2) 当温度由共沸温度刚有上升趋势但还未上升时，平衡系统存在哪几个相？其质量分别是多少？(溶液和混合气体两个相。溶液326.3g，混合气体139.6g)

28. 已知水的正常沸点是100℃。在101.3kPa下对氯苯进行水蒸气蒸馏时，蒸馏温度是90℃。问每蒸出100克水时会带出多少克氯苯。已知在90℃下水的饱和蒸气压为69.2kPa。(289.9g)

29. 在98℃、101.33kPa下，当对与水互不相溶、但其中溶有非挥发性杂质的某有机物进行水蒸气蒸馏时，馏出物中有机物的质量分数为0.6。那么该有机物的摩尔质量是多少？已知在98℃下纯水的饱和蒸气压为94.30kPa。(362.2g·mol^{-1})

30. 通常水与苯、水与甲苯几乎都不互溶，但是苯和甲苯可以形成理想溶液。今有气态苯、甲苯和水组成的混合气体，它们的摩尔比为3∶2∶5。已知在60℃下液态苯、甲苯和水的饱和蒸气压分别为53.33kPa、18.67kPa和20.00kPa。

(1) 在60℃下对该混合气体逐渐加压，当苯和甲苯的分压之和达到多大时才能凝结出苯-甲苯理想溶液？(30.60kPa)

(2) 在60℃下当上述系统开始析出苯-甲苯理想溶液时，有无液态水析出？此时系统的总压力是多少？(有，50.60kPa)

31. 在大气压力下，已知对硝基氯苯和邻硝基氯苯不生成固溶体，二者会组成简单低共熔混合物系。对硝基氯苯和邻硝基氯苯混合溶液的组成与相应的凝固点见下表。

$w_{对}$×100	0.00	12.60	22.91	30.26	33.10	35.43	45.26	68.54	100.0
凝固点/℃	32.09	26.10	20.75	16.29	14.65	18.43	33.96	57.89	82.15

(1) 在坐标纸上画出对硝基氯苯-邻硝基氯苯的相图。

(2) 画出对硝基氯苯的浓度为10%和50%这两种溶液的步冷曲线。

(3) 逐步冷却3.8t $w_{对}$为0.73的溶液时，开始析出对硝基氯苯晶体的温度是多少？(62℃)

(4) 上述溶液在逐步冷却过程中，最多可得到多少纯对硝基氯苯晶体？(2.27吨)

32. Pb和Ag可形成近似的液态理想溶液。已知Pb的熔点和摩尔熔化热分别为327℃和4.858kJ·mol^{-1}。实验测得Ag-Pb系统的低共熔温度为305℃。请根据这些条件和数据计算共晶体的组成。共晶体组成的实验测定值为x_{Pb}=0.924。(x_{Pb}=0.924)

33. 请根据Al-Zn的平衡状态图回答下列问题：

(1) 在500℃下，当往锌中逐渐加入铝直到w_{Al}=80%时，请简述此过程中系统内所发生的变化。

(2) 当把等质量的铝和锌混合物从高温逐渐冷却至150℃时，请简述此过程中系统内所发生的变化。

(3) 对于锌含量为90%的样品，请画出它的步冷曲线。

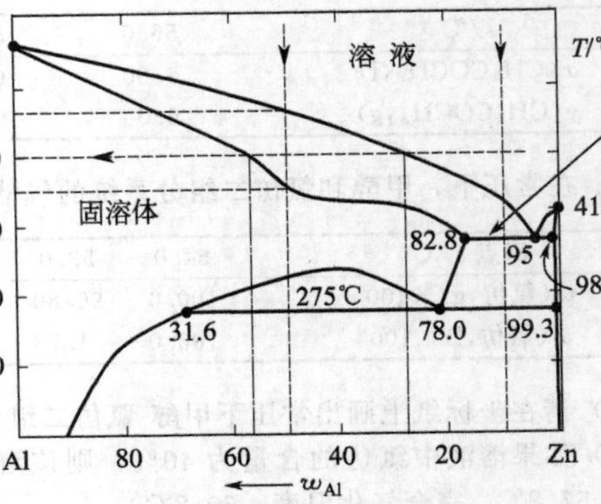

第 33 题

34. 在一定压力下，Na 和 K 的正常熔点分别是 98℃和 65℃。两者可形成不稳定化合物 Na_2K。该化合物会在 10℃分解为 Na（s）和 $x_K=0.6$ 的 Na-K 溶液。该系统低共熔点的温度和组成分别是－5℃和 $x_K=0.75$。

（1）在直角坐标纸上画出一定压力下 Na-K 系统的相图。

（2）画出 x_K 分别为 0.20、0.50 和 0.90 溶液的步冷曲线。

（3）将 1000g x_K 为 0.5 的 Na-K 混合物系加热到 10℃。此时可得到溶液（即液态溶液）质量的最小值和最大值分别是多少？（$m_{min}=662.3g$，$m_{max}=876.6g$）

35. Ca 和 Mg 能形成稳定化合物。在一定压力下，测得的多组步冷曲线的主要特征如下：

w(Ca)×100	0	10	19	46	55	65	79	90	100
转折点温度/K		883		973		923		998	
平台温度/K	924	787	787	787	994	739	739	739	1116

（1）已知 Ca-Mg 化合物的相对分子量为 216，请写出其分子式。（Mg_4Ca_3）

（2）根据这些热分析数据画出 Ca-Mg 系统的平衡状态图。

（3）指出 Ca-Mg 相图中各不同区域分别有哪几个相。

36. SiO_2（s）有鳞石英和白硅石两种不同晶型，而且在低温下鳞石英较稳定。SiO_2（s）和刚玉 Al_2O_3 可以形成化合物莫来石，其化学式为 $3Al_2O_3\text{-}2SiO_2$。请根据 SiO_2-Al_2O_3 系统的相图回答下列问题。

（1）相区①～⑦分别由哪几个相组成。

（2）在相图中的 *AB*、*CD* 和 *EF* 三条水平线上，各有三个不同的相平衡共存。请以反应方程式的形式写出这三条三相线上的变化，并在可逆箭头的上下方分别注明是吸热还是放热。

（3）请画出 *x*、*y*、*z* 三种样品的步冷曲线。

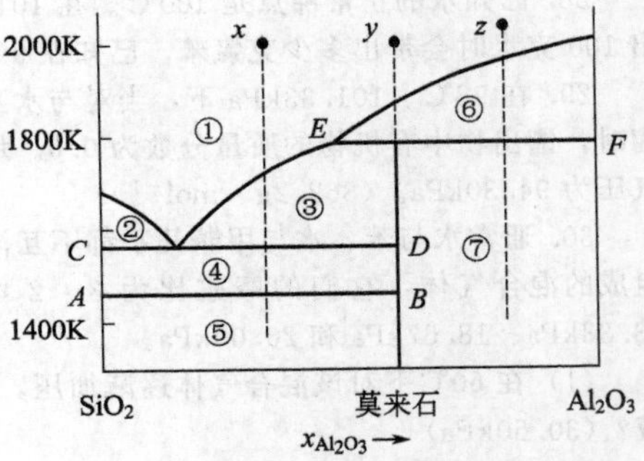

第 36 题

37. 根据 MnO-SiO_2 系统的温度-组成图回答下列问题。

（1）各区域分别有哪几相平衡共存？

（2）说明 *P* 点所代表的系统在逐渐降温过程中所发生的变化。

（3）若 *P* 点所示系统总质量是 10kg，当该系统冷却到 1400K 时，系统中有哪几个相？其质量分别是多少？（两相，即溶液＋磷石英。溶液 7.5kg，磷石英 2.5kg）

（4）按照温度从低到高的顺序，依次以反应方程式的形式写出五条水平线上发生的变化，并注明是吸热还是放热。

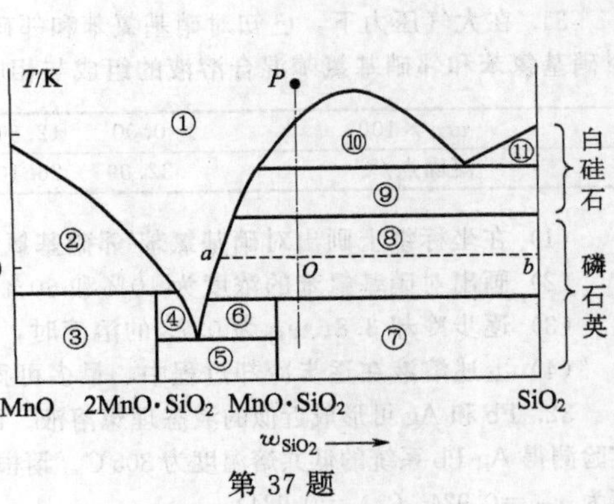

第 37 题

38. 根据 NaF-AlF_3 系统相图回答下列问题。

（1）指出①～⑩各不同区域的相态。

（2）按温度从低到高顺序，依次以反应方程式的形式写出三条水平线上发生的变化，并注明是吸热还是放热。

（3）画出 *x*、*y*、*z* 三个样品的步冷曲线。

39. 在三角坐标系中

（1）请标出 $x_A=0.2$、$x_B=0.3$ 的 A、B、C 三组分系统的系点。

（2）如果在上述系统中逐渐加入组分 C 直至 $x_C=0.8$，请标出这时系点的位置，并画出该过程中系点的变化路线，用箭头标明变化的方向。

（3）往（2）所得系统中逐渐加入组分 B 直至 $x_C=0.5$，请标出最终系点的位置，并画出该过程中系点的变化路线，用箭头标明变化的方向。

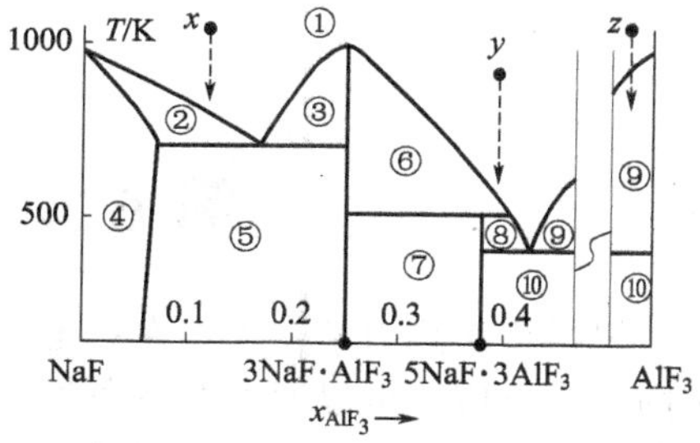

第 38 题

40. 在一定温度和压力下的 $FeSO_4$、$(NH_4)_4SO_4$、H_2O 三组分体系相图中，点 H 和 K 分别代表 $FeSO_4\cdot7H_2O(s)$ 和 $(NH_4)_2Fe(SO_4)_2\cdot6H_2O(s)$。

（1）按照编号顺序说明各相区分别有哪几个相平衡共存。

（2）在等温等压条件下，将 S 点所代表的样品放在通风橱里，并通入干燥的空气使其水分逐渐蒸发。请说明在此过程中系统会逐渐发生哪些变化。

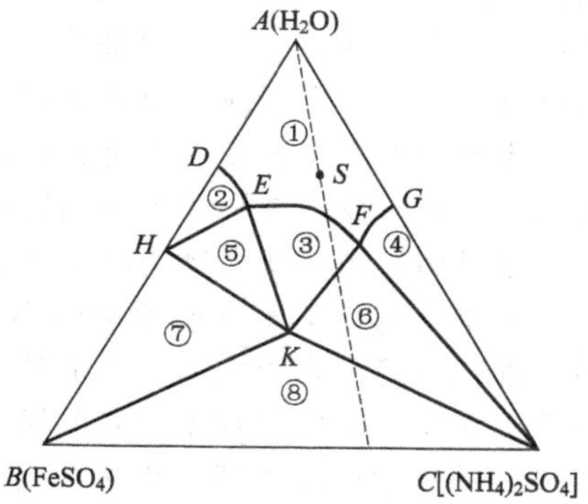

第 40 题

41. 参看 25℃和常压下 Li_2SO_4、$(NH_4)_2SO_4$、H_2O 三组分体系的相图。

（1）图中 AC 边上水的质量分数为 14.1% 的点代表什么物质？请写出它的化学式。

（2）图中 BC 边上 $(NH_4)_4SO_4$ 的质量分数为 54.5% 的点代表什么物质？请写出它的化学式。

（3）按编号顺序说明各相区分别有哪几个相平衡共存。

（4）往 s_1 点所代表的系统中逐渐加入 Li_2SO_4 时，请说明系统中会逐渐发生哪些变化。

（5）在 25℃和常压下，使 s_2 点所代表的系统恒温蒸发时，请说明系统中会逐渐发生哪些变化。

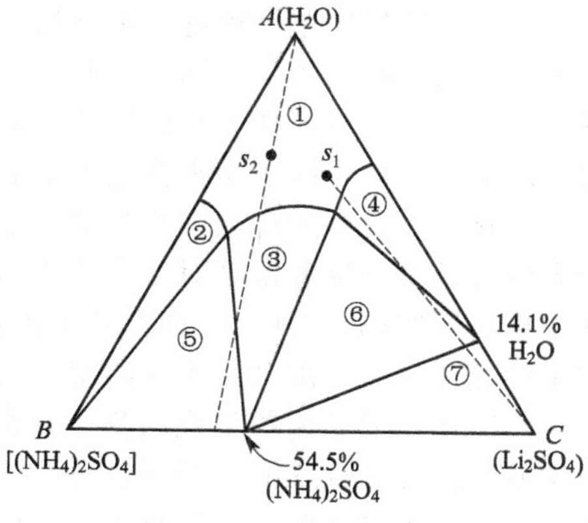

第 41 题

第 6 章　化学动力学基础

根据化学热力学知识，在一定条件下有些化学反应能发生，有些化学反应不能发生；对于同一个反应，可以通过改变条件使其从不能发生变为能发生，也可以使其从能发生变为不能发生；通过改变条件还可以调节化学反应的最大限度即化学平衡组成；可以分析计算化学反应中的能量变化情况……但是，仅仅具备这些知识还是远远不够的，因为这些问题都与时间无关，都与化学反应速率无关。然而事实上，同一个反应在不同条件下的化学反应速率差别可能非常悬殊。在同样的条件下不同反应的反应速率也千差万别，快速反应可以快至猛烈的燃烧或爆炸，慢反应可以慢至煤和石油的形成、岩石的风化等等。所以反应速率与生产成本、生产效益、生产安全等都密切相关，不学习掌握与化学反应速率相关的知识内容是不现实的。与化学反应速率相关的内容通称为化学动力学。

稍具体一点，化学动力学主要讨论以下几方面的内容。

一是影响化学反应速率的因素。化学反应速率是如何受浓度、温度、压力、溶剂、辐射、催化剂等因素影响的，弄清楚这些问题有利于主动调节和控制反应速率。但为了把这些问题搞清楚，在此过程中有必要探讨第二个问题。

二是化学反应机理。化学反应机理是指从最初的反应物到最终的产物，其中到底要经过哪些具体的反应步骤，有哪些中间产物，哪一步是影响反应速率的关键步骤。在把这些问题搞清楚的基础上，才能有针对性地采取适当措施，以期达到调控反应速率的目的。

三是化学反应速率理论。影响化学反应速率的因素较多，而且同一种因素对不同反应的反应速率的影响也不尽相同。与此同时，与化学热力学相似，所有化学反应的动力学行为也有一些共性。只有抓住了它们的共性，才能在化学动力学方面更主动、更有效地指导实践。化学反应速率理论就是用来描述大多数化学反应普遍遵循的动力学基本规律的。

与化学热力学相比较，化学动力学的研究和发展较迟缓。在 19 世纪，人们从大量实验结果中总结了浓度和温度对反应速率的影响，建立了一些经验公式如阿累尼乌斯公式。反应速率理论研究始于 20 世纪初，其中包括拟定反应机理和建立反应速率理论。后来随着科学技术的飞速发展，随着许多新的检测技术的出现，如快速反应测量方法、活性中间体的检测方法、固体表面结构与组成的测试方法等，随着量子化学和分子反应动态学的发展，化学动力学研究已逐步深入到了分子水平。但即便是这样，化学动力学理论到目前为止还不很成熟，还有许多基本问题有待解决。目前的化学动力学发展现状距离灵活自如地理论预测和指导实践还有一定的距离。

此处主要讨论化学反应速率的表示方法以及浓度、温度对反应速率的影响，讨论几种反应速率的近似处理方法以及链反应等。这些都是化学动力学最基本的内容。

6.1　化学反应速率

6.1.1　反应速率的表示方法

可以把化学反应 $a\mathrm{A}+b\mathrm{B}=\!=\!=d\mathrm{D}+e\mathrm{E}$ 简记为

$$0=\!=\!=\sum\nu_{\mathrm{B}}\mathrm{B}$$

如果该反应是一步完成的，其反应进度可用反应方程式中的任何一种物质B来表示即

$$\xi=\frac{\Delta n_B}{\nu_B}=\frac{n_B-n_{B,0}}{\nu_B}$$

式中，$n_{B,0}$代表最初B物质的量。上式中的B不论代表反应式中的哪一种物质，得到的反应进度都相同。既然可用反应进度来表示反应的多少，那么原则上就可以用单位时间内的反应进度即反应进度随时间的变化率来表示反应的快慢。上式两边对时间求导可得

$$\dot{\xi}=\frac{d\xi}{dt}=\frac{dn_B}{\nu_B dt}$$

用$\dot{\xi}$表示反应速率时，其单位是$mol \cdot s^{-1}$。不过仔细想一想，这种表示方法存在明显的不足。譬如对于$\dot{\xi}=0.01mol \cdot s^{-1}$的反应$3H_2+N_2 \longrightarrow 2NH_3$，如果它表示的是在1L容器内的反应速率，则该反应速率是很快的，该速率意味着在1L容器内每小时可发生36mol反应，可生成72mol氨；如果$\dot{\xi}=0.01mol \cdot s^{-1}$表示的是在体积为$100m^3$的反应器内的反应速率，则该反应就非常缓慢了。为了克服这个缺点，可以把**反应速率**（reaction rate）定义为单位体积单位时间内的反应进度，并把反应速率用r表示即

$$r=\frac{d\xi}{Vdt}=\frac{dn_B}{V\nu_B dt}=\frac{dc_B}{\nu_B dt} \tag{6.1}$$

用式（6.1）表示时，反应速率r的单位是$mol \cdot m^{-3} \cdot s^{-1}$或$mol \cdot L^{-1} \cdot s^{-1}$。这样表示时，反应速率才比较直观，才能真正反映反应的快慢，而且其值与式（6.1）中选用哪一种物质无关。但是由于计量系数ν_B与反应方程式的写法有关，所以用式（6.1）定义的反应速率也与反应方程式的写法有关，故这种表示方法也多有不便之处。在实践中为了方便，人们更习惯于用某一种反应物的浓度随时间的减小率或某一种产物的浓度随时间的增加率来表示反应速率。如对于上述反应，其反应速率可分别表示如下：

$$r_A=-\frac{dc_A}{dt} \qquad r_B=-\frac{dc_B}{dt} \qquad r_D=\frac{dc_D}{dt} \qquad r_E=\frac{dc_E}{dt} \tag{6.2}$$

用式（6.2）表示反应速率时，其单位仍为$mol \cdot m^{-3} \cdot s^{-1}$或$mol \cdot L^{-1} \cdot s^{-1}$，其值与反应方程式的写法无关。但是对于同一个反应，用不同物质表示反应速率时，它们的值可能彼此不同。比较式（6.1）和式（6.2）可以看出：

$$\begin{aligned} r_A&=-\nu_A r=ar \qquad & r_B&=-\nu_B r=br \\ r_D&=\nu_D r=dr \qquad & r_E&=\nu_E r=er \end{aligned} \tag{6.3}$$

所以，用式（6.2）表示反应速率时，应给出反应速率r及浓度c的下标。从现在开始，在没有文字说明也没有明显标志的情况下，都把r默认为是用式（6.1）表示的反应速率，它等于单位体积单位时间内的反应进度。

除了上述的反应速率表示方法外，具体对于一个化学反应而言，反应速率可能还会有其它的表示方法。如对于刚性密闭容器内的等温反应$2KClO_3(s) \longrightarrow 2KCl(s)+3O_2(g)$。设最初容器内有空气，其中氮气的分压力为$p_{N_2}$。若把反应过程中氧气的分压力用$p_{O_2}$表示，则反应过程中容器内的总压力为

$$p=p_{O_2}+p_{N_2}$$

所以

$$p_{O_2}=p-p_{N_2}$$

在一定温度下，p_{N_2}为常数

所以

$$\frac{dp_{O_2}}{dt}=\frac{dp}{dt} \tag{A}$$

又因

$$p_{O_2}=c_{O_2}RT$$

所以

$$\frac{\mathrm{d}p_{O_2}}{\mathrm{d}t} = RT \frac{\mathrm{d}c_{O_2}}{\mathrm{d}t} \tag{B}$$

比较（A）、（B）两式可得

$$\frac{\mathrm{d}p}{\mathrm{d}t} = RT \frac{\mathrm{d}c_{O_2}}{\mathrm{d}t}$$

在等温等容条件下，由于 $\mathrm{d}p/\mathrm{d}t$ 与 $\mathrm{d}c_{O_2}/\mathrm{d}t$ 成正比，故也可以用 $\mathrm{d}p/\mathrm{d}t$ 表示该反应的反应速率。用这种表示方法时，反应速率的单位是 $Pa \cdot s^{-1}$。

6.1.2 反应速率的实验测定

反应速率都是间接的实验测定结果。在实验过程中，可以测定某个反应物或产物 B 在不同时刻的浓度 c_B，接下来由 $c_B \sim t$ 曲线在任意某时刻的斜率 $\mathrm{d}c_B/\mathrm{d}t$ 便可获知此时的反应速率。所以，测反应速率的关键是测不同时刻反应混合物系中某个反应物或产物的浓度。这种测定过程具体实施起来与化学平衡组成的测定方法相似，可分为化学方法和物理方法。化学方法涉及取样和分析，需要一定的时间，在此期间反应仍在进行。为了使测定结果准确可靠，在此过程中应尽量设法使反应速率降低到最小，而且测量过程越快越好，否则最终的测定结果就与取样时的实际情况差别太大了，不能准确反映取样时的反应速率。物理方法是在反应条件下，直接从反应系统中测定反应混合物系的某些物理性质随时间的变化情况，并由此推知某个反应物或产物的浓度随时间的变化率。物理方法一般都属于在线分析法（on-line），结果更准确可靠。如对于皂化反应

$$CH_3COOC_2H_5 + OH^- \Longrightarrow CH_3COO^- + C_2H_5OH$$

在反应过程中，每消耗一个 OH^- 就产生一个 CH_3COO^-。虽然这两种离子所带电荷的符号及数目都相同，但在水溶液中由于 OH^- 的电迁移速率明显比 CH_3COO^- 的电迁移速率大，故 OH^- 的导电能力也明显比 CH_3COO^- 的强。所以在反应过程中，反应混合物系的电导率会逐渐减小，可用反应混合物系的电导率随时间的变化情况来反映反应物或产物的浓度随时间的变化情况。

又如对于蔗糖转化反应，可以用旋光仪测定反应混合物系的旋光度。具有旋光性的物质其旋光度 α 与其浓度 c 成正比，即 $\alpha = Kc$。在一定条件下，对于不同的旋光物质，其比例系数 K 的值不同，从而导致蔗糖转化反应混合物系的旋光度随反应的进行而不断变化。

$$C_{12}H_{22}O_{11}（蔗糖）+ H_2O \Longrightarrow C_6H_{12}O_6（葡萄糖）+ C_6H_{12}O_6（果糖）$$

	（右旋）	（右旋）	（左旋）
$t=0$	c_0	0	0
$t=t$	c_0-x	x	x
	$\alpha_1 = K_1(c_0-x)$	$\alpha_2 = K_2 x$	$\alpha_3 = K_3 x$

总旋光度为

$$\alpha = \alpha_1 + \alpha_2 - \alpha_3 = K_1 c_0 - (K_1 - K_2 + K_3)x$$

所以

$$\frac{\mathrm{d}\alpha}{\mathrm{d}t} = -(K_1 - K_2 + K_3)\frac{\mathrm{d}x}{\mathrm{d}t}$$

既然 $\dfrac{\mathrm{d}\alpha}{\mathrm{d}t}$ 与 $\dfrac{\mathrm{d}x}{\mathrm{d}t}$ 成正比，所以也可以用 $\dfrac{\mathrm{d}\alpha}{\mathrm{d}t}$ 表示反应速率。

又如丙酮在水溶液中的溴化反应

$$CH_3COCH_3 + Br_2 \Longrightarrow CH_3COCH_2Br + HBr$$

Br_2 是红色的。随着反应的进行，反应混合物系的颜色会逐渐变淡。根据朗伯-比尔定律，

在一定条件下吸光度与吸光物质的浓度成正比。所以，可借助分光光度计来测定反应混合物系对特定波长辐射的吸光度，并用吸光度随时间的变化情况推知该反应的反应速率。

6.2 基元反应与质量作用定律

6.2.1 基元反应

以叔丁醇在酸催化作用下的脱水反应为例。

$$(CH_3)_3COH \xrightarrow{H^+} (CH_3)_2C=CH_2+H_2O$$

从表面上看，这个反应很简单，可是实际上这个反应是分三步完成的，即

① $$(CH_3)_3COH+H^+ \longrightarrow (CH_3)_3COH_2^+$$

② $$(CH_3)_3COH_2^+ \longrightarrow (CH_3)_3C^+ +H_2O$$

③ $$(CH_3)_3C^+ \longrightarrow (CH_3)_2C=CH_2+H^+$$

其中，$(CH_3)_3COH_2^+$ 和 $(CH_3)_3C^+$ 都是中间产物。实际上有许多反应与此类似，其总反应不是一步完成的，其中包括几步、十几步甚至更多的反应步骤。反应步骤越多，其中涉及到的中间产物也就越多。

在任何反应中，不论是反应物、产物还是中间产物，它们都有一定的稳定性，否则它们就不可能存在，不可能被检测出来。有些中间产物虽然很活泼，但多多少少仍有一些稳定性。这如同一个圆球在从状态 A（反应物所处的状态）变到状态 B（产物所处的状态）的过程中，要经过状态 C（中间产物所处的状态），如图 6.1 所示。所谓稳定性就是不同状态之间有一定的能量障碍。能量障碍（即能峰高度）越大越稳定，能量障碍越小越不稳定。如果 A、B、C 三种状态彼此间没有任何能量障碍，那么这三种状态就不可能同时存在。三者当中只有能量最低的那一种才能稳定存在，才能被检测出来，而另外两种状态即使存在，也必然一晃即逝，还怎么能检测得到呢？以此类推，整个自然界里的所有物质就只能以最稳定的那种状态出现。在这种情况下，整个自然界也就不会是眼前看到的这种花花绿绿、无奇不有的大千世界了。另外，还可以 H_2O_2 为例对此作以说明。虽然 H_2O_2 不稳定，有较强的氧化性，但是 H_2O_2 分子中的各原子之间仍有一定的键长、有一定的键角、有一定的二面角（两个 HOO 面的夹角）。这意味着当 H_2O_2 分子中不论键长、键角还是二面角发生变化时，不论变大还是变小，系统的能量都要升高。又因化学反应都涉及这种微观结构的变化、都涉及化学键的重组，所以任何物质包括反应中的中间产物在内都有一定的稳定性，只是稳定性大小不尽相同而已。

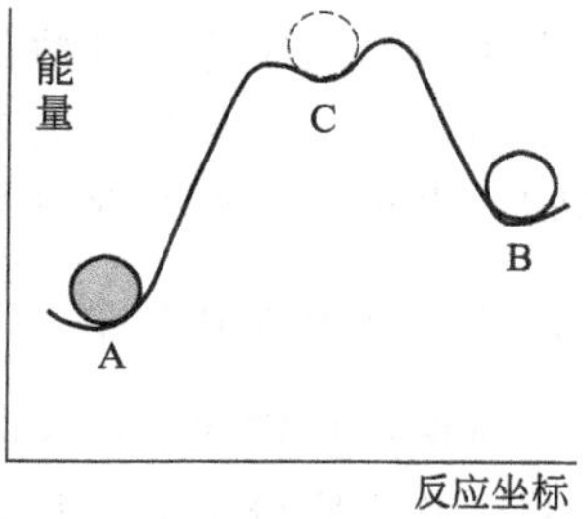

图 6.1 物质的稳定性示意图

基元反应（elementary reaction）就是反应过程中两个相邻的具有一定稳定性的状态之间的变化。如在图 6.1 中，A 与 C 之间的变化是一个基元反应，C 与 B 之间的变化也是一个基元反应，但 A 与 B 之间的变化就不是基元反应，因为这两种具有一定稳定性的状态不是相邻的，它们之间有两个能峰。发生基元反应所需要的最少粒子数（此处所说的粒子可以是分子或原子或离子）叫做**反应分子数**（reaction molecularity）。反应分子数也就是基元反应方程式中反应物粒子数的总和。如基元反应 $aA+bB \longrightarrow P$ 的反应分子数为 $(a+b)$。基元反应的反应方程式只有一种写法，即只能按照反应分子数进行书写。不能

对基元反应中各物质的计量系数随意扩大或缩小相同的倍数。否则，就无法确定基元反应的反应分子数了。

按照反应分子数可将基元反应分为**单分子反应**、**双分子反应**和**三分子反应**。其中大多数反应都是单分子反应和双分子反应。目前已发现的气相三分子反应屈指可数，而四分子反应几乎是不可能的。这是为什么呢？以气相基元反应为例。第一，分子碰撞的时间非常短暂，约为 10^{-8}s。四分子反应就意味着四个分子要在 10^{-8}s 内同时碰撞，这种碰撞的概率很小。第二，除单原子分子外，一般分子都不是球对称的，发生反应的四个分子在极短的时间内碰撞时，彼此还需要有合适的取向才有可能发生反应。可是，四个分子在极短的碰撞时间内既要同时碰撞又要都具有合适取向，发生这种事件的几率就更小了。第三，除了满足前两个条件外，四个分子还要有足够的能量才有可能越过反应物与产物之间的能量障碍发生反应。同时满足这三个条件的可能性太小太小，所以四分子及四分子以上的反应几乎是不可能的。

在化学动力学部分，书写反应方程式时常不用等号而用箭头。原因是化学动力学所讨论的问题通常都与反应速率有关，而且不仅正向反应涉及到反应速率，逆向反应也涉及到反应速率。另一方面，虽然原则上所有基元反应既可以正向进行，也可以逆向进行，但是有些反应的逆向反应趋势很小或逆向反应很慢。这时可近似认为该反应是单方向的，其逆反应不能发生。所以在化学动力学部分，对单向反应就用单向箭头，对可逆反应就用可逆箭头（在化学动力学部分，可逆箭头并不意味着化学反应处于平衡状态）。在这种情况下，所谈及到的反应速率和反应速率常数都是针对箭头所指方向而言的。书写反应方程式时，虽然大多都使用单向箭头，但是写出的方程式一般都要配平。否则，在借助式（6.3）对同一个反应用不同物质表示反应速率时容易出差错。

6.2.2 质量作用定律

质量作用定律（mass action law）是指基元反应的反应速率与基元反应中各反应物的浓度并以其反应分子数为指数的幂的乘积成正比。譬如对于基元反应

$$a\mathrm{A}+b\mathrm{B}+c\mathrm{C}+\cdots \longrightarrow \mathrm{P}$$

根据质量作用定律，其反应速率可以表示为

$$r=kc_{\mathrm{A}}^{a}c_{\mathrm{B}}^{b}c_{\mathrm{C}}^{c}\cdots \tag{6.4}$$

式（6.4）是质量作用定律的数学式。对于一个给定的基元反应，式（6.4）中的 k 在一定温度下有唯一确定的值，故把 k 称为**反应速率常数**（rate constant）。反应速率常数在数值上等于各反应物的浓度均为单位浓度时的反应速率。a、b、c…都是正整数，它们的加和就是该基元反应的反应分子数。

由式（6.3）可知，当用不同物质表示反应速率时

$$r_{\mathrm{A}}=ar$$

所以

$$r_{\mathrm{A}}=akc_{\mathrm{A}}^{a}c_{\mathrm{B}}^{b}c_{\mathrm{C}}^{c}\cdots$$

令

$$k_{\mathrm{A}}=ak \tag{6.5}$$

则

$$r_{\mathrm{A}}=k_{\mathrm{A}}c_{\mathrm{A}}^{a}c_{\mathrm{B}}^{b}c_{\mathrm{C}}^{c}\cdots \tag{6.6}$$

在式（6.5）和式（6.6）中，k_{A} 代表用 A 物质表示反应速率时对应的反应速率常数。今后若无明显标志（如下标）或文字说明，就把所有的 k 都默认为是与式（6.4）相对应的反应速率常数。

在化学动力学部分，把反应速率与相关物质的浓度之间的关系式称为化学反应的**速率方程**。所以式（6.4）和式（6.6）给出的都是反应速率方程。

例 6.1 已知基元反应 $N_2O_2+O_2 \longrightarrow 2NO_2$ 的反应速率常数为 k。请根据质量作用定律，分别用 N_2O_2、O_2 和 NO_2 给出该反应的反应速率表达式。

解：根据式（6.3），该反应的反应速率可用不同物质分别表示如下：

$$-\frac{dc_{N_2O_2}}{dt}=r=kc_{N_2O_2}c_{O_2} \qquad -\frac{dc_{O_2}}{dt}=r=kc_{N_2O_2}c_{O_2} \qquad \frac{dc_{NO_2}}{dt}=2r=2kc_{N_2O_2}c_{O_2}$$

6.2.3 复杂反应

化学反应可分为简单反应和复杂反应。**简单反应**（simple reaction）是指总反应中只包含一个基元反应步骤。与简单反应相对应，总反应中包含两个或两个以上基元反应步骤的反应就是**复杂反应**（complex reaction）。复杂反应也叫**复合反应**。一个反应中所包含的按先后次序排列的基元反应的集合叫做该反应的**反应机理**（reaction mechanism）或**反应历程**。质量作用定律对于简单反应都是适用的，但是简单反应的反应方程式只有一种写法，即只能以基元反应的形式写出。虽然质量作用定律对于复杂反应都不适用，但是它对于复杂反应中所包含的每一个基元反应步骤都是适用的。

对于复杂反应 $aA+bB+cC+\cdots \longrightarrow P$，虽然总反应速率不遵守质量作用定律，但在许多情况下（非所有情况下），其反应速率方程具有如下简单形式。

$$r=kc_A^{\alpha}c_B^{\beta}c_C^{\gamma}\cdots \qquad (6.7)$$

式（6.7）虽在形式上与质量作用定律相同，但彼此间存在着本质的区别。此处需要注意以下几点。

① k 是该复杂反应的反应速率常数。这一点与质量作用定律相同。

② α、β、$\gamma\cdots$分别是该反应对于 A 物质、B 物质、C 物质 … 的**反应级数**（reaction order）。与反应分子数不同，α、β、$\gamma\cdots$可能是整数也可能是分数，可能是正数也可能是负数，还有可能是零。

③ 把 α、β、$\gamma\cdots$的加和称为该反应的**总级数**，用 n 表示，即 $n=\alpha+\beta+\gamma+\cdots$

④ c_A、c_B、$c_C\cdots$分别是反应混合物中 A 物质、B 物质、C 物质 … 的浓度。这些物质可能是反应物、可能是产物、也可能是其它物质如催化剂。

如对于反应 $$COCl_2 \longrightarrow CO+Cl_2$$

$$r=kc_{COCl_2}c_{Cl_2}^{1/2} \qquad n=1.5$$

又如对于反应 $$ClO^-+I^- \longrightarrow IO^-+Cl^-$$

$$r=kc_{ClO^-}c_{I^-}c_{H^+} \qquad n=3$$

也有不少反应，其反应速率方程并不具有式（6.7）那样的简单形式，如对于反应

$$H_2+Br_2 \longrightarrow 2HBr$$

$$r=\frac{kc_{H_2}c_{Br_2}^{1/2}}{1+k'c_{HBr}/c_{Br_2}}$$

其中的 k 和 k' 在一定温度下均为常数。该反应的反应级数无从谈起。在这种情况下，谈论反应级数也没有任何意义。

6.3 具有简单级数的反应

此处的讨论均以反应 $aA+bB+cC+\cdots \longrightarrow P$ 为例。所谓具有简单级数的反应，就是指

反应速率方程 $r=kc_A^{\alpha}c_B^{\beta}c_C^{\gamma}\cdots$ 中涉及的物质A、B、C… 都是反应物，而且 α、β、γ… 都是非负的整数。此处需要注意，具有简单级数的反应未必就是简单反应，切不可将两者混为一谈。

6.3.1 零级反应

零级反应（zero order reaction）是指 $\alpha=\beta=\gamma=\cdots=0$ 的反应。对于零级反应，由式（6.7）可知

$$r=k \quad 或 \quad r_A=k_A$$

即

$$-\frac{dc_A}{dt}=k_A \tag{6.8}$$

这就是说，在一定温度下零级反应的反应速率为常数。反应速率不会因某物质浓度的变化而变化。从式（6.8）可以看出，零级反应速率常数的单位是 $mol \cdot L^{-1} \cdot s^{-1}$。

对式（6.8）两边同乘以 $-dt$ 并积分，则

$$\int_{c_{A,0}}^{c_A} dc_A=\int_0^t -k_A dt$$

式中，$c_{A,0}$ 是 $t=0$ 时反应物A的浓度，即反应物A的初始浓度。c_A 是 t 时刻反应物A的浓度。上式的积分结果如下

$$c_A=c_{A,0}-k_A t \tag{6.9}$$

式（6.9）是速率方程式（6.8）的积分形式，我们把速率方程的积分形式即反应过程中某物质的浓度与时间的关系称为化学反应的**动力学方程**。式（6.9）是零级反应的动力学方程。从式（6.9）可以看出，零级反应具有以下特点。

① $c_A \sim t$ 呈线性关系。

② 该直线的斜率为 $-k_A$。所以可由 $c_A \sim t$ 直线的斜率求得零级反应的反应速率常数。

③ **半衰期**（half life）是指反应过程中某反应物的量或浓度减小一半所需要的时间。半衰期常用 $t_{1/2}$ 表示。把 $c_A=c_{A,0}/2$ 代入式（6.9），可得零级反应的半衰期为

$$t_{1/2}=\frac{c_{A,0}}{2k_A} \tag{6.10}$$

所以，初始浓度越大，零级反应的半衰期就越长。原因是零级反应的反应速率为常数，与浓度无关，故反应物的初始浓度越大，其浓度降低一半需要的时间就越长。

例 6.2 有一个零级反应 A ⟶ P。在一定温度下反应 30min 后，A的转化率为 50%。那么在相同温度下继续反应 10min 后，A的转化率是多少？

解：一定温度下零级反应的反应速率是一个常数，其动力学方程为

$$c_A=c_{A,0}-kt \quad 或 \quad c_{A,0}-c_A=kt$$

根据此式 $t=30min$ 时 $\quad c_{A,0}-0.5c_{A,0}=30k$ （A）

$t=40min$ 时 $\quad c_{A,0}-c_A=40k$ （B）

式（A）、式（B）两式相除可得 $\quad \dfrac{c_{A,0}-c_A}{c_{A,0}-0.5c_{A,0}}=\dfrac{4}{3}$

即
$$\frac{c_{A,0}-c_A}{c_{A,0}}=\frac{2}{3}=67.7\%$$
所以继续反应 10min 后 A 的转化率是 67.7%。

到目前为止，已发现的零级反应不多。零级反应主要是一些表面催化反应如

$$2NH_3(g)\xrightarrow{\text{钨催化剂}}N_2(g)+3H_2(g)$$

由于多相催化反应只能发生在催化剂的表面，而催化剂的表面积是有限的，故催化剂表面对其它物质的吸附都有一定的限度。当 NH_3 气的压力较大时，NH_3 气在钨催化剂表面吸附就会达到饱和。这时催化剂表面的吸附活性中心就被全部占据和利用了，反应速率也就达到了最大。在这种情况下，继续增大 NH_3 气的压力（即浓度）时不会改变反应速率，即此时该反应表现为零级反应。当 NH_3 气的压力较小、催化剂的表面吸附未达到饱和时，反应速率才与 NH_3 气的压力有关。这时压力越大，表面吸附得就越多，反应也就越快。这时的反应就不再是零级反应了。

6.3.2 一级反应

一级反应（first order reaction）的速率方程可以表示为

$$r=kc_A$$

或
$$r_A=-\frac{dc_A}{dt}=k_Ac_A \tag{6.11}$$

其中 $r_A=ar$，$k_A=ak$。根据式（6.11），一级反应速率常数的单位是 s^{-1}。式（6.11）变形可得

$$d\ln c_A=-k_A dt$$

所以
$$\int_{c_{A,0}}^{c_A} d\ln c_A=\int_0^t -k_A\, dt$$

所以
$$\ln c_A=\ln c_{A,0}-k_At \tag{6.12}$$

或
$$c_A=c_{A,0}e^{-k_At} \tag{6.13}$$

式（6.12）和式（6.13）均为一级反应的动力学方程。由式（6.12）可以看出

① $\ln c_A\sim t$ 呈线性关系。

② 该直线的斜率为 $-k_A$。故可由 $\ln c_A\sim t$ 直线的斜率求得反应速率常数。

③ 把 $c_A=c_{A,0}/2$ 代入式（6.12），由此可得一级反应的半衰期为

$$t_{1/2}=\frac{\ln 2}{k_A} \tag{6.14}$$

即在一定温度下，一级反应的半衰期为常数，其值与反应物的初始浓度无关。因为由一级反应的速率方程式（6.11）可见，反应物的浓度 c_A 增大或减小几倍，反应速率 r_A 也会增大或减小几倍。所以，一级反应的半衰期与反应物的初始浓度无关。放射性物质的放射强度一般都与放射性物质的含量成正比，即放射性衰变一般都是一级反应，其半衰期与初始浓度无关。

例 6.3 一级反应 $(CH_3)_3CBr+H_2O=\!=\!=(CH_3)_3COH+HBr$ 可在 90% 的丙酮水溶液中进行。由于反应很慢，在反应过程中可随时取样，用滴定其中 HBr 的方法确定不同时刻反应物 $(CH_3)_3CBr$ 的浓度 c。下表给出了在 25℃下测得的实验数据。

时间/h	0	4.10	8.20	13.5	18.3	26.0	30.8	37.3	43.8
$c\times10^3$/mol·L^{-1}	103.9	85.9	70.1	52.9	35.3	27.0	20.7	14.2	10.1
ln(c/mol·L^{-1})	−2.265	−2.455	−2.658	−0.2940	−3.344	−3.613	−3.878	−4.255	−4.596

（1）画出该反应的 $c\sim t$ 曲线和 $\ln c\sim t$ 曲线。

（2）该反应是几级反应？

（3）求该反应的速率常数和半衰期。

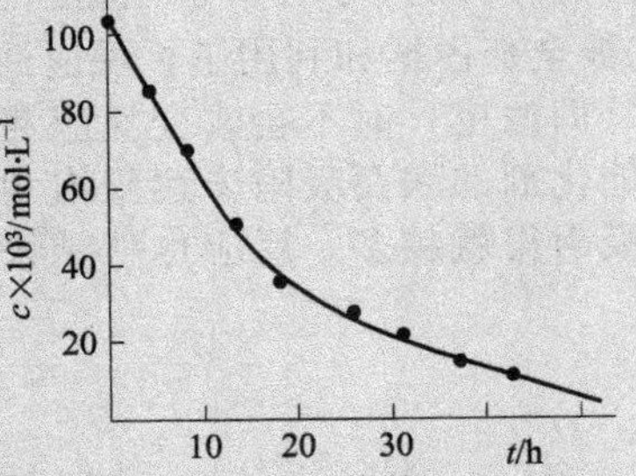

$c\sim t$ 曲线

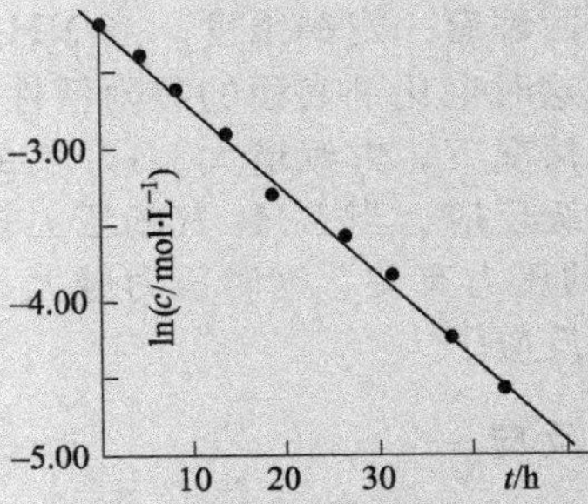

$\ln c\sim t$ 曲线

解：（1）根据题目所给的实验数据画图。

（2）可以看出 $\ln c\sim t$ 曲线为直线，故该反应是一级反应。

（3）根据一级反应的动力学方程式（6.12）

$$\ln c=\ln c_0-kt$$

由 $\ln c\sim t$ 直线的斜率可知：

$$k=0.0532\text{h}^{-1}$$

根据式（6.14），该反应的半衰期为

$$t_{1/2}=\frac{\ln2}{k}=\frac{\ln2}{0.0532\text{h}^{-1}}=13.0\text{h}$$

例 6.4 金属钚的同位素会发生 β 衰变。14 天后其活性降低了 6.85%。

（1）求该放射性衰变的反应速率常数和半衰期。

（2）衰变 90%需要多长时间？

解：（1）依题意，14 天后剩余未衰变的同位素含量为

$$100\%-6.85\%=93.15\%$$

由于放射性衰变是一级反应，故根据式（6.12）

$$\ln93.15=\ln100-14k$$

所以

$$k=5.07\times10^{-3}\text{d}^{-1}$$

将速率常数 k 代入式（6.14）可得

$$t_{1/2}=\frac{\ln2}{5.07\times10^{-3}\text{d}^{-1}}=136.7\text{d}$$

（2）根据式（6.12）

$$\ln(100-90)=\ln100-kt$$

所以 $$t=\frac{1}{k}\ln\frac{100}{100-90}=\frac{1}{5.07\times10^{-3}\mathrm{d}^{-1}}\ln10=454.2\mathrm{d}$$

6.3.3 二级反应

二级反应（second order reaction）的速率方程表达式有两种情况。

(1) $\alpha=2$，$\beta=\gamma=\cdots=0$

反应的速率方程可以表示为

$$r=kc_A^2$$

或 $$r_A=-\frac{dc_A}{dt}=k_Ac_A^2 \tag{6.15}$$

即 $$\frac{dc_A}{c_A^2}=-k_A dt$$

可以看出，二级反应速率常数 k 或 k_A 的单位都是 $mol^{-1}\cdot L\cdot s^{-1}$。

两边积分 $$\int_{c_{A,0}}^{c_A}-\frac{dc_A}{c_A^2}=\int_0^t k_A dt$$

所以 $$\frac{1}{c_A}-\frac{1}{c_{A,0}}=k_At \tag{6.16}$$

由动力学方程式（6.16）可以看出。

① $1/c_A\sim t$ 呈线性关系。

② 该直线的斜率为 k_A。所以由 $1/c_A\sim t$ 直线的斜率可以求得反应速率常数。

③ 把 $c_A=c_{A,0}/2$ 代入式（6.16），可得这种二级反应的半衰期为

$$t_{1/2}=\frac{1}{k_Ac_{A,0}} \tag{6.17}$$

由式（6.17）可见，二级反应中反应物的初始浓度越大，半衰期越短。其实这并不难理解。因为从二级反应的速率方程式（6.15）可见，若反应物的浓度 c_A 增大两倍，反应速率 r_A 就会增大 4 倍。即反应物的浓度增大时，反应速率增大得更快，故初始浓度越大半衰期越短。

例 6.5 在 791K 下，已知乙醛分解反应 $CH_3CHO(g) \longrightarrow CH_4(g)+CO(g)$ 的速率常数为 $3.26\times10^{-3}mol^{-1}\cdot L\cdot s^{-1}$。设最初在刚性密闭反应器中只有乙醛，反应器内的初始压力为 $p_0=48.40kPa$。求在 791K 下反应 1000 小时后反应器内的总压力。

解：从题目所给的反应速率常数的单位看，该反应是二级反应，所以

$$-\frac{dc_{乙}}{dt}=k_{乙}c_{乙}^2=kc_{乙}^2 \tag{A}$$

但是题目告诉的是压力而不是浓度，故首先分析一下浓度与压力的关系。

	$CH_3CHO(g)$	$\longrightarrow CH_4(g)$	$+CO(g)$
$t=0$	p_0	0	0
$t=t$	$p_{乙}$	$p_0-p_{乙}$	$p_0-p_{乙}$

反应过程中反应器内的总压力为

$$p_{总}=2p_0-p_{乙} \tag{B}$$

由于压力不大，把反应器内的气体均可视为理想气体，那么

$$p_{乙}=\frac{n_{乙}}{V}RT=c_{乙}RT$$

所以 $c_{乙}=\frac{p_{乙}}{RT}$ $-\frac{dc_{乙}}{dt}=-\frac{1}{RT}\frac{dp_{乙}}{dt}$

将此代入式（A）可得

$$-\frac{1}{RT}\frac{dp_{乙}}{dt}=k\left(\frac{p_{乙}}{RT}\right)^2$$

即

$$-\frac{dp_{乙}}{dt}=\frac{k}{RT}p_{乙}^2$$

或

$$-\frac{dp_{乙}}{dt}=k'p_{乙}^2 \tag{C}$$

其中 $k'=\frac{k}{RT}=\frac{3.26\times10^{-6}\text{mol}^{-1}\cdot\text{m}^3\cdot\text{s}^{-1}}{8.314\times791\text{Pa}\cdot\text{m}^3\cdot\text{mol}^{-1}}=4.96\times10^{-10}\text{Pa}^{-1}\cdot\text{s}^{-1}$

式（C）变形并积分可得

$$\frac{1}{p_{乙}}-\frac{1}{p_0}=k't$$

所以 $\frac{1}{p_{乙}}-\frac{1}{48.4\times1000\text{Pa}}=4.96\times10^{-10}\text{Pa}^{-1}\cdot\text{s}^{-1}\times1000\times3600\text{s}$

由此解得 $p_{乙}=554\text{Pa}$

将此代入（B）可得

$$p_{总}=(2\times48400-554)\text{Pa}=96.2\text{kPa}$$

（2） $\alpha=\beta=1$ $\alpha+\beta=2$ $\gamma=\delta=\cdots\cdots=0$

该反应的速率方程可以表示为

$$r=kc_Ac_B$$

或

$$r_A=-\frac{dc_A}{dt}=k_Ac_Ac_B$$

在反应过程中 $aA + bB + cC + \cdots \longrightarrow P$

$t=0$ $c_{A,0}$ $c_{B,0}$

$t=t$ $c_{A,0}-x$ $c_{B,0}-\frac{b}{a}x$

所以，该反应的速率方程可以改写为

$$-\frac{dc_A}{dt}=k_A(c_{A,0}-x)\left(c_{B,0}-\frac{b}{a}x\right) \tag{6.18}$$

此处可进一步分两种不同情况分别进行讨论。

① A和B的初始浓度与计量系数成比例 A和B的初始浓度与计量系数成比例意味着

$$\frac{c_{A,0}}{c_{B,0}}=\frac{a}{b}$$

所以

$$c_{B,0}=\frac{b}{a}c_{A,0}$$

将此代入式（6.18）可得

$$-\frac{dc_A}{dt}=k_A(c_{A,0}-x)\left(\frac{b}{a}c_{A,0}-\frac{b}{a}x\right)=\frac{b}{a}k_A(c_{A,0}-x)^2$$

或
$$-\frac{dc_A}{dt}=k'_A c_A^2 \tag{6.19}$$

其中
$$k'_A=\frac{b}{a}k_A \tag{6.20}$$

在一定温度下 k' 为常数。对式（6.19）的后续处理方法同前，此处不必赘述。又因为 A、B 的初始浓度与它们的计量系数成比例，所以 A 和 B 的半衰期相同，均为 $t_{1/2}=1/(k'_A c_{A,0})$。

② A 和 B 的初始浓度与计量系数不成比例　此时可以把式（6.18）的左边改写为

$$-\frac{dc_A}{dt}=-\frac{d(c_{A,0}-x)}{dt}=\frac{dx}{dt}$$

所以
$$\frac{dx}{dt}=\frac{b}{a}k_A(c_{A,0}-x)\left(\frac{a}{b}c_{B,0}-x\right)$$

变形并积分
$$\int_0^x \frac{dx}{(c_{A,0}-x)\left(\frac{a}{b}c_{B,0}-x\right)}=\int_0^t \frac{b}{a}k_A dt$$

所以
$$\frac{1}{c_{A,0}-\frac{a}{b}c_{B,0}}\ln\frac{c_{B,0}(c_{A,0}-x)}{c_{A,0}\left(c_{B,0}-\frac{b}{a}x\right)}=\frac{b}{a}k_A t \tag{6.21}$$

把 $x=c_{A,0}/2$ 和 $t=t_{1/2,A}$ 代入式（6.21），变形整理后可得 A 物质的半衰期为

$$t_{1/2,A}=\frac{a}{bk_A\left(c_{A,0}-\frac{a}{b}c_{B,0}\right)}\ln\frac{c_{B,0}}{2c_{B,0}-\frac{b}{a}c_{A,0}} \tag{6.22}$$

由式（6.22）可见，A 物质的半衰期除了与 k_A 和 $c_{A,0}$ 有关外，还与 B 物质的初始浓度 $c_{B,0}$ 有关。由于 A、B 两种物质的初始浓度与其计量系数不成比例，所以在反应过程中，当其中一种物质的浓度减小一半时，另一种物质浓度减小的幅度肯定不是一半。这就是说，A、B 两种物质的半衰期是不相同的。同样由式（6.21）可得 B 物质的半衰期 $t_{1/2,B}$。

在特殊情况下，如 $c_{A,0}\gg c_{B,0}$，这时反应中 A 物质是远远过量的，反应过程从前到后总是 $c_A\approx c_{A,0}$。在这种情况下，式（6.21）可以改写为

$$\frac{1}{c_{A,0}}\ln\frac{c_{B,0}}{c_B}=\frac{b}{a}k_A t$$

所以
$$\ln c_B=\ln c_{B,0}-\frac{b}{a}c_{A,0}k_A t$$

或
$$\ln c_B=\ln c_{B,0}-k't \tag{6.23}$$

其中
$$k'=\frac{b}{a}c_{A,0}k_A \tag{6.24}$$

一定温度下当 $c_{A,0}$ 一定时，k' 为常数。这时由式（6.23）可见：$\ln c_B\sim t$ 呈线性关系。这种表现行为与一级反应类似，故此时称该反应为**准一级反应**。这就是说，当 $c_{A,0}\gg c_{B,0}$ 时，可按照式（6.23）将此反应近似当作一级反应来处理。但是，该反应不是真正意义上的一级反应，因为由式（6.24）可见，这个准一级反应的速率常数 k' 除了与 k 有关外，还与 $c_{A,0}$ 有关，在一定温度下 k' 并不真正是一个常数。

例 6.6 有一个气相反应 $2NO_2(g)+F_2(g) \longrightarrow 2NO_2F$。已知在 300K 下的反应速率常数为 $38mol^{-1} \cdot L \cdot s^{-1}$，其反应速率方程可以表示为：

$$r=kc_{NO_2}c_{F_2}$$

如果在 400L 的反应器中将 2mol NO_2 和 3mol F_2 混合，使其在 300K 下反应。请计算 NO_2 的转化率达到 85%所需要的时间。

解：设反应 t 时间后 NO_2 的浓度减小了 x，则

$$\begin{array}{llll} & 2NO_2(g) + & F_2(g) \longrightarrow & 2NO_2F \\ t=0 & c_{A,0} & c_{B,0} & 0 \\ t=t & c_{A,0}-x & c_{B,0}-\dfrac{x}{2} & x \end{array}$$

那么
$$r_{NO_2}=2r=2k(c_{A,0}-x)\left(c_{B,0}-\frac{x}{2}\right)$$

由于
$$r_{NO_2}=-\frac{dc_{NO_2}}{dt}=\frac{dx}{dt}$$

所以
$$\frac{dx}{dt}=k(c_{A,0}-x)(2c_{B,0}-x)$$

即
$$\frac{dx}{(c_{A,0}-x)(2c_{B,0}-x)}=k\,dt$$

此式变形，并且 t 从 $0 \to t$，x 从 $0 \to x$ 对两边积分可得

$$\frac{1}{c_{A,0}-2c_{B,0}}\ln\frac{2c_{B,0}(c_{A,0}-x)}{c_{A,0}(2c_{B,0}-x)}=kt$$

此处若直接套用式（6.21），也可以得到上式。

所以
$$t=\frac{1}{k(c_{A,0}-2c_{B,0})}\ln\frac{2c_{B,0}(c_{A,0}-x)}{c_{A,0}(2c_{B,0}-x)} \qquad \text{(A)}$$

依题意
$$c_{A,0}=\frac{2}{400}mol \cdot L^{-1}=0.005mol \cdot L^{-1}$$

$$c_{B,0}=\frac{3}{400}mol \cdot L^{-1}=0.0075mol \cdot L^{-1}$$

NO_2 的转化率达到 85%时　　$x=0.85c_{A,0}=0.00425mol \cdot L^{-1}$

将 $c_{A,0}$、$c_{B,0}$、x 以及 k 的值代入（A）式可得

$$t=\left[\frac{1}{38\times(0.005-2\times0.0075)}\ln\frac{2\times0.0075\times(0.005-0.00425)}{0.005\times(2\times0.0075-0.00425)}\right]s$$
$$=4.12s$$

即 NO_2 的转化率达到 85%所需要的时间是 4.12s。

6.4 速率方程的建立

如果一个反应的速率方程可以表示为 $r_A=k_Ac_A^{\alpha}c_B^{\beta}c_C^{\gamma}\cdots$，则只有当 α、β、$\gamma\cdots$以及 k_A 完全确定以后，该速率方程才是确定的，才能具体用于分析和解决相关的化学动力学问题。

这一节主要讨论如何确定反应速率方程中的 α、β、γ…以及 k_A。

做实验时，如果 A 物质的初始浓度远小于 B、C 等物质的初始浓度，则反应过程中 B、C 等物质的浓度几乎不变，可将其近似当作常数。这时可以把反应速率方程改写为

$$r_A=-\frac{dc_A}{dt}=k'c_A^{\alpha} \tag{6.25}$$

其中

$$k'=k_A c_{B,0}^{\beta}c_{C,0}^{\gamma}\cdots \tag{6.26}$$

在一定温度下，k'近似为常数。这样处理就如同把除 A 物质以外的其它物质都隔离起来了，此时反应速率只与 A 物质的浓度有关，故称此法为**隔离法**（isolation method）。隔离法也称为**淹没法**。下面具体讨论如何使用隔离法确定 α 和 k'。

6.4.1 微分法

式（6.25）两边取对数可得

$$\ln\left(-\frac{dc_A}{dt}\right)=\alpha\ln c_A+\ln k' \tag{6.27}$$

由此可见，$\ln(-dc_A/dt)\sim\ln c_A$ 呈线性关系，其斜率为 α，其截距为 $\ln k'$。既然这样，就可以用隔离法测定多组（c_A，t）数据，然后画出 $c_A\sim t$ 曲线如图 6.2(a) 所示。接下来，在 $c_A\sim t$ 曲线上用作切线的方法求取不同浓度（见纵坐标）时该曲线的斜率 dc_A/dt。用这种方法可以获得多组（dc_A/dt，c_A）数据，并且可进一步将其转化为多组［$\ln(-dc_A/dt)$，$\ln c_A$］数据。然后画出 $\ln(-dc_A/dt)\sim\ln c_A$直线，如图 6.2(b) 所示。根据式（6.27），分别由该直线的斜率和截距就可以确定 α 和 k'。

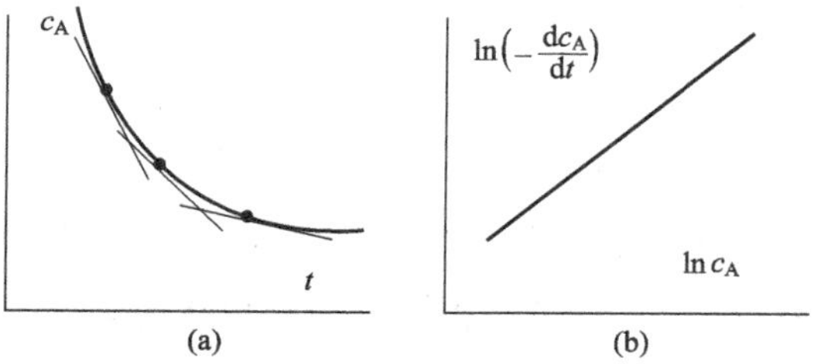

图 6.2　用微分法建立速率方程

从理论上讲，上述用作切线的方法确定 α 和 k'完全是可以的。但实际上，具体用手工作切线求斜率时误差较大，不便于实际操作。为了得到较好的结果，可用等面积图解微分法来完成这项工作。具体做法如下。

① 把实验测得的（c_A，t）数据列表，见表 6.1 中的第一列和第二列。

② 计算相邻数据的差值 Δc_A和 Δt，见表 6.1 中的第三列和第四列。

③ 计算不同时间间隔 Δt 内的平均速率（$-\Delta c_A/\Delta t$），见表 6.1 中的第五列。

表 6.1　图解微分法的数据处理表

时间	浓度	时间间隔 Δt	浓度间隔 Δc_A	$-\frac{\Delta c_A}{\Delta t}$
t_1	$c_{A,1}$			
		t_2-t_1	$c_{A,2}-c_{A,1}$	$\left(-\frac{\Delta c_A}{\Delta t}\right)_1$
t_2	$c_{A,2}$			
		t_3-t_2	$c_{A,3}-c_{A,2}$	$\left(-\frac{\Delta c_A}{\Delta t}\right)_2$
t_3	$c_{A,3}$			
		t_4-t_3	$c_{A,4}-c_{A,3}$	$\left(-\frac{\Delta c_A}{\Delta t}\right)_3$
t_4	$c_{A,4}$			
⋮	⋮	⋮	⋮	⋮

④ 画出（$-\Delta c_A/\Delta t$）$\sim c_A$阶梯形曲线，如图 6.3 所示。

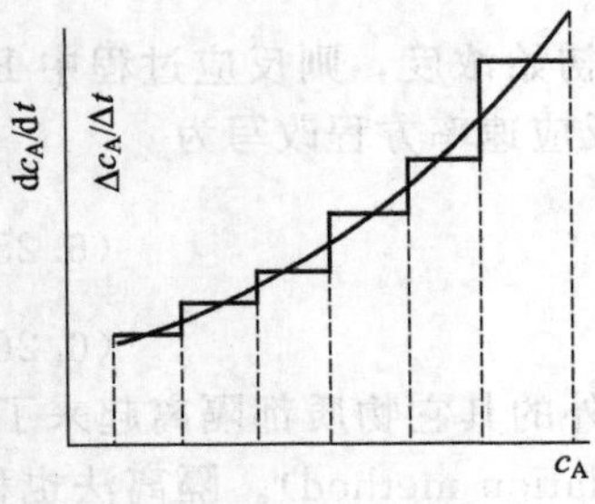

图 6.3　等面积图解微分法

⑤ 画一条穿过阶梯形曲线的光滑曲线。使光滑曲线在每一个 Δc_A 间隔内与阶梯形曲线构成的对顶三角形的面积大致相等。如果做不到这一点，则应在几个 Δc_A 间隔内使该光滑曲线与阶梯形曲线围成的上三角形（在光滑曲线上方）的总面积大致等于下三角形（在光滑曲线下方）的总面积。可以近似认为用这种方法得到的光滑曲线就是 $(-dc_A/dt) \sim c_A$ 曲线。

⑥ 从 $(-dc_A/dt) \sim c_A$ 曲线上取多个点，并将其坐标转化为多组 $[\ln(-dc_A/dt), \ln c_A]$ 数据。

⑦ 用得到的多组 $[\ln(-dc_A/dt), \ln c_A]$ 数据画线。根据式（6.27），$\ln(-dc_A/dt) \sim \ln c_A$ 应是直线，分别由该直线的斜率和截距就可以确定 α 和 k'。

6.4.2　积分法

由式（6.25）可知

$$\frac{dc_A}{c_A^\alpha} = -k'dt$$

两边积分

$$\int_{c_{A,0}}^{c_A} \frac{dc_A}{c_A^\alpha} = \int_0^t -k'dt$$

积分时，α 不同就会得到不同的积分结果。

$\alpha=0$ 时　　$c_A = c_{A,0} - k't$

$\alpha=1$ 时　　$\ln c_A = \ln c_{A,0} - k't$

$\alpha=2$ 时　　$\dfrac{1}{c_A} = \dfrac{1}{c_{A,0}} + k't$

因此，可用实验测得的多组（c_A，t）数据同时作 $c_A \sim t$ 曲线、$\ln c_A \sim t$ 曲线和 $1/c_A \sim t$ 曲线。从结果看，哪个是直线，级数 α 就与哪个动力学方程相对应。并且由该直线的斜率可以得到 k'。这就是**积分法**。

用积分法时也可以不画曲线，而是把多组（c_A，t）实验数据分别代入上述三个动力学方程计算 k'。用哪个方程计算出来的多个 k' 近似为常数，级数 α 就与哪个动力学方程相对应。

积分法是在对式（6.25）变形并积分的基础上进行的，且带有尝试的性质，所以积分法也叫做**尝试法**。若 α 不是整数，则用积分法就不可能得到满意的结果，这是积分法的不足之处。但不论 α 是整数还是分数，微分法和下面将要讨论的半衰期法都可以使用。

例 6.7　自由基 ClO 会发生分解反应 $2ClO(g) \longrightarrow Cl_2(g) + O_2(g)$。根据一定温度下的实验数据（见下表的 1、2 行）确定该反应的级数和反应速率常数。

时间 t/ms	0.12	0.62	0.96	1.60	3.20	4.00	5.75
ClO 浓度 $c\times10^6$/mol·L^{-1}	8.49	8.09	7.10	5.79	5.20	4.77	3.95
$\ln(c\times10^6/\text{mol·L}^{-1})$	2.139	2.091	1.960	1.756	1.649	1.562	1.374
$1/(c\times10^6/\text{mol·L}^{-1})$	0.118	0.124	0.141	0.173	0.192	0.210	0.253

解：根据实验数据，可用积分法确定该反应的级数和速率常数。为此，先计算不同时刻的 $\ln(c\times10^6/\text{mol}\cdot\text{L}^{-1})$ 和 $1/(c\times10^6/\text{mol}\cdot\text{L}^{-1})$，并把这些数据分别列入上表中的3、4行。然后分别画出 $c\times10^6\sim t$ 曲线、$\ln(c\times10^6)\sim t$ 曲线和 $1/(c\times10^6)\sim t$ 曲线。由图可见，$1/(c\times10^6)\sim t$ 近似呈线性关系，所以该反应是一个二级反应。由图中直线的斜率可以求得该反应的速率常数为

$$k=\frac{0.263-0.112}{6.0-0.0}\times10^6\,\text{mol}^{-1}\cdot\text{L}\cdot\text{ms}^{-1}$$
$$=2.52\times10^4\,\text{mol}^{-1}\cdot\text{L}\cdot\text{ms}^{-1}$$

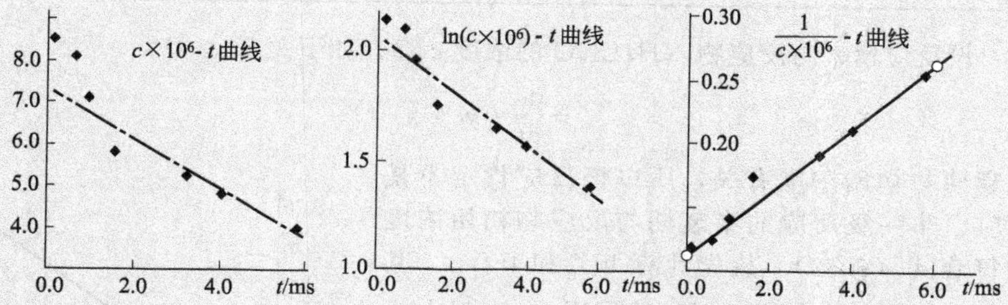

6.4.3 半衰期法

由式（6.25）可知

$$\frac{\mathrm{d}c_{\mathrm{A}}}{c_{\mathrm{A}}^{\alpha}}=-k'\mathrm{d}t$$

所以

$$\int_{c_{\mathrm{A},0}}^{c_{\mathrm{A},0}/2}\frac{\mathrm{d}c_{\mathrm{A}}}{c_{\mathrm{A}}^{\alpha}}=\int_{0}^{t_{1/2,\mathrm{A}}}-k'\mathrm{d}t \tag{6.28}$$

（1）若 $\alpha=1$，由式(6.28) 可得

$$t_{1/2,\mathrm{A}}=\frac{\ln2}{k'}$$

由于此式中的 k' 为常数，故根据此式 $t_{1/2,\mathrm{A}}$ 与A物质的初始浓度无关。反过来，如果用隔离法测得的 $t_{1/2,\mathrm{A}}$ 与 $c_{\mathrm{A},0}$ 无关，则 α 必然等于1。若 $\alpha=1$，由上式还可以确定 k'。

（2）若 $\alpha\neq1$，由式（6.28）的积分结果可得

$$t_{1/2,\mathrm{A}}=\frac{2^{\alpha-1}-1}{(\alpha-1)k'}\frac{1}{c_{\mathrm{A},0}^{\alpha-1}} \tag{6.29}$$

即

$$t_{1/2,\mathrm{A}}=k''c_{\mathrm{A},0}^{1-\alpha} \tag{6.30}$$

其中

$$k''=\frac{2^{\alpha-1}-1}{(\alpha-1)k'} \tag{6.31}$$

在一定条件下 k'' 为常数。式（6.30）两边取对数可得

$$\ln t_{1/2,\mathrm{A}}=(1-\alpha)\ln c_{\mathrm{A},0}+\ln k'' \tag{6.32}$$

所以，若 $\alpha\neq1$，则 $\ln t_{1/2,\mathrm{A}}\sim\ln c_{\mathrm{A},0}$ 呈线性关系。由该直线的斜率可求得 α，由该直线的截距可求得 k''。有了 α 和 k''，就可以借助式（6.31）求得 k'。

具体使用这种方法时，可在温度和 $c_{\mathrm{B},0}$、$c_{\mathrm{C},0}$ 等一定，并且 $c_{\mathrm{B},0}$、$c_{\mathrm{C},0}$ 等都远大于 $c_{\mathrm{A},0}$ 的前提条件下，测定不同 $c_{\mathrm{A},0}$ 时反应物A的半衰期 $t_{1/2,\mathrm{A}}$，从而得到多组（$t_{1/2,\mathrm{A}}$，$c_{\mathrm{A},0}$）数

据，然后就可以画出 $\ln t_{1/2,A} \sim \ln c_{A,0}$ 直线。

例 6.8 已知反应 $NH_4CNO \longrightarrow CO(NH_2)_2$ 是一个具有简单级数的反应。在一定温度下，NH_4CNO 的不同初始浓度 c_0 及其对应的半衰期分别列于下表中的第一行和第二行。求该反应的级数和速率常数。

$c_0/\text{mol} \cdot \text{L}^{-1}$	0.050	0.075	0.10	0.15	0.20
$t_{1/2}/\text{h}$	37.03	25.53	19.15	12.78	9.45
$\ln c_0$	−3.00	−2.59	−2.30	−1.90	−1.61
$\ln t_{1/2}$	3.61	3.24	2.95	2.55	2.25
$k/\text{mol}^{-1} \cdot \text{L} \cdot \text{s}^{-1}$	0.540	0.522	0.522	0.522	0.529

解：设反应速率与反应物 NH_4CNO 的浓度 c 存在如下关系

$$-\frac{dc}{dt} = kc^{\alpha}$$

由于半衰期与初始浓度有关，所以该反应肯定不是一级反应。非一级反应的半衰期与反应物初始浓度的关系符合式（6.32）。故先计算 $\ln c_0$ 和 $\ln t_{1/2}$，其结果见上表的第三行和第四行。然后用 $\ln t_{1/2}$ 对 $\ln c_0$ 作图，所得直线如图所示。其斜率约等于−1，即

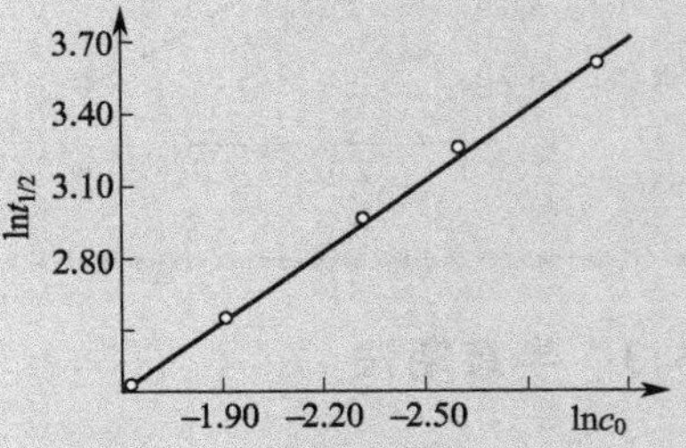

$$\text{斜率} = 1 - \alpha = -1$$

故该反应的反应级数为

$$\alpha = 2$$

根据二级反应的半衰期与初始浓度的关系式（6.17），计算得到的反应速率常数见表中的第五行，其平均值为

$$\bar{k} = 0.527 \text{mol}^{-1} \cdot \text{L} \cdot \text{s}^{-1}$$

以上叙述了怎样在隔离法的基础上，分别利用微分法、积分法和半衰期法确定式（6.25）中的反应级数 α 和常数 k'。既然用隔离法可以确定反应级数 α，同理也可以用隔离法确定反应级数 β、γ…有了 α、β、γ…以及 k' 之后，就可由式（6.26）得到 k_A。这时，反应的速率方程就完全确定了。

6.4.4 非线性拟合法

前三种方法是传统的速率方程建立方法。其中的积分法只适用于反应级数 α、β、γ…为整数的情况，微分法和半衰期法虽原则上适用于所有情况，但微分法多次涉及手工画图，从而会产生较大误差；半衰期法不仅涉及画图，而且需要在其他条件相同的情况下改变反应物的初始浓度重复做多次实验测半衰期，这其中也容易产生较大误差。在计算机较普及的今天，各种有效的数据处理方法也不断涌现。在建立速率方程时，还可以在隔离法的基础上，利用实验测定结果并借助非线性拟合软件如 Origin 进行**非线性拟合**（nonlinear fitting），从而较准确地拟合出相关的参数。在进行非线性拟合的同时，也可以同时用电脑画出曲线从而给出直观效果。例如，若 $\alpha \neq 1$，把式（6.25）变形并积分即

$$\int -\frac{dc_A}{c_A^{\alpha}} = \int k' dt$$

所以 $$\frac{c_A^{1-\alpha}}{\alpha-1}=k't+C \qquad C\text{ 为积分常数}$$

即 $$t=\frac{1}{(\alpha-1)k'}c_A^{1-\alpha}+C' \qquad \text{其中 } C'=-k'C$$

即 $$t=Kc_A^{1-\alpha}+C' \tag{6.33}$$

其中 $$K=\frac{1}{(\alpha-1)k'} \tag{6.34}$$

式（6.33）中共有三个参数即 K、α 和 C'。在一定温度下，可借助多组实验数据（c_A，t）对式（6.33）进行非线性拟合，从而得到参数 K、α 和 C'。然后借助式（6.34）即可得到 k'，进一步借助式（6.26）即可得到反应速率常数 k_A。如法炮制，可进一步得到 β、γ…最终可得到完整的总反应速率方程 $r_A=k_A c_A^{\alpha} c_B^{\beta} c_C^{\gamma}\cdots$

6.5 几种典型的复杂反应

6.5.1 对峙反应

对峙反应（opposing reaction）是指既能正向进行又能逆向进行的反应。对峙反应也叫**对行反应**或**可逆反应**。此处的“可逆”并非热力学意义上的可逆，而是指正逆两个方向都能明显发生的反应。在对峙反应方程式中常使用可逆箭头，但这并不意味着反应达到了平衡。严格说来，任何反应都可以发生，都是对峙反应，但是此处所说的对峙反应是指正逆向反应速率差别不很悬殊、逆向反应能明显发生、而且正逆向反应均为基元反应。下面以 1-1 型对峙反应（即正、逆向反应均为单分子基元反应）为例进行讨论

$$\mathrm{A} \underset{k_{-1}}{\overset{k_1}{\rightleftharpoons}} \mathrm{B}$$

$t=0$	$c_{A,0}$	0	
$t=t$	$c_{A,0}-x$	x	此处用 x 代表体积摩尔浓度
$t=\infty$	$c_{A,e}$	x_e	下标 e 代表平衡（equilibrium）

式中，k_1 和 k_{-1} 分别是正向反应和逆向反应的速率常数。

正向反应速率 $$r_1=k_1c_A=k_1(c_{A,0}-x)$$

逆向反应速率 $$r_{-1}=k_{-1}c_B=k_{-1}x$$

所以 $$\frac{dx}{dt}=r_1-r_{-1}=k_1(c_{A,0}-x)-k_{-1}x$$

即 $$\frac{dx}{dt}=k_1c_{A,0}-(k_1+k_{-1})x \tag{6.35}$$

足够长时间后当反应达到平衡时

$$\frac{dx}{dt}=0 \qquad x=x_e$$

这时由式（6.35）可得 $$k_1c_{A,0}=(k_1+k_{-1})x_e$$

将此代入式（6.35）可得

$$\frac{dx}{dt}=(k_1+k_{-1})x_e-(k_1+k_{-1})x$$

即 $$\frac{dx}{x_e-x}=(k_1+k_{-1})dt$$

因为在一定条件下，该反应达到平衡时 x_e 为常数，故上式可改写为

$$-\frac{d(x_e-x)}{x_e-x}=(k_1+k_{-1})dt$$

时间从 $0\rightarrow t$，B 的浓度从 $0\rightarrow x$ 对上式积分可得

$$\ln(x_e-x)=\ln x_e-(k_1+k_{-1})t \tag{6.36}$$

式（6.36）就是 1-1 型对峙反应的动力学方程。由此可见 $\ln(x_e-x)\sim t$ 呈线性关系，由该直线的斜率可得（k_1+k_{-1}）即

$$-(k_1+k_{-1})=\text{斜率} \tag{6.37}$$

因平衡时

$$k_1(c_{A,0}-x_e)=k_{-1}x_e$$

所以

$$\frac{k_1}{k_{-1}}=\frac{x_e}{c_{A,0}-x_e}=K_c \tag{6.38}$$

K_c 是该反应的实验平衡常数，它在一定温度下有唯一确定的值。所以对于该 1-1 型对峙反应，在一定温度下测定了平衡时的 x_e 后，由上式就可以求得 K_c。方程式（6.37）和式（6.38）联立求解，即可得到正逆向反应的速率常数 k_1 和 k_{-1}。

如果 $k_1\gg k_{-1}$，由式（6.35）可得

$$\frac{dx}{dt}=-\frac{dc_A}{dt}=k_1c_{A,0}-k_1x=k_1(c_{A,0}-x)$$

即

$$-\frac{dc_A}{dt}=k_1c_A$$

此式与前面讨论过的非对峙的一级反应速率方程完全相同。这就是说，当 $k_1\gg k_{-1}$ 时，1-1 型对峙反应的动力学方程就演化为非对峙的一级反应速率方程了。

例 6.9 有一个对峙反应 $A\underset{k_{-1}}{\overset{k_1}{\rightleftharpoons}}B$。在一定温度下，最初只有反应物，其初始浓度为 $c_0=0.15\text{mol}\cdot L^{-1}$。100 秒钟后产物的浓度为 $0.048\text{mol}\cdot L^{-1}$。很长时间后产物的平衡浓度为 $0.064\text{mol}\cdot L^{-1}$。求该反应的 k_1 和 k_{-1}。

解：

	$A\underset{k_{-1}}{\overset{k_1}{\rightleftharpoons}}$	B	
$t=0$	c_0	0	$c_0=0.15\text{mol}\cdot L^{-1}$
$t=100s$	c_0-x	x	$x=0.048\text{mol}\cdot L^{-1}$
$t=\infty$	$c_{A,e}$	x_e	$x_e=0.064\text{mol}\cdot L^{-1}$

当 $t=100s$ 时，由式（6.36）可得

$$\ln\frac{0.064}{0.064-0.048}=(k_1+k_{-1})\times100s$$

所以

$$k_1+k_{-1}=1.386\times10^{-2}s^{-1} \tag{A}$$

由式（6.38）可知

$$\frac{k_1}{k_{-1}}=\frac{x_e}{c_0-x_e}=\frac{0.064}{0.15-0.064}$$

即

$$\frac{k_1}{k_{-1}}=0.7442 \tag{B}$$

式（A）、式（B）两式联立求解可得

$$k_1=5.914\times10^{-3}\text{s}^{-1} \qquad k_{-1}=7.947\times10^{-3}\text{s}^{-1}$$

6.5.2 平行反应

平行反应（competing reactions）是指从同样的反应物开始，可同时发生两个或两个以上反应并得到不同的产物，即系统中有副反应发生。

如

$$CH_3CH_2OH \xrightarrow[\triangle]{H_2SO_4} \begin{cases} C_2H_4 \\ C_2H_5OC_2H_5 \end{cases}$$

又如

$$\text{甲苯}+HNO_3 \longrightarrow \begin{cases} \text{邻硝基甲苯} \\ \text{对硝基甲苯} \\ \text{间硝基甲苯} \end{cases}$$

现在考察一种最简单的平行反应即

$$A \begin{cases} \xrightarrow{k_1} B \\ \xrightarrow{k_2} C \end{cases}$$

而且这两个反应都是单分子基元反应，k_1 和 k_2 分别是这两个反应的速率常数。在反应过程中，各物质的浓度变化情况如下：

	A	B	C
$t=0$	$c_{A,0}$	0	0
$t=t$	x	y	z

$$r_1=\frac{dy}{dt}=k_1x$$

$$r_2=\frac{dz}{dt}=k_2x$$

所以
$$-\frac{dx}{dt}=r_1+r_2=(k_1+k_2)x$$

此式变形并积分可得

$$\ln\frac{x}{c_{A,0}}=-(k_1+k_2)t$$

所以
$$x=c_{A,0}e^{-(k_1+k_2)t} \tag{6.39}$$

这是反应过程中 A 物质的浓度随时间变化的情况。那么，在反应过程中 y 和 z 怎样随时间的变化而变化呢？把式（6.39）代入 r_1 的表达式并变形可得

$$dy=k_1c_{A,0}e^{-(k_1+k_2)t}dt$$

时间从 $0\rightarrow t$，B 的浓度从 $0\rightarrow y$，对此式两边积分可得

$$y=\frac{k_1c_{A,0}}{k_1+k_2}[1-e^{-(k_1+k_2)t}] \tag{6.40}$$

同理
$$z=\frac{k_2c_{A,0}}{k_1+k_2}[1-e^{-(k_1+k_2)t}] \tag{6.41}$$

由式（6.40）和式（6.41）可以看出，$y/z=k_1/k_2$。所以在一定温度下，主副反应的反应速率之比与 k_1 和 k_2 密切相关。因此，改变平行反应选择性的唯一途径就是改变 k_1 和 k_2。具体方法主要是改变温度或选择合适的催化剂。如乙醇在酸催化作用下加热脱水时，

在 140℃下主产物是乙醚，在 170℃下主产物是乙烯。

6.5.3 连串反应

连串反应（consecutive reaction）就是前一步的产物作为后一步的反应物，整个反应需要经过多个连续的基元反应步骤才能完成。如

$$\begin{array}{llll} & A \xrightarrow{k_1} & B \xrightarrow{k_2} & C \\ t=0 & c_{A,0} & 0 & 0 \\ t=t & x & y & z \end{array}$$

A 消失速率
$$-\frac{dx}{dt}=k_1 x \tag{6.42}$$

B 净生成速率
$$\frac{dy}{dt}=k_1 x-k_2 y \tag{6.43}$$

C 生成速率
$$\frac{dz}{dt}=k_2 y \tag{6.44}$$

把式（6.42）变形并积分可得
$$x=c_{A,0}e^{-k_1 t} \tag{6.45}$$

将式（6.45）代入式（6.43）并变形可得
$$\frac{dy}{dt}+k_2 y-k_1 c_{A,0}e^{-k_1 t}=0$$

这是个一阶常微分方程，其解为
$$y=\frac{k_1 c_{A,0}}{k_2-k_1}(e^{-k_1 t}-e^{-k_2 t}) \tag{6.46}$$

因为
$$z=c_{A,0}-x-y$$

故结合式（6.45）和式（6.46）可得
$$z=c_{A,0}-c_{A,0}e^{-k_1 t}-\frac{k_1 c_{A,0}}{k_2-k_1}(e^{-k_1 t}-e^{-k_2 t}) \tag{6.47}$$

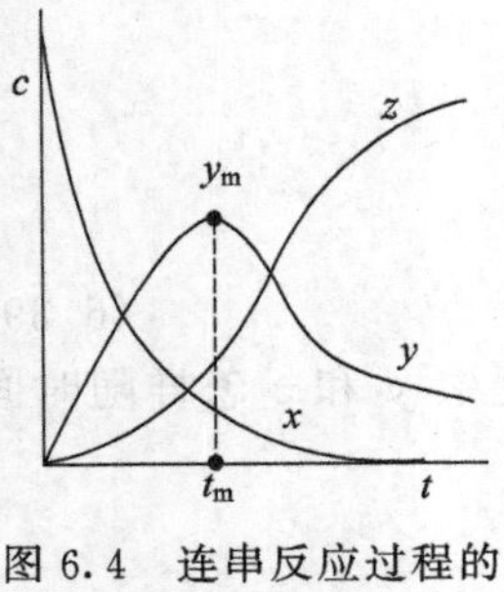

图 6.4 连串反应过程的浓度变化示意图

A、B、C 三种物质的浓度随时间变化的情况如图 6.4 所示。其中 A 物质的浓度 x 一直呈现下降趋势，参见式（6.45）；C 物质的浓度 z 一直呈现上升趋势，这种单调升趋势从式（6.47）看并不直观，但是从式（6.44）看，一旦反应开始后 B 物质的浓度 y 就大于零，所以 C 物质的浓度 z 随时间的变化率总大于零，故 z 始终呈现单调增趋势；物质 B 的浓度先逐渐增大，然后又逐渐减小。这种先升后降的变化趋势从式（6.46）看也不直观，但是从式（6.43）看，虽然最初 $dy/dt>0$，随着时间的推移 y 逐渐增大，与此同时 x 逐渐减小，所以 dy/dt 逐渐减小。当 $dy/dt=0$ 时，y 就达到了最大。随后当 $dy/dt<0$ 时，y 就会逐渐减小。

由上述分析可见，如果中间产物 B 是主产物，那么控制反应时间就非常重要了。此处如果把中间产物浓度 y 的极大值及其对应的时间分别用 y_m 和 t_m 表示，那么式（6.46）两边对 t 求导并令其等于零，由此可得
$$\frac{k_1 c_{A,0}}{k_2-k_1}(-k_1 e^{-k_1 t_m}+k_2 e^{-k_2 t_m})=0$$

所以
$$k_1 e^{-k_1 t_m}=k_2 e^{-k_2 t_m}$$

由此解得

$$t_m=\frac{1}{k_1-k_2}\ln\frac{k_1}{k_2} \tag{6.48}$$

又因此时

$$\frac{dy}{dt}=0$$

故由式（6.43）可得

$$k_1 x\mid_{t=t_m}=k_2 y_m$$

所以

$$y_m=\frac{k_1}{k_2}x\Bigg|_{t=t_m}=\frac{k_1}{k_2}c_{A,0}e^{-k_1 t_m} \tag{6.49}$$

将式（6.48）代入式（6.49）可得

$$y_m=c_{A,0}\left(\frac{k_1}{k_2}\right)^{\frac{k_2}{k_2-k_1}} \tag{6.50}$$

所以，如果中间产物B是主产物，则最好根据式（6.48）控制最佳的反应时间。结果可得最大产率的主产物，其最大浓度由式（6.50）描述。

6.6 温度对反应速率的影响

前面主要讨论了浓度对反应速率的影响。实际上反应速率除了受浓度影响外，还与温度有关，而且通常温度对反应速率的影响更显著。温度的影响集中表现在对反应速率常数的影响。这种影响大致有五种不同类型，如图6.5所示。

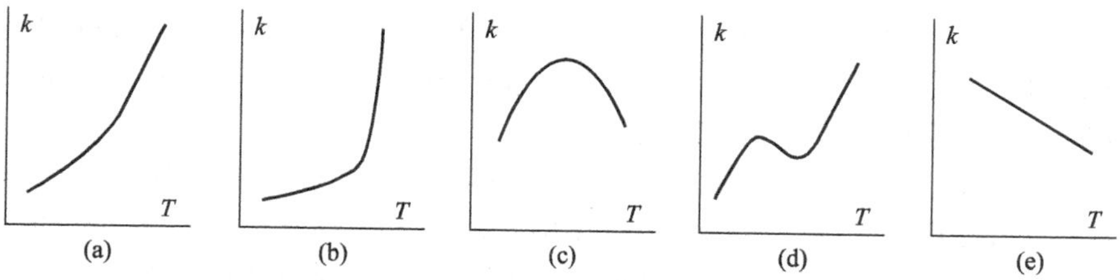

图6.5 温度影响反应速率的几种不同类型

反应速率与温度的关系大多如图6.5(a)所示，这种情况是最常见的，即反应速率随温度的升高而逐渐增大。对于有爆炸极限的反应，其反应速率与温度的关系如图6.5(b)所示，即当温度升高到一定限度时，反应速率会急速无限制增大，从而引起爆炸。图6.5(c)描述的反应速率随温度变化的趋势主要存在于酶催化反应中。因为酶是有生命的，温度过低或过高都对酶的活性有抑制作用。另外，在部分多相催化反应中也会出现这种情况，原因是反应速率受固体催化剂表面吸附量的控制。吸附过程一般都是放热的，温度低时虽然对应的平衡吸附量较大但吸附速率较慢，达不到吸附平衡，故温度低时对反应不利；温度升高时吸附容易达到平衡，但是平衡吸附量会随温度的升高而减少，故温度过高对反应也是不利的。图6.5(d)描述的反应速率随温度变化的趋势是在碳的氢化反应中观察到的，这是由于在温度升高过程中反应机理有所改变而导致的。图6.5(e)描述的反应速率随温度的变化趋势只在反应 $2NO+O_2 \longrightarrow 2NO_2$ 中被发现。此处只讨论图6.5(a)所示的这种最常见情况。

6.6.1 范特霍夫经验规则

大量的实验事实表明，在其它条件恒定不变的情况下温度每升高10度，反应速率会增大2～4倍，这就是**范特霍夫经验规则**。即使根据此规则保守地估计，也可以看出温度对化学反应速率的影响是非常显著的。如

$$\frac{k_{T+100}}{k_T} \approx 2^{10} \approx 10^3 \qquad \frac{k_{T+200}}{k_T} \approx 2^{20} \approx 10^6$$

由于范特霍夫经验规则太粗糙，只能借此定性地认识到温度会显著影响化学反应速率，但不能用该经验规则进行定量计算。要定量探讨温度对反应速率的影响，就需要进一步引入阿累尼乌斯经验公式。

6.6.2　阿累尼乌斯经验公式

阿累尼乌斯公式（arrhenius equation）是一个经验公式。它描述了许多反应的反应速率常数与温度的关系，其具体表达形式如下：

$$k = k_0 \mathrm{e}^{-E_a/RT} \tag{6.51}$$

式中，k_0 和 E_a 都是只与化学反应有关而与其它因素（如温度、压力、浓度……）无关的常数。根据 k_0 所处的位置，将其称为**指数前因子**（pre-exponential factor），其单位与速率常数 k 的单位相同。把 E_a 称为反应的**活化能**（activation energy）。$E_a \geqslant 0$，E_a 的单位是 J·mol^{-1} 或 kJ·mol^{-1}。

对阿累尼乌斯公式（6.51）两边取对数可得

$$\ln k = \ln k_0 - \frac{E_a}{RT} \tag{6.52}$$

所以

$$\frac{\mathrm{d}\ln k}{\mathrm{d}T} = \frac{E_a}{RT^2} \tag{6.53}$$

因为没有活化能小于零的反应，而且绝大多数反应的活化能都大于零，所以温度升高时 k 一般都是增大的。大量实验事实表明，许多反应的活化能介于 $40 \sim 400$kJ·mol^{-1} 之间。所以温度升高时，反应速率一般都会迅速增大。

阿累尼乌斯公式虽然是一个经验公式，但它能较准确的描述温度对反应速率常数的影响。那么活化能的物理意义是什么呢？为什么活化能越大反应速率常数越小，而活化能越小反应速率常数就越大呢？下面以一个可逆的气相基元反应为例来进行分析。

$$A+B-C \underset{k_{-1}}{\overset{k_1}{\rightleftharpoons}} \{A\cdots B\cdots C\} \to A-B+C$$

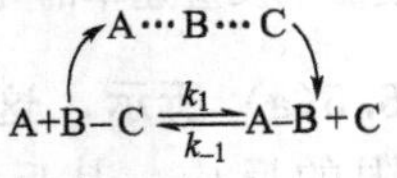

前面讲过，任何物质都有一定的稳定性，彼此之间都有一定的能量障碍。在此反应中，当 A 与 BC 逐渐靠近时，结果必然使 A 与 BC 的结构逐渐发生改变并偏离原本有一定稳定性的平衡状态，A 与 BC 的能量也必然升高。在反应过程中，必然要经过一种 A 与 B 似乎成键又没有成键，B 与 C 似乎断键又没有断键的中间状态 A⋯B⋯C。该中间状态的能量最高活性最大，它既可以变为产物，也可以变为反应物。所以把 A⋯B⋯C 称为**活化状态**（activated state）或**活化分子组**，也叫做**过渡态**（transition state）。正因为这样，反应过程中的能量变化情况如图 6.6 所示。

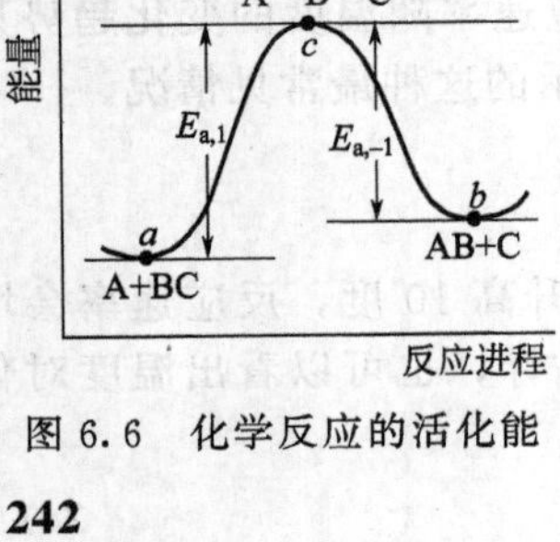

在图 6.6 中，a 点的能量代表反应物分子组的平均能量；b 点的能量代表产物分子组的平均能量；c 点的能量代表活化分子组的平均能量。根据前面的分析，显然活化分子组的平均能量一般都大于而不可能小于反应物分子组或产物分子组的平均能量。而且活化分子组的平均能量与反应物分子组的平均能量之差越大，从反应物到产物途经的能量障碍就越大，反应就越不容易进行，反应速率就越慢；相反，活化分子组的平均能量与

图 6.6　化学反应的活化能

反应物分子组的平均能量之差越小，反应过程途经的能量障碍就越小，反应速率就越快。所以，阿累尼乌斯公式中的活化能就代表活化分子组的平均能量与反应物分子组的平均能量之差。图 6.6 中的 $E_{a,1}$ 是正向反应的活化能，$E_{a,-1}$ 是逆向反应的活化能。

类似于稳定态分子和反应物分子组，活化分子组的平均能量也会随温度的变化而变化。但是，活化分子组与反应物分子组的平均能量之差即反应的活化能随温度变化很小，所以可将大多数反应的活化能近似看作常数。温度升高时虽然活化能大致保持不变，但是根据分子动理论，反应物分子组的能量分布范围会变宽，结果使得能量大于活化分子组平均能量的反应物分子组所占的比例大增，所以反应速率会随温度的升高而迅速加快。

实际上，活化能到底与温度有没有关系呢？现在考虑当该反应达到平衡时

$$k_1 c_A c_{BC} = k_{-1} c_{AB} c_C$$

所以

$$\frac{k_1}{k_{-1}} = \frac{c_{AB} c_C}{c_A c_{BC}} = K_c$$

此处 K_c 是实验平衡常数

所以

$$\frac{\mathrm{d}\ln K_c}{\mathrm{d}T} = \frac{\mathrm{d}\ln k_1}{\mathrm{d}T} - \frac{\mathrm{d}\ln k_{-1}}{\mathrm{d}T}$$

将式（6.53）代入此式可得

$$\frac{\mathrm{d}\ln K_c}{\mathrm{d}T} = \frac{E_{a,1} - E_{a,-1}}{RT^2} \tag{6.54}$$

又因为对于理想气体反应

$$K_p^{\ominus} = K_c \left(\frac{RT}{p^{\ominus}}\right)^{\sum \nu_B}$$

所以

$$K_c = K_p^{\ominus} \left(\frac{RT}{p^{\ominus}}\right)^{-\sum \nu_B}$$

所以

$$\frac{\mathrm{d}\ln K_c}{\mathrm{d}T} = \frac{\mathrm{d}\ln K_p^{\ominus}}{\mathrm{d}T} - \frac{\sum \nu_B}{T}$$

$$= \frac{\Delta_r H_m}{RT^2} - \frac{\sum \nu_B RT}{RT^2}$$

$$= \frac{\Delta_r H_m}{RT^2} - \frac{\Delta_r (pV)_m}{RT^2}$$

即

$$\frac{\mathrm{d}\ln K_c}{\mathrm{d}T} = \frac{\Delta_r U_m}{RT^2} \tag{6.55}$$

比较式（6.54）和式（6.55）可以看出

$$E_{a,1} - E_{a,-1} = \Delta_r U_m \tag{6.56}$$

这就是说，正逆向反应的活化能之差等于摩尔反应内能的改变量 $\Delta_r U_m$。又因

$$\left(\frac{\partial(\Delta_r U_m)}{\partial T}\right)_V = \sum \nu_B C_{V,m}(B)$$

通常 $\sum \nu_B C_{V,m}(B) \neq 0$，故一般说来 $\Delta_r U_m$ 是与温度有关的量。所以由式（6.56）可知，活化能也必然与温度有关，只是温度对活化能的影响较小而已，一般情况下可将其近似当作常数。

例 6.10 一级气相反应 $ClCOOCCl_3 \longrightarrow 2COCl_2$ 可以进行到底。在 280℃下将一定量的 $ClCOOCCl_3$（简记为 A）引入一个刚性密闭的反应器内，454s 后测得系统的总压力为 2476Pa，很长时间后系统的总压力稳定在 4008Pa。在 305℃下又做了一次实验，这次反应 320s 后测得系统的总压力为 2838Pa，很长时间后系统的总压力稳定在 3554Pa。求该反应的活化能和指数前因子。

解：

	$ClCOOCCl_3 \longrightarrow$	$2COCl_2$
$t=0$	p_0	0
$t=t$	p_0-x	$2x$
$t=\infty$	0	$2p_0$

反应 t 时间后的总压力为

$$p=p_0-x+2x=p_0+x$$

所以

$$x=p-p_0$$

$$p_A=p_0-x=2p_0-p$$

把各气体均视为理想气体，则由 $-\frac{dc_A}{dt}=kc_A$ 可知

$$-\frac{dp_A}{dt}=kp_A$$

把此式变形并积分即

$$\int_{p_0}^{p_A}\frac{dp_A}{p_A}=\int_0^t -k\,dt$$

所以

$$\ln\frac{p_A}{p_0}=-kt$$

即

$$\ln\frac{2p_0-p}{p_0}=-kt$$

将 280℃下 $t=454s$，$p=2476Pa$，$2p_0=4008Pa$ 代入上式可以解得

$$k_{280}=5.916\times10^{-4}s^{-1}$$

将 305℃下 $t=320s$，$p=2838Pa$，$2p_0=3554Pa$ 代入上式可以解得

$$k_{305}=2.841\times10^{-3}s^{-1}$$

由阿累尼乌斯公式可知

$$\ln\frac{k_2}{k_1}=\frac{E_a(T_2-T_1)}{RT_1T_2} \qquad 即 \qquad E_a=\frac{RT_1T_2}{T_2-T_1}\ln\frac{k_2}{k_1}$$

所以

$$E_a=\frac{8.314\times553.2\times578.2}{578.2-553.2}\ln\frac{2.841\times10^{-3}}{5.916\times10^{-4}}J\cdot mol^{-1}$$

$$=166.9kJ\cdot mol^{-1}$$

将 E_a、T_1 以及 k_{280} 代入阿累尼乌斯公式可得

$$k_0=ke^{E_a/RT}=5.916\times10^{-4}\times e^{166.9\times10^3/(8.314\times553.2)}s^{-1}$$

$$=3.40\times10^{12}s^{-1}$$

6.6.3 活化能的获得

(1) 实验测定法

根据阿累尼乌斯公式，在一定温度范围内 $\ln k \sim 1/T$ 呈线性关系［参见式（6.52）］，其斜率为 $-E_a/R$。所以，可以在不同温度下测定多组（k，T）数据，然后画出 $\ln k \sim 1/T$ 直线，由该直线的斜率就可以得到反应的活化能 E_a。另一方面，既然 $\ln k \sim 1/T$ 呈线性关系，那么类似于例 6.10，借助两组（k，t）实验数据也可以计算出反应的活化能 E_a。当然，如果只用两组数据，则所得结果的相对误差可能较大。

(2) 由键能估算

对于基元反应，可以用反应过程涉及的化学键的键能来估算反应的活化能。这种方法也是经验的，得到的结果一般误差较大。但是在缺乏实验数据的情况下，这种方法对于分析讨论与反应速率相关的问题仍具有一定的帮助。

① 自由基复合反应　自由基复合反应的活化能为零。因为自由基非常活泼，彼此结合时一般没有能量障碍。如反应

$$Cl\cdot + Cl\cdot + M \longrightarrow Cl_2 + M \qquad E_a = 0$$

式中，M 是不参与反应的其它分子，它只是吸收两个氯原子结合变成氯分子时释放出来的能量。否则，生成的 Cl_2 分子能量很高，很不稳定，还会再次分解为氯原子。通常 M 可以是其它能量较低的分子，如杂质分子或反应器的器壁。

② 分子分解成自由基或自由原子　分子中的一个化学键发生均裂生成两个自由基或自由原子时，反应的活化能等于反应中待断裂化学键的键能。如反应

$$Cl-Cl \longrightarrow 2Cl\cdot \qquad E_a = E_{Cl\text{-}Cl}$$

③ 有自由基参加的基元反应　对于有自由基参与的基元反应，可以用一个通式表示如下：

$$A\cdot + B\text{-}C \longrightarrow A\text{-}B + C\cdot$$

如

$$H\cdot + H\text{-}Cl \longrightarrow H\text{-}H + Cl\cdot$$

又如

$$H\cdot + Cl\text{-}Cl \longrightarrow H\text{-}Cl + Cl\cdot$$

这类反应如果是放热的，则反应的活化能约等于待断裂化学键键能的 5.5%。这类反应如果是吸热的，则其逆向反应的活化能可用这种方法计算，而正向反应的活化能可借助于式（6.56）进行计算。

④ 没有自由基参与的基元反应　对于没有自由基参与的基元反应如

$$A\text{-}A + B\text{-}B \longrightarrow 2A\text{-}B$$

活化能 E_a 约等于待改组的化学键键能的 30%，即 $E_a = (E_{A\text{-}A} + E_{B\text{-}B}) \times 30\%$。

6.6.4 表观活化能

以气相反应 $H_2 + I_2 \longrightarrow 2HI$ 为例，实验表明其反应速率可以表示为

$$r = kc_{H_2}c_{I_2}$$

看到上式后请别误认为该反应遵守质量作用定律，别误认为该反应是基元反应。实际上，该反应的反应机理如下：

① $$I_2 \underset{k_{-1}}{\overset{k_1}{\rightleftharpoons}} 2I\cdot$$

② $$2I\cdot + H_2 \xrightarrow{k_2} 2HI$$

根据质量作用定律

$$r_1 = k_1 c_{I_2} \tag{A}$$

$$r_{-1} = k_{-1} c_{I\cdot}^2 \tag{B}$$

$$r_2 = k_2 c_{I\cdot}^2 c_{H_2} \tag{C}$$

由于反应的最终产物是 HI，而 HI 是由第二步反应生成的，所以总反应速率可用第二步反应的反应速率表示，即

$$r = r_2 = k_2 c_{I\cdot}^2 c_{H_2} \tag{D}$$

由于中间产物 I· 很活泼，其浓度不易确定，所以用（D）式表示反应速率有些欠妥。不过，在该反应历程中，反应①的逆向反应比反应②快得多，所以在上述反应过程中，第一步对峙反应近似处于平衡状态。在这种情况下

$$k_1 c_{I_2} = k_{-1} c_{I\cdot}^2$$

所以
$$c_{I\cdot}^2 = \frac{k_1}{k_{-1}} c_{I_2}$$

代入式（D）可得

$$r = \frac{k_1 k_2}{k_{-1}} c_{I_2} c_{H_2} = k c_{I_2} c_{H_2} \tag{E}$$

用式（E）表示该反应的速率方程才比较合适。其中总反应的速率常数与各基元反应的速率常数之间存在如下关系：

$$k = k_1 k_2 / k_{-1} \tag{6.57}$$

将阿累尼乌斯公式代入式（6.57）后可得

$$k = \frac{k_{0,1} k_{0,2}}{k_{0,-1}} e^{-\frac{E_{a,1} + E_{a,2} - E_{a,-1}}{RT}} \tag{6.58}$$

又因
$$k = k_0 e^{-E_a/RT}$$

所以
$$k_0 = \frac{k_{0,1} k_{0,2}}{k_{0,-1}} \tag{6.59}$$

$$E_a = E_{a,1} + E_{a,2} - E_{a,-1} \tag{6.60}$$

式（6.60）给出了总反应的活化能与各基元反应的活化能之间的关系。此处总反应的活化能 E_a 的物理意义不像前面讨论基元反应的活化能时那么直观，所以把复杂反应的总反应活化能 E_a 称为该反应的**表观活化能**（apparent activation energy）。

6.7 几种反应速率的近似处理方法

复杂反应的反应速率与其中每一步基元反应都有关系。虽然复杂反应中的每个基元反应都遵守质量作用定律，但是复杂反应的总反应速率表达式是不能直接写出来的，而要根据各基元反应的反应速率进行推导。在此过程中，如果不进行必要的近似处理，得到的总反应速率表达式可能过于复杂或者根本无法得到反应速率方程。

6.7.1 选择反应速率的控制步骤

所谓反应速率控制步骤，就是与总反应速率密切相关而且反应速率相对非常缓慢的基元反应步骤。此处以单分子连串反应为例。

$$\mathrm{A} \xrightarrow{k_1} \mathrm{B} \xrightarrow{k_2} \mathrm{C}$$

$$\begin{array}{llll} t=0 & c_{\mathrm{A},0} & 0 & 0 \\ t=t & x & y & z \end{array} \qquad x+y+z=c_{\mathrm{A},0}$$

根据前面对连串反应的处理结果

$$x=c_{\mathrm{A},0}\mathrm{e}^{-k_1 t}$$

$$y=\frac{k_1 c_{\mathrm{A},0}}{k_2-k_1}(\mathrm{e}^{-k_1 t}-\mathrm{e}^{-k_2 t})$$

$$z=c_{\mathrm{A},0}-c_{\mathrm{A},0}\mathrm{e}^{-k_1 t}-\frac{k_1 c_{\mathrm{A},0}}{k_2-k_1}(\mathrm{e}^{-k_1 t}-\mathrm{e}^{-k_2 t})$$

如果 C 是该反应的主产物，则总反应速率就可以用 C 的生成速率 $\mathrm{d}z/\mathrm{d}t$ 来表示。下面分两种不同情况来讨论。

(1) 第一步是反应速率的控制步骤即 $k_1 \ll k_2$

根据 $z \sim t$ 关系式，如果 $k_1 \ll k_2$，则

$$z \approx c_{\mathrm{A},0}-c_{\mathrm{A},0}\mathrm{e}^{-k_1 t}-\frac{k_1 c_{\mathrm{A},0}}{k_2}\mathrm{e}^{-k_1 t} \approx c_{\mathrm{A},0}-c_{\mathrm{A},0}\mathrm{e}^{-k_1 t}$$

所以

$$\frac{\mathrm{d}z}{\mathrm{d}t} \approx k_1 c_{\mathrm{A},0}\mathrm{e}^{-k_1 t}=k_1 x=r_1 \tag{6.61}$$

即总反应速率近似等于第一步反应的反应速率。

(2) 第二步是反应速率的控制步骤即 $k_1 \gg k_2$

根据 $z \sim t$ 关系式，如果 $k_1 \gg k_2$，则

$$z \approx c_{\mathrm{A},0}-c_{\mathrm{A},0}\mathrm{e}^{-k_1 t}-c_{\mathrm{A},0}\mathrm{e}^{-k_2 t} \approx c_{\mathrm{A},0}-c_{\mathrm{A},0}\mathrm{e}^{-k_2 t}$$

所以

$$\frac{\mathrm{d}z}{\mathrm{d}t} \approx k_2 c_{\mathrm{A},0}\mathrm{e}^{-k_2 t}$$

又因

$$\frac{\mathrm{d}z}{\mathrm{d}t}=k_2 y$$

所以

$$y \approx c_{\mathrm{A},0}\mathrm{e}^{-k_2 t} \tag{6.62}$$

由式 (6.62) 可见，$t=0$ 时，$y \approx c_{\mathrm{A},0}$。这就是说，反应刚开始 A 就一下子全部转化成中间产物 B 了。在这种情况下，总反应速率就等于第二步反应的反应速率。

在上述讨论中，式 (6.61) 和式 (6.62) 都是近似处理得到的结果。由此可见，反应速率控制步骤（亦称为决速步骤）的重要性。在遇到具体问题时，要判断有没有反应速率控制步骤、哪一步是反应速率的控制步骤，首先要有充分的根据。有些复杂反应中有反应速率控制步骤，有些复杂反应中没有反应速率控制步骤。如果盲目地选择反应速率控制步骤，其处理结果可能与实际情况相去甚远。

从上述讨论结果可以看出，如果第一步反应的反应速率远大于第二步反应的反应速率，则反应刚一开始，所有反应物会很快转化成中间产物，而最终产物的生成却是非常缓慢的。在这种情况下，用反应物描述总反应速率与用最终产物描述总反应速率将是截然不同的。但是在本章开头部分引入式 (6.1) 时曾这样描述过，即对同一个反应用单位体积单位时间内的反应进度表示反应速率时，其值与选用那一物质无关，即不论选用反应物还是产物其反应速率都是相等的。这与此处讨论所得结果存在明显出入，这是为什么呢？

通常人们用配平的化学反应方程式表示反应物与产物之间的计量关系，而且总反应方程式中一般不出现反应的中间产物。如果反应过程中有中间产物，在许多情况下中间物会发生积累（其量会随时间的变化而变化）。如果反应过程中有中间物的积累，则表面上反应物的

消失与最终产物的生成之间就有驳于物质不灭定律，我们把这类反应叫做**依时计量学反应**(time dependent reaction)。对于依时计量学反应，用反应物表示反应速率和用产物表示反应速率，其结果当然是不同的。如果反应过程中没有中间产物或中间产物非常活泼，一旦生成就马上消失，其量微乎其微可忽略不计，则反应物的消失与最终产物的生成之间就遵守物质不灭定律，我们把这类反应叫做**非依时计量学反应**（time independent reaction)。对于非依时计量学反应，以单位时间单位体积内的反应进度为参考，用反应物表示反应速率和用产物表示反应速率，其结果必然是相同的。简单反应必然都是非依时计量学反应，而复杂反应可能是非依时计量学反应，也可能是依时计量学反应。

6.7.2 平衡态近似

以反应 A ⟶C 为例，其反应机理如下

① $$A \underset{k_{-1}}{\overset{k_1}{\rightleftharpoons}} B$$

② $$B \xrightarrow{k_2} C$$

产物 C 的生成速率可以表示为

$$\frac{dc_C}{dt}=r_2=k_2c_B \tag{6.63}$$

上式虽然正确，但由于 B 是中间产物，其浓度通常不易确定，从而限制了该速率方程的应用。如果反应中 $k_2 \ll k_{-1}$，则反应①就有足够的时间可以近似达到平衡。在这种情况下

$$k_1c_A \approx k_{-1}c_B$$

所以

$$c_B \approx \frac{k_1}{k_{-1}}c_A$$

将此代入式（6.63）可得

$$\frac{dc_C}{dt} \approx \frac{k_1k_2}{k_{-1}}c_A$$

即

$$\frac{dc_C}{dt} \approx kc_A \tag{6.64}$$

其中

$$k=\frac{k_1k_2}{k_{-1}}$$

式（6.64）就是总反应的速率方程。这种把逆向反应速率远大于后续反应速率的对峙反应近似看作处于化学平衡状态的处理方法就叫**平衡态近似**（equilibrium approximation）处理法。

例 6.11 在水溶液中，在 Br^- 的催化作用下，$C_6H_5NH_2$ 与亚硝酸作用生成重氮盐的反应如下：

$$C_6H_5NH_2+HNO_2+H^+ \xrightarrow{Br^-} C_6H_5N_2^+ +2H_2O$$

请根据下述反应机理求该反应的速率方程和表观活化能。

① $$HNO_2+H^+ \underset{k_{-1}}{\overset{k_1}{\rightleftharpoons}} H_2NO_2^+$$ 快速平衡

② $$H_2NO_2^+ +Br^- \xrightarrow{k_2} NOBr+H_2O$$ 很慢

③ $$C_6H_5NH_2+NOBr \xrightarrow{k_3} C_6H_5N_2^+ +Br^- +H_2O$$ 快速反应

解：根据反应机理，如果反应③中反应物 $C_6H_5NH_2$ 的浓度不是很小，则反应②生成的 NOBr 就会马上通过反应③生成 $C_6H_5N_2^+$（简记为 ΦN_2^+）。这时，反应②是生成 $C_6H_5N_2^+$ 的决速步骤，反应速率可以表示为

$$r=\frac{dc_{\Phi N_2^+}}{dt}\approx r_2=k_2c_{H_2NO_2^+}c_{Br^-} \tag{A}$$

由于反应①很快，能近似达到平衡，所以

$$k_1c_{HNO_2}c_{H^+}\approx k_{-1}c_{H_2NO_2^+}$$

所以
$$c_{H_2NO_2^+}\approx\frac{k_1}{k_{-1}}c_{HNO_2}c_{H^+}$$

将此代入式（A）可得

$$r=\frac{k_1k_2}{k_{-1}}c_{HNO_2}c_{H^+}c_{Br^-}$$

即
$$r=kc_{HNO_2}c_{H^+}c_{Br^-} \qquad 其中 \qquad k=\frac{k_1k_2}{k_{-1}}$$

k 为总反应的速率常数。根据阿累尼乌斯公式，总反应的表观活化能为

$$E_a=E_{a,1}+E_{a,2}-E_{a,-1}$$

例 6.12 对于反应 $H_2+D_2 = 2HD$，当使用等摩尔的 H_2 和 D_2 时，实验表明该反应为 1.5 级反应。据此有人推测该反应机理如下，不知这种推测是否合理。

$$H_2 \underset{k_{-1}}{\overset{k_1}{\rightleftharpoons}} 2H\cdot \qquad 能快速达到平衡$$

$$D_2 \underset{k_{-2}}{\overset{k_2}{\rightleftharpoons}} 2D\cdot \qquad 能快速达到平衡$$

$$H\cdot+D_2 \xrightarrow{k_3} HD+D\cdot$$

$$D\cdot+H_2 \xrightarrow{k_4} HD+H\cdot$$

解：根据这个反应机理，总反应速率可以表示为

$$r_{HD}=\frac{dc_{HD}}{dt}=k_3c_{H\cdot}c_{D_2}+k_4c_{D\cdot}c_{H_2} \tag{A}$$

由于前两个反应能迅速达到平衡，所以

$$k_1c_{H_2}=k_{-1}c_{H\cdot}^2 \qquad k_2c_{D_2}=k_{-2}c_{D\cdot}^2$$

所以
$$c_{H\cdot}=\sqrt{k_1/k_{-1}}\,c_{H_2}^{1/2} \qquad c_{D\cdot}=\sqrt{k_2/k_{-2}}\,c_{D_2}^{1/2}$$

将 $c_{H\cdot}$ 和 $c_{D\cdot}$ 的表达式代入上述总反应速率方程式(A）中可得

$$r_{HD}=k_3\sqrt{k_1/k_{-1}}\,c_{H_2}^{1/2}c_{D_2}+k_4\sqrt{k_2/k_{-2}}\,c_{D_2}^{1/2}c_{H_2}$$

因最初使用了等摩尔的 H_2 和 D_2，故两者的浓度始终相等，所以

$$r_{HD}=(k_3\sqrt{k_1/k_{-1}}+k_4\sqrt{k_2/k_{-2}})c_{H_2}^{3/2}$$

即 $$r_{HD}=kc_{H_2}^{3/2}$$

其中 $$k=k_3\sqrt{k_1/k_{-1}}+k_4\sqrt{k_2/k_{-2}}$$

从导出的反应速率方程看，上述反应机理是合理的。

6.7.3 稳定态近似

如果反应过程中有很活泼的中间体，则这种中间体一旦生成就会马上发生下一步反应而消失。如自由原子、自由基、正碳离子等。这些中间体通常在反应过程中不会有明显的积累，其浓度始终非常小。其消失速率约等于它们的生成速率。因此，可以把这类活泼中间体的浓度随时间的变化率近似看作零。把这种近似处理方法叫做**稳定态近似**（steady-state approximation）处理法。

例 6.13 气相分解反应 $2NO_2Cl = 2NO_2+Cl_2$ 的反应机理如下：

① $$NO_2Cl \xrightarrow{k_1} NO_2+Cl\cdot$$

② $$NO_2Cl+Cl\cdot \xrightarrow{k_2} NO_2+Cl_2$$

求该反应的速率方程。

解：总反应速率方程可以表示为

$$r_{NO_2Cl}=-\frac{dc_{NO_2Cl}}{dt}=k_1c_{NO_2Cl}+k_2c_{NO_2Cl}c_{Cl\cdot} \quad (A)$$

由于中间产物 Cl·很活泼，对它可运用稳定态近似处理方法即

$$\frac{dc_{Cl\cdot}}{dt}=k_1c_{NO_2Cl}-k_2c_{NO_2Cl}c_{Cl\cdot}=0$$

所以 $$k_2c_{NO_2Cl}c_{Cl\cdot}=k_1c_{NO_2Cl}$$

将此代入式（A）中可得

$$r_{NO_2Cl}=2k_1c_{NO_2Cl}$$

例 6.14 $H_2+Br_2 = 2HBr$ 的反应机理如下：

① $$Br_2 \xrightarrow{k_1} 2Br\cdot$$

② $$Br\cdot+H_2 \xrightarrow{k_2} HBr+H\cdot$$

③ $$H\cdot+Br_2 \xrightarrow{k_3} HBr+Br\cdot$$

④ $$HBr+H\cdot \xrightarrow{k_4} Br\cdot+H_2$$

⑤ $$2Br\cdot \xrightarrow{k_5} Br_2$$

求总反应速率方程。

解：总反应速率可以表示为

$$r_{HBr}=\frac{dc_{HBr}}{dt}=k_2c_{H_2}c_{Br\cdot}+k_3c_{H\cdot}c_{Br_2}-k_4c_{H\cdot}c_{HBr} \tag{A}$$

由于Br·和H·都非常活泼，对它们可进行稳定态近似处理即

$$\frac{dc_{Br\cdot}}{dt}=\underbrace{2k_1c_{Br_2}}_{r_{Br\cdot}=2r_1}-k_2c_{H_2}c_{Br\cdot}+k_3c_{H\cdot}c_{Br_2}+k_4c_{H\cdot}c_{HBr}-\underbrace{2k_5c_{Br\cdot}^2}_{r_{Br\cdot}=2r_5}=0 \tag{B}$$

$$\frac{dc_{H\cdot}}{dt}=k_2c_{H_2}c_{Br\cdot}-k_3c_{H\cdot}c_{Br_2}-k_4c_{H\cdot}c_{HBr}=0 \tag{C}$$

（A）－（C）得

$$r_{HBr}=2k_3c_{H\cdot}c_{Br_2} \tag{D}$$

由（C）知

$$c_{H\cdot}=\frac{k_2c_{H_2}c_{Br\cdot}}{k_3c_{Br_2}+k_4c_{HBr}} \tag{E}$$

（B）＋（C）得

$$2k_1c_{Br_2}-2k_5c_{Br\cdot}^2=0$$

所以

$$c_{Br\cdot}=\sqrt{k_1/k_5}\,c_{Br_2}^{1/3} \tag{F}$$

先将式（F）代入式（E），然后将式（E）代入式（D）可得

$$r_{HBr}=\frac{2k_2k_3\sqrt{k_1/k_5}\,c_{H_2}c_{Br_2}^{3/2}}{k_3c_{Br_2}+k_4c_{HBr}}$$

分子分母同除以$k_3c_{Br_2}$，并令$k'=k_4/k_3$，令$k=2k_2\sqrt{k_1/k_5}$，则

$$r_{HBr}=\frac{kc_{H_2}c_{Br_2}^{1/2}}{1+k'c_{HBr}/c_{Br_2}}$$

一定温度下k和k'均为常数

所以，该反应没有简单的级数可言。

例 6.15 一定条件下，反应$C_2H_6+H_2 = 2CH_4$的反应机理如下。据此求该反应的速率方程。

$$C_2H_6 \underset{k_{-1}}{\overset{k_1}{\rightleftharpoons}} 2CH_3\cdot$$

$$CH_3\cdot+H_2 \xrightarrow{k_2} CH_4+H\cdot$$

$$H\cdot+C_2H_6 \xrightarrow{k_3} CH_4+CH_3\cdot$$

解：总反应速率可用CH_4的生成速率表示即

$$r_{CH_4}=k_2c_{CH_3\cdot}c_{H_2}+k_3c_{C_2H_6}c_{H\cdot} \tag{A}$$

由于CH_3·和H·都非常活泼，对它们均可进行稳定态近似处理。

$$\frac{dc_{H\cdot}}{dt}=k_2c_{CH_3\cdot}c_{H_2}-k_3c_{C_2H_6}c_{H\cdot}=0 \tag{B}$$

$$\frac{dc_{CH_3\cdot}}{dt}=\underbrace{2k_1c_{C_2H_6}}_{r_{CH_3\cdot}=2r_1}-\underbrace{2k_{-1}c_{CH_3\cdot}^2}_{r_{CH_3\cdot}=2r_{-1}}-k_2c_{CH_3\cdot}c_{H_2}+k_3c_{C_2H_6}c_{H\cdot}=0 \tag{C}$$

(A) + (B) 得 $$r_{CH_4}=2k_2c_{CH_3\cdot}c_{H_2} \tag{D}$$

(B) + (C) 得 $$2k_1c_{C_2H_6}-2k_{-1}c_{CH_3\cdot}^2=0$$

所以 $$c_{CH_3\cdot}=\sqrt{k_1/k_{-1}}\,c_{C_2H_6}^{\frac{1}{2}}$$

将此结果代入式 (D) 可得

$$r_{CH_4}=2k_2\sqrt{k_1/k_{-1}}\,c_{C_2H_6}^{1/2}c_{H_2}$$

即 $r_{CH_4}=kc_{C_2H_6}^{1/2}c_{H_2}$ 其中 $k=2k_2\sqrt{k_1/k_{-1}}$

所以该反应是 1.5 级反应，其表观活化能为

$$E_a=E_{a,2}+\frac{1}{2}E_{a,1}-\frac{1}{2}E_{a,-1}$$

*6.8 微观可逆性原理

微观可逆性原理（principle of microscopic reversibility）是描述微观粒子运动规律的一个力学原理。可以把微观可逆性原理表述为：微观粒子的运动必然存在着相应的逆过程，而且逆过程恰恰是正过程的反向重复。微观可逆性原理来源于力学中运动方程的时间反演对称性。在经典力学的牛顿运动方程及量子力学的薛定谔方程中，当把时间变量 t 作反演变化而变成 ($-t$) 时，粒子运动速度的方向也发生反转，由 v 变为 ($-v$)，而运动方程的形式保持不变，此即力学方程的时间反演对称性。时间反演对称性意味着力学过程的可逆性，即力学过程可以逆转（此处并非热力学意义上的可逆）。力学过程的可逆性就是说微观粒子的运动没有确定的方向性，“过去”和“未来”没有差别，正、逆过程都能存在，而且运动轨迹相同，只是运动方向恰恰相反。将力学中的微观可逆性原理运用于化学动力学中的基元反应，即可得到这样的结论：对于任何一个基元反应，都必然存在着一个相应的逆反应，而且其逆反应必然也是一个基元反应。或者说，如果一个正向反应是基元反应，则其逆向反应也必然是一个基元反应，而且同一个基元反应的正逆向反应必然经过相同的过渡态。

根据微观可逆性原理，氨的分解反应 $2NH_3 \longrightarrow N_2+3H_2$ 不可能是一个基元反应。原因是它的逆反应是一个不可能发生的四分子反应。既然逆向反应不是基元反应，正向反应也不可能是基元反应。我们从此可以得到启发，即在研究拟定复杂反应的反应机理时，不仅要求从拟定的反应机理得到的反应速率方程或动力学方程应与实验结果相符，而且对于反应机理中的每一个基元反应而言，不论正向反应还是逆向反应都不要出现四分子或四分子以上的反应。即使欲提出三分子反应，也应该慎之又慎。

把微观可逆性原理用于宏观的化学平衡系统时，很容易看出：平衡时系统中的每一个基元反应步骤的正逆向反应速率都相等，此称仔细平衡原理。所以，对于任何一个基元反应步骤 i 来说，借助质量作用定律和仔细平衡原理很容易看出：平衡常数 K 与其正逆向反应速率常数之间必然满足如下关系：

$$\frac{k_i}{k_{-i}}=K \tag{6.65}$$

式 (6.65) 中的 K 就是反应的实验平衡常数。

6.9 链反应

6.9.1 链反应

链反应（chain reaction）与前面讨论过的连串反应不同，链反应是一类特殊的反应。在链反应过程中，高活性中间体一直存在。原有的高活性中间体在参与反应并消失的同时，又会产生新的高活性中间体，如自由基、自由原子等。这些高活性中间体如同铁锁链上的链环，使反应借助于它一环一环地、一步一步地往下进行。高活性中间体的消失如同链环中断，链反应也就停止了。下面分别介绍链反应的三个主要步骤。

（1）链引发

链引发（chain initiation）就是借助于光照、加热或催化等方法使反应物中某个化学键发生均裂，从而产生链反应所需要的自由原子或自由基的过程。链引发也可以借助于链引发剂来完成。链引发剂本身通常是一些很不稳定的过氧化物或偶氮化合物，这些物质容易分解产生自由基。例如

$$Cl_2 \xrightarrow[\text{或加热}]{\text{光照}} 2Cl\cdot$$

$$\underset{\text{（偶氮二异丁氰）}}{(CH_3)_2(CN)C{-}N{=}N{-}C(CN)(CH_3)_2} \longrightarrow 2(CH_3)_2(CN)C\cdot + N_2$$

由链引发剂产生的活性很高的自由基容易与其它分子反应，并产生新的自由基或自由原子，从而引发链反应。为了后续讨论方便，此处把由链引发剂产生的自由基简记为 R•。

（2）链传递

一旦产生了自由基（或自由原子），就可以开始发生链传递反应了。**链传递**（chain propagation）就是在反应过程中旧的高活性中间体消失，而新的高活性中间体生成的链接过程，实际上这是链反应中的主反应过程。根据链传递形式的差异，可进一步把链反应分为直链反应和支链反应两大类。

① 直链反应 **直链反应**（straight chain reaction）就是在链传递过程中，高活性中间体的数目恒定不变的反应。也就是说，在每一步链传递反应中消失几个高活性中间体，与此同时又生成几个新的高活性中间体。如 HCl 的合成反应，在链传递过程中主要发生下列反应：

$$Cl\cdot + H_2 \longrightarrow HCl + H\cdot$$

$$H\cdot + Cl_2 \longrightarrow HCl + Cl\cdot$$

$$\vdots$$

又如聚苯乙烯的合成反应，在链传递过程中主要发生下列反应：

$$R\cdot + M \longrightarrow RM\cdot \qquad \text{M 代表苯乙烯单体(monomer)}$$

$$RM\cdot + M \longrightarrow RM_2\cdot$$

$$\vdots$$

$$RM_n\cdot + M \longrightarrow RM_{n+1}\cdot$$

$$\vdots$$

在这些链传递反应过程中，自由基的数目不变。该过程可形象地用图 6.7(a) 表示。在链传递过程中反应链没有分支，所以称这种链反应为直链反应。

② 支链反应 **支链反应**（branched chain reaction）就是在链传递过程中，自由基的数目越来越多，反应越来越快，以至无法控制，甚至发生猛烈的爆炸。因此，支链反应中的链

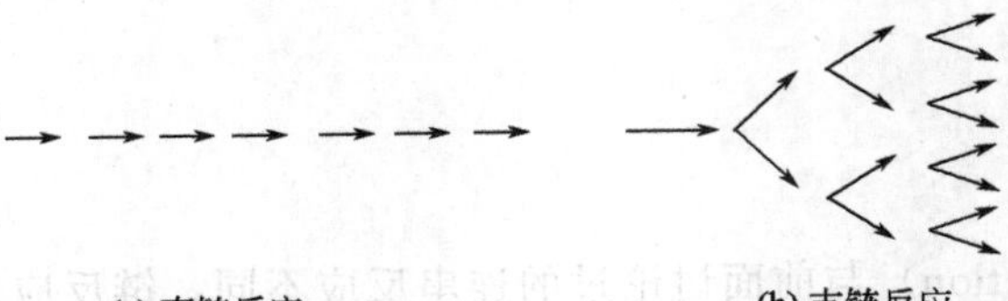

(a) 直链反应　　　　(b) 支链反应

图 6.7　直链反应和支链反应

传递也叫做链增长。该过程可形象地用图 6.7(b) 表示。如高分子材料的光氧老化就属于支链反应。

链引发

$$\mathrm{R{-}H}(\text{高分子})\xrightarrow{h\nu}\mathrm{R\cdot}+\mathrm{H\cdot}$$

$$\mathrm{R{-}H}(\text{高分子})\xrightarrow{h\nu}\mathrm{R{-}H^{*}}\qquad \mathrm{R{-}H^{*}}\text{ 为富能分子}$$

$$\mathrm{R{-}H^{*}}+\mathrm{O_2}\longrightarrow\mathrm{ROOH}\longrightarrow\mathrm{RO\cdot}+\mathrm{\cdot OH}$$

链传递

$$\mathrm{R\cdot}+\mathrm{O_2}\longrightarrow\mathrm{ROO\cdot}$$

$$\mathrm{ROO\cdot}+\mathrm{R{-}H}\longrightarrow\mathrm{ROOH}+\mathrm{R\cdot}$$

$$\mathrm{ROOH}\longrightarrow\mathrm{RO\cdot}+\mathrm{\cdot OH}$$

$$\mathrm{RO\cdot}+\mathrm{R{-}H}\longrightarrow\mathrm{ROH}+\mathrm{R\cdot}$$

$$\mathrm{\cdot OH}+\mathrm{R{-}H}\longrightarrow\mathrm{H_2O}+\mathrm{R\cdot}$$

可以看出，在链传递过程中发生了链的支化，即

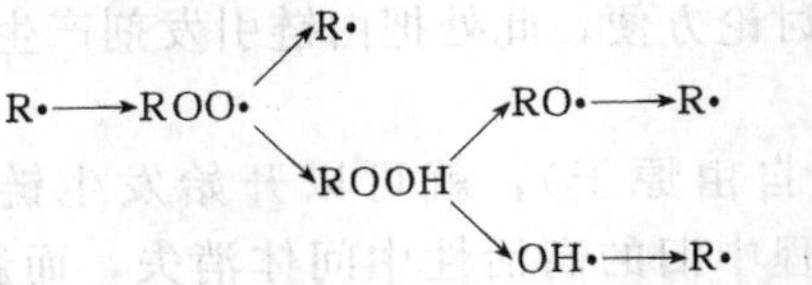

可以看出，从最初的 R·到最终的 R·完成一个循环后，一个自由基 R·变成了3个自由基 R·，所以这个链反应属于支链反应。正因为高分子材料的老化过程属于支链反应，所以当其中的抗老化剂消耗殆尽时，老化过程就很快，而且越来越快。在支链反应中，自由基或自由原子的活性虽然很高，但是不能对它们作稳定态近似处理。

(3) 链终止

在链反应过程中，如果高活性中间体消失，链反应就停止了。**链终止**（chain termination）过程就是高活性中间体消失的过程。自由基消失就是两个自由基（或自由原子）相遇时，电子配对成键，并将多余的能量传递给其它分子或容器器壁的过程。如果自由基或自由原子配对成键时不能把多余的能量传递出去，则形成的分子由于能量高，还会再次分解成自由基或自由原子。所以在实验过程中，如果往气相反应系统中加入固体粉末就能使反应明显减缓或停止，则该反应很可能是链反应，加入其中的固体粉末就扮演了俘获自由基或转移能量的第三者角色。

以 HCl 合成反应为例，链终止过程中主要发生以下反应：

$$\mathrm{Cl\cdot}+\mathrm{Cl\cdot}+\mathrm{M}\longrightarrow\mathrm{Cl_2}+\mathrm{M}$$

$$\mathrm{H\cdot}+\mathrm{H\cdot}+\mathrm{M}\longrightarrow\mathrm{H_2}+\mathrm{M}$$

$$\mathrm{Cl\cdot}+\mathrm{H\cdot}+\mathrm{M}\longrightarrow\mathrm{HCl}+\mathrm{M}$$

式中，M 是转移能量的其它分子。

根据转移能量的其它分子 M 存在形式的不同，可将链终止时的自由基销毁方式分为三种，即气相销毁、器壁销毁和阻滞剂销毁。**气相销毁**就是在气相链反应中，自由基彼此相撞并把多余的能量转移给了其它气体分子。这时两个相撞的自由基就能形成较稳定的分子。**器壁销毁**就

是自由基在器壁表面被俘获，并把多余的能量传递给容器的器壁。**阻滞剂**是一类特殊物质，其分子中含有未配对的电子如 NO 分子。阻滞剂很容易俘获自由基使链反应马上减缓或停止。

6.9.2 直链反应

以苯乙烯的聚合反应为例

链引发

$$I \xrightarrow{k_1} 2R\cdot + N_2$$

式中，I 代表链**引发剂**（initiator）如偶氮二异丁氰。

链传递

$$R\cdot + M \xrightarrow{k_2} RM\cdot \qquad M \text{代表苯乙烯单体}$$

$$\left.\begin{aligned} &RM\cdot + M \xrightarrow{k_3} RM_2\cdot \\ &RM_2\cdot + M \xrightarrow{k_3} RM_3\cdot \\ &\vdots \\ &\vdots \end{aligned}\right\}\text{反应相同,所以反应速率常数相同}$$

链终止

$$RM_i\cdot + RM_j\cdot \xrightarrow{k_4} RM_{i+j}R$$

在链终止反应中，得到的产物 $RM_{i+j}R$ 就是苯乙烯的聚合物聚苯乙烯。聚合度是聚合高分子链中含有的重复结构单元的数目，其值等于 $i+j$。在同一种聚合物中，$i+j$ 的值是各种各样的。所以在同一种高聚物中不同分子的分子量是不相同的。谈及高聚物的分子量时，通常都是指平均分子量。

以上是聚苯乙烯合成反应的反应机理，其总反应可以表示为

$$I + M \longrightarrow \text{聚苯乙烯}$$

聚苯乙烯合成反应的反应速率可用苯乙烯单体的消失速率来表示，即

$$r = -\frac{dc_M}{dt} = k_2 c_{R\cdot} c_M + k_3 c_{RM\cdot} c_M + k_3 c_{RM_2\cdot} c_M + \cdots\cdots$$

聚合度通常可高达几千、几万甚至更高，因此上式右边待加和项的数目就近似等于聚合度，其值通常很大。从链传递反应中待发生反应的官能团看，从链传递反应的第二步起，可以把所有反应都视为相同的反应，故反应速率常数都相同，都可以用 k_3 表示。另一方面，链传递反应的第一步与其余步骤也比较类似，故 k_2 与 k_3 不会有大的差别，所以上式右边的第一项可忽略不计，即

$$r = k_3 c_{RM\cdot} c_M + k_3 c_{RM_2\cdot} c_M + \cdots\cdots = k_3 c_M (c_{RM\cdot} + c_{RM_2\cdot} + \cdots\cdots)$$

即

$$r = k_3 c_M c_{RM_x\cdot} \tag{6.66}$$

其中

$$c_{RM_x\cdot} = c_{RM\cdot} + c_{RM_2\cdot} + \cdots\cdots \tag{6.67}$$

式（6.66）中的 $c_{RM_x\cdot}$ 代表经过链传递反应得到的不同链长自由基的总浓度，其值约等于反应系统中包括 $R\cdot$ 在内的所有高活性自由基的总浓度。在直链反应的链传递过程中，每消失一个旧的高活性自由基，同时就生成一个新的高活性自由基。这就是说，在直链反应过程中，高活性自由基的生成速率和消失速率相等。故在直链反应中，可对高活性自由基进行稳定态近似处理。这就是说，在链引发阶段高活性自由基的最初生成速率与链终止阶段高活性自由基的最终消失速率之差等于零。故对于此处的聚苯乙烯聚合反应

$$2k_1 c_I - 2k_4 c_{RM_i\cdot} c_{RM_j\cdot} = 0$$

式中，c_I 代表引发剂的浓度。在链终止反应中，不论 i 值和 j 值是多少，均可发生链终止反应。所以上式中的 $c_{RM_i\cdot}$ 和 $c_{RM_j\cdot}$ 都可以用自由基的总浓度 $c_{RM_x\cdot}$ 来代替。故由上式可得

$$2k_1c_{\rm I}=2k_4c_{\rm RM_x\cdot}^2$$

所以

$$c_{\rm RM_x\cdot}=\sqrt{k_1/k_4}\cdot c_{\rm I}^{1/2} \tag{6.68}$$

将式（6.68）代入式（6.66）可得

$$r=k_3\sqrt{k_1/k_4}\cdot c_{\rm M}c_{\rm I}^{1/2} \tag{6.69}$$

式（6.69）表明，聚合反应对于单体 M 来说是一级，对于引发剂 I 来说是 0.5 级。该反应的总级数为 1.5 级。该结果与实验事实完全一致。

6.9.3 支链反应

爆炸反应（explosive reaction）可以分为热爆炸和支链爆炸。**热爆炸**主要是由于强放热反应释放出来的热不能及时导出，结果使系统的温度急剧升高，使压力急剧增大。温度升高的结果又使反应速率迅速加快，如此恶性循环很容易导致热爆炸。此处主要讨论由支链反应引起的**支链爆炸**。

在支链反应中，由于高活性中间体越来越多，反应越来越快。如果支链反应又是明显的放热反应，则温度急剧升高会使系统的压力急剧增大，从而引起支链爆炸。如果支链反应不是明显的放热反应，则链支化反应虽然也会越来越快，但未必会发生爆炸，如高分子材料的光氧老化。高分子材料的许多优良特性都是建立在足够长的大分子链的基础上。在高分子材料的老化过程中，主要发生的是支链反应。其中高分子会不断发生交联。结果使得高分子材料变硬、变脆、表面龟裂、机械性能和电性能变差等。

此处以摩尔比为 2∶1 的 H_2、O_2 混合气体为例，对支链爆炸反应进行简单剖析。实验结果表明，这种混合气体的爆炸区间如图 6.8 所示。由此推测其反应机理如下：

链引发 ① $H_2+O_2\xrightarrow{k_1}2HO\cdot$

链传递 ② $HO\cdot+H_2\xrightarrow{k_2}H_2O+H\cdot$ （快）

③ $H\cdot+O_2\xrightarrow{k_3}HO\cdot+\cdot O\cdot$ （慢）

④ $\cdot O\cdot+H_2\xrightarrow{k_4}HO\cdot+H\cdot$ （快）

链终止 ⑤ $H\cdot+$器壁$\xrightarrow{k_5}$销毁

⑥ $H\cdot+O_2+M\xrightarrow{k_6}HO_2\cdot+M$

在反应⑥中，虽然生成的 $HO_2\cdot$ 是自由基，但是其活性较差，故将反应⑥视为链终止反应。

由链传递反应②～④可以看出，氢氧爆炸反应中的链支化过程如图 6.9 所示。从一个 $HO\cdot$ 开始完成一个循环后会产生两个 $HO\cdot$ 和一个 $H\cdot$，共三个自由基。与此同时，由图 6.9 还可以看出，每个 $H\cdot$ 完成一个循环后也会产生两个 $OH\cdot$ 和一个 $H\cdot$。所以氢氧爆炸反应是支链反应。

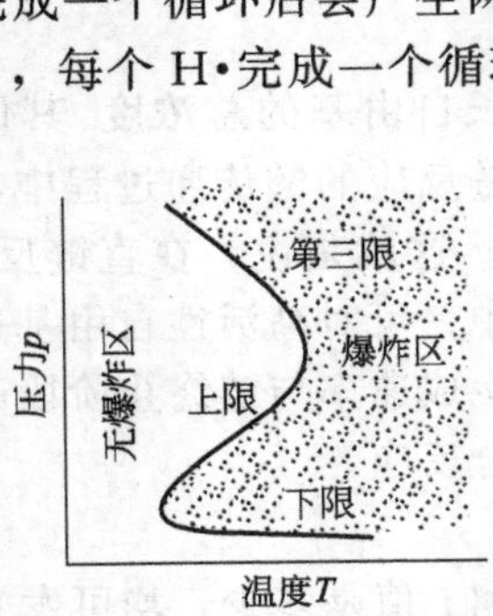

图 6.8 氢氧爆炸区间

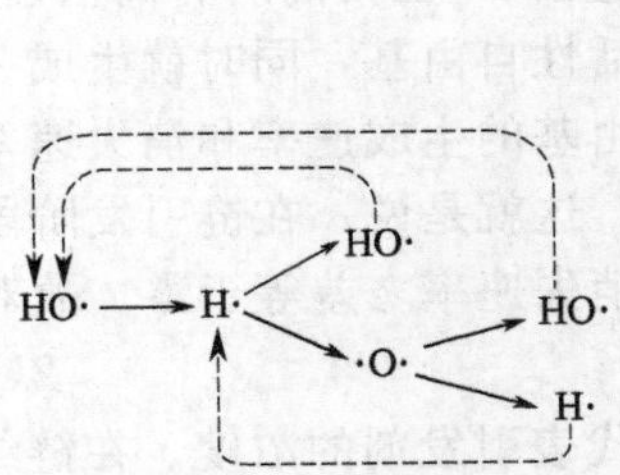

图 6.9 链支化示意图

反应⑤是器壁销毁，即 H•自由运动到器壁后被器壁俘获。器壁销毁与容器的大小、形状及其表面状态有很大关系。反应⑥为气相销毁反应，其中的 M 是气体分子，它能带走反应中过剩的能量，以利于生成较不活泼的 $HO_2\cdot$。$HO_2\cdot$能扩散到器壁变成 H_2O_2 和 O_2。链终止反应的活化能一般都近似为零。

反应③和④都是链支化反应。这两个反应也是连串反应。其中反应③的活化能较高，反应较慢，所以链支化反应速率主要受反应③的控制。氢氧混合气体能否发生爆炸，主要在于链分支传递得快还是链终止反应中自由基销毁得快。

① 在一定温度下当压力很低时，气体物质的浓度很小，其分子的平均自由程很大。这种情况有利于单分子反应而不利于多分子反应，有利于单分子的链终止反应⑤，不利于双分子的链支化反应③。所以在一定温度下当压力足够低时，不会发生爆炸。

② 在一定温度下随着压力的增大，各种气体物质的浓度会逐渐增大。属于双分子反应的链支化反应③会逐渐加快，而器壁销毁反应⑤的反应速率会由于平均自由程的减小而减小，即 H•因不断与其它粒子发生碰撞而不易到达器壁发生销毁。当压力增大到一定程度时，就会发生爆炸。这就是图 6.8 中的爆炸下限。

③ 在一定温度下继续增加压力时，根据质量作用定律，双分子的链支化反应会继续加快。但与此同时，三分子的气相销毁反应⑥的反应速率增加得更快。所以当压力增大到一定程度时，链终止反应速率又大于链支化反应速率，这时又不能发生爆炸了。这就是图 6.8 中的爆炸上限。

④ 一定温度下当压力进一步升高时，虽然反应⑥会变得更快，但由于该反应的产物 $HO_2\cdot$在未扩散到器壁前会发生如下反应，结果使得这个自由基销毁反应不能真正达到销毁的目的，从而又导致爆炸。这就是爆炸的第三限。

$$HO_2\cdot + H_2 \longrightarrow HO\cdot + H_2O$$

⑤ 由于链终止反应活化能大约为零，而链支化反应③需要较高的活化能。所以在一定压力下升高温度对链终止反应没有明显的影响，但是升高温度会使链支化反应③明显加快。故不论压力高低，只要温度足够高，就都会发生爆炸。

以上讨论了温度和压力对摩尔比为 2∶1 的氢氧混合气体爆炸反应的影响。实际上除了温度和压力外，气体的组成对爆炸反应也有影响。如在 H_2、O_2 混合气体中，若 H_2 含量在 4%～94%（体积百分比）的范围内，则点火都能引起爆炸。而在此范围以外，无论如何也不会发生爆炸。又如氢气与空气混合时，其氢含量在 4.1%～74%（体积百分比）的范围内都能发生爆炸，都比较危险。其它可燃性气体与空气的混合物在常温常压下也分别有相应的爆炸范围，如表 6.2 所示。在与此相关的实际工作中要给予高度重视。

表 6.2 常温常压下一些可燃气体在空气中的爆炸范围（体积百分比）

气体	爆炸范围	气体	爆炸范围
H_2	4.1%～74%	CS_2	1.25%～44%
NH_3	16%～27%	C_2H_2	2.5%～80%
CO	12.5%～74%	C_2H_4	3%～29%
CH_4	5.3%～14%	CH_3OH	7.3%～36%
C_2H_6	3.2%～12.5%	C_2H_5OH	4.3%～19%

思考题

1. 用单位体积、单位时间内的反应进度表示反应速率有什么优缺点？

2. 用反应物表示反应速率时，为什么在它的浓度随时间变化率之前有一个负号？

3. 在简单反应 2A+B ══ 3C 中用不同物质表示反应速率时，其值是否相同？

4. 不论反应 2A+B ══ 2C 是简单反应还是复杂反应，反应物 A 的消失速率都等于产物 C 的生成速率吗？

5. 什么是基元反应？

6. 为什么基元反应方程式的写法只有一种？

7. 什么是反应分子数？有没有零分子反应？

8. 为什么反应分子数越多的反应越不容易发生？

9. 什么是质量作用定律？质量作用定律适用于所有的化学反应吗？

10. 什么是简单反应？什么是复杂反应？

11. 什么是反应级数？反应级数都是正整数吗？

12. 任何反应都有一定的反应级数吗？

13. 反应速率都只与反应物的浓度有关吗？

14. 增大反应物浓度时反应速率必然都会增大吗？

15. 什么是反应机理？

16. 如果气相反应 A ══ B+C 的反应速率方程既可以表示为 $-dc_A/dt=kc_A^2$，也可以表示为 $-dp_A/dt=k'p_A^2$。则 k' 和 k 的单位分别是什么？

17. 从速率常数的单位能判断反应级数吗？

18. 零级、一级、二级反应的速率常数单位分别是什么？

19. 零级、一级、二级反应的半衰期与反应物的初始浓度分别有什么关系？

20. 一个反应的速率常数是 $180\mathrm{L\cdot mol^{-1}\cdot min^{-1}}$，则用 SI 单位表示时其速率常数是多少？

21. 为什么反应物的初始浓度越大，零级反应的半衰期越长而二级反应的半衰期越短？

22. 对于对峙反应 $I_2 \underset{k_{-1}}{\overset{k_1}{\rightleftharpoons}} 2I\cdot$，你能分别用 I_2 和 $I\cdot$ 给出该总反应的速率表示式吗？

23. 根据实验结果建立反应速率方程的常用方法有哪几种？

24. 建立速率方程时常用到隔离法。请问什么是隔离法？

25. 借助阿累尼乌斯经验公式能说明什么问题？

26. 什么是反应的活化能？什么是表观活化能？

27. 为什么温度通常会显著影响化学反应速率？

28. 温度对反应速率的影响越显著，则反应的活化能越大还是越小？

29. 使用阿累尼乌斯经验公式时，活化能应选用什么单位代入？

30. 在反应速率的近似处理方法中，什么是平衡态近似？

31. 对于所有的对峙反应都可以使用平衡态近似处理方法吗？

32. 在反应速率的近似处理方法中，什么是稳定态近似？

33. 在什么情况下才能用稳定态近似处理方法？

34. 什么是非依时计量学反应？什么是依时计量学反应？

35. 什么是链反应？它与连串反应是否相同？

36. 通常链反应是怎样引发的？

37. 链反应的三个主要步骤分别是什么？

38. 直链反应和支链反应有何区别？

39. 在所有的链反应中，对于高活性中间体均可使用稳态近似处理方法吗？

习　　题

1. 写出下列基元反应的速率方程。

(1) $NO_3 + NO \xrightarrow{k} 2\,NO_2$

（2）$2NO+Cl_2 \xrightarrow{k} 2NOCl$

（3）$N_2O_5 \xrightarrow{k} NO_3+NO_2$

2. 一定温度下，基元反应 $A+2B \longrightarrow 3C$ 的反应速率常数为 k。

（1）该反应的反应分子数是几？(3)

（2）该反应的反应级数是几？(3)

（3）分别用 A、B、C 的浓度随时间变化率给出该反应的速率方程表达式？

3. 在 298K 下，偶氮甲烷主要发生如下分解反应：

$$CH_3NNCH_3(g) \longrightarrow C_2H_6(g)+N_2(g)$$

其反应速率只与偶氮甲烷的分压有关，反应速率常数为 $2.50\times10^{-4}s^{-1}$。在温度恒为 298K 的刚性密闭反应器内，如果偶氮甲烷的初始压力为 100kPa，那么 1 小时后

（1）偶氮甲烷的分压力是多少？(40.66kPa)

（2）反应器内的总压力是多少？(159.34kPa)

4. 在一定温度下，反应 $R \longrightarrow P$ 的半衰期为 15 分钟，而且半衰期与 R 的初始浓度无关。求 1 小时后反应物 R 的转化率。(0.937)

5. 在一个 900℃的刚性密闭容器内，在有 W 催化剂存在的条件下，初始压力为 26.7kPa 的纯NH_3 气会分解为 N_2 和 H_2。该反应是零级反应。160min 分钟后总压力变为 40.0kPa。若其它条件相同，但纯NH_3 的初始压力是 200kPa，则 1 小时后

（1）NH_3 的分压力是多少？(195kPa)

（2）系统的总压力是多少？(205kPa)

6. 环丁烷分解生成乙烯是个一级气相反应。在 427℃下该反应的速率常数是 $1.23\times10^{-4}s^{-1}$。如果将 0.03mol 环丁烷放入体积为 1L、温度恒为 427℃的刚性密闭容器内，那么两小时后容器内的总压力是多少？假设该分解反应只能正向进行。(2.78×10^5Pa)

7. 环氧乙烷的热分解反应 $C_2H_4O \longrightarrow CH_4+CO$ 是个一级气相反应。在 377℃下其半衰期为 6 小时零 3 分钟。

（1）在 377℃下，环氧乙烷分解掉 98%需要多长时间？(2049min)

（2）在 377℃下，若最初反应器中只有 C_2H_4O，且压力为 101.3kPa。问多长时间后系统的总压力会增大至 162kPa？(479.0min)

8. 在高温下，气态二甲醚的分解反应 $CH_3OCH_3 \longrightarrow CH_4+H_2+CO$ 是个一级反应。假设该反应可以进行到底。将一定量的二甲醚放入 504℃的刚性密闭反应器内，测得不同时刻系统的总压力如下。请用作图法求 504℃下该反应的速率常数。($4.44\times10^{-4}s^{-1}$)

时间 t/s	390	777	1587	3155	∞
总压力 p/kPa	54.4	65.1	83.2	104	124

9. 如果Sr^{90}的半衰期是 28 年，那么 95%的Sr^{90}发生衰变需要多长时间？(121 年)

10. 下列反应是个一级反应，其反应速率只与反应物有关，且该反应可以进行完全。

$$C_6H_5N_2Cl(aq) \longrightarrow C_6H_5Cl(aq)+N_2(g)$$

在一定温度和压力下，如果把反应时间和反应中产生的 N_2 气体积分别用 t 和 V 表示，把 $t=\infty$时产生的 N_2 气体积用 V_∞ 表示，试证明该反应的速率常数 k 可以表示为

$$k=\frac{1}{t}\ln\frac{V_\infty}{V_\infty-V}$$

11. 反应$2NO_2(g) \longrightarrow 2NO(g)+O_2(g)$是个二级反应。该反应在 600K 下的反应速率常数为 $0.63mol^{-1}\cdot L\cdot s^{-1}$。在温度恒为 600K 的刚性密闭容器内，如果$NO_2$ 的初始压力为 200kPa，那么

（1）NO_2 分解掉 80%需要多长时间？

（2）若把反应速率方程用 $-\frac{dp_{NO_2}}{dt}=k'p_{NO_2}^2$ 表示，则在 600K 下 k'的值是多少？

$(t=79.2\text{s}, k'=2.53\times10^{-7}\text{Pa}^{-1}\cdot\text{s}^{-1})$

12. 把一定量的纯$ClCOOCCl_3$(g)放入一个刚性密闭容器内。在一定温度下，容器内会发生反应$ClCOOCCl_3$(g)$\longrightarrow$$2COCl_2$(g)。实验测得不同时刻容器内的总压力如下：

t/s	0	51	206	404	751	1132	1575	2215
总压 p/Pa	2004	2064	2232	2476	2710	2969	3197	3452

(1) 该反应是几级反应？（一级）

(2) 求该反应在实验温度下的速率常数。（$5.9\times10^{-4}\text{s}^{-1}$）

(3) 在实验温度下反应1200秒后，系统的总压力是多少？（3021Pa）

13. 在25℃下，将浓度均为$2\text{mol}\cdot\text{L}^{-1}$的乙酸甲酯溶液与氢氧化钠溶液等体积混合，使其发生皂化反应。在不同时刻测得乙酸甲酯的剩余分数如下：

时间/min	3	5	8	12	18	25
剩余分数	0.740	0.634	0.519	0.416	0.319	0.254

(1) 请确定该反应的反应级数。（二级）

(2) 求25℃下该反应的速率常数。（0.117min^{-1}）

14. 在一定温度下，将等摩尔的NO和H_2放入刚性密闭反应器内，它们将发生反应

$$2NO+2H_2\longrightarrow N_2+2H_2O$$

若初始总压力p_0不同，半衰期就不同。根据下列实验数据

p_0/Pa	50000	45400	38400	33460	32400	26930
$t_{1/2}$/min	95	102	140	180	196	224

(1) 求该反应的反应级数。（2.5级）

(2) 求该反应在实验温度下的速率常数。（$1.19\times10^{-9}\text{Pa}^{-1.5}\cdot\text{s}^{-1}$）

15. 对于一个n级反应，其反应速率可以表示为$r_A=kc_A^n$。如果$n\neq1$，试证明该反应的半衰期$t_{1/2}$与反应物A的初始浓度$c_{A,0}$及反应级数n之间存在如下关系：

$$t_{1/2}=\frac{2^{n-2}-1}{kc_{A,0}^{n-1}(n-1)}$$

16. 在170℃，硫氰化铵异构化为硫脲是一个均相可逆反应，其中的正向反应和逆向反应均为一级反应。

$$NH_4SCN \underset{k_{-1}}{\overset{k_1}{\rightleftharpoons}} CS(NH_2)_2$$

(1) 证明

$$\ln\frac{x_e}{x_e-x}=(k_1+k_{-1})t$$

其中的x和x_e分别是t时刻和平衡时产物的浓度。

(2) 在170℃下实验测得k_1和k_{-1}分别为$2.5\times10^{-4}\text{s}^{-1}$和$7.3\times10^{-4}\text{s}^{-1}$。在同温度下若将一定量的硫氰化铵放入一个刚性密闭容器内，则反应10min后产物硫脲的摩尔分数是多少？（0.113）

17. 1,2-二甲基环丙烷有顺反异构。这两种异构体的相互转化反应是个1-1型的对峙反应。在453℃下，将一定的顺式异构体放入反应器内，实验测得反式异构体的质量分数随时间的变化情况见下表。

t/s	0	45	90	225	360	585	∞
w(反式)	0.00	0.108	0.189	0.377	0.493	0.601	0.700

(1) 求453℃下该反应的平衡常数K_c。（2.33）

(2) 求453℃下该反应的正、逆向反应速率常数。

$$(k_1=2.43\times10^{-3}\text{s}^{-1}, k_{-1}=1.05\times10^{-3}\text{s}^{-1})$$

18. 在1189K下，醋酸可发生如下分解反应。其中$k_1=3.74\text{s}^{-1}$，$k_2=4.65\text{s}^{-1}$。

$$CH_3COOH \overset{k_1}{\underset{k_2}{}} \begin{matrix} CH_4+CO_2 \\ H_2C{=}CO+H_2O \end{matrix}$$

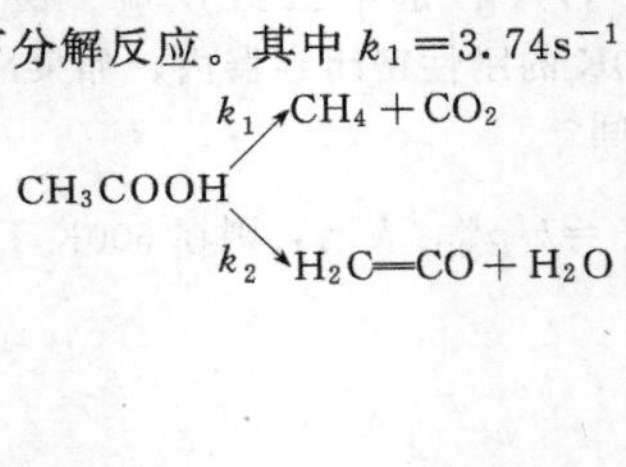

(1) 在 1189K 下，醋酸分解掉 85%需要多长时间？(0.226s)

(2) 在 1189K 下，醋酸分解 85%时 $H_2C=CO$ 的产率是多少？(47.1%)

(产率是指转化为指定产物的那部分反应物的量与最初反应物总量的比值)。

19. 以CS_2 为溶剂，在碘的催化作用下氯苯和氯可发生如下反应：

$$C_6H_5Cl+Cl_2 \xrightarrow{k_1} o\text{-}C_6H_4Cl_2(\text{邻})+HCl$$

$$C_6H_5Cl+Cl_2 \xrightarrow{k_2} p\text{-}C_6H_4Cl_2(\text{对})+HCl$$

这两个反应分别对于氯苯和氯均为一级反应。

(1) 若氯苯和氯的初始浓度均为 $a\,\text{mol}\cdot\text{L}^{-1}$，请给出氯苯的浓度随时间变化的关系式。

(2) 若 $a=0.5$，在一定温度下反应 30 分钟后，邻位产物和对位产物的摩尔分数浓度分别为 15%和 25%。求该温度下这两个反应的速率常数 k_1 和 k_2。

($k_1=0.067\ \text{mol}^{-1}\cdot\text{L}\cdot\text{min}^{-1}$，$k_2=0.111\ \text{mol}^{-1}\cdot\text{L}\cdot\text{min}^{-1}$)

20. 2,3-4,6 二丙酮左罗糖酸 (A) 在酸性溶液中水解生成抗坏血酸 (B) 的反应是一个连串反应，其主产物是 B，而最终产物是 C。

$$A \xrightarrow{k_1} B \xrightarrow{k_2} C$$

在 50℃下测得 $k_1=0.42\times10^{-2}\,\text{min}^{-1}$，$k_2=0.20\times10^{-4}\,\text{min}^{-1}$。求 50℃下生成抗坏血酸的最佳反应时间和抗坏血酸的最大产率。(1280min，97.5%)

21. 碘化氢的分解反应 $2HI(g) \longrightarrow H_2(g)+I_2(g)$是一个二级反应，其反应速率方程为 $r=kc_{HI}^2$。在 300℃和 321℃下，该反应的速率常数分别为 $1.07\times10^{-6}\,\text{mol}^{-1}\cdot\text{L}\cdot\text{s}^{-1}$和 $3.95\times10^{-6}\,\text{mol}^{-1}\cdot\text{L}\cdot\text{s}^{-1}$。

(1) 计算该反应的活化能 E_a。(176kJ·mol^{-1})

(2) 在 400℃和 150kPa 下，纯 HI 分解掉 5%需要多长时间？(3810s)

22. 在 540~727K 温度范围，双分子反应 $CO(g)+NO_2(g) \longrightarrow CO_2(g)+NO(g)$的反应速率常数与温度的关系如下：

$$k/\text{mol}^{-1}\cdot\text{L}\cdot\text{s}^{-1}=1.2\times10^{10}\exp\left(\frac{-15900}{T/\text{K}}\right)$$

(1) 求该反应的活化能。(132kJ·mol^{-1})

(2) 在温度为 600K 的刚性密闭反应器内，若最初只有反应物，且 CO 和NO_2 的分压分别为 1.0kPa 和 2.0kPa，那么 10 小时后 NO 的分压是多少？(0.381kPa)

23. 对于某非一级反应，用反应物 A 表示反应速率时，$-\frac{dc_A}{dt}=kc_A^{\alpha}$，此处 $\alpha\neq1$。请借助半衰期与初始浓度的关系，并结合阿累尼乌斯公式，导出该反应的半衰期与温度的关系，即导出$\frac{d\ln t_{1/2}}{dT}$的表达式。

24. 实验测得反应$CH_3CHF_2 \xrightarrow{k} CH_2=CHF+HF$ 在不同温度下的反应速率常数见下表。请用作图法求该反应的活化能。(259.8kJ·mol^{-1})

t/℃	429	447	463	483	487	507	521	522
$k\times10^7/\text{s}^{-1}$	7.9	26	69	230	250	620	1400	1700

25. 醋酸酐的分解反应是个一级反应，该反应的表观活化能为 144.35kJ·mol^{-1}。该反应在 284℃下的速率常数为 $3.3\times10^{-2}\,\text{s}^{-1}$。要想使得醋酸酐在 30min 内的分解率不大于 85%，则应如何控制反应温度？($T\leqslant501.7$K 即 $t\leqslant228.5$℃)

26. 乙醛热分解反应$CH_3CHO \longrightarrow CH_4+CO$ 的反应机理如下：

(1) $CH_3CHO \xrightarrow{k_1} \cdot CH_3+\cdot CHO$

(2) $\cdot CH_3+CH_3CHO \xrightarrow{k_2} CH_4+\cdot CH_2CHO$

(3) $\cdot CH_2CHO \xrightarrow{k_3} CO+\cdot CH_3$

(4) $\cdot CH_3 + \cdot CH_3 \xrightarrow{k_4} C_2H_6$

用主产物甲烷表示反应速率时，请导出该反应的速率方程。

27. 实验表明，在溴蒸气的参与下，反应$2N_2O \longrightarrow 2N_2 + O_2$的速率方程可以表示为

$$-\frac{dc_{N_2O}}{dt} = kc_{N_2O}c_{Br_2}^{1/2} \quad \text{其中 } k \text{ 在一定温度下为常数}$$

证明该实验结果支持下述反应机理。

(1) $Br_2 \underset{k_{-1}}{\overset{k_1}{\rightleftharpoons}} 2Br\cdot$

(2) $Br\cdot + N_2O \xrightarrow{k_2} N_2 + BrO\cdot$

(3) $BrO\cdot + N_2O \xrightarrow{k_3} N_2 + O_2 + Br\cdot$

28. 在SO_2被氧化成为SO_3的反应中，NO可以作为催化剂，其反应机理如下：

① $2NO + O_2 \xrightarrow{k_1} 2NO_2$

② $NO_2 + SO_2 \xrightarrow{k_2} SO_3 + NO$

该反应的速率方程可表示为$\frac{dp_{SO_3}}{dt} = kp_{NO}^2 p_{O_2}$。请分析说明该速率方程意味着反应①是总反应的反应速率控制步骤。

29. 对于反应$2N_2O_5 \longrightarrow 4NO_2 + O_2$，请根据下述反应机理推导出用$O_2$表示的反应速率方程。其中$k_{-1} \gg k_2$。

① $N_2O_5 \underset{k_{-1}}{\overset{k_1}{\rightleftharpoons}} NO_2 + NO_3$

② $NO_2 + NO_3 \xrightarrow{k_2} NO + NO_2 + O_2$

③ $NO + NO_3 \xrightarrow{k_3} 2NO_2$

30. 在一定条件下，异丙苯$C_6H_5C(CH_3)_2$—H（简记为R—H）被氧化为过氧化氢异丙苯$C_6H_5C(CH_3)_2$—OOH(简记为ROOH)的反应机理如下：

链引发 ① $ROOH \xrightarrow{k_1} RO\cdot + HO\cdot$ $E_{a,1} = 151kJ \cdot mol^{-1}$

② $RO\cdot + RH \xrightarrow{k_2} ROH + R\cdot$ $E_{a,2} = 17kJ \cdot mol^{-1}$

③ $HO\cdot + RH \xrightarrow{k_3} H_2O + R\cdot$ $E_{a,3} = 17kJ \cdot mol^{-1}$

链传递 ④ $R\cdot + O_2 \xrightarrow{k_4} RO_2\cdot$ $E_{a,4} = 17kJ \cdot mol^{-1}$

⑤ $RO_2\cdot + RH \xrightarrow{k_5} ROOH + R\cdot$ $E_{a,5} = 17kJ \cdot mol^{-1}$

链终止 ⑥ $2RO_2\cdot \xrightarrow{k_6} ROOR + O_2$ $E_{a,6} = 0$

最初可以在反应物异丙苯中加入少量的过氧化氢异丙苯作为链引发剂。比较反应①和反应⑤的活化能可以看出：反应①的活化能很大，反应一定很缓慢，所以考虑ROOH的生成速率时可以忽略反应①。

(1) 根据反应机理导出用过氧化氢异丙苯（ROOH）表示的该反应的速率方程。

(2) 根据导出的反应速率方程求该反应的表观活化能。(92.5kJ·mol^{-1})

第 7 章　表面现象

从自然界到工农业生产、再到日常生活，表面现象无处不有。只是在许多情况下，表面现象的作用并不显著、不重要，所以表面现象常常被忽视。但是在某些场合，表面现象非考虑不可，如蒸气凝结和液体凝固时的过冷现象、从溶液中结晶时的过饱和现象、毛细现象、表面润湿现象、纳米材料的优异性能，还有乳液的制备、稳定性及破乳等。

7.1　界面张力

7.1.1　界面张力

以一盆水为例，如图 7.1 所示。处于本体相中的水分子和处在表面相（即液面上）的水分子的受力情况是不同的。在本体相中，每个水分子受到四面八方其它水分子的作用（主要是相互吸引），而且在各个方向上的受力情况相同，故它受到的合力为零。但处于表面相的水分子受到的合力不等于零，其方向与表面垂直，并指向本体相内部。表面相分子的这种受力情况就构成了**表面不饱和力场**。

实际上，任何相界面都存在不饱和力场，故表面不饱和力场也叫做**界面不饱和力场**（interfacial unsaturated force field）。相界面是两相之间的界面，它是由两个相构成的。每一个相界面都涉及两个侧面。每个侧面都有不饱和力场，即每个相界面都涉及两种界面不饱和力场。这两种界面不饱和力场都指向各自的本体相内部。原因是如果不饱和力场不是指向本体相内部，而是指向相反的方向，那么该相界面上的分子必然要自发趋于稳定，必然会自发迁移到另一相中去即溶解。在这种情况下，最初所考察的不同相之间的相界面也就不复存在了。所以，任何能真正存在的相界面上的不饱和力场都是指向本体相内部的。

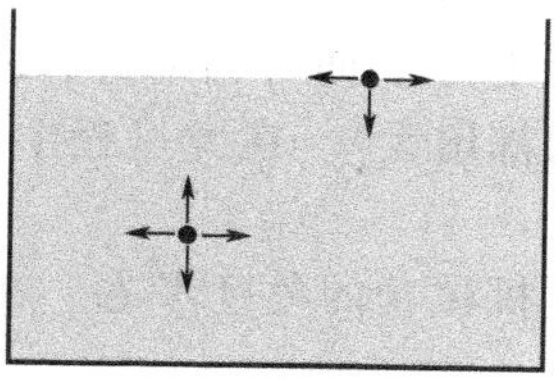

图 7.1　表面不饱和力场示意图

界面不饱和力场的存在，使得界面相分子的稳定性比本体相分子的差，使得相界面对于其它分子都有不同程度的吸附作用。所以，表面吸附常与表面不饱和力场密切相关。

既然界面不饱和力场都指向本体相内部，可以设想如果试图在一定的温度、压力和组成条件下把一个本体相中的水分子移动到相界面上使相界面的面积增大，外界就需要对它做功。移出来的水分子数越多，需要外界做的功就越多。由于在此过程中，系统的体积不变，所以该过程是一个等温等容过程，这种功属于非体积功。我们把这种非体积功称为**表面功**（surface work）。在表面积增大的过程中，环境需要对系统做的最小表面功 $\delta W'_{\min}$ 应与移动到表面的分子数成正比，也就是与表面积的增加值 dA 成正比即

$$\delta W'_{\min}=\sigma dA \tag{7.1}$$

式中，σ 是比例系数。从式(7.1) 看，σ 的物理意义是：在一定温度、体积和组成条件下增加单位表面积时环境对系统所做的最小功。

另一方面，上述增大表面积的过程也是在一定压力下进行的，故该过程也是一个等温等压过程。根据吉布斯函数判据，在一定温度和压力下

$$-\mathrm{d}G \geqslant -\delta W' \quad \text{或} \quad \mathrm{d}G \leqslant \delta W'$$

对于一个给定的态变化过程，状态函数的改变量都是一定的，但是环境对系统所做的非体积功 $\delta W'$不是状态函数的改变量，其值可大可小，可逆时 $\delta W'$最小。这就是说，如果上述把水分子从本体相移动到表面相使表面积增大的过程是在等温等压而且可逆的条件下完成的，则需要环境对系统所做的最小非体积功 $\delta W'_{\min}$就等于系统的吉布斯函数增量 $\mathrm{d}G$ 即

$$\delta W'_{\min} = \mathrm{d}G \tag{7.2}$$

由式(7.1) 和式(7.2) 两式可得

$$\mathrm{d}G = \sigma \mathrm{d}A$$

所以

$$\sigma = \left(\frac{\partial G}{\partial A}\right)_{T,p,n_B} \tag{7.3}$$

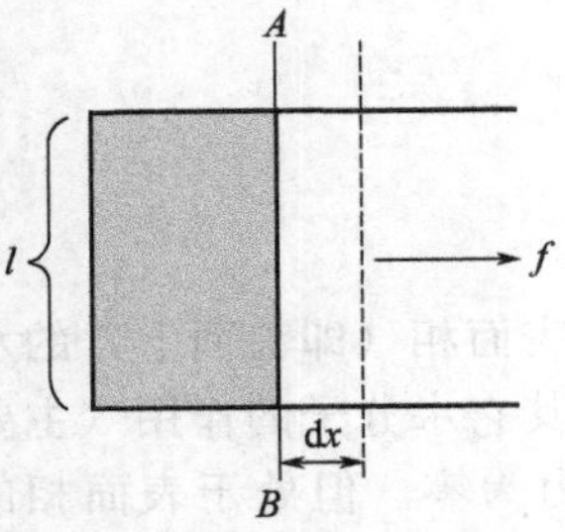

图 7.2　表面张力实验

式(7.3) 表明：σ 是一定温度、压力和组成条件下单位表面积所具有的吉布斯函数，故称 σ 为**比表面吉布斯函数**，σ 的单位是 $\mathrm{J \cdot m^{-2}}$。由式(7.3) 可见，σ 是状态函数的组合，故 σ 也是状态函数。它是系统的性质。

另一方面，由于 $1\mathrm{J \cdot m^{-2}} = 1\mathrm{N \cdot m \cdot m^{-2}} = 1\mathrm{N \cdot m^{-1}}$，所以 σ 的单位也可以用 $\mathrm{N \cdot m^{-1}}$表示。用 $\mathrm{N \cdot m^{-1}}$这个单位时，σ 的物理意义是单位长度上的力。所以，也常把 σ 称为**表面张力**(surface tension)。可是，σ 作为一种力，怎样才能与实验联系在一起，怎样才更直观呢？设想有一个金属框架如图 7.2 所示，其宽度为 l。金属框架上有一个无摩擦的可移动边 AB。先在该框架上布置一层肥皂液膜，然后用力 f 使可移动边 AB 向右可逆移动 $\mathrm{d}x$ 距离，从而使肥皂液膜的表面积增大（正面和背面都增大）。在此过程中，环境对系统所做的表面功最小，其值为

$$\delta W' = \mathrm{d}G = \sigma \cdot \mathrm{d}A = \sigma \cdot 2l \cdot \mathrm{d}x$$

从机械功的角度考虑，在此过程中

$$\delta W' = f\mathrm{d}x$$

比较以上两式可得

$$\sigma = \frac{f}{2l} \tag{7.4}$$

从式(7.4) 看，把 σ 理解为单位长度上的力是很自然的。

力是一个矢量，是有方向的。那表面张力的方向如何呢？以固体表面上的一滴液体为参考，在固、液、气三相的交界线上（交界线就是从上往下看时液滴的边缘线），液体的表面张力不仅与液体的表面相切［参见图 7.3(a)］，而且与液体表面的边缘垂直、并力图使液体的表面积减小［参见图 7.3(b)］，从而力图使系统的表面吉布斯函数减小。

(a) 侧视图　　(b) 俯视图

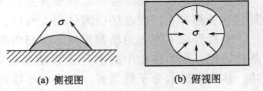

图 7.3　表面张力的方向

> **例 7.1**　在 25℃和常压下，当把 1kg 水分散使其变成半径为 $10^{-8}\,\mathrm{m}$ 的小水珠时，环境至少需要对系统做多少功？已知在 25℃下水的密度为 $0.9971\mathrm{g \cdot mL^{-1}}$，水的表面张力为 $71.95\times10^{-3}\mathrm{N \cdot m^{-1}}$。
>
> **解：**　$W' \approx \sigma \Delta A \approx \sigma A_2$

$$=\sigma\frac{m}{\frac{4}{3}\pi r^3\rho}\times 4\pi r^2=\frac{3\sigma m}{r\rho}$$

$$=\frac{3\times 71.95\times 10^{-3}\text{N}\cdot\text{m}^{-1}\times 1\text{kg}}{10^{-8}\text{m}\times 997.1\text{kg}\cdot\text{m}^{-3}}$$

即　$W'=2.16\times 10^4\text{J}$

实际上，不光是液体表面存在不饱和力场，任何相界面都存在不饱和力场。如通常油和水是不互溶的，在油和水的界面上，这种不饱和力场表现为水分子受到的合力指向水相内部，而油分子受到的合力指向油相内部。也就是说，水分子与水分子之间的相互作用大于水分子与油分子之间的相互作用，同样油分子与油分子之间的相互作用大于油分子与水分子之间的相互作用。正因为这样，才使得油与水互不相溶或彼此溶解度很小，才使得油与水彼此之间存在着相界面。如果不同分子间的相互作用接近于或大于同种分子之间的相互作用，那么水分子就容易跑到油相中形成溶液，油分子也容易跑到水相中形成溶液，而不会有相界面存在，不会有两个相平衡共存。所以，任何相界面上都存在不饱和力场，任何相界面上都存在**界面张力**（interfacial tension）。前面针对液体所说的表面张力只是界面张力中的一部分。准确地讲，凝聚态物质（包括各种液体和固体）的表面张力是指该凝聚态物质与含有该凝聚态物质的饱和蒸气的空气处于平衡状态时的界面张力。类似于表面张力，在相界面的边缘，界面张力的方向与相界面相切、与相界面的边缘垂直、并力图使相界面的面积减小，从而使系统的界面吉布斯函数减小。

7.1.2　影响界面张力的因素

表7.1中列出了一些物质的界面（表面）张力。影响界面张力的因素是多种多样的，其主要影响因素有以下几种。

表7.1　一些物质的界面（表面）张力

	物质	温度/℃	$\sigma\times 10^3$/N·m^{-1}	物质	温度/℃	$\sigma\times 10^3$/N·m^{-1}
纯液体的表面张力	水	0	75.68	乙醚	0	19.31
	水	20	73.75	乙醚	20	17.01
	水	25	71.95	四氯化碳	20	26.68
	苯	0	31.7	二硫化碳	0	35.71
	苯	20	28.88	正辛烷	0	23.36
	甲醇	0	23.5	正己烷	0	21.31
	甲醇	20	22.6	正丁醇	0	25.87
	乙醇	0	23.3	正丙醇	0	25.32
	乙醇	20	22.27	甘油	20	63.40
液态金属和熔盐的表面张力	银	970	800	氯化银	452	125.5
	金	1070	1000	氟化钠	1010	200
	铜	1130	1100	氯化钠	1000	98
	汞	20	476	溴化钠	1000	88
两种液体间的界面张力	苯/水	20	35.0	乙酸乙酯/水	20	2.9
	苯/水	25	32.6	汞/水	20	375
	四氯化碳/水	20	45.0	汞/水	25	369
	乙醚/水	20	10.7	汞/汞蒸气	20	471.6
	正丁醇/水	20	1.6	汞/乙醇	20	364.0

(1) 表面张力与物质的本性有关

粒子间相互作用越强的物质其表面张力越大。原因是粒子间的相互作用越强，相界面上的不饱和力场也就越强。所以，不同键型物质的表面张力大致具有如下规律：

$$\sigma_{金属键}>\sigma_{离子键}>\sigma_{极性共价键}>\sigma_{非极性共价键}$$

(2) 表面张力与组成有关

既然表面张力与物质的本性有关，表面张力就与本体相（如溶液）的组成有关，如图7.4所示。水是强极性物质。在无机盐水溶液中，由于水合离子的形成，使本体相中的水分子变得更加稳定。这时，水溶液表面的不饱和力场更强，欲把水分子从本体相移动到表面就会更困难。所以无机盐水溶液的表面张力通常随浓度的增大而增大。

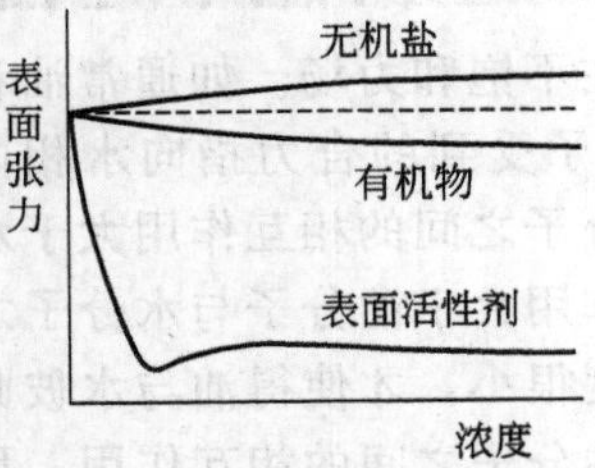

图 7.4 水溶液的表面张力

许多有机物是非极性或弱极性分子，有机物分子与水分子之间的相互作用较弱。有机物溶入水中会使水分子的稳定性变差，使水分子更容易迁移到表面。所以许多有机物水溶液的表面张力会随浓度的增大而减小。

表面活性剂是一类能显著降低界面张力的物质。表面活性剂的用途非常广泛。本章后面还要专门对此给予讨论。

(3) 界面张力与两个相邻相的性质有关

一种物质与其它不同物质相接触时，其界面张力是不一样的。原因是界面张力是由界面不饱和力场产生的，而界面不饱和力场的强弱与相邻相的性质密切相关。

(4) 界面张力与温度有关

通常温度升高时，界面张力下降。因为温度升高时，分子的能量升高，分子的热运动加强，分子从本体相跑到界面相会变得更容易，故界面不饱和力场会减弱，界面张力会减小，参见表7.2给出的数据。目前，关于界面张力与温度之间的确切关系暂时还没有找到，只有一些经验或半经验的公式可供参考。

表 7.2 几种液体在不同温度下的表面张力 $\sigma\times10^3$/N·m^{-1}

温度 t/℃	0	20	40	60	80	100
水	75.64	72.75	69.56	66.18	62.61	58.85
乙醇	24.05	22.27	20.60	19.01	—	—
甲苯	30.74	28.43	26.13	23.81	21.53	19.39
苯	31.6	28.9	26.3	23.7	21.3	—

7.2 表面热力学

7.2.1 表面热力学基本方程

在多相分散系统中，常用到比表面这个概念。**比表面**（specific surface area）是指单位质量或单位体积的凝聚态物质所具有的表面积。多相分散系统的分散度越大，比表面就越大。虽然相界面无处不在，如系统与环境之间通常都有相界面存在，但是只有当多相分散系统的分散度或比表面很大时，表面现象才比较明显，才需要考虑表面现象。

以25℃的水为例，其密度为997.1kg·m^{-3}，表面张力为71.95×10^{-3}N·m^{-1}。在相同温度下，若1mol水以球形小水珠的形式分散在空气中，其水珠半径与小水珠的个数、表面积以及表面吉布斯函数见表7.3。

表 7.3　25℃下分散度对 1mol 水的表面积和表面吉布斯函数的影响

半径 /m	10^{-3}	10^{-5}	10^{-7}	10^{-8}	10^{-9}
水珠数/个	4.30×10^{3}	4.30×10^{9}	4.30×10^{15}	4.30×10^{18}	4.30×10^{21}
表面积/m^2	5.4×10^{-2}	5.4	5.4×10^{2}	5.4×10^{3}	5.4×10^{4}
表面吉布斯函数/J	3.89×10^{-3}	3.89×10^{-1}	3.89×10	3.89×10^{2}	3.89×10^{3}

下面考察一个包含 α 和 β 两个相的封闭系统。由于相界面不是几何面，它是从 α 相到 β 相的一个过渡区域，所以相界面有一定的厚度。界面相的吉布斯函数 $G^{(\sigma)}$ 除了与界面相的温度 $T^{(\sigma)}$、压力 $p^{(\sigma)}$、组成 $n_{\mathrm{A}}^{(\sigma)}\cdot n_{\mathrm{B}}^{(\sigma)}$……有关外，还与界面相的面积 A 有关，即

$$G^{(\sigma)}=G^{(\sigma)}[T^{(\sigma)},p^{(\sigma)},n_{\mathrm{A}}^{(\sigma)},n_{\mathrm{B}}^{(\sigma)}\cdots\cdots A]❶ \tag{7.5}$$

由于状态函数的微分是全微分，所以

$$\mathrm{d}G^{(\sigma)}=\left(\frac{\partial G^{(\sigma)}}{\partial T^{(\sigma)}}\right)_{p^{(\sigma)},n_{\mathrm{C}}^{(\sigma)},A}\mathrm{d}T^{(\sigma)}+\left(\frac{\partial G^{(\sigma)}}{\partial p^{(\sigma)}}\right)_{T^{(\sigma)},n_{\mathrm{C}}^{(\sigma)},A}\mathrm{d}p^{(\sigma)}$$
$$+\sum_{\mathrm{B}}\left(\frac{\partial G^{(\sigma)}}{\partial n_{\mathrm{B}}^{(\sigma)}}\right)_{T^{(\sigma)},p^{(\sigma)},n_{\mathrm{C}}^{(\sigma)}(\mathrm{C}\neq\mathrm{B}),A}\mathrm{d}n_{\mathrm{B}}^{(\sigma)}+\left(\frac{\partial G^{(\sigma)}}{\partial A}\right)_{T^{(\sigma)},p^{(\sigma)},n_{\mathrm{C}}^{(\sigma)}}\mathrm{d}A$$

联想到定组成闭合相热力学基本方程，容易看出

$$\left(\frac{\partial G^{(\sigma)}}{\partial T^{(\sigma)}}\right)_{p^{(\sigma)},n_{\mathrm{C}}^{(\sigma)},A}=\underbrace{\left(\frac{\partial G^{(\sigma)}}{\partial T^{(\sigma)}}\right)_{p}}_{\text{定组成闭合相}}=-S^{(\sigma)}$$

$$\left(\frac{\partial G^{(\sigma)}}{\partial p^{(\sigma)}}\right)_{T^{(\sigma)},n_{\mathrm{C}}^{(\sigma)},A}=\underbrace{\left(\frac{\partial G^{(\sigma)}}{\partial p^{(\sigma)}}\right)_{T}}_{\text{定组成闭合相}}=V^{(\sigma)}$$

因为从下标看，既然 $n_{\mathrm{C}}^{(\sigma)}$ 和 A 都恒定不变，则面对的系统必然是定组成闭合相系统，必然服从定组成闭合相热力学基本方程。与此同时，联想到化学势和界面张力的定义式，容易看出

$$\left(\frac{\partial G^{(\sigma)}}{\partial n_{\mathrm{B}}^{(\sigma)}}\right)_{T^{(\sigma)},p^{(\sigma)},n_{\mathrm{C}}^{(\sigma)}(\mathrm{C}\neq\mathrm{B}),A}=\underbrace{\left(\frac{\partial G^{(\sigma)}}{\partial n_{\mathrm{B}}^{(\sigma)}}\right)_{T^{(\sigma)},p^{(\sigma)},n_{\mathrm{C}}^{(\sigma)}(\mathrm{C}\neq\mathrm{B})}}_{A\text{恒定不变如同不考虑界面现象}}=\mu_{\mathrm{B}}^{(\sigma)}$$

而
$$\left(\frac{\partial G^{(\sigma)}}{\partial A}\right)_{T^{(\sigma)},p^{(\sigma)},n_{\mathrm{C}}^{(\sigma)}}=\sigma$$

所以
$$\mathrm{d}G^{(\sigma)}=-S^{(\sigma)}\mathrm{d}T^{(\sigma)}+V^{(\sigma)}\mathrm{d}p^{(\sigma)}+\sum\mu_{\mathrm{B}}^{(\sigma)}\mathrm{d}n_{\mathrm{B}}^{(\sigma)}+\sigma\mathrm{d}A \tag{7.6}$$

又因
$$F^{(\sigma)}=G^{(\sigma)}-p^{(\sigma)}V^{(\sigma)}$$

所以
$$\mathrm{d}F^{(\sigma)}=\mathrm{d}G^{(\sigma)}-p^{(\sigma)}\mathrm{d}V^{(\sigma)}-V^{(\sigma)}\mathrm{d}p^{(\sigma)}$$

将式(7.6) 代入此式可得

$$\mathrm{d}F^{(\sigma)}=-S^{(\sigma)}\mathrm{d}T^{(\sigma)}-p^{(\sigma)}\mathrm{d}V^{(\sigma)}+\sum\mu_{\mathrm{B}}^{(\sigma)}\mathrm{d}n_{\mathrm{B}}^{(\sigma)}+\sigma\mathrm{d}A \tag{7.7}$$

又因
$$H^{(\sigma)}=G^{(\sigma)}+T^{(\sigma)}S^{(\sigma)}$$

所以
$$\mathrm{d}H^{(\sigma)}=\mathrm{d}G^{(\sigma)}+T^{(\sigma)}\mathrm{d}S^{(\sigma)}+S^{(\sigma)}\mathrm{d}T^{(\sigma)}$$

将式(7.6) 代入此式可得

$$\mathrm{d}H^{(\sigma)}=T^{(\sigma)}\mathrm{d}S^{(\sigma)}+V^{(\sigma)}\mathrm{d}p^{(\sigma)}+\sum\mu_{\mathrm{B}}^{(\sigma)}\mathrm{d}n_{\mathrm{B}}^{(\sigma)}+\sigma\mathrm{d}A \tag{7.8}$$

又因
$$U^{(\sigma)}=H^{(\sigma)}-p^{(\sigma)}V^{(\sigma)}$$

---

❶ 此处用正体 A、B 表示不同的组分，用斜体 A 表示相界面的面积。

所以 $$dU^{(\sigma)}=dH^{(\sigma)}-p^{(\sigma)}dV^{(\sigma)}-V^{(\sigma)}dp^{(\sigma)}$$

将式(7.8) 代入此式可得

$$dU^{(\sigma)}=T^{(\sigma)}dS^{(\sigma)}-p^{(\sigma)}dV^{(\sigma)}+\sum\mu_B^{(\sigma)}dn_B^{(\sigma)}+\sigma dA \tag{7.9}$$

由于整个系统包含 α 相、β 相和界面相 σ 三个部分，故对于整个系统而言

$$G=G^{(\alpha)}+G^{(\beta)}+G^{(\sigma)}$$

$$dG=dG^{(\alpha)}+dG^{(\beta)}+dG^{(\sigma)}$$

式中，$dG^{(\alpha)}$ 和 $dG^{(\beta)}$ 都是本体相吉布斯函数的微分，其表示式由敞开相热力学基本方程给出，而 $dG^{(\sigma)}$ 的表示式由式(7.6) 给出，所以上式可以改写为

$$dG=\sum_{\delta=\alpha,\beta,\sigma}\left(-S^{(\delta)}dT^{(\delta)}+V^{(\delta)}dp^{(\delta)}+\sum\mu_B^{(\delta)}dn_B^{(\delta)}\right)+\sigma dA \tag{7.10}$$

与式(7.7)～式(7.9) 的导出过程相似，对于整个系统同样可以得到

$$dF=\sum_{\delta=\alpha,\beta,\sigma}\left(-S^{(\delta)}dT^{(\delta)}-p^{(\delta)}dV^{(\delta)}+\sum\mu_B^{(\delta)}dn_B^{(\delta)}\right)+\sigma dA \tag{7.11}$$

$$dH=\sum_{\delta=\alpha,\beta,\sigma}\left(T^{(\delta)}dS^{(\delta)}+V^{(\delta)}dp^{(\delta)}+\sum\mu_B^{(\delta)}dn_B^{(\delta)}\right)+\sigma dA \tag{7.12}$$

$$dU=\sum_{\delta=\alpha,\beta,\sigma}\left(T^{(\delta)}dS^{(\delta)}-p^{(\delta)}dV^{(\delta)}+\sum\mu_B^{(\delta)}dn_B^{(\delta)}\right)+\sigma dA \tag{7.13}$$

式(7.6)～式(7.13) 统称为**表面热力学基本方程**。由式(7.10)～式(7.13) 可得

$$\sigma=\left(\frac{\partial U}{\partial A}\right)_{S,V,n_C}=\left(\frac{\partial H}{\partial A}\right)_{S,p,n_C}=\left(\frac{\partial F}{\partial A}\right)_{T,V,n_C}=\left(\frac{\partial G}{\partial A}\right)_{T,p,n_C} \tag{7.14}$$

式(7.14) 中的下标是指这些变量在 α 相、β 相和界面相 σ 这三个部分都恒定不变。

例 7.2 已知常压下水的表面张力与摄氏温度 t 的关系如下：

$$\sigma/N\cdot m^{-1}=7.654\times10^{-2}-1.4\times10^{-4}t/℃$$

在20℃和常压下如果把水的表面积可逆增大 $1m^2$，求算该过程中的 W、Q、ΔU、ΔH、ΔS、ΔF 和 ΔG。

解：在实验温度下

$$\sigma/N\cdot m^{-1}=7.654\times10^{-2}-1.4\times10^{-4}\times20$$

即 $$\sigma=7.37\times10^{-2}N\cdot m^{-1}$$

该过程中水的体积未变，故这是一个等温等容过程。根据亥姆霍兹函数判据，等温等容并可逆时，环境对系统做的非体积功最小，其值等于亥姆霍兹函数的增量即

$$W'_{min}=\Delta F$$

根据表面热力学基本方程，在等温等容且组成恒定不变时

$$\Delta F=\sigma\Delta A$$

所以 $$W'_{min}=\Delta F=\sigma\Delta A=7.37\times10^{-2}N\cdot m^{-1}\times1m^2$$

$$=0.0737J$$

通常界面相物质的量很少,可以忽略不计。故此处使用式(7.10)时,只需考虑本体相和它的表面积即可,即

$$dG=-SdT+Vdp+\sum\mu_B dn_B+\sigma dA$$

在压力和组成一定的情况下，此式可改写为

$$dG=-SdT+\sigma dA$$

根据全微分的性质

$$-\left(\frac{\partial S}{\partial A}\right)_{T,p,n_C}=\left(\frac{\partial \sigma}{\partial T}\right)_{p,n_C,A}$$

所以

$$\Delta S=\int_{A_1}^{A_2}-\left(\frac{\partial \sigma}{\partial T}\right)_{p,n_C,A}\mathrm{d}A$$

又因

$$\left(\frac{\partial \sigma}{\partial T}\right)_{p,n_C,A}=-1.4\times10^{-4}\mathrm{N\cdot m^{-1}\cdot K^{-1}}$$

所以

$$\Delta S=1.4\times10^{-4}\mathrm{N\cdot m^{-1}\cdot K^{-1}}\times1\mathrm{m^2}=1.4\times10^{-4}\mathrm{J\cdot K^{-1}}$$

$$Q=T\cdot\Delta S=(20+273.2)\mathrm{K}\times1.4\times10^{-4}\mathrm{J\cdot K^{-1}}=0.0410\mathrm{J}$$

所以

$$\Delta U=\Delta F+T\Delta S=0.0737\mathrm{J}+293.2\mathrm{K}\times1.4\times10^{-4}\mathrm{J\cdot K^{-1}}=0.1147\mathrm{J}$$

该过程中压力体积都不变，故

$$\Delta H=\Delta U+\Delta(pV)=\Delta U=0.1147\mathrm{J}$$

$$\Delta G=\Delta F+\Delta(pV)=\Delta F=0.0737\mathrm{J}$$

此例中 $Q\neq\Delta H$，原因是虽然过程等压，但是有非体积功，故 $Q_p\neq\Delta H$

7.2.2 热力学平衡条件

如果一个系统处于热力学平衡状态，则该系统必然同时处于热平衡、力平衡、相平衡和化学平衡。下面以一个由刚性容器包容的由 α 相、β 相和界面相 σ 三部分组成的封闭系统为例分别讨论这些平衡条件，参见图 7.5。其中的界面相 σ 的体积可近似看作零。

(1) 热平衡条件

如果系统中各部分的温度不满足下式

$$T^{(\alpha)}=T^{(\beta)}=T^{(\sigma)}=T_e \tag{7.15}$$

则系统内部的不同相之间或系统与环境之间必然会发生不可逆热交换，这样的系统必然未处于热平衡状态。相反，满足式(7.15) 而且 T_e 恒定不变的系统必然处于热平衡状态。所以，考虑界面现象时的热平衡条件与过去不考虑界面现象时的热平衡条件相同。

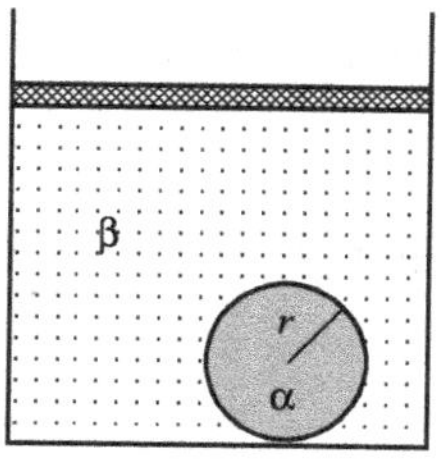

图 7.5 双相封闭系统

(2) 相平衡条件

当该系统在各相的温度恒定不变、各相的压力恒定不变、界面相的面积恒定不变、而且没有非体积功的条件下发生一个微小的状态变化时，根据表面热力学基本方程式(7.10)

$$\mathrm{d}G=\sum_{\delta=\alpha,\beta,\sigma}\sum_{\mathrm{B}}\mu_{\mathrm{B}}^{(\delta)}\mathrm{d}n_{\mathrm{B}}^{(\delta)}$$

由吉布斯函数最低原理可知

$$\sum_{\delta=\alpha,\beta,\sigma}\sum_{\mathrm{B}}\mu_{\mathrm{B}}^{(\delta)}\mathrm{d}n_{\mathrm{B}}^{(\delta)}\leqslant0\quad\begin{cases}<\text{ 不可逆过程}\\=\text{ 可逆过程}\end{cases}\tag{7.16}$$

现考察在态变化过程中，其中的 B 物质从 α 相往 β 相迁移，那么由式(7.16) 可知

$$\mu_{\mathrm{B}}^{(\alpha)}\mathrm{d}n_{\mathrm{B}}^{(\alpha)}+\mu_{\mathrm{B}}^{(\beta)}\mathrm{d}n_{\mathrm{B}}^{(\beta)}\leqslant0\quad\begin{cases}>\text{不可逆过程}\\=\text{可逆过程}\end{cases}$$

因为 $\quad dn_B^{(\alpha)} = -dn_B^{(\beta)} \quad$ 且 $dn_B^{(\beta)} > 0$

所以 $$\mu_B^{(\beta)} \leqslant \mu_B^{(\alpha)} \quad \begin{cases} < \text{不可逆过程} \\ = \text{可逆过程} \end{cases}$$

由此可见，考虑界面现象时的相平衡条件也与过去不考虑界面现象时的相平衡条件完全相同。即在等温、等压、相界面的面积恒定不变而且无非体积功的相变化过程中，各物质只能从化学势高的相往化学势低的相发生迁移。不论相界面的面积有多大，当整个系统中的每一种组分在不同相中的化学势彼此相等时，整个系统就处于相平衡状态。

(3) 化学平衡条件

当该系统在各相的温度恒定不变、各相的压力恒定不变、界面相的面积恒定不变、而且没有非体积功的条件下发生一个微小的状态变化时，根据表面热力学基本方程式(7.10)

$$dG = \sum \mu_B dn_B = \sum \nu_B \mu_B d\xi$$

所以 $$\Delta_r G_m = \left(\frac{\partial G}{\partial \xi}\right)_{T,p,A} = \sum \nu_B \mu_B$$

故根据吉布斯函数最低原理

$$\sum_B \nu_B \mu_B \leqslant 0 \quad \begin{cases} < \text{不可逆} \\ = \text{可逆} \end{cases}$$

由此可见，不论相界面的面积有多大，化学平衡条件也与不考虑界面现象时完全相同。

(4) 力平衡条件

在等温、等容、各相组成恒定不变、而且无非体积功的条件下，当图 7.5 所示系统发生微小的状态变化时

$$dT^{(\delta)} = 0 \qquad dV = 0 \qquad dn_B^{(\delta)} = 0 \qquad \delta W' = 0$$

本来等温过程就是 $dT_e = 0$ 的过程，此处结合式(7.15) 所示的热平衡条件可知，等温过程中每一相的温度改变量 $dT^{(\delta)}$ 均为零。由于等容过程是指 V_e 恒定不变的过程，故等容过程只要求系统的总体积恒定不变，但系统内部各相的体积未必恒定不变，$dV^{(\delta)}$ 未必都等于零。另外，无非体积功是指系统与环境彼此之间不做非体积功，而系统内部的不同相或不同部分彼此之间在是否做非体积功方面不受任何限制。所以，在等温等容定组成而且无非体积功的条件下，由表面热力学基本方程式(7.11) 可知

$$dF = \sum_{\delta=\alpha,\beta,\sigma} -p^{(\delta)} dV^{(\delta)} + \sigma dA$$

故根据亥姆霍兹函数最低原理

$$\sum_{\delta=\alpha,\beta,\sigma} -p^{(\delta)} dV^{(\delta)} + \sigma dA \leqslant 0 \quad \begin{cases} < \text{不可逆} \\ = \text{可逆} \end{cases}$$

由于界面相 σ 的体积近似为零，所以等容过程中 $dV^{(\beta)} = -dV^{(\alpha)}$，故上式可改写为

$$-p^{(\alpha)} dV^{(\alpha)} + p^{(\beta)} dV^{(\alpha)} + \sigma dA \leqslant 0$$

当系统处于平衡状态时

$$-p^{(\alpha)} dV^{(\alpha)} + p^{(\beta)} dV^{(\alpha)} + \sigma dA = 0$$

所以 $$p^{(\alpha)} - p^{(\beta)} = \sigma \left(\frac{\partial A}{\partial V^{(\alpha)}}\right)_{T,V}$$

由于 α 相和 β 相的界面积 A 是球形 α 相的体积 $V^{(\alpha)}$ 的单值函数，而与整个系统的温度 T 和总体积 V 无关，所以上式可改写为

$$p^{(\alpha)} - p^{(\beta)} = \sigma \frac{dA}{dV^{(\alpha)}}$$

又因 $A=4\pi r^2 \qquad dA=8\pi r dr$

$$V^{(\alpha)}=\frac{4}{3}\pi r^3 \qquad dV^{(\alpha)}=4\pi r^2 dr$$

所以
$$p^{(\alpha)}-p^{(\beta)}=\frac{2\sigma}{r} \tag{7.17}$$

式(7.17)给出了考虑界面现象时的力平衡条件。如果 α 相是液体，β 相是气体，这时我们把力平衡条件式(7.17)中 α 相与 β 相的压力差称为弯曲液面下的**附加压**（supplement pressure），并把它用 p_s 表示即

$$p_s=\frac{2\sigma}{r} \tag{7.18}$$

式(7.18)称为**拉普拉斯公式**（Laplace equation）。由此可见，弯曲液面下的附加压与弯曲液面的曲率半径 r 密切相关。对于凸面液体，其液面的曲率半径 $r>0$，所以附加压 $p_s>0$。即凸面液体液面下的压力大于其液面所受到的压力，附加压力指向液体内部，指向液面的曲率中心。对于凹面液体，其液面的曲率半径 $r<0$，所以附加压 $p_s<0$。即凹面液体液面下的压力小于其液面所受到的压力，附加压力指向液面外，也指向液面的曲率中心。

如果弯曲液面不是规则的球面，此时液面上任意一点的切面在 x 和 y 两个不同方向上有两个曲率半径 r_1 和 r_2。该点下方的附加压可表示为

$$p_s=\sigma\left(\frac{1}{r_1}+\frac{1}{r_2}\right) \tag{7.19}$$

式(7.19)称为**杨-拉普拉斯公式**。该式适用于所有的相界面。如果相界面是规则的球面，则 $r_1=r_2$，式(7.19)就演变成拉普拉斯公式(7.18)了。如果相界面是平面，则 $r_1=r_2=\infty$，这时附加压为零。即平面液体的液面下无附加压力。

实际上，所有弯曲界面下都有附加压，其值都符合杨-拉普拉斯公式。

综上所述，在系统与环境之间无非体积功的前提下，系统的热力学平衡条件包括：

热平衡 $T^{(\alpha)}=T^{(\beta)}=T^{(\sigma)}=T_e$

相平衡 $\mu_B^{(\alpha)}=\mu_B^{(\beta)}=\mu_B^{(\sigma)}$

化学平衡 $\sum \nu_B\mu_B=0$

力平衡 $p^{(\alpha)}=p^{(\beta)}+p_s$

此处除了力平衡条件以外，其余都与不考虑界面现象时的平衡条件相同。

7.3 润湿现象

7.3.1 润湿

将液体滴加在水平放置的固体表面时，大致有两种情况，其横截面如图 7.6 所示。在该图中，过固、液、气三相的交点有三种界面张力即固-气界面张力 $\sigma_{s\text{-}g}$、固-液界面张力 $\sigma_{s\text{-}l}$ 和液-气界面张力 $\sigma_{l\text{-}g}$。这些界面张力都与相应的相界面相切，与相界面的边缘垂直，其方向都力图使相应的相界面的面积减小。此处把 $\sigma_{s\text{-}l}$ 与 $\sigma_{l\text{-}g}$ 之间的夹角称为**接触角**（angle of contact），并将其用 θ 表示。接触角也叫**润湿角**。

如果 $\theta<90°$，就说液体能**润湿**（wetting）固体，或者说该固体是亲液的。

如果 $\theta>90°$，就说液体不能润湿固体，或者说该固体是憎液的。

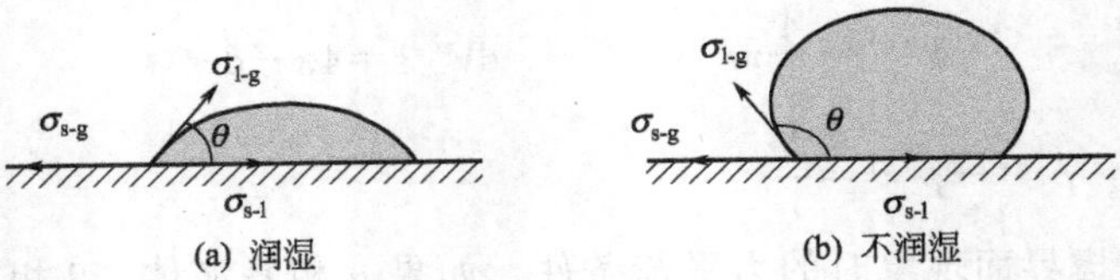

图 7.6 润湿现象

如果 $\theta=0°$，就说液体能完全润湿固体，或者说液体可在固体表面铺展。

不论润湿与否，每一种界面张力都力图使相应的相界面的面积减小。平衡时，这三种界面张力的合力为零，即

$$\sigma_{s\text{-}g}=\sigma_{s\text{-}l}+\sigma_{l\text{-}g}\cos\theta \tag{7.20}$$

所以

$$\cos\theta=\frac{\sigma_{s\text{-}g}-\sigma_{s\text{-}l}}{\sigma_{l\text{-}g}} \tag{7.21}$$

对于一个给定的系统，一定条件下其相应的界面张力分别有唯一确定的值。这时由式(7.21)可见，其接触角 θ 也必有唯一确定的值。这就是说，一个系统到底是否润湿，其接触角既可以用实验方法测定，也可以根据相关的界面张力数据进行理论计算。根据式(7.21)

若 $\sigma_{s\text{-}g}-\sigma_{s\text{-}l}<0$，则 $\theta>90°$，不能润湿。

若 $\sigma_{l\text{-}g}>\sigma_{s\text{-}g}-\sigma_{s\text{-}l}>0$，则 $\theta<90°$，能润湿。

若 $\sigma_{l\text{-}g}\leqslant\sigma_{s\text{-}g}-\sigma_{s\text{-}l}$，则 $\theta=0°$，能完全润湿。当 $\sigma_{l\text{-}g}<\sigma_{s\text{-}g}-\sigma_{s\text{-}l}$时，虽然接触角 θ 不满足式(7.21)，但从图 7.6 中合力的方向看，此时必然可以铺展。

例 7.3 在20℃下，已知乙醚-水之间、水-汞之间、汞-乙醚之间的界面张力分别为 $10.7\times10^{-3}\,N\cdot m^{-1}$、$375\times10^{-3}\,N\cdot m^{-1}$ 和 $379\times10^{-3}\,N\cdot m^{-1}$。这三种物质彼此都是不互溶的，而且水的密度明显大于乙醚的密度。在20℃下，往盛放汞和乙醚（汞在下层）的烧杯中加一滴水。问水能否润湿汞的表面？

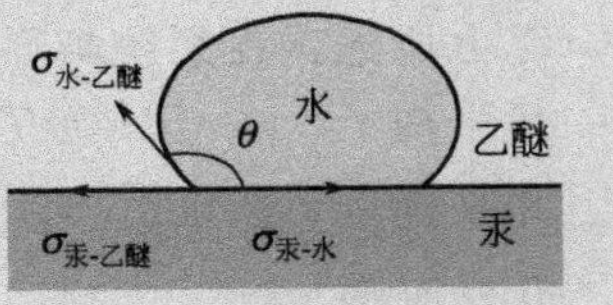

解：由于水的密度大于乙醚的密度，并且它们两者的密度都远小于汞的密度，所以加水后，水滴会沉降到乙醚-汞的界面，而且可以把水-汞界面和乙醚-汞界面近似看成同一个平面，如图所示。当系统处于平衡状态时

$$\sigma_{汞\text{-}乙醚}=\sigma_{汞\text{-}水}+\sigma_{水\text{-}乙醚}\cos\theta$$

所以

$$\cos\theta=\frac{\sigma_{汞\text{-}乙醚}-\sigma_{汞\text{-}水}}{\sigma_{水\text{-}乙醚}}=\frac{379\times10^{-3}-375\times10^{-3}}{10.7\times10^{-3}}=0.374$$

$$\theta=68°$$

由于润湿角小于 90°，所以水能润湿汞的表面。

*7.3.2 铺展系数和黏附功

我们把液体Ⅱ在与其互不相溶的液体Ⅰ上自动形成一层液膜（其厚度可大可小）的现象称为铺展。液膜的厚度越大说明铺展的趋势越小，液膜的厚度越小说明铺展的趋势越大。铺展趋势的大小可以用**铺展系数**（spreading coefficient）S 来衡量。铺展系数与不同界面张力

之间存在如下关系：

$$S=\sigma_{\mathrm{I}}-\sigma_{\mathrm{II}}-\sigma_{\mathrm{I},\mathrm{II}} \tag{7.22}$$

式(7.22) 中，σ_{I} 是底层液体的表面张力；σ_{II} 是待铺展液体的表面张力；$\sigma_{\mathrm{I},\mathrm{II}}$ 是两种液体之间的界面张力。如果 $\sigma_{\mathrm{I}}>\sigma_{\mathrm{II}}+\sigma_{\mathrm{I},\mathrm{II}}$，则铺展系数 $S>0$，这意味着底层液体Ⅰ的表面被待铺展液体Ⅱ覆盖后，系统的表面吉布斯函数会减小，而且覆盖面越大，系统的表面吉布斯函数减小得越多，系统就越稳定，故此时待铺展液体Ⅱ能在底层液体Ⅰ表面铺展。相反，如果 $\sigma_{\mathrm{I}}<\sigma_{\mathrm{II}}+\sigma_{\mathrm{I},\mathrm{II}}$ 即铺展系数 $S<0$，则底层液体Ⅰ的表面被液体Ⅱ覆盖后，系统的表面吉布斯函数会增大，而且覆盖面越大，系统的表面吉布斯函数增大得越多，系统就越不稳定，故此时待铺展液体Ⅱ不能在液体Ⅰ表面铺展。当 $\sigma_{\mathrm{I}}=\sigma_{\mathrm{II}}+\sigma_{\mathrm{I},\mathrm{II}}$ 时，铺展系数 $S=0$。这时，底层液体Ⅰ的表面被液体Ⅱ覆盖后，系统的表面吉布斯函数不变，故液体Ⅱ可以铺展也可以不铺展，但考虑到重力的作用，此时液体Ⅱ会在液体Ⅰ表面铺展。换一个角度，参考图 7.6，当 $\sigma_{\mathrm{I}}=\sigma_{\mathrm{II}}+\sigma_{\mathrm{I},\mathrm{II}}$ 时，接触角为零，故 $S=0$ 时可以铺展。

如果不能铺展，则待铺展液体将会以小液滴或凸透镜状漂浮在底层液体Ⅰ的表面。

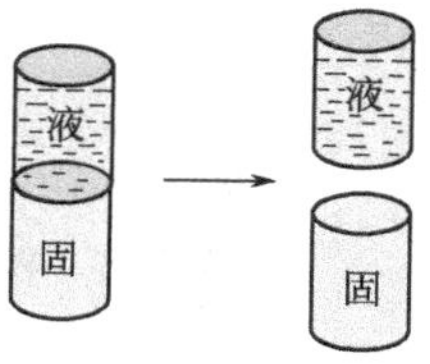

图 7.7　黏附功

在一定温度、压力和组成条件下，若将单位面积的固-液界面拉开，使其变成单位面积的固-气界面和单位面积的液-气界面，如图 7.7 所示，则系统的吉布斯函数改变量为

$$\Delta G=\sigma_{\text{s-g}}+\sigma_{\text{l-g}}-\sigma_{\text{s-l}}$$

由于这是在等温等压条件下的变化过程，故

$$\Delta G\leqslant W'$$

上述过程消耗的最小功就是液体和固体之间的**黏附功**（work of adhesion）W_{a}，故黏附功与界面张力之间的关系可以表示为

$$W_{\mathrm{a}}=\sigma_{\text{s-g}}+\sigma_{\text{l-g}}-\sigma_{\text{s-l}} \tag{7.23}$$

黏附功 W_{a} 可作为液体和固体之间黏附力大小的量度。将式(7.20) 代入式(7.23) 可得

$$W_{\mathrm{a}}=\sigma_{\text{l-g}}(1+\cos\theta) \tag{7.24}$$

在一定温度下，由于任何液体的 $\sigma_{\text{l-g}}$ 都有确定的值，所以它与不同固体接触时，接触角 θ 越小即润湿性越好，其黏附功就越大，反之则反。

如果让同种液体的两个具有单位横截面积的液柱相接触使其变成一个液柱，则

$$\Delta G=0-2\sigma_{\text{l-g}}$$

即

$$-\Delta G=2\sigma_{\text{l-g}}$$

如果把该过程中系统的吉布斯函数减小值全部用于对外做功，则该过程中系统可对外做的最大功就是该液体的**内聚功**（work of cohesion）W_{c}，所以

$$W_{\mathrm{c}}=2\sigma_{\text{l-g}} \tag{7.25}$$

内聚功 W_{c} 与液体自身的内聚力大小有关，原因是 $\sigma_{\text{l-g}}$ 本身与内聚力有关。

如果将具有单位表面积的固体浸没到液体中，则其吉布斯函数改变量为

$$\Delta G=\sigma_{\text{s-l}}-\sigma_{\text{s-g}}$$

该过程中系统可对外做的最大功即**浸湿功**（work of immersion）W_{i} 为

$$W_{\mathrm{i}}=-\Delta G=\sigma_{\text{s-g}}-\sigma_{\text{s-l}} \tag{7.26}$$

结合式(7.21) 可以看出，只有当浸湿功 W_{i} 大于零时，才会使接触角小于90°。即只有当浸湿功 W_{i} 大于零时，固体才能被液体润湿。

7.4 弯曲液面下的附加压

7.4.1 附加压与液面曲率半径的关系

在前面表面热力学部分有关力平衡条件的讨论中已经导出了弯曲液面下的附加压与液面曲率半径的关系即拉普拉斯公式(7.18)。此处换一个角度讨论附加压与液面曲率半径的关系。用一个形如注射器的工具做一个实验，如图 7.8 所示。此处忽略重力场的作用。由于球形液滴内部有附加压 p_s，所以注射器管内的液面仅仅依靠外压 p_e 是无法维持该液滴的。下端的液球会越来越小，管内的液面会逐渐升高。只有当注射器活塞施加给管内的压力为 p_e+p_s 时，系统才能处于平衡状态。现设想在压力 p_e+p_s+dp 的作用下，使活塞可逆下移、使注射器管内液体的体积改变量为 $dV_管$，结果使球状液滴的半径从 r 变为 $r+dr$，此时系统仍处于平衡状态。在此过程中，从管中液柱的变化看，环境对系统做了体积功；从下面的球形液珠的变化看，系统对环境做了体积功。就整个系统而言，环境对系统做的总功为

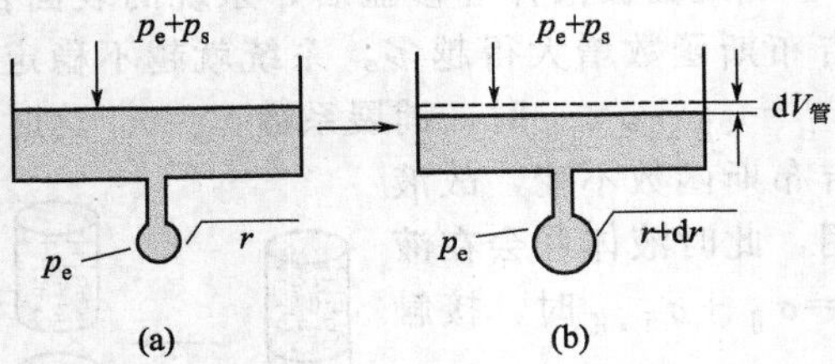

图 7.8 弯曲液面下的附加压

$$\delta W=-(p_e+p_s+dp)dV_管-p_e dV_球$$

在此过程中，由于 $dV_管=-dV_球$，故

$$\delta W=(p_e+p_s+dp)dV_球-p_e dV_球$$

所以 $\delta W=p_s dV_球$ 　　此处忽略了二阶无穷小 $dp\,dV_球$

又因 $$V_球=\frac{4}{3}\pi r^3 \qquad dV_球=4\pi r^2 dr$$

所以 $$\delta W=4p_s\pi r^2 dr \tag{7.27}$$

换一个角度，在整个过程中由于系统的总体积没有变化，仅仅是液滴的液-气表面积有所增大，注射器管内的固-气界面积有所增大、固-液界面积有所减小，所以环境对系统所做的功实际上是表面功、是非体积功而不是体积功。当注射器的管径很大时，管内相界面面积的变化很小，与管内相界面相关的表面功很小，可忽略不计。所以，此过程中环境对系统所做的表面功为

$$\delta W'=\sigma dA_球=8\sigma\pi r dr \tag{7.28}$$

δW 和 $\delta W'$ 在数值上是相等的。因此，比较式(7.27) 和式(7.28) 可得

$$p_s=\frac{2\sigma}{r}$$

此式与从力平衡角度导出的拉普拉斯公式(7.18) 完全相同。对于凸面液体，$r>0$，$p_s>0$；对于凹面液体，$r<0$，$p_s<0$；对于平面液体，$r=\infty$，$p_s=0$。

虽然此处推导拉普拉斯公式的过程较特殊，但是从导出的拉普拉斯公式看，弯曲液面下的附加压 p_s 等于状态函数的组合，故附加压本身是一个状态函数，其值只与系统所处的状态有关，而与系统的状态是如何得来的无关。所以，拉普拉斯公式对所有的球形弯曲液面都是适用的。实际上，拉普拉斯公式对于具有球形弯曲表面的所有凝聚态物质（其中也包括固体）都是适用的。

例 7.4 已知在 293.2K 下，水的表面张力 $\sigma=72.8\times10^{-3}N\cdot m^{-1}$。

(1) 计算在同样温度下半径为$10^{-8}m$ 的小水珠内的水所承受的附加压力。

(2) 计算在同样温度和 100kPa 下，水面下（深度为 0m）半径为$10^{-6}m$ 的气泡内的压力。

解：(1) $p_s=\frac{2\sigma}{r}=\frac{2\times72.8\times10^{-3}N\cdot m^{-1}}{10^{-8}m}=14.56MPa$

(2) $p=p_e+p_s=p_e+\frac{2\sigma}{r}$

$$=\left(10^5+\frac{2\times72.8\times10^{-3}}{10^{-6}}\right)Pa=246kPa$$

由于弯曲液面下存在着附加压力，所以如果没有重力场的作用，则所有液滴都是球形的。这不仅是由于在体积相同的前提下球体的表面积最小，其表面吉布斯函数最小，而且还由于如图 7.9 所示，当液滴出现不规则的弯曲表面时，其不同部位附加压的方向及大小就不尽一致。在这种情况下，这种不规则形状的液滴就未处于平衡状态。各不同部位的附加压力会迫使液滴自动调整为球形。变成球形液滴后，该液滴才会处于平衡状态。实际上，由于重力场的影响，从侧面看通常液滴不是规则的球形，而是近于椭球形。这时，椭球面上不同部位的附加压力符合杨-拉普拉斯公式(7.19)。

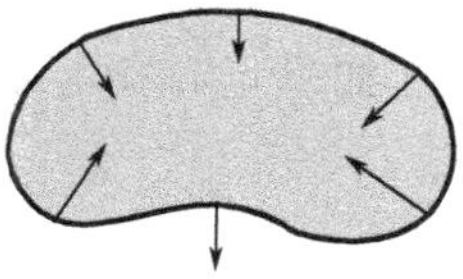

图 7.9 液滴的形状

7.4.2 毛细现象

将一根毛细管插入液体中，能观察到的现象通常并非如图 7.10(a) 所示那样，即毛细管内外的液面都是水平的，而且其高度相同。因为从力平衡角度考虑，只有当 $\sigma_{s\text{-}l}$与 $\sigma_{s\text{-}g}$完全相等时，才会出现这种情况。实际上，影响界面张力的因素较多如温度、压力、组成等。只有在很特殊的条件下，$\sigma_{s\text{-}l}$与 $\sigma_{s\text{-}g}$才能完全相等，才会出现图 7.10(a) 所示的那种情况。如果 $\sigma_{s\text{-}l}<\sigma_{s\text{-}g}$，则由于三相交界点上受到的合力方向朝上，这时实际情况就会如图 7.10(b) 所示；如果 $\sigma_{s\text{-}l}>\sigma_{s\text{-}g}$，则因三相交界点上受到的合力方向朝下，这时实际情况就会如图 7.10(c) 所示。**毛细现象**（capillarity）就是图 7.10(b) 或图 7.10(c) 所示那样，毛细管内外液位高度有明显差别的现象。

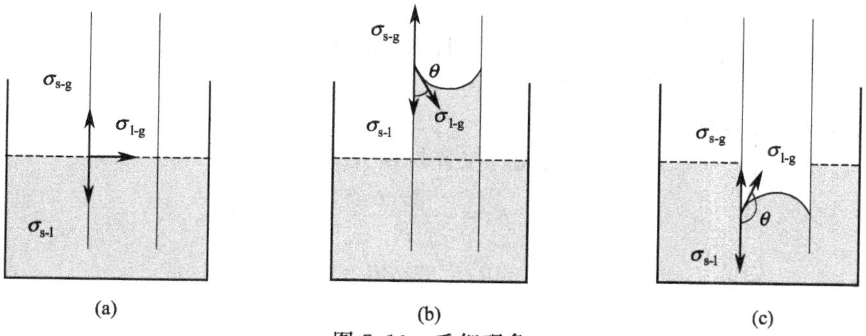

图 7.10 毛细现象

(1) 如果 $\sigma_{s\text{-}l}<\sigma_{s\text{-}g}$

如果 $\sigma_{s\text{-}l}<\sigma_{s\text{-}g}$，则毛细现象如图 7.10(b) 所示。平衡时

$$\sigma_{s\text{-}g}=\sigma_{s\text{-}l}+\sigma_{l\text{-}g}\cos\theta$$

虽然毛细管内外的液位高度不同，但从力平衡的角度考虑，毛细管内和毛细管外相同液位高度处的压力应相等。以管外液面高度为参考，管外的压力等于外压 p_e。简单看上去，管内相同高度处的压力似乎就是 p_e 与 ρgh 的加和。此处 h 是毛细管内和管外的液位高度差；ρ 是液体的密度；g 是重力加速度。但如果真是这样，在管内和管外相同液位高度处的压力就明显不相等，图 7.10(b) 所示的状态就不可能是平衡状态。故这种认识肯定是错误的。实际上，在毛细管内的弯曲液面下还有一个附加压力 p_s，所以

$$p_{内}=p_e+\rho gh+p_s$$

由于图 7.10(b) 所示的系统处于平衡状态，所以 $p_{内}=p_{外}$，即

$$p_e+\rho gh+p_s=p_e$$

所以
$$p_s=-\rho gh<0$$

$p_s<0$ 说明，凹面液体液面下的附加压方向不是朝下，而是朝上即朝着液面曲率中心。凹面下液体内部的压力小于凹面上液体承受的外压 p_e。

(2) 如果 $\boldsymbol{\sigma_{s\text{-}l}>\sigma_{s\text{-}g}}$

如果 $\sigma_{s\text{-}l}>\sigma_{s\text{-}g}$，则毛细现象如图 7.10(c) 所示。平衡时以管内液面高度为参考，则

$$\underbrace{p_e+\rho gh}_{p_{外}}=\underbrace{p_e+p_s}_{p_{内}}$$

所以 $p_s=\rho gh>0$

p_s 大于零说明，凸面液体液面下的附加压指向液体内部，即凸面下液体内部的压力大于凸面上液体所承受的压力。凸面下的附加压实际也指向液面的曲率中心。此处根据毛细现象，从实验的角度说明了弯曲液面下附加压的方向，其结果与根据拉普拉斯公式(7.18) 得到的结果完全一致。

7.4.3 毛细现象的定量处理

将一根毛细管插入液体中，若管内液面呈现凹面，则接触角 $\theta<90°$，如图 7.11 所示。图中 o 点是液面的曲率中心，r 是液面的曲率半径（对于凹面，$r<0$），R 是毛细管的半径。从图 7.11 可以看出

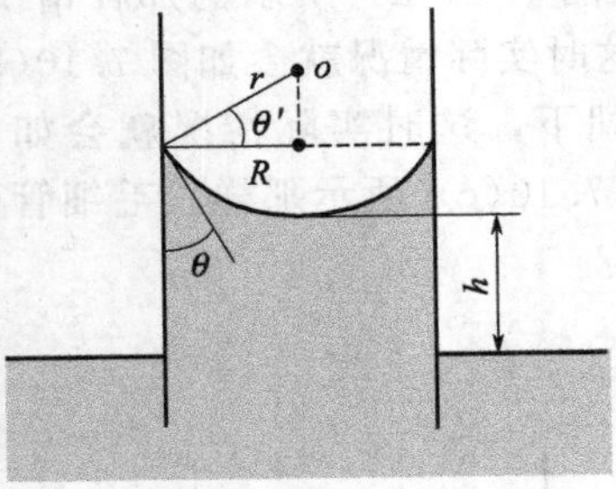

图 7.11 毛细现象

$$90°-\theta=90°-\theta'$$

所以
$$\theta=\theta'$$

所以
$$\cos\theta=\cos\theta'=\frac{R}{|r|}=-\frac{R}{r}$$

所以液面的曲率半径为

$$r=-\frac{R}{\cos\theta}$$

将此代入拉普拉斯公式(7.18) 可得

$$p_s=\frac{-2\sigma\cos\theta}{R}$$

又因
$$p_s=-\rho gh$$

所以
$$h=\frac{2\sigma\cos\theta}{\rho gR} \tag{7.29}$$

或者
$$\sigma=\frac{\rho ghR}{2\cos\theta} \tag{7.30}$$

由式(7.29) 可以定量推测毛细现象所引起的毛细管内外的液位高度差。也可以根据

式(7.30)，借助毛细现象测定液体的表面张力。

例 7.5 把半径为 0.5mm 的毛细玻璃管插入20℃的汞中。在20℃下汞的表面张力为 $0.476\text{N}\cdot\text{m}^{-1}$，汞的密度为 $13.59\text{g}\cdot\text{mL}^{-1}$，汞与玻璃之间的接触角为140°。当地的重力加速度为 $9.8\text{m}\cdot\text{s}^{-2}$

(1) 毛细管内的汞面比管外高还是比管外低？

(2) 计算毛细管内外的汞面高度差。

解：(1) 由于接触角大于 90°，所以汞不能润湿玻璃表面，毛细管内的汞面应该是凸面，毛细管内的汞面比管外低。

(2) 由式(7.29) 可知

$$h=\frac{2\sigma\cos\theta}{\rho gR}=\frac{2\times0.476\text{N}\cdot\text{m}^{-1}\times\cos140°}{13.59\times10^{3}\text{kg}\cdot\text{m}^{-3}\times9.8\text{m}\cdot\text{s}^{-2}\times0.5\times10^{-3}\text{m}}$$

$$=-0.01\text{m}$$

所以，毛细管内的汞面比管外低 0.01 米。

7.5 蒸气压和溶解度与曲率半径的关系

7.5.1 饱和蒸气压与曲率半径的关系

克拉佩龙-克劳修斯方程如下：

$$\frac{\text{d}\ln p}{\text{d}T}=\frac{\Delta H_{\text{m}}}{RT^{2}}$$

该方程描述了凝聚态物质（可以是液体也可以是固体）的饱和蒸气压与温度的关系，其中未考虑凝聚态物质表面的曲率半径对饱和蒸气压的影响，或者说该方程在描述温度对饱和蒸气压的影响时，认为凝聚态物质表面的曲率半径是恒定不变的。可是实际上，即使是同种液体在相同的温度下，当液面的曲率半径不同时，其饱和蒸气压也是不一样的，甚至有时会存在很大差别。我们通常所说的某液体在一定温度下的饱和蒸气压是多少，都是指平面液体（液面曲率半径为 $r=\infty$）的饱和蒸气压 p_{∞}。那么曲率半径为 r 的弯曲液面的饱和蒸气压 p_r 与液面的曲率半径 r 有什么关系呢？

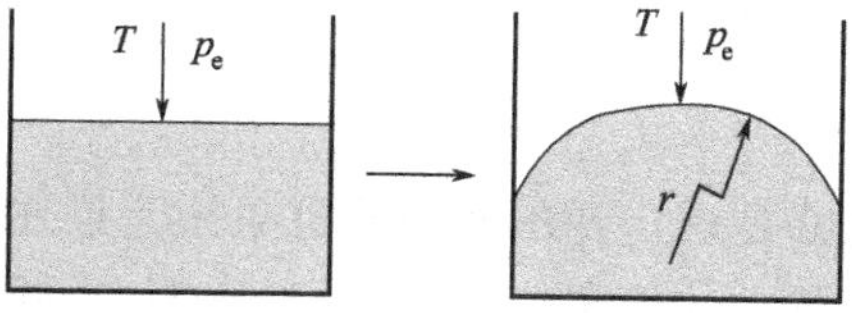

图 7.12 曲率半径对饱和蒸气压的影响

在一定温度和压力下，如果具有弯曲表面的凝聚态物质与其蒸气处于平衡状态。这时当发生一个微小的相变化时（蒸发或凝结），真正变化的是凝聚态物相和蒸气相，二者的相界面未变。在这种情况下亦可将相界面视为环境。在此变化过程中，虽然凝聚态物相和蒸气相的压力不同（弯曲表面下有附加压），但两者各自感受到的环境压力都恒定不变，两者内部的压力也都恒定未变，故这两相发生的变化过程都是等压过程。由于等压过程的组合仍然是等压过程（参见 3.11.4），故该变化过程属于等温等压过程。根据前面讨论过的相平衡条件（参见 7.2.2），具有弯曲表面的凝聚态物质与其饱和蒸气的化学势必然相等。

考虑在一定温度和压力（外压）下，当液体 B 的表面积不变但从平面变为曲面时，该液体的饱和蒸气压从 p_{∞} 变为 p_r，如图 7.12 所示。当压力不很大时，还可以把饱和蒸气视为理想气体。那么在这个态变化过程中

始态 $\mu_B(l, r=\infty)=\mu_B(g, p_\infty)=\mu_B^\ominus(g)+RT\ln\dfrac{p_\infty}{p^\ominus}$

终态 $\mu_B(l, r=r)=\mu_B(g, p_r)=\mu_B^\ominus(g)+RT\ln\dfrac{p_r}{p^\ominus}$

所以，在上述态变化过程中液体 B 的摩尔吉布斯函数改变量为

$$\Delta G_m=\mu_B(l,r=r)-\mu_B(l,r=\infty)=RT\ln\frac{p_r}{p_\infty} \tag{7.31}$$

另一方面，由定组成闭合相热力学基本方程可知，当温度恒定不变时

$$dG_m=V_m dp$$

若将该式用于图 7.12 所示的态变化过程，则 V_m 是液体 B 的摩尔体积。此变化过程中虽然外压 p_e 恒定不变，但由于液面曲率半径变化而导致液面下液体内部的附加压发生了变化，从而使液面下的液体 B 实际受到的压力发生了改变。对上式两边积分可得

$$\Delta G_m=\int_{p_e}^{p_e+p_s}V_m dp=V_m p_s=\frac{2\sigma_{l\text{-}g}V_m}{r} \tag{7.32}$$

其中 $\sigma_{l\text{-}g}$ 是实验温度下该液体的表面张力，比较式(7.31) 和式(7.32) 可以看出

$$\ln\frac{p_r}{p_\infty}=\frac{2\sigma_{l\text{-}g}V_m}{RTr} \tag{7.33}$$

或

$$\ln\frac{p_r}{p_\infty}=\frac{2\sigma_{l\text{-}g}M}{RT\rho r} \tag{7.34}$$

式(7.33) 和式(7.34) 均称为**开尔文公式**（Kelvin equation），其中 M 和 ρ 分别是液体的摩尔质量和密度。开尔文公式描述了一定温度下液体的饱和蒸气压与液面曲率半径的关系。

对于凸面液体，$r>0$，由开尔文公式知 $p_r>p_\infty$，而且 r 越小，p_r 越大。

对于凹面液体，$r<0$，由开尔文公式知 $p_r<p_\infty$，而且 $|r|$ 越小，p_r 越小。

可以用一个简单的实验定性地验证开尔文公式。把热水瓶盖打开，把一个透明的玻璃杯倒扣在热水瓶口几秒钟，然后将玻璃杯倒扣在桌面。然后仔细观察就会发现，杯壁上的大水珠越来越大，而小水珠越来越小并最终消失。原因是在相同温度下，小水珠的饱和蒸气压较大，而大水珠的饱和蒸气压较小。所以在一定温度下，同样的水蒸气分压对于小水珠而言是未饱和的，但对于大水珠而言却是过饱和的。在这种情况下，小水珠会不断蒸发变小，而大水珠表面会不断有水蒸气凝结使其变大。

对于挥发性固体物质，用与上述类似的方法同样可以导出开尔文公式即

$$\ln\frac{p_r}{p_\infty}=\frac{2\sigma_{s\text{-}g}M}{RT\rho r} \tag{7.35}$$

这就是说，开尔文公式也适用于描述挥发性固体的饱和蒸气压与固体表面曲率半径的关系。此时，开尔文公式(7.35) 中的 M 和 ρ 都是相对于固体而言的，$\sigma_{s\text{-}g}$ 是固体物质的表面张力。实际上，由于挥发和不挥发是相对的，没有绝对不挥发的物质。因此，开尔文公式对于所有的凝聚态物质都是适用的。

例 7.6 在 25℃ 下水的表面张力和密度分别为 $71.95\times10^{-3}\ N\cdot m^{-1}$ 和 $0.9971\ g\cdot mL^{-1}$。

(1) 计算在25℃下，半径分别为 10^{-7} m、10^{-8} m、10^{-9} m 的小水珠的饱和蒸气压与平面水的饱和蒸气压的比值 p_r/p_∞。

(2) 计算在25℃下，水中半径分别为10^{-7} m、10^{-8} m、10^{-9} m 的气泡内水的饱和蒸气压与平面水的饱和蒸气压的比值 p_r/p_∞。

解：根据开尔文公式(7.34)

$$\ln\frac{p_r}{p_\infty}=\frac{2\sigma_{\text{l-g}}M}{RT\rho r}$$

所以 $$\frac{p_r}{p_\infty}=\exp\left(\frac{2\sigma_{\text{l-g}}M}{RT\rho r}\right)=\exp\left(\frac{2\times71.95\times10^{-3}\times18\times10^{-3}}{8.314\times298.2\times0.9971\times10^{3}r/\text{m}}\right)$$

即 $$\frac{p_r}{p_\infty}=\exp\left(\frac{1.0478\times10^{-9}}{r/\text{m}}\right)$$

对于球形液珠，液面是凸面，$r>0$；对于气泡，液面是凹面，$r<0$。将题给数据代入上式，其结果见下表。

半径/m	10^{-7} m	10^{-8} m	10^{-9} m
p_r/p_∞(水珠)	1.011	1.110	2.851
p_r/p_∞(气泡)	0.990	0.901	0.351

7.5.2 溶解度与溶质曲率半径的关系

考虑在一定温度下，某晶体物质B在液体中的溶解情况。设在 T 温度下

球形晶粒的曲率半径为 r　　饱和蒸气压为 p_r　　饱和溶液浓度为 x_r

大块晶体的曲率半径为∞　　饱和蒸气压为 p_∞　　饱和溶液浓度为 x_∞

在一定温度和压力下，根据相平衡条件，晶体B与其饱和蒸气中的B以及饱和溶液中的B三者的化学势彼此相等即

$$\mu_{\text{B}}(\text{晶},r)=\mu_{\text{B}}(\text{g},p_r)=\mu_{\text{B}}(\text{溶液},x_r)$$
$$\mu_{\text{B}}(\text{晶},\infty)=\mu_{\text{B}}(\text{g},p_\infty)=\mu_{\text{B}}(\text{溶液},x_\infty)$$

两式相减可得

$$\mu_{\text{B}}(\text{g},p_r)-\mu_{\text{B}}(\text{g},p_\infty)=\mu_{\text{B}}(\text{溶液},x_r)-\mu_{\text{B}}(\text{溶液},x_\infty)$$

如果把蒸气近似当作理想气体、把溶液近似当作理想溶液，则根据理想气体和理想溶液中各组分的化学势表达式，由上式可得

$$\ln\frac{p_r}{p_\infty}=\ln\frac{x_r}{x_\infty} \tag{7.36}$$

把式(7.36) 代入开尔文公式(7.35) 可得

$$\ln\frac{x_r}{x_\infty}=\frac{2\sigma_{\text{s-l}}M}{RT\rho r} \tag{7.37}$$

此处之所以把开尔文公式(7.35) 中的$\sigma_{\text{s-g}}$改为$\sigma_{\text{s-l}}$，原因是引起球面晶体和平面晶体的溶解度有别的根本原因是两者的化学势不同，而两者化学势的差异缘于小晶粒的弯曲表面下的附加压。又因为在讨论晶体的溶解度时，晶粒都处在溶液中，所以弯曲晶面下的附加压与晶体和溶液之间的界面张力$\sigma_{\text{s-l}}$有关，而不是与晶体和空气之间的界面张力$\sigma_{\text{s-g}}$有关。综合考虑这些因素，在把式(7.36) 代入开尔文公式(7.35) 时，必须把式(7.35) 中的$\sigma_{\text{s-g}}$改为$\sigma_{\text{s-l}}$。如果溶质也是液体，这时就应该把式(7.36) 带入式(7.34)，并且把式(7.34) 中的$\sigma_{\text{l-g}}$改为$\sigma_{\text{l-l}}$。

式(7.37) 中的 M 和 ρ 分别代表溶质B的摩尔质量和密度。由式(7.37) 可以看出，溶质的颗粒越小，溶解度就越大，参见表7.4。通常人们谈论在一定温度下某物质的溶解度时，都是指大块溶质的溶解度，溶质表面的曲率半径为 $r=\infty$。

表 7.4 颗粒大小对溶解度的影响

物质	温度 t/℃	颗粒直径 d/μm	与大块晶体的溶解度之比
PbI_2	30	0.4	1.02
$CaSO_4 \cdot 2H_2O$	30	0.2 ～ 0.5	1.044 ～ 1.12
Ag_2CrO_4	26	0.3	1.1
PbF_2	25	0.3	1.09
$SrSO_4$	30	0.25	1.26
$BaSO_4$	25	0.1	1.8
CaF_2	30	0.3	1.18

*7.6 新相生成与介安状态

7.6.1 蒸气凝结时临界成核半径与过饱和度的关系

在 T 温度和 p 压力下，如果从纯 B 蒸气中凝结出半径为 r 的能稳定存在的液滴，则凝结过程中 B 物质的化学势改变量必然满足 $\Delta\mu_B \leqslant 0$。可是 $\Delta\mu_B$ 具体与哪些因素有关呢？

$$\Delta\mu_B = \mu_B(l, r) - \mu_B(g, p)$$

即

$$\Delta\mu_B = \mu_B(g, p_r) - \mu_B(g, p)$$

式中，p_r 是半径为 r 的液滴在 T 温度下的饱和蒸气压。若视 B 蒸气为理想气体，则由理想气体的化学势表达式可知

$$\Delta\mu_B = RT\ln p_r - RT\ln p \tag{7.38}$$

由开尔文公式(7.34) 可知

$$RT\ln p_r = RT\ln p_\infty + \frac{2\sigma_{l\text{-}g}M}{\rho r}$$

将此代入式(7.38) 可得

$$\Delta\mu_B = RT\ln\frac{p_\infty}{p} + \frac{2\sigma_{l\text{-}g}M}{\rho r} \tag{7.39}$$

把一定温度下蒸气的过饱和度 α 定义为

$$\alpha = \frac{p}{p_\infty} \tag{7.40}$$

$\alpha=1$ 的蒸气是平面液体的饱和蒸气；$\alpha>1$ 的蒸气是平面液体的过饱和蒸气（supersaturated vapor）；$\alpha<1$ 的蒸气是平面液体的非饱和蒸气。把式(7.40) 代入式(7.39) 可得

$$\Delta\mu_B = -RT\ln\alpha + \frac{2\sigma_{l\text{-}g}M}{\rho r} \tag{7.41}$$

根据相平衡条件，从蒸气中凝结出的液滴要与蒸气平衡共存，它们的化学势必须相等，即 $\Delta\mu_B$ 必须等于零。此处把能与蒸气平衡共存的球形液滴的半径称为临界成核半径(critical nucleation radius)，并将其用 r_c 表示。那么由式(7.41) 可知，过饱和度 α 与临界成核半径 r_c 的关系如下：

$$0 = -RT\ln\alpha + \frac{2\sigma_{l\text{-}g}M}{\rho r_c} \tag{7.42}$$

所以

$$r_c = \frac{2\sigma_{l\text{-}g}M}{\rho RT\ln\alpha} \tag{7.43}$$

如果系统中本来就没有液体，而只有蒸气，那么此处有三种不同情况。

(1) 对于饱和蒸气，$\alpha=1$。由式(7.43) 可知，$r_c=\infty$。实际上，通常从纯蒸气中凝结出的

液体常以球状液滴的形式出现，其半径 r 不可能是无穷大。在这种情况下，由式(7.41) 可知，$\Delta\mu_B>0$。即凝结出的液体不稳定，又会蒸发变为气体。所以恰恰饱和的蒸气通常[1]不会凝结变为液体。

(2) 对于非饱和蒸气，$\alpha<1$。由式(7.43) 可知，$r_c<0$。同样因最初凝结出的液滴呈球状，其曲率半径 $r>0$，一般不可能出现凹面即 $r_c<0$ 的情况。在这种情况下由式(7.41) 可知，仍然 $\Delta\mu_B>0$，所以非饱和蒸气通常也不可能凝结变为液体。

(3) 对于过饱和蒸气 $\alpha>1$。由式(7.43) 可知，$0<r_c<\infty$。在这种情况下，只要凝结出来的液滴足够大（其半径不小于 r_c），则由式(7.41) 计算得到的 $\Delta\mu_B$ 就不会大于零。这时过饱和蒸气才有可能继续凝结。

实际上，即使是过饱和蒸气，它凝结出来的液滴总有一个从无到有的过程。该过程由涨落现象[2]（fluctuation phenomena）产生，而且由于附加压与液面曲率半径有关，所以最初产生的液滴很小时都接近于球形。设最初由涨落现象产生的液滴半径是 r，此过程中 B 物质的化学势的改变量由式(7.41) 描述。参考式(7.42)，可以把式(7.41) 可以改写为

$$\Delta\mu_B=-\frac{2\sigma_{l\text{-}g}M}{\rho r_c}+\frac{2\sigma_{l\text{-}g}M}{\rho r}$$

即

$$\Delta\mu_B=\frac{2\sigma_{l\text{-}g}M}{\rho}\left(\frac{1}{r}-\frac{1}{r_c}\right) \tag{7.44}$$

由式(7.44) 可得以下结论：

(1) 若 $r=r_c$，则 $\Delta\mu_B=0$，这时蒸气能与凝结出的液滴平衡共存。

(2) 若 $r<r_c$，则 $\Delta\mu_B>0$，这时凝结出的液滴是不稳定的，它会蒸发。而且越蒸发，r 越小，$\Delta\mu_B$ 就越大，液滴也就变得越不稳定，蒸发速度也就越快。故这种蒸发过程会持续进行直到液滴最终完全消失为止。

(3) 若 $r>r_c$，则 $\Delta\mu_B<0$，这时液滴稳定而蒸气不稳定，蒸气会进一步凝结使液滴变大。r 越大，$\Delta\mu_B$ 的负值就越大，蒸气也就越不稳定，蒸气的凝结速度也就越快。故这种凝结过程会持续进行直到蒸汽的过饱和现象消失为止。

综上所述，r_c 的确是蒸气能否凝结的一个分水岭。实际系统凝结的难易程度与 r_c 的大小密切相关。根据式(7.43)，过饱和度 α 越大，其对应的临界成核半径 r_c 越小，越容易由涨落现象产生 $r\geqslant r_c$ 的凝结核，凝结过程越容易发生。相反，过饱和度 α 越小，其对应的临界成核半径 r_c 就越大，涨落现象就越不容易产生 $r\geqslant r_c$ 的凝结核，凝结过程就越困难。正因为这样，在实践中常常会遇到有的蒸气虽然是过饱和的，理论上是不稳定的，但由于过饱和度不大，结果使这种蒸气能够存在较长的时间。我们把这种原本不稳定但又貌似稳定的状态叫做**介安状态**（meta-stable state）或**亚安状态**，有些书中也称其为**介稳状态**或**亚稳状态**。例如，经常可以看到天空乌云密布（乌云是由过饱和水蒸气组成的），但是不下雨。

---

[1] 在特殊情况下，不仅饱和蒸气可以发生凝结，甚至不饱和蒸气也可以发生凝结。此时 $r<0$，液面为凹面。这属于毛细管凝结现象。关于毛细管凝结现象，详见有关固体对气体吸附的物理化学知识内容。

[2] 涨落现象：系统处于平衡状态时，各种热力学性质（都是统计平均值）不会随时间发生变化。但是，宏观系统是由大量微观粒子组成的，微观粒子一直在作杂乱无章的运动，一直在交换能量。在系统中各个足够小的局部，在足够短的时间里，各种热力学性质偏离统计平均值的现象是经常发生的。涨落现象就是指这种在统计平均值附近的起伏波动现象。如少数能量较小的气体分子凑巧相遇，就有可能变为小液滴。一般偏离统计平均值越大的涨落现象出现的概率越小。

例 7.7 一天中午某地的气温是35℃，空气的相对湿度（相对湿度是指空气中的水蒸气分压与同温度下平面水的饱和蒸气压之比）是 56%，当晚的最低气温是 25℃。

（1）夜间气温最低时，空气中的水蒸气分压和过饱和度分别是多少？

（2）夜间气温最低时，空气中水蒸气的临界成核半径是多少？

（3）夜间水蒸气会不会在半径为10^{-7}m 的土壤毛细管中凝结？

已知在 35℃和 25℃下，水的饱和蒸气压分别为 5.62kPa 和 3.17kPa。在25℃下水的表面张力为 $71.2\times10^{-3}\text{N}\cdot\text{m}^{-1}$，密度为 $1.0\text{g}\cdot\text{mL}^{-1}$。土壤毛细管能被水完全润湿。

解：（1）在 35℃下，水蒸气的分压为

$p=5.62\times56\%=3.15\text{kPa}$

在 25℃下，水蒸气的分压为

$p=3.15\times298/308=3.05\text{kPa}$

所以在 25℃下 $\alpha=3.05/3.17=0.962$

（2）$r_c=\dfrac{2\sigma_{\text{l-g}}M}{\rho RT\ln\alpha}=\dfrac{2\times71.2\times10^{-3}\times18\times10^{-3}}{1000\times8.314\times298\ln0.962}=-2.67\times10^{-8}\text{m}$

（3）在土壤毛细管中凝结时，$r=-10^{-7}$m，显然 $r<r_c$，故不能凝结。原因是凹面液体的饱和蒸气压小于平面液体的饱和蒸气压。而且凹面液体的曲率半径的绝对值越小，其饱和蒸气压就越小。所以能与 $r_c=-2.67\times10^{-8}$m 的液面呈平衡的水蒸气，对于土壤毛细管内 $r=-10^{-7}$m 的液面而言是不饱和的，故不能凝结。

临界成核半径与过饱和度的关系式(7.43) 虽然是从蒸气凝结变为液体推导出来的，但同样的推导过程也可用于蒸气的凝华过程，即式(7.43) 也适用于蒸气凝华变为固体。这时应把式(7.43) 中的$\sigma_{\text{l-g}}$改为$\sigma_{\text{s-g}}$。至于相关的推导过程此处不必赘述。

7.6.2 蒸气凝结时临界成核半径与过冷度的关系

根据开尔文公式(7.34)，一种物质在相同温度下，球面液体的饱和蒸气压大于平面液体的饱和蒸气压，如图 7.13 所示。图中上线是曲率半径为 r 的液滴的饱和蒸气压随温度变化的曲线，下线是平面液体的饱和蒸气压随温度变化的曲线。

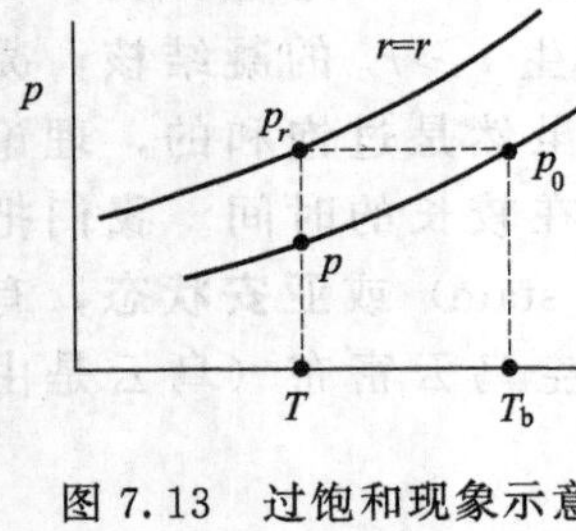

图 7.13 过饱和现象示意图

在沸点温度 T_b 下，对于压力为 p_0 的饱和蒸气（$p_0=p_\infty$），若保持压力不变而把温度降低到 T，也能使饱和蒸气变为过饱和蒸气。因为平面液体在 T 温度下的饱和蒸气压 p 小于实际的蒸气压 p_0。对于平面液体，结合图 7.13 由克-克方程可知

$$\ln\frac{p_0}{p}=\frac{\Delta_{\text{vap}}H_m}{R}\frac{T_b-T}{TT_b}$$

即
$$RT\ln\frac{p_0}{p}=\frac{\Delta_{\text{vap}}H_m(T_b-T)}{T_b}\tag{7.45}$$

结合图 7.13，在 T 温度下由开尔文公式(7.34) 可知

$$RT\ln\frac{p_r}{p}=\frac{2\sigma_{\text{l-g}}M}{\rho r}\tag{7.46}$$

由于 $p_r=p_0$，所以在 T 温度下半径为 r 的液滴能与压力为 p_0 的蒸气平衡共存。半径 r 就是 T 温度下压力为 p_0 的蒸气的临界成核半径 r_c。故由式(7.45) 和式(7.46) 可得

$$\frac{2\sigma_{\text{l-g}}M}{\rho r_c}=\frac{\Delta_{\text{vap}}H_m(T_b-T)}{T_b}$$

所以

$$r_c=\frac{2\sigma_{\text{l-g}}MT_b}{\Delta_{\text{vap}}H_m(T_b-T)\rho} \tag{7.47}$$

我们把式(7.47) 中的（T_b-T）称为过冷度（degree of supercooling）。此式说明，当把 T_b 温度下的饱和蒸气在维持压力不变的情况下冷却时，过冷度越大临界成核半径越小，越容易凝结。相反，过冷度越小临界成核半径越大，越不容易凝结。

通常无尘埃的纯净水蒸气可以过冷几十度而不凝结。其中如果有尘埃粒子，尘埃粒子的作用是：因涨落现象而在尘埃粒子表面产生的液相的液面曲率半径一开始就比较大，即容易产生较大的超过临界成核半径的凝结核。所以有尘埃时容易凝结。为了消除过饱和现象，可以人为地往过饱和蒸气中加入一些凝结核促使其凝结。人工降雨就是根据这个原理进行的。

7.6.3 液体凝固时临界成核半径与过冷度的关系

从本质上讲，在一定温度和压力下，固液平衡时每一种组分在固液两相中的化学势相等。当纯物质处于固液两相平衡时，固体和液体的饱和蒸气压必然相同。换句话说，在一定压力下，纯物质的凝固点就是纯固体和纯液体的饱和蒸气压相等时的温度。

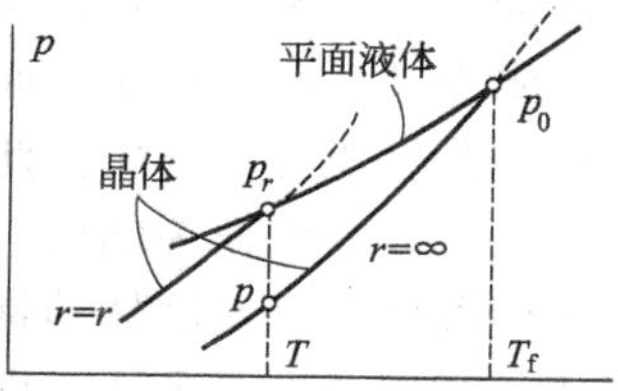

图 7.14 过冷现象示意图

图 7.14 给出了平面液体、平面晶体以及曲率半径为 r 的球面晶体的饱和蒸气压随温度变化的曲线。可以看出在 T 温度下，平面液体与曲率半径为 r 的晶粒的饱和蒸气压相等（其值为 p_r），故此时两者可处于平衡状态。这时晶粒的曲率半径 r 就是在 T 温度下平面液体的临界成核半径 r_c。在 T 温度下，平面晶体的饱和蒸气压 p 与曲率半径为 r 的晶粒的饱和蒸气压 p_r 之间的关系可借助开尔文公式(7.33) 来描述，即

$$RT\ln\frac{p_r}{p}=\frac{2\sigma_{\text{s-l}}V_{m,s}}{r_c} \tag{7.48}$$

式中，$V_{m,s}$ 为晶体的摩尔体积；$\sigma_{\text{s-l}}$ 是在 T 温度下，处在液体中（而非空气中）的晶体与液体之间的界面张力。另一方面，平面晶体在 T 温度下的饱和蒸气 p 和在 T_f 温度下的饱和蒸气压 p_0 服从克-克方程即

$$\ln\frac{p_0}{p}=\frac{\Delta_{\text{sub}}H_m}{R}\frac{T_f-T}{TT_f}$$

或

$$RT\ln\frac{p_0}{p}=\frac{\Delta_{\text{sub}}H_m(T_f-T)}{T_f} \tag{7.49}$$

其中，$\Delta_{\text{sub}}H_m$ 是晶体的摩尔升华热。式(7.48) 减式(7.49) 可得

$$RT\ln\frac{p_r}{p_0}=\frac{2\sigma_{\text{s-l}}V_{m,s}}{r_c}-\frac{\Delta_{\text{sub}}H_m(T_f-T)}{T_f} \tag{7.50}$$

根据克-克方程 $\ln\dfrac{p_r}{p_0}=\dfrac{\Delta_{\text{vap}}H_m}{R}\dfrac{T-T_f}{TT_f}$ 其中 $\Delta_{\text{vap}}H_m$ 是液体的摩尔蒸发热

即

$$RT\ln\frac{p_r}{p_0}=-\frac{\Delta_{\text{vap}}H_m(T_f-T)}{T_f} \tag{7.51}$$

由式(7.50) 和式(7.51) 可知

$$\frac{2\sigma_{\text{s-l}}V_{m,s}}{r_c}=\frac{\Delta_{\text{fus}}H_m\ (T_f-T)}{T_f}$$ 其中 $\Delta_{\text{fus}}H_m$ 是晶体的摩尔熔化热

所以
$$r_c=\frac{2\sigma_{s-l}V_{m,s}T_f}{\Delta_{fus}H_m(T_f-T)} \tag{7.52}$$

式(7.52)描述了液体凝固时的临界成核半径 r_c 与液体的过冷度（T_f-T）之间的关系。当液体的温度刚刚降低到该物质的凝固点 T_f 时，不会有小晶粒析出，因为此时的临界成核半径为无穷大。只有当温度继续降低并产生一定的过冷度后，由涨落现象产生的曲率半径不小于 r_c 的晶粒才能稳定存在，凝固过程才能真正发生。这就是说，液体凝固时也需要一定的过冷度。如纯净的水在表面光洁的圆底烧瓶中可以过冷到零下十几度而不结冰。如果水不干净，其中有悬浮物，或容器表面不光滑而有瑕疵，则这些悬浮物或疵点都可作为凝结核，结果不会产生明显的过冷现象。为了消除过冷现象，必要时也可以人为地加入结晶核。加入的结晶核可以与待结晶的物质相同，也可以不同。

过饱和溶液结晶时，也存在类似情况，此处不再赘述了。

7.6.4 过热现象

液体沸腾时，液面下的蒸气以气泡的形式从液体中逸出。蒸气泡要稳定存在并逸出，气泡内的压力应不小于其自身所受到的压力。

沸点 T_b 通常是指平面液体的饱和蒸气压等于外压时的温度。在 T_b 温度下，平面液体的饱和蒸气压等于外压。此时在液面附近，气-液两相可以达到平衡。但是对于液体内部的气泡而言，其液面为凹面。在这种情况下，根据开尔文公式，气泡内凹面液体的饱和蒸气压小于同温度下平面液体的饱和蒸气压即小于外压。另一方面，气泡本身受到的压力由三部分组成，它们分别是外压（即液面上方的压力）、从液面到蒸气泡这部分液体的静压力以及气泡内弯曲液面的附加压。所以在 T_b 温度下，在液体内部即使由于涨落现象产生了气泡，则由于气泡内蒸气的压力小于它受到的压力，从而使得气泡内的蒸气不稳定，使得气泡内的蒸气会迅速凝结并消失。因此，只有当温度继续升高，直到气泡内的饱和蒸气压（或饱和蒸气分压与其它气体如空气的分压之和）不小于它受到的总压力时，气泡才能稳定存在，才能上浮，才能进一步长大并逸出，才能引起液体上下翻腾即沸腾。在一定压力下，这种开始沸腾的温度明显高于其沸点的现象就是**过热现象**（overheating）。

例 7.8 在100℃和 101.3kPa 下，如果水中由涨落现象产生的最大蒸气泡的半径只有 1.0×10^{-6}m，则这样的水需要过热几度才能沸腾？已知100℃下水的表面张力为 58.9×10^{-3} N · m^{-1}，水的摩尔蒸发热为 40.66kJ · mol^{-1}，水的密度为 0.958 g · mL^{-1}，而且在100℃附近可将这些参数都近似看作常数。

解：由于水的正常沸点为 100℃，即在 100℃下 $p_\infty=101.3$kPa

由开尔文公式可知
$$\ln\frac{p_r}{p_\infty}=\frac{2\sigma_{l-g}M}{RT\rho r}=\frac{2\times58.9\times10^{-3}\times18\times10^{-3}}{8.314\times373.2\times0.958\times10^3\times(-10^{-6})}=-7.024\times10^{-4}$$

由此可得在100℃下气泡内的饱和蒸气压力为 $p_r=101.2$kPa。

在100℃下气泡受到的总压力为
$$p=p_e+p_s=101.3\times10^3+\frac{2\times58.9\times10^{-3}}{10^{-6}}$$
$$=219\times10^3\,\text{Pa}$$

因 $p_r<p$，故100℃下此水肯定不能沸腾。

温度变化时，弯曲液面的饱和蒸气压也遵守克-克方程。设此水可在 T 温度下沸腾，则在 T 温度下气泡内的饱和蒸气压为 219×10^3Pa。根据克-克方程

$$\ln\frac{2.19\times10^5}{101.2\times10^3}=\frac{40.66\times10^3\ (T-373.2)}{8.314\times373.2T}$$

由此解得 $T=396.6\text{K}=123.4℃$

$$\Delta T=396.6\text{K}-373.2\text{K}=23.4\text{K}$$

所以，此水需要过热 23.4K 才能沸腾。

过热现象容易引起暴沸。因为气泡的生成也有一个从无到有的过程，也是由涨落现象产生的，由很多个能量较大的分子瞬间相遇形成的。此处也有一个临界成核半径问题。过热度越小，气泡的临界成核半径 r_c 的绝对值就越大，仅靠涨落现象就越不容易产生这样的气泡。当过热度足够大时，临界成核半径 r_c 的绝对值就会足够小。一旦由于涨落现象产生了其半径大于 $|r_c|$ 的气泡，则气泡内的压力就大于它受到的压力，气泡就能稳定存在，气泡内的液面就会进一步蒸发使气泡长大。根据开尔文公式，气泡变大后其内的饱和蒸气压也会增大。故此时的气泡会迅速增大、增大、再增大。又因气泡的密度远小于液体的密度，气泡在急速增大的过程中又迅速上浮，从而引起暴沸（explosive boiling）。

过热现象在科研和生产实践中会经常遇到，对此常需要加入沸石来消除，从而避免或减少由此引起的暴沸使液体冲出容器以及由此造成的人身伤害。这是为什么呢？原因是沸石是一种多孔性物质，其微孔中有空气。当液体蒸气进入微孔中时，开始形成的气泡就比较大，而且气泡中的压力是由该液体的蒸气和微孔中原有的空气共同组成的，所以即使在沸点温度以下，气泡中的总压力也有可能与其自身受到的总压力抗衡、能稳定存在并上浮。到达沸点时会有许多气泡上浮引起沸腾。在这种情况下，液体就不会过热、就不会发生暴沸。在日常生活中，烧水所用的器皿其表面不够光洁，表面有些毛疵或者表面有油腻的斑痕。最初加水时，其表面不能完全被润湿，有一些微小的空气泡，其结果与加入沸石相似。所以暴沸现象在日常生活中并不多见，而在科研和生产实践中一定要多加防范。

以上讨论的过热、过冷、过饱和以及暴沸现象的共同特点都是从旧相生成新相比较困难，其根本原因都是最初生成的新相尺寸很小，比表面吉布斯函数很大。所以新相都难以生成，从而使系统停留在过热、过冷、过饱和等亚稳状态。在生产实践中，根据实际需要，这种亚稳状态有时需要维持，有时需要消除。

7.7 溶液表面的吸附

7.7.1 吉布斯吸附公式

对于一个溶液系统，溶液表面是从溶液到环境的一个过渡区，也就是界面相 σ。当系统发生一个微小态变化时，其吉布斯函数改变量可以表示为

$$\mathrm{d}G=\underbrace{\mathrm{d}G}_{\text{体相}}+\underbrace{\mathrm{d}G^\sigma}_{\text{界面相}}$$

根据热力学基本方程，对于界面相

$$\mathrm{d}G^\sigma=-S^\sigma\mathrm{d}T^\sigma+V^\sigma\mathrm{d}p^\sigma+\sum\mu_\mathrm{B}^\sigma\mathrm{d}n_\mathrm{B}^\sigma+\sigma\mathrm{d}A$$

如果态变化是在等温等压条件下发生的，则由此式可得

$$dG^{\sigma}=\sum\mu_{B}^{\sigma}dn_{B}^{\sigma}+\sigma dA \tag{7.53}$$

另一方面，根据偏摩尔量的集合公式，界面相的吉布斯函数可以表示为

$$G^{\sigma}=\sum\mu_{B}^{\sigma}n_{B}^{\sigma}+\sigma A$$

所以

$$dG^{\sigma}=\sum\mu_{B}^{\sigma}dn_{B}^{\sigma}+\sum n_{B}^{\sigma}d\mu_{B}^{\sigma}+\sigma dA+A d\sigma \tag{7.54}$$

比较式(7.54) 和式(7.53) 可知，在等温等压条件下

$$\sum n_{B}^{\sigma}d\mu_{B}^{\sigma}+A d\sigma=0 \tag{7.55}$$

对于一个由溶剂 A 和溶质 B 组成的溶液，式(7.55) 可展开为

$$n_{A}^{\sigma}d\mu_{A}^{\sigma}+n_{B}^{\sigma}d\mu_{B}^{\sigma}+A d\sigma=0 \tag{7.56}$$

对于本体溶液，由偏摩尔量的集合公式可知：任一容量性质 X 可以表示为

$$X=\sum X_{m}(B)n_{B}$$

$$dX=\sum X_{m}(B)dn_{B}+\sum n_{B}dX_{m}(B) \tag{7.57}$$

又因为 X 是状态函数，它的微分是全微分，所以

$$dX=\left(\frac{\partial X}{\partial T}\right)_{p,n_{C}}dT+\left(\frac{\partial X}{\partial p}\right)_{T,n_{C}}dp+\sum X_{m}(B)dn_{B} \tag{7.58}$$

比较式(7.57) 和式(7.58) 可以看出

$$\sum n_{B}dX_{m}(B)=\left(\frac{\partial X}{\partial T}\right)_{p,n_{C}}dT+\left(\frac{\partial X}{\partial p}\right)_{T,n_{C}}dp$$

在等温等压条件下由此可得

$$\sum n_{B}dX_{m}(B)=0$$

这就是第 3 章中讨论过的吉布斯-杜亥姆公式。如果其中容量性质 X 代表的是吉布斯函数，则 $X_{m}(B)$ 就代表溶液中组分 B 的偏摩尔吉布斯函数，也就是溶液中组分 B 的化学势 μ_{B}。这时可以把吉布斯-杜亥姆公式改写为

$$\sum n_{B}d\mu_{B}=0$$

对于 A、B 二组分溶液，由此可得

$$n_{A}d\mu_{A}+n_{B}d\mu_{B}=0 \tag{7.59}$$

因系统处于平衡状态，故 $\mu_{A}=\mu_{A}^{\sigma}$，$\mu_{B}=\mu_{B}^{\sigma}$

所以

$$d\mu_{A}=d\mu_{A}^{\sigma} \tag{7.60}$$

$$d\mu_{B}=d\mu_{B}^{\sigma} \tag{7.61}$$

将式(7.60) 和式(7.61) 代入式(7.59) 可得

$$n_{A}d\mu_{A}^{\sigma}+n_{B}d\mu_{B}^{\sigma}=0$$

所以

$$d\mu_{A}^{\sigma}=-\frac{n_{B}}{n_{A}}d\mu_{B}^{\sigma}$$

将此代入式(7.56) 可得

$$-n_{A}^{\sigma}\frac{n_{B}}{n_{A}}d\mu_{B}^{\sigma}+n_{B}^{\sigma}d\mu_{B}^{\sigma}+A d\sigma=0$$

所以

$$\left(n_{B}^{\sigma}-n_{A}^{\sigma}\frac{n_{B}}{n_{A}}\right)\Big/A=-\frac{d\sigma}{d\mu_{B}^{\sigma}}$$

结合式(7.61)，可将此式右边进行改写即

$$\left(n_B^\sigma - n_A^\sigma \frac{n_B}{n_A}\right)\Big/A = -\frac{d\sigma}{d\mu_B} \tag{7.62}$$

如果界面相与本体相的组成是均匀一致的，则

$$\frac{n_B^\sigma}{n_A^\sigma} = \frac{n_B}{n_A}$$

即

$$n_B^\sigma = n_A^\sigma \frac{n_B}{n_A}$$

可是实际上，界面相与本体相的组成是不同的，即此式两边是不相等的。所以式(7.62) 的左边反映了实际界面相中单位面积上组分 B 的量与界面相和本体相如果均匀一致时应该具有的量之差，即式(7.62) 的左边反映了界面相中单位面积上组分 B 的过剩量。我们把这种过剩量叫做**表面吸附**（surface absorption）或**表面超额**，并把它用 Γ 表示即

$$\Gamma = \left(n_B^\sigma - n_A^\sigma \frac{n_B}{n_A}\right)\Big/A \tag{7.63}$$

表面吸附量 Γ 的单位是 $mol \cdot m^{-2}$。在一定温度下

由于　　$\mu_B = \mu_B^\ominus + RT\ln a_B$

因此　　$d\mu_B = RT\,d\ln a_B$

即　　$$d\mu_B = RT\frac{da_B}{a_B} \tag{7.64}$$

将式(7.63) 和式(7.64) 代入式(7.62) 可得

$$\Gamma = -\frac{a_B}{RT}\frac{d\sigma}{da_B} \tag{7.65}$$

如果溶液较稀并且可以近似用相对浓度 $c_B/c^\ominus$ 代替活度，则可以把式(7.65) 改写为

$$\Gamma = -\frac{c_B}{RT}\frac{d\sigma}{dc_B} \tag{7.66}$$

式(7.65) 和式(7.66) 均称为**吉布斯吸附公式**，其中 a_B 和 c_B 分别是真溶液（其中的分散质都是以原子、分子、或离子的形式均匀分散的，其中不包括由许许多多分散质原子或分子或离子组成的胶束粒子）的活度和浓度，而非分散系统中分散质的总浓度。

例 7.9　在20℃下，不同浓度的 NaCl 水溶液的表面张力见下表。根据这些实验数据确定氯化钠水溶液的表面吸附层厚度的近似值。

$c/mol \cdot L^{-1}$	0.496	0.963	1.922	2.829	4.523
$\sigma \times 10^3/N \cdot m^{-1}$	73.75	74.39	76.05	77.65	80.95

解：先画 $\sigma \sim c$ 曲线。由图可见，$\sigma \sim c$ 呈线性关系，其斜率为

$$\frac{d\sigma}{dc} = 1.758 \times 10^{-6} N \cdot mol^{-1} \cdot m^2$$

根据吉布斯吸附公式

$$\Gamma = \frac{n_{过剩}^\sigma}{A} = -\frac{c}{RT}\frac{d\sigma}{dc} < 0$$

即氯化钠在溶液表面是负吸附。上式可以改写为

$$\frac{n^{\sigma}_{过剩}}{-cA}=\frac{1}{RT}\frac{d\sigma}{dc}$$

界面相的组成是连续变化的，没有一个确定的过剩浓度。所以，无法根据表面上分散质的过剩量 $n^{\sigma}_{过剩}$ 精确求得界面相的体积，这样也就无法精确求得界面相的厚度。在这种情况下，如果近似用本体溶液浓度的负值 $-c$ 来代替界面相的过剩浓度（这是表面负吸附的最大值），则 $n^{\sigma}_{过剩}/(-c)$ 就近似反映了界面相的体积，$n^{\sigma}_{过剩}/(-cA)$ 就近似反映了界面相的厚度。所以界面相厚度的近似值为

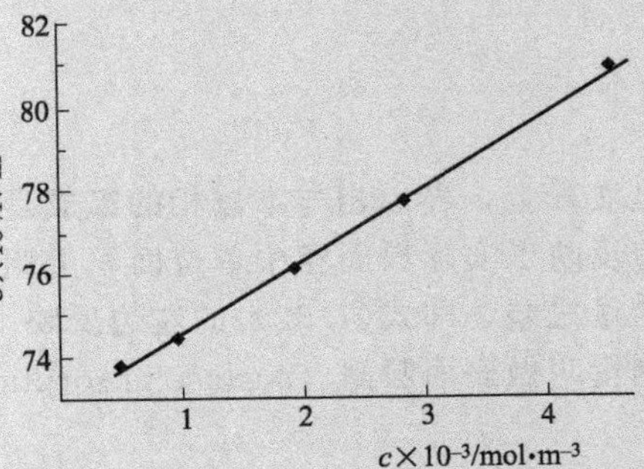

$$h=\frac{n^{\sigma}_{过剩}}{-cA}=\frac{1}{RT}\frac{d\sigma}{dc}$$

$$=\left(\frac{1}{8.314\times293.2}\times1.758\times10^{-6}\right)\text{m}$$

$$=7.2\times10^{-10}\text{m}=0.72\text{nm}$$

7.7.2 溶液表面的吸附现象

以水溶液为例，不同类型溶质在溶液表面的吸附量随浓度的变化情况如图 7.15 所示。结合图 7.4 中不同物质水溶液的表面张力随浓度变化的关系，并结合吉布斯吸附公式(7.65) 可以看出：无机盐水溶液的表面吸附就应该随浓度的增大而减小，因为浓度增大时无机盐水溶液的表面张力是增大的；许多有机物水溶液的表面吸附应该随浓度的增大而增大，因为浓度增大时有机物水溶液的表面张力是减小的。

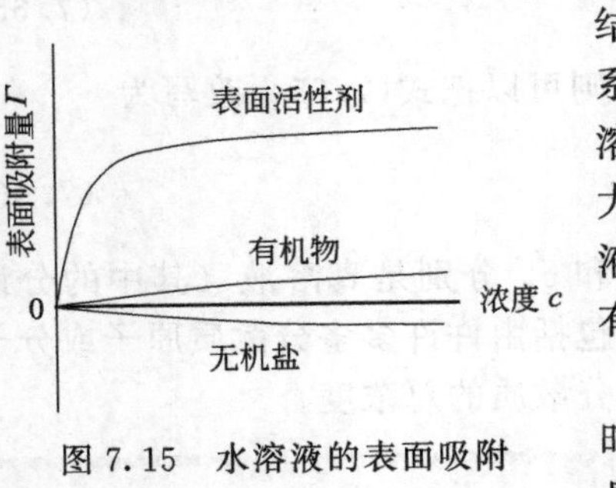

图 7.15 水溶液的表面吸附

对于表面活性剂水溶液，当浓度从零开始逐渐增大时，最初表面张力急剧下降，故表面吸附会迅速增大。但是当浓度足够大时，由图 7.4 可见其表面张力不会随浓度的增大而继续增大即 $d\sigma/dc$ 等于零。这时根据吉布斯吸附公式(7.65)，其表面吸附量似乎应该等于零。可是从图 7.15 中的 $\Gamma\sim c$ 曲线看，当表面活性剂水溶液的浓度足够大时，其表面吸附量 Γ 非但不等于零，而且一直保持其最大值。这是为什么呢？关于这个问题，我们将在下一节的表面活性剂部分给予分析说明。

7.8 表面活性剂

7.8.1 结构特点及其分类

表面活性剂（surfactant）就是能显著降低溶液界面张力的一类物质。表面活性剂广泛用于石油、化工、纺织、农药、医药、采矿、食品加工、洗涤等各个行业。目前，表面活性剂也广泛用于微电子技术、电子印刷及生物化学等许多高新技术领域。

从化学结构看，表面活性剂分子或离子都是由亲水基和疏水基两部分组成的。其

中亲水基都是具有亲水性的强极性基团或带电荷基团；疏水基都是具有憎水性的非极性基团或弱极性基团。疏水基也叫作憎水基或亲油基。根据表面活性剂溶于水中后是否发生解离以及解离后生成的表面活性离子所带电荷的符号，可对表面活性剂进行分类。

其中，阴离子型表面活性剂主要是烷基链较长的脂肪酸盐、烷基磺酸盐和烷基硫酸盐，如$RCOO^-Na^+$、$RSO_3^-\ Na^+$和$ROSO_3^-\ Na^+$；阳离子型表面活性剂主要是一些季铵盐类化合物，可以把这类表面活性剂用一个通式$R_1R_2R_3R_4N^+Cl^-$表示；两性离子型表面活性剂主要是胺基酸类的物质如$R\overset{+}{N}H_2CH_2COO^-$；非离子型表面活性剂主要是多元醇类化合物和聚氧乙烯醚，如$RCOOCH_2C(CH_2OH)_3$和$RO\text{-}(CH_2CH_2O)_n\text{-}H$。在这些众多的表面活性物质中，R 大多都是$C_{10}\sim C_{18}$的憎水性烷基。

表面活性剂
- 离子型
  - 阳离子型
  - 阴离子型
  - 两性离子型
- 非离子型

7.8.2 胶束的形成

实验表明：在一定温度下，表面活性剂水溶液的表面吸附量Γ随其总浓度c的变化关系如图 7.16 所示。为什么它的$\Gamma \sim c$曲线会有这样的变化趋势呢？

表面活性剂分子或离子都较大，为了结合图示法讨论问题方便，常把表面活性剂分子或离子用符号○—表示，其中的小圆圈代表亲水基，而直线段代表疏水基。

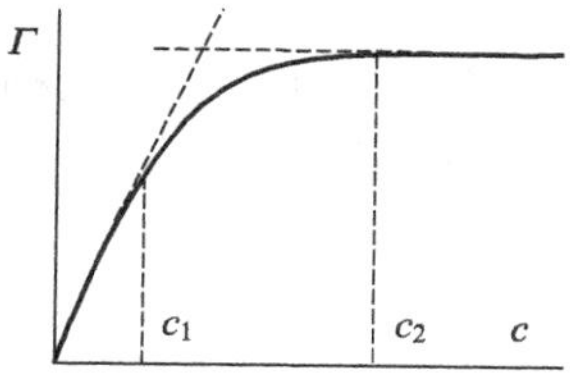

图 7.16 表面吸附量与浓度的关系

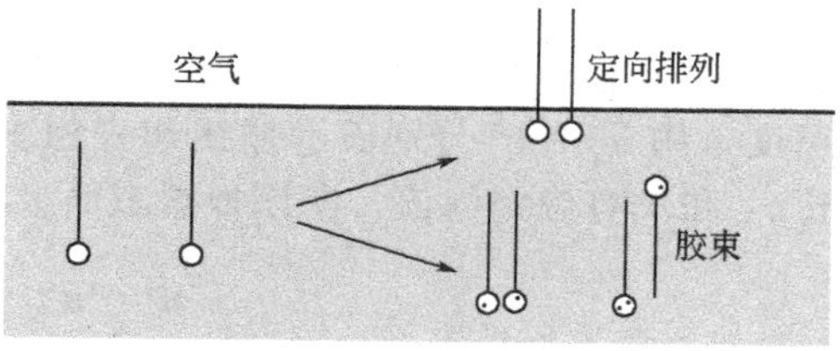

图 7.17 表面定向排列和形成胶束

参考相似相溶规则，同类基团彼此之间相互作用较强，异类基团彼此之间相互作用较弱。在表面活性剂水溶液中，由于疏水基与水分子之间的作用明显小于亲水基与水分子之间或水分子与水分子之间的相互作用，其结果如同疏水基与水分子之间相互排斥，因疏水基的存在从而使系统的能量较高，稳定性较差。在这种情况下，有两种方式可以使这种稳定性较差的状态自发趋于稳定，即表面定向排列和形成**胶束**（micelle），如图 7.17 所示。表面定向排列是指疏水基都在液面上方指向空气，而亲水基在液面下的水溶液中。在这种情况下，亲水基和疏水基都各得其所，都处于稳定状态。胶束是指表面活性剂粒子的同类基团相互靠拢形成的集合体。胶束的形式是多种多样的，如图 7.18 所示。在胶束中，由于同类基团相互靠拢，所以彼此间相互作用较强，其稳定性会有所增加。但与此同时，由于胶束的形成使系统从单相变为多相，使系统的界面吉布斯函数有所增大，故相比之下，表面定向排列会更稳定，表面定向排列一般会优先于形成胶束。在不同形状的胶束中，相比之下简单胶束的稳定性较差，生成后又会马上消失。简单胶束在溶液浓度较小时都可以生成，但是较大的稳定胶束都是当溶液浓度足够大时才开始形成。

(1) 当 $c<c_1$ 时

结合图 7.16，当$c<c_1$时，由于浓度较小，因涨落现象只能形成简单胶束。而简单胶束由于比表面很大、很不稳定，生成后又会马上消失。所以在$c<c_1$的浓度范围内，表面活

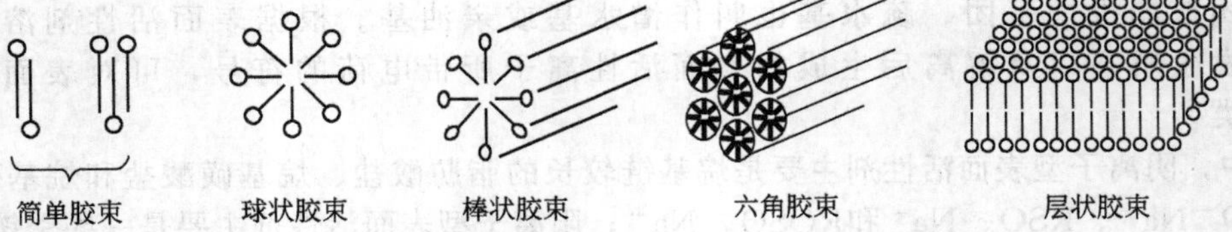

图 7.18　各种形状的胶束

性剂在水溶液中主要以简单分子或离子的形式存在，分散系统是单相系统、是真溶液。随着表面活性剂浓度的增大，稳定化方式先以表面定向排列为主。当系统处于平衡状态时，水溶液中表面活性剂的化学势与表面定向排列的表面活性剂的化学势相等即

$$\underbrace{\mu^{\sigma\ominus}+RT\ln\frac{c^{\sigma}}{c^{\ominus}}}_{\text{表相}}=\underbrace{\mu^{\ominus}+RT\ln\frac{c}{c^{\ominus}}}_{\text{体相}}$$

即
$$RT\ln\frac{c^{\sigma}}{c}=\mu^{\ominus}-\mu^{\sigma\ominus}=\Delta\mu^{\ominus}$$

在表相中表面活性剂的疏水基都朝外，故表面活性剂在表相和在本体相所处的环境不同，故一定温度下在不同环境中的标准态和标准态化学势都不相同。在一定温度下，由于 $\Delta\mu^{\ominus}$ 是常数，所以 c^{σ}/c 也是一个常数。若令 $c^{\sigma}/c=k$，则

$$c^{\sigma}=kc \tag{7.67}$$

此处用 A(正体) 表示溶剂水，用 A(斜体) 表示水溶液的表面积，用 h 表示表面定向排列的厚度，用 n 和 n^{σ} 分别表示体相和表相中表面活性剂的物质的量。对于一个给定的系统，由于 A 和 h 有确定的值，所以根据表面吸附量的定义

$$\Gamma=\frac{n^{\sigma}-n_{\mathrm{A}}^{\sigma}\dfrac{n}{n_{\mathrm{A}}}}{A}=\frac{n^{\sigma}-n_{\mathrm{A}}^{\sigma}\dfrac{n}{n_{\mathrm{A}}}}{V^{\sigma}}\cdot h$$

即
$$\Gamma=\left(c^{\sigma}-c_{\mathrm{A}}^{\sigma}\frac{c}{c_{\mathrm{A}}}\right)\cdot h \tag{7.68}$$

当表面活性剂的浓度较小时，溶剂 A 在表相和在体相的浓度无明显差别，即在(7.68) 式中 $c_{\mathrm{A}}^{\sigma}\approx c_{\mathrm{A}}$，这时可以把式(7.68) 改写为

$$\Gamma=(c^{\sigma}-c)h \tag{7.69}$$

将式(7.67) 代入式(7.69)，并考虑到系统中表面定向排列的厚度 h 是一定的，所以

$$\Gamma=(k-1)hc=k'c \tag{7.70}$$

其中 $k'=(k-1)h$，k' 也是个常数。所以在 $c<c_1$ 范围内，$\Gamma\sim c$ 大致呈线性关系。

(2) 在 $c_1\sim c_2$ 之间

随着浓度 c 逐渐增大，表面吸附逐渐趋于饱和。在这种情况下，表面定向排列的趋势会逐渐下降。因为当定向排列远离饱和时，表面活性剂粒子的定向排列不规整，大多都东倒西歪并占据较多的表面积。当表面吸附接近饱和时，在进一步定向排列的过程中须将原有的排列不规整的表面活性剂粒子进行挤压，这需要消耗能量。故此时定向排列的趋势较前有所下降。其次，当溶液的浓度较大时，对于溶剂型组分 A 而言，式(7.68) 中的 c_{A}^{σ} 和 c_{A} 不再近似相等，这时关系式(7.69) 和式(7.70) 被打破，所以 $\Gamma\sim c$ 不再是线性关系。

(3) 当 $c>c_2$ 时

由于表面活性剂能降低水溶液的表面张力，所以根据吉布斯吸附公式，表面活性剂在水

溶液表面的吸附都是正吸附。又因为这种正吸附都是以表面定向排列的形式出现的，所以这种吸附有一定的限度。当 $c>c_2$ 时，溶液表面就会全部被定向排列占满，这时表面吸附就达到了饱和。这时继续加入表面活性剂使溶液的浓度变大时，就破坏了体相与表相间的平衡。这时根据相平衡原理导出的吉布斯吸附公式(7.66) 也就不适用了。这时继续加入表面活性剂使溶液的总浓度变大时，表面吸附量恒定不变，正如图 7.16 所示的那样。

由于稳定胶束的生成也有一个从无到有、从小到大的过程，也涉及类似于冷凝或结晶时的临界成核半径问题。相对于稳定的胶束而言，此处要求真溶液必须有一定的过饱和度，即必须达到**临界胶束浓度** cmc(critical micelle concentration)。一旦真溶液达到或超过了临界胶束浓度，就会有稳定的胶束（非简单胶束）生成，真溶液的过饱和度就会随之消失而变成饱和溶液。所以在图 7.4 中，表面活性剂水溶液的表面张力随浓度变化的曲线上有一个极小值该，极值点与临界胶束浓度相对应。当总浓度超过临界胶束浓度并继续增大时，胶束会不断增多或长大，但是过饱和度消失的真溶液的浓度保持不变。此时的真溶液与该曲线最低点左侧具有相同表面张力的溶液具有相同的浓度，也具有相同的 $d\sigma/dc$，但是 $d\sigma/dc\neq 0$。所以，当总浓度大于临界胶束浓度后，表面吸附量不等于零，而是饱和吸附量（见图 7.16）。

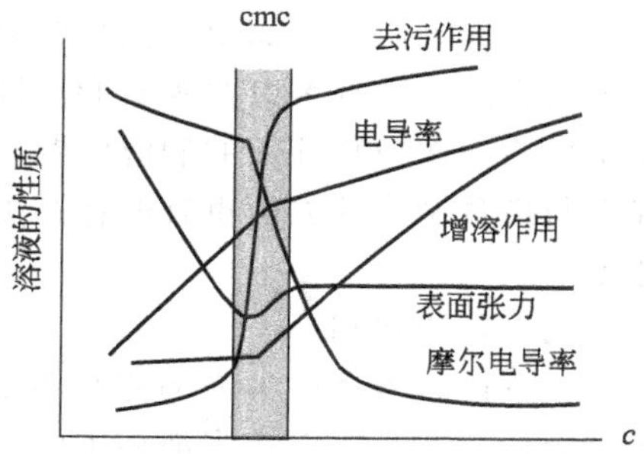

图 7.19　临界胶束浓度与物性

临界胶束浓度就是开始生成稳定胶束的最小浓度。在生成稳定胶束的过程中，胶束从无到有也是靠涨落现象产生的，而涨落现象本身受到多种因素的影响。所以测定同一种表面活性剂溶液的方法不同，得到的临界胶束浓度也会稍有差异。故对同一种表面活性剂溶液，通常参考书中给出的临界胶束浓度都有一定的范围而不是一个浓度点。在临界胶束浓度前后，溶液的许多与浓度有关的性质的变化趋势会发生很大变化，如图 7.19 所示。

7.8.3　溶液表面吸附的兰格缪尔吸附等温式

类似于表面活性剂粒子的吸附（即表面定向排列），其它溶液的表面吸附一般也都是单层吸附，其吸附量都有一定的最大限度 Γ_m。不论溶液的浓度和表面吸附量是大还是小，当系统处于平衡状态时，分散质粒子从溶液到表面的吸附速率必然与从表面到溶液的脱附速率相等。类似于基元反应，其中的脱附速率 $r_{脱}$ 与溶液表面的吸附量或溶液表面定向排列的覆盖率 Γ/Γ_m 成正比；而吸附速率 $r_{吸}$ 与溶液中分散质的浓度 c 和溶液表面的未覆盖率（$1-\Gamma/\Gamma_m$）的乘积成正比。所以，当系统处于平衡状态时

$$r_{吸}=r_{脱}$$

即

$$k_{吸}\,c(1-\Gamma/\Gamma_m)=k_{脱}\,\Gamma/\Gamma_m$$

式中，$k_{吸}$ 和 $k_{脱}$ 分别是实验温度下的吸附速率常数和脱附速率常数。此式变形可得

$$\frac{\Gamma}{\Gamma_m}=\frac{k_{吸}\,c}{k_{脱}+k_{吸}\,c}=\frac{(k_{吸}/k_{脱})c}{1+(k_{吸}/k_{脱})c}$$

令

$$b=k_{吸}/k_{脱}\qquad 在一定条件下\ b\ 为常数$$

则

$$\frac{\Gamma}{\Gamma_m}=\frac{bc}{1+bc}\tag{7.71}$$

式(7.71) 是溶液表面吸附的**兰格缪尔等温式**（Langmuir isotherm）。此式变形可得

$$\Gamma_m bc=\Gamma+\Gamma bc$$

所以 $$\frac{c}{\Gamma}=\frac{1}{\Gamma_{\mathrm{m}}b}+\frac{c}{\Gamma_{\mathrm{m}}} \tag{7.72}$$

由式(7.72)可见，一定温度下 $c/\Gamma \sim c$ 呈线性关系。由该直线的斜率可以确定 Γ_{m}，由 Γ_{m} 可进一步确定溶质分子或离子的横截面积。

7.8.4 表面活性剂的应用

(1) 润湿作用

通常分子间的相互作用主要表现为相互吸引。分子间相互作用越强，系统的能量就越低，系统越稳定。水是强极性分子，容易在离子型化合物或强极性物质的表面润湿，而不易在弱极性或非极性物质表面润湿。但对于表面活性剂水溶液而言，由于其中的表面活性剂粒子在水溶液表面定向排列，而且其疏水基朝外，故表面活性剂水溶液不仅容易在离子型化合物或强极性物质表面润湿，而且容易在弱极性或非极性物质表面润湿。这就是说，在水溶液中加入表面活性剂可以改善其润湿性。在对植物喷洒液体农药或液体化肥的过程中，广泛涉及水性药液在植物叶面的润湿问题。如果润湿性差，药液就容易滚落到土壤。在金属的浇铸成型与模具制作等方面也普遍存在类似的问题。熔融的金属对模具的润湿性不能太差，也不能太好。

(2) 起泡作用

一方面，液体中气泡的存在会使液体表面积增大，使表面吉布斯函数增大，使系统的稳定性降低。另一方面，当液体中的几个气泡相遇时，为保持力学稳定，相遇的气泡总是按照一定的方式彼此靠拢，如图 7.20 的左图所示。图中的虚线代表相邻气泡之间的液膜。将不同气泡之间的液膜放大后如图 7.20 的右图所示。结合描述弯曲液面下附加压的拉普拉斯公式可以看出，因 b、c、d 点两侧的液面都几乎是平面，故这些点处几乎没有附加压力。但是 a 点附近的三个弯曲液面都是凹面，这三个弯曲液面下的附加压导致 a 点周围的压力明显小于 b、c、d 点周围的压力。在这种情况下，液体会从 b、c、d 点周围流向 a 点，使相邻气泡之间的液膜变薄，并最终破裂使不同的气泡合二为一。所以，一般情况下液体中的气泡容易破裂消失。但是，当往液体中加入表面活性剂后，液体表面张力的减小会使弯曲液面下的附加压减小。结果会使得 b、c、d 点与 a 点压力差减小，会使液膜中的液体从 b、c、d 点到 a 点的流动趋势减小，会使气泡变得较稳定。这就是表面活性剂的**起泡作用**（foaming action）。

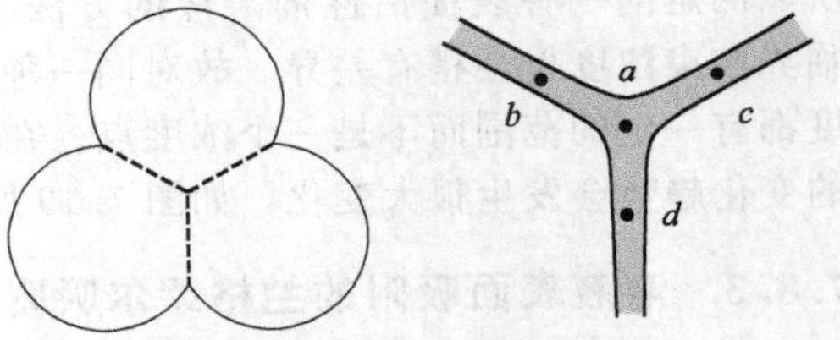

图 7.20 泡沫的不稳定性

起泡作用在浮游选矿中是很重要的。具体操作时，先把低品位的矿石粉碎成粉末并倒入专用的表面活性剂（此处称为捕集剂）水溶液中，然后从池子底部通入压缩空气进行搅拌和鼓泡。此处选用的表面活性剂除了具有起泡作用外，还可以与有用矿石微粒相互作用并改变其性质，使之由亲水性变为疏水性。稍具体一点，当表面活性剂被吸附并包裹在亲水性的矿石颗粒表面时，其亲水基被吸附在矿石表面而疏水基朝向水，结果就会使有用的矿石颗粒转变成一个个的疏水性颗粒。在这种情况下，当从池底通入压缩空气鼓泡时，夹持着有用的矿物质微粒的表面活性剂的憎水基就会争先恐后地附着在气泡表面并上浮到溶液表面。然后经过收集泡沫并消泡，就可以达到富集有用矿物质的目的，而不含有用矿物质的泥沙等则停留在溶液底部被除去。

作为起泡剂时，对表面活性剂主要有以下几点要求。

① 能明显降低溶液的表面张力。

② 产生的气泡膜应有一定的强度和弹性。只有当气泡膜具备一定的强度和弹性时，气泡才能真正稳定地存在。正因为这样，明胶和蛋白质虽然不能明显降低水溶液的表面张力，但由于它们在水溶液中形成的气泡膜很牢固，所以明胶和蛋白质也是很好的起泡剂。如加工豆浆过程中形成的泡沫较多而且较稳定，在加工禽蛋食品过程中搅拌蛋黄和蛋清时形成的泡沫也较多、较稳定。

③ 能适当增大水溶液的黏度。只有这样，才能使气泡膜内的溶液不会因为重力的作用而迅速流失、不会使气泡膜迅速变薄并破裂，参见图 7.21。实际上表面活性剂作为起泡剂时，由于它的亲水基对水的吸引，结果会不同程度地使液膜中水的粘度增大，使液膜中的水不易流失，从而使液膜能保持一定的厚度。

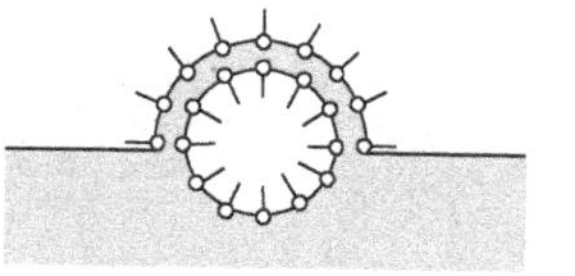

图 7.21 液面上的气泡

基于上述理由，表面活性剂可以作为起泡剂（也叫发泡剂），但实际使用的起泡剂未必都是表面活性剂。

(3) 乳化作用

乳状液是由两种互不相溶或溶解度很小的液体组成的，其中一种液体以小液滴的形式分散在另一种液体中。液滴的大小约在10^{-7}～10^{-5}m 之间，在显微镜下一般都可以观察到。

通常许多液体有机物像油一样，与水互不相溶，或者彼此的溶解度很小。故常把这类有机物统称为油，并用字母 O(oil) 表示，而把水用字母 W(water) 表示。当把油和水彼此混合并充分振荡或搅拌后，其中的油或者水就会以小液滴的形式分散在另一种液体中，形成乳状液。这样得到的乳状液是不稳定的，静置一段时间后分散相小液滴又会聚集在一起，使整个系统变为互不相溶的分层液体。之所以出现这种情况，原因是油-水相界面有一定的界面张力，乳状液中的油-水相界面的面积较大，结果使乳液分散系统具有较高的界面吉布斯函数，不稳定。静置一段时间后会自动破乳分层。但是，如果往这种类系统中加入适当的表面活性剂，并经过充分振荡或搅拌后形成的乳状液的稳定性就会大大增加。原因是表面活性剂可以降低油-水的界面张力，降低界面吉布斯函数，从而增加乳状液分散系统的稳定性。

胶束除了图 7.18 所示的憎水基朝内而亲水基朝外这种形式以外，也可以是亲水基朝内而憎水基朝外，这时将其称为**反胶束**。所以，在表面活性剂的作用下，并借助机械分散不但可以形成水包油型乳液（常简记为 O/W），其中水相是连续的，油相是不连续的；也可以形成油包水型乳液（常简记为 W/O），其中水相是不连续的，而油相是连续的。

对于一个给定的互不相溶的油-水系统，在表面活性剂的作用下，到底形成水包油型乳液还是油包水型乳液，这主要与表面活性剂的本性有关。仔细分析，乳状液系统中的油-水相界面实际上有一定的厚度，而不是无厚度的几何面。从油相到水相需要越过一个过渡区，我们称此过渡区域为界面相。如果界面相与水相之间的界面张力小于界面相与油相之间的界面张力，则通常会形成 O/W 型乳状液；如果界面相与水相之间的界面张力大于界面相与油相之间的界面张力，则通常会形成 W/O 型乳状液。因为只有这样，系统的界面吉布斯函数才比较小，系统才比较稳定。

(4) 增溶作用

增溶作用（solubilization）是指能增加难溶物在水中的溶解度。此处所说的难溶物主要是指非极性或弱极性的有机化合物，而非难溶的无机化合物。表面活性剂之所以具有增溶作用，可主要从以下几个方面考虑。

① 待溶解物质会进入胶束内部并分散到疏水基的氛围中，结果使系统变得稳定。这种增溶作用不能简单地用乳化作用来概括，因为乳状液是由两种液体组成的，而增溶作用涉及的被增溶物质可以是液体，也可以是固体。

② 相对而言，许多待溶解物质也有亲水基和憎水基，只是其亲水性和亲油性不那么明显。故待溶解物质能与表面活性剂一起排列并形成胶束，这种情况也有利于增大难溶物的分散趋势。

③ 待溶解的物质可以被吸附在胶束表面，从而也可以增大它的分散趋势。

所以，增溶作用既非真正增大难溶物在水中的溶解度，也不是难溶物与水之间只发生简单的乳化作用并形成乳状液，而是由于多种因素的影响，从而增大难溶物在水中的分散度。

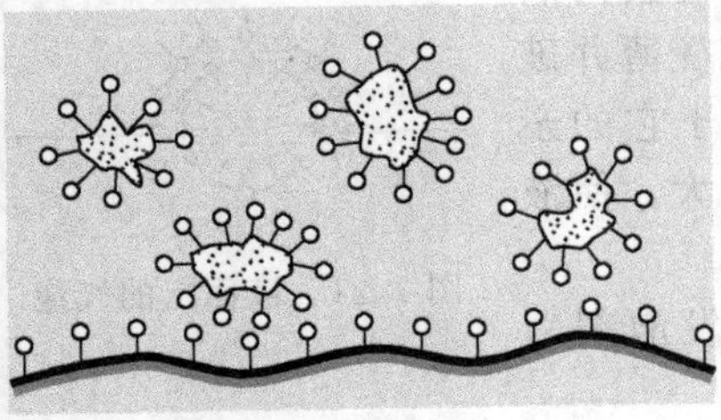

图 7.22　去污作用示意图

表面活性剂的增溶作用用途很广。在去除油污方面，表面活性剂的强大去污能力不仅与它的增溶作用有关，而且它能在油污表面和织物表面吸附，同时亲水基都朝外。如果亲水基是带电荷的，则被乳化的油滴彼此间因为静电排斥作用而不易重新聚集，也不易重新附着在织物表面，结果会被流水冲走，如图 7.22 所示。除此以外，制药工业也经常用到表面活性剂。如常温下氯霉素在水中的溶解度只有 0.25%，加入 20% 的表面活性剂吐温 80 后，其溶解度可提高到 5%。其它维生素类、激素类药物也可用吐温系列表面活性剂增溶。一些生理现象也与增溶作用有关。例如不能被小肠直接吸收的脂肪，就是靠胆汁的增溶作用被吸收的。

(5) 抗静电作用

许多高分子材料（包括塑料、橡胶、纤维等）都是高阻抗绝缘体，其表面因摩擦而产生的静电荷不易扩散，其局部表面容易产生较高的静电压。在某些特殊条件下，静电压可高达上千伏。当静电压大于 4000V 时，就容易放电打火花，从而引起易燃易爆物品的燃烧爆炸。另一方面，局部静电压即使只有几伏特，也会使自动控制电路中产生错误的电信号，从而引起自动控制系统的误操作，结果可能造成重大损失。

图 7.23　抗静电作用示意图

实践中，可以在高分子材料表面涂敷一层表面活性剂，或者在高分子材料加工成型前，就把表面活性剂作为高分子助剂加入其中。在这种情况下，当表面活性剂分子或离子在高分子材料表面定向排列时，就会亲水基朝外而憎水基朝内，如图 7.23 所示。结果使其表面容易吸附空气中的水分子形成液膜。与此同时，空气中的 CO_2、SO_2、NH_3 等气体溶于液膜后会使其表面的阻抗减小，使表面的静电荷容易扩散而不易聚集，从而达到抗静电的目的。

思考题

1. 什么是界面不饱和力场？
2. 什么是界面张力？
3. 表面张力和界面张力有何异同？
4. 界面张力的单位有两种，这两种单位分别是什么？
5. 在两相之间有几种界面张力？有几种界面不饱和力场？
6. 界面张力作为一种力，如何确定它的方向？
7. 为什么表面功属于非体积功？
8. 影响界面张力的因素有哪些？怎样影响？
9. 在什么情况下才需要考虑界面现象？
10. 你能默写出四个界面热力学基本方程吗？
11. 你能从四个界面热力学基本方程给出界面张力的四种不同表达形式吗？

12. 通常温度升高时表面张力减小。你能借助表面热力学基本方程分析说明其它条件一定而增大表面积时系统的熵值会增大即$(\partial S/\partial A)_{T,p,n_B}$大于零吗？

13. 润湿角是指哪两种界面张力之间的夹角？

14. 什么是不润湿，什么是润湿，什么是完全润湿（即铺展）？

15. 什么是铺展系数？铺展系数大于零和小于零分别意味着什么？

16. 实验表明，当两块平板玻璃之间有水时，欲将两者分开的难度比无水时大得多。分析说明这可能是什么原因？

17. 什么是毛细现象？为什么会产生毛细现象？

18. 图中的三个毛细管的材质和管径都相同。当把这三根毛细管插入某液体时，实际观察到的结果如（a）管所示。请问（b）管和（c）管上端会不会有液体流出？为什么？

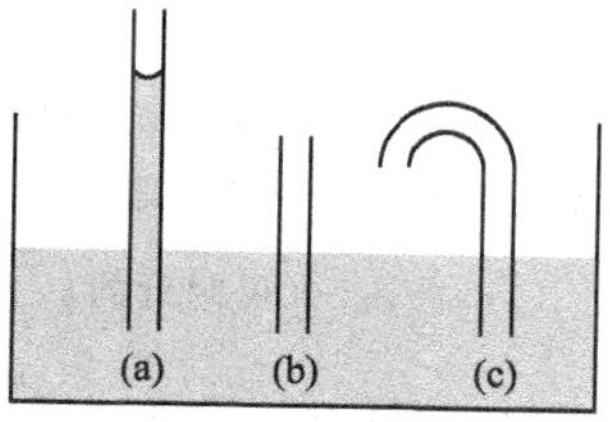

思考题 18

19. 弯曲液面下附加压的大小与哪些因素有关？其方向如何？

20. 凹面液体的附加压小于零的确切含义是什么？

21. 为什么不能完全润湿固体表面的液滴表面都近似呈现球面？

22. 弯曲液面的饱和蒸气压都大于平面液体的饱和蒸气压吗？

23. 一定温度下，弯曲液面的饱和蒸气压不同于平面液体，其根本原因是什么？

24. 图示装置中含有同一种液体。整个毛细管是粗细均匀一致的，毛细管两端的两个液球大小不同。请问当打开中间的连通活塞时会发生什么现象？

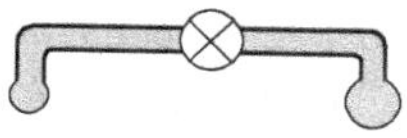
思考题 24

25. 溶质颗粒越小其溶解度越大的根本原因是什么？

26. 什么是介安状态？

27. 什么是涨落现象？

28. 在蒸气凝结或溶质析出的过程中，什么是临界成核半径？

29. 蒸气在一定温度下凝结时，影响临界成核半径大小的主要因素是什么？

30. 液体凝固时为何常常会出现过冷现象？

31. 一定温度下为什么常常会有过饱和溶液出现？

32. 你了解人工降雨的基本原理吗？

33. 为什么在一定温度下蒸气的过饱和度越大越容易凝结？

34. 何谓过热现象？为什么会产生过热现象？

35. 什么是爆沸？为何蒸馏时使用沸石可以防止爆沸？

36. 表面活性物质有什么结构特点？

37. 表面活性物质常有哪些用途？

38. 针对表面活性剂水溶液，什么是表面定向排列？

39. 溶质在溶液表面发生正吸附还是负吸附主要取决于什么？

40. 溶液表面吸附量Γ的确切含义是什么？该物理量的单位是什么？

41. 当表面活性剂水溶液的浓度足够大时，表面张力就恒定不变了，其表面吸附量就会达到极大值而且不会随浓度的增大而继续增大。你能结合吉布斯吸附公式对此给予合理解释吗？

42. 什么是胶束？

43. 为何表面活性剂水溶液的浓度小时不易形成胶束，而浓度大时容易形成胶束？

44. 有大量胶束存在的表面活性剂水溶液是单相系统还是多相系统？为何它能稳定存在？

45. 什么是临界胶束浓度？

46. 为什么在临界胶束浓度前后，表面活性剂水溶液的许多性质随浓度变化的趋势会发生很大的变化？

习　题

1. 对于半径为 1nm、密度为 19.3g・mL^{-1}的球形金粒

(1) 这种金粒的摩尔质量是多少？(48.69kg・mol^{-1})

(2) 每个金粒中包含多少个金原子？(247 个)

(3) 这种金粒的比表面（单位质量所具有的表面积）是多少？($155.4m^2 \cdot g^{-1}$)

2. 在 298K 和常压下，水的表面张力为 $71.95\times10^{-3}N \cdot m^{-1}$，水的表面张力随温度的变化率为 $-0.157\times10^{-3}N \cdot m^{-1} \cdot K^{-1}$。在同温同压下当水的表面积可逆地增大 $1.0\times10^{-2}m^2$ 时，求该过程的 W、Q、ΔU、ΔH、ΔS、ΔF 和 ΔG。

($\Delta G=\Delta F=W=7.195\times10^{-4}J$，$\Delta U=\Delta H=1.188\times10^{-3}J$，$\Delta S=1.57\times10^{-6}J \cdot K^{-1}$，$Q=4.682\times10^{-4}J$)

3. 水在 298K 和 300K 下的表面张力分别为 $71.95\times10^{-3}N \cdot m^{-1}$ 和 $71.18\times10^{-3}N \cdot m^{-1}$。在较小的温度范围内，可以把 σ 随 T 的变化率近似当作常数。

(1) 求算 300K 附近的 $\left(\frac{\partial S}{\partial A}\right)_{T,p}$。($0.385\times10^{-3}J \cdot K^{-1} \cdot m^{-2}$)

(2) 计算 305K 下水的 $\left(\frac{\partial G}{\partial A}\right)_{T,p}$ 和 $\left(\frac{\partial H}{\partial A}\right)_{T,p}$。($69.26\times10^{-3}N \cdot m^{-1}$，$0.1867J \cdot m^{-2}$)

（提示：可借助表面热力学基本方程和全微分的性质求解）

4. 在20℃下，水的表面张力为 $72.8\times10^{-3}N \cdot m^{-1}$，汞的表面张力为 $483\times10^{-3}N \cdot m^{-1}$，汞和水之间的界面张力为 $375\times10^{-3}N \cdot m^{-1}$。

(1) 求水在汞表面的铺展系数。($35.2\times10^{-3}N \cdot m^{-1}$)

(2) 水在汞表面能否铺展？(能铺展)

5. 在一定温度下，一种肥皂水的表面张力为 $5\times10^{-3}N \cdot m^{-1}$。若用这种肥皂水吹制一个在空气中飘浮的半径为 1cm 的气泡，求该气泡内外的压力差。(2Pa)

6. 在20℃下，在苯的液面下 0.15m 深处有一个半径为 $0.1\mu m$ 的气泡。问气泡内的总压力是多少？已知在同温度下，苯的密度为 $0.879g \cdot mL^{-1}$、苯的表面张力为 $28.88mN \cdot m^{-1}$，苯液面上的大气压力为 100kPa，当地的重力加速度为 $9.80m \cdot s^{-2}$。(678.9kPa)

7. 在 298K 下，将半径为 0.3mm 的毛细管插入水中后，发现毛细管内的液面比管外液面高出 49.3mm，接触角为 0°。求水在 298K 下的表面张力。已知 298K 下水的密度为 $0.9971g \cdot mL^{-1}$，当地的重力加速度为 $9.80m \cdot s^{-2}$。($72.26\times10^{-3}N \cdot m^{-1}$)

8. 将一根半径为 $5\times10^{-4}m$ 的毛细管插入汞中。结果发现毛细管内的汞面比毛细管外的汞面低 11.2mm，而且汞与毛细管壁的接触角为 140°。已知在实验温度下汞的密度为 $13.6g \cdot mL^{-1}$，当地的重力加速度为 $9.80m \cdot s^{-2}$。求实验温度下汞的表面张力。($487\times10^{-3}N \cdot m^{-1}$)

9. 将相同材料制作的半径分别为 $r_1=0.1mm$ 和 $r_2=0.2mm$ 的毛细管插入双氧水中，结果发现两个毛细管内的液面都是上升的，而且细管内的液面更高。两者的液位高度差为 55.0mm。求实验温度下双氧水的表面张力。已知在实验温度下双氧水的密度为 $1.41g \cdot mL^{-1}$，设双氧水与毛细管壁的接触角为 0°。($76.0\times10^{-3}N \cdot m^{-1}$)

10. 在30℃下，水的密度为 $996.0kg \cdot m^{-3}$，水的表面张力为 $71.18mN \cdot m^{-1}$，水的饱和蒸气压为 4.241kPa。在同温度下如果把水喷成半径为 1nm 的雾状水珠，那么

(1) 30℃下雾状水珠的饱和蒸气压是多少？(11.78kPa)

(2) 把 1kg 水喷成这种雾状时环境最少需要对系统做多少功？(214.4kJ)

11. 已知35℃和 25℃下水的饱和蒸气压分别为 5.62kPa 和 3.17kPa。

(1) 在 25℃下，5.62kPa 水蒸气的过饱和度是多少？(1.77)

(2) 5.62kPa 的水蒸气在 25℃下凝结时的临界成核半径是多少？($1.84\mu m$)

(3) 3.17kPa 的水蒸气在35℃下凝结时的临界成核半径是多少？($-1.74\mu m$)

12. 在20℃下，苯的表面张力为 $28.9\times10^{-3}N \cdot m^{-1}$，苯的摩尔体积为 $89.2mL \cdot mol^{-1}$。计算苯蒸气在半径为$10^{-8}m$ 且能被苯完全润湿的毛细管内开始凝结时的过饱和度。(0.81)

13. 在水的正常沸点100℃和 101.3kPa 下，如果水中只有半径为$10^{-3}cm$ 的小气泡，这样的水需要过热几度才能沸腾？已知100℃下水的表面张力为 $58.9\times10^{-3}N \cdot m^{-1}$，水的摩尔蒸发热为 $40.66kJ \cdot mol^{-1}$，水的密度为 $0.958g \cdot mL^{-1}$。(3.2℃)

14. 在 20℃下，已知水的表面张力为 $73.8mN \cdot m^{-1}$，摩尔蒸发热为 $44.0kJ \cdot mol^{-1}$。另外已知水的密

度为 996kg・m^{-3}，水的摩尔质量为 18.0g・mol^{-1}

(1) 在 20℃下，当空气中水蒸气的过饱和度为 1.2 时，水蒸气凝结的临界成核半径是多少？(6.0nm)

(2) 在 20℃下，欲使水蒸气凝结的临界成核半径不大于 2nm，则水蒸气的过饱和度应不小于多少？(1.73)

15. 在 298K 下，乙醇水溶液的表面张力与其浓度之间的关系如下：

$$\sigma\times10^3/\text{N}\cdot\text{m}^{-1}=72.0-0.5\ (c/\text{mol}\cdot\text{L}^{-1})\ +0.2\ (c/\text{mol}\cdot\text{L}^{-1})^2$$

(1) 请导出 298K 下的表面吸附量 Γ 与浓度 c 的关系。

(2) 求 $c=0.20\text{mol}\cdot\text{L}^{-1}$时溶液表面的吸附量。($3.39\times10^{-8}\text{mol}\cdot\text{m}^{-2}$)

16. 在25℃下，一种稀溶液的表面张力与浓度的关系如下：

$$\sigma\times10^3/\text{N}\cdot\text{m}^{-1}=72-500c/c^{\ominus}$$

计算25℃下当浓度为 $0.015\text{mol}\cdot\text{L}^{-1}$时的表面过剩量。($3.03\times10^{-6}\text{mol}\cdot\text{m}^{-2}$)

17. 在一定温度下，各种饱和脂肪酸水溶液的表面张力 σ 与其浓度 c 之间的关系可以用一个经验公式表示为：

$$\sigma=\sigma_0+A\ln\ (1+Bc)$$

其中 $\sigma_0=0.07286\text{N}\cdot\text{m}^{-1}$，$\sigma_0$ 是相同温度下纯溶剂水的表面张力；A 和 B 均为与饱和脂肪酸有关的常数。对于不同的酸，A 和 B 的值不同。试证明满足该关系式的脂肪酸水溶液的表面吸附量可以表示为

$$\Gamma=-\frac{A}{RT}\frac{Bc}{1+Bc}$$

18. 在25℃下，有人用特制的刮刀在质量分数为 4.000×10^{-3}的苯基丙酸水溶液的 310 cm^2 的表面上刮出 2.3g 溶液。经分析得知，溶液表面层的苯基丙酸质量分数为 4.013×10^{-3}。请计算该溶液的表面吸附量。已知苯基丙酸的摩尔质量为 150.2g・mol^{-1}。($6.41\times10^{-6}\text{mol}\cdot\text{m}^{-2}$)

19. 在20℃下，不同浓度的十二烷基硫酸钠水溶液的表面张力如下：

$c/\text{mol}\cdot\text{L}^{-1}$	0	2	4	5	6	7	8	9	10	12
$\sigma\times10^3/\text{N}\cdot\text{m}^{-1}$	72.0	62.3	52.4	48.5	45.2	42.0	40.0	39.8	39.6	39.5

试用作图法或借助非线性拟合法求十二烷基硫酸根离子的横截面积。(0.41 nm^2)

提示：(1) 如果用作图法

① 根据实验数据先画出 ($\sigma\sim c$) 曲线。

② 借助 $\sigma\sim c$ 曲线获得多组 (c，$\text{d}\sigma/\text{d}c$) 数据。

③ 结合吉布斯吸附公式，由多组 (c，$\text{d}\sigma/\text{d}c$) 数据可得多组 (c，Γ) 数据。

④ 结合兰格缪尔等温式，用多组 (c，Γ) 数据作 $c/\Gamma\sim c$ 直线，从而得到 Γ_m。

⑤ 由 Γ_m 求算分子的横截面积。

(2) 如果使用非线性拟合法

根据兰格缪尔等温式 $$\Gamma=\frac{\Gamma_\text{m}bc}{1+bc}$$

根据开尔文公式 $$\Gamma=-\frac{c}{RT}\frac{\text{d}\sigma}{\text{d}c}$$

所以 $$-\frac{c}{RT}\frac{\text{d}\sigma}{\text{d}c}=\frac{\Gamma_\text{m}bc}{1+bc}$$

即 $$\text{d}\sigma=-RT\ \frac{\Gamma_\text{m}b}{1+bc}\text{d}c=-RT\Gamma_\text{m}\text{d}\ln\ (1+bc)$$

两边积分可得 $$\sigma=\sigma_0-RT\Gamma_\text{m}\ln\ (1+bc)$$

即 $$\sigma=\sigma_0-a\ln\ (1+bc)$$

根据此式，利用多组 (c，σ) 实验数据并借助计算机软件如 Origin 进行非线性拟合，结果可得纯水的表面张力 σ_0、吸附系数 b，以及 $RT\Gamma_\text{m}$ 的乘积 a。由 a 可得到 Γ_m，由 Γ_m 可得到待测分子的横截面积。

第 8 章　电解质溶液

电化学是研究电现象与化学反应之间的相互关系或电能与化学能相互转化的一门学科。如化学电池就是把化学能转变成电能。又如氯碱工业、许多有色金属的冶炼或精炼都是借助电能使化学反应发生。在具体讨论电化学之前，需要先学习一些电解质溶液的基础理论知识。

讨论电化学问题时，一般都离不开电解质溶液。反过来看，电解质溶液涉及的面更为广泛。除电化学外，在无机化学、有机化学、分析化学、医学、生物科学等许多领域都经常涉及到电解质溶液。此处主要讨论电解质水溶液的基本性质和研究测试方法。

8.1　法拉第定律

8.1.1　几个基本概念

电流是由带电粒子的定向流动形成的。带正电荷粒子的定向流动可以形成电流，带负电荷粒子的定向流动也可以形成电流，但是电流方向是指正电荷的流动方向。

导体就是能输送电流的介质。把通过电子定向流动传输电流的介质叫做**第一类导体**，第一类导体主要是一些金属，如铜、银、铝等。石墨等也属于第一类导体。把通过离子定向流动传输电流的介质叫做**第二类导体**。第二类导体主要是电解质溶液、熔融的电解质和部分固体电解质。在第二类导体中没有自由电子。

关于电极的分类和命名。根据电极电势的高低可将电极分为正极和负极。电势高的为**正极**（positive electrode），电势低的为**负极**（negative electrode）。电流总是从电源的正极流出并经过外电路流入负极。正、负极的划分主要适用于原电池。也可以根据电极反应将电极划分为阳极和阴极。发生氧化反应的是**阳极**（anode），发生还原反应的是**阴极**（cathode）。阴、阳极的划分既适用于原电池，也适用于电解池。

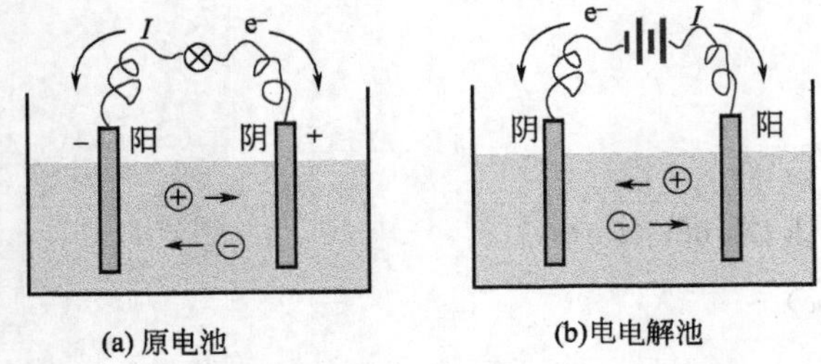

图 8.1　原电池和电解池

根据上述对正、负极和阴、阳极的规定，从图 8.1(a) 可以看出，原电池的正极是阴极，因为电子 e^- 流动到该电极后不能继续流入溶液，所以该电极只有发生得电子的还原反应才能维持电流。同理，原电池的负极是阳极，该电极只有发生失电子的氧化反应（即产生电子）才能维持电流。从图 8.1（b）可以看出，电解池中与外加电源正极相连的电极是阳极，因为该电极只有发生失电子的氧化反应时，才能维持电流。同理，电解池中与外加电源负极相连的电极是阴极，因为该电极只有发生得电子的还原反应时，才能维持电流。

另一方面，由于仅在闭合回路中才会有电流产生，而且电流的方向应处处一致，所以从图 8.1 可以看出，不论是原电池还是电解池，其中的正离子都朝着阴极方向移动，负离子都朝着阳极方向移动。

8.1.2 法拉第定律

用直流电源给电解质溶液通电一段时间后，任意一个电极上的电极反应进度相同，而且电极反应进度正比于通入的电量 Q。这就是**法拉第定律**（Faraday's law）。

法拉第定律在具体应用时需要谨慎，以下列电极反应为例。

$$Ag^{+}+e^{-}\longrightarrow Ag$$

$$Cl^{-}-e^{-}\longrightarrow \frac{1}{2}Cl_2$$

$$\frac{1}{4}O_2+\frac{1}{2}H_2O+e^{-}\longrightarrow OH^{-}$$

反应进度与反应方程式的写法有关。按照上述电极反应的写法，显然得失电子数目相同时这些电极反应的反应进度就相同，否则反应进度就不同。所以，法拉第定律中提到的电极反应都是指反应方程式中只得到或只失去 1 个电子的反应，否则法拉第定律就不正确了。

另一方面，由于电流只能沿着闭合回路流动，在串联电路中电流强度处处相等。所以在一定时间间隔内，流入串联电路中每个电极的电量必然相同，即流入或流出每个电极的电子数必然相同。在这种情况下，如果每个电极反应方程都只得到或只失去 1 个电子，每个电极的电极反应进度当然就是相同的，而且电极反应进度与通入的电量成正比。

讨论法拉第定律时，既然电极反应是指得到或失去 1 个电子的反应，电极反应进度就等于电极反应中得到或失去电子的摩尔数。而 1mol **元电荷**（元电荷是最小的电荷单位，如一个电子或一个质子所带的电荷）所带的电量约等于 96485 库仑。将每摩尔元电荷所带的电量（不分正电荷还是负电荷）称为**法拉第常数**（Faraday constant），并将其记为 F，即 $F=96485C\cdot mol^{-1}$。在精度要求不高的情况下，为了方便，也常把 $96500C\cdot mol^{-1}$ 当作法拉第常数使用。对于得到或失去一个电子的电极反应而言，结合法拉第常数，其电极反应进度可以表示为

$$\xi=\frac{Q}{F}=\frac{It}{F} \tag{8.1}$$

实际上，一个电极可能同时发生多个反应。如电镀时，在阴极上不仅有金属离子被还原成金属，同时还可能有 H^{+} 被还原成 H_2。又如电镀合金时，不同金属离子会在阴极上同时被还原析出。式(8.1) 是法拉第定律的数学式。式中的电极反应进度 ξ 是指一个电极上的各种电极反应的反应进度之和，而不分是主反应还是副反应。在电极反应中，副反应越多，主反应就越少，电流效率就越低。此处定义

$$电流效率=\frac{电极上主反应的反应进度}{由法拉第定律计算得到的总反应进度} \tag{8.2}$$

虽然根据法拉第定律，在串联电路中各电极上的总反应进度相同，但是在不同电极上由于主副反应不同，所以不同电极上的电流效率一般不完全相同。

例 8.1 有人用 3A 电流电解 $CuSO_4$ 溶液。假设阴极上只有反应 $Cu^{2+}+2e^{-}\longrightarrow Cu$。问至少需要电解多长时间才能在阴极上析出 1.000g 金属铜？

解：将电极反应改写为只得到或失去一个电子的反应，即

$$\frac{1}{2}Cu^{2+}+e^{-}\longrightarrow \frac{1}{2}Cu$$

那么

$$\xi=\frac{\Delta n_{Cu}}{\nu_{Cu}}=\frac{m_{Cu}/M_{Cu}}{1/2}=\frac{It}{F}$$

所以

$$t=\frac{2Fm_{Cu}}{IM_{Cu}}$$

$$=\frac{2\times 96485C\cdot mol^{-1}\times 1.000g}{3.000C\cdot s^{-1}\times 63.54g\cdot mol^{-1}} \qquad (1A=1C\cdot s^{-1})$$

$$=1013s$$

所以，至少需要通电 1013 秒，才能在阴极上析出 1.000g 金属铜。

8.2 离子的迁移数

8.2.1 迁移数

在电解质溶液中虽然既有正离子又有负离子，但溶液整体上呈现电中性。在外电场的作用下，正离子都往阴极移动，负离子都往阳极移动。把正离子和负离子的这种定向移动称为**电迁移**。电迁移与一般的扩散不同。不论溶液中有无浓度梯度，只要有电场强度就会有电迁移。电迁移是定向的，而不是杂乱无章的。电迁移在溶液中起着承载电流的作用。当溶液中通入电量 Q 时，这些电量的传输是由正负离子共同承担的，即

$$Q=Q_+ + Q_- \tag{8.3}$$

同时

$$\frac{Q_+}{Q_-}=\frac{Q_+/F}{Q_-/F}$$

此处的 Q_+/F 和 Q_-/F 表示通电过程中分别由正离子和负离子转移的元电荷的物质的量。在电解质溶液中，元电荷就是离子电荷。**离子电荷**（ionic charge）与离子不同。离子电荷是元电荷，如 Al^{3+} 是一个铝离子，Al^{3+} 是三个铝离子电荷；而 $\frac{1}{3}Al^{3+}$ 是一个铝离子电荷，但它不是一个铝离子。由于正离子总是从阳极到阴极发生电迁移，负离子总是从阴极到阳极发生电迁移，所以

$$\frac{Q_+}{Q_-}=\frac{Q_+/F}{Q_-/F}=\frac{\text{正离子电荷迁出阳极区的物质的量 } n_\oplus}{\text{负离子电荷迁出阴极区的物质的量 } n_\ominus} \tag{8.4}$$

如果水溶液中有一种强电解质 $M_{\nu_+}^{z_+}A_{\nu_-}^{z_-}$，则它在水中会全部解离，即

$$M_{\nu_+}^{z_+}A_{\nu_-}^{z_-}=\nu_+ M^{z_+}+\nu_- A^{z_-}$$

式中，z_+ 和 z_- 分别是每个正离子和每个负离子所带正电荷的数目。$z_+>0$，$z_-<0$。由于整个溶液是电中性的，所以离子电荷的总浓度应为零即

$$c_+z_+ + c_-z_-=0 \qquad \text{其中 } c_+ \text{ 和 } c_- \text{ 分别是正离子和负离子的浓度}$$

所以

$$c_+z_+=c_-(-z_-) \tag{8.5}$$

既然 z_- 是一个负离子所带正电荷的数目，那么 $(-z_-)$ 就是一个负离子所带负电荷的数目。所以式(8.5)表明：在电解质溶液中，正离子电荷的浓度等于负离子电荷的浓度。

设电导池中两个电极板的截面积均为 A，正离子和负离子的电迁移速率分别为 u_+ 和

u_-。那么，通电 t 时间后，正离子电荷迁出阳极区的物质的量 $n_\oplus$ 和负离子电荷迁出阴极区的物质的量 $n_\ominus$ 可分别表示为

$$n_\oplus = \underbrace{A \cdot u_+ \cdot t}_{\text{体积}} \cdot \underbrace{(c_+ \cdot z_+)}_{\text{正离子电荷浓度}} \qquad n_\ominus = \underbrace{A \cdot u_- \cdot t}_{\text{体积}} \cdot \underbrace{(-c_- \cdot z_-)}_{\text{负离子电荷浓度}}$$

将此代入式(8.4)，然后结合式(8.5) 可得

$$\frac{Q_+}{Q_-} = \frac{A \cdot u_+ \cdot t \cdot c_+ \cdot z_+}{A \cdot u_- \cdot t \cdot c_- \cdot (-z_-)} = \frac{u_+}{u_-} \tag{8.6}$$

由于不同离子的本性不同，电迁移速率各异，所以它们的导电能力各不相同。我们把不同离子的导电分数称为该离子的**迁移数**（transference number），并将其用 t 表示即

$$\left.\begin{aligned} t_+ &= \frac{Q_+}{Q} = \frac{Q_+}{Q_+ + Q_-} = \frac{1}{1 + Q_-/Q_+} \\ t_- &= \frac{Q_-}{Q} = \frac{Q_-}{Q_+ + Q_-} = \frac{1}{Q_+/Q_- + 1} \end{aligned}\right\} \tag{8.7}$$

显然，离子的迁移数是个没有单位的纯数，而且 $t_+ + t_- = 1$。

将式(8.6) 代入式(8.7) 并整理可得

$$t_+ = \frac{u_+}{u_+ + u_-} \qquad t_- = \frac{u_-}{u_+ + u_-} \tag{8.8}$$

如在 25℃下，几种电解质溶液中正离子的迁移数如表 8.1 所示。

表 8.1 几种电解质溶液在 25℃ 下的正离子迁移数 t_+

c/mol・L^{-1}	HCl	NaCl	KCl
0.01	0.825	0.392	0.490
0.1	0.831	0.385	0.490

离子的迁移数是唯一能够实验测量的离子性质，离子的许多其它性质都是通过离子的迁移数而获得的。有了迁移数后，便可以求得离子的电迁移率，可以求得离子电荷的摩尔电导率等。这些性质与电解质溶液（第二类导体）的导电性能、与做电功的效率都密切相关。关于离子的电迁移率和离子电荷的摩尔电导率将会在后面分别进行讨论。

8.2.2 离子的电迁移率

在一定条件下，溶液中离子 B 的电迁移速率 u_B 与电场强度成正比即

$$u_B = U_B \frac{dE}{dl} \tag{8.9}$$

式中，dE/dl 是电场强度，即单位长度的电势差；U_B 是比例系数。由式(8.9) 可以看出，U_B 在数值上等于离子 B 在单位电场强度下的电迁移速率。我们把 U_B 称作离子 B 的**电迁移率**（electric mobility）。离子的电迁移率也叫做**离子淌度**，其单位是 m^2・s^{-1}・V^{-1}。

将式(8.9) 代入式(8.8) 可得

$$t_+ = \frac{U_+}{U_+ + U_-} \qquad t_- = \frac{U_-}{U_+ + U_-} \tag{8.10}$$

虽然电场强度影响离子的电迁移速率，但由式(8.10) 可见，离子的迁移数只与离子的本性即离子的电迁移率有关，而与电场强度无关。表 8.2 给出了 25℃下部分离子在无限稀释水溶液中的电迁移率 U^∞

表 8.2　25℃下一些离子在无限稀释水溶液中的电迁移率

正离子	$U_+^\infty \times 10^8/m^2 \cdot s^{-1} \cdot V^{-1}$	负离子	$U_-^\infty \times 10^8/m^2 \cdot s^{-1} \cdot V^{-1}$
H^+	36.30	OH^-	20.52
K^+	8.62	SO_4^{2-}	8.27
Ba^{2+}	6.59	Cl^-	8.91
Na^+	5.19	NO_3^-	8.40
Li^+	4.01	HCO_3^-	4.61

8.2.3　迁移数的测定

(1) 希托夫法

根据式(8.7)

$$t_+ = \frac{Q_+}{Q} = \frac{Q_+/F}{Q/F} = \frac{\text{正离子电荷迁出阳极区的物质的量 } n_\oplus}{\text{通入溶液总电荷的物质的量 } Q/F}$$

所以，只要确定了通入溶液的总电量 Q 和正离子电荷迁出阳极区的物质的量 $n_\oplus$，即可确定正离子的迁移数 t_+，同法也可以确定负离子的迁移数 t_-。测定通过溶液的总电量时，需要用到**电量计**（coulometer），电量计也叫做**库仑计**。电量计本身是一个电解池，其工作原理如图 8.2 所示，其中含有银盐。通电时电量计中的 Ag^+ 迁移至阴极后，被还原成金属 Ag 并沉积在阴极上，使阴极的质量增大。其反应如下：

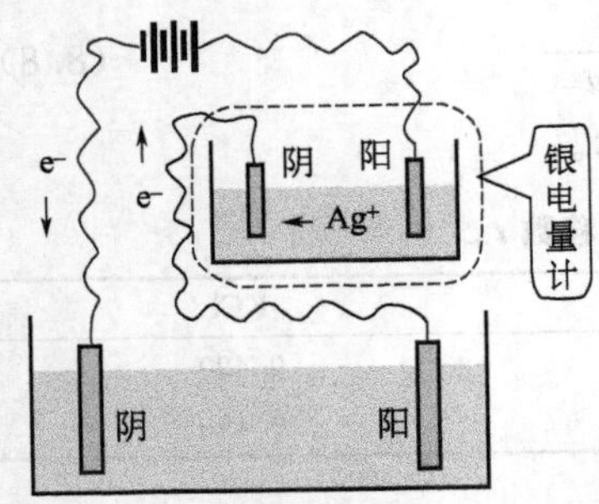

图 8.2　电量计的工作原理

$$Ag^+ + e^- \longrightarrow Ag$$

通电一段时间后，设阴极质量的增加值为 m，那么

$$\frac{Q}{F} = \frac{m}{M_{Ag}} \tag{8.11}$$

这就是说，可以根据通电前后阴极质量的变化情况来确定通入的电量 Q。

希托夫法（Hittorf method）测定迁移数的装置如图 8.3 所示，其中㊉代表电量计。对于 $M_{\nu_+}^{z_+}A_{\nu_-}^{z_-}$ 型电解质

$$n_\oplus = z_+ n_+$$

式中，n_+ 是通电过程中，正离子迁出阳极区的物质的量。其值可根据通入的电量、阳极反应的多少以及通电前后阳极区组成的变化情况来确定。n_+ 与每个正离子所带电荷数 z_+ 的乘积就是通电过程中迁出阳极区的正离子电荷的物质的量 $n_\oplus$。此处 $n_\oplus$ 和 n_+ 的物理意义是截然不同的，要严格区分。

此法在具体操作时需要注意几点：第一，通电前两个极区和中区是连通的，应尽量使两个极区和中区溶液的组成均匀一致；第二，通电一定时间后断电时，应同时把两个极区和中区隔离开，原因如下：

设想溶液中的负离子在阳极失电子被氧化，正离子在阴极得电子被还原，如电解 $CuCl_2$ 溶液就是如此。结合图 8.4，如果总共通入了 5 个元电荷的电量，则阳极区会因电极反应使负离子电荷减少 5 个，阴极区会因电极反应使正离子电荷减少 5 个。在溶液中，导电任务由正离子和负离子共同承担。由于不同离子的导电能力不尽相同，故在溶液中不同离子转移的元电荷数不尽相同。若正离子转移了 3 个元电荷，则负离子转移的元电荷数就是 2。

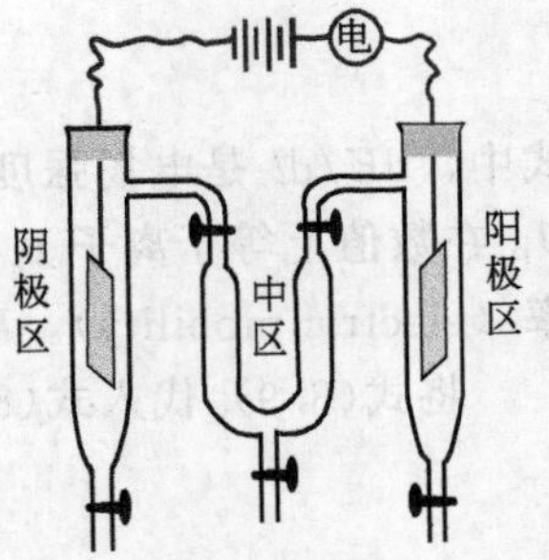

图 8.3　希托夫法测迁移数

从通电前后的总结果看，虽然电极反应使阴极区的正离子电荷减少了 5 个，但是正离子

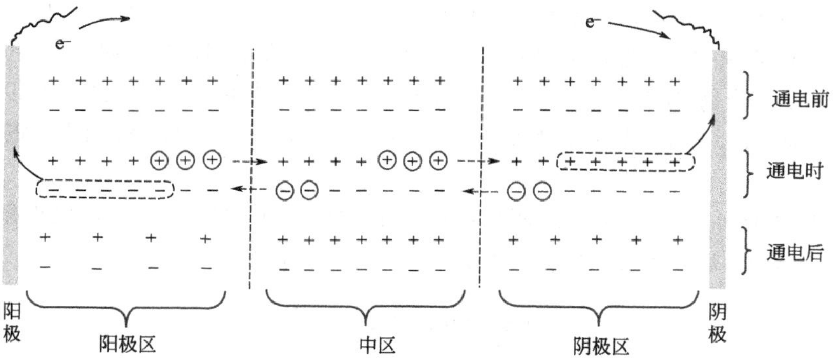

图 8.4 希托夫法中的电迁移示意图

的电迁移又使阴极区的正离子电荷补充了 3 个，使阳极区的正离子电荷减少了 3 个；虽然电极反应使阳极区的负离子电荷减少了 5 个，但是负离子的电迁移又使阳极区的负离子电荷补充了 2 个，使阴极区的负离子电荷减少了 2 个。最终阳极区的正负离子电荷总数仍然相同，阴极区的正负离子电荷总数也仍然相同，都是电中性的。但是两个极区的电解质浓度均有所变化，而中区未变。故断电后应马上把三个区隔开，否则会因扩散而造成较大的误差。

两个极区的电解质浓度变化情况都有了，就知道了 $n_{\oplus}$ 和 $n_{\ominus}$，就能计算 t_+ 和 t_- 了。

虽然希托夫法的测量原理比较简单，但由于受对流、扩散的影响，同时因离子的溶剂化会使水分子随着离子的迁移而迁移。在这种情况下，通电后无法准确划定两个极区的边界，也没有一种适当方法可用来精确计算一个极区某电解质的量的变化情况。所以，希托夫法测量结果的准确性较差。

例 8.2 用希托夫法测 $AgNO_3$ 溶液中正负离子的迁移数时，把两个 Ag 电极插入每克水中含 0.00739 克 $AgNO_3$ 的水溶液中，并通入直流电使其发生电解。通电一定时间后经过分析，阴极上有 0.078g 银析出，而阳极区含 $AgNO_3$ 0.236g，含水 23.14g。求 Ag^+ 和 NO_3^- 的迁移数。

解： 根据法拉第定律，阴极和阳极的反应进度相同，即阴极有 0.078g 银析出，阳极就有 0.078g 金属银溶解变为 Ag^+。

最初阳极区的 Ag^+ 含量 $$m_{初}=0.00739\times23.14\times\frac{M_{Ag}}{M_{AgNO_3}}=0.109\text{g}$$

最终阳极区的 Ag^+ 含量 $$m_{终}=0.236\times\frac{M_{Ag}}{M_{AgNO_3}}=0.150\text{g}$$

通电前后阳极区银离子质量的变化情况如下：

$$m_{终}=m_{初}+m_{电解}-m_{迁移}$$

所以，通电过程中迁出阳极区的 Ag^+ 质量为

$$m_{迁移}=m_{初}+m_{电解}-m_{终}=(0.109+0.078-0.150)\text{g}=0.037\text{g}$$

所以 $$t_+=\frac{n_{\oplus}}{Q/F}=\frac{m_{迁移}/M_{Ag}}{m_{电解}/M_{Ag}}=\frac{0.037}{0.078}=0.474$$

所以 $$t_-=1-t_+=0.526$$

例 8.3 用希托夫法测定 $CuSO_4$ 水溶液中 Cu^{2+} 的迁移数。通入 1.350×10^{-3} 法拉第电量后，测得阴极区的 25.01g $CuSO_4$ 溶液的质量摩尔浓度为 $0.0330\text{mol}\cdot\text{kg}^{-1}$。电解前 $CuSO_4$ 溶液的浓度为 $0.0500\text{mol}\cdot\text{kg}^{-1}$。计算该溶液中铜离子的迁移数。

解： 设阴极区水的质量为 x，而且电解前后阴极区水的质量不变；设电解前和电解后阴极区内含 $CuSO_4$ 的物质的量分别为 n_1 和 n_2。依题意

$$0.0330\text{mol}\cdot\text{kg}^{-1}=\frac{n_2}{x} \tag{A}$$

$$25.01\times10^{-3}\text{kg} = x+n_2M_{CuSO_4} \tag{B}$$

式(A)、式(B) 两式联立求解可得

$$x=24.88\times10^{-3}\text{kg}$$

$$n_2=0.821\times10^{-3}\text{mol}$$

最初阴极区 24.88×10^{-3}kg 水中含有 $CuSO_4$ 的物质的量为

$$n_1=24.88\times10^{-3}\text{kg}\times0.0500\text{mol}\cdot\text{kg}^{-1}=1.244\times10^{-3}\text{mol}$$

在电解过程中，阴极上的电极反应为

$$\frac{1}{2}Cu^{2+}+e^-\longrightarrow\frac{1}{2}Cu$$

一方面，Cu^{2+} 会在阴极放电并析出金属铜使阴极区的 Cu^{2+} 减少。另一方面，Cu^{2+} 会从阳极区往阴极区迁移，使阴极区的 Cu^{2+} 增多。设在电解过程中迁移到阴极区的 Cu^{2+} 的物质的量为 $n_{迁}$，那么

$$n_2=n_1-n_{析出}+n_{迁}$$

所以

$$n_{迁}=n_2-n_1+n_{析出}$$

即

$$n_{迁}=0.821\times10^{-3}\text{mol}-1.244\times10^{-3}\text{mol}+\frac{1.350\times10^{-3}\text{mol}}{2}$$

$$=0.252\times10^{-3}\text{mol}$$

所以

$$t_+=\frac{Q_+}{Q}=\frac{z_+n_{迁}F}{Q}=\frac{2\times0.252\times10^{-3}F}{1.350\times10^{-3}F}=0.373$$

(2) 界面移动法

界面移动法（moving boundary method）的实验装置如图 8.5 所示。欲测定 MA 电解质溶液中离子的迁移数，可在该装置中先注入一种密度比 MA 溶液的密度大，但是与电解质 MA 具有相同负离子的 NA 电解质溶液。然后在该溶液上方加入待测的 MA 溶液。加入待测溶液时动作要轻，要始终保持两种溶液的界面清晰。通常可借助两种溶液本身颜色的不同或两种溶液折光率的差异来确定它们的界面。

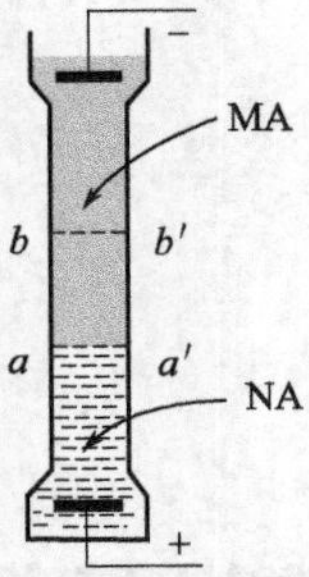

图 8.5　界面移动法

选择 NA 电解质的大原则是 N 离子的电迁移率应小于 M 离子的电迁移率。这样才能保证通电时正离子 N 不会超越正离子 M 从而使二者的界面不会遭到破坏。

通电后，正离子往阴极方向移动，M 离子在前，N 离子在后。通入强度为 I 的电流 t 时间后，如果能清楚地观察到界面从 aa' 处移动到了 bb'

处，则 M 离子的迁移数就确定了。设 M 离子的浓度为 c_+，界面从 aa' 到 bb' 掠过的体积为 V，那么

$$t_+=\frac{Q_+}{Q}=\frac{z_+c_+VF}{Q} \tag{8.12}$$

8.3 电导率和离子独立运动定律

8.3.1 电导率

电导（conductance）是物质导电能力的量度。常用 G 表示电导，其值等于电阻 R 的倒数。电导的 SI 单位常用西门子 S 表示，也可以用欧姆的倒数 Ω^{-1} 表示。另一方面，电导与导体的长度 l、导体的横截面积 A 以及电导率 κ 都有关系，即

$$G=\kappa\frac{A}{l}$$

由此可见，**电导率**（electric conductivity）在数值上等于单位截面积、单位长度导体所具有的电导。电解质溶液的电导率 κ 在数值上等于溶液中两个极板的截面积均为 $1m^2$ 且两个极板相距 1m 时测得的电导。由上式可见电导率的 SI 单位是 $S\cdot m^{-1}$。

可用**惠斯顿电桥**（Wheatstone bridge）来测定溶液的电导率，如图 8.6 所示。其中Ⓖ是检流计。检流计与电流表不同。有电流流过时，不论电流方向怎样，检流计的指针都会发生偏转。如果检流计指针不偏转，就表明没有电流流过。㊀是高频交流电源。其频率不低于 1000Hz。之所以使用高频交流电源，原因是电导池内装有待测的电解质溶液，极性高速交换可以阻止电导池内发生电极反应使电极的表面状态发生改变，从而使测得的电阻 R 以及由此转换得到的电导率 κ 准确可靠。AB 是均匀的滑线变阻器。其滑动触点为 C。AC 段的电阻为 R_2，BC 段的电阻为 R_3。F 是可调电容。由于电导池内有两个极板，电导池有一定的电容，设置可调电容器 F 就是为了使电桥两侧可以达到容抗平衡。

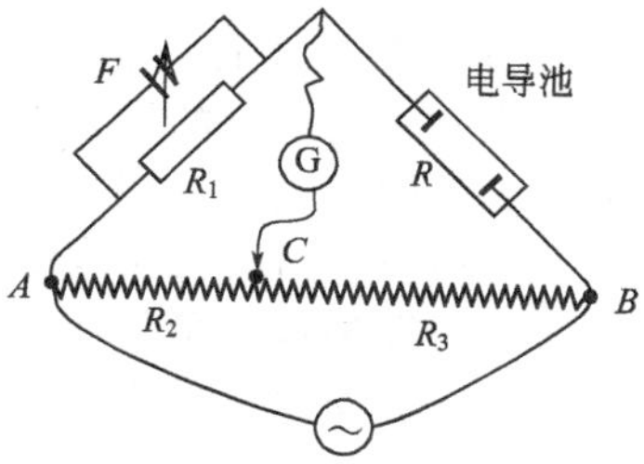

图 8.6 电导率的测定

通电后，调节滑动触点 C 直到检流计的指针不发生偏转。这时

$$\frac{R_1}{R_2}=\frac{R}{R_3} \qquad 即 \quad R=\frac{R_1R_3}{R_2}$$

有了 R，就可以根据下式得到溶液的电导率。

$$\kappa=\frac{l}{A}G=K_{cell}G=K_{cell}\frac{1}{R} \tag{8.13}$$

式(8.13) 中的 K_{cell} 只与电导池中两个极板的截面积 A 以及二者的间距 l 有关。作为一种定型产品，每个电导池的 K_{cell} 有唯一确定的值，但是不同电导池的 K_{cell} 未必相同。故把 K_{cell} 称为**电导池常数**（cell constant）。根据式(8.13)，通过测定一种已知电导率 κ 的标准溶液的电阻 R，就可以确定一个电导池的电导池常数 K_{cell}。

8.3.2 摩尔电导率

摩尔电导率（molar conductivity）是指溶液的电导率与其物质的量浓度之比，即

$$\Lambda_m=\frac{\kappa}{c}=\frac{\kappa}{n/V}=V_m\kappa \tag{8.14}$$

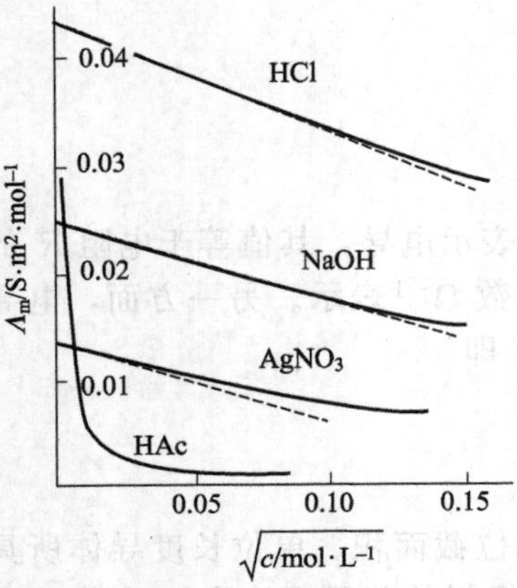

图 8.7 摩尔电导率与浓度的关系

式(8.14) 中，V_m 为溶液的摩尔体积，它是指含有 1mol 电解质的溶液体积，而非电解质本身（纯物质）的摩尔体积。摩尔电导率 Λ_m 的单位是 $S\cdot m^2\cdot mol^{-1}$。

简单分析，强电解质溶液的浓度 c 越大，其电阻 R 就越小，这时由式(8.13) 可见电导率 κ 就越大。对于一种给定的电解质，如果电导率 κ 与浓度 c 成正比，则摩尔电导率 Λ_m 就应为常数。但是实际情况并非如此。如图 8.7 中的实线所示，不论是强电解质溶液还是弱电解质溶液，其摩尔电导率 Λ_m 都随着浓度的增大而减小。这是为什么呢？以弱电解质 HAc 的水溶液为例，根据稀释定律，其解离度随浓度的增大而减小。这说明溶液的浓度 c 增大时，承担导电任务的离子的浓度增大较缓慢，即电导率 κ 不能随浓度同步增大。故根据式(8.14)，Λ_m 随着浓度的增大而减小。当浓度很小时，随着浓度的增大，HAc 的解离度减小得很快，故其 Λ_m 随着浓度增大而迅速减小。对于强电解质溶液而言，浓度增大时正负离子的缔合现象增多，能真正承担导电任务的离子的浓度也不能随电解质浓度的增大而同步增大，即式(8.14) 中电导率 κ 不能与浓度 c 同步增大。所以强电解质溶液的 Λ_m 也随浓度的增大而减小。

科尔劳斯根据大量的实验结果发现：在一定条件下，对于一种给定的电解质而言，当浓度较小时，其摩尔电导率与浓度的关系如下：

$$\Lambda_m=\Lambda_m^\infty-A\sqrt{c} \tag{8.15}$$

式(8.15) 中的 Λ_m^∞ 和 A 在一定温度下都是常数，对于不同的电解质其值不同。此式与图 8.7 所示的实验结果是一致的。Λ_m^∞ 是在相同条件下无限稀释溶液的摩尔电导率即**极限摩尔电导率**（limiting molar conductivity），其值可由 $\Lambda_m\sim\sqrt{c}$ 曲线外推得到。从图 8.7 可以看出，这种获得 Λ_m^∞ 的方法更适合于强电解质，因为当浓度很小时，弱电解质的 Λ_m 随 $\sqrt{c}$ 变化太快，用这种方法处理时误差太大。

例 8.4 在一定温度下，测得 $0.0075mol\cdot L^{-1}$ 的 KCl 溶液的电导为 $1.49\times10^3\mu S$。已知实验所用电导池的电导池常数为 $105m^{-1}$。计算在实验温度下 $0.0075mol\cdot L^{-1}$ KCl 溶液的电导率和摩尔电导率。

解：根据式(8.13) $\kappa=K_{cell}\cdot G=105m^{-1}\times1.49\times10^3\mu S=0.1565S\cdot m^{-1}$

所以 $$\Lambda_m=\frac{\kappa}{c}=\frac{0.1565S\cdot m^{-1}}{7.5mol\cdot m^{-3}}=0.021S\cdot m^2\cdot mol^{-1}$$

8.3.3 离子独立运动定律

在 25℃下，部分电解质水溶液的极限摩尔电导率如表 8.3 所示。

表 8.3　25℃下部分电解质在无限稀释水溶液中的极限摩尔电导率

电解质	$\frac{\Lambda_m^\infty}{S\cdot m^2\cdot mol^{-1}}$	二者之差	电解质	$\frac{\Lambda_m^\infty}{S\cdot m^2\cdot mol^{-1}}$	二者之差
KCl	0.014986	34.83×10^{-4}	HCl	0.042616	4.9×10^{-4}
LiCl	0.011503		HNO_3	0.04213	
$KClO_4$	0.014004	35.06×10^{-4}	KCl	0.014986	4.9×10^{-4}
$LiClO_4$	0.010598		KNO_3	0.014496	
KNO_3	0.01450	34.9×10^{-4}	LiCl	0.011503	4.9×10^{-4}
$LiNO_3$	0.01101		$LiNO_3$	0.01101	

从表 8.3 中的数据可以看出，在 1-1 型电解质（$\nu_+=\nu_-=1$）的无限稀释水溶液中，钾盐和锂盐的摩尔电导率之差基本上与负离子的本性即负离子是 Cl^-、是 ClO_4^- 还是 NO_3^- 无关；盐酸盐（也包括盐酸）和硝酸盐（也包括硝酸）的摩尔电导率之差与正离子的本性即正离子是 H^+、是 K^+ 还是 Li^+ 无关。这说明在无限稀释水溶液中，不同离子之间的差别只与各自的本性有关，而与其所处的环境即与其它离子无关。或者说，在无限稀释水溶液中，离子的运动是相互独立的，彼此间无相互作用。这就是**离子独立运动定律**（law of independent migration of ions），它仅适用于无限稀释的电解质溶液。

由式(8.14) 可以看出，摩尔电导率 Λ_m 与含有 1mol 电解质的溶液所处的电导池中极板的截面积 A、两个极板的间距 l 以及测得的电导 G 之间存在如下关系。

$$\Lambda_m=\frac{\kappa}{n/V}=\frac{(l/A)G}{n/V}=\frac{(l/A)G}{n/(Al)}=l^2\frac{G}{n}$$

当两个极板的间距 l 为 1m 时

$$\Lambda_m=\frac{G}{n}(1m)^2 \qquad (8.16)$$

由式(8.16) 可见，电解质溶液的摩尔电导率 Λ_m 在数值上等于在单位间距（1m）的两个极板之间的溶液中每摩尔电解质对电导的贡献。也就是在单位间距（1m）的两个极板之间的溶液中含 1mol 电解质时所具有的电导。把单位间距（1m）的两个极板之间含 1mol 电解质的溶液无限稀释（同时极板面积也无限增大）后，测得的电导就等于该电解质的极限摩尔电导率。

在含有 1mol $M_{\nu_+}^{z_+}A_{\nu_-}^{z_-}$ 型电解质的无限稀释溶液中，正离子电荷和负离子电荷的量分别为 ν_+z_+ mol 和 $\nu_+|z_-|$ mol。所以，根据离子独立运动定律，$M_{\nu_+}^{z_+}A_{\nu_-}^{z_-}$ 型电解质的极限摩尔电导率 Λ_m^∞ 与正离子电荷的极限摩尔电导率 $\lambda_{m,+}^\infty$ 及负离子电荷的极限摩尔电导率 $\lambda_{m,-}^\infty$ 之间必然存在如下关系：

$$\Lambda_m^\infty=z_+\nu_+\lambda_{m,+}^\infty+|z_-|\nu_-\lambda_{m,-}^\infty \qquad (8.17)$$

式(8.17) 是离子独立运动定律的数学式。

又因
$$\Lambda_m^\infty=t_+^\infty\Lambda_m^\infty+t_-^\infty\Lambda_m^\infty$$

所以
$$\lambda_{m,+}^\infty=\frac{t_+^\infty\Lambda_m^\infty}{z_+\nu_+} \qquad \lambda_{m,-}^\infty=\frac{t_-^\infty\Lambda_m^\infty}{|z_-|\nu_-} \qquad (8.18)$$

不同离子的 t^∞ 可结合实验用外推法求得，Λ_m^∞ 也可以结合实验测定并借助式(8.15) 用外推的方法求得。有了 t_m^∞ 和 Λ_m^∞，便可以用式(8.18) 得到不同离子电荷的极限摩尔电导率 λ_m^∞，表 8.4 列出了 25℃下部分离子电荷的极限摩尔电导率。

表 8.4　25℃下水溶液中部分离子电荷的极限摩尔电导率

正离子电荷	$\lambda^{\infty}_{m,+}\times 10^2/S\cdot m^2\cdot mol^{-1}$	负离子电荷	$\lambda^{\infty}_{m,-}\times 10^2/S\cdot m^2\cdot mol^{-1}$
Ag^+	0.6192	Ac^-	0.409
H^+	3.4982	Br^-	0.784
K^+	0.7352	Cl^-	0.7634
Li^+	0.3869	ClO_3^-	0.64
Na^+	0.5011	HCO_3^-	0.4448
NH_4^+	0.734	I^-	0.768
$\frac{1}{2}Ba^{2+}$	0.6364	MnO_4^-	0.62
$\frac{1}{2}Ca^{2+}$	0.5950	NO_3^-	0.7144
$\frac{1}{2}Cu^{2+}$	0.540	OH^-	1.98
$\frac{1}{2}Mg^{2+}$	0.5306	$\frac{1}{2}C_2O_4^{2-}$	0.240
$\frac{1}{2}Zn^{2+}$	0.540	$\frac{1}{2}CO_3^{2-}$	0.83
$\frac{1}{3}La^{3+}$	0.696	$\frac{1}{2}SO_4^{2-}$	0.798

从表 8.4 中的数据可以看出，在所有的正离子电荷中，氢离子电荷的极限摩尔电导率最大；在所有的负离子电荷中，氢氧离子电荷的极限摩尔电导率最大。原因是在水溶液中，氢离子和氢氧离子的导电机理与其它离子不同。这两种离子都是通过氢键转移的方式传输电荷的。在此过程中，它们如同篮球场上的运动员可以传球，结果很快就能把电荷传到远处。除了这两种离子以外，其它离子只能靠自身踏踏实实地运动来转移电荷，所以它们的导电能力比 H^+ 和 OH^- 的导电能力差远了。

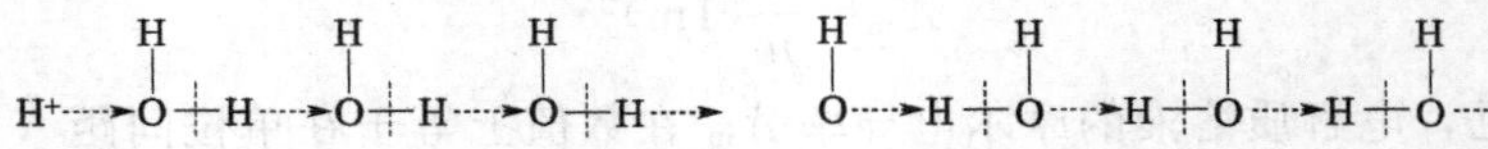

例 8.5　计算 25℃下 NH_4OH 的极限摩尔电导率。已知在同温度下

$$\Lambda^{\infty}_m(NaOH)=247.8\times 10^{-4}S\cdot m^2\cdot mol^{-1}$$

$$\Lambda^{\infty}_m(NaCl)=126.45\times 10^{-4}S\cdot m^2\cdot mol^{-1}$$

$$\Lambda^{\infty}_m(NH_4Cl)=149.7\times 10^{-4}S\cdot m^2\cdot mol^{-1}$$

解：$\Lambda^{\infty}_m(NaOH)+\Lambda^{\infty}_m(NH_4Cl)-\Lambda^{\infty}_m(NaCl)$

$$=\lambda^{\infty}_m(Na^+)+\lambda^{\infty}_m(OH^-)+\lambda^{\infty}_m(NH_4^+)+\lambda^{\infty}_m(Cl^-)-\lambda^{\infty}_m(Na^+)-\lambda^{\infty}_m(Cl^-)$$

$$=\lambda^{\infty}_m(OH^-)+\lambda^{\infty}_m(NH_4^+)$$

即　$\Lambda^{\infty}_m(NH_4OH)=\Lambda^{\infty}_m(NaOH)+\Lambda^{\infty}_m(NH_4Cl)-\Lambda^{\infty}_m(NaCl)$

所以　$\Lambda^{\infty}_m(NH_4OH)=(247.8\times 10^{-4}+149.7\times 10^{-4}-126.45\times 10^{-4})S\cdot m^2\cdot mol^{-1}$

$$=271.05\times 10^{-4}S\cdot m^2\cdot mol^{-1}$$

已知电导率与电阻 R、极板的截面积 A、两个极板的间距 l、两个极板间的电势差 E、电流强度 I 等变量之间的关系如下

$$\kappa=\frac{l}{RA}=\frac{l}{(E/I)\cdot A}=\frac{I}{(E/l)\cdot A}$$

所以
$$\Lambda_m=\frac{\kappa}{c}=\frac{I}{(E/l)\cdot A\cdot c} \tag{8.19}$$
由于 I 是单位时间内流过的电量，故由正负离子传输的电流强度分别为

$$I_+=\underbrace{A\cdot u_+}_{\text{体积}}\cdot\underbrace{z_+\cdot\nu_+\cdot c'}_{\text{正离子电荷浓度}}\cdot F \qquad I_-=\underbrace{A\cdot u_-}_{\text{体积}}\cdot\underbrace{|z_-|\cdot\nu_-\cdot c'}_{\text{负离子电荷浓度}}\cdot F$$

式中，u_+ 和 u_- 分别是正离子和负离子的电迁移速率。虽然电解质溶液的浓度为 c，但是此处把以离子形式存在的能转移电荷的那部分电解质的浓度用 c' 表示。因为在溶液中有的电解质是弱电解质，只有发生解离的那部分才能传输电荷；即使是强电解质溶液，也会由于正负离子间的缔合（缔合与未解离不同，缔合是水合正离子与水合负离子之间的结合）而使它未必能百分之百地转移电荷。所以在许多情况下，能真正转移电荷的那部分电解质的浓度 c' 小于电解质溶液的总浓度 c。

即
$$\begin{aligned}I&=I_++I_-\\&=A\cdot c'\cdot F\cdot(u_+\cdot z_+\cdot\nu_++u_-\cdot|z_-|\cdot\nu_-)\end{aligned}$$
将此代入式(8.19) 可得
$$\Lambda_m=\frac{c'\cdot F\cdot(u_+\cdot z_+\cdot\nu_++u_-\cdot|z_-|\cdot\nu_-)}{(E/l)\cdot c}$$
令
$$\alpha=\frac{c'}{c} \tag{8.20}$$
对于弱电解质溶液，α 反映了该电解质的解离度；对于强电解质溶液，α 反映了该电解质溶液的非缔合度。α 越小非缔合度越小，缔合度越大。

又因
$$U_+=\frac{u_+}{E/l} \qquad U_-=\frac{u_-}{E/l}$$
所以
$$\Lambda_m=\alpha\cdot F\cdot(U_+\cdot z_+\cdot\nu_++U_-\cdot|z_-|\cdot\nu_-) \tag{8.21}$$
当离子浓度较小时，离子的电迁移率受浓度的影响很小，这时每一种离子的电迁移率近似等于这种离子在无限稀释溶液中的电迁移率即
$$U_+\approx U_+^\infty \qquad U_-\approx U_-^\infty$$
所以当溶液浓度较小时，式(8.21) 可以改写为
$$\Lambda_m=\alpha\cdot F\cdot(U_+^\infty\cdot z_+\cdot\nu_++U_-^\infty\cdot|z_-|\cdot\nu_-) \tag{8.22}$$
当溶液无限稀释时，$\alpha=1$，$\Lambda_m=\Lambda_m^\infty$，这时可以把式(8.22) 进一步改写为
$$\Lambda_m^\infty=F\cdot(U_+^\infty\cdot z_+\cdot\nu_++U_-^\infty\cdot|z_-|\cdot\nu_-) \tag{8.23}$$
由式(8.22) 和式(8.23) 可知，在稀溶液中
$$\alpha=\frac{\Lambda_m}{\Lambda_m^\infty} \tag{8.24}$$
可以根据式(8.24) 讨论弱电解质稀溶液的解离度或强电解质稀溶液的缔合度。

例 8.6 在 25℃下，已知正丁酸的解离平衡常数为 $K_a^\ominus=1.515\times10^{-5}$，极限摩尔电导率为 $382.42\times10^{-4}\,S\cdot m^2\cdot mol^{-1}$。计算 25℃下 $0.01mol\cdot L^{-1}$ 的正丁酸水溶液的电导率。

解：设 25℃下 $0.01mol\cdot L^{-1}$ 的正丁酸水溶液的解离度为 α，则

$$C_3H_7COOH \rightleftharpoons H^+ + C_3H_7COO^-$$

	C_3H_7COOH	H^+	$C_3H_7COO^-$
初始浓度	c	0	0
平衡浓度	$(1-\alpha)c$	αc	αc

$$K_a^{\ominus}=\frac{(\alpha c/c^{\ominus})^2}{(1-\alpha)c/c^{\ominus}}=\frac{\alpha^2 c/c^{\ominus}}{1-\alpha}$$

即 $$1.515\times10^{-5}=\frac{0.01\alpha^2}{1-\alpha}\approx0.01\alpha^2$$

所以 $$\alpha=3.89\times10^{-2}$$

所以 $$\begin{aligned}\Lambda_m&=\alpha\cdot\Lambda_m^{\infty}\\&=3.89\times10^{-2}\times382.42\times10^{-4}\mathrm{S\cdot m^2\cdot mol^{-1}}\\&=14.88\times10^{-4}\mathrm{S\cdot m^2\cdot mol^{-1}}\end{aligned}$$

所以 $$\begin{aligned}\kappa&=c\cdot\Lambda_m\\&=10\mathrm{mol\cdot m^{-3}}\times14.88\times10^{-4}\mathrm{S\cdot m^2\cdot mol^{-1}}\\&=148.8\times10^{-4}\mathrm{S\cdot m^{-1}}\end{aligned}$$

比较式(8.17) 和式(8.23) 可以看出

$$\lambda_{m,+}^{\infty}=F\cdot U_{+}^{\infty}\qquad \lambda_{m,-}^{\infty}=F\cdot U_{-}^{\infty}\tag{8.25}$$

有了离子电荷的极限摩尔电导率，便可根据式(8.25) 得到无限稀释溶剂中该离子的电迁移率。

8.4 电导率测定的应用

8.4.1 测定解离度和解离平衡常数

以浓度为 c 的弱电解质 BA 水溶液为例，设其解离度为 α，则

$$\mathrm{BA}\rightleftharpoons\mathrm{B^+}+\mathrm{A^-}$$

平衡时 $$(1-\alpha)c\qquad \alpha c\qquad \alpha c$$

根据式(8.24) $$\alpha=\Lambda_m/\Lambda_m^{\infty}$$

其中 $\Lambda_m=\kappa/c$，而 κ 可通过实验测定；Λ_m^{∞} 可根据离子独立运动定律计算即

$$\Lambda_m^{\infty}=z_+\nu_+\lambda_{m,+}^{\infty}+|z_-|\nu_-\lambda_{m,-}^{\infty}$$

此处由于 $$\nu_+=\nu_-=1\qquad z_+=|z_-|=1$$

所以 $$\Lambda_m^{\infty}=\lambda_{m,+}^{\infty}+\lambda_{m,-}^{\infty}$$

离子电荷的极限摩尔电导率 $\lambda_{m,+}^{\infty}$ 和 $\lambda_{m,-}^{\infty}$ 可以查表。所以通过测定电导率可以求得水溶液中弱电解质的解离度。有了解离度，就可以进一步计算弱电解质的解离平衡常数即

$$K^{\ominus}=\frac{(\alpha c/c^{\ominus})^2}{(1-\alpha)c/c^{\ominus}}=\frac{\alpha^2 c}{(1-\alpha)c^{\ominus}}\tag{8.26}$$

如果 Λ_m^{∞} 是未知的，在这种情况下即使测得了电导率，因无法求得 α，故无法马上得到解离度和解离平衡常数。不过，此时若将 $\alpha=\Lambda_m/\Lambda_m^{\infty}$ 代入式(8.26) 并整理可得

$$\frac{1}{\Lambda_m}=\frac{\Lambda_m c}{K^{\ominus}\Lambda_m^{\infty 2}c^{\ominus}}+\frac{1}{\Lambda_m^{\infty}}\tag{8.27}$$

对于一种给定的电解质，由于一定温度下 $K^{\ominus}$ 和 Λ_m^{∞} 都是常数，所以根据式(8.27)，$1/\Lambda_m$ 与 $\Lambda_m c$ 呈线性关系。可以在不同浓度下测定多组（c，Λ_m）数据，由此可得多组（$1/\Lambda_m$，$\Lambda_m c$）数据，并画出 $1/\Lambda_m\sim\Lambda_m c$ 直线。然后由该直线的截距和斜率便可得到 Λ_m^{∞}

和 $K^{\ominus}$。

例 8.7 在 298K 下测得 0.01mol·L^{-1}醋酸溶液的电导率为 1.620×10^{-2}S·m^{-1}。同温度下 H^+离子电荷和 Ac^-离子电荷的极限摩尔电导率分别是 34.98×10^{-3}S·m^2·mol^{-1}和 4.09×10^{-3}S·m^2·mol^{-1}。计算在 298K 下

(1) 醋酸溶液的极限摩尔电导率。

(2) 醋酸的解离平衡常数 $K_a^{\ominus}$。

解：(1) 根据离子独立运动定律表示式(8.17)

$$\Lambda_m^\infty=\lambda_m^\infty(H^+)+\lambda_m^\infty(Ac^-)$$
$$=34.98\times10^{-3}\text{S}\cdot\text{m}^2\cdot\text{mol}^{-1}+4.09\times10^{-3}\text{S}\cdot\text{m}^2\cdot\text{mol}^{-1}$$
$$=39.07\times10^{-3}\text{S}\cdot\text{m}^2\cdot\text{mol}^{-1}$$

(2)
$$\Lambda_m=\frac{\kappa}{c}=\frac{1.620\times10^{-2}\text{S}\cdot\text{m}^{-1}}{10\text{mol}\cdot\text{m}^{-3}}$$
$$=1.620\times10^{-3}\text{S}\cdot\text{m}^2\cdot\text{mol}^{-1}$$
$$\alpha=\frac{\Lambda_m}{\Lambda_m^\infty}=\frac{1.620\times10^{-3}\text{S}\cdot\text{m}^2\cdot\text{mol}^{-1}}{39.07\times10^{-3}\text{S}\cdot\text{m}^2\cdot\text{mol}^{-1}}$$
$$=0.0415$$

$$HAc \rightleftharpoons H^+ + Ac^-$$

平衡时
$$(1-\alpha)c \quad \alpha c \quad \alpha c$$

$$K_a^{\ominus}=\frac{(\alpha c/c^{\ominus})^2}{(1-\alpha)c/c^{\ominus}}=\frac{\alpha^2 c}{(1-\alpha)c^{\ominus}}$$
$$=\frac{0.0415^2\times0.01}{1-0.0415}$$
$$=1.80\times10^{-5}$$

8.4.2 确定难溶盐的溶解度

当溶液较稀而且其中只有一种电解质时，由于

$$\frac{\text{能转移电荷的那部分电解质的浓度 } c'}{\text{该电解质的总浓度 } c}=\alpha=\frac{\Lambda_m}{\Lambda_m^\infty}$$

对于难溶的强电解质，其饱和溶液浓度 c 很小，离子缔合不明显，所以

$$c'=c \qquad \alpha=1 \qquad \Lambda_m=\Lambda_m^\infty$$

由摩尔电导率的定义式可知

$$\Lambda_m=\frac{\kappa_{难}}{c}$$

所以溶解度为
$$c=\frac{\kappa_{难}}{\Lambda_m}=\frac{\kappa_{难}}{\Lambda_m^\infty}$$

对于难溶盐的饱和溶液，实测的电导率 κ 由两部分组成。一是溶解下来的难溶盐（完全解离）对电导率的贡献，二是水解离出来的氢离子和氢氧离子对电导率的贡献。由于难溶盐的溶解度很小，它对实测电导率 κ 的贡献不会远大于水对电导率的贡献。在这种情况下，水对电导率的贡献不能忽略不计。故难溶盐对电导率的贡献为

$$\kappa_{难}=\kappa-\kappa_{水}$$

所以
$$c=\frac{\kappa_{难}}{\Lambda_m^{\infty}}=\frac{\kappa-\kappa_{水}}{\Lambda_m^{\infty}}$$

在一定温度下，溶剂水的电导率$\kappa_{水}$可以单独测定。所以，同温度下实验测定难溶盐饱和溶液的电导率κ后，用上式就可以求得该难溶盐的溶解度c。由溶解度c可进一步求得该难溶盐在实验温度下的溶度积常数$K_{sp}^{\ominus}$。

例 8.8 在25℃下，测得$BaSO_4$饱和溶液的电导率为$4.2\times10^{-4}S\cdot m^{-1}$，实验用蒸馏水的电导率为$1.6\times10^{-4}S\cdot m^{-1}$。已知同温度下钡离子电荷和硫酸根离子电荷的极限摩尔电导率分别为$63.64\times10^{-4}S\cdot m^2\cdot mol^{-1}$和$79.8\times10^{-4}S\cdot m^2\cdot mol^{-1}$。求同温度下$BaSO_4$在水中的溶解度。

解：$\kappa_{BaSO_4}=\kappa-\kappa_{水}=(4.2\times10^{-4}-1.6\times10^{-4})S\cdot m^{-1}$

$=2.6\times10^{-4}S\cdot m^{-1}$

而
$$\begin{aligned}\Lambda_m^{\infty}(BaSO_4)&=z_+\nu_+\lambda_{m,Ba^{2+}}^{\infty}+|z_-|\nu_-\lambda_{m,SO_4^{2-}}^{\infty}\\&=(2\times1\times63.64\times10^{-4}+2\times1\times79.8\times10^{-4})S\cdot m^2\cdot mol^{-1}\\&=286.88\times10^{-4}S\cdot m^2\cdot mol^{-1}\end{aligned}$$

所以，$BaSO_4$在水中的溶解度为

$$\begin{aligned}c&=\frac{\kappa_{BaSO_4}}{\Lambda_m^{\infty}(BaSO_4)}=\frac{2.6\times10^{-4}S\cdot m^{-1}}{286.88\times10^{-4}S\cdot m^2\cdot mol^{-1}}\\&=9.06\times10^{-3}mol\cdot m^{-3}\end{aligned}$$

$$\begin{aligned}K_{sp}^{\ominus}(BaSO_4)&=\frac{c}{c^{\ominus}}\times\frac{c}{c^{\ominus}}=\left(\frac{9.06\times10^{-3}}{10^3}\right)^2\\&=8.2\times10^{-11}\end{aligned}$$

8.4.3 电导滴定

在水溶液中，由于H^+和OH^-的电迁移可借助氢键的转移来完成，故在所有的正离子中H^+离子的电迁移率最大；在所有的负离子中OH^-离子的电迁移率最大（见表8.2）。在所有的正离子电荷中氢离子电荷H^+的极限摩尔电导率最大，导电能力最强；在所有的负离子电荷中氢氧离子电荷OH^-的极限摩尔电导率最大，导电能力最强（见表8.4）。

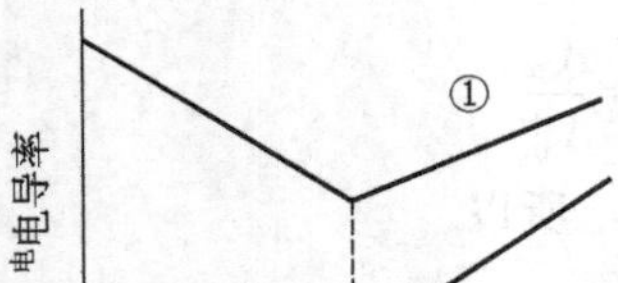

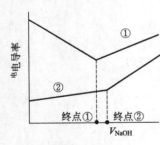

图 8.8　电导滴定过程

基于上述原因，用NaOH溶液滴定HCl溶液时，被滴定溶液的电导率随加入的NaOH溶液体积的变化情况如图8.8中的曲线①所示。该曲线的最低点对应的就是滴定终点所对应的NaOH溶液的体积。因为根据滴定过程中的反应

$$NaOH+HCl=\!=\!=NaCl+H_2O$$

在到达滴定终点以前，随着NaOH溶液的不断滴入，不仅待滴定溶液的体积逐渐增大，而且待滴定溶液中导电能力很强的H^+逐渐被导电能力较弱的Na^+取代，所以待滴定溶液的电导率逐渐减小。在滴定终点后，滴入的NaOH不发生反应。但由于OH^-有很强的导电能力，故随着过量NaOH溶液的加入，待滴定溶液电导率会逐渐增大。所以在整个滴定过程

中，电导率变化曲线的拐点就是滴定终点。

用 NaOH 溶液滴定 HAc 溶液时，被滴定溶液的电导率随加入的 NaOH 溶液体积的变化情况如图 8.8 中的曲线②所示。根据滴定过程中的反应

$$NaOH + HAc = NaAc + H_2O$$

HAc 是弱电解质。在滴定终点前，随着 NaOH 溶液的加入，虽然待滴定溶液的体积会逐渐增大，但与此同时导电能力很差的 HAc 逐渐被导电能力强的 NaAc 取代，所以电导率会逐渐增大。在滴定终点后，滴入的过量 NaOH 不发生反应。这大致相当于在滴定终点前逐渐加入的是 NaAc 溶液，在滴定终点后逐渐加入的是 NaOH 溶液。由于 NaOH 溶液的导电能力明显比 NaAc 溶液的导电能力强，故随着过量 NaOH 溶液的加入，待滴定溶液的电导率会增大得更快。所以在整个滴定过程中，电导率变化曲线的拐点与滴定终点相对应。

8.5 强电解质溶液理论

8.5.1 溶剂的介电效应和水合作用

热力学研究表明，在 25℃下

① $NaCl(s) = Na^+(g) + Cl^-(g)$ $\quad \Delta_r H^{\ominus}_{m,1} = 787.01 kJ \cdot mol^{-1}$

② $Na^+(g) + Cl^-(g) = Na^+(aq) + Cl^-(aq)$ $\quad \Delta_r H^{\ominus}_{m,2} = -782.83 kJ \cdot mol^{-1}$

③ $NaCl(s) = Na^+(aq) + Cl^-(aq)$ $\quad \Delta_r H^{\ominus}_{m,3} = 4.18 kJ \cdot mol^{-1}$

由反应①可知，NaCl(s) 的晶格能很大，也就是说要想把氯化钠晶体拆散成自由离子是很困难的。与此同时由反应③可见，NaCl(s) 在水中的溶解过程虽然吸热，可是吸热很少，应该容易溶解。事实上 NaCl(s) 的确容易溶解在水中。这与 $Na^+(g)$ 和 $Cl^-(g)$ 有较大的水合能（见反应②）有直接的关系。

可以认为：盐类在水中的溶解过程是由把晶体拆散为自由离子和自由离子发生水合这两步组成。首先可以肯定，整个溶解过程中系统的混乱度是明显增大的，其熵变 ΔS 必然明显大于零。在这种情况下，当水合能足以弥补或大致弥补晶格能时，整个溶解过程的焓变 ΔH 就不会显著大于零即在零附近。又因为 $\Delta_{sol} G_m = \Delta_{sol} H_m - T\Delta_{sol} S_m$，故整个过程的吉布斯函数改变量 $\Delta_{sol} G_m$ 就小于零。在这种情况下，根据吉布斯函数最低原理，该盐必然容易溶解在水中。从本质上讲，许多电解质容易溶解在水中，这与离子的水合作用是密不可分的。与此同时，溶剂的介电效应也是不能忽视的。

（1）水合作用

实验表明：在 25℃下的无限稀释水溶液中，碱金属离子的电迁移率如下：

	Li^+	Na^+	K^+	Rb^+	Cs^+	
$\dfrac{U_+^{\infty} \times 10^8}{m^2 \cdot s^{-1} \cdot V^{-1}}$	4.01	5.19	7.61	8.05	8.02	→半径增大

即在无限稀释水溶液中，碱金属离子的半径越大，其电迁移率越大。原本离子的半径越小，电迁移应该越容易，在无限稀释水溶液中的电迁移率 U_+^{∞} 应该越大。为何会出现上述“反常”情况呢？原因是任何系统都有自发趋于稳定的趋势。对于带电荷数相同的离子，其半径越小电场强度就越大，它与极性水分子之间的相互作用就越强，水合程度就越大。水合程度越大，水合离子的体积就越大，水合后其电迁移过程遇到的阻力也就越大。相对而言，正离子在这方面的表现更加明显，故正离子的半径越小 U_+^{∞} 越小。实验表明，碱金属离子的水合数分别为：$Li^+(6)$、$Na^+(4)$、$K^+(2)$、$Rb^+(1)$。

(2) 介电效应

根据库仑定律，两个相距为 r 的离子（可视为点电荷）之间的静电作用可以表示为

$$f=\frac{z_+ z_- e^2}{\varepsilon r^2}$$

式中，ε 为溶剂的介电常数。由此可见，溶剂的介电常数 ε 越大，两个点电荷之间的相互作用就越弱。溶剂的介电常数与溶剂分子的极性有关。极性越大，介电常数就越大。常温下水的介电常数很大，其值大约是真空介电常数的 80 倍。故以水为溶剂时，有利于带相反电荷的水合离子的稳定存在，有利于电解质的溶解和解离。实际情况的确是这样。

8.5.2 平均活度和平均活度系数

如果 $M_{\nu_+}^{z_+}A_{\nu_-}^{z_-}$ 是强电解质，则它能在水中完全解离。

$$M_{\nu_+}^{z_+}A_{\nu_-}^{z_-} = \nu_+ M^{z_+} + \nu_- M^{z_-}$$

由于化学势是指在一定温度、压力和组成条件下某组分的摩尔吉布斯函数，所以溶液中该电解质的化学势与其中正、负离子的化学势存在如下关系

$$\mu=\nu_+\mu_+ + \nu_-\mu_- \tag{8.28}$$

其中 $\mu=\mu^{\ominus}+RT\ln a$ $\quad \mu_+=\mu_+^{\ominus}+RT\ln a_+$ $\quad \mu_-=\mu_-^{\ominus}+RT\ln a_-$

将这三个关系式代入式(8.28) 可得

$$\mu^{\ominus}+RT\ln a=\nu_+\mu_+^{\ominus}+\nu_-\mu_-^{\ominus}+RT\ln(a_+^{\nu_+}\cdot a_-^{\nu_-})$$

由于 $\mu^{\ominus}=\nu_+\mu_+^{\ominus}+\nu_-\mu_-^{\ominus}$ ❶

所以 $$a=a_+^{\nu_+}\cdot a_-^{\nu_-} \tag{8.29}$$

又因 $a_+=\gamma_+\cdot\frac{b_+}{b^{\ominus}}$ $\quad a_-=\gamma_-\cdot\frac{b_-}{b^{\ominus}}$

所以 $$a=\gamma_+^{\nu_+}\cdot\left(\frac{b_+}{b^{\ominus}}\right)^{\nu_+}\cdot\gamma_-^{\nu_-}\cdot\left(\frac{b_-}{b^{\ominus}}\right)^{\nu_-}=\gamma_+^{\nu_+}\cdot\gamma_-^{\nu_-}\cdot\frac{b_+^{\nu_+}\cdot b_-^{\nu_-}}{b^{\ominus(\nu_++\nu_-)}} \tag{8.30}$$

令 $$\nu=\nu_+ + \nu_- \tag{8.31}$$

此处分别按下列式子定义**平均浓度**（mean concentration）$b_\pm$，**平均活度系数**（mean activity coefficient）$\gamma_\pm$ 和**平均活度**（mean activity）$a_\pm$

$$b_\pm=\sqrt[\nu]{b_+^{\nu_+}\cdot b_-^{\nu_-}} \tag{8.32}$$

$$\gamma_\pm=\sqrt[\nu]{\gamma_+^{\nu_+}\cdot\gamma_-^{\nu_-}} \tag{8.33}$$

$$a_\pm=\sqrt[\nu]{a_+^{\nu_+}\cdot a_-^{\nu_-}} \tag{8.34}$$

以上引入的 $b_\pm$、$\gamma_\pm$ 和 $a_\pm$ 都是几何平均值。在此基础上，可以把式(8.30) 改写为

$$a=\gamma_\pm^{\nu}\cdot\left(\frac{b_\pm}{b^{\ominus}}\right)^{\nu}=\left(\gamma_\pm\cdot\frac{b_\pm}{b^{\ominus}}\right)^{\nu} \tag{8.35}$$

结合平均活度的定义式(8.34)，可以把式(8.29) 改写为

$$a=a_\pm^{\nu} \tag{8.36}$$

比较式(8.35) 和式(8.36) 可以看出

---

❶ 在溶液中，一定温度下 $M_{\nu_+}^{z_+}A_{\nu_-}^{z_-}$ 的标准态是指 $b=b^{\ominus}$ 且具有无限稀释溶液特性即离子间无相互作用的状态。既然离子之间无相互作用，此时虽然 $b_+=\nu_+b^{\ominus}$，$b_-=\nu_-b^{\ominus}$，但由于 M^{z_+} 离子和 A^{z_-} 离子的状态完全符合标准状态的要求，所以此时 $\mu^{\ominus}=\nu_+\mu_+^{\ominus}+\nu_-\mu_-^{\ominus}$。

$$a_{\pm}=\gamma_{\pm}\cdot\frac{b_{\pm}}{b^{\ominus}} \tag{8.37}$$

若溶液中只含 $M_{\nu_+}^{z_+}A_{\nu_-}^{z_-}$ 这一种电解质，它的质量摩尔浓度为 b，则平均浓度为

$$b_{\pm}=[b_+^{\nu_+}\cdot b_-^{\nu_-}]^{1/\nu}=[(\nu_+b)^{\nu_+}\cdot(\nu_-b)^{\nu_-}]^{1/\nu}$$

即

$$b_{\pm}=(\nu_+^{\nu_+}\cdot\nu_-^{\nu_-})^{1/\nu}b \tag{8.38}$$

例 8.9 现有 $0.02mol\cdot kg^{-1}$ 的 $NaSO_4$ 溶液和 $0.02mol\cdot kg^{-1}$ 的 $Al_2(SO_4)_3$ 溶液。

(1) 分别求它们的平均浓度。

(2) 将两者等体积混合后，分别求混合溶液中这两种电解质的平均浓度。

解：(1) 根据式(8.38)

对于 Na_2SO_4 溶液 $\quad b_{\pm}=(2^2\times1^1)^{1/3}b=\sqrt[3]{4}\cdot b=0.032mol\cdot kg^{-1}$

对于 $Al_2(SO_4)_3$ 溶液 $\quad b_{\pm}=(2^2\times3^3)^{1/5}b=\sqrt[5]{108}\cdot b=0.051mol\cdot kg^{-1}$

(2) 等体积混合后，不同离子的浓度如下：

Na^+ $\quad 0.02mol\cdot kg^{-1}$ $\quad Al^{3+}$ $\quad 0.02mol\cdot kg^{-1}$ $\quad SO_4^{2-}$ $\quad 0.04mol\cdot kg^{-1}$

由于 SO_4^{2-} 来自于不同的电解质，此时式(8.38) 不适用。根据式(8.32)

Na_2SO_4 $\quad b_{\pm}=(b_+^{\nu_+}\cdot b_-^{\nu_-})^{1/\nu}=(0.02^2\times0.04)^{1/3}=0.025mol\cdot kg^{-1}$

$Al_2(SO_4)_3$ $\quad b_{\pm}=(b_+^{\nu_+}\cdot b_-^{\nu_-})^{1/\nu}=(0.02^2\times0.04^3)^{1/5}=0.030mol\cdot kg^{-1}$

例 8.10 在 298K 下，实验测得 TiCl 在 $0.02500mol\cdot kg^{-1}$ 的 KCl 溶液中的溶解度为 $0.00869mol\cdot kg^{-1}$。已知在 298K 下难溶盐 TiCl 的溶度积常数为 $K_{sp}^{\ominus}=1.7\times10^{-4}$。求实验所得溶液中 TiCl 的平均活度系数。

解：在此溶液中

$$b_{Ti^+}=0.00869mol\cdot kg^{-1}$$

$$b_{Cl^-}=0.00869mol\cdot kg^{-1}+0.02500mol\cdot kg^{-1}=0.03369mol\cdot kg^{-1}$$

所以，对于溶液中的 TiCl 而言

$$b_{\pm}=(b_+\cdot b_-)^{\frac{1}{2}}=(0.00869\times0.03369)^{\frac{1}{2}}mol\cdot kg^{-1}$$

$$=0.01711mol\cdot kg^{-1}$$

由于

$$K_{sp}^{\ominus}=a_+\cdot a_-=a_{\pm}^2=\gamma_{\pm}^2\cdot\left(\frac{b_{\pm}}{b^{\ominus}}\right)^2$$

所以

$$\gamma_{\pm}=\left(\frac{K_{sp}^{\ominus}}{(b_{\pm}/b^{\ominus})^2}\right)^{1/2}=\left(\frac{1.7\times10^{-4}}{0.01711^2}\right)^{1/2}=0.763$$

表 8.5 列出了 25℃下一些电解质在不同浓度的水溶液中的平均活度系数 $\gamma_{\pm}$。从表 8.5 中所列的数据可以看出。

① 逐渐稀释时，同价型电解质溶液的活度系数趋于相同。

② 不论何种价型的电解质，当浓度趋于零时，$\gamma_{\pm}$ 都趋近于 1。

③ 当浓度逐渐增大时，$\gamma_{\pm}$ 会逐渐减小。但是当浓度增大到一定程度时，$\gamma_{\pm}$ 又会随浓度的增大而增大，甚至大于 1。究其原因，水合作用会使溶液中的许多水分子被束缚在离子周

围的水化层中而不能自由运动。当浓度增大到一定程度时，未发生水合的能自由运动的水分子会随电解质浓度的增大而迅速减少。这相当于溶质的有效浓度即活度的增幅大于其实际浓度的增幅，使平均活度系数随浓度的增大而增大。在极端情况下，$\gamma_{\pm}$大于 1 意味着活度大于浓度，即有效浓度大于实际浓度。

表 8.5　25℃下一些电解质在不同浓度的水溶液中的平均活度系数 $\gamma_{\pm}$

	浓度 b / $mol \cdot kg^{-1}$	0.001	0.005	0.01	0.05	0.10	0.50	1.0	2.0	4.0
1-1 价型	HCl	0.965	0.928	0.904	0.830	0.796	0.757	0.809	1.009	1.762
	$NaCl$	0.966	0.929	0.904	0.823	0.778	0.682	0.658	0.671	0.783
	KCl	0.965	0.927	0.901	0.815	0.769	0.650	0.605	0.575	0.582
	HNO_3	0.965	0.927	0.902	0.823	0.785	0.715	0.720	0.783	0.982
	$NaOH$			0.899	0.818	0.766	0.693	0.679	0.700	0.890
1-2 价型	$CaCl_2$	0.887	0.783	0.724	0.574	0.518	0.448	0.500	0.792	2.934
	K_2SO_4	0.890	0.780	0.710	0.520	0.430				
	H_2SO_4	0.830	0.639	0.544	0.340	0.265	0.154	0.130	0.124	0.171
	$CdCl_2$	0.819	0.623	0.524	0.304	0.228	0.100	0.066	0.044	
	$BaCl_2$	0.880	0.770	0.720	0.560	0.490	0.390	0.390		
2-2 价型	$CuSO_4$	0.740	0.530	0.410	0.210	0.160	0.068	0.047		
	$ZnSO_4$	0.734	0.477	0.387	0.202	0.148	0.063	0.043	0.035	

④ 一般情况下，当浓度相同时，$z_{+} \cdot |z_{-}|$越大，$\gamma_{\pm}$偏离 1 的程度越大。这就是说，正负离子所带电荷数的多少会对平均活度系数有显著的影响。正因为这样，1912 年路易斯提出了**离子强度**（ionic strength）概念。离子强度被定义为

$$I = \frac{1}{2}\sum b_i \cdot z_i{}^2 \tag{8.39}$$

从定义式(8.39）可以看出，离子强度的单位与质量摩尔浓度的单位相同。

此处需要注意，离子强度是相对于整个溶液而言的，而不是相对于溶液中的某一种电解质而言的。换句话说，一个溶液中不论含有多少种电解质，其离子强度值只有一个。所以计算离子强度时，应把溶液中所有的离子都考虑在内，不论它来自于那一种电解质。

例 8.11　求浓度均为 $0.02 mol \cdot L^{-1}$ 的 K_2SO_4 和 $MgSO_4$ 混合溶液的离子强度。

解： 由于是水溶液而且很稀，所以在常温常压下 $b/mol \cdot kg^{-1} = c/mol \cdot L^{-1}$。在混合溶液中，不同离子的浓度如下：

K^+　$(0.02 \times 2) mol \cdot L^{-1} = 0.04 mol \cdot L^{-1}$　或　$0.04 mol \cdot kg^{-1}$

SO_4^{2-}　$(0.02 + 0.02) mol \cdot L^{-1} = 0.04 mol \cdot L^{-1}$　或　$0.04 mol \cdot kg^{-1}$

Mg^{2+}　$0.02 mol \cdot L^{-1}$　或　$0.02 mol \cdot kg^{-1}$

所以　$I = \frac{1}{2}\sum b_i z_i^2 = \frac{1}{2}(0.04 \times 1^2 + 0.04 \times 2^2 + 0.02 \times 2^2) mol \cdot kg^{-1}$

$= 0.14 mol \cdot kg^{-1}$

根据大量实验结果，路易斯进一步提出了溶液中任意一种电解质的平均活度系数与溶液的离子强度之间存在如下的经验关系。

$$\ln\gamma_{\pm} = -常数\sqrt{I} \tag{8.40}$$

该经验公式与后面将要引入的德拜-休克尔极限公式具有相同的形式。关于 $\gamma_{\pm}$ 的实验测定方法，会在下一章中进行讨论。

8.5.3 强电解质溶液的离子互吸理论

(1) 离子氛模型

电解质溶液与理想溶液的主要差别在于：理想溶液中相同分子之间和不同分子之间的相互作用是完全相同的。可是在电解质溶液中，不同离子之间的相互作用差别很大。同号离子之间相互排斥，异号离子之间相互吸引；根据库仑定律，带电荷数不同的离子之间的静电相互作用也是截然不同的。所以，描述电解质溶液的性质需要新的模型和新的理论。在这方面，荷兰化学家德拜和德国化学家休克尔于 1923 年提出了**离子互吸理论**。

离子互吸理论认为：在电解质溶液中，总体上正离子和负离子是均匀分布的。由于同号离子互相排斥，异号离子互相吸引，所以在某一个被考察的离子周围，相对而言同号离子出现的机会较少，而异号离子出现的机会较多。其总体效果如同被考察离子作为中心离子，被一层异号离子包围着，这层异号离子所带的总电量与中心离子所带的总电量相等。如果把中心离子与其周围附近的其它离子看作一个整体，则这个整体是电中性的，而且平均说来这个整体也是球形对称的。**离子氛**（ionic atmosphere）就是指在中心离子周围由这层球状的异号离子电荷形成的氛围。

由于热运动，一个离子可以是中心离子，也可以是离子氛的参与者，而且其角色可以不断变化。有了离子氛模型，溶液中不同离子之间的静电相互作用就可以归结为中心离子与离子氛之间的相互作用。由于离子氛模型是球对称的，这种模型会使问题简化，并且可以在此基础上进一步探讨电解质溶液理论。

(2) 德拜-休克尔极限公式

根据上述的离子氛模型，德拜、休克尔等人经过严密的理论推导，结果得到了在很稀的溶液中（但不是无限稀）离子 i 的活度系数与溶液的离子强度之间存在如下关系：

$$\ln\gamma_i = -Az_i^2\sqrt{I} \tag{8.41}$$

其中

$$A = \frac{e^3 L^{\frac{1}{2}} \rho^{\frac{1}{2}}}{\sqrt{32}\pi\ (\varepsilon k_B T)^{\frac{3}{2}}} \tag{8.42}$$

式(8.42) 中，e 是一个元电荷所带的电量；L 为阿佛伽德罗常数；ρ 为溶剂的密度；k_B 为波尔兹曼常数；T 为温度；ε 为溶剂的介电常数，$\varepsilon = \varepsilon_r \cdot \varepsilon_0$。从式(8.42) 可以看出，在一定条件下 A 为常数。在 298K 下以水为溶剂时，$A = 1.171\text{mol}^{-\frac{1}{2}} \cdot \text{kg}^{\frac{1}{2}}$。若式(8.41) 的左边使用常用对数，则 $A = 0.509\text{mol}^{-\frac{1}{2}} \cdot \text{kg}^{\frac{1}{2}}$。通常在室温下 A 均取 298K 下的值。所以在室温下一般都可以把式(8.41) 改写为

$$\ln\gamma_i = -1.171 z_i^2 \sqrt{I/\text{mol} \cdot \text{kg}^{-1}} \tag{8.43}$$

或

$$\lg\gamma_i = -0.509 z_i^2 \sqrt{I/\text{mol} \cdot \text{kg}^{-1}} \tag{8.44}$$

因为

$$\gamma_{\pm} = \sqrt[\nu]{\gamma_+^{\nu_+} \cdot \gamma_-^{\nu_-}}$$

所以

$$\ln\gamma_{\pm} = \frac{\nu_+ \ln\gamma_+ + \nu_- \ln\gamma_-}{\nu_+ + \nu_-}$$

将式(8.41)代入上式，并结合 $\nu_+ z_+ = \nu_- |z_-|$、$\nu_+^2 z_+^2 = \nu_-^2 z_-^2$，从而可得❶

$$\ln\gamma_\pm = -A z_+ |z_-| \sqrt{I} \tag{8.45}$$

式(8.41)和(8.45)均称为**德拜-休克尔极限公式**（Debye-Huckel limiting law）。德拜-休克尔极限公式的使用范围通常是离子强度不大于 $0.01\text{mol}\cdot\text{kg}^{-1}$。德拜-休克尔极限公式在推导过程中把离子视为点电荷，未考虑离子的大小和形状，这与实际情况不完全一致，所以该公式的使用范围较小。

例 8.12 在室温下，针对 $2.0\times10^{-3}\text{mol}\cdot\text{L}^{-1}$ 的 Na_2SO_4 溶液

(1) 求该溶液中 Na^+ 和 SO_4^{2-} 的活度系数。

(2) 求该溶液的平均活度系数。

(3) 求该溶液的平均活度和活度。

解：由于溶液很稀，所以 $b/\text{mol}\cdot\text{kg}^{-1} = c/\text{mol}\cdot\text{L}^{-1}$

$$I = \frac{1}{2}\sum b_i z_i^2 = \frac{1}{2}(2.0\times10^{-3}\times2^2 + 4.0\times10^{-3}\times1^2)\ \text{mol}\cdot\text{kg}^{-1}$$
$$= 0.006\text{mol}\cdot\text{kg}^{-1}$$

(1) 由式(8.41)可知

$$\ln\gamma_+ = -1.171\times1^2\times\sqrt{0.006} = -0.09071 \quad 故 \quad \gamma_+ = 0.9133$$
$$\ln\gamma_- = -1.171\times2^2\times\sqrt{0.006} = -0.3628 \quad 故 \quad \gamma_- = 0.6957$$

(2) 由式(8.33)可知

$$\gamma_\pm = (0.9133^2\times0.6957)^{\frac{1}{3}} = 0.8341$$

(3) 由式(8.32)可知

$$b_\pm = [(4.0\times10^{-3})^2\times(2.0\times10^{-3})]^{\frac{1}{3}} = 3.175\times10^{-3}\text{mol}\cdot\text{kg}^{-1}$$
$$a_\pm = \gamma_\pm\cdot\frac{b_\pm}{b^\ominus} = 0.8341\times3.175\times10^{-3}$$
$$= 2.648\times10^{-3}$$
$$a = a_\pm^\nu = (2.648\times10^{-3})^3 = 1.86\times10^{-8}$$

例 8.13 在25℃下丙酸的解离常数为 1.336×10^{-5}。求不同情况下丙酸的解离度。

(1) 在 $0.1\text{mol}\cdot\text{L}^{-1}$ 的丙酸溶液中。

(2) 在丙酸和KCl的浓度分别为 $0.1\text{mol}\cdot\text{L}^{-1}$ 和 $0.01\text{mol}\cdot\text{L}^{-1}$ 的混合液中。

解：若把丙酸的解离度用 α 表示，则

	C_2H_5COOH $\rightleftharpoons$	$C_2H_5COO^-$	$+H^+$
初始浓度	c	0	0
平衡浓度	$(1-\alpha)c$	αc	αc

---

❶ $$\ln\gamma_\pm = -A\sqrt{I}\ \frac{\nu_+ z_+^2 + \nu_- z_-^2}{\nu_+ + \nu_-} = -A\sqrt{I}\ \frac{(\nu_+ z_+^2 + \nu_- z_-^2)(\nu_+ - \nu_-)}{(\nu_+ + \nu_-)(\nu_+ - \nu_-)}$$
$$= -A\sqrt{I}\ \frac{\nu_+\nu_- z_-^2 - \nu_+\nu_- z_+^2}{\nu_+^2 - \nu_-^2} = -A\sqrt{I}\ \frac{\nu_+^2 z_+ |z_-| - \nu_-^2 z_+ |z_-|}{\nu_+^2 - \nu_-^2} = -A z_+ |z_-| \sqrt{I}$$

(1) 由于丙酸的解离常数很小，因此解离平衡时溶液的离子强度也一定很小，可以把其中各离子的活度系数近似当作 1。又因为丙酸本身是分子而不是离子，丙酸的活度与离子强度无关，而且由于其浓度较小，故也可以把丙酸的活度系数近似当作 1，所以

$$K_a^{\ominus}=\frac{(\alpha c/c^{\ominus})^2}{(1-\alpha)\ c/c^{\ominus}}\approx\frac{\alpha^2 c}{c^{\ominus}} \qquad (\alpha\text{ 很小，}1-\alpha\approx 1)$$

所以 $$\alpha\approx\sqrt{\frac{K_a^{\ominus}}{c/c^{\ominus}}}=\sqrt{\frac{1.336\times10^{-5}}{0.1}}=1.16\%$$

(2) 在 KCl 溶液中丙酸的解离度仍然很小，计算溶液的离子强度时只考虑 K^+ 和 Cl^- 即可。又因水溶液的浓度很小，故 $b/\text{mol}\cdot\text{kg}^{-1}\approx c/\text{mol}\cdot\text{L}^{-1}$，所以

$$I=\frac{1}{2}(0.01+0.01)\text{mol}\cdot\text{kg}^{-1}=0.01\text{mol}\cdot\text{kg}^{-1}$$

所以 $$\ln\gamma_{H^+}=\ln\gamma_{C_2H_5COO^-}=-1.171\times1^2\sqrt{0.01}=-0.1171$$

所以 $$\gamma_{H^+}=\gamma_{C_2H_5COO^-}=0.889 \qquad \gamma_{\pm}=0.889$$

$$K_a^{\ominus}=\frac{a_+\cdot a_-}{a_{\text{丙酸}}}=\frac{(\gamma_+\cdot\alpha c/c^{\ominus})\cdot(\gamma_-\cdot\alpha c/c^{\ominus})}{(1-\alpha)c/c^{\ominus}}\approx\frac{\gamma_{\pm}^2\cdot\alpha^2 c}{c^{\ominus}}$$

所以 $$\alpha\approx\sqrt{\frac{K_a^{\ominus}}{\gamma_{\pm}^2\cdot(c/c^{\ominus})}}=\sqrt{\frac{1.336\times10^{-5}}{0.889^2\times0.1}}=1.30\%$$

8.5.4 德拜-休克尔-昂萨格电导理论

1927 年昂萨格将德拜-休克尔的离子互吸理论及离子氛概念用于有外加电场的电解质溶液，结果从理论上对摩尔电导率与浓度的关系进行了合理的解释。故将该理论称为德拜-休克尔-昂萨格电导理论。该理论可归纳为以下几点。

(1) 在平衡状态下离子氛是球对称的

在无限稀释的电解质溶液中由于离子间距很大，彼此间的静电相互作用可忽略不计，此时没有离子氛可言。在这种情况下，每个离子的运动行为不会受其它离子的影响。这时的摩尔电导率 Λ_m 就等于极限摩尔电导率 Λ_m^{∞}。当电解质溶液的浓度较大时，虽然其中有离子氛，但无外加电场时离子氛的结构都是球对称的。当有外加电场时，离子氛就不再是球对称的了，这时有弛豫效应和电泳效应。

(2) 弛豫效应

由于中心离子和离子氛的电性相反，故在电场中它们会力图朝相反的方向运动，这不仅会使离子氛偏离原有的球对称结构，而且会不断拆散原有的离子氛并不断建立新的离子氛。拆散和重建离子氛需要一定的时间，此称弛豫时间。在弛豫期间，这种离子氛的变形、拆散和重建会对中心离子的定向运动造成一种阻碍，使中心离子的电迁移速率减缓，使其摩尔电导率减小。这就是**弛豫效应**。

(3) 电泳效应

在外加电场的作用下，中心离子与它周围的溶剂化分子一起作定向运动。与此同时，离子氛中带反号电荷的离子与其溶剂化分子也一起作反方向运动。这就是说，中心离子并不是在静止的分散剂中运动，而如同在胶体化学中用胶体做电泳实验时胶粒在逆向流动的分散剂中的运动。这种情况使每一种离子的定向运动都受到阻碍，使溶液的摩尔电导率减小。此称**电泳效应**。

考虑到上述种种因素，昂萨格经过严密的理论推导后得出结论：在一定条件下当电解质

溶液较稀时，其摩尔电导率与离子强度之间的关系可以表示为

$$\Lambda_m = \Lambda_m^\infty - A\sqrt{I} \tag{8.46}$$

式中，A 为常数。在较稀的水溶液中，由于离子强度 I 与浓度 b 成正比，所以式(8.46) 与科尔劳斯经验式(8.15) 完全一致。这就是说，德拜-休克尔-昂萨格电导理论为科尔劳斯经验公式提供了充分的理论依据。

思 考 题

1. 第一类导体和第二类导体是依据什么划分的？

2. 只在闭合回路中才能形成电流。在闭合回路中电流的方向是如何规定的？

3. 在一个既包含第一类导体又包含第二类导体的闭合回路中，电流在两类不同导体之间是如何接力并传输的？

4. 什么是氧化反应？什么是还原反应？

5. 正极和负极的划分依据是什么？

6. 阳极和阴极的划分依据是什么？

7. 你能分析说明原电池的正极是阴极还是阳极吗？

8. 根据闭合回路的电流方向及两类导体的划分依据分析说明：为什么原电池的正极只能发生还原反应，原电池的负极只能发生氧化反应？

9. 根据闭合回路的电流方向及两类导体的划分依据分析说明：为什么不论在原电池中还是电解池中，正离子都朝阴极移动，负离子都朝阳极移动？

10. 法拉第常数的物理意义是什么？法拉第常数的值是多少？

11. 何谓法拉第定律？

12. 原本反应进度与反应方程式的写法有关，为什么法拉第定律说：给电解质溶液通电一段时间后，各电极上的反应进度都相同？

13. 正离子所带的电荷数 $z_+ > 0$，负离子所带的电荷数 $z_- < 0$。对此该如何理解？

14. 什么是迁移数？

15. 什么是电迁移率？电迁移率的 SI 单位是什么？

16. 电量计的用途是什么？

17. 你知道银电量计的工作原理吗？

18. 希托夫法测定迁移数的基本原理是什么？

19. 用惠斯顿电桥测定电解质溶液电导率的基本原理是什么？

20. 测定电解质溶液的电导率时，为什么要用高频交流电源？

21. 什么是电导率？什么是摩尔电导率？它们的 SI 单位分别是什么？

22. 为什么浓度增大时强电解质溶液和弱电解质溶液的摩尔电导率都减小？

23. 缔合度与解离度有什么异同？

24. 什么是离子独立运动定律？

25. 为什么在正离子电荷中氢离子电荷的极限摩尔电导率最大？为什么在负离子电荷中氢氧离子电荷的极限摩尔电导率最大？

26. 电导滴定的基本原理是什么？

27. 怎样用电导法测定难溶盐的溶解度？

28. 对于质量摩尔浓度为 b 的 $NiCl_2$ 溶液，它的平均浓度是多少？

29. 对于 1-1 型（$\nu_+ : \nu_- = 1:1$）的电解质溶液，其 $b_\pm$ 和 b 是否相同？

30. 对于 1-1 型（$\nu_+ : \nu_- = 1:1$）的电解质溶液，其 $a_\pm$ 和 a 是否相同？

31. 活度和活度系数有没有单位？

32. 通常电解质溶液的平均活度系数都小于 1，但是当浓度足够大时，电解质溶液的平均活度系数有可能明显大于 1。对此该如何理解？

33. 0.02mol·kg^{-1}的 NaCl 溶液中 NaCl 的平均浓度与浓度同为 0.02mol·kg^{-1}的 NaCl 和 KCl 混合溶液中 NaCl 的平均浓度是否相同？为什么？

34. 离子强度是针对整个溶液而言的还是针对溶液中各不同电解质而言的？

35. 什么是离子氛？

36. 德拜-休克尔极限公式适用于所有的电解质溶液吗？

习　题

1. 将一对银电极和一对铜电极分别插入 $AgNO_3$ 溶液和 $CuSO_4$ 溶液中，并把它们串联起来。然后通入 0.1A 的直流电 80min。问在这两个电解池中，其阴极上析出的金属银和金属铜的质量分别是多少。($m_{Ag}=0.5368g$，$m_{Cu}=0.1581g$)

2. 在三个串联的电解池中，电解质的量都很充分。假设

第一个电解池的阴极只发生反应　　$Cu^{2+}+2e^- \longrightarrow Cu$

第二个电解池的阴极只发生反应　　$Ni^{2+}+2e^- \longrightarrow Ni$

第三个电解池的阴极只发生反应　　$Tl^{+}+e^- \longrightarrow Tl$

通电一段时间后，若第一个电解池的阴极析出了 0.450g 金属铜，那么

(1) 第二个电解池的阴极将析出多少克金属镍？(0.417g)

(2) 第三个电解池的阴极将析出多少克金属铊？(2.900g)

3. 一个电解池在通电前，阴极区每克水中含有 0.07365mmol 的 $CuSO_4$。通入 132.4 库仑的电量后，阴极区每克水中含有 0.05915mmol 的 $CuSO_4$。如果电解前和电解后阴极区都含有 30.0 克水，求实验条件下铜离子的迁移数。($t_+=0.366$)

4. 一定温度下，在 0.0514mol·kg^{-1}的 $AgNO_3$ 溶液中插入两个银电极进行电解。通入 69.3 库仑的电量后，结果测得质量为 28.64g 的阳极区溶液中含有 1.839mmol 的 $AgNO_3$。求 0.0514mol·kg^{-1} 的 $AgNO_3$ 溶液中 Ag^+ 的迁移数。($t_+=0.4667$)

5. 用界面移动法测定 0.132mol·L^{-1}的 HCl 溶液中 H^+ 的迁移数。当电流强度为 1.375mA 时，HCl 溶液和 $CdCl_2$ 溶液的界面以 2.09cm·h^{-1}的速度移动。如果实验中使用的管子的横截面积是 0.153cm^2，那么 HCl 溶液中 H^+ 的迁移数是多少？($t_+=0.823$)

6. 在一定温度下，将电导率为 4.20S·m^{-1}的某电解质溶液放入一个电导池，测得其电阻为 122.3Ω。然后将另一种未知液放入这个电导池，测得其电阻为 86.0Ω。问该未知液的电导率是多少？(5.973S·m^{-1})

7. 已知在 25℃下 0.01mol·L^{-1}KCl 溶液的电导率为 0.1409S·m^{-1}。在同温度下，用一个电导池测得该溶液的电阻为 150.0Ω，测得 0.01mol·L^{-1}的 HCl 溶液的电阻为 51.40Ω。

(1) 求实验用电导池的电导池常数 K_{cell}。(21.14m^{-1})

(2) 求 25℃下 0.01mol·L^{-1}的 HCl 溶液的电导率和摩尔电导率。(0.4113S·m^{-1}，0.04113S·m^2·mol^{-1})

8. 在 25℃下，实验测得去离子水的电导率为 5.8×10^{-6}S·m^{-1}，密度为 1.00g·mL^{-1}。在相同温度下，已知 HAc、NaOH 及 NaAc 的极限摩尔电导率分别为 0.03907S·m^2·mol^{-1}、0.02481S·m^2·mol^{-1}和 0.00910S·m^2·mol^{-1}。求 25℃下水的离子积。(1.12×10^{-14})

9. 在 25℃下，已知 KCl 水溶液和 $NaNO_3$ 水溶液的极限摩尔电导率分别为 149.85×10^{-4}S·m^2·mol^{-1}和 121.59×10^{-4}S·m^2·mol^{-1}。在无限稀释的 KCl 水溶液中，K^+ 的迁移数为 0.4906，在无限稀释的 $NaNO_3$ 水溶液中，Na^+ 的迁移数 0.4124。分别求算 NaCl 水溶液和 KNO_3 水溶液的极限摩尔电导率。

$[\Lambda_m^\infty(NaCl)=126.47\times10^{-4}S\cdot m^2\cdot mol^{-1}, \Lambda_m^\infty(KNO_3)=144.97\times10^{-4}S\cdot m^2\cdot mol^{-1}]$

10. 已知在 25℃下，H_2SO_4 水溶液的极限摩尔电导率为 0.08592S·m^2·mol^{-1}；在无限稀释的 H_2SO_4 水溶液中，H^+ 的迁移数为 0.8143。求离子电荷$\frac{1}{2}SO_4^{2-}$ 的极限摩尔电导率。(7.98×10^{-3}S·m^2·mol^{-1})

11. 在 25℃下，测得 0.03mol·L^{-1}的三氯乙酸溶液的电导率为 1.038S·m^{-1}，而同温度下三氯乙酸溶液的极限摩尔电导率为 387×10^{-4}S·m^2·mol^{-1}。求 25℃下三氯乙酸的解离度和解离平衡常数。($\alpha=0.894$，$K_a^\ominus=0.226$)

12. 查表用 25℃下 H^+ 离子电荷和 OH^- 离子电荷的极限摩尔电导率以及各物质的标准摩尔生成吉布斯

函数计算同温度下纯水的电导率。($5.48\times10^{-6}S\cdot m^{-1}$)

13. 在18℃下，实验测得 $0.0001mol\cdot L^{-1}$ NaI 溶液的摩尔电导率为 $12.7\times10^{-3}S\cdot m^2\cdot mol^{-1}$。在同温度下，已知离子电荷 Na^+ 和 Cl^- 的极限摩尔电导率分别为 $5.01\times10^{-3}S\cdot m^2\cdot mol^{-1}$ 和 $7.63\times10^{-3}S\cdot m^2\cdot mol^{-1}$。

(1) 求 $0.0001mol\cdot L^{-1}$ NaI 溶液中 I^- 的迁移数。(0.606)

(2) 在同一个水溶液中 NaI 和 NaCl 的浓度均为 $0.0001mol\cdot L^{-1}$，在18℃下该溶液中 Na^+、I^- 和 Cl^- 的迁移数分别是多少？($t_{Na^+}=0.395$，$t_{I^-}=0.303$，$t_{Cl^-}=0.302$)

14. 在25℃下，已知水的离子积为 1.0×10^{-14}，氢离子电荷 H^+ 和氢氧离子电荷 OH^- 的极限摩尔电导率分别为 $3.50\times10^{-2}S\cdot m^2\cdot mol^{-1}$ 和 $1.98\times10^{-2}S\cdot m^2\cdot mol^{-1}$。求25℃下

(1) 水的解离度。(1.80×10^{-9})

(2) 纯水的摩尔电导率。($9.86\times10^{-11}S\cdot m^2\cdot mol^{-1}$)

(3) 纯水的电导率。($5.48\times10^{-6}S\cdot m^{-1}$)

15. TlBr 是一种难溶盐。在25℃下实验测得其饱和水溶液的电导率为 $295.2\times10^{-4}S\cdot m^{-1}$，实验用蒸馏水的电导率为 $0.2\times10^{-4}S\cdot m^{-1}$。在25℃下，已知 Tl^+ 离子电荷和 Br^- 离子电荷的极限摩尔电导率分别为 $74.7\times10^{-4}S\cdot m^2\cdot mol^{-1}$ 和 $78.4\times10^{-4}S\cdot m^2\cdot mol^{-1}$。请计算在同温度下 TlBr 的溶度积常数。($3.72\times10^{-6}$)

16. 在25℃下，已知 $BaSO_4$ 的溶度积常数为 8.2×10^{-11}，离子电荷 $\frac{1}{2}Ba^{2+}$ 和离子电荷 $\frac{1}{2}SO_4^{2-}$ 的极限摩尔电导率分别为 $63.64\times10^{-4}S\cdot m^2\cdot mol^{-1}$ 和 $79.8\times10^{-4}S\cdot m^2\cdot mol^{-1}$，实验用蒸馏水的电导率为 $0.35\times10^{-4}S\cdot m^{-1}$。计算25℃下饱和 $BaSO_4$ 水溶液的电导率。($2.64\times10^{-4}S\cdot m^{-1}$)

17. 分别求浓度均为 $0.002mol\cdot kg^{-1}$ 的 NaCl 溶液、$MgCl_2$ 溶液和 Na_3PO_4 溶液的平均浓度。($0.002mol\cdot kg^{-1}$，$0.0032mol\cdot kg^{-1}$，$0.0046mol\cdot kg^{-1}$)

18. 溶度积常数 $K_{sp}^{\ominus}$ 原本是难溶盐溶解平衡时的活度积。已知25℃下 $BaSO_4$ 的溶度积常数为 8.2×10^{-11}。求25℃下 $BaSO_4$ 在 $0.02mol\cdot L^{-1}$ 的 KCl 水溶液中的溶解度。($1.76\times10^{-5}mol\cdot L^{-1}$)

19. 在浓度均为 $0.002mol\cdot kg^{-1}$ 的 NaCl 和 $MgCl_2$ 混合溶液中，分别求算 NaCl 和 $MgCl_2$ 的平均浓度。[$b_\pm(NaCl)=0.0035mol\cdot kg^{-1}$，$b_\pm(MgCl_2)=0.0042mol\cdot kg^{-1}$]

20. 在一个混合溶液中，NaCl、$MgCl_2$ 和 Na_3PO_4 的浓度均为 $0.002mol\cdot kg^{-1}$。求该溶液的离子强度。($0.02mol\cdot kg^{-1}$)

21. 对于质量摩尔浓度为 b 的 $M_{\nu_+}^{z_+}A_{\nu_-}^{z_-}$ 型电解质溶液。

(1) 根据平均浓度的定义式，导出 $b_\pm$ 与浓度 b 的关系。

(2) 根据离子强度的定义式，导出 I 与浓度 b 的关系。

22. 对于 $CuCl_2$ 和 Na_2SO_4 的浓度分别为 $0.002mol\cdot kg^{-1}$ 和 $0.003mol\cdot kg^{-1}$ 的混合溶液，计算该溶液中 Na_2SO_4 的平均浓度、平均活度系数和平均活度。($b_\pm=0.00476mol\cdot kg^{-1}$，$\gamma_\pm=0.750$，$a_\pm=0.0036$)

23. 在同一个溶液中，$CuSO_4$ 和 Na_2SO_4 的浓度分别为 $0.001mol\cdot kg^{-1}$ 和 $0.003mol\cdot kg^{-1}$。

(1) 计算该溶液的离子强度。($0.013mol\cdot kg^{-1}$)

(2) 计算 $CuSO_4$ 的平均活度系数。(0.586)

(3) 计算 $CuSO_4$ 的平均活度。(0.0012)

24. 在25℃下，饱和 AgCl 水溶液的浓度是 $1.27\times10^{-5}mol\cdot L^{-1}$。计算在相同温度下 AgCl 在离子强度为 $0.05mol\cdot kg^{-1}$ 的 $NaNO_3$ 和 KNO_3 混合溶液中的溶解度。($1.65\times10^{-5}mol\cdot L^{-1}$)

25. 在25℃下，TlCl 在水中的溶解度为 $1.42\times10^{-2}mol\cdot L^{-1}$。

(1) 求25℃下 TlCl 的溶度积常数。(1.52×10^{-4})

(2) 求同温度下 TlCl 在 $0.1mol\cdot L^{-1}$ 的 NaCl 水溶液中的溶解度。($3.14\times10^{-3}mol\cdot L^{-1}$)

第 9 章　电化学基础

9.1　原电池和电极电势

9.1.1　几种电势

原电池的**电动势**（electromotive force）就是正负两个电极的电势之差。而每个电极的电势又是从何而来呢？

(1) 电极电势

当把电极插入电解质溶液时，即可形成电极电势。其成因可分为两种情况。

第一种情况如图 9.1 所示。电极表面（即相界面）由于不饱和力场的存在，它会选择性地吸附溶液中的某种离子（图 9.1 中选择性吸附的是正离子），使溶液中产生过剩的反号离子。溶液中这些过剩的反号离子不会由于正负电荷的静电相互作用而全部整齐地排列在电极表面从而形成简单的双电层结构。原因是溶液中过剩的反号离子不仅也有热运动，而且同号离子彼此之间也互相排斥。所以溶液中过剩的反号离子是以扩散形式分布的，结果被电极表面选择性吸附的离子与溶液中的反号离子会形成**扩散双电层**（diffused electrical double layer）。扩散双电层有一定的厚度。在离开电极表面足够远处，就没有过剩的反号离子了，此处的溶液是电中性的。我们把离开电极表面足够远处的电中性溶液称为本体溶液。很明显，由于电极表面选择性地吸附了正离子，从而使该电极的电势高于本体溶液。同理，如果该电极表面选择性地吸附了负离子，则该电极的电势就会低于本体溶液。针对图 9.1 所示情况，由于电极表面附近反号离子的影响，从而使电极表面附近不同距离处的电势不同。离开电极表面越远电势越低。所以，从电极表面到本体溶液，不同距离处与本体溶液的电势差如图 9.1 中的曲线所示。**电极电势**（electrode potential）是指优先选择性地吸附了某种离子以后的电极表面与本体溶液之间的电势差。我们把电极电势用 φ 表示。电极电势也叫做热力学电势。电极表面带正电时，电极电势为正；电极表面带负电时，电极电势为负。

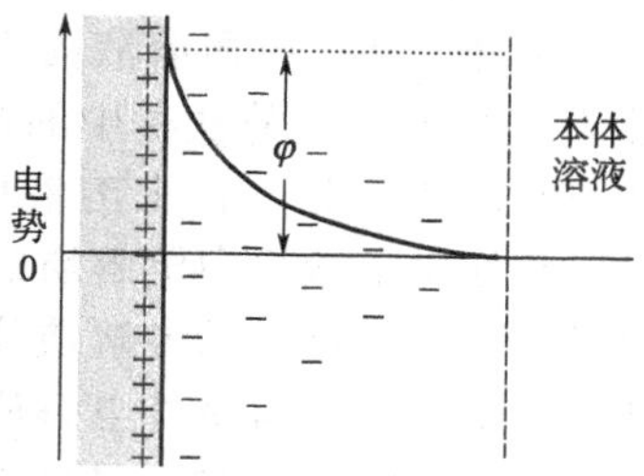

图 9.1　扩散双电层模型

第二种情况是把电极插入溶液时，由于电极表面不饱和力场的存在，系统会自发趋于稳定。其稳定方式是电极自身发生电离（如较活泼的金属）。电离过程产生的离子进入溶液并变成水合离子，电离出的电子仍滞留在电极上而不能进入溶液。进入溶液的正离子也以扩散的形式分布，结果也会形成扩散双电层，从而产生电极电势 φ。所以不论什么电极，在一定条件下都有各自的扩散双电层，都有各自的电极电势。

(2) 液接电势

以纯水和盐酸溶液之间的液接电势为例。如图 9.2 所示，抽去隔板后盐酸会往纯水中扩散。由于 H^+ 和 Cl^- 分别带有相反电荷，而且由于 H^+ 是借助于氢键扩散的，其扩散速度明显大于 Cl^- 的扩散速度，所以扩散过程会在两种液体的界面上产生一个扩散双电层。扩散双电层的纯水那一侧带正电，电势较高；盐酸那一侧带负电，电势较低。随着时间的推移，扩

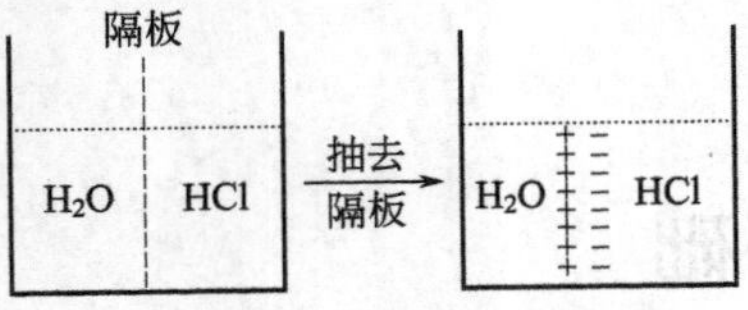

图 9.2　液接电势

散双电层的厚度似乎会越来越大，其实不然。由于静电相互作用，双电层本身会使 H^+ 的扩散速度减慢，使 Cl^- 的扩散速度加快。所以抽去隔板一段时间后，在理想的情况下，会形成较稳定的扩散双电层。由扩散双电层产生的两侧溶液之间的电势差就是**液接电势**（liquid junction potential）。液接电势是由扩散引起的，故液接电势也叫做**扩散电势**。不同电解质溶液之间会产生液接电势，种类相同但浓度不同的电解质溶液之间也会产生液接电势。

液接电势一般都比较小。根据上述讨论，似乎在一定条件下液接电势会有一个稳定值。但实际上，由于影响液接电势大小的因素较多，如液体内部的对流和环境对液体的扰动如振动等，故液接电势不稳定、波动性较大、不易定量描述。正因为这样，在科研和生产实践中总要尽量设法消除液接电势，否则就无法定量分析影响电极电势的其它因素，电化学研究方法的应用范围也会因此而受到极大的限制。消除液接电势的常用方法是使用盐桥。

所谓**盐桥**（salt bridge），就是用盐做成的架设在两个溶液之间的桥梁。其作用是连接两个溶液以便形成闭合回路，与此同时不让两个溶液直接接触，从而消除液接电势。用琼脂冻胶将某种饱和电解质溶液固定在倒立的 U 形管中，就构成了盐桥。由于琼脂冻胶中水的含量常大于98%，故盐桥中的饱和电解质溶液虽不能流动，但其中的离子可自由移动，其中离子的运动情况与在水溶液中大致相同。盐桥中的电解质常选用 KCl、KNO_3、NH_4NO_3 等。此处要求盐桥中电解质的正离子和负离子的迁移数差别越小越好，最好彼此相等。在这种情况下，盐桥内的电解质往盐桥外扩散时不会产生液接电势，或者产生的液接电势很小，可以忽略不计。盐桥外电解质溶液中的正负离子往盐桥内扩散时，因盐桥内电解质的浓度很大，随时都能破坏初步显现的双电层。故使用盐桥可消除或减小液接电势到可忽略不计的程度。

(3) 接触电势

金属中的价电子是自由电子，它们可以在金属晶格中自由运动。但是当这些价电子要跑出金属晶格时，则需要一定的能量即**电子逸出功**。不同金属的电子逸出功不同（金属的活泼性与其电子逸出功密切相关）。当两种不同金属接触时，会有部分电子从逸出功较小的金属中迁移到逸出功较大的金属中，从而使彼此之间产生电势差，这种电势差就是**接触电势**（contact potential）。

在一定温度下，接触电势会随相互接触的金属对的不同而不同。通常对于大多数金属而言，彼此间接触电势的绝对值很小，一般可忽略不计。但有少数金属对的接触电势较大，而且其接触电势受温度的影响很显著，其灵敏度可达到 0.0001℃。用于精密测量温度的热电偶就是根据这个原理制成的。

综上所述，组成原电池的两个电极的电势差通常由三部分组成，即电极电势、液接电势以及接触电势。严格说来，原电池的电动势应该用下式表示。

$$E=\varphi_+-\varphi_-+\varphi_{液接}+\varphi_{接触}$$

通常，由于接触电势都非常小，可忽略不计；与此同时，可用盐桥来消除液接电势。在这种情况下，原电池的电动势就等于正极和负极的电极电势之差即

$$E=\varphi_+-\varphi_- \tag{9.1}$$

9.1.2　原电池的写法

关于原电池的写法，主要有以下几点需要熟悉和掌握。

① 按照左负右正原则，把各物质按彼此接触的先后次序排列。即把负极写在左边，把正极写在右边，而不需要标出两个极的正负号。

② 对于电池中的各物质，应标明它们的状态，如浓度、活度或分压力等。

③ 用双竖线“||”表示盐桥。

④ 相界面的表示方法不统一，可用“|”或“,”或“-”表示。但是，对有一相是溶液的相界面通常都用单竖线“|”表示，其它相界面大多都用“,”表示。

例如 $Zn(s)|ZnSO_4(b_1)||CuSO_4(b_2)|Cu(s)$

其中，锌和铜都是固体，锌电极为负极，铜电极为正极；b_1 和 b_2 分别表示 $ZnSO_4$ 溶液和 $CuSO_4$ 溶液的质量摩尔浓度；金属锌 Zn 与 $ZnSO_4$ 溶液之间的相界面用单竖线表示，金属铜 Cu 与 $CuSO_4$ 溶液之间的相界面也用单竖线表示；用双竖线||表示架设在 $ZnSO_4$ 溶液与 $CuSO_4$ 溶液之间的盐桥。其中各物质的接触次序是：首先，与外电路（即用电器）相接的正极（金属铜）和负极（金属锌）应处在原电池的最两端（即最外面）；然后从负极到正极按照各物质的接触次序排列，即金属锌插入到 $ZnSO_4$ 溶液中，$ZnSO_4$ 溶液通过盐桥与 $CuSO_4$ 溶液相连，$CuSO_4$ 溶液中插入的是金属铜。

又如 $Pt,H_2(p)|HCl(0.02mol\cdot kg^{-1})||NaCl(0.01mol\cdot kg^{-1})|AgCl,Ag$

其中，负极是氢电极。此处如果不给与氢气组成电对的盐酸溶液中插入一个仅起传输电荷作用的惰性电极铂（Pt）（也可以用石墨 C 作为惰性电极），则这种所谓的电池就无法与外电路相接并转移电荷。惰性电极就是仅仅起传输电荷的作用而不发生化学变化的电极。正极是氯化银电极，它是把氯化银涂敷在金属银表面，然后将它插入含 Cl^- 的溶液中。该电池中各物质的书写顺序也与它们的接触次序相同。电池中能与外电路相接并传输电荷的只能是 Ag 和 Pt，所以应把它们分别放在原电池的最两端。此处 Pt 电极同时与氢气及 HCl 溶液接触，它们都属于负极。但由于用盐桥连通的是 HCl 溶液和 NaCl 溶液，又因其中的 NaCl 溶液属于正极，所以应把距离正极最近的 HCl 溶液放在氢气之后；NaCl 酸溶液里插入的是氯化银电极，但由于 Ag 与外电路相接，故 Ag 肯定在最后。

实际上有许多物质，不标出它们的物理状态时一般不至于引起误会。在这种情况下，可以不标出这些物质的物理状态。如上述第一个电池中 Zn 和 Cu 的物理状态可以省略；在第二个电池中，就没有给出 Pt、AgCl 和 Ag 的物理状态。实际上，大家会普遍认为这些物质都是纯固体。在这两个电池中，对所有的溶液都只给出了组成而未给出物理状态，实际上大家会普遍认为它们是水溶液。

9.1.3 电极反应和电池反应

电极反应（electrode reaction）就是电极表面发生的伴随电子得失的变化过程，也就是电极表面发生的氧化反应或还原反应。**电池反应**（cell reaction）是电池中的两个电极反应的总和。参照下列步骤，即可正确写出一个给定原电池的电池反应。

（1）先确定正负极并分别找出两极的氧化还原电对

负极发生的是氧化反应，负极的氧化还原电对由同一种元素 A 的氧化态和还原态组成。正极发生的是还原反应，正极的氧化还原电对由同一种元素 B 的氧化态和还原态组成。

（2）根据两个氧化还原电对分别写出两个电极反应

根据电流或电子的流动方向，负极发生氧化反应，正极发生还原反应。

负极 还原态 A $-e^-\longrightarrow$ 氧化态 A

正极 氧化态 B $+e^-\longrightarrow$ 还原态 B

(3) 配平上述电极反应

配平电极反应可分两步进行。

① 每个电极反应中得失电子的数目应与氧化数的变化情况一致。

② 根据需要，在电极反应式的一边或两边添加适当数目的其它分子或离子。在添加其它分子或离子时应注意：如果溶液是酸性的，则电极反应式两边都不能出现 OH^-；如果溶液是碱性的，则电极反应式两边都不能出现 H^+。

配平后，每个电极反应式的两边不仅要求原子平衡，而且还要求电荷平衡，即左右两边的正电荷总数或负电荷总数应相等。

(4) 由电极反应得到电池反应

给两个配平的电极反应分别乘以适当的系数，使它们的得电子数和失电子数相等。然后将两个电极反应相加，即得配平的电池反应。在电池反应中不能出现电子，因为电子不是可独立存在的反应物，也不是可独立存在的产物。

例 9.1 写出下列电池的正负极反应和电池反应。

(1) $Hg, HgO|NaOH(b=0.1b^{\ominus})|H_2(p=0.2p^{\ominus}), Pt$

(2) $K(Hg)|KOH(b=0.3b^{\ominus})|O_2(p=p^{\ominus}), Pt$ 其中 K(Hg)表示钾汞齐

(3) $Pb, PbSO_4|Na_2SO_4(0.01b^{\ominus})\|Na_2SO_4(0.005b^{\ominus})|PbSO_4, Pb$

解：(1) (－) $Hg+2OH^-(0.1b^{\ominus})-2e^- \longrightarrow HgO+H_2O$

(＋) $2H_2O+2e^- \longrightarrow H_2(0.2p^{\ominus})+2OH^-(0.1b^{\ominus})$

电池反应 $Hg+H_2O = HgO+H_2(0.2p^{\ominus})$

(2) (－) $4K-4e^- \longrightarrow 4K^+(0.3b^{\ominus})$

(＋) $O_2(p^{\ominus})+2H_2O+4e^- \longrightarrow 4OH^-(0.3b^{\ominus})$

电池反应 $4K+O_2(p^{\ominus})+2H_2O = 4KOH(0.3b^{\ominus})$

(3) (－) $Pb+SO_4^{2-}(0.01b^{\ominus})-2e^- \longrightarrow PbSO_4$

(＋) $PbSO_4+2e^- \longrightarrow Pb+SO_4^{2-}(0.005b^{\ominus})$

电池反应 $SO_4^{2-}(0.01b^{\ominus}) = SO_4^{2-}(0.005b^{\ominus})$

9.2 可逆电池热力学

根据吉布斯函数判据，在一定温度和压力下，吉布斯函数的降低值总是大于或等于系统对外所做的非体积功即

$$-\Delta G \geqslant -W' \quad \begin{cases} > & \text{不可逆} \\ = & \text{可逆} \end{cases}$$

原电池放电时会对外做电功。电功等于在电场中转移的电量与转移这些电量时所经过的电势降（即电动势 E）的乘积。故发生 1mol 电池反应时若转移电子的摩尔数是 n，则系统对外所做的电功为 nFE，外界对系统所做的非体积功为

$$W' = -nFE$$

所以
$$-\Delta_r G_m \geqslant nFE$$
即
$$\Delta_r G_m \leqslant -nFE$$
当原电池可逆放电时，此式可改写为
$$\Delta_r G_m = -nFE \tag{9.2}$$
式(9.2) 中的 E 是可逆电动势。由此可得
$$E = \frac{-\Delta_r G_m}{nF}$$

当电池反应方程式的写法不同时，虽然 $\Delta_r G_m$ 和 n 都会发生改变，但是 $\Delta_r G_m$ 与 n 的比值会保持不变。所以由上式可见，可逆电动势是状态函数，是电池系统的强度性质。可逆电动势与电池反应方程式的写法无关，与电池的大小无关。可逆电动势只与电池所处的状态（即电池内各物质的状态）有关。

由热力学基本方程 $\mathrm{d}G = -S\mathrm{d}T + V\mathrm{d}p$ 可知
$$\left(\frac{\partial G}{\partial T}\right)_{p,n_C} = -S \qquad \left(\frac{\partial G_m(\mathrm{B})}{\partial T}\right)_{p,n_C} = -S_m(\mathrm{B})$$
所以
$$\left(\frac{\partial [\nu_B G_m(\mathrm{B})]}{\partial T}\right)_{p,n_C} = -\nu_B S_m(\mathrm{B})$$
对于电池反应中的所有物质，都有这种式子成立。把这些式子的左右两边分别加和可得
$$\left(\frac{\partial(\Delta_r G_m)}{\partial T}\right)_{p,n_C} = -\Delta_r S_m$$
将式(9.2) 代入此式可得
$$-nF\left(\frac{\partial E}{\partial T}\right)_{p,n_C} = -\Delta_r S_m$$
即
$$\Delta_r S_m = nF\left(\frac{\partial E}{\partial T}\right)_{p,n_C} \tag{9.3}$$
在一定温度下
$$\Delta_r H_m = \Delta_r G_m + T\Delta_r S_m$$
将式(9.2) 和式(9.3) 代入此式可得
$$\Delta_r H_m = -nFE + nFT\left(\frac{\partial E}{\partial T}\right)_{p,n_C} \tag{9.4}$$
由于此处讨论的是可逆电池，所以电池反应的熵变等于热温商即
$$\Delta_r S_m = \int \frac{\delta Q}{T}$$
由此式可得：在一定温度下，可逆电池的摩尔反应热效应为
$$Q_m = T\Delta_r S_m$$
将式(9.3) 代入此式可得
$$Q_m = nFT\left(\frac{\partial E}{\partial T}\right)_{p,n_C} \tag{9.5}$$

比较式(9.4) 和式(9.5) 可以看出，即使原电池在等压条件下放电，其摩尔反应热效应也不等于摩尔反应焓。究其原因，$Q=\Delta H$ 的使用条件除了态变化过程必须是等压过程外，非体积功还应该为零。在原电池或电解池工作时，非体积功不等于零，所以 $Q \neq \Delta H$。

如果电池中的各物质都处于标准状态，则应把式(9.2)～式(9.5) 中的许多态函数或态函数的改变量改写为标准状态下的态函数或态函数的改变量。如

$$\Delta_r G_m^{\ominus} = -nFE^{\ominus} \tag{9.6}$$

式中，$E^{\ominus}$为标准电动势。由于 $\Delta_r G_m^{\ominus} = -RT\ln K^{\ominus}$，所以式（9.6）可以改写为

$$RT\ln K^{\ominus} = nFE^{\ominus}$$

即

$$K^{\ominus} = \exp\left(\frac{nFE^{\ominus}}{RT}\right) \tag{9.7}$$

根据上述讨论，通过电化学研究可以得到许多热力学数据，而且用电化学方法得到的数据要比量热法得到的数据准确得多。故电动势测定的应用非常广泛。

例 9.2 在一定压力下，实验测得电池 $Pt, H_2(p=p^{\ominus})|HCl(0.1mol \cdot kg^{-1})|AgCl, Ag$ 在 25℃和 30℃下的可逆电动势分别为 0.35240V 和 0.35140V。

（1）写出正负极反应和电池反应。

（2）求算 30℃下该电池反应的 $\Delta_r G_m$、$\Delta_r S_m$ 和 $\Delta_r H_m$。

解：（1）

（－）$H_2(p^{\ominus}) - 2e^- \longrightarrow 2H^+(0.1mol \cdot kg^{-1})$

（＋）$2AgCl + 2e^- \longrightarrow 2Ag + 2Cl^-(0.1mol \cdot kg^{-1})$

电池反应 $H_2(p^{\ominus}) + 2AgCl = 2Ag + 2HCl(0.1mol \cdot kg^{-1})$

（2）

$$\Delta_r G_m = -nFE = -(2\times 96485\times 0.35140)J \cdot mol^{-1} = -68.03\times 10^3 J \cdot mol^{-1}$$

$$\left(\frac{\partial E}{\partial T}\right)_{p,n_C} = \frac{E_2 - E_1}{T_2 - T_1} = \frac{(0.35140 - 0.35240)V}{(30-25)K} = -0.0002V \cdot K^{-1}$$

所以

$$\Delta_r S_m = nF\left(\frac{\partial E}{\partial T}\right)_{p,n_C} = (-2\times 96485\times 0.0002)J \cdot K^{-1} \cdot mol^{-1} = -38.59J \cdot K^{-1} \cdot mol^{-1}$$

$$\Delta_r H_m = \Delta_r G_m + T \cdot \Delta_r S_m = [-68.03\times 10^3 - (30+273)\times 38.59]J \cdot mol^{-1} = -79.72\times 10^3 J \cdot mol^{-1}$$

例 9.3 把一块较大的锌片放进浓度为 $0.1mol \cdot L^{-1}$ 的 $CuSO_4$ 溶液中。平衡时锌片未完全溶解。在 25℃下当该反应达到平衡时，求溶液中 Cu^{2+} 和 Zn^{2+} 的浓度。已知 25℃下铜电极和锌电极的标准电极电势分别为 0.337V 和－0.7628V。

解：其中发生的反应是

$$Zn + Cu^{2+} = Zn^{2+} + Cu$$

如果把该反应组装成原电池，则正极是铜电极，负极是锌电极，其标准电动势为

$$E^{\ominus} = \varphi^{\ominus}_{Cu^{2+}/Cu} - \varphi^{\ominus}_{Zn^{2+}/Zn} = 0.337V + 0.7628V = 1.0998V$$

故在 25℃下，上述反应的标准平衡常数为

$$K^{\ominus} = \exp\left(\frac{nFE^{\ominus}}{RT}\right) = \exp\left(\frac{2\times 96485\times 1.0998}{8.314\times 298.15}\right) = 1.52\times 10^{37}$$

所以 $$1.52\times10^{37}=\frac{c_{Zn^{2+}}/c^{\ominus}}{c_{Cu^{2+}}/c^{\ominus}}=\frac{c_{Zn^{2+}}}{c_{Cu^{2+}}}$$

所以 $$c_{Zn^{2+}}\gg c_{Cu^{2+}}$$

而 $$c_{Zn^{2+}}=c_{Cu^{2+}}(\text{初始})-c_{Cu^{2+}}$$

所以 $$c_{Zn^{2+}}\approx c_{Cu^{2+}}(\text{初始})=0.1\text{mol}\cdot\text{L}^{-1}$$

所以 $$c_{Cu^{2+}}=\frac{c_{Zn^{2+}}}{K^{\ominus}}=\frac{0.1\text{mol}\cdot\text{L}^{-1}}{1.52\times10^{37}}=6.58\times10^{-39}\text{mol}\cdot\text{L}^{-1}$$

由此可见，该置换反应是很完全的。

9.3 可逆电动势的测定

9.3.1 可逆电池

可以通过原电池把化学能转变为电能，也可以通过电解池将电能转变为化学能。化学能和电能可以相互转化，但这仅仅是方向上的可逆而不是热力学意义上的可逆。或者说原电池未必都是可逆电池。一个电池是否可逆，这与它的工作状态密切相关。**可逆电池**(reversible cell) 是指工作电流无限小、电池反应无限缓慢、而且液接电势近似等于零的电池。因为这种电池系统每时每刻都处于或无限接近于平衡状态，而可逆过程就是由一连串平衡状态组成的。与此相反，包含下列一个或多个因素的电池都不是可逆电池。

(1) 工作电流不是无限小。因为电功可以变为热，即 $Q=I^2Rt$，而且功变为热都是不可逆的。所以工作电流不是无限小的电池都不是可逆电池。

(2) 有液接电势。液接电势是由扩散引起的，而扩散本身都是不可逆的。之所以扩散，就是由于系统未处于平衡状态，这与可逆过程是由一连串平衡状态所组成的要求不一致。所以有液接电势的电池都不是可逆电池。

可逆电池的电动势只与电池系统所处的状态有关，即可逆电池的电动势是状态函数。严格说来，工作电流为无限小的、含有液体接界但液接电势为零的电池也不是可逆电池。不过，通常情况下可以把它近似看作可逆电池。因为当这种电池在无限小的电流下工作时，可以测得较稳定的再现性较好的电动势，而且其值等于可逆电池的电动势。

9.3.2 韦斯顿标准电池

韦斯顿标准电池如图 9.3 所示。其电极反应和电池反应如下：

(+) $$Hg_2SO_4+2e^-\longrightarrow 2Hg+SO_4^{2-}$$

(−) $$Cd+SO_4^{2-}+\frac{8}{3}H_2O-2e^-\longrightarrow CdSO_4\cdot\frac{8}{3}H_2O$$

电池反应 $$Hg_2SO_4+Cd+\frac{8}{3}H_2O=\!=\!=2Hg+CdSO_4\cdot\frac{8}{3}H_2O$$

式中，Hg_2SO_4 是难溶盐（纯固体），Hg 是纯液体金属，$CdSO_4\cdot\frac{8}{3}H_2O$ 是纯固体（晶体）。其中的金属镉是以镉汞齐的形式（即固溶体）存在的。韦斯顿标准电池的可逆性较好，即放

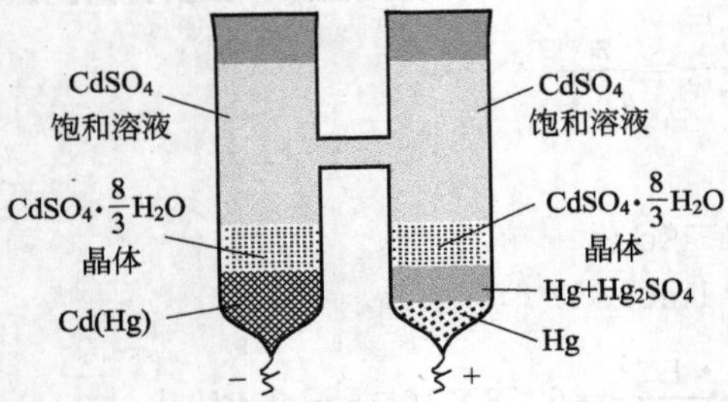

图 9.3 韦斯顿标准电池

电时电池反应正向进行，充电时电池反应逆向进行。另外，从电池反应的始终态看，Hg_2SO_4、Hg 和 $CdSO_4\cdot\frac{8}{3}H_2O$ 均为纯凝聚态物质，其活度均为 1；在饱和 $CdSO_4$ 水溶液中，水的活度或浓度只与温度有关；加之如果该电池只在近似可逆（$I\rightarrow 0$）的条件下工作，而且有时放电，有时充电，那么电池中镉汞齐的浓度也就基本上保持不变。在这种情况下，影响其电动势的因素就只有温度了。在一定温度下其电动势为常数。正因为这样，人们常把韦斯顿电池作为标准电池用于其它电池的可逆电动势的测定。韦斯顿标准电池的电动势与摄氏温度的关系如下：

$$E/\mathrm{V}=1.01864-4.05\times10^{-5}(t/℃-20)-9.5\times10^{-7}(t/℃-20)^2 \tag{9.8}$$

韦斯顿标准电池作为一种标准，不论充电还是放电，只能在电流强度为无限小的情况下短时间使用，而不能将其当作电源使用。如果将其当作电源使用，它的电动势大小就会受多种因素的影响，其中除了温度以外还包括电流的大小、使用时间的长短等等。这时其电动势就不遵守式（9.8）了，这时的惠斯顿电池也就不能作为标准电池使用了。

9.3.3 可逆电池电动势的测定

可逆电池无液接电势，若接触电势也很小可忽略不计，则其电动势就等于正极和负极的电极电势之差。通常所说的电动势都是指可逆电池的电动势。当用电压表测量时，其读数只能反映原电池的端电压而不是电动势。端电压与原电池的电动势 E、外电路电阻 R 以及电池的内电阻 r 都有关。结合闭合电路欧姆定律，测得的端电压 $V_{测}$ 可以表示为

$$V_{测}=E-I\cdot r=E-\frac{E}{R+r}r=\frac{R}{R+r}E$$

虽然电压表的电阻 R 一般都很大，但不是无限大。又因为每个电池都有一定的内阻 r。故由上式可见，用电压表测得的端电压都小于原电池的电动势。与此同时，虽然结合上式由测得的端电压、外电阻、内电阻和电流强度可以得到原电池的电动势（$E=V_{测}+I\cdot r$），但这样得到的电动势 E 不是原电池的可逆电动势，因为这样测量时电流强度 I 不是无限小。

电位差计是一种常用的测量可逆电动势的仪器。其测量原理如图 9.4 所示。

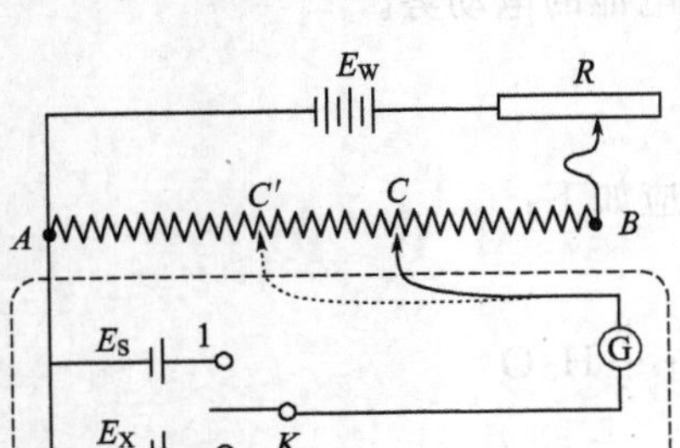

图 9.4 对消法测可逆电动势

其中 E_W——工作电源；

E_s——标准电池的电动势；

E_x——待测电池的电动势；

AB——均匀电阻丝；

Ⓖ——用于检测有无电流流过的检流计；

R——滑线变阻器。

在一定温度下，当电流强度一定时（工作电流），单位长度均匀电阻丝上的压降为常数（如同仪器常数），可将其用 k 表示。由于均匀电阻丝的电阻会随温度的变化而变化，故每次实验都必须重新调节工作电流，以保证单位长度均匀电阻丝上的压降等于仪器常数 k。在这种情况下，AC' 段的压降 $V_{AC'}$ 与其长度 $L_{AC'}$ 的关系如下：

$$V_{AC'}=k\cdot L_{AC'} \tag{9.9}$$

用补偿法测定可逆电动势时，主要分两步进行。

第一步　校准（调工作电流）

① 根据实验室的温度用式(9.8) 计算标准电池的电动势 E_s。

② 将检流计Ⓖ的可移动触头置于 C 点，使 AC 段的长度满足下式。

$$E_s=k\cdot L_{AC} \tag{9.10}$$

③ 将单刀双掷开关 K 打到"1"，使其与标准电池接通。

④ 调节滑线变阻器 R。调节 R 时工作电源 E_W 的外电阻在变，通过均匀电阻丝的电流强度也跟着变，故 V_{AC} 也跟着变。当检流计Ⓖ不发生偏转时，必然 $V_{AC}=E_s$。此时单位长度均匀电阻丝上的压降满足式(9.10)，即单位长度的压降等于仪器常数 k。此时式(9.9)才成立。

第二步　测量

⑤ R 保持不动，将 K 打到"2"，使其与待测电池接通。

⑥ 以检流计不发生偏转为标志，调节检流计Ⓖ的可移动触头到 C' 点。若检流计不偏转，则图 9.4 中用虚线框起来的部分对于工作电源 E_w 而言形同虚设。此时 R 的状态与完成校准时相同，故工作电源 E_w 的外电阻与完成校准时相同。此时通过均匀电阻丝的电流强度及单位长度压降也都与完成校准时相同。根据式(9.9)

$$E_x=V_{AC'}=kL_{AC'}$$

用这种方法测量时，由于 E_x 与 $V_{AC'}$ 大小相等而方向相反，并且两者相互抵消，结果使得没有电流流过检流计。这就是说，待测电池在测量过程中不放电也不充电，或者说放电或充电时的电流强度为无限小，电池的内压降也无限小，所以测得的端电压就等于原电池的电动势，而且是可逆电动势。故称这种测量方法为**补偿法**（compensation method）。补偿法也叫做**对消法**。

从现在开始，在讨论原电池的电动势时，如果没有明显标志或文字说明，就把所涉及的电动势都默认为是可逆电动势。

9.4　电极电势和电动势与组成的关系

9.4.1　标准氢电极和标准电极电势

标准电极是指在一定温度下，电极反应涉及的所有物质都处于标准状态。**标准电极电势**（standard electrode potential）就是标准电极的电极电势，常用 $\varphi^{\ominus}$ 表示。

到目前为止，我们虽然可以测定一个电池的电动势，但无法知道单个电极的电极电势。这种情况对讨论分析实际问题是很不利的。为此，1953 年 IUPAC（国际纯化学与应用化学联合会）建议在任何温度下把酸性标准氢电极的电极电势都规定为零，即

$$\varphi^{\ominus}_{H^+/H_2}=0 \tag{9.11}$$

酸性标准氢电极（standard hydrogen electrode）就是在一定温度下，由 $p_{H_2}=p^{\ominus}$ 的氢气、$b_{H^+}=b^{\ominus}=1mol\cdot kg^{-1}$ 而且具有无限稀释溶液特性的溶液以及不参与电极反应的金属铂（即惰性电极）组成的电极。通常所说的标准氢电极都是指酸性标准氢电极。实际上，在 $b_{H^+}=b^{\ominus}$ 的溶液中，由于浓度较大，不同离子之间不可能没有相互作用，这种溶液不可能具有无限稀释溶液特性。但是在一定温度下，这种人为规定的实际上并不存在的 H^+ 离子的标准状态的化学势与同温度、$p^{\ominus}$ 压力下 $a_{H^+}=1$ 的实际溶液中 H^+ 的化学势相同。原因是

在一定温度下

$$\mu_{H}=\mu_{H}^{\ominus}+RT\ \ln a_{H}$$

所以

$$\mu_{H}^{\ominus}=\mu_{H}|_{a_{H}=1}$$

所以，也可以把一定温度和 $p^{\ominus}$ 压力下 $a_{H^+}=1$ 的状态视为 H^+ 的标准状态。同样在一定温度下，可以把由 $p_{H_2}=p^{\ominus}$ 的氢气和 $p^{\ominus}$ 压力下 $a_{H^+}=1$ 的实际溶液以及不参与电极反应的金属铂组成的电极视为酸性标准氢电极。这种所谓的标准氢电极的电极电势与人为规定但实际上并不存在的标准氢电极的电极电势相同。关于溶液中的其它物质也是如此，可将一定温度和标准压力下它们的活度等于1的实际溶液所处的状态视为它们的标准状态。换句话说，在一定温度下如果电极反应涉及的溶液中的每一种物质的活度都是1，电极反应涉及的每一种气体和纯凝聚态物质都处于标准状态，就可以把这种电极视为标准电极。

综上所述，可以把标准氢电极表示如下：

$$Pt, H_2(p^{\ominus})\,|\,H^+(a=1)$$

以标准氢电极作为参考，就可以确定其它电极的电极电势。虽然参考点的选取会影响其它电极的电极电势大小，但是绝不会影响任意两个电极的电极电势之差，不会影响电池的电动势。这如同不论以海平面为参考还是以珠穆朗玛峰顶点为参考来确定其它物体的高度，虽然参考点不同会影响各物体的高度，但不会影响两个物体的高度差。

确定其它电极电势的具体做法是：将任意一个待测电极与标准氢电极组成原电池，然后测该电池的电动势。如果把待测电极作正极，则测得的电动势为

$$E=\varphi(\text{待测})-\varphi_{H^+/H_2}^{\ominus}$$

所以

$$\varphi(\text{待测})=E \tag{9.12}$$

如果把待测电极作负极，则测得的电动势为

$$E'=\varphi_{H^+/H_2}^{\ominus}-\varphi(\text{待测})$$

所以

$$\varphi(\text{待测})=-E' \tag{9.13}$$

因调换正负极只会改变电动势的符号而不会改变电动势的大小即 $E'=-E$，故由式(9.12)和式(9.13)可见，不论把这个待测电极作正极还是作负极，测得的电极电势是相同的。原因是电极电势取决于电极的本性，它属于状态函数，其值理所当然只与电极本身的状态有关，而与把它作为正极还是负极无关，与该电极是独身相处还是与别的电极组成了原电池无关。具体说起来，影响电极电势的因素包括：电极是由哪些物质组成的，温度和压力分别是多少，各物质分别处于什么样的物理状态，它们的浓度或分压力分别是多少等。

9.4.2 电极电势与氧化还原性

我们常把电极电势用 $\varphi_{\text{氧化态/还原态}}$ 表示。如果待测电极中的各物质都处于标准状态，则用上述方法测得的电极电势就是该电极在实验温度下的标准电极电势，并且常把标准电极电势用符号 $\varphi_{\text{氧化态/还原态}}^{\ominus}$ 表示。

除了人为规定标准氢电极的电极电势在任何温度下都等于零以外，通常由于电池的电动势会随着温度的变化而变化，所以从式(9.12)或式(9.13)可以看出：其它电极的电极电势都与温度有关。在25℃下部分电极的标准电极电势见附录Ⅵ。

如果一个任意电极的电极电势为正，则该电极与标准氢电极组成原电池时必然作为正极。其中的电极反应和电池反应如下

$$(-)\qquad \frac{n}{2}H_2-ne^-\longrightarrow nH^+$$

$$(+)\quad x\mathrm{Ox}+ne^- \longrightarrow y\mathrm{Re}$$ （Ox 和 Re 分别表示氧化态和还原态）

电池反应 $x\mathrm{Ox}+\frac{n}{2}\mathrm{H_2} = y\mathrm{Re}+n\mathrm{H^+}$

$$E=\varphi(\text{任意})-0=\varphi(\text{任意})$$

该任意电极的电极电势越大，该电池的电动势 E 就越大，由式(9.2) 可见该电池反应的摩尔反应吉布斯函数降低值 $-\Delta_r G_m$ 就越大。$-\Delta_r G_m$ 越大，该电池反应正向进行的趋势就越大。电池反应正向进行的趋势越大，说明电池反应中作为氧化剂的 Ox 的氧化性就越强。所以电极电势越大，电极反应涉及的氧化还原电对中氧化态的氧化性越强。从附录Ⅵ列出的数据看，单质氟是最强的氧化剂。

与上述情况相反，如果这个任意电极的电极电势为负，则该电极与标准氢电极组成原电池时必然是负极，并发生氧化反应。其电池反应就是上述电池反应的逆反应，即

$$y\mathrm{Re}+n\mathrm{H^+} = x\mathrm{Ox}+\frac{n}{2}\mathrm{H_2}$$

$$E=0-\varphi(\text{任意})=-\varphi(\text{任意})$$

该任意电极的电极电势越小（或其负值越大），则电池的电动势 E 就越大，由式(9.2) 可见该电池反应的摩尔反应吉布斯函数降低值 $-\Delta_r G_m$ 就越大。$-\Delta_r G_m$ 越大，该电池反应正向进行的趋势就越大。电池反应正向进行的趋势越大，说明电池反应中作为还原剂的 Re 的还原性越强。所以电极电势越小，电极反应涉及的氧化还原电对中还原态的还原性就越强。从附录Ⅵ列出的数据看，在水溶液中，金属锂是最强的还原剂❶。

9.4.3 能斯特公式

(1) 电动势与电池组成的关系

在一定温度和压力下，对于一个电池反应

$$\Delta_r G_m = \Delta_r G_m^\ominus + RT\ln J \tag{9.14}$$

式中，$\Delta_r G_m^\ominus = \sum \nu_B \mu_B^\ominus$；$J$ 是电池反应的混合商。具体计算 J 时，对于溶液中的组分就用它的活度；对于理想气体就用它的相对压力；对于纯凝聚态物质或溶剂水就用 1。

结合式(9.2)，可以把式(9.14) 改写为

$$-nFE = -nFE^\ominus + RT\ln J$$

所以

$$E = E^\ominus - \frac{RT}{nF}\ln J \tag{9.15}$$

在 25℃下，$(RT/F)\ \ln J = 0.059\lg J$，这时可以把式 (9.15) 改写为

$$E = E^\ominus - \frac{0.059}{n}\lg J \tag{9.16}$$

式(9.15) 和式(9.16) 均称为**能斯特公式** (Nernst equation)。能斯特公式描述了在一定温度下电池的电动势与电池组成的关系。其中 n 是 1mol 电池反应中转移电子的摩尔数。电池反应的混合商 J 虽然与电池反应方程式的写法有关，但是 n 也与电池反应方程式的写法有关，结果由能斯特公式计算得到的电动势 E 与电池反应方程式的写法无关。

---

❶ 这与碱金属的活泼性依 Li、Na、K、Rb、Cs 顺序逐渐增强并不矛盾。通常讲碱金属的活泼性时，是针对气态金属原子失去电子变为气态金属离子的难易程度而言的。此处讲还原性，是针对常温下的纯金属（大多都是固态）失去电子变为水合离子的难易程度而言的。

例 9.4 在 25℃下已知，$\varphi^{\ominus}_{H^+/H_2}=0V$，$\varphi^{\ominus}_{Ti^{3+}/Ti^{2+}}=-0.369V$。求下列电池的电动势。

$Pt|Ti^{2+}(a=0.200),Ti^{3+}(a=0.0200)\|H^+(a=0.0100)|H_2(90kPa),Pt$

解：

$$(-)\qquad Ti^{2+}-e^- \longrightarrow Ti^{3+}$$

$$(+)\qquad H^+ + e^- \longrightarrow \frac{1}{2}H_2$$

$$\text{电池反应}\quad Ti^{2+}+H^+ = Ti^{3+}+\frac{1}{2}H_2$$

根据能斯特公式(9.15)，该电池的电动势为

$$E=E^{\ominus}-\frac{RT}{F}\ln\frac{a_{Ti^{3+}}(p_{H_2}/p^{\ominus})^{1/2}}{a_{Ti^{2+}}a_{H^+}}$$

$$=\left(0.369-\frac{8.314\times 298.2}{96485}\ln\frac{0.0200\times(90/100)^{1/2}}{0.200\times 0.0100}\right)V$$

$$=0.315V$$

(2) 电极电势与组成的关系

对于电池 $Pt,H_2(p^{\ominus})|H^+(a_{H^+}=1)\|$任意电极，其电极反应和电池反应如下：

$$(-)\qquad \frac{n}{2}H_2-ne^- \longrightarrow nH^+$$

$$(+)\qquad xOx+ne^- \longrightarrow yRe$$

$$\text{电池反应}\quad xOx+\frac{n}{2}H_2 = yRe+nH^+$$

结合该电池反应，由能斯特公式(9.15) 可得

$$E=E^{\ominus}-\frac{RT}{nF}\ln\frac{a^y_{Re}a^n_{H^+}}{a^x_{Ox}(p_{H_2}/p^{\ominus})^{\frac{n}{2}}}$$

由于 $p_{H_2}=p^{\ominus}$，$a_{H^+}=1$，$\varphi_-=\varphi^{\ominus}_{H_2/H^+}=0$，故 $E=\varphi-0=\varphi$，$E^{\ominus}=\varphi^{\ominus}-0=\varphi^{\ominus}$。所以，由上式可得任意电极的电极电势表示式如下：

$$\varphi=\varphi^{\ominus}-\frac{RT}{nF}\ln\frac{a^y_{Re}}{a^x_{Ox}}$$

或

$$\varphi=\varphi^{\ominus}+\frac{RT}{nF}\ln\frac{a^x_{Ox}}{a^y_{Re}} \qquad (9.17)$$

式 (9.17) 也称为能斯特公式，n 是 1mol 电极反应转移电子的摩尔数。用此式可以计算任意电极的电极电势。在 298K 下，$RT/F\ln$ 可用 $0.059\lg$ 代替，这时可将式 (9.17) 改写为

$$\varphi=\varphi^{\ominus}+\frac{0.059}{n}\lg\frac{a^x_{Ox}}{a^y_{Re}} \qquad (9.18)$$

如果温度不是 25℃，用式 (9.18) 计算得到的结果都是近似的。

在具体使用能斯特公式 (9.18) 时，有以下几点需要注意。

第一，x 和 y 未必都等于 1，它们是配平的电极反应方程式中各物质前的系数。

第二，若电极反应中除了氧化态和还原态以外还有其它物质，则在式(9.18)的活度商中，原则上应包含电极反应方程式中所有的物质。而且此处的活度商实际上应为电极反应的混合商，即对于溶液用活度，对于理想气体用相对压力，对于纯凝聚态物质或溶剂水就用1。与此同时，应把电极反应方程式中的还原态一方写在分数线的下面，而把氧化态一方写在分数线的上面。

第三，电极反应的写法不同，其活度商或混合商就不同，发生1mol电极反应转移电子的摩尔数 n 也就不同。不过从式(9.17)和式(9.18)可以看出，电极电势 φ 与电极反应方程式的写法无关。原因在于电极电势是一个强度性质，是状态函数。

例如，对于电极反应 $Cl_2+2e^- \longrightarrow 2Cl^-$，根据式(9.17)

$$\varphi_{Cl_2/Cl^-}=\varphi^{\ominus}_{Cl_2/Cl^-}+\frac{RT}{2F}\ln\frac{p_{Cl_2}/p^{\ominus}}{a^2_{Cl^-}}$$

又如，对于电极反应 $Ag+Cl^- -e^- \longrightarrow AgCl$，根据式(9.17)

$$\varphi_{AgCl/Ag}=\varphi^{\ominus}_{AgCl/Ag}+\frac{RT}{F}\ln\frac{1}{a_{Cl^-}}$$

其中Ag和AgCl都是纯凝聚态物质，其活度均为1。

又如，对于电极反应 $MnO_4^-+8H^++5e^- \longrightarrow Mn^{2+}+4H_2O$，根据式(9.17)

$$\varphi_{MnO_4^-/Mn^{2+}}=\varphi^{\ominus}_{MnO_4^-/Mn^{2+}}+\frac{RT}{5F}\ln\frac{a_{MnO_4^-}a^8_{H^+}}{a_{Mn^{2+}}}$$

其中，水作为溶剂是大量的，可将其近似看作纯凝聚态物质，其活度为1。

例 9.5 结合下列电极反应，写出各电极的电极电势与组成的关系。

(1) $2H^++2e^- \longrightarrow H_2(g)$

(2) $Pb+SO_4^{2-}-2e^- \longrightarrow PbSO_4$

(3) $Cr_2O_7^{2-}+14H^++6e^- \longrightarrow 2Cr^{3+}+7H_2O$

(4) $2H_2O-4e^- \longrightarrow O_2(g)+4H^+$

解： 由能斯特公式(9.17)可知

(1) $$\varphi_{H^+/H_2}=\varphi^{\ominus}_{H^+/H_2}+\frac{RT}{2F}\ln\frac{a^2_{H^+}}{p_{H_2}/p^{\ominus}}$$

(2) $$\varphi_{PbSO_4/Pb}=\varphi^{\ominus}_{PbSO_4/Pb}+\frac{RT}{2F}\ln\frac{1}{a_{SO_4^{2-}}}$$

(3) $$\varphi_{Cr_2O_7^{2-}/Cr^{3+}}=\varphi^{\ominus}_{Cr_2O_7^{2-}/Cr^{3+}}+\frac{RT}{6F}\ln\frac{a_{Cr_2O_7^{2-}}a^{14}_{H^+}}{a^2_{Cr^{3+}}}$$

(4) $$\varphi_{O_2/H_2O,H^+}=\varphi^{\ominus}_{O_2/H_2O,H^+}+\frac{RT}{4F}\ln[(p_{O_2}/p^{\ominus})a^4_{H^+}]$$

9.4.4 标准电动势的测定

从理论上讲，**标准电动势**（standard emf）就是电池中各物质的活度或相对压力都为1时的电动势。但是，一个溶液的浓度很容易控制，而它的活度受许多因素的影响而不易控制，真正组装一个标准电池并不容易。不过，我们可以用实验方法确定一个电池的标准电动势。

以电池 Pt，$H_2(p=p^{\ominus})|HCl(b)|AgCl$，Ag 为例

$$(-)\quad H_2(p^{\ominus})-2e^- \longrightarrow 2H^+(b)$$

$$(+)\quad 2AgCl+2e^- \longrightarrow 2Ag+2Cl^-(b)$$

$$\text{电池反应}\quad H_2(p^{\ominus})+2AgCl = 2Ag+2H^+(b)+2Cl^-(b)$$

即

$$H_2(p^{\ominus})+2AgCl = 2Ag+2HCl(b)$$

在 25℃下，根据能斯特公式(9.16)，该电池的电动势为

$$E=E^{\ominus}-\frac{0.059}{2}\lg\frac{a_{HCl}^2}{p_{H_2}/p^{\ominus}}=E^{\ominus}-0.059\times\lg a_{HCl}$$

因为 $a=a_{\pm}^{\nu}$ 此处 $\nu=2$

所以

$$E=E^{\ominus}-2\times0.059\times\lg a_{\pm}=E^{\ominus}-2\times0.059\times\lg\left(\gamma_{\pm}\cdot\frac{b_{\pm}}{b^{\ominus}}\right)$$

即

$$E=E^{\ominus}-0.118\left(\lg\gamma_{\pm}+\lg\frac{b_{\pm}}{b^{\ominus}}\right)\tag{9.19}$$

由于

$$\lg\gamma_{\pm}=-Az_{+}|z_{-}|\sqrt{I}=-0.509\sqrt{\frac{I}{b^{\ominus}}}$$

对于此处的 HCl 溶液

$$I=\frac{1}{2}\sum b_i z_i^2=b$$

所以

$$\lg\gamma_{\pm}=-0.509\sqrt{\frac{b}{b^{\ominus}}}$$

又因

$$b_{\pm}=(b_{+}^{\nu_{+}}\cdot b_{-}^{\nu_{-}})^{1/\nu}=b$$

故可以把式(9.19) 改写为

$$E=E^{\ominus}-0.118\times\left(-0.509\sqrt{\frac{b}{b^{\ominus}}}+\lg\frac{b}{b^{\ominus}}\right)$$

即

$$\underbrace{E+0.118\lg\frac{b}{b^{\ominus}}}_{y}=E^{\ominus}+0.0601\sqrt{\frac{b}{b^{\ominus}}}\tag{9.20}$$

在导出式(9.20) 的过程中，使用了溶液越稀越准确的德拜-休克尔极限公式，所以 b 越小式(9.20) 越准确。当浓度足够小时，$y\sim\sqrt{b/b^{\ominus}}$ 近似呈线性关系。因此，可以在不同浓度 b 下测该电池的电动势 E，并根据测定结果求出 y 值，然后画出 $y\sim\sqrt{b/b^{\ominus}}$ 曲线，并把该曲线外推至 $\sqrt{b/b^{\ominus}}=0$。由它的截距就可以得到该电池的标准电动势 $E^{\ominus}$。用这种方法得到的 $E^{\ominus}$ 是比较准确的。注意，式(9.20) 是针对此处给定的电池而言的，该式并非适用于所有的电池。但是对于其它电池，也可以沿着同样的思路导出与式(9.20) 类似的关系式，并用曲线外推的方法得到其标准电动势 $E^{\ominus}$。

例 9.6 在 25℃下，实验测得电池 Pt，$H_2(p=p^{\ominus})|HCl(b)|AgCl$，Ag 在不同浓度 b 时的电动势（见表中第一行和第二行）。求 25℃下该电池的标准电动势。

$b/\text{mol}\cdot\text{kg}^{-1}$	0.02563	0.013407	0.009138	0.005619	0.003215
E/V	0.41824	0.44974	0.46860	0.49257	0.52053
$\sqrt{b/b^{\ominus}}$	0.16009	0.11579	0.09559	0.07496	0.05670
$E+0.118\times\lg(b/b^{\ominus})$	0.23047	0.22877	0.22798	0.22703	0.22638

解： 该电池与式(9.20) 描述的电池相同，故式(9.20) 在此是适用的。因此，用题目给出的实验数据计算不同浓度对应的$\sqrt{b/b^{\ominus}}$，并把它列于表中的第三行；结合实验测定结果计算不同浓度下的$E+0.118\lg(b/b^{\ominus})$ 值，见表中第四行。然后用 $E+0.118\lg(b/b^{\ominus})$ 对$\sqrt{b/b^{\ominus}}$作图，并把该曲线外推至$\sqrt{b/b^{\ominus}}=0$ 处，从而得到该电池在25℃下的标准电动势为0.2243V。

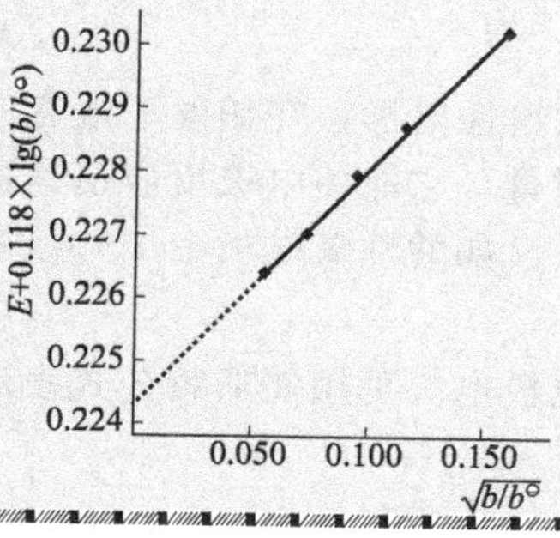

9.5 原电池的设计

根据吉布斯函数判据，在一定温度和压力下

$$-\Delta G \geqslant -W'$$

式中，$-\Delta G$ 是态变化过程中系统吉布斯函数的减小值，$-W'$是态变化过程中系统对外所做的非体积功。由此可见，不论是化学变化还是物理变化，不论是氧化还原反应还是非氧化还原反应，只要吉布斯函数是减小的，系统就可以对外做非体积功，就可以组装原电池。

在实际工作中，经常需要自行组装原电池。在组装原电池之前，首先有必要了解一下几种常见类型的电极。

9.5.1 电极的分类

(1) 金属电极

通常将棒状或片状金属 M 插入含有该金属离子 M^{z+} 的溶液中即可构成金属电极，如

$$Cu|Cu^{2+} \qquad Zn|Zn^{2+} \qquad Fe|Fe^{2+}$$

金属电极的还原反应为

$$M^{z+}+ne^- \longrightarrow M$$

其电极电势可用能斯特公式表示为

$$\varphi_{M^{z+}/M}=\varphi^{\ominus}_{M^{z+}/M}+\frac{RT}{nF}\ln a_{M^{z+}}$$

(2) 气体电极

让气体与含有和该气体相对应的离子的溶液接触，并在溶液中插入一个惰性电极，即可构成**气体电极** (gas electrode)。所谓惰性电极，一方面这种电极很稳定，电极材料本身不参与电极反应；另一方面，惰性电极应该是导体，应能传输电流。否则，当气体与含有和该气体相对应的离子的溶液接触并发生反应时，若失去电子，则失去的电子无去路；若得到电子，则需要得到的电子没有来路。常用的惰性电极是金属铂 Pt 和石墨 C。实际上，惰性电极在前边的电池或电极中已多次出现过。以氢电极为例，如图 9.5 所示。其还原电极反应为

$$2H^+ +2e^- \longrightarrow H_2$$

其电极电势可用能斯特公式表示为

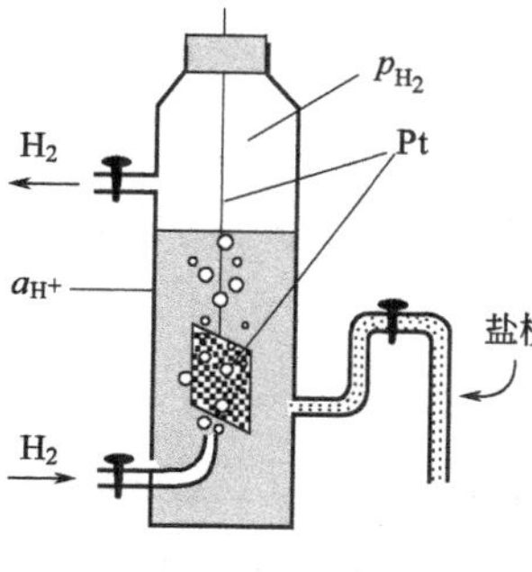

图 9.5 气体电极

$$\varphi_{H^+/H_2}=\varphi^{\ominus}_{H^+/H_2}+\frac{RT}{2F}\ln\frac{a^2_{H^+}}{p_{H_2}/p^{\ominus}}$$

作为惰性电极，在铂丝下端有一块镀有铂黑的铂片。铂黑疏松而多孔，它可以增加对气体的吸附量，它能使电极反应迅速达到平衡。其它气体电极的结构与氢电极大同小异。

又如酸性氧电极 Pt，$O_2|H_2O$，H^+，其还原电极反应为

$$O_2+4H^++4e^-\longrightarrow 2H_2O$$

其电极电势可用能斯特公式表示为

$$\varphi_{O_2/H_2O,H^+}=\varphi^{\ominus}_{O_2/H_2O,H^+}+\frac{RT}{4F}\ln[(p_{O_2}/p^{\ominus})a^4_{H^+}]$$

又如碱性氧电极 Pt，$O_2|H_2O$，OH^-，其还原电极反应为

$$O_2+2H_2O+4e^-\longrightarrow 4OH^-$$

其电极电势可用能斯特公式表示为

$$\varphi_{O_2/OH^-}=\varphi^{\ominus}_{O_2/OH^-}+\frac{RT}{4F}\ln\frac{p_{O_2}/p^{\ominus}}{a^4_{OH^-}}$$

酸性氧电极和碱性氧电极的标准电极电势不同。但在一定温度下，对于同一个氧电极，不论将其视为酸性还是碱性，其电极电势应相同。因为电极电势是状态函数。

例 9.7 在 25℃下，已知酸性氧电极的标准电极电势为 1.229V，水的离子积为 10^{-14}。计算 25℃下碱性氧电极的标准电极电势。

解： 酸性氧电极和碱性氧电极的电极反应分别如下：

酸性 $O_2+4H^++4e^-\longrightarrow 2H_2O$

碱性 $O_2+2H_2O+4e^-\longrightarrow 4OH^-$

对于一个给定的氧电极（状态一定），不论将其看作酸性还是碱性，其电极电势相同。根据电极反应和能斯特公式，其电极电势有两种不同表示形式即

视式为酸性时 $$\varphi=\varphi^{\ominus}_{O_2/H_2O,H^+}+\frac{RT}{4F}\ln[(p_{O_2}/p^{\ominus})a^4_{H^+}] \quad (A)$$

视式为碱性时 $$\varphi=\varphi^{\ominus}_{O_2/H_2O,OH^-}+\frac{RT}{4F}\ln\frac{p_{O_2}/p^{\ominus}}{a^4_{OH^-}} \quad (B)$$

由式(A)、式(B) 两式可知

$$\varphi^{\ominus}_{O_2/H_2O,OH^-}+\frac{RT}{4F}\ln\frac{p_{O_2}/p^{\ominus}}{a^4_{OH^-}}=\varphi^{\ominus}_{O_2/H_2O,H^+}+\frac{RT}{4F}\ln[(p_{O_2}/p^{\ominus})\cdot a^4_{H^+}]$$

所以 $$\varphi^{\ominus}_{O_2/H_2O,OH^-}=\varphi^{\ominus}_{O_2/H_2O,H^+}+\frac{RT}{4F}\ln(a^4_{OH^-}\cdot a^4_{H^+})$$

即 $$\varphi^{\ominus}_{O_2/H_2O,OH^-}=\varphi^{\ominus}_{O_2/H_2O,H^+}+\frac{RT}{F}\ln K^{\ominus}_W \qquad (a_{OH^-}\cdot a_{H^+}=K^{\ominus}_W)$$

$$=\left(1.229+\frac{8.314\times298.2}{96485}\ln10^{-14}\right)V$$

$$=0.401V$$

(3) 难溶盐电极

难溶盐电极（insoluble salt electrode）就是将难溶金属盐（铵盐一般都是易溶的）

$M^{z+}_{\nu+}A^{z-}_{\nu-}$涂敷在金属 M 上，然后将其插入含有 A^{z-} 离子的溶液中，即可构成难溶盐电极。以氯化银电极 Ag，AgCl|Cl^-为例，如图 9.6 所示。其还原电极反应为

$$AgCl+e^- \longrightarrow Ag+Cl^-$$

其电极电势可以表示为

$$\varphi=\varphi^{\ominus}_{AgCl/Ag}+\frac{RT}{F}\ln\frac{1}{a_{Cl^-}}$$

即
$$\varphi=\varphi^{\ominus}_{AgCl/Ag}+\frac{RT}{F}\ln\frac{1}{K^{\ominus}_{sp}}+\frac{RT}{F}\ln a_{Ag^+}$$

虽然 AgCl 在水中的溶解度很小，但是与 AgCl 接触的水溶液中多多少少总有一定量的 Ag^+ 和 Cl^- 与 AgCl 处于平衡状态。所以把组成该电极的电对既可以看作 AgCl-Ag 电对，也可以看作 Ag^+-Ag 电对。当把它视为 Ag^+-Ag 电对时，其还原电极反应为

$$Ag^+ +e^- \longrightarrow Ag$$

其电极电势可以表示为

$$\varphi=\varphi^{\ominus}_{Ag^+/Ag}+\frac{RT}{F}\ln a_{Ag^+}$$

由于此处讨论的是同一个电极，故无论如何看待，其电极电势是相同的，所以

$$\varphi^{\ominus}_{AgCl/Ag}+\frac{RT}{F}\ln\frac{1}{K^{\ominus}_{sp}}+\frac{RT}{F}\ln a_{Ag^+}=\varphi^{\ominus}_{Ag^+/Ag}+\frac{RT}{F}\ln a_{Ag^+}$$

所以
$$\varphi^{\ominus}_{AgCl/Ag}=\varphi^{\ominus}_{Ag^+/Ag}+\frac{RT}{F}\ln K^{\ominus}_{sp}$$

又如**甘汞电极**（calomel electrode）Hg，Hg_2Cl_2|Cl^-，如图 9.7 所示。其还原电极反应为

$$Hg_2Cl_2+2e^- \longrightarrow 2Hg+2Cl^-$$

其电极电势可以表示为

$$\varphi_{Hg_2Cl_2/Hg}=\varphi^{\ominus}_{Hg_2Cl_2/Hg}+\frac{RT}{2F}\ln\frac{1}{a^2_{Cl^-}}$$

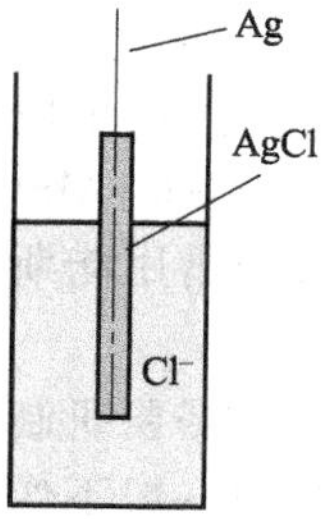

图 9.6 氯化银电极

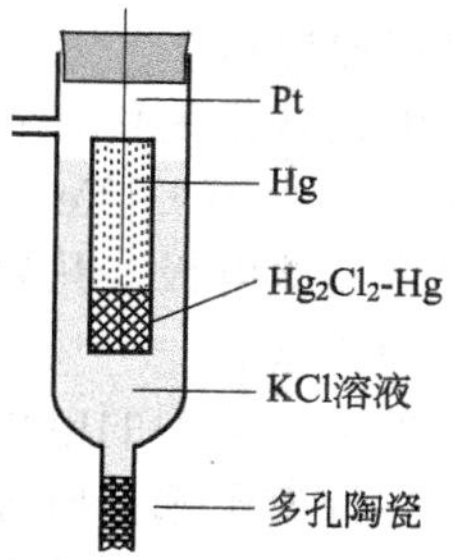

图 9.7 甘汞电极

标准氢电极作为电极电势的标准是非常重要的。但在具体应用时，氢电极操作起来多有不便之处，而且使用氢气比较危险，所以现在人们常把电极电势较稳定的甘汞电极作为**参比电极**（reference electrode），用于确定其它电极的电极电势。常用的甘汞电极有三种，它们的区别集中表现在 KCl 溶液的浓度分别为饱和、1.0mol・L^{-1} 和 0.1mol・L^{-1}。它们的电极电势各不相同，但是在一定温度下，它们分别有唯一确定的值。

饱和甘汞电极　　$\varphi/V=0.2410-7.6\times10^{-4}(t/℃-25)$

1.0mol・L^{-1}甘汞电极　　$\varphi/V=0.2799-2.4\times10^{-4}(t/℃-25)$

0.1mol·L^{-1}甘汞电极　　$\varphi/V=0.3335-7.0\times10^{-5}(t/℃-25)$

例 9.8　已知在25℃下 $\varphi^{\ominus}_{Ag^+/Ag}=0.799V$，$Ag_2CrO_4$ 的溶度积常数为 1.1×10^{-12}。求同温度下铬酸银电极的标准电极电势。

解：　不论将铬酸银电极视为难溶盐电极还是金属电极，其电极电势相同。

若将其视为难溶盐电极，则

$$Ag_2CrO_4+2e^-\longrightarrow 2Ag+CrO_4^{2-}$$

$$\varphi=\varphi^{\ominus}_{Ag_2CrO_4/Ag}+\frac{RT}{2F}\ln\frac{1}{a_{CrO_4^{2-}}} \qquad (A)$$

若将其视为金属电极，则

$$2Ag^++2e^-\longrightarrow 2Ag$$

$$\varphi=\varphi^{\ominus}_{Ag^+/Ag}+\frac{RT}{2F}\ln a^2_{Ag^+} \qquad (B)$$

由式(A)、式(B) 两式可知

$$\varphi^{\ominus}_{Ag_2CrO_4/Ag}+\frac{RT}{2F}\ln\frac{1}{a_{CrO_4^{2-}}}=\varphi^{\ominus}_{Ag^+/Ag}+\frac{RT}{2F}\ln a^2_{Ag^+}$$

即

$$\varphi^{\ominus}_{Ag_2CrO_4/Ag}=\varphi^{\ominus}_{Ag^+/Ag}+\frac{RT}{2F}\ln(a_{CrO_4^{2-}}\cdot a^2_{Ag^+})$$

在同一个溶液中，在有 Ag_2CrO_4 固体存在的情况下，必有下式存在

$$a_{CrO_4^{2-}}a^2_{Ag^+}=K^{\ominus}_{sp}$$

所以

$$\varphi^{\ominus}_{Ag_2CrO_4/Ag}=\varphi^{\ominus}_{Ag^+/Ag}+\frac{RT}{2F}\ln K^{\ominus}_{sp}$$

$$=0.799+\frac{8.314\times298.2}{2\times96485}\ln(1.1\times10^{-12})$$

$$=0.445V$$

(4) 氧化还原电极

氧化还原电极就是氧化态和还原态均处在溶液中，需要另外插入一个惰性电极来传输电荷。如 $Pt|Fe^{3+},Fe^{2+}$ 或 $C|Fe^{3+},Fe^{2+}$，又如 $Pt|MnO_4^-,Mn^{2+},H^+$ 或 $C|MnO_4^-,Mn^{2+},H^+$。不论是什么氧化还原电极，只要能正确写出并配平电极反应，就能借用能斯特公式给出其电极电势与组成的关系。

以上是几种常用类型的电极。除此以外，在实践中还会用到或需要研制开发各种各样的特殊电极，如各种离子选择电极，氧化物电极等。这些电极的结构一般不像以上几种电极那么简单，在研究开发方面有许多工作要做。

9.5.2 把氧化还原反应设计成原电池

把氧化还原反应设计成原电池时，应首先从反应方程式中找出两个电对。其中氧化数从高变低的电对发生的是还原反应，它在原电池中作为正极；氧化数从低变高的电对发生的是氧化反应，它在原电池中作为负极。接下来需要进一步弄清楚两个电极分别是什么类型的电极，是否需要插入惰性电极？其中有几种溶液，是否需要盐桥？明确了这些问题以后，便可以按照 9.1.2 中描述过的原电池的写法写出电池符号了。

不论把什么反应或状态变化过程组装成原电池，其正负极反应的加和即电池总反应应该

与原反应或原来的状态变化过程相同。否则，组装的原电池就是不正确的。

例 9.9 将下列反应组装成原电池，并写出正负极反应和电池反应。

(1) $Zn + 2Ag^+ \xlongequal{} Zn^{2+} + 2Ag$

(2) $Sn^{2+} + 2Fe^{3+} \xlongequal{} Sn^{4+} + 2Fe^{2+}$

(3) $2Fe^{2+} + Br_2 \xlongequal{} 2Fe^{3+} + 2Br^-$

(4) $2MnO_4^- + 5H_2C_2O_4 + 6H^+ \xlongequal{} 2Mn^{2+} + 10CO_2 + 8H_2O$

解： (1) 反应中的两个电对分别是

Zn/Zn^{2+} 在反应中氧化数升高即发生氧化反应，故作负极。

Ag/Ag^+ 在反应中氧化数降低即发生还原反应，故作正极。

所以

$$Zn \mid Zn^{2+} \parallel Ag^+ \mid Ag$$

(−) $Zn - 2e^- \longrightarrow Zn^{2+}$

(+) $2Ag^+ + 2e^- \longrightarrow 2Ag$

电池反应 $Zn + 2Ag^+ \xlongequal{} Zn^{2+} + 2Ag$

(2) 反应中的两个电对分别是

Sn^{2+}/Sn^{4+} 在反应中氧化数升高，故作负极。

Fe^{2+}/Fe^{3+} 在反应中氧化数降低，故作正极。

所以

$$Pt \mid Sn^{2+}, Sn^{4+} \parallel Fe^{3+}, Fe^{2+} \mid Pt$$

(−) $Sn^{2+} - 2e^- \longrightarrow Sn^{4+}$

(+) $2Fe^{3+} + 2e^- \longrightarrow 2Fe^{2+}$

电池反应 $Sn^{2+} + 2Fe^{3+} \xlongequal{} Sn^{4+} + 2Fe^{2+}$

(3) 反应中的两个电对分别是

Fe^{2+}/Fe^{3+} 在反应中氧化数升高，故作负极。

Br_2/Br^- 在反应中氧化数降低，故作正极。

所以

$$Pt \mid Fe^{3+}, Fe^{2+} \parallel Br^-, Br_2 \mid Pt$$

(−) $2Fe^{2+} - 2e^- \longrightarrow 2Fe^{3+}$

(+) $Br_2 + 2e^- \longrightarrow 2Br^-$

电池反应 $2Fe^{2+} + Br_2 \xlongequal{} 2Fe^{3+} + 2Br^-$

(4) 反应中的两个电对分别是

$H_2C_2O_4/CO_2$ 在反应中氧化数升高，故作负极。

MnO_4^-/Mn^{2+} 在反应中氧化数降低，故作正极。

所以

$$Pt, CO_2(g) \mid H_2C_2O_4(aq), H^+ \parallel MnO_4^-, Mn^{2+}, H^+ \mid Pt$$

(−) $5H_2C_2O_4 - 10e^- \longrightarrow 10CO_2 + 10H^+$

(+) $2MnO_4^- + 16H^+ + 10e^- \longrightarrow 2Mn^{2+} + 8H_2O$

电池反应 $2MnO_4^- + 5H_2C_2O_4 + 6H^+ \xlongequal{} 2Mn^{2+} + 10CO_2 + 8H_2O$

9.5.3 把非氧化还原反应设计成原电池

在配平的非氧化还原反应中，反应前后原子的种类和数目都相同，而且反应前后各原子的氧化数都不发生变化，但在原电池两极发生的变化过程必然涉及氧化数的变化。为此，可以把非氧化还原反应分为两步来完成，使某原子在中间产物中的氧化数与在原反应中的氧化数不同。那么，这两步反应中必然有一步是氧化反应，另一步是还原反应。氧化反应可作为原电池的负极，还原反应可作为原电池的正极。此处关键是如何寻找中间产物。

寻找中间产物的基本思路如下。

(1) 针对非氧化还原反应，列出不同反应物能够发生的电极反应，同时列出不同产物能够发生的电极反应。

(2) 寻找反应物电极反应与产物电极反应的交集（具有相同的氧化或还原产物）。针对具有交集的两个电极反应，把二者相加或相减，若所得结果与原来的非氧化还原反应不同，就将其舍去；反之，就将其保留。

(3) 用保留下来的电极反应组装原电池，将其交集作为中间产物，并写出电池符号。其中发生氧化反应的作负极，发生还原反应的作正极。

(4) 联系实际，复查电极反应和电池反应的合理性，确保电池反应与原反应相同。

以反应 $H^+(aq)+OH^-(aq) \xlongequal{} H_2O$ 为例，与不同反应物和产物相关的电极反应如下：

① $\boxed{2H^+(aq)}+2e^- \longrightarrow H_2(p)$

② $\boxed{4OH^-(aq)}-4e^- \longrightarrow O_2(p)+2H_2O$

③ $\boxed{2OH^-(aq)}-2e^- \longrightarrow H_2O_2$

④ $\boxed{2H_2O}+2e^- \longrightarrow H_2(p)+2OH^-(aq)$

⑤ $\boxed{2H_2O}-4e^- \longrightarrow O_2(g)+4H^+(aq)$

⑥ $\boxed{2H_2O}-2e^- \longrightarrow H_2O_2+2H^+(aq)$

①和④有交集 H_2，①减④可得

$$H^+(aq)+OH^-(aq) \xlongequal{} H_2O$$

这与原反应相同，故可以把交集 H_2 作为中间产物即

$$H^+(aq)+OH^-(aq) \xlongequal{} H_2O$$

$$\text{还原}(+)\searrow H_2(p) \nearrow\text{氧化}(-)$$

其中，正极是酸性氢电极，负极是碱性氢电极。由此组装的原电池可表示为

$$Pt,H_2(p)|OH^-(aq)\|H^+(aq)|H_2(p),Pt$$

②和⑤有交集 O_2，②减⑤所得结果与原反应相同，故可以把 O_2 作为中间产物即

$$H^+(aq)+OH^-(aq) \xlongequal{} H_2O$$

$$\text{氧化}(-)\searrow O_2(p) \nearrow\text{还原}(+)$$

其中，正极是酸性氧电极，负极是碱性氧电极。由此组装的原电池可表示为

$$Pt,O_2(p)|OH^-(aq)\|H^+(aq)|O_2(p),Pt$$

③和⑥有交集 H_2O_2，③减⑥所得结果与原反应相同，故可以把 H_2O_2 作为中间产物即

$$H^+(aq)+OH^-(aq) \xlongequal{} H_2O$$

$$\text{氧化}(-)\searrow H_2O_2(p) \nearrow\text{还原}(+)$$

其中，正极是酸性双氧水电极，负极是碱性双氧水电极。由此组装的原电池可表示为

$$Pt|H_2O_2(c),OH^-\|H_2O_2(c),H^+|Pt$$

又如 $AgCl+I^-(aq) \xlongequal{} AgI+Cl^-(aq)$，与不同反应物和产物相关的电极反应如下：

① $\boxed{\mathrm{AgCl}}+e^- \longrightarrow Ag+Cl^-(aq)$

② $\boxed{\mathrm{2AgCl}}-2e^- \longrightarrow 2Ag^+(aq)+Cl_2$

③ $\boxed{\mathrm{2I^-(aq)}}-2e^- \longrightarrow I_2$

④ $\boxed{\mathrm{AgI}}+e^- \longrightarrow Ag+I^-(aq)$

⑤ $\boxed{\mathrm{2AgI}}-2e^- \longrightarrow 2Ag^+(aq)+I_2$

⑥ $\boxed{\mathrm{2Cl^-(aq)}}-2e^- \longrightarrow Cl_2$

①和④有交集 Ag，①减④所得结果与原反应相同，故可以把 Ag 作为中间产物即

$$AgCl+I^-(aq) = AgI+Cl^-(aq)$$

还原(+)↘Ag↗氧化(−)

其中，正极是氯化银电极，负极是碘化银电极。由此组装的原电池可表示为

$$Ag,AgI|I^-(aq)\,||\,Cl^-(aq)|AgCl,Ag$$

②和⑥虽有交集 Cl_2，但是②与⑥相加或相减所得结果都与原反应不同，故不能把 Cl_2 作为中间产物。

③和⑤虽有交集 I_2，但是③与⑤相加或相减所得结果都与原反应不同，故不能把 I_2 作为中间产物。

又如 $AgCl = Ag^+(aq)+Cl^-(aq)$，与不同反应物和产物相关的电极反应如下：

① $\boxed{\mathrm{AgCl}}+e^- \longrightarrow Ag+Cl^-(aq)$

② $\boxed{\mathrm{2AgCl}}-2e^- \longrightarrow 2Ag^+(aq)+Cl_2$

③ $\boxed{\mathrm{Ag^+(aq)}}+e^- \longrightarrow Ag$

④ $\boxed{\mathrm{2Cl^-(aq)}}-2e^- \longrightarrow Cl_2$

①和③有交集 Ag，①减③所得结果与原反应相同，故可以把 Ag 作为中间产物即

$$AgCl = Ag^+(aq)+Cl^-(aq)$$

还原(+)↘Ag↗氧化(−)

式中，正极是氯化银电极，负极是银电极。由此组装的原电池可表示为

$$Ag|Ag^+(aq)\,||\,Cl^-(aq)|AgCl,Ag$$

②和④有交集 Cl_2，②减④所得结果与原反应相同，故可以把 Cl_2 作为中间产物即

$$AgCl = Ag^+(aq)+Cl^-(aq)$$

氧化(−)↘Cl_2↗还原(+)

这样看来，原则上也可以借助中间产物 Cl_2 把氯化银的溶解反应组装成原电池。但是从电极反应看，该电池的负极不是一种常见类型的电极，到底该如何制作还不清楚。故对于该反应，用 Cl_2 作为中间产物组装原电池是不恰当的。

以上讨论了寻找中间产物的基本思路，表面上似乎还比较繁琐，但这只是为了加深理解。在实际操作时，一般不需要把非氧化还原反应中反应物和产物能发生的电极反应列出一大堆，然后再从中仔细考察并寻找交集。实际操作时，可在原反应的始态和终态之间随便设置一种与原反应包含相同元素但具有不同氧化数的中间产物。这样就把原来的非氧化还原反应分成了两步，其中必有一步是氧化反应，另一步是还原反应。然后把这两步对应的电极反应写出来并加和，检查加和所得总反应是否与原反应相同。如果不同就舍去，如果相同就保留。接着进

一步写出电池符号。最后，对于组装好的电池，联系实际考察电极反应和电池反应的合理性，确保实际电池反应与原反应相同即可。沿着这种思路，原则上可以把所有的非氧化还原反应组装成原电池。

例 9.10 将下列反应组装成原电池，并写出该电池的正负极反应。

(1) $Cu(OH)_2(s) = Cu^{2+}(aq) + 2OH^-(aq)$

(2) $AgCl(s) + 2NH_3(aq) = [Ag(NH_3)_2]^+ + Cl^-$

解：(1) 设置中间产物 $Cu(OH)_2(s) = Cu^{2+}(aq) + 2OH^-(aq)$

还原(＋)↘Cu↗氧化(－)

所以 $Cu|Cu^{2+} \| OH^-|Cu(OH)_2, Cu$

此处的正极类似于难溶盐电极，它是难溶的氢氧化物电极。

(－) $Cu - 2e^- \longrightarrow Cu^{2+}$

(＋) $Cu(OH)_2 + 2e^- \longrightarrow Cu + 2OH^-$

(2) 设置中间产物 $AgCl(s) + 2NH_3(aq) = [Ag(NH_3)_2]^+ + Cl^-$

还原(＋)↘Ag↗氧化(－)

所以 $Ag|Ag(NH_3)_2^+, NH_3 \| Cl^-|AgCl, Ag$

此处的负极是配合物电极。

(－) $Ag + 2NH_3(aq) - e^- \longrightarrow [Ag(NH_3)_2]^+$

(＋) $AgCl + e^- \longrightarrow Ag + Cl^-$

9.5.4 设计浓差电池

实际上，电池总反应除了化学变化外，也可以是物理变化。如气体从高压区往低压区扩散，溶质从高浓度区往低浓度区迁移等。根据相平衡条件，这些过程都是吉布斯函数减小的过程，这些过程都可以用来对外做非体积功。所以，原则上这些状态变化都可借助于原电池来实现。我们把这种电池称为**浓差电池**（concentration cell)。

把浓差变化过程组装成原电池时，电池反应前后的物质相同，其变化集中表现在反应前后该物质的浓度（或压力）不同。组装浓差电池主要包括以下步骤：

(1) 寻找涉及浓差变化的 B 物质的电极反应。

(2) 把电极反应中与 B 物质处在同一方的所有物质（包括 B 本身）既作为最初的反应物也作为最终的产物，而把不与 B 物质处在同一方的所有物质都作为中间产物。这样做就把原来一步即可完成的简单物理变化过程分成了有氧化数变化的两步来完成，其中必有一步是氧化反应，另一步是还原反应。

(3) 根据两个半反应确定正负极。发生氧化反应的是负极，发生还原反应的是正极。

(4) 写出电极反应和电池反应，并检查电池反应与原浓差变化过程是否一致。此处应注意，在两个电极反应中，除了发生浓差变化的 B 物质外，其余物质不论出现在何处，其状态应相同。只有这样，在把电极反应加和时才能彼此抵消。

(5) 正确写出电池符号。

例如，欲将反应 $Cl^-(b_1) = Cl^-(b_2)$ 组装成原电池。先寻找涉及 Cl^- 的电极反应。

① $2Cl^- - 2e^- \longrightarrow Cl_2$

② $AgCl + e^- \longrightarrow Ag + Cl^-$

③ $ClO^- + H_2O + 2e^- \longrightarrow Cl^- + 2OH^-$

根据电极反应①，反应物和产物中只有 Cl^-，中间产物只有 Cl_2 即

$$Cl^-(b_1) = Cl^-(b_2)$$

$$\text{氧化}(-)\searrow Cl_2(p) \nearrow \text{还原}(+)$$

可以看出，正极和负极均为氯气电极，但是两极的 Cl^- 浓度不同。电极反应和电池反应如下：

$$(+) \quad Cl_2(p) + 2e^- \longrightarrow 2Cl^-(b_2)$$

$$(-) \quad 2Cl^-(b_1) - 2e^- \longrightarrow Cl_2(p)$$

电池反应 $\quad Cl^-(b_1) = Cl^-(b_2)$

由此组装的原电池可以表示为

$$Pt, Cl_2(p) | Cl^-(b_1) \| Cl^-(b_2) | Cl_2(p), Pt$$

根据电极反应②，反应物和产物中除了 Cl^- 外还有 Ag，中间产物只有 AgCl 即

$$Cl^-(b_1) + Ag = Cl^-(b_2) + Ag$$

$$\text{氧化}(-)\searrow AgCl \nearrow \text{还原}(+)$$

可以看出，正极和负极均为氯化银电极，但是两个电极的 Cl^- 浓度不同。

$$(+) \quad AgCl + e^- \longrightarrow Ag + Cl^-(b_2)$$

$$(-) \quad Cl^-(b_1) + Ag - e^- \longrightarrow AgCl$$

电池反应 $\quad Cl^-(b_1) = Cl^-(b_2)$

由此组装的原电池可以表示为

$$Ag, AgCl | Cl^-(b_1) \| Cl^-(b_2) | AgCl, Ag$$

根据电极反应③，反应物和产物都是 $Cl^- + OH^-$，中间产物是 $ClO^- + H_2O$ 即

$$2Cl^-(b_1) + 2OH^-(b) = 2Cl^-(b_2) + 2OH^-(b)$$

$$\text{氧化}(-)\searrow ClO^-(b') \nearrow \text{还原}(+)$$

可以看出，正极和负极都是在碱性介质中由 ClO^- 和 Cl^- 组成的氧化还原电极，但是两个电极中的 Cl^- 浓度不同。电极反应和电池反应如下：

$$(+) \quad ClO^-(b') + H_2O + 2e^- \longrightarrow Cl^-(b_2) + 2OH^-(b)$$

$$(-) \quad Cl^-(b_1) + 2OH^-(b) - 2e^- \longrightarrow ClO^-(b') + H_2O$$

电池反应 $\quad Cl^-(b_1) = Cl^-(b_2)$

由此组装的原电池可以表示为

$$Pt | ClO^-(b'), OH^-(b), Cl^-(b_1) \| ClO^-(b'), OH^-(b), Cl^-(b_2) | Pt$$

关于气体浓差电池，电池反应前后压力不同。那么气体浓差电池放电过程还是等压过程吗？气体浓差电池的电动势仍服从能斯特公式吗？

以电池 $Pt, H_2(p_1) | HCl(aq) | H_2(p_2), Pt$ 为例，其电池反应为

$$H_2(p_1) = H_2(p_2)$$

此处 p_1 和 p_2 必然不相等，否则就没有状态变化，也不可能对外做电功。

回顾引出能斯特公式的推导过程就会发现，能斯特公式只适用于计算在一定温度和压力下原电池的可逆电动势，即能斯特公式只适用于等温等压的可逆放电过程。由于气体浓差电池的始终态压力不同，表面上其放电过程不是等压过程，超出了能斯特公式的适用范围。然而仔细想一想，气体浓差电池反应的始态和终态并非处在同一个电极，而是一个在正极，另一个在负极。在电池放电过程中两个电极的压力都是恒定不变的，即两个电极分别发生的变

化过程都是等压过程。根据 3.11.4 中讨论过的内容，由于等压过程的组合仍然是等压过程，因此气体浓差电池的放电过程是一个等压过程。所以在一定温度下，p_1 和 p_2 恒定不变的气体浓差电池的电动势仍然遵守能斯特公式。对于上述浓差电池

$$E=E^{\ominus}-\frac{RT}{2F}\ln\frac{p_2/p^{\ominus}}{p_1/p^{\ominus}}$$

由于

$$E^{\ominus}=\varphi_{+}^{\ominus}-\varphi_{-}^{\ominus}=0$$

所以

$$E=\frac{RT}{2F}\ln\frac{p_1}{p_2}$$

如果 $p_1>p_2$，则 $E>0$。这就是说，电池反应可以正向进行使 H_2 从高压区往低压区扩散，即高压区的 H_2 减少，而低压区的 H_2 增多。当压力差消失即两极 H_2 的分压力相等时，该电池的电动势为零。这时，该扩散过程就不能继续进行了。

9.6 电动势测定的应用

电动势测定的应用非常广泛。前边已讨论过可逆电动势、可逆电池热力学以及可逆电动势与电池反应平衡常数之间的关系，此外可逆电动势的测定还可用于其它方面。

9.6.1 活度系数的测定

譬如，对于一定温度和压力下的盐酸溶液，利用德拜-休克尔极限公式只能求算浓度较小时的活度系数。对于任意浓度的盐酸，虽然不能用德拜-休克尔极限公式计算其活度系数，但可以用测定可逆电动势的方法来确定它的活度系数。其中最关键的是：所设计的原电池中电池反应必须涉及 HCl 溶液。在这种情况下，它的电动势就与 HCl 溶液的平均活度系数有关。由测得的电动势就可以确定 HCl 溶液的平均活度系数。此处为了测定 HCl 溶液的平均活度系数，可设计如下电池。

$$\mathrm{Pt},\mathrm{H_2}(p=p^{\ominus})\,|\,\mathrm{HCl}(b)\,|\,\mathrm{AgCl},\mathrm{Ag}$$

电极反应和电池反应如下：

(－)　$H_2(p^{\ominus})-2e^{-}\longrightarrow 2H^{+}(b)$

(＋)　$2AgCl+2e^{-}\longrightarrow 2Ag+2Cl^{-}(b)$

电池反应　$2AgCl+H_2(p^{\ominus})=\!=\!=2H^{+}(b)+2Cl^{-}(b)+2Ag$

即　$2AgCl+H_2(p^{\ominus})=\!=\!=2HCl(b)+2Ag$

由能斯特公式可知，该电池的电动势为

$$E=E^{\ominus}-\frac{RT}{2F}\ln\frac{a_{\mathrm{HCl}}^2}{p^{\ominus}/p^{\ominus}}$$

$$=\varphi_{\mathrm{AgCl/Ag}}^{\ominus}-\frac{2RT}{F}\ln a_{\pm}\qquad(\text{因为 } a=a_{\pm}^{\nu})$$

即

$$E=\varphi_{\mathrm{AgCl/Ag}}^{\ominus}-\frac{2RT}{F}\ln\frac{b_{\pm}}{b^{\ominus}}-\frac{2RT}{F}\ln\gamma_{\pm}$$

由于一定温度下 $\varphi_{\mathrm{AgCl/Ag}}^{\ominus}$ 是常数，$b_{\pm}$ 可根据 HCl 溶液的浓度进行计算，故根据上式 E 与 $\gamma_{\pm}$ 有一一对应的关系。所以可通过测电动势 E 的方法来确定盐酸溶液的 $\gamma_{\pm}$。

例 9.11 在25℃下测得下列电池的电动势为0.09589V。已知同温度下该电池的标准电动势是0.3505V。求$0.001mol \cdot kg^{-1}$ H_2SO_4溶液的平均活度系数$\gamma_{\pm}$。

$$Pb,PbSO_4(s)|H_2SO_4(aq,0.001mol \cdot kg^{-1})|H_2(p^{\ominus}),Pt$$

解： (－) $Pb+SO_4^{2-}(0.001mol \cdot kg^{-1})-2e^- \longrightarrow PbSO_4$

(＋) $2H^+(0.002mol \cdot kg^{-1})+2e^- \longrightarrow H_2(p^{\ominus})$

$$Pb+SO_4^{2-}(0.001mol \cdot kg^{-1})+2H^+(0.002mol \cdot kg^{-1})=\!=\!=PbSO_4+H_2(p^{\ominus})$$

根据能斯特公式

$$E=E^{\ominus}-\frac{RT}{2F}\ln\frac{p_{H_2}/p^{\ominus}}{a_{H^+}^2 a_{SO_4^{2-}}}=E^{\ominus}-\frac{RT}{2F}\ln\frac{1}{a_{\pm}^3}$$

即 $$E=E^{\ominus}+\frac{3RT}{2F}\ln\left(\gamma_{\pm}\frac{b_{\pm}}{b^{\ominus}}\right)$$

所以 $$\ln\gamma_{\pm}=\frac{2(E-E^{\ominus})F}{3RT}-\ln\frac{b_{\pm}}{b^{\ominus}}$$

而 $$b_{\pm}=(b_+^{\nu_+}\cdot b_-^{\nu_-})^{1/\nu}=(0.002^2\times0.001^1)^{1/3}mol \cdot kg^{-1}$$
$$=1.587\times10^{-3}mol \cdot kg^{-1}$$

所以 $$\ln\gamma_{\pm}=\frac{2\times(0.09589-0.3505)\times96485}{3\times8.314\times298.15}-\ln(1.587\times10^{-3})$$
$$=-0.1610$$

所以 $$\gamma_{\pm}=0.851$$

例 9.12 如何借助电池$Hg,Hg_2Cl_2|KCl(aq,饱和)\|AgNO_3(aq,b)|Ag$测定$AgNO_3$稀溶液的平均活度系数？请给出$\gamma_{\pm}$与电池电动势$E$之间的关系。

解： $\varphi_-=\varphi_{甘,饱和}$

$$\varphi_+=\varphi_{Ag^+/Ag}^{\ominus}+\frac{RT}{F}\ln a_{Ag^+}$$

对于$AgNO_3$水溶液 $b_+=b_-=b_{\pm}=b$

所以 $$\varphi_+=\varphi_{Ag^+/Ag}^{\ominus}+\frac{RT}{F}\ln\left(\frac{b_+}{b^{\ominus}}\gamma_+\right)$$
$$=\varphi_{Ag^+/Ag}^{\ominus}+\frac{RT}{F}\ln\frac{b}{b^{\ominus}}+\frac{RT}{F}\ln\gamma_+$$

所以 $$E=\varphi_{Ag^+/Ag}^{\ominus}+\frac{RT}{F}\ln\frac{b}{b^{\ominus}}+\frac{RT}{F}\ln\gamma_+-\varphi_{甘,饱和}$$

参考德拜-休克尔极限公式 $\gamma_+=\gamma_-=\gamma_{\pm}$

所以 $$\ln\gamma_{\pm}=\frac{(E-\varphi_{Ag^+/Ag}^{\ominus}+\varphi_{甘,饱和})F}{RT}-\ln\frac{b}{b^{\ominus}}$$

由于一定温度下$\varphi_{Ag^+/Ag}^{\ominus}$和$\varphi_{甘,饱和}$都是常数，且实验所用的$AgNO_3$溶液浓度$b$是已知的，故由上式可知：$AgNO_3$溶液的$\gamma_{\pm}$和实验测得的电动势$E$有一一对应的关系。

9.6.2 测定难溶盐的溶度积常数

以难溶盐氯化银为例

$$AgCl \rightleftharpoons Ag^+ + Cl^-$$

当这个溶解反应达到平衡时，其中的离子活度必满足下式

$$K_{sp}^{\ominus} = a_{Ag^+} \cdot a_{Cl^-}$$

其中 $K_{sp}^{\ominus}$ 是该溶解反应的标准平衡常数。鉴于 $K_{sp}^{\ominus}$ 的上述表达形式，我们把 $K_{sp}^{\ominus}$ 称为难溶盐的溶度积常数，其值等于溶解平衡时的活度积而非浓度积。

如果把上述反应设计成电池，则它的标准电动势 $E^{\ominus}$ 与该溶解反应的溶度积常数 $K_{sp}^{\ominus}$ 有关[见式(9.7)]，可直接用 $E^{\ominus}$ 计算 $K_{sp}^{\ominus}$。可是，如果在特定条件下无法知道该电池的标准电动势 $E^{\ominus}$，则仅靠简单计算就不能解决问题了。在这种情况下，考虑到该电池的电动势与其标准电动势有关。通过电动势 E 的测定可以确定标准电动势 $E^{\ominus}$，进一步由标准电动势 $E^{\ominus}$ 即可确定该难溶盐溶解反应的标准平衡常数 $K_{sp}^{\ominus}$。对于氯化银，可以在其溶解反应中设置一种中间产物，即可沿箭头所示路线来完成这个态变化。

$$AgCl \rightleftharpoons Ag^+ + Cl^-$$

还原(+)↘ Ag ↗氧化(−)

箭头所示路线对应的原电池如下：

$$Ag | Ag^+(a_+) \| Cl^-(a_-) | AgCl, Ag$$

其中　(+)　$AgCl + e^- \longrightarrow Ag + Cl^-(a_-)$

　　　(−)　$Ag - e^- \longrightarrow Ag^+(a_+)$

电池反应　$AgCl \rightleftharpoons Ag^+(a_+) + Cl^-(a_-)$

根据能斯特公式,该电池的电动势可以表示为

$$E = E^{\ominus} - \frac{RT}{F}\ln(a_+ a_-) \tag{9.21}$$

此处 $a_+ a_- \neq a_{\pm}^2$，因为此处的 a_+ 和 a_- 分别代表的并不是同一个溶液中 Ag^+ 和 Cl^- 的活度。对于该电池反应，结合式(9.7) 可知：

$$E^{\ominus} = \frac{RT}{F}\ln K_{sp}^{\ominus}$$

将此代入式(9.21) 可得

$$E = \frac{RT}{F}\ln K_{sp}^{\ominus} - \frac{RT}{F}\ln(a_+ \cdot a_-) \tag{9.22}$$

所以，在一定温度下分别用活度 a_+ 和 a_- 为已知的溶液（活度的测定方法前已述及）组装该电池，并把测得的电动势 E 代入式(9.22)，由此就可以求得氯化银在实验温度下的溶度积常数 $K_{sp}^{\ominus}$。

9.6.3 测定溶液的 pH 值

溶液的 pH 与溶液中 H^+ 活度的关系如下：

$$pH = -\lg a_{H^+}$$

式中，与溶液组成有关的是氢离子的活度，而不是氢离子的浓度。**玻璃电极**（glass electrode）是测定溶液 pH 值时最常用的一种电极，它是一种氢离子选择电极。测定 pH 时，玻璃电极与参比电极（常用甘汞电极）同时使用，如图 9.8 所示。

玻璃电极上的玻璃膜通常由 SiO_2、Na_2O、CaO 等组成。改变其组成可使玻璃电极的 pH 测量范围达到 0～14。图 9.8 所示装置构成的原电池如下：

$$\text{Ag, AgCl}\,|\,\text{HCl}(0.1\text{mol}\cdot\text{kg}^{-1})\ \overset{\text{玻璃膜}}{\vdots}\ \text{待测溶液}(\text{pH}=x)\,|\,\text{甘汞电极}$$

当把玻璃电极浸入待测溶液时，玻璃膜表面吸收水分形成溶胀的硅酸盐层（即水化凝胶层），厚度为 0.05～1μm。中间的干玻璃层厚度约为 50μm，其电阻为 10～100MΩ。处于溶胀层中的正离子可与水溶液中的氢离子发生交换即

$$M^{z_+}(\text{玻})+z_+H^+(\text{液})=\!=\!=M^{z_+}(\text{液})+z_+H^+(\text{玻})$$

另外，干玻璃层允许微量的 H^+（裸体质子体积很小）缓慢迁移并透过，但不允许其它离子迁移并透过。在这种情况下，由于玻璃电极膜内外的 H^+ 活度不同，H^+ 迁移会在玻璃膜内外产生电势差 E'。故上述电池的电动势为

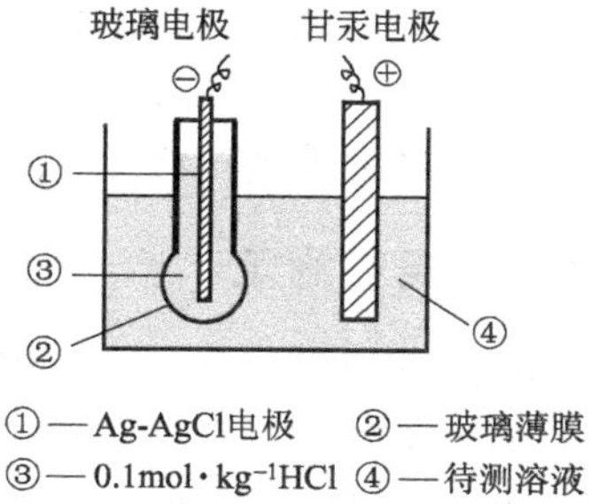

图 9.8 测定溶液的 pH

$$E=\varphi_+-\varphi_-+E'=\varphi_{\text{甘}}-\varphi_{\text{AgCl/Ag}}+E' \qquad (9.23)$$

E'与玻璃膜内 H^+ 的活度 a_+ 以及玻璃膜外待测液中 H^+ 的活度 a_x 有关。H^+ 朝阴极迁移，即从玻璃电极内往待测溶液中迁移，由此引起的摩尔吉布斯函数改变量为

$$\Delta G_m=RT\ln\frac{a_x}{a_+}$$

一方面，因该迁移过程非常缓慢，玻璃膜内及玻璃膜两侧各部分每时每刻都处于平衡状态，故可将该过程视为可逆过程。另一方面，1molH^+ 发生这种迁移时转移元电荷的量也是 1mol，故由式(9.2) 可知 $\Delta G_m=-FE'$。将此代入上式并整理，可得玻璃膜内外的电势差为

$$E'=\frac{RT}{F}\ln\frac{a_+}{a_x}$$

将此代入式(9.23)，并把氯化银电极的电极电势用能斯特公式展开可得

$$E=\varphi_{\text{甘}}-\varphi^{\ominus}_{\text{AgCl/Ag}}+\frac{RT}{F}\ln a_-+\frac{RT}{F}\ln\frac{a_+}{a_x}\quad(a_-\text{为膜内 }Cl^-\text{ 的活度})$$

即
$$E=\varphi_{\text{甘}}-\varphi^{\ominus}_{\text{AgCl/Ag}}+\frac{RT}{F}\ln(a_+\cdot a_-)+\frac{RT}{F}\ln\frac{1}{a_x}$$

所以
$$E=\underbrace{\varphi_{\text{甘}}-\varphi^{\ominus}_{\text{AgCl/Ag}}+\frac{RT}{F}\ln(a_+\cdot a_-)}_{\text{一定温度下为常数,简记为}B}+\frac{2.303RT}{F}\text{pH}$$

因玻璃电极是一种常用的定型产品，因此一定温度下玻璃电极的 B 为常数，所以

$$E=B+\frac{2.303RT}{F}\text{pH} \qquad (9.24)$$

所以
$$\text{pH}=\frac{F}{2.303RT}(E-B) \qquad (9.25)$$

既然在一定温度下 B 为常数，就可以借助已知 pH 值的标准溶液，通过测电动势的办法来测定未知溶液的 pH 值。根据式(9.25)

对于标准溶液 $$\text{pH(s)}=\frac{F}{2.303RT}[E(\text{s})-B]$$

对于未知溶液 $$\text{pH}(x)=\frac{F}{2.303RT}[E(x)-B]$$

两式相减并整理可得

$$\mathrm{pH}(x)=\mathrm{pH}(\mathrm{s})+\frac{F}{2.303RT}[E(x)-E(\mathrm{s})] \tag{9.26}$$

由式(9.26)可见，在一定温度下测得的 $E(x)$ 与待测溶液的 $\mathrm{pH}(x)$ 有一一对应的关系。

由于干玻璃膜的电阻很大，故测定 pH 时要求通过电池的电流非常小，否则因为压降会产生较大的误差。所以，测定 pH 时不能用普通的电位差计，而要用电子管或晶体管伏特计。这种借助玻璃电极专门用来测定溶液 pH 值的仪器就是常用的 pH 计。

9.6.4 电势滴定

在酸碱滴定过程中，溶液的 pH 不断发生变化。其值可用 pH 计来测定。根据前面的讨论，测 pH 时以甘汞电极为正极，以玻璃电极为负极。在滴定终点附近由于 pH 会发生突跃。由式(9.24)可知，pH 发生突跃必然会引起图 9.8 所示原电池的电动势发生突跃。所以，可用图 9.8 所示装置测定酸碱滴定过程中电动势的变化，并由此确定滴定终点。这就是**电势滴定**（potentiometric titration）。

又如，用 $Ce(SO_4)_2$ 溶液滴定 Fe^{2+}。这属于氧化还原滴定，其反应如下

$$Ce^{4+}+Fe^{2+} \Longrightarrow Ce^{3+}+Fe^{2+}$$

若将该反应组装成原电池，则在 25℃下

$$E^{\ominus}=\varphi^{\ominus}_{Ce^{4+}/Ce^{3+}}-\varphi^{\ominus}_{Fe^{3+}/Fe^{2+}}=(1.61-0.771)\,\mathrm{V}=0.839\,\mathrm{V}$$

所以 $$K^{\ominus}=\exp\left(\frac{nFE^{\ominus}}{RT}\right)=\exp\left(\frac{1\times 96500\times 0.839}{8.314\times 298}\right)=1.45\times 10^{13}$$

由于水溶液中的离子反应一般都非常快，所以在滴定过程中该反应始终处于平衡状态。在滴定过程中该反应的 $\Delta_r G_m$ 总是等于零。根据式 $\Delta_r G_m=-nFE$，如果把该反应组装成原电池，则滴定过程中其电动势 E（非 $E^{\ominus}$）始终为零，即滴定过程中下式自始至终都成立。

$$\varphi_{Fe^{3+}/Fe^{2+}}=\varphi_{Ce^{4+}/Ce^{3+}}$$

既然这两个电极的电极电势始终相等，那么插入惰性电极后，它们实际上只相当于一个电极。在滴定过程中可以把这个电极与甘汞电极组成原电池即

$$\text{甘汞电极}\left|\begin{matrix}Fe^{3+},Fe^{2+}\\ Ce^{4+},Ce^{3+}\end{matrix}\right|\mathrm{Pt}$$

该电池中的正极可以看作是 $Pt|Fe^{3+}$，Fe^{2+} 电极，也可以看作是 $Pt|Ce^{4+}$，Ce^{3+}，因为它们的电极电势始终相等。该电池的电动势可以表示为

$$E=\varphi_{Fe^{3+}/Fe^{2+}}-\varphi_{\text{甘}} \qquad \text{或} \qquad E=\varphi_{Ce^{4+}/Ce^{3+}}-\varphi_{\text{甘}}$$

若将溶液中各种离子的活度系数都近似看作 1，则

$$E=\underbrace{\varphi^{\ominus}_{Fe^{3+}/Fe^{2+}}-\varphi_{\text{甘}}}_{T\text{一定时为常数}}+\frac{RT}{F}\ln\frac{c_{Fe^{3+}}}{c_{Fe^{2+}}} \tag{9.27}$$

或

$$E=\underbrace{\varphi^{\ominus}_{Ce^{4+}/Ce^{3+}}-\varphi_{\text{甘}}}_{T\text{一定时为常数}}+\frac{RT}{F}\ln\frac{c_{Ce^{4+}}}{c_{Ce^{3+}}} \tag{9.28}$$

在滴定终点前，随着滴定的进行 $c_{Fe^{2+}}$ 会逐渐减小，$c_{Fe^{3+}}$ 会逐渐增大。故从式(9.27)看，滴定过程中 E 只能以很慢的速度逐渐增大。在滴定终点后，随着滴定的进行，$c_{Ce^{4+}}$ 会逐渐增大，而 $c_{Ce^{3+}}$ 不会有明显变化，故从式(9.28)看，E 也只能以很慢的速度逐渐增大，参见图 9.9。

前面讲过，在滴定过程中该反应始终处于平衡状态。该反应的平衡常数可以表示为

$$K^{\ominus}=\frac{c_{Fe^{3+}}c_{Ce^{3+}}}{c_{Fe^{2+}}c_{Ce^{4+}}}$$

即

$$K^{\ominus}=\frac{c_{Fe^{3+}}}{c_{Fe^{2+}}}\Bigg/\frac{c_{Ce^{4+}}}{c_{Ce^{3+}}}\approx 10^{13}$$

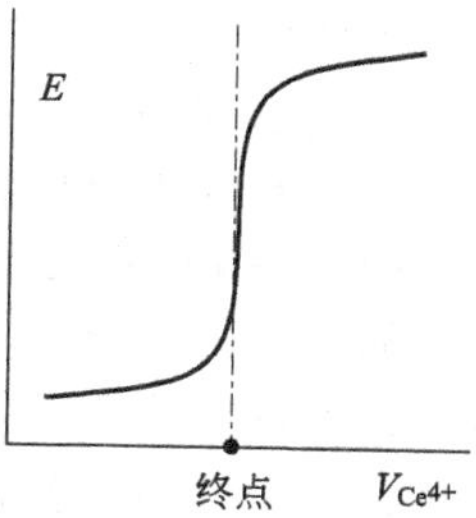

图 9.9　电势滴定曲线

根据此式分析，当距离终点还差千分之一时，$c_{Fe^{3+}}/c_{Fe^{2+}}\approx 10^3$，故 $c_{Ce^{4+}}/c_{Ce^{3+}}\approx 10^{-10}$。当滴定过量千分之一时，$c_{Ce^{4+}}/c_{Ce^{3+}}\approx 10^{-3}$，故 $c_{Fe^{3+}}/c_{Fe^{2+}}\approx 10^{10}$。从滴定终点前千分之一到滴定终点后千分之一这么小的范围内，$c_{Fe^{3+}}/c_{Fe^{2+}}$ 和 $c_{Ce^{4+}}/c_{Ce^{3+}}$ 均增大了 10^7 倍。如此说来，参考式(9.27) 和式(9.28) 均可以看出，在滴定终点附近，电动势会发生显著的突跃，参见图 9.9。既然如此，在滴定过程中电动势发生突跃之处就是滴定终点。

*9.6.5　电势-pH 图

许多电极反应除了与氧化态和还原态等物质的活度或分压有关外，还与溶液中的 H^+ 活度有关，即与溶液的 pH 有关。当其它条件一定时，其电极电势就只与溶液的 pH 有关。由此可得许多电势-pH 图。以氧电极为例，其还原电极反应如下：

$$O_2 + 4H^+ + 4e^- \longrightarrow 2H_2O$$

$$\varphi=\varphi^{\ominus}_{O_2/H_2O,H^+}+\frac{RT}{4F}\ln[(p_{O_2}/p^{\ominus})\times a^4_{H^+}]$$

在 25℃下当 $p_{O_2}=p^{\ominus}$ 时，由上式可得

$$\varphi=\varphi^{\ominus}_{O_2/H_2O,H^+}-0.059\text{pH} \tag{9.29}$$

此时该电极的 $\varphi\sim$pH 曲线如图 9.10 中的曲线 a 所示。

上述条件不变，当这个氧电极与别的电势更高的电极相连组成原电池时，氧电极必然为负极。这时氧电极发生氧化反应使 H_2O 分解变为 O_2。换句话说，当实际施加给该氧电极的电势在 a 线以上或者说系统的状态处在 a 线以上区域时，H_2O 是不稳定的，O_2 是稳定的。相反，当氧电极与别的电势更低的电极相连组成原电池时，氧电极必然为正极。这时氧电极发生还原反应使 O_2 变为 H_2O。即 a 线以下区域 H_2O 是稳定的，而 O_2 是不稳定的。

又如对于氢电极，其还原电极反应为

$$2H^+ + 2e^- \longrightarrow H_2$$

$$\varphi=\varphi^{\ominus}_{H^+/H_2}+\frac{RT}{2F}\ln\frac{a^2_{H^+}}{p_{H_2}/p^{\ominus}}$$

此处 $\varphi^{\ominus}_{H^+/H_2}=0$。在 25℃下当 $p_{H_2}=p^{\ominus}$ 时

$$\varphi=-0.059\text{pH} \tag{9.30}$$

此时该电极的 $\varphi\sim$pH 曲线如图 9.10 中的曲线 b 所示。类似于上述对氧电极的分析，b 线以下区域 H_2 是稳定的，而水是不稳定的；b 线以上区域水是稳定的，而 H_2 是不稳定的。

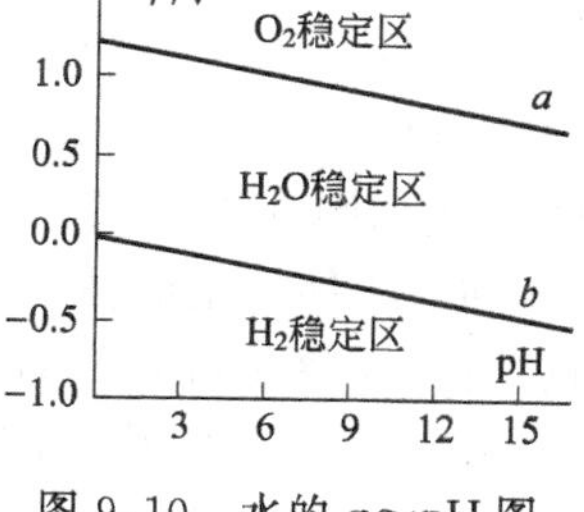

图 9.10　水的 $\varphi\sim$pH 图

在 25℃下，把 $p_{O_2}=p_{H_2}=p^{\ominus}$ 的氧电极和氢电极组成原电池时，不论溶液的 pH 是多少，对于氧电极而言，系统处于 H_2O 稳定而 O_2 不稳定的区域；对于氢电极而言，系统处于 H_2O 稳定而 H_2 不稳定的区域。所以系统内必然发生 H_2 与 O_2 化合生成

H_2O 的反应。

φ～pH 曲线除了图 9.10 所示的 a 线和 b 线外，其它许多系统也会涉及到 φ～pH 曲线。根据反应系统中反应物和生成物种类的不同，φ～pH 曲线主要有以下几种类型。

(1) 与 pH 有关的非氧化还原反应

如 $$Fe_2O_3(s)+6H^+ = 2Fe^{3+}+3H_2O$$

在一定温度下，当 Fe^{3+} 的浓度一定时，平衡 pH 也就恒定不变。不论外界施加给该系统的电势是多少，该平衡都不会发生移动。在 298K 下当 $a_{Fe^{3+}}=10^{-6}$ 时，其 φ～pH 线如图 9.11 中的 A 线所示，即 pH＝1.42。这说明与 pH 有关的非氧化还原反应的 φ～pH 曲线为垂直线。该平衡系统的状态只与 pH 有关，而与电势 φ 无关。对于该反应，由于

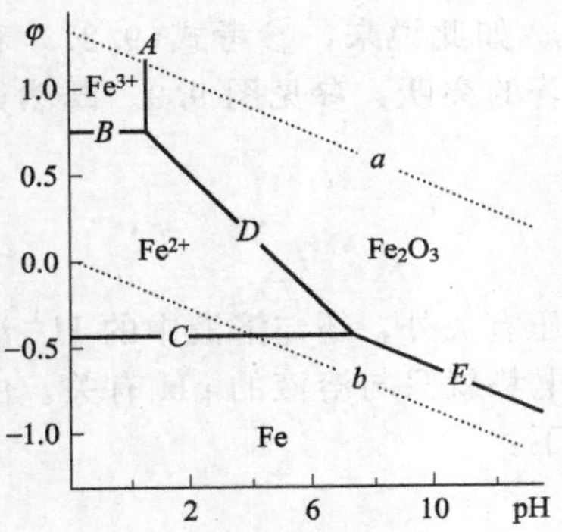

图 9.11 Fe-H_2O 系的 φ～pH 曲线

$$K^{\ominus}=\frac{a_{Fe^{3+}}^2}{a_{H^+}^6}$$

所以 $$\lg K^{\ominus}=2\lg a_{Fe^{3+}}+6\text{pH}$$

所以在一定温度下，当 pH 减小时（系统的状态朝着图 9.11 中 A 线的左方移动），$a_{Fe^{3+}}$ 必增大，即上述化学反应平衡将正向移动。这就是说，A 线以左是 Fe^{3+} 的稳定存在区域。同理，A 线的右边是 Fe_2O_3 的稳定存在区域。

(2) 与 pH 无关的氧化反应或还原反应

如 $$Fe^{3+}+e^- \longrightarrow Fe^{2+}$$

$$\varphi_{Fe^{3+}/Fe^{2+}}=\varphi^{\ominus}_{Fe^{3+}/Fe^{2+}}+\frac{RT}{F}\ln\frac{a_{Fe^{3+}}}{a_{Fe^{2+}}}$$

一定温度下当 $a_{Fe^{3+}}$ 和 $a_{Fe^{2+}}$ 一定时，$\varphi_{Fe^{3+}/Fe^{2+}}$ 为常数，其值与 pH 无关，所以该反应的 φ～pH 曲线为水平线。在 298 下当 $a_{Fe^{2+}}=a_{Fe^{3+}}$ 时，其 φ～pH 线如图 9.11 中的曲线 B 所示。即不论 pH 如何变化，都不会影响该反应的平衡状态。但是当外加电势在 B 线以上时，该电极为负极并发生氧化反应。这就是说，B 线以上是 Fe^{3+} 的稳定存在区，B 线以下是 Fe^{2+} 的稳定存在区。由此可见，与 pH 无关的氧化还原反应的 φ～pH 曲线为水平线。

同理，对于反应

$$Fe^{2+}+2e^- \longrightarrow Fe$$

其 φ～pH 曲线也是一条与 pH 无关的水平线。在 298K 下当 $a_{Fe^{2+}}=1$ 时，其 φ～pH 线如图 9.11 中的 C 线所示。C 线以上是 Fe^{2+} 的稳定存在区，C 线以下是 Fe 的稳定存在区。

(3) 与 pH 有关的氧化反应或还原反应

如 $$Fe_2O_3(s)+6H^++2e^- \longrightarrow 2Fe^{2+}+3H_2O$$

$$\varphi_{Fe_2O_3/Fe^{2+}}=\varphi^{\ominus}_{Fe_2O_3/Fe^{2+}}+\frac{RT}{2F}\ln\frac{a_{H^+}^6}{a_{Fe^{2+}}^2}$$

即 $$\varphi_{Fe_2O_3/Fe^{2+}}=\varphi^{\ominus}_{Fe_2O_3/Fe^{2+}}-\frac{RT}{F}\ln a_{Fe^{2+}}-\frac{6.909RT}{F}\text{pH}$$

当温度和 $a_{Fe^{2+}}$ 一定时，$\varphi_{Fe_2O_3/Fe^{2+}}$ 与 pH 呈线性关系。在 298K 下若 $a_{Fe^{2+}}=10^{-6}$，其 φ～pH 曲线如图 9.11 中的 D 线所示。即与 pH 有关的氧化还原反应的 φ～pH 曲线为斜线。在温度和 pH 都一定的情况下，若外加电势高于 D 线，则该电极为负极，上述电极反应将逆向进行。这就是说，D 线以上是 Fe_2O_3 的稳定存在区，D 线以下是 Fe^{2+} 的稳定存在区。

另外，由于 C 线上的反应为 $Fe^{2+}+2e^- \longrightarrow Fe$ (A)

D 线上的反应为 $Fe_2O_3(s)+6H^++2e^- \longrightarrow 2Fe^{2+}+3H_2O$ (B)

$2\times$(A)+(B)得 $$Fe_2O_3(s)+6H^++6e^-\longrightarrow 2Fe+3H_2O \tag{C}$$
反应（C）的电极电势为

$$\varphi_{Fe_2O_3/Fe}=\varphi^{\ominus}_{Fe_2O_3/Fe}+\frac{RT}{6F}\ln a^6_{H^+}$$

在25℃下

$$\varphi_{Fe_2O_3/Fe}=\varphi^{\ominus}_{Fe_2O_3/Fe}-0.059pH \tag{9.31}$$

由此可见，一定温度下电极反应（C）的 $\varphi\sim$pH 曲线也是一条斜线，而且该线必然过 C 线和 D 线的交点。原因是在这两条曲线的交点上既有反应（A）又有反应（B），两者组合起来就是反应（C）。将上式与式（9.30）比较可以看出，在一定温度下该 $\varphi\sim$pH 线与图 9.10 中 b 线的斜率相同。在 298K 下，该 $\varphi\sim$pH 线如图 9.11 中的曲线 E 所示。当外加电势高于 E 线时，电极反应（C）逆向进行；当外加的电势低于 E 线时，电极反应（C）正向进行。即 E 线以上是 Fe_2O_3 的稳定存在区，E 线以下是 Fe 的稳定存在区。

$\varphi\sim$pH 图类似于相平衡部分的平衡状态图。借助 $\varphi\sim$pH 图可以分析讨论不同物质的生成条件和稳定存在区域，这在湿法冶金和金属防腐蚀等方面有着广泛的应用。

9.7 分解电压

9.7.1 电极反应速率

实践表明，电极反应的反应速率除了与电极附近反应物及产物的浓度有关外，还与电极材料（如 C、Pt）以及电极的表面状态（光洁程度、孔径分布等）有关。电极反应类似于多相催化反应，电极本身既作为授受电子的介质，又起着相当于固体催化剂的作用。授受电子的速率与电极反应速率是平行的。

研究电极反应速率的目的，就是要寻找电极反应的动力学规律及各种影响因素。根据法拉第定律，如果通过电池或电解池的电流强度恒为 I，则在 t 时间内的电极反应进度为

$$\xi=\frac{Q}{F}=\frac{It}{F}$$

那么，电极反应速率似乎就可以表示为

$$r'=\frac{d\xi}{dt}=\frac{I}{F} \tag{9.32}$$

如此说来，当电流强度一定时，电极反应速率（此处是总反应速率而不分主反应和副反应）就是确定的。但由于电极反应速率与电极表面状态有关，在一定条件下即使是同一个电极，其不同部位的反应速率也不尽相同。另一方面，即使电极的表面状态完全相同，用上述方法表示电极反应速率也存在明显不足。例如，同样是 $r'=0.001mol\cdot s^{-1}$，若该值描述的是实验室内电极表面积为 $1cm^2$ 的电极反应速率，则该反应是很快的；若该值描述的是工厂电解车间内极板的表面积为 $1m^2$ 的电极反应速率，则该电极反应就很慢了。考虑到这些因素，人们常用单位电极表面单位时间的反应进度来表示电极反应速率 r，即

$$r=\frac{d\xi}{A\cdot dt}=\frac{I}{A\cdot F}=\frac{j}{F} \tag{9.33}$$

式中，j 为**电流密度**（electric current density），即单位电极表面上的电流强度，其单位是 $A\cdot m^{-2}$。这样表示时，电极反应速率的单位是 $mol\cdot m^{-2}\cdot s^{-1}$。

由此可见，电极表面不同区域的电极反应速率与电流密度成正比。

9.7.2 分解电压

图 9.12 是一个电解水的实验装置。水中需要加入少许不参与反应的电解质以增大电解液的导电能力，从而降低能耗。如果电解液显酸性，则通电后

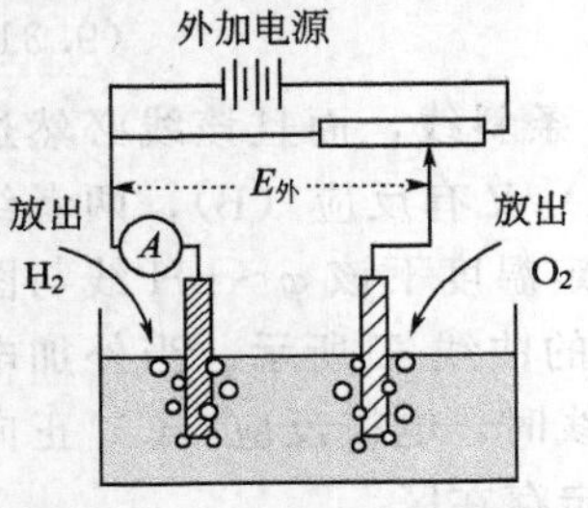

图 9.12 电解装置示意图

阳极 $2H_2O-4e^- \longrightarrow O_2+4H^+$

阴极 $4H^++4e^- \longrightarrow 2H_2$

总反应 $2H_2O = 2H_2+O_2$

一旦有氧气和氢气生成，插入电解池的这两个电极就可以组成原电池。其中氧电极的电极电势较高，为正极；氢电极的电极电势较低，为负极。这时到底是原电池对外放电还是外加电源给原电池充电使其继续发生电解，这取决于原电池的电动势 E 和外加电源施加给该电池的电压 $E_外$ 哪个大。如果 $E<E_外$，则发生电解；如果 $E>E_外$，则原电池放电。下面主要从电解的角度进行讨论。

① 接通外加电源之前，$E_外=0$。这时，可以认为反应 $2H_2O = 2H_2+O_2$ 处于平衡状态，它的 Δ_rG_m 为零。所以，这时由氢电极和氧电极组成的原电池的电动势为零，电流强度 I 亦为零。

② 当 $E_外$ 从零开始逐渐增大时，只要 $E_外$ 大于零，就会破坏上述平衡，就会给该电池充电，就会发生电解反应。从电流方向看，与外加电源正极相连的是阳极。阳极将发生氧化反应生成 O_2，而且 O_2 增多会使氧电极的电极电势升高；与外加电源负极相连的是阴极。阴极将发生还原反应生成 H_2，而且 H_2 增多会使氢电极的电极电势降低。所以电解的结果会使原电池的电动势增大，而且原电池电动势的方向与外加电压的方向相反。最初当 $E_外$ 较小时，电解产生的 O_2 和 H_2 的分压也较小，它们不容易从电极表面脱附并逸出。结果组成的原电池的电动势会对进一步电解起到阻碍作用。另一方面，分压小的 O_2 和 H_2 可以在电极表面附近缓慢溶解并扩散，使原电池的电动势减小，使它对电解反应的阻力减小，使电解反应能够以很小的速率持续进行，所以这时的电流强度很小很小。而且随着 $E_外$ 的增大，电流强度增大得很缓慢。

③ $E_外$ 继续增大时，电极表面吸附的氢气和氧气也会更多，其分压会更大，结果使原电池的电动势变得更大，从而对进一步电解的阻力也会更大。所以此时电流强度仍然很小。不过，随着氢气和氧气分压的增大，其溶解扩散的速度也会加快，所以电流强度会有所增大，只是增大得很缓慢而已。

④ 当 $E_外$ 足够大、电解产生的 O_2 和 H_2 的分压足以抵抗外界对其施加的压力，而且气泡较大使其受到足够大的浮力时，这些气体就容易从电极表面脱附并逸出，而不是继续聚集、继续增大对电解反应的阻碍作用。故从现在开始，$E_外$ 继续增大时，电解反应就会明显加快，与电极反应速率成正比的电流强度 I 当然也会明显增大。

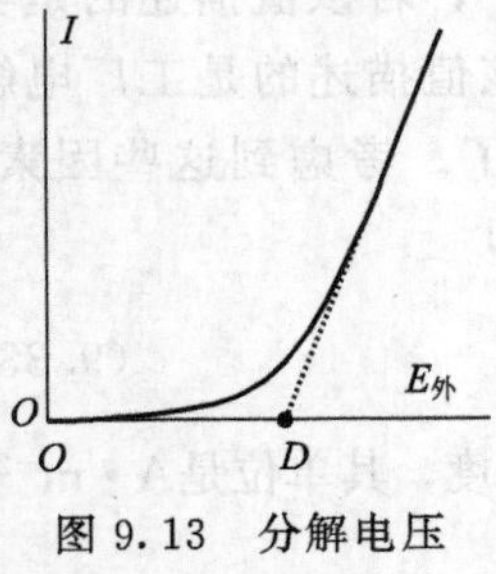

图 9.13 分解电压示意图

综上所述，反映电解反应速率的电流强度随外加电压的变化情况如图 9.13 所示。将电流强度随外加电压的增大而迅速增大的直线部分反向延长时，延长线与 $E_外$ 轴交于 D 点。我们把 D 点对应的外加电压称为**分解电压**(decomposition voltage)。分解电压是使电解液能明显发生电解反应所需要的最小电压。当外加电压小于分解电压时，电解反应不能明显发生，此时电流强度很小。我们称这种微小电流为

残余电流(residual current)。

我们把阴阳两极的平衡电极电势之差称为**可逆分解电压**(reversible decomposition voltage)。在 $p^{\ominus}$ 压力下,原本当外加电压大于水的可逆分解电压(即可逆电动势)1.23V 时,似乎就可以发生水的分解反应,并且分解电压应与 pH 无关。可是实际情况并非如此,实际分解电压通常都明显大于可逆分解电压。实际分解电压与所用的电极材料、电极的表面状态、溶液的组成等多种因素有关。表 9.1 列出了在标准压力以及其它条件都相同的情况下,用 Pt 作电极、用浓度为 $\frac{1}{\nu_+}$ mol・L^{-1} 的不同电解质溶液作为电解液时的分解电压。从表 9.1 中的数据可以看出,不同溶液的分解电压明显不同,而且都明显大于可逆分解电压。这是为什么呢?下一节将进一步讨论这个问题。

表 9.1　用 Pt 电极电解 $\frac{1}{\nu_+}$ mol・L^{-1} 的不同电解质水溶液时的分解电压

电解质溶液	分解电压 $E_{分解}$/V	电解产物	可逆分解电压 $E_{可逆}$/V	$(E_{分解}-E_{可逆})$/V
H_2SO_4	1.67	H_2+O_2	1.23	0.44
KOH	1.67	H_2+O_2	1.23	0.44
NaOH	1.69	H_2+O_2	1.23	0.46
HNO_3	1.69	H_2+O_2	1.23	0.46
H_3PO_4	1.70	H_2+O_2	1.23	0.47
$CH_2ClCOOH$	1.72	H_2+O_2	1.23	0.49
NH_4OH	1.74	H_2+O_2	1.23	0.51

9.8　电极的极化

根据上一节讨论的内容,并结合表 9.1 中的数据可以看出:任何电解液的实际分解电压都大于它的可逆分解电压。其实这是很自然的,因为当电解反应明显发生时,回路中有一定的电流强度 I,加上阴阳极之间的溶液以及导线都有一定的电阻 R,所以阴阳极之间的溶液以及导线上必然有一定的电压降。此称**欧姆压降**(Ohmic voltage drop),其值等于 IR。欧姆压降的存在必然使 $E_{分解}$ 大于 $E_{可逆}$。或者说,分解电压应不小于可逆分解电压与欧姆压降之和。进一步的实验测试表明:$E_{分解}$ 不仅不等于 $(E_{可逆}+IR)$,而且明显大于 $(E_{可逆}+IR)$。这又是为什么呢?

原来,当电极上无电流或只有无限小的电流流过时,电极处于平衡状态,此时的电极电势就是平衡电极电势,亦即可逆电极电势。平衡电极电势服从能斯特公式。随着电极上电流强度的增大,电极的不可逆程度越来越明显,其电极电势与平衡电极电势的偏差也越来越大,而且电极电势也不再服从能斯特公式。我们称这种现象为**电极极化**(electrode polarization)。

电极极化是由于不可逆因素造成的,而且由于不可逆程度越大,做功的效率就越低,所以发生电解反应消耗的电功就越多,需要施加的外电压也就越大。如果把可逆分解电压、欧姆压降以及不可逆因素造成的电极极化都考虑在内,则分解电压的组成如下:

$$E_{分解}=E_{可逆}+IR+\Delta E_{不可逆} \tag{9.34}$$

式中,$\Delta E_{不可逆}$ 是因电极极化引起的两个电极的电极电势与其平衡值之间偏差的加和。

电极极化主要有三种形式,即欧姆极化、浓差极化和活化极化。其中**欧姆极化**(Ohmic polarization)是由于电极反应生成的产物膜等覆盖在电极表面所产生的电阻造成的。欧姆极化对 $\Delta E_{不可逆}$ 的贡献与欧姆压降不同,欧姆极化不具有普遍性。在许多情况下,欧姆极化引起的压降很小,可以忽略不计。下面主要讨论浓差极化和活化极化。

9.8.1 浓差极化

在平衡状态下，本体溶液中的各物质都是均匀分布的，只是在电极表面附近的很小范围内有扩散双电层存在。但是，当有电流流过电解液时情况就不一样了。由于电极反应的进行，电极表面附近的反应物未必能及时得到补充，同时电极表面附近的电极反应产物也未必能及时扩散开。所以有电流流过时，电极表面附近与本体溶液的浓差状况与无电流流过时完全不同，从而使电极电势偏离与本体溶液组成相对应的平衡电极电势。我们把这种现象称为**浓差极化**（concentration polarization）。针对电极反应

$$x\mathrm{Ox}+n\mathrm{e}^{-} \longrightarrow y\mathrm{Re}$$

根据能斯特公式，其电极电势可以表示为

$$\varphi=\varphi^{\ominus}+\frac{RT}{nF}\ln\frac{a_{\mathrm{Ox}}^{x}}{a_{\mathrm{Re}}^{y}}$$

阳极发生氧化反应，其中反应物是还原态，产物是氧化态。浓差极化具体表现为：氧化态在电极表面附近的活度大于它在本体溶液中的活度，还原态在电极表面附近的活度小于它在本体溶液中的活度。因此根据上式，阳极的电极电势大于它的可逆电极电势。同样的道理，浓差极化会使阴极的电极电势小于它的可逆电极电势。故在电解池中，浓差极化会使分解电压增大。在原电池中，浓差极化会使原电池的电动势减小（小于它的可逆电动势）。

通常，强力搅拌会使浓差极化减小到可忽略不计的程度。另一方面，浓差极化也不完全是坏事。分析化学中的极谱分析原理就涉及到利用汞滴电极上的浓差极化。

9.8.2 活化极化

电极反应速率受多种因素的影响。也有许多电极反应是多步完成的，其中每一步都有各自的活化能。反应速率主要受活化能较高的反应步骤控制。要想使电极反应得以顺利进行，电解时外加电源就需要额外增加一定的电压去克服电极反应的活化能，这就是**活化极化**（activation polarization）。活化极化也叫做**电化学极化**。通常电解反应的分解电压大于可逆分解电压，这一点与活化极化有很大的关系。活化极化也会使阳极的电极电势升高，使阴极的电极电势降低，使做功的效率降低。活化极化与电极反应机理密切相关。

综上所述，电极极化是由于电流密度大于零、电化学过程不可逆造成的。不可逆过程使功变为热，使系统的做功效率降低。归根结蒂，不论是哪种极化，不论是电解池还是原电池，电极极化的结果都会使阳极的电极电势升高，使阴极的电极电势降低。在原电池中，极化的结果使其电动势小于可逆电动势，使电池系统的做功效率降低；在电解池中极化的结果使分解电压大于可逆分解电压，使电解池系统的做功效率降低，从而消耗更多的电能。我们把由于电极极化造成的实际电极电势与平衡电极电势之间的偏差称为**超电势**（over—potential），并把它常用 η 表示。超电势也叫做**过电势**。式(9.34) 中的 $\Delta E_{\text{不可逆}}$ 可表示如下：

$$\Delta E_{\text{不可逆}}=\eta_{\text{阴}}+\eta_{\text{阳}} \tag{9.35}$$

式中，阴极超电势 $\eta_{\text{阴}}$ 等于阴极的平衡电极电势与实际电极电势之差；阳极超电势 $\eta_{\text{阳}}$ 等于阳极的实际电极电势与平衡电极电势之差，即

$$\eta_{\text{阴}}=\varphi_{\text{阴,平}}-\varphi_{\text{阴}}\geqslant 0 \tag{9.36}$$

$$\eta_{\text{阳}}=\varphi_{\text{阳}}-\varphi_{\text{阳,平}}\geqslant 0 \tag{9.37}$$

9.8.3 超电势的测定

根据以上讨论，原则上每一个电极上的超电势都是由**欧姆超电势**、**浓差超电势**以及**活化超电势**三部分组成的，故一个电极的超电势可以表示为

$$\eta=\eta_{欧姆}+\eta_{浓差}+\eta_{活化}$$

如图 9.14 所示，借助参比电极（此处把甘汞电极作为参比电极）用**三极法**测定超电势时，电位差计的读数 E 是待测电极（图 9.14 中电解池的阴极）与参比电极的电极电势之差。因为盐桥端部与待测电极非常靠近，从而将测量回路中的欧姆压降减小到可忽略不计。所以电位差计测得的电动势就是待测电极与参比电极的电极电势之差即

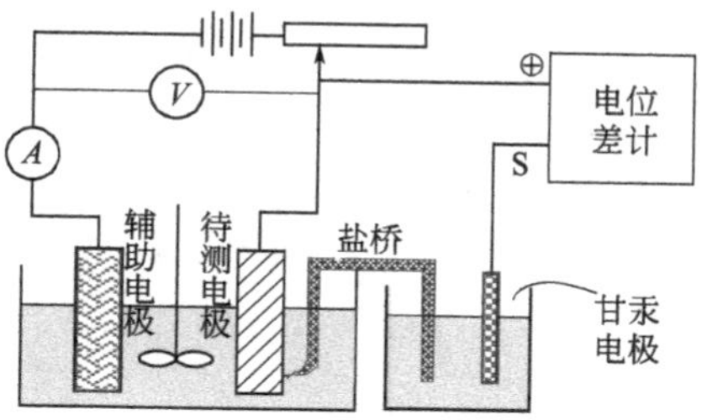

图 9.14 用三极法测超电势

$$E=\varphi_{待测}-\varphi_{甘} \tag{9.38}$$

一方面，在测定过程中电解反应仍在进行，电解回路中有电流流过，阴极和阳极都有电极极化。另一方面，由于用电位差计测电动势的基本原理是对消法，所以测定时包含电位差计的测量回路中无电流通过。故用三极法测定时，待测电极有极化而参比电极没有极化。与此同时，强力搅拌作用使待测电极的浓差极化可忽略不计，所以

$$\varphi_{甘}=\varphi_{甘,平衡}$$

$$\varphi_{待测}=\varphi_{待测,平衡}+\eta_{欧姆}+\eta_{活化}$$

将这两个参数代入式（9.38）并变形整理可得

$$\eta_{欧姆}+\eta_{活化}=E+\varphi_{甘,平衡}-\varphi_{待测,平衡} \tag{9.39}$$

由此可见，用三极法可以测得一个电极的欧姆超电势与活化超电势之和。用三极法并借助不同的电流强度（即恒电流法）可以测得与不同电流密度相对应的超电势，如图 9.15 所示。把超电势随电流密度变化的曲线称为**极化曲线**（polarization curve）。

由于电极表面上生成物膜引起的欧姆极化不多见，这时由式（9.39）可知，通常用三极法测得的超电势基本上就是由活化极化引起的活化超电势。

影响活化超电势的因素较多，如电极材料的本性、表面状态、电流密度、温度、电解质溶液的本性、浓度以及其中含有的杂质等。虽然如此，在其它条件一定的情况下，不同电极的活化超电势随电流密度变化的总趋势大致都是一致的，即电流密度越大超电势就越大。

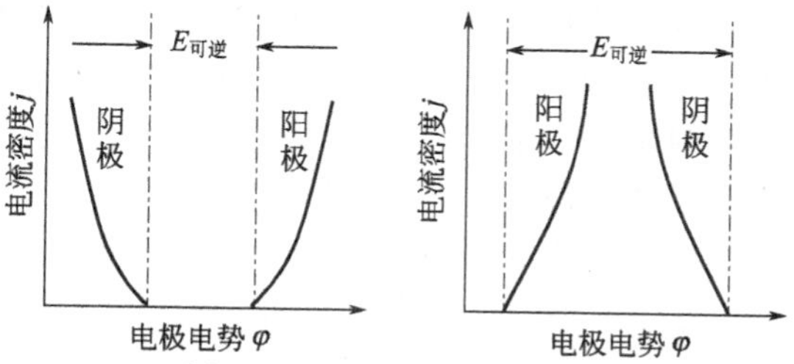

图 9.15 极化曲线

虽然影响超电势的因素很多，但总的说来气体电极的超电势较大，极化较明显。原因是气体电极发生电极反应时涉及气体分子在电极表面附近扩散、被电极表面吸附、解离、反应、脱附、扩散等多个环节，遇到阻力的机会较多。而且在气体电极中，氢电极和氧电极的极化现象尤为突出，它们的超电势明显大于其它气体电极的超电势。表 9.2 给出了 H_2 电极、O_2 电极和 Cl_2 电极在不同电流密度下、在不同电极（扮演惰性电极角色）上的超电势。

在电化学中，涉及的电解质溶液一般都是水溶液，所以氢电极和氧电极的极化现象非常重要，并受到了人们的广泛关注。

表 9.2　H_2电极、O_2电极和Cl_2电极在不同电极上的超电势（25℃）

电极		电流密度/$A\cdot m^{-2}$				
电对	惰性电极	10	100	1000	5000	10000
H_2 H_2SO_4溶液 ($1mol\cdot L^{-1}$)	Ag	0.097	0.13	0.3	—	0.48
	Au	0.017	0.1	—	—	0.24
	Fe	—	0.56	0.82	—	1.29
	C(石墨)	0.002	—	0.32	—	0.60
	Ni	0.14	0.3	—	—	0.56
	Pb	0.40	0.4	—	—	0.52
	Pt(光亮)	0.0000	0.16	0.29	—	0.68
	Pt(镀铂黑)	0.0000	0.030	0.041	—	0.048
O_2 KOH溶液 ($1mol\cdot L^{-1}$)	Ag	0.58	0.73	0.98	—	1.13
	Au	0.67	0.96	1.24	—	1.63
	Cu	0.42	0.58	0.66	—	0.79
	C(石墨)	0.53	0.90	1.06	—	1.24
	Ni	0.36	0.52	0.73	—	0.85
	Pt(光亮)	0.72	0.85	1.28	—	1.49
	Pt(镀铂黑)	0.40	0.52	0.64	—	0.77
Cl_2 NaCl溶液 (饱和)	C(石墨)	—	—	0.25	0.42	
	Pt(光亮)	0.008	0.03	0.054	0.161	—
	Pt(镀铂黑)	0.006	—	0.026	0.05	—

9.9　电解反应

9.9.1　电极反应

在电解池中，在阳极和外加电压$E_{外}$一定的情况下，如果阴极可能发生多种反应，则$\varphi_{阴}$越高的反应越容易发生；在阴极和外加电压$E_{外}$一定的情况下，如果阳极可能发生多种反应，则$\varphi_{阳}$越低的反应越容易发生。究其原因，通常$\varphi_{阳}$和$\varphi_{阴}$越靠近，分解电压就越低，反应就越容易进行。$\varphi_{阳}$和$\varphi_{阴}$除了与平衡电极电势有关外，还与超电势有关。

例 9.13　在 25℃下，将两个铂电极插入 NaF 溶液，并将其与外电源相接。通电后两个电极上将发生什么反应？

解：该装置中两个电极上可能发生的反应如下：

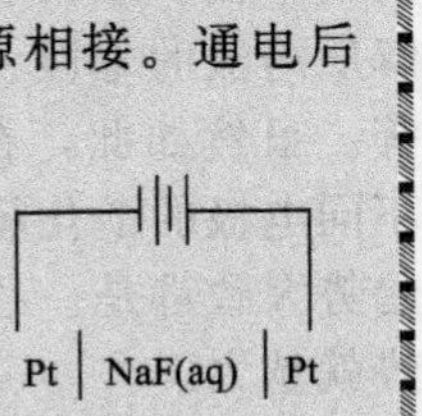

阳极 ① $2H_2O-4e^- \longrightarrow 4H^+ + O_2$

　　 ② $4F^- - 4e^- \longrightarrow 2F_2$

由于$\varphi_1^{\ominus}=1.229V$，$\varphi_2^{\ominus}=2.87V$，两者相差悬殊。在这种情况下，即使把超电势、活度等因素都考虑在内，仍然$\varphi_1 \ll \varphi_2$。所以电解时阳极上必然发生电极反应①并析出氧气，而不会析出氟气体。

阴极 ③ $4H^+ + 4e^- \longrightarrow 2H_2$

　　 ④ $4Na^+ + 4e^- \longrightarrow 4Na$

由于 $\varphi_3^{\ominus}=0$，$\varphi_4^{\ominus}=-2.711\mathrm{V}$，两者相差悬殊。在这种情况下，即使把超电势、活度等因素都考虑在内，仍然 $\varphi_3 \gg \varphi_4$，所以电解时阴极上必然发生电极反应③并析出氢气，而不会析出金属钠。故电解总反应是电极反应①和③的加和即

$$2H_2O = 2H_2 + O_2$$

例 9.14 在 25℃下，将两个铂电极插入 NaCl 溶液，并将其与外电源相接。通电后电解池中将发生什么反应？

解：该装置中两个电极上可能发生的反应如下：

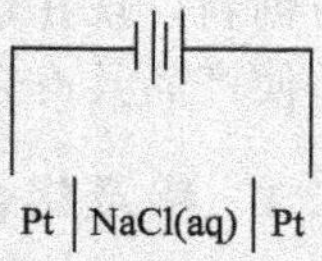

阳极 $\begin{cases} ① \ 2H_2O - 4e^- \longrightarrow 4H^+ + O_2 \\ ② \ 4Cl^- - 4e^- \longrightarrow 2Cl_2 \end{cases}$

阴极 ③ $4H^+ + 4e^- \longrightarrow 2H_2$

其中 $\varphi_1^{\ominus}=1.229\mathrm{V}$，$\varphi_2^{\ominus}=1.353\mathrm{V}$。由此看来，两者差别不大，电极反应①和②都有可能发生。另一方面，由于通常氧电极的极化现象明显比氯电极的突出。在这种情况下，如果 NaCl 溶液的浓度较大，氯电极的实际电极电势 φ_2 就会明显低于氧电极的电极电势 φ_1，电解时阳极上就容易发生电极反应②而不是电极反应①。这时把反应②与反应③加和即得电解总反应如下：

$$④ \ 2H^+ + 2Cl^- = H_2 + Cl_2$$

又因反应④中的 H^+ 来源于 H_2O 的解离即

$$⑤ \ 2H_2O = 2H^+ + 2OH^-$$

所以，实际电解总反应是反应④和反应⑤的加和，即

$$2Cl^- + 2H_2O = H_2 + Cl_2 + 2OH^-$$

或

$$2NaCl + 2H_2O = H_2 + Cl_2 + 2NaOH$$

这就是氯碱工业的主反应。

9.9.2 金属的电沉积

金属的电沉积就是金属离子或它的配合物在阴极上被还原成金属的过程。例如

把两个石墨电极插入 $ZnSO_4$ 和 $CdSO_4$ 混合溶液中，接通外加电源后，两个电极上可能发生的反应如下：

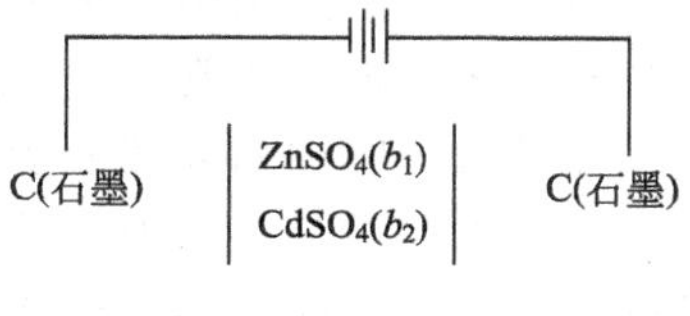

阳极 $2H_2O - 4e^- \longrightarrow 4H^+ + O_2$

阴极 $\begin{cases} ① \ 2H^+ + 2e^- \longrightarrow H_2 & \varphi_1^{\ominus}=0 \\ ② \ Zn^{2+} + 2e^- \longrightarrow Zn & \varphi_2^{\ominus}=-0.763\mathrm{V} \\ ③ \ Cd^{2+} + 2e^- \longrightarrow Cd & \varphi_3^{\ominus}=-0.403\mathrm{V} \end{cases}$

由于氢电极的超电势都较大，加上如果电解液不是酸性较强的溶液，而且 b_1 和 b_2 都不是很小，则氢电极（阴极）的电极电势 φ_1 会远小于零，会低于锌电极和镉电极的电极电势，所以阴极上不会发生电极反应①。另一方面，由于 $\varphi_2^{\ominus}$ 和 $\varphi_3^{\ominus}$ 较接近，而且由于金属电极的超电势一般都很小，其电极电势都接近于平衡电极电势。根据能斯特公式，锌电极和镉电极的

电极电势主要取决于b_1和b_2。若$\varphi_2>\varphi_3$，则析出锌；若$\varphi_2<\varphi_3$，则析出镉；若$\varphi_2\approx\varphi_3$，则锌和镉可同时析出。所以，用这种方法可以达到提纯金属或电镀合金的目的。

金属的电沉积主要涉及电冶金和电镀工业。电冶金就是通过电解方法（可以电解水溶液，也可以电解熔盐）生产有色金属，如电解铜、电解铝等。电解铝就是把Al_2O_3溶于熔融的冰晶石（Na_3AlF_6），然后进行电解。其电解总反应为

$$2Al_2O_3 \xrightarrow[1300K]{Na_3AlF_6(\text{熔融})} 2Al(\text{液}) + 3O_2$$

电镀就是用电解的方法使金属析出，并以膜的形式附着在其它材料的表面。常见的是在钢铁材料表面镀上其它金属膜，如镀铜、镀锌、镀铬、镀镍等。随着电镀工艺技术的不断改进与创新，现在也可以在塑料表面进行电镀，其结果不仅可降低生产成本、减轻产品的重量、使产品具有金属光泽，而且产品还可以导电，同时也具有较好的抗光氧老化性能。

9.9.3 铝及铝合金的表面氧化

金属铝具有质轻、导热、导电、延展性好等优点。与此同时，金属铝也具有活泼性强、抗腐蚀性差、硬度小、不耐磨、色调单一等缺点。可是，铝的氧化物Al_2O_3具有很高的硬度，其学名是刚玉。氧化铝可用于轴承。Al_2O_3的熔点高达2320℃，而且绝热、绝缘。Al_2O_3的结构致密，这使得金属铝表面的氧化物膜可以有效保护膜下的铝，从而避免进一步被氧化、被腐蚀。由此可见，金属铝和氧化铝的性质差别很大，各有利弊。

通常铝表面因自然氧化形成的氧化膜一般只有4μm左右，这对于改善铝制品的强度、耐磨性能等都是远远不够的。可是，如果把铝或铝合金制品置于电解液中作为阳极进行氧化处理，其氧化膜厚度可以得到大幅度提高。根据阳极氧化生产工艺的不同，得到的氧化膜厚度可从几十微米到几百微米不等，从而使其性能得到明显改善。又因铝的氧化物膜带有许多致密的微孔，其比表面很大，有很强的吸附能力，故把Al_2O_3用于轴承时可吸附较多的润滑剂。另外，铝的氧化物膜也可以吸附各种染料，并广泛用于建筑装饰装修。所以，铝及其合金在机械制造、电力、航空航天、轻工、建材等方面有广阔的用武之地。

9.10 金属腐蚀与防护

9.10.1 金属腐蚀

金属腐蚀是广泛存在的，尤其值得关注的是钢铁材料的腐蚀，因为钢铁材料的使用面很广、用量很大。据报道，全世界每年因腐蚀而报废的钢铁材料及其制品约占钢铁年产量的20%～30%，损失非常严重。当然这么高的比例并不是说都变成了铁锈或者铁盐，其中相当一部分是由于腐蚀而导致的受力结构断裂或其强度、尺寸不能继续满足要求而报废的。

金属腐蚀可分为两种，即化学腐蚀和电化学腐蚀。**化学腐蚀**（chemical corrosion）是金属材料与干燥气体或非电解质溶液接触，并直接发生化学反应引起的腐蚀。在化学腐蚀过程中没有腐蚀电池、没有电流。在金属腐蚀中，化学腐蚀所占的比例很小，更多的是电化学腐蚀。**电化学腐蚀**（electrochemical corrosion）是金属材料与周围介质形成微电池后，通过阳极氧化发生的腐蚀。此处结合已学过的电化学基本知识，主要讨论电化学腐蚀以及相应的防腐蚀方法。

从早到晚当环境温度降低时，空气中的水蒸气就会在许多物体表面凝结形成水膜。除此以外，相界面上的不饱和力场也会使许多物体表面吸附空气中的水分子并形成水膜。与此同

时，空气中的 NH_3、HCl、SO_2、CO_2 等气体也会溶解于水膜并形成电解质溶液。在这种情况下，如果两种不同的金属接触，结果就如同把两种不同的金属插入到同一个电解质溶液中形成了原电池，如图 9.16 所示。在铜和铁接触形成的原电池中，在 25℃下由于 $\varphi^{\ominus}_{Fe^{2+}/Fe}$ 等于 $-0.4402V$，$\varphi^{\ominus}_{Cu^{2+}/Cu}$ 等于 0.34V，所以常温下作阳极的是电极电势明显较低的铁电极，而铜电极为阴极。原电池中可能发生的电极反应和电池反应如下：

阳极　① $2Fe - 4e^- \longrightarrow 2Fe^{2+}$

阴极　$\begin{cases} ② \ 4H^+ + 4e^- \longrightarrow 2H_2 \\ ③ \ O_2 + 4H^+ + 4e^- \longrightarrow 2H_2O \end{cases}$

①＋②得　$2Fe + 4H^+ = 2Fe^{2+} + 2H_2$　此称**析氢腐蚀**

①＋③得　$2Fe + O_2 + 4H^+ = 2Fe^{2+} + 2H_2O$　此称**吸氧腐蚀**

到底发生析氢腐蚀还是吸氧腐蚀，这与多种因素有关，其中包括电极极化。如果溶液是强酸性的，则主要发生析氢腐蚀。如果溶液不是强酸性的，这时到底发生析氢腐蚀还是吸氧腐蚀，主要取决于氧的浓度。在缺氧区域主要发生析氢腐蚀；在富氧区域，主要发生吸氧腐蚀。

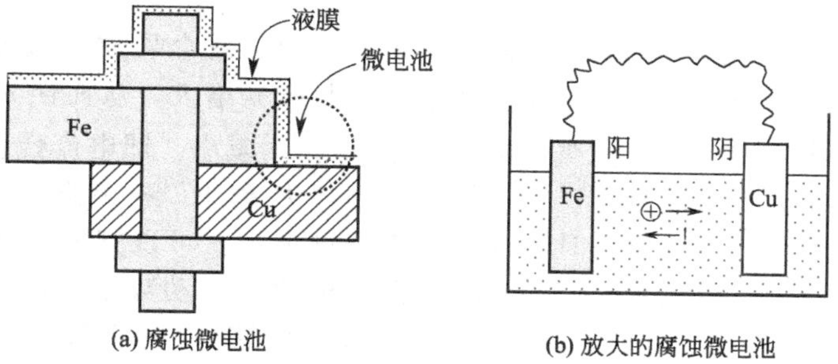

图 9.16　电化学腐蚀示意图

钢铁腐蚀产生的 Fe^{2+} 易水解变为 $Fe(OH)_2$。$Fe(OH)_2$ 可进一步与 O_2 和 H_2O 作用变为 $Fe(OH)_3$。如果环境变干燥了，$Fe(OH)_3$ 会脱水变为 $Fe_2O_3 \cdot mH_2O$，这就是铁锈。由于铁锈较疏松，它不能有效阻止其内部的铁进一步发生腐蚀。

根据以上分析可知，不同金属接触时容易发生腐蚀，所以要求严格的工程项目在这方面都有严格的限制。如碳钢部件与不锈钢部件一般不能直接接触。如此说来，似乎没有不同金属互相接触就没有电化学腐蚀了，其实不然。原因有以下几个方面。

① 即使是同一种金属，其表面状态未必均匀一致。因不同部位的状态不同，超电势就不同，因此不同部位的电极电势各异，故同样会形成许许多多的微电池而发生腐蚀。所以，加工金属制品时应尽量把表面加工得均匀光滑，在使用过程中也要保持表面光洁、干净、干燥，这样才对防腐蚀有利。譬如，有时在户外会看到掉落或被丢弃的螺杆。仔细观察，其螺纹部分往往锈迹斑斑，而非螺纹部分会明显好一些。

② 如果金属制品表面有裂纹或微孔，如图 9.17 所示。则当表面附着一层水膜后，由于不同部位溶解氧的多少不同，从而导致不同部位氧电极的电极电势不同。在氧浓度较高处，氧电极作为腐蚀微电池的阴极（即正极）发生吸氧反应，而氧浓度较低处作为腐蚀微电池阳极（即负极）只能发生金属腐蚀了。把这种腐蚀叫做**浓差腐蚀**（concentration corrosion）。

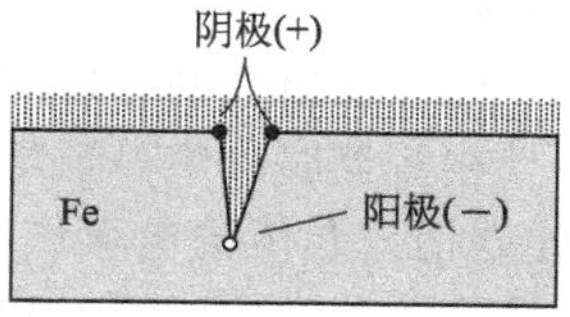

图 9.17　浓差腐蚀

由于浓差腐蚀发生在微孔内部或裂纹深处，往往不易察觉，结果可能会造成严重的突发事故。浓差腐蚀在水面附近非常明显，如水中的船体或海水中的浮标在与水面接触部位的附近，往往会明显看到棕红色的铁锈。

9.10.2 影响腐蚀速率的主要因素

金属腐蚀是通过阳极氧化发生的。由于电极反应速率与电流强度成正比，所以腐蚀电池中的电流强度越大，腐蚀就越快。但腐蚀电流的大小与什么因素有关呢？

在电池回路的总电阻一定的情况下，本应腐蚀电池的可逆电动势越大，电流就越大，腐蚀也就越快。可是实际情况并非完全如此，腐蚀电池的电动势并不等于它的可逆电动势。因为腐蚀电池中一旦有电流流过，电极就会发生极化。有极化就有超电势，腐蚀微电池的电动势就要减小。所以金属腐蚀速率与电极极化是密切相关的。

前已述及，电极极化所产生的超电势可用三极法测定，参见图 9.14。可通过改变外电路的电阻 R 来改变电流的大小，从而测定阴极和阳极的电极电势与电流强度的关系，其定性结果如图 9.18 所示。在没有液接电势而且接触电势可忽略不计的情况下，腐蚀电池的电动势就等于腐蚀电池中两个电极的电极电势之差即

$$E=\varphi_{阴}-\varphi_{阳}$$

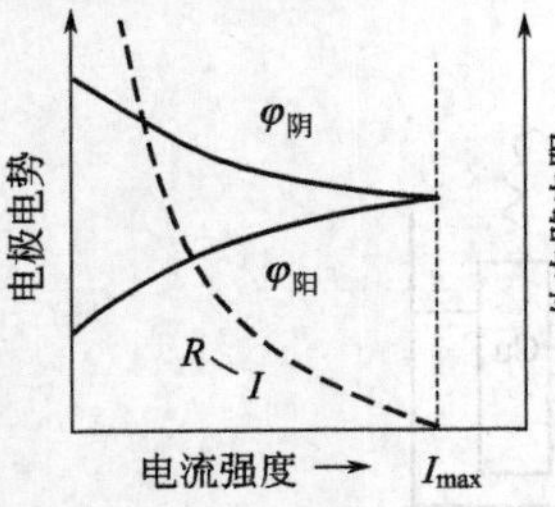

图 9.18 腐蚀电流与电极电势及外电路电阻的关系

当外电路的电阻减小时，就会导致电流强度 I 增大、导致电极极化加强、导致超电势 η 增大，从而使 $\varphi_{阴}$ 减小、使 $\varphi_{阳}$ 增大、使腐蚀电池的电动势 E 减小。即电流强度 I 越大，电动势 E 越小。反过来，电动势 E 越小，电流强度 I 就越大。电动势趋于零时对应的电流强度最大，可以把此时的电流强度用 I_{max} 表示。但是实际上腐蚀电池的电动势不可能小到零，因为即使外电路的电阻 R 等于零（短路），腐蚀电池总有一定的内电阻，总有一定的内压降，腐蚀电池的电动势不可能等于零，腐蚀电池的电流强度不可能达到 I_{max}。不过，可以近似用 I_{max} 反映金属腐蚀的快慢，故称 I_{max} 为**腐蚀电流**（corrosion current）。

(1) 金属的平衡电极电势

金属电极的极化性能一般都很弱，其电极电势随电流变化都很小，都接近于各自的平衡电极电势。所以不同金属电极的极化曲线一般都接近于水平线，不会发生彼此交错，如图 9.19 所示。可以看出，在其它条件相同尤其是腐蚀电池的阴极条件相同的情况下，电极电势越低的金属（作为阳极）就越活泼，其腐蚀电流就越大，腐蚀速率就越快。

(2) 阴极极化性能的影响

虽然金属电极的极化性能一般都很弱，即同一种金属电极在不同的环境介质中的极化性能没有明显的差异，但是气体电极的极化性能都较强，而且极化性能与多种因素有关。即同一种气体电极在不同环境介质中的极化曲线的斜率可能差别较大，作为腐蚀电池阴极的氢电极或氧电极就是这样，如图 9.20 所示。这种差别会明显影响到腐蚀电流 I_{max} 的大小、会明显影响到金属腐蚀速率。

(3) 氢电极的超电势

在析氢腐蚀中，氢电极作为阴极发生还原反应，其中涉及到不参与电极反应的惰性电极（此处把只起传输电荷作用而不参与电极反应的电极通称为惰性电极，前边提及到的铂和石墨只是两种常用的惰性电极而已）。在不同的惰性电极上，氢电极的超电势彼此差别较大，从而导致某些金属的腐蚀电流与该金属的活泼性不一致，如图 9.21 所示。由该图可以看出。

① 虽然锌比铁活泼，但是以锌作为惰性电极时，氢电极（阴极）的极化很突出，其超电势很大，所以腐蚀电流 I_1 很小。而以铁作为惰性电极时，氢电极的极化相对较弱，超电势较小，腐蚀电流 I_2 较大。因此铁比锌更容易发生腐蚀。正因为这一点，镀锌铁皮就是用镀锌的方法来保护铁的。

② 如果溶液中含有少量铂盐，则铂盐会被 Zn 或 Fe 还原析出铂黑。这时由于氢电极在铂黑电极表面的超电势既小于在铁表面的超电势，也小于在锌表面的超电势，结果使铁的腐蚀电流从 I_2 变为 I_3，使锌的腐蚀电流从 I_1 变为 I_4。两者的腐蚀速率都明显增大，而且此时锌的腐蚀速率明显大于铁的腐蚀速率。

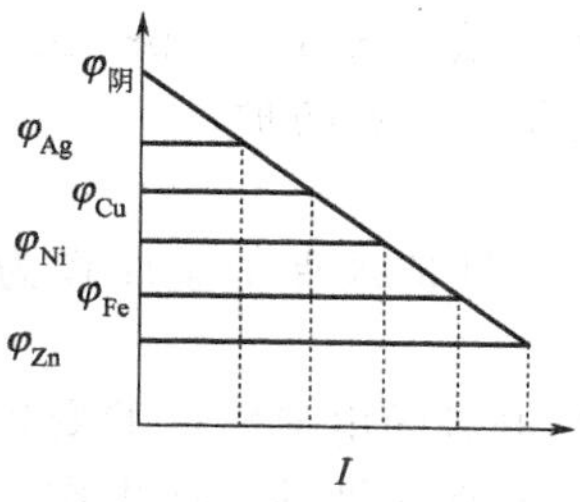

图 9.19　不同金属的腐蚀电流

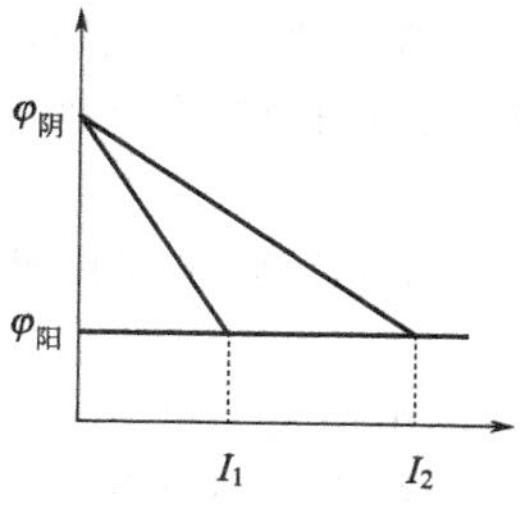

图 9.20　极化性能对腐蚀电流的影响

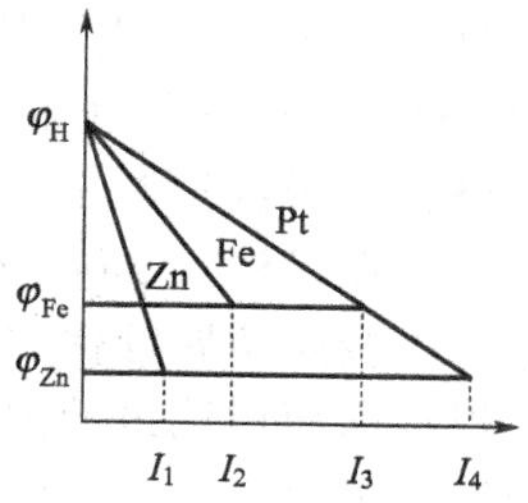

图 9.21　氢电极的极化性能对腐蚀电流的影响

9.10.3　金属防腐蚀

(1) 保护层保护

保护层主要是把被保护金属与腐蚀介质隔开，从而达到防腐蚀的目的。保护层分为非金属保护层和金属保护层。非金属保护层是指油漆、搪瓷、喷塑、衬胶等。金属保护层主要是用电镀的方法，即把不太活泼的或腐蚀电流较小的金属以膜的形式涂覆在被保护金属的表面，从而达到保护金属的目的。保护层保护法与电化学无关，都属于非电化学保护方法。

(2) 加入缓蚀剂

在电镀及搪瓷制品的生产加工过程中，其前处理工序都涉及到酸洗，否则镀层或搪瓷涂层的附着力不强，容易起皮脱落或出现较多的针孔。酸洗就是将待加工的金属元器件放入酸中，以除去表面的氧化物或毛刺。结果既能把基体表面整平，又能增强镀（涂）层与基体的附着力。为了防止在酸洗过程中金属基体被过度腐蚀使产品报废或影响产品质量，常常需要在酸洗液中加入缓蚀剂。

缓蚀剂的作用原理是它能与金属表面发生化学反应并生成保护膜，从而阻止腐蚀的发生。这其中，凸出的毛刺部位不易被保护膜覆盖，容易被腐蚀整平。缓蚀剂也叫**阻蚀剂**或**腐蚀抑制剂**。缓蚀剂有无机类的，也有有机类的。常用的无机类缓蚀剂有亚硝酸钠、铬酸盐、重铬酸盐、磷酸盐等。这些物质会与金属表面发生反应生成致密的有一定保护作用的氧化物或难溶盐薄膜。常用的有机类缓蚀剂主要是一些胺类化合物，如硫脲 $CS(NH_2)_2$（即硫代碳酰胺）、乌洛脱品 $C_6H_{12}N_4$（即六次甲基四胺）。这些胺类化合物在酸性介质中遇到 H^+ 会变成 RNH_3^+。RNH_3^+ 会附着在带负电的金属表面（因为较活泼的金属会发生电离，电离后离子进入溶液而电子滞留在金属表面），从而使金属得到保护，阻止进一步发生腐蚀。

(3) 牺牲阳极法

对于长期在水中作业的钢铁设备，如船舶、海上石油钻井设备等，可以人为地在这些设备上附着一些较活泼的金属如锌、铝等。从而使得被保护的钢铁材料在腐蚀电池中作为阴极，其上只能发生析氢反应或吸氧反应。在此过程中被保护的钢铁材料本身只起到一个惰性电极的作用，而不会被腐蚀，但是被附着的较活泼金属在腐蚀电池中作为阳极，会逐渐被氧化腐蚀。所以称这种保护方法为**牺牲阳极法**（sacrificial anode method）。

(4) 阴极保护法

外加直流电源和废金属，并把废金属作为阳极与电源正极相接，而把被保护金属作为阴极与电源的负极相接。这时阴极上发生的还原反应不论是析氢反应还是吸氧反应，被保护金属本身不会发生变化。所以把这种金属防腐蚀方法称为**阴极保护法**（cathode protection method）。阴极保护法常用于酸性化学物质的储罐和地下管道等金属设施的防护。

(5) 阳极保护法

阳极保护法（anode protection method）就是使用外加电源，并且把被保护金属作为阳极的一种金属防腐蚀保护法。

根据前面讨论过的内容，可以借助恒电流方式用三极法测定超电势随电流密度的变化情况即测定极化曲线。实际上也可以借助恒电压方式用三级法测定金属在腐蚀性溶液中作为阳极时的腐蚀电流随电极电势的变化情况。譬如一种钢在硫酸溶液中的腐蚀电流与电极电势的关系如图 9.22 所示。由于这种极化曲线与金属的钝化防腐蚀密切相关，所以常把这种曲线叫做**钝化曲线**（passivation curve）。该钝化曲线有以下几个特点。

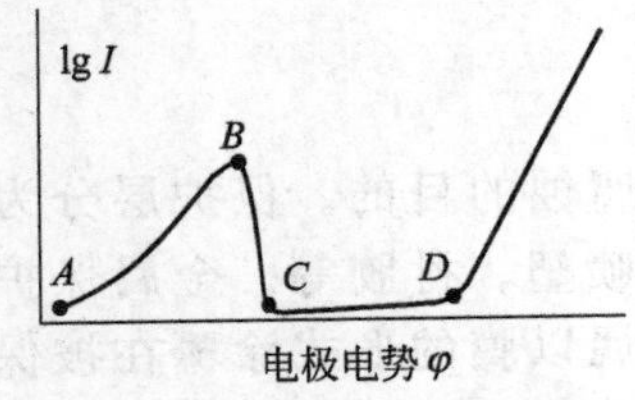

图 9.22 钝化曲线

① 在 *AB* 段，当施加在待测电极上的电势（与外加电压有关）逐渐增大时，电流强度 *I* 逐渐增大，即腐蚀速率逐渐加快。所以把 *AB* 区域称为**活化区**。在活化区内，钢材中的铁被腐蚀并以二价离子的形式转入溶液即

$$Fe-2e^- \longrightarrow Fe^{2+}$$

② $\varphi=\varphi_B$时，钢材的表面开始钝化。接下来，随着 φ 增大，电流强度 *I* 迅速减小，所以把 φ_B 称为**钝化电势**（passivation potential）。

③ 在 *CD* 段，这种钢处于稳定的钝态。在此范围内增大外加电压时，电流强度 *I* 变化很小，而且该区段的电流强度往往比活化区的电流强度小 3～6 个数量级，腐蚀速率很小。所以把 *CD* 区称为**钝化区**。$\Delta\varphi_{CD}$ 大约为 1V。

④ $\varphi>\varphi_D$时，随着 φ 的增大，电流强度又迅速增大，腐蚀速率又加快，故把 $\varphi>\varphi_D$ 区域称为**过钝化区**。在过钝化区，钢材中的铁被腐蚀并以三价离子的形式转入溶液即

$$Fe-3e^- \longrightarrow Fe^{3+}$$

根据上述讨论，实际使用阳极保护法时，不仅要把被保护金属作为阳极，而且应把阳极的电势维持在钝化区。只有这样，才能达到有效保护金属的目的。

思 考 题

1. 你能分清楚什么是电极电势，什么是液接电势，什么是接触电势吗？
2. 什么是盐桥？盐桥的作用有哪些？

3. 盐桥为什么能消除液接电势?

4. 所有电池中都需要用盐桥吗?

5. 书写原电池符号时应注意些什么问题?

6. 怎样才能正确地写出一个原电池的电池反应?

7. 为什么原电池的正极都是阴极? 原电池的负极都是阳极?

8. 电池总反应都是氧化还原反应吗?

9. 对原电池而言,式 $\Delta_r G_m = -nFE$ 的使用条件是什么?

10. 每个电池都有它的可逆电动势吗?

11. 补偿法测定可逆电动势的原理是什么?

12. 把惠斯顿电池作为标准电池的优点是什么?

13. 在任何情况下,惠斯顿电池的电动势都只与温度有关吗?

14. 一种物质的氧化性或还原性与其电极电势的大小有什么关系?

15. 在元素周期表中,碱金属从上到下活泼性逐渐增强。但是由 25℃下的标准电极电势数据看,锂是最活泼的金属。对此该如何解释?

16. 在等温等压条件下,你能根据学过的知识导出计算可逆电动势的能斯特公式吗?

17. 你能借助标准氢电极的概念以及计算可逆电动势的能斯特公式,导出计算平衡电极电势的能斯特公式吗?

18. 一定温度下所有电极的电极电势只与氧化态和还原态的浓度或分压有关吗?

19. 电极电势是容量性质还是强度性质? 它与电极反应方程式的写法有没有关系?

20. 在一定温度下,电池的标准电动势除了可借助标准电极电势表进行计算外,可否用实验的方法进行测定? 怎样测定?

21. 欲使一个电极的电极电势增大,则应提高氧化态的浓度还是还原态的浓度?

22. 用能斯特公式求得的电极电势或电动势是不是状态函数?

23. 有人错误地认为:能斯特公式既描述了电极电势(或电动势)与组成的关系,也描述了电极电势(或电动势)与温度的关系。对此你是怎么认识的?

24. 为什么电极电势与组成的关系与该电极作正极还是作负极无关?

25. 惰性电极的作用是什么? 常用的惰性电极有哪几种?

26. 常用电极有哪几种类型? 它们是怎样组成的?

27. 甘汞电极是怎样组成的? 它属于哪一类电极? 你能写出它的电极反应吗?

28. 甘汞电极有何特点? 为何人们常把甘汞电极作为参比电极?

29. 什么是银电极的标准电极电势? 什么是铬酸银电极的标准电极电势? 你能导出二者之间的函数关系吗?

30. 可否将物理变化设计成原电池?

31. 浓差电池的标准电动势与温度有没有关系?

32. 设计原电池并测定其可逆电动势有哪些用途?

33. 你把测量 pH 用的玻璃电极的测量原理搞清楚了吗?

34. 在电势滴定过程中,为什么在滴定终点附近测得的电动势会发生突跃?

35. 什么是分解电压? 什么是可逆分解电压? 分解电压为何总大于可逆分解电压?

36. 什么是电极极化? 为什么会产生电极极化?

37. 不论是原电池还是电解池,为什么极化的结果都使得阳极的电极电势升高,都使得阴极的电极电势降低?

38. 什么是极化曲线? 如何解释阳极极化曲线和阴极极化曲线的变化趋势?

39. 欧姆压降和欧姆极化有什么区别?

40. 你把三级法测定超电势的基本原理弄清楚了吗?

41. 阳极和阴极的超电势都能用三极法测定吗?

42. 金属为什么会发生电化学腐蚀? 其中被腐蚀金属是阳极还是阴极?

43. 什么是析氢腐蚀？什么是吸氧腐蚀？什么是浓差腐蚀？

44. 什么是腐蚀电流？引入腐蚀电流概念有什么意义？

45. 金属越活泼其腐蚀电流一定就越大吗？

46. 在金属防腐蚀方面，什么是牺牲阳极法？什么是阳极保护法？什么是阴极保护法？

47. 什么是钝化曲线？什么是钝化电势？

习　题

1. 写出下列电池的正负极反应和电池总反应。

(1) $Pt, H_2(g, p_1) | HCl(aq, b) | Cl_2(g, p_2), Pt$

(2) $Ag, AgCl(s) | CuCl_2(aq, b) | Cu$

(3) $Pb, PbSO_4(s) | K_2SO_4(aq, b_1) \| KCl(aq, b_2) | PbCl_2(s), Pb$

(4) $Pt | Fe^{3+}(c_1), Fe^{2+}(c_2) \| Hg_2^{2+}(c_3) | Hg(l)$

(5) $Pt, H_2(g, p) | NaOH(b) | HgO(s), Hg(l)$

(6) $Sn | SnSO_4(b_1) \| H_2SO_4(b_2) | H_2(g, p), Pt$

2. 在 298K 下，$H_2(g)$ 的标准摩尔燃烧热是 $-285.9kJ \cdot mol^{-1}$。如果将该燃烧反应组装成原电池，而且其中的各物质都处于标准状态。当该电池在 298K 下可逆放电时，每消耗 1mol $H_2(g)$就会放热 48.67kJ。

(1) 求 298K 下反应 $H_2(g) + \frac{1}{2}O_2(g) \rightleftharpoons H_2O(l)$的标准摩尔反应熵。
($-163.3J \cdot K^{-1} \cdot mol^{-1}$)

(2) 求该电池的标准电动势。(1.229V)

3. 关于电池 $Cd(Hg, w_{Cd}=12.5\%) | CdSO_4(饱和) | Hg_2SO_4(s), Hg(l)$

(1) 写出该电池的电极反应和电池反应。

(2) 求 25℃下该电池反应的摩尔反应熵和摩尔反应焓。已知该电池的电动势与摄氏温度 t 的关系如下：

$$E/V = 1.01864 - 4.05 \times 10^{-5}(t/℃ - 20) - 9.5 \times 10^{-7}(t/℃ - 20)^2$$

$$(\Delta_r S_m = -9.65J \cdot K^{-1} \cdot mol^{-1}, \Delta_r H_m = -199.40kJ \cdot mol^{-1})$$

4. 在 25℃下，已知 AgCl 的标准摩尔生成焓为 $-127.04kJ \cdot mol^{-1}$，AgCl、Ag(s)和$Cl_2(g)$的标准摩尔熵分别为 $96.11J \cdot K^{-1} \cdot mol^{-1}$、$42.77J \cdot K^{-1} \cdot mol^{-1}$ 和 $222.95J \cdot K^{-1} \cdot mol^{-1}$。对于电池 $Pt, Cl_2(p^{\ominus}) | HCl(0.1mol \cdot kg^{-1}) | AgCl, Ag$

(1) 求该电池在 25℃下的标准电动势。(−1.137V)

(2) 求该电池在 25℃下可逆放电 1F（法拉第）时的热效应。(17.32kJ)

(3) 求该电池在 25℃下的标准电动势随温度的变化率。($6.03 \times 10^{-4} V \cdot K^{-1}$)

5. 常温下电池 $Hg, Hg_2Br_2(s) | Br^-(aq) | AgBr(s), Ag$ 的电动势与摄氏温度的关系如下：

$$E/mV = -68.04 - 0.312 \times (t/℃ - 25)$$

求在 20℃下该电池可逆放电 2F 时的 ΔH 和 Q。($\Delta H = -4.81kJ$, $Q = -17.64J$)

6. 在 15℃下测得电池 $Cd | CdCl_2(aq, c) | AgCl, Ag$ 的电动势为 0.67531V，常压下该电池电动势的温度系数为 $-0.00065V \cdot K^{-1}$。

(1) 写出正负极反应和电池反应。

(2) 计算该电池反应在 15℃下的摩尔反应焓 $\Delta_r H_m$。($-166.46kJ \cdot mol^{-1}$)

(3) 求该电池在 15℃下可逆放电 1 法拉第时的热效应 Q。(−18.07kJ)

7. 写出下列电池的电池反应，并查表计算它们在 25℃下的电动势。

(1) $Cu(s) | Cu^{2+}(a=0.0010) \| Cl^-(a=0.30) | Cl_2(120kPa), Pt$　(1.140V)

(2) $Pt | V^{2+}(a=0.234), V^{3+}(a=0.055) \| V^{2+}(a=0.446) | V(s)$　(−0.918V)

(3) Pt, Cl_2(50kPa) | Cl^-(a=0.250) ‖ I^-(a=0.300) | AgI(s), Ag   (−1.506V)

8. 实验测得电池 Ag, AgBr | Br^-(a=0.32) ‖ Cu^{2+}(a=0.42) | Cu 在 25℃ 下的可逆电动势为 0.0565V。

(1) 写出正负极反应和电池反应。

(2) 计算该电池在 25℃下的标准电动势。(0.0969V)

9. 在 25℃下，电池 Sn(s) | Sn^{2+}(a=0.347) ‖ Zn^{2+}(a=0.100) | Zn(s)的电动势为−0.643V，并且已知 $\varphi^{\ominus}_{Zn^{2+}/Zn}=-0.763V$。求同温度下的 $\varphi^{\ominus}_{Sn^{2+}/Sn}$。(−0.136V)

10. 使用不同浓度的 $ZnSO_4$溶液时，测得电池 Zn | $ZnSO_4$(aq) | $PbSO_4$，Pb 在 25℃下的电动势见下表。请用作图法求 25℃下该电池的标准电动势。(0.4080V)

b/mol·kg^{-1}	0.0100	0.0050	0.0020	0.0010	0.0005
E/V	0.55353	0.56598	0.58319	0.59714	0.61144

11. 在 25℃下用不同浓度 HBr 溶液时，测得电池 Pt, H_2($p^{\ominus}$) | HBr(aq) | AgBr(s), Ag 的电动势见下表。请用外推法求 25℃下该电池的标准电动势。(0.0712V)

$b\times10^4$/mol·kg^{-1}	1.262	4.172	10.99	37.19
E/V	0.5330	0.4721	0.4228	0.3617

12. 对于电池 Pt, H_2($p^{\ominus}$) | HCl(aq) | AgCl, Ag，在 25℃下改变 HCl 溶液浓度时测得下列数据。请用作图法确定 25℃下该电池的标准电动势。(0.2222V)

b/mol·kg^{-1}	10^{-1}	5×10^{-2}	10^{-2}	10^{-3}	10^{-4}	10^{-5}	10^{-6}
E/V	0.3598	0.3892	0.4650	0.5791	0.6961	0.8140	0.9322

13. 已知 25℃下水的离子积为 $K^{\ominus}_{W}=10^{-14}$，而酸性标准氢电极在任何温度下的电极电势为零。计算在 25℃ 下电极反应 $2H_2O+2e^-\longrightarrow H_2(g)+2OH^-(aq)$(即碱性氢电极)的标准电极电势。(−0.8283V)

14. 在 25℃下，甘汞溶解反应 $Hg_2Cl_2 \rightleftharpoons Hg_2^{2+}+2Cl^-$ 的标准平衡常数为 1.3×10^{-18}，同温度下 0.1mol·L^{-1}甘汞电极的电极电势为 0.3335V。若近似认为甘汞电极中 KCl 的平均活度系数为 1，求电极反应 $Hg_2^{2+}+2e^-\longrightarrow 2Hg$ 的标准电极电势。(0.8035V)

15. 请把下列反应组装成原电池

(1) $Fe^{2+}(aq)+Ag^+(aq) = Fe^{3+}(aq)+Ag(s)$

(2) $Pb(s)+Hg_2SO_4(s) = PbSO_4(s)+2Hg(l)$

(3) $2Fe(s)+3Cl_2(g) = 2FeCl_3(aq)$

16. 请把下列反应组装成原电池

(1) $Zn(s)+H_2SO_4(aq) = ZnSO_4(aq)+H_2(g)$

(2) $10FeSO_4(aq)+2KMnO_4(aq)+8H_2SO_4(aq)$

$= K_2SO_4(aq)+2MnSO_4(aq)+5Fe_2(SO_4)_3(aq)+8H_2O$

(3) $2Br^-(aq)+Cl_2(g) = Br_2(l)+2Cl^-(aq)$

17. 请把下列反应组装成原电池

(1) $AgCl(s)+Br^-(aq) = AgBr(s)+Cl^-(aq)$

(2) $Ag_2CrO_4(s)+2Cl^-(aq) = 2AgCl(s)+CrO_4^{2-}(aq)$

(3) $H^+(aq)+OH^-(aq) = H_2O$

18. 请把下列态变化组装成原电池，并计算它们在 25℃下的电动势。

(1) $O_2(200kPa) = O_2(110kPa)$

(2) $NH_3(0.6mol \cdot kg^{-1}) = NH_3(0.1mol \cdot kg^{-1})$

(3) $SO_4^{2-}(0.06mol \cdot kg^{-1}) = SO_4^{2-}(0.01mol \cdot kg^{-1})$

(4) $HCl(aq, b_1 = 0.2b^{\ominus}) = HCl(aq, b_2 = 0.1b^{\ominus})$

19. 下面这个电池是把两个电池串联在一起的。

$$Na(Hg, 0.2\%) | NaCl(0.21mol \cdot kg^{-1}) | AgCl, Ag-$$
$$-Ag, AgCl | NaCl(0.042mol \cdot kg^{-1}) | Na(Hg, 0.2\%)$$

(1) 写出串联电池的总反应。

(2) 若各物质的活度系数均为1，求该串联电池在25℃下的总电动势。(−0.0827V)

20. 设计一个用于测定AgBr溶度积常数 $K_{sp}^{\ominus}$ 的原电池，并简述怎样根据电动势的测定结果得到AgBr的溶度积常数。必要时请写出相关的推导过程。

21. 在25℃下已知

$$Fe(OH)_3(s) + 3e^- \longrightarrow Fe(s) + 3OH^- \qquad \varphi^{\ominus}_{Fe(OH)_3/Fe} = -0.77V$$

$$Fe^{3+} + 3e^- \longrightarrow Fe(s) \qquad \varphi^{\ominus}_{Fe^{3+}/Fe} = -0.036V$$

计算25℃下 $Fe(OH)_3$ 的溶度积常数。(6.06×10^{-38})

22. 在25℃下已知

$$Cu(NH_3)_4^{2+}(aq) + 2e^- \longrightarrow Cu(s) + 4NH_3(aq) \qquad \varphi^{\ominus}_{Cu(NH_3)_4^{2+}/Cu} = -0.12V$$

$$Cu^{2+}(aq) + 2e^- \longrightarrow Cu(s) \qquad \varphi^{\ominus}_{Cu^{2+}/Cu} = 0.337V$$

计算25℃下配离子 $Cu(NH_3)_4^{2+}$ 的累积稳定常数。(2.81×10^{15})

23. 分析说明在一定温度下，如何借助电池 $Pt, H_2(p^{\ominus}) | H^+(c_1) \| Cu^{2+}(c_2) | Cu(s)$ 的电动势测定值求算同温度下 Cu^{2+} 的标准摩尔生成吉布斯函数。已知 H^+ 的标准摩尔生成吉布斯函数为零。

24. 在pH值的测定实验中，在25℃下先把玻璃电极和甘汞电极插入一个pH=7.00的标准缓冲溶液中，测得电动势为0.062V。然后把玻璃电极和甘汞电极插入待测溶液中，测得的电动势为0.145V。求待测液的pH值。(pH=8.40)

25. 醌氢醌（$Q \cdot QH_2$）是醌（Q）和氢醌（QH_2）形成的化合物（类似于无机化合物中的复盐）。由于醌氢醌中含有等摩尔的醌和氢醌，而且醌氢醌微溶于水，所以一定温度下在醌氢醌饱和溶液中，电极反应 $Q(aq) + 2H^+(aq) + 2e^- \longrightarrow QH_2(aq)$ 的电极电势只取决于溶液中 H^+ 的活度，原因是醌（Q）和氢醌（QH_2）的浓度相同。已知25℃下醌氢醌电极的标准电极电势为0.6996V，$1.0mol \cdot L^{-1}$ 甘汞电极的电极电势为0.2801V。在同温度下对于下面用来测定溶液pH值的电池而言

$$Pt | Q \cdot QH_2, H^+(\text{pH 待测}) \| KCl(1.0mol \cdot L^{-1}) | Hg_2Cl_2, Hg$$

(1) 当pH为5.5时，该电池的电动势是多少？(−0.0940V)

(2) 当电动势为−0.1200V时，待测液的pH是多少？(5.06)

26. 对于电池 $Pt, H_2(p^{\ominus}) | HCl(aq, b, \gamma_{\pm}) | AgCl, Ag$

(1) 写出正负极反应和电池反应。

(2) 请借助能斯特公式证明在25℃下 $E + 0.1184\lg(b/b^{\ominus}) = E^{\ominus} - 0.1184\lg\gamma_{\pm}$

27. 下列电池在25℃下的电动势为0.720V

$$Ag, AgI \left| KI\begin{pmatrix} b = 1mol \cdot kg^{-1} \\ \gamma_{\pm} = 0.65 \end{pmatrix} \right\| AgNO_3\begin{pmatrix} b = 0.001mol \cdot kg^{-1} \\ \gamma_{\pm} = 0.95 \end{pmatrix} \Bigg| Ag$$

(1) 求25℃下AgI的溶度积常数 $K_{sp}^{\ominus}$。(4.18×10^{-16})

(2) 求25℃下AgI在水中的溶解度（用质量摩尔浓度表示）。($2.04 \times 10^{-8} mol \cdot kg^{-1}$)

28. 在25℃下，在 Cu^{2+} 浓度为 $0.06mol \cdot L^{-1}$ 的溶液中，应把 Ag^+ 的浓度控制在多少，电解该溶液时才能在阴极同时析出铜和银？在25℃下已知：

$\varphi^{\ominus}_{Cu^{2+}/Cu}=0.337V$　　$\varphi^{\ominus}_{Ag^{+}/Ag}=0.799V$　　（$3.62\times10^{-9}mol\cdot kg^{-1}$）

29. 有人在25℃和标准压力下电解pH为7的$CdSO_4$水溶液。开始阴极上析出的是金属镉。随着时间推移，当阴极开始析出氢气时，溶液中镉离子的浓度是多少？已知在实验条件下，氢在镉电极上的超电势为120mV，$\varphi^{\ominus}_{Cd^{2+}/Cd}=-0.4028V$。（$3.62\times10^{-5}mol\cdot kg^{-1}$）

30. 在25℃和标准压力下，用镍电极电解某镍盐溶液时，欲使其中Ni^{2+}浓度降低到$0.0015mol\cdot L^{-1}$之前无氢气析出，那么电解液的pH应控制在多少？已知在实验条件下氢在镍电极上的超电势为0.21V。$\varphi^{\ominus}_{Ni^{2+}/Ni}=-0.23V$（pH≥1.75）

附　录

附录Ⅰ　25℃下部分物质的标准热力学数据（$p^{\ominus}=10^5\,\mathrm{Pa}$）

物 质	$\Delta_f H_m^{\ominus}/\mathrm{kJ\cdot mol^{-1}}$	$S_m^{\ominus}/\mathrm{J\cdot K^{-1}\cdot mol^{-1}}$	$\Delta_f G_m^{\ominus}/\mathrm{kJ\cdot mol^{-1}}$	$C_{p,m}/\mathrm{J\cdot K^{-1}\cdot mol^{-1}}$
Ag(s)	0.0	42.6	0.0	25.4
Ag_2O(s)	−31.1	121.3	−11.2	65.9
AgCl(s)	−127.0	96.3	−109.8	50.8
$AgNO_3$(s)	−124.4	140.9	−33.4	93.1
Al(s)	0.0	28.3	0.0	24.4
Al_2O_3(s)	−1675.7	50.9	−1582.3	79.0
Ar(g)	0.0	154.8	0.0	20.8
B(s)	0.0	5.9	0.0	11.1
Be(s)	0.0	9.5	0.0	16.4
B_2H_6(g)	36.4	232.1	86.7	56.7
B_2O_3(s)	−1273.5	54.0	−1194.3	62.8
Br_2(l)	0.0	152.2	0.0	75.7
Br_2(g)	30.9	245.5	3.1	36.0
C(s,金刚石)	1.9	2.4	2.9	6.1
C(s,石墨)	0.0	5.7	0.0	8.5
C(g)	716.7	158.1	671.3	20.8
Ca(s)	0.0	41.6	0.0	25.9
$CaCl_2$(s)	−795.4	108.4	−748.8	72.9
CaO(s)	−634.9	38.1	−603.3	42.0
CaF_2(s)	−1228.0	68.5	−1175.6	67.0
$CaCO_3$(s,方解石)	−1207.6	91.7	−1129.1	83.5
$CaSO_4$(s,无水)	−1434.5	106.5	−1322.0	99.7
$Ca_3(PO_4)_2$(s)	−4120.8	236.0	−3884.7	227.8
CCl_4(g)	−95.7	309.4	−64.2	83.3
CCl_4(l)	−128.2	214.4	−68.7	130.7
CH_3Cl(g)	−81.9	234.6	−58.4	40.8
CH_3Br(g)	−35.4	246.4	−26.3	42.4
$CHCl_3$(g)	−102.7	295.7	6.0	65.7
$CHCl_3$(l)	−134.1	201.7	−73.7	114.2
CH_4(g)	−74.6	186.3	−50.5	35.7
C_2H_2(g)	227.4	200.9	209.9	44.0
C_2H_4(g)	52.4	219.3	68.4	42.9
C_2H_6(g)	−84.0	229.2	−32.0	52.5
C_3H_6(g)丙烯	20.0	267.1	62.8	63.9
C_3H_6(g)环丙烷	53.3	237.5	104.5	55.6
C_3H_8(g)丙烷	−103.8	270.3	−23.4	73.6
C_6H_6(g)苯	82.9	269.2	129.7	82.4
C_6H_6(l)苯	49.1	173.4	124.5	136.0
$CO(NH_2)_2$(s)	−333.1	104.6	−197.2	93.1
CH_3OH(g)	−201.0	239.9	−162.3	44.1
CH_3OH(l)	−239.2	126.8	−166.6	81.1

续表

物质	$\Delta_f H_m^\ominus$ / $kJ \cdot mol^{-1}$	$S_m^\ominus$ / $J \cdot K^{-1} \cdot mol^{-1}$	$\Delta_f G_m^\ominus$ / $kJ \cdot mol^{-1}$	$C_{p,m}$ / $J \cdot K^{-1} \cdot mol^{-1}$
$C_2H_5OH(g)$	−234.8	281.6	−167.9	65.6
$C_2H_5OH(l)$	−277.6	160.7	−174.8	112.3
$CH_3CHO(l)$	−192.2	160.2	−127.6	89.0
$CH_3CHO(g)$	−166.2	263.8	−133.0	55.3
$CH_3COOH(l)$	−484.3	159.8	−389.9	123.3
$CH_3COOH(g)$	−432.2	283.5	−374.2	63.4
$(COOH)_2(s)$	−821.7	109.8	−697.9	91.0
$Cl_2(g)$	0.0	223.1	0.0	33.9
$CO(g)$	−110.5	197.7	−137.2	29.1
$CO_2(g)$	−393.5	213.8	−394.4	37.1
$COCl_2(g)$	−219.1	283.5	−204.9	57.7
$CS_2(l)$	89.0	151.3	64.6	76.4
$CS_2(g)$	116.7	237.8	67.1	45.4
$Cu(s)$	0.0	33.2	0.0	24.4
$CuCl_2(s)$	−220.1	108.1	−175.7	71.9
$CuO(s)$	−157.3	42.6	−129.7	42.3
$Cu_2O(s)$	−168.6	93.1	−146.0	63.6
$CuSO_4(s)$	−771.4	109.2	−662.2	100.8
$F_2(g)$	0.0	202.8	0.0	31.3
$Fe(s)$	0.0	27.3	0.0	25.1
$Fe(g)$	416.3	180.5	370.7	25.7
$FeO(s)$	−272.0	59.4	−256.9	48.1
$Fe_2O_3(s)$	−824.2	87.4	−742.2	103.9
$Fe_3O_4(s)$	−1118.4	146.4	−1015.4	143.4
$H_2(g)$	0.0	130.7	0.0	28.8
$H(g)$	218.0	114.7	203.3	20.8
$HBr(g)$	−36.3	198.7	−53.4	29.1
$HCN(g)$	135.1	201.8	124.7	35.9
$HCOOH(l)$	−425.0	129.0	−361.4	99.0
$HCl(g)$	−92.3	186.9	−95.3	29.1
$He(g)$	0.0	126.2	0.0	20.8
$HF(g)$	−273.3	173.8	−275.4	29.1
$Hg(l)$	0.0	75.9	0.0	28.0
$Hg(g)$	61.4	175.0	31.8	20.8
$Hg_2Cl_2(s)$	−265.4	191.6	−210.7	101.7
$HgCl_2(s)$	−224.3	146.0	−178.6	76.6
$HI(g)$	26.5	206.6	1.7	29.2
$HNO_3(l)$	−174.1	155.6	−80.7	109.9
$HNO_3(g)$	−133.9	266.9	−73.5	54.1
$H_2O(g)$	−241.8	188.8	−228.6	33.6
$H_2O(l)$	−285.8	70.0	−237.1	75.3
$H_2O_2(l)$	−187.8	109.6	−120.4	89.1
$H_2O_2(g)$	−136.3	232.7	−105.6	43.1
$H_2S(g)$	−20.6	205.8	−33.4	34.2
$I_2(s)$	0.0	116.1	0.0	54.4
$I_2(g)$	62.4	260.7	19.3	36.9
$K(s)$	0.0	64.7	0.0	29.6
$K(g)$	89.0	160.3	60.5	20.8
$K_2(g)$	123.7	249.7	87.5	37.9

物 质	$\frac{\Delta_f H_m^\ominus}{kJ \cdot mol^{-1}}$	$\frac{S_m^\ominus}{J \cdot K^{-1} \cdot mol^{-1}}$	$\frac{\Delta_f G_m^\ominus}{kJ \cdot mol^{-1}}$	$\frac{C_{p,m}}{J \cdot K^{-1} \cdot mol^{-1}}$
KCl(s)	−436.5	82.6	−408.5	51.3
$KMnO_4$(s)	−837.2	171.7	−737.6	117.6
KOH(s)	−424.6	78.9	−378.7	64.9
KOH(g)	−228.0	238.3	−229.7	49.2
Kr(g)	0.0	164.1	0.0	20.8
Li(s)	0.0	29.1	0.0	24.8
Li(g)	159.3	138.8	126.6	20.8
Li_2(g)	215.9	197.0	174.4	36.1
Li_2O(s)	−597.9	37.6	−561.2	54.1
LiH(s)	−90.5	20.0	−68.3	27.9
LiCl(s)	−408.6	59.3	−384.4	48.0
Mg(s)	0.0	32.7	0.0	24.9
Mg(g)	147.1	148.6	112.5	20.8
MgO(s)	−601.6	27.0	−569.3	37.2
$Mg(OH)_2$(s)	−924.5	63.2	−833.5	77.0
$MgCl_2$(s)	−641.3	89.6	−591.8	71.4
Mn(s)	0.0	32.0	0.0	26.3
Mn(g)	280.7	173.7	238.5	20.8
MnO_2(s)	−520.0	53.1	−465.1	54.1
N_2(g)	0.0	191.6	0.0	29.1
N(g)	472.7	153.3	455.5	20.8
Na(s)	0.0	51.3	0.0	28.2
Na(g)	107.5	153.7	77.0	20.8
Na_2(g)	142.1	230.2	103.9	37.6
NaBr(s)	−361.1	86.8	−349.0	51.4
NaCl(s)	−411.2	72.1	−384.1	50.5
Na_2CO_3(s)	−1130.7	135.0	−1044.4	112.3
NaF(s)	−576.6	51.1	−546.3	46.9
NaH(s)	−56.3	40.0	−33.5	36.4
$NaNO_3$(s)	−467.9	116.5	−367.0	92.9
Na_2O(s)	−414.2	75.1	−375.5	69.1
Na_2O_2(s)	−510.9	95.0	−447.7	89.2
NaOH(s)	−425.6	64.5	−379.5	59.5
Na_2SO_4(s)	−1387.1	149.6	−1270.2	128.2
$NaHSO_4$(s)	−1125.5	113.0	−992.8	
Na_2SO_3(s)	−1100.8	145.9	−1012.5	120.3
Ne(g)	0.0	146.3	0.0	20.8
NH_3(g)	−45.9	192.8	−16.4	35.1
NH_4Cl(s)	−314.4	94.6	−202.9	84.1
NO(g)	91.3	210.8	87.6	29.9
NO_2(g)	33.2	240.1	51.3	37.2
N_2O(g)	81.6	220.0	103.7	38.6
N_2O_4(g)	11.1	304.4	99.8	79.2
N_2O_5(g)	13.3	355.7	117.1	95.3
O_2(g)	0.0	205.2	0.0	29.4
O(g)	249.2	161.1	231.7	21.9
O_3(g)	142.7	238.9	163.2	39.2
P(s,白)	0.0	41.1	0.0	23.8

续表

物质	$\Delta_f H_m^\ominus$ / $kJ \cdot mol^{-1}$	$S_m^\ominus$ / $J \cdot K^{-1} \cdot mol^{-1}$	$\Delta_f G_m^\ominus$ / $kJ \cdot mol^{-1}$	$C_{p,m}$ / $J \cdot K^{-1} \cdot mol^{-1}$
P(s,红)	−17.6	22.8	−13.8	21.2
P_4(g)	58.9	280.0	24.4	67.2
PCl_3(g)	−287.0	311.8	−267.8	71.8
PCl_5(g)	−374.9	364.6	−305.0	112.8
Pb(s)	0.0	64.8	0.0	26.4
PH_3(g)	5.4	210.2	13.4	37.1
Rn(g)	0.0	176.2	0.0	20.8
S(s,斜方)	0.0	32.1	0.0	22.6
S(s,单斜)	0.3	32.6	0.1	23.6
SF_6(g)	−1220.5	291.5	−1116.5	97.0
Si(s)	0.0	18.8	0.0	20.0
SiO_2(s)石英	−910.7	41.5	−856.3	44.4
SO_2(g)	−296.8	248.2	−300.1	39.9
SO_3(g)	−395.7	256.8	−371.1	50.7
Xe(g)	0.0	169.7	0.0	20.8
Zn(c)	0.0	41.6	0.0	25.4
ZnS(s,闪锌矿)	−206.0	57.7	−201.3	46.0
ZnS(s,纤维锌矿)	−192.6	57.7	242.5	
$ZnSO_4$(s)	−982.8	110.5	−871.5	99.2

附录Ⅱ　25℃下部分物质的标准摩尔燃烧焓（$p^\ominus = 10^5$ Pa）

物质	$\Delta_c H_m^\ominus$ / $kJ \cdot mol^{-1}$	物质	$\Delta_c H_m^\ominus$ / $kJ \cdot mol^{-1}$
H_2(g)	−285.8	$C_2H_4(OH)_2$(l)乙二醇	−1189.2
C(s)石墨	−393.5	C_6H_5OH(s)苯酚	−3053.5
CO(g)	−283.0	HCHO(g)甲醛	−570.7
CH_4(g)甲烷	−890.8	CH_3CHO(g)乙醛	−1166.9
C_2H_2(g)乙炔	−1301.1	CH_3COCH_3(l)丙酮	−1789.9
C_2H_4(g)乙烯	−1411.2	$CH_3COC_2H_5$(l)2-丁酮	−2444.1
C_4H_6(g)1,3-丁二烯	−2541.5	CH_3OCH_3(l)甲醚	−1460.4
C_2H_6(g)乙烷	−1560.7	$C_2H_5OC_2H_5$(l)乙醚	−2723.9
C_3H_6(g)环丙烷	−2091.3	HCOOH(l)甲酸	−254.6
C_3H_6(g)丙烯	−2058.0	CH_3COOH(l)乙酸	−874.2
C_3H_8(g)丙烷	−2219.2	C_6H_5COOH(s)苯甲酸	−3226.9
C_4H_{10}(g)正丁烷	−2877.6	NH_3(g)	−382.8
C_6H_6(l)苯	−3267.6	HCN(g)氰化氢	−671.5
C_6H_{14}(l)正己烷	−4163.2	CH_3NH_2(g)甲胺	−1085.6
C_6H_{12}(l)环己烷	−3919.6	C_3H_9N(g)三甲胺	−2443.1
C_7H_8(l)甲苯	−3910.3	N_2H_4(l)联氨	−667.1
$C_{10}H_8$(s)萘	−5156.3	$C_6H_5NH_2$(l)苯胺	−3392.8
C_5H_{12}(g)正戊烷	−3509.0	$HCOOCH_3$(l)甲酸甲酯	−972.6
CH_3OH(l)甲醇	−726.1	CH_3COOCH_3(l)乙酸甲酯	−1592.2
C_2H_5OH(l)乙醇	−1366.8	$CH_3COOC_2H_5$(l)乙酸乙酯	−2238.1
C_3H_7OH(l)正丙醇	−2021.3	C_5H_5N(l)吡啶	−2782.3
$C_3H_5(OH)_3$(l)甘油	−1655.4	CH_3CN(l)乙腈	−1247.2

附录Ⅲ　25℃下水溶液中部分物质的标准热力学数据

（$p^{\ominus}=10^5$Pa，标准态浓度为$b^{\ominus}=1$mol·kg^{-1}）

物　质	$\Delta_f H_m^{\ominus}$ / kJ·mol^{-1}	$S_m^{\ominus}$ / J·K^{-1}·mol^{-1}	$\Delta_f G_m^{\ominus}$ / kJ·mol^{-1}
Ag^+	105.6	72.7	77.1
Ba^{2+}	−537.6	9.6	−560.8
Be^{2+}	−382.8	−129.7	−379.7
Br^-	−121.6	82.4	−104.0
Ca^{2+}	−542.8	−53.1	−553.6
CH_3COO^-	−486.0	86.6	−369.3
CH_3COOH	−486.0	86.6	−369.3
CH_3COONa	−726.1	145.6	−631.2
$(COOH)_2$	−825.1	45.6	−673.9
CN^-	150.6	94.1	172.4
Cl^-	−167.2	56.5	−131.2
ClO^-	−107.1	42.0	−36.8
ClO_2^-	−66.5	101.3	17.2
ClO_3^-	−104.0	162.3	−8.0
ClO_4^-	−129.3	182.0	−8.5
CO_3^{2-}	−677.1	−56.9	−527.8
Cd^{2+}	−75.9	−73.2	−77.6
$Cr_2O_7^{2-}$	−1490.3	261.9	−1301.1
CrO_4^{2-}	−881.2	50.2	−727.8
Cu^+	71.7	40.6	50.0
Cu^{2+}	64.8	−99.6	65.5
$CuSO_4$	−844.5	−79.5	−679.0
F^-	−332.6	−13.8	−278.8
H^+	0.0	0.0	0.0
HBr	−121.6	82.4	−104.0
HCO_3^-	−692.0	91.2	−586.8
HF_2^-	−649.9	92.5	−578.1
HF	−332.6	−13.8	−278.8
HCl	−167.2	56.5	−131.2
HNO_3	−207.4	146.4	−111.3
HPO_4^{2-}	−1292.1	−33.5	−1089.2
HS^-	−17.6	62.8	12.1
HSCN	76.4	144.3	92.7
H_2SO_4	−909.3	20.1	−744.5
HSO_4^-	−887.3	131.8	−755.9
I^-	−55.2	111.3	−51.6
K^+	−252.4	102.5	−283.3
KBr	−373.9	184.9	−387.2
KCl	−419.5	159.0	−414.5
KF	−585.0	88.7	−562.1
KI	−307.6	213.8	−334.9
Li^+	−278.5	13.4	−293.3
Mg^{2+}	−466.9	−138.1	−454.8
Mn^{2+}	−220.8	−73.6	−228.1

续表

物质	$\Delta_f H_m^\ominus$ / $kJ \cdot mol^{-1}$	$S_m^\ominus$ / $J \cdot K^{-1} \cdot mol^{-1}$	$\Delta_f G_m^\ominus$ / $kJ \cdot mol^{-1}$
MnO_4^-	−541.4	191.2	−447.2
Na^+	−240.1	59.0	−261.9
NH_4^+	−132.5	113.4	−79.3
Ni^{2+}	−54.0	−128.9	−45.6
NO_3^-	−207.4	146.4	−111.3
NO_2^-	−104.6	123.0	−32.2
OH^-	−230.0	−10.8	−157.2
Pb^{2+}	−1.7	10.5	−24.4
PO_4^{3-}	−1277.4	−220.5	−1018.7
$PbCl_2$	−336.0	123.4	−286.9
S^{2-}	33.1	−14.6	85.8
SO_4^{2-}	−909.3	20.1	−744.5
Zn^{2+}	−153.9	−112.1	−147.1

附录Ⅳ　部分物质的等压摩尔热容（单位：$J \cdot K^{-1} \cdot mol^{-1}$）

$$C_{p,m}=a+bT+cT^2 \quad 或 \quad C_{p,m}=a+bT+c'T^{-2}$$

物质	a / $J \cdot K^{-1} \cdot mol^{-1}$	$b\times10^3$ / $J \cdot K^{-2} \cdot mol^{-1}$	$c\times10^7$ / $J \cdot K^{-3} \cdot mol^{-1}$	$c'\times10^{-5}$ / $J \cdot K \cdot mol^{-1}$	使用温度范围 / K
Ag(s)	23.97	5.28		−0.25	273～1234
AgCl(s)	62.26	4.18		−11.30	298～728
$AgNO_3$(s)	78.78	66.94			273～433
Al(s)	20.67	12.38			273～931
Au(s)	23.68	5.19			298～1336
Bi(s)	18.79	22.59			298～544
Br_2(g)	35.24	4.07	−1.49		300～1500
C(c,金刚石)	9.12	13.22		−6.19	298～1200
C(c,石墨)	17.15	4.27		−8.79	298～2300
Ca(s)	21.92	14.64			298～673
CaO(s)	48.83	4.52		6.53	298～1800
$CaCO_3$(s)	104.52	21.92		−25.94	298～1200
$CaSO_4$(s)	77.49	91.92		−6.561	273～1373
CH_4(g)	14.32	74.66	−17.43		291～1500
C_2H_2(g)	50.75	16.07		−10.29	298～2000
C_2H_4(g)	11.32	122.0	−37.90		291～1500
C_2H_6(g)	5.75	175.11	−37.85		291～1000
C_6H_6(g)苯	−21.09	400.12	−169.9		
C_8H_8(g)苯乙烯	13.1	545.6		−221.3	
CH_3Cl(g)	14.90	96.22	−31.55		273～773
$CHCl_3$(g)	29.51	148.94	−31.55		273～773
CH_4O(g)甲醇	20.42	103.7	−24.64		300～700
C_2H_6O(g)乙醇	14.97	208.56	71.09		300～1000
CH_2O(g)甲醛	18.82	58.38	−15.61		291～1500
CH_2O_2(g)甲酸	30.67	89.20	−34.54		300～700

续表

物　　质	$\frac{a}{J \cdot K^{-1} \cdot mol^{-1}}$	$\frac{b \times 10^3}{J \cdot K^{-2} \cdot mol^{-1}}$	$\frac{c \times 10^7}{J \cdot K^{-3} \cdot mol^{-1}}$	$\frac{c' \times 10^{-5}}{J \cdot K \cdot mol^{-1}}$	$\frac{使用温度范围}{K}$
$C_2H_4O_2(g)$乙酸	21.76	193.13	−76.78		300～700
$Cl_2(g)$	36.90	0.25		−2.85	298～3000
$CO(g)$	26.54	7.68		−0.46	298～2500
$CO_2(g)$	28.66	35.70			300～2000
$Cu(s)$	22.64	6.28			298～1357
$CuO(s)$	38.79	20.08			298～1250
$CuSO_4(s)$	107.53	17.99		−9.00	273～873
$F_2(g)$	34.69	1.84		−3.35	273～2000
α-Fe(s)	14.10	29.71		−1.80	273～1033
$FeO(s)$	159.0	6.78		−3.09	298～1200
$Fe_2O_3(s)$	97.74	72.13		−12.89	298～1100
$H_2(g)$	29.07	−0.84	20.1		300～1500
$HBr(g)$	26.15	5.86		1.09	298～1600
$HCN(g)$	37.32	12.97		−4.69	298～2000
$HCl(g)$	26.53	4.60		1.09	298～2000
$HF(g)$	26.90	3.43			273～2000
$Hg(l)$	27.66				273～634
$HgCl_2(s)$	64.0	43.1			273～553
$HI(g)$	26.32	5.94		0.92	298～2000
$Si(s)$	23.23	3.68		−3.80	298～1600
$H_2O(g)$	30.00	10.71		0.33	298～2500
$H_2S(g)$	29.37	15.14			298～1800
$I_2(s)$	40.12	49.79			298～387
$I_2(g)$	37.20				456～1500
$KBr(s)$	48.37	13.89			298～1000
$KCl(s)$	41.38	21.76		3.22	298～1043
$Mg(s)$	25.69	6.28		−3.26	298～923
$N_2(g)$	27.87	4.27			298～2500
$NaCl(s)$	45.94	16.32			298～1073
$NH_3(g)$	25.90	33.00	30.5		291～1000
$NH_4Cl(s)$	49.37	133.89			298～458
$NO(g)$	29.41	3.85		−0.59	298～2500
$NO_2(g)$	42.93	8.54		−6.74	298～2000
$N_2O_4(g)$	83.89	39.75		−14.90	298～1000
$O_2(g)$	36.12	0.845		−4.31	298～1500
P(c,红)	19.83	16.32			298～800
$Pb(s)$	25.82	6.69			273～600
$PCl_5(g)$	19.83	449.06	−498.7		298～500
$PCl_3(g)$	84.00	1.21		−11.32	298～1000
$PH_3(g)$	18.81	60.13	170.37		298～1500
$S(g)$	35.73	1.17		−3.31	298～2000
S(c,斜方)	14.98	26.11			298～369
S(c,单斜)	14.90	29.12			368～392
$Zn(s)$	22.38	10.04			298～693

附录 V　部分物质的凝固点降低常数和沸点升高常数

溶　剂	T_f/℃	$\dfrac{K_f}{K \cdot mol^{-1} \cdot kg}$	溶　剂	T_b/℃	$\dfrac{K_b}{K \cdot mol^{-1} \cdot kg}$
CHBr₃(三溴甲烷)	8.69	15.0	CCl₄(四氯化碳)	76.8	5.26
CH₂O₂(甲酸)	8.3	2.38	CH₃I(碘甲烷)	42.55	4.31
CH₃NO(甲酰胺)	2.49	4.25	CS₂(二硫化碳)	46.0	2.42
C₂H₄O₂(乙酸)	16.64	3.63	C₂HCl₃(三氯乙烯)	87.21	4.52
C₂H₅NO(乙酰胺)	80.16	3.92	C₂H₄O₂(乙酸)	117.9	3.22
C₂H₆O₂(乙二醇)	−12.69	3.11	C₂H₆O(乙醇)	78.29	1.23
C₂H₆OS(二甲亚砜)	17.89	3.85	C₂H₆O₂(乙二醇)	197.3	2.26
C₃H₈O₃(丙三醇)	18.1	3.56	C₂H₆OS(二甲亚砜)	189.0	3.22
C₄H₄N₂(丁二腈)	57.98	19.3	C₃H₆O(丙酮)	56.05	1.80
C₅H₅N(吡啶)	−41.70	4.26	C₄H₈O₂(乙酸乙酯)	77.11	2.82
C₆H₅NO₂(硝基苯)	5.7	6.87	C₄H₁₀O(乙醚)	34.5	2.20
C₆H₆(苯)	5.49	5.07	C₅H₅N(吡啶)	115.23	2.83
C₆H₆O(苯酚)	40.89	6.84	C₆H₅Cl(氯苯)	131.72	4.36
C₆H₇N(苯胺)	−6.02	5.23	C₆H₅NO₂(硝基苯)	210.8	5.2
C₆H₁₂O(环己醇)	25.93	42.2	C₆H₆(苯)	80.09	2.64
C₇H₈(甲苯)	−94.95	3.55	C₆H₇N(苯胺)	184.17	3.82
C₇H₁₄(甲基环己烷)	−126.6	2.60	C₆H₆O(苯酚)	181.87	3.54
m-C₇H₈O(间甲酚)	12.24	7.76	C₆H₁₂(环己烷)	80.73	2.92
o-C₇H₈O(邻甲酚)	31.03	5.92	C₆H₁₂O(环己醇)	160.84	3.5
p-C₇H₈O(对甲酚)	34.77	7.20	C₆H₁₄(正己烷)	68.73	2.90
p-C₈H₁₀(对二甲苯)	13.25	4.31	C₇H₈(甲苯)	110.63	3.40
C₁₀H₇Cl(α-氯萘)	−2.5	7.68	C₇H₁₆(正庚烷)	98.5	3.62
C₁₀H₈(萘)	80.26	7.45	C₇H₈O(苯甲醚)	153.7	4.20
C₁₂H₁₁N(二苯胺)	53.2	8.38	C₇H₆O(苯甲醛)	179.0	4.24
H₂O(水)	0.00	1.86	H₂O(水)	100.0	0.513

附录 VI　25℃下的标准电极电势（$p^{\ominus}=101.325kPa$，$b^{\ominus}=1mol \cdot kg^{-1}$）

电　极	还原电极反应	$\varphi^{\ominus}$/V
Ag∣Ag⁺	$Ag^+ + e^- \longrightarrow Ag$	0.7996
Ag,AgBr(s)∣Br⁻	$AgBr + e^- \longrightarrow Ag + Br^-$	0.07133
Ag,AgCl(s)∣Cl⁻	$AgCl + e^- \longrightarrow Ag + Cl^-$	0.22233
Ag,AgI(s)∣I⁻	$AgI + e^- \longrightarrow Ag + I^-$	−0.15224
Ag,Ag₂O∣OH⁻	$Ag_2O + H_2O + 2e^- \longrightarrow 2Ag + 2OH^-$	0.342
Al∣Al³⁺	$Al^{3+} + 3e^- \longrightarrow Al$	−1.662
Al∣Al(OH)₃,OH⁻	$Al(OH)_3 + 3e^- \longrightarrow Al + 3OH^-$	−2.31
Al∣AlF₆³⁻	$AlF_6^{3-} + 3e^- \longrightarrow Al + 6F^-$	−2.069
Pt∣Au⁺,Au³⁺	$Au^{3+} + 2e^- \longrightarrow Au^+$	1.401
Au∣Au⁺	$Au^+ + e^- \longrightarrow Au$	1.692
Au∣Au³⁺	$Au^{3+} + 3e^- \longrightarrow Au$	1.498
Ba∣Ba²⁺	$Ba^{2+} + 2e^- \longrightarrow Ba$	−2.912
Be∣Be²⁺	$Be^{2+} + 2e^- \longrightarrow Be$	−1.847
Pt,Br₂(aq)∣Br⁻	$Br_2(aq) + 2e^- \longrightarrow 2Br^-$	1.0873
Pt,Br₂(aq)∣HBrO	$2HBrO + 2H^+ + 2e^- \longrightarrow Br_2(aq) + 2H_2O$	1.574
Ca∣Ca²⁺	$Ca^{2+} + 2e^- \longrightarrow Ca$	−2.868

续表

电 极	还原电极反应	$\varphi^{\ominus}/V$
$Ca\|Ca(OH)_2,OH^-$	$Ca(OH)_2+2e^- \longrightarrow Ca+2OH^-$	−3.02
$Cd\|Cd^{2+}$	$Cd^{2+}+2e^- \longrightarrow Cd$	−0.4030
$Ce\|Ce^{3+}$	$Ce^{3+}+3e^- \longrightarrow Ce$	−2.336
$Pt\|Ce^{3+},Ce^{4+}$	$Ce^{4+}+e^- \longrightarrow Ce^{3+}$	1.72
$Pt,Cl_2(g)\|Cl^-$	$Cl_2+2e^- \longrightarrow 2Cl^-$	1.3583
$Pt,Cl_2(g)\|HClO$	$2HClO+2H^++2e^- \longrightarrow Cl_2+2H_2O$	1.611
$Pt\|HClO,Cl^-$	$HClO+H^++2e^- \longrightarrow Cl^-+H_2O$	1.482
$Pt\|ClO^-,Cl^-$	$ClO^-+H_2O+2e^- \longrightarrow Cl^-+2OH^-$	0.81
$Co\|Co^{2+}$	$Co^{2+}+2e^- \longrightarrow Co$	−0.28
$Pt\|Co^{3+},Co^{2+}$	$Co^{3+}+e^- \longrightarrow Co^{2+}$	1.92
$Cr\|Cr^{3+}$	$Cr^{3+}+3e^- \longrightarrow Cr$	−0.744
$Cr\|Cr^{2+}$	$Cr^{2+}+2e^- \longrightarrow Cr$	−0.913
$Pt\|Cr^{3+},Cr^{2+}$	$Cr^{3+}+e^- \longrightarrow Cr^{2+}$	−0.407
$Pt\|Cr_2O_7^{2-},Cr^{3+},H^+$	$Cr_2O_7^{2-}+14H^++2e^- \longrightarrow 2Cr^{3+}+7H_2O$	1.232
$Cs\|Cs^+$	$Cs^++e^- \longrightarrow Cs$	−3.026
$Pt\|Cu^{2+},Cu^+$	$Cu^{2+}+e^- \longrightarrow Cu^+$	0.153
$Cu\|Cu^{2+}$	$Cu^{2+}+2e^- \longrightarrow Cu$	0.3419
$Cu\|Cu^+$	$Cu^++e^- \longrightarrow Cu$	0.521
$Cu\|CuI_2^-$	$CuI_2^-+e^- \longrightarrow Cu+2I^-$	0.00
$Pt,F_2(g)\|F^-$	$F_2+2e^- \longrightarrow 2F^-$	2.866
$Pt,F_2(g)\|HF,H^+$	$F_2+2H^++2e^- \longrightarrow 2HF$	3.053
$Fe\|Fe^{3+}$	$Fe^{3+}+3e^- \longrightarrow Fe$	−0.037
$Pt\|Fe^{3+},Fe^{2+}$	$Fe^{3+}+e^- \longrightarrow Fe^{2+}$	0.771
$Fe\|Fe^{2+}$	$Fe^{2+}+2e^- \longrightarrow Fe$	−0.447
$Pt,H_2(g)\|H_2O,OH^-$	$2H_2O+2e^- \longrightarrow H_2(g)+2OH^-$	−0.8277
$Pt,H_2(g)\|H^+$	$2H^++2e^- \longrightarrow H_2(g)$	0.0000
$Pt\|H_2O_2,H_2O,H^+$	$H_2O_2+2H^++2e^- \longrightarrow 2H_2O$	1.776
$Hg,Hg_2Cl_2\|Cl^-$	$Hg_2Cl_2+2e^- \longrightarrow 2Hg+2Cl^-$	0.26808
$Hg\|Hg^{2+}$	$Hg^{2+}+2e^- \longrightarrow Hg$	0.851
$Pt\|Hg^{2+},Hg_2^{2+}$	$2Hg^{2+}+2e^- \longrightarrow Hg_2^{2+}$	0.920
$Hg\|Hg_2^{2+}$	$Hg_2^{2+}+2e^- \longrightarrow 2Hg$	0.7973
$Hg,Hg_2Br_2\|Br^-$	$Hg_2Br_2+2e^- \longrightarrow 2Hg+2Br^-$	0.13923
$Pt,I_2(s)\|I^-$	$I_2+2e^- \longrightarrow 2I^-$	0.5355
$Pt,I_2(s)\|I_3^-$	$I_3^-+2e^- \longrightarrow 3I^-$	0.536
$K\|K^+$	$K^++e^- \longrightarrow K$	−2.931
$Li\|Li^+$	$Li^++e^- \longrightarrow Li$	−3.0401
$Mg\|Mg^{2+}$	$Mg^{2+}+2e^- \longrightarrow Mg$	−2.372
$Mn\|Mn^{2+}$	$Mn^{2+}+2e^- \longrightarrow Mn$	−1.185
$Pt\|Mn^{3+},Mn^{2+}$	$Mn^{3+}+e^- \longrightarrow Mn^{2+}$	1.5415
$Pt\|MnO_4^-,Mn^{2+},H^+$	$MnO_4^-+8H^++5e^- \longrightarrow Mn^{2+}+4H_2O$	1.507
$Pt,NO(g)\|HNO_2,H^+$	$HNO_2+H^++e^- \longrightarrow NO+H_2O$	0.983
$Pt,NO(g)\|NO_2^-,OH^-$	$NO_2^-+H_2O+e^- \longrightarrow NO+2OH^-$	−0.46
$Pt\|NO_3^-,HNO_2$	$NO_3^-+3H^++2e^- \longrightarrow HNO_2+H_2O$	0.934
$Pt,NO(g)\|NO_3^-,H^+$	$NO_3^-+4H^++3e^- \longrightarrow NO+2H_2O$	0.957
$Na\|Na^+$	$Na^++e^- \longrightarrow Na$	−2.71
$Ni\|Ni^{2+}$	$Ni^{2+}+2e^- \longrightarrow Ni$	−0.257
$Ni,NiO_2\|Ni^{2+}$	$NiO_2+4H^++2e^- \longrightarrow Ni^{2+}+2H_2O$	1.678
$Pt,O_2(g)\|H_2O,OH^-$	$O_2(g)+2H_2O+4e^- \longrightarrow 4OH^-$	0.401
$Pt,O_2(g)\|H_2O,H^+$	$O_2(g)+4H^++4e^- \longrightarrow 2H_2O$	1.229

续表

电极	还原电极反应	$\varphi^{\ominus}$/V
$Pb,PbO_2,PbSO_4(s)\mid SO_4^{2-}$	$PbO_2+SO_4^{2-}+4H^++2e^-\longrightarrow PbSO_4+2H_2O$	1.6913
$Pb,PbSO_4(s)\mid SO_4^{2-}$	$PbSO_4+2e^-\longrightarrow Pb+SO_4^{2-}$	−0.3588
$Pb\mid Pb^{2+}$	$Pb^{2+}+2e^-\longrightarrow Pb$	−0.1262
$Pb,PbO_2(s)\mid Pb^{2+}$	$PbO_2+4H^++2e^-\longrightarrow Pb^{2+}+2H_2O$	1.455
Pt∣醌,氢醌,H^+	$C_6H_4O_2+2H^++2e^-\longrightarrow C_6H_4(OH)_2$	0.6992
$Pt\mid Pt^{2+}$	$Pt^{2+}+2e^-\longrightarrow Pt$	1.18
$Pt\mid[PtCl_4]^{2-},Cl^-$	$[PtCl_4]^{2-}+2e^-\longrightarrow Pt+4Cl^-$	0.755
$Pt\mid PtCl_6^{2-},PtCl_4^{2-}$	$[PtCl_6]^{2-}+2e^-\longrightarrow[PtCl_4]^{2-}+2Cl^-$	0.68
$Pt,S(s)\mid S^{2-}$	$S(s)+2e^-\longrightarrow S^{2-}$	−0.47627
$Pt,S(s)\mid H_2S(aq),H^+$	$S(s)+2H^++2e^-\longrightarrow H_2S(aq)$	0.142
$Pt\mid S_2O_8^{2-},SO_4^{2-}$	$S_2O_8^{2-}+2e^-\longrightarrow 2SO_4^{2-}$	2.010
$Pt\mid SO_4^{2-},H_2SO_3$	$SO_4^{2-}+4H^++2e^-\longrightarrow H_2SO_3+H_2O$	0.172
$Sc\mid Sc^{3+}$	$Sc^{3+}+3e^-\longrightarrow Sc$	−2.077
$Sn\mid Sn^{2+}$	$Sn^{2+}+2e^-\longrightarrow Sn$	−0.1375
$Pt\mid Sn^{4+},Sn^{2+}$	$Sn^{4+}+2e^-\longrightarrow Sn^{2+}$	0.151
$Sn\mid HSnO_2^-,OH^-$	$HSnO_2^-+H_2O+2e^-\longrightarrow Sn+3OH^-$	−0.909
$Sr\mid Sr^{2+}$	$Sr^{2+}+2e^-\longrightarrow Sr$	−2.899
$Ti\mid Ti^{2+}$	$Ti^{2+}+2e^-\longrightarrow Ti$	−1.630
$Pt\mid Ti^{3+},Ti^{2+}$	$Ti^{3+}+e^-\longrightarrow Ti^{2+}$	−0.9
$Pt\mid Tl^{3+},Tl^+$	$Tl^{3+}+2e^-\longrightarrow Tl^+$	1.252
$Pt\mid V^{3+},V^{2+}$	$V^{3+}+e^-\longrightarrow V^{2+}$	−0.255
$V\mid V^{2+}$	$V^{2+}+2e^-\longrightarrow V$	−1.175
$Zn\mid Zn^{2+}$	$Zn^{2+}+2e^-\longrightarrow Zn$	−0.7618

附录Ⅶ　原子量表

（括号内的数字代表半衰期最长的放射性同位素的质量数）

元素符号	原子序数	元素名称	原子量	元素符号	原子序数	元素名称	原子量	元素符号	原子序数	元素名称	原子量
Ac	89	锕	227.03	H	1	氢	1.01	Pu	94	钚	244.06
Ag	47	银	107.87	He	2	氦	4.00	Ra	88	镭	226.03
Al	13	铝	26.98	Hf	72	铪	178.49	Rb	37	铷	85.47
Am	95	镅	243.06	Hg	80	汞	200.59	Re	75	铼	186.21
Ar	18	氩	39.95	Ho	67	钬	164.93	Rf	104	𬬻	261.11
As	33	砷	74.92	Hs	108	𬭶	265.13	Rh	45	铑	102.91
At	85	砹	209.99	I	53	碘	126.90	Rn	86	氡	222.02
Au	79	金	196.97	In	49	铟	114.82	Ru	44	钌	101.07
Ba	56	钡	137.33	Ir	77	铱	192.22	S	16	硫	32.06
Be	4	铍	9.01	K	19	钾	39.10	Sb	51	锑	121.76
B	5	硼	10.81	Kr	36	氪	83.80	Sc	21	钪	44.96
Bh	107	𬭛	264.12	La	57	镧	138.91	Se	34	硒	78.96
Bi	83	铋	208.98	Li	3	锂	6.94	Sg	106	𬭳	263.12
Bk	97	锫	247.07	Lr	103	铹	260.11	Si	14	硅	28.09
Br	35	溴	79.90	Lu	71	镥	174.97	Sm	62	钐	150.36
C	6	碳	12.01	Md	101	钔	258.10	Sn	50	锡	118.71
Ca	20	钙	40.08	Mg	12	镁	24.31	Sr	38	锶	87.62
Cd	48	镉	112.41	Mn	25	锰	54.94	Ta	73	钽	180.95
Ce	58	铈	140.12	Mo	42	钼	95.94	Tb	65	铽	158.93

续表

元素符号	原子序数	元素名称	原子量	元素符号	原子序数	元素名称	原子量	元素符号	原子序数	元素名称	原子量
Cf	98	锎	251.08	Mt	109	鿏	266.13	Tc	43	锝	97.91
Cl	17	氯	35.45	N	7	氮	14.01	Te	52	碲	127.60
Cm	96	锔	247.07	Na	11	钠	22.99	Th	90	钍	232.04
Co	27	钴	58.93	Nb	41	铌	92.91	Ti	22	钛	47.87
Cr	24	铬	52.00	Nd	60	钕	144.24	Tl	81	铊	204.38
Cs	55	铯	132.91	Ne	10	氖	20.18	Tm	69	铥	168.93
Cu	29	铜	63.55	Ni	28	镍	58.69	U	92	铀	238.03
Db	105	𨧀	262.11	No	102	锘	259.10	Uub	112		(277)
Dy	66	镝	162.50	Np	93	镎	237.05	Ds	110	𫟼	(269)
Er	68	铒	167.26	O	8	氧	16.00	Uuq	114		(289)
Es	99	锿	252.08	Os	76	锇	190.23	Uut	113		(278)
Eu	63	铕	151.96	P	15	磷	30.97	Rg	111	轮	(272)
F	9	氟	19.00	Pa	91	镤	231.04	V	23	钒	50.94
Fe	26	铁	55.85	Pb	82	铅	207.2	W	74	钨	183.85
Fm	100	镄	257.10	Pd	46	钯	106.42	Xe	54	氙	131.29
Fr	87	钫	223.02	Pm	61	钷	144.91	Y	39	钇	88.91
Ga	31	镓	69.72	Po	84	钋	208.98	Yb	70	镱	173.04
Gd	64	钆	157.25	Pr	59	镨	140.91	Zn	30	锌	65.38
Ge	32	锗	72.64	Pt	78	铂	195.08	Zr	40	锆	91.22

附录Ⅷ　希腊字母读音表

大写	小写	英文注音	国际音标注音	中文注音
A	*α*	alpha	a:lf	阿尔法
B	*β*	beta	bet	贝塔
Γ	*γ*	gamma	ga:m	伽马
Δ	*δ*	delta	delt	德尔塔
E	*ε*	epsilon	ep'silon	伊普西龙
Z	*ζ*	zeta	zat	截塔
H	*η*	eta	eit	艾塔
Θ	*θ*	thet	θit	西塔
I	*ι*	iot	aiot	约塔
K	*κ*	kappa	kap	卡帕
Λ	*λ*	lambda	lambd	兰布达
M	*μ*	mu	mju	缪
N	*ν*	nu	nju	纽
Ξ	*ξ*	xi	ksi	克西
O	*ο*	omicron	omik'ron	奥密克戎
Π	*π*	pi	pai	派
P	*ρ*	rho	rou	肉
Σ	*σ*	sigma	'sigma	西格马
T	*τ*	tau	tau	套
Υ	*υ*	upsilon	jup'silon	宇普西龙
Φ	*φ*	phi	fai	佛爱
X	*χ*	chi	phai	西
Ψ	*ψ*	psi	psai	普西
Ω	*ω*	omega	o'miga	欧米伽

参 考 文 献

1. 吉林大学等校．物理化学．北京：人民教育出版社，1979.
2. 韩世纲．物理化学．西安：西安交通大学出版社，1987.
3. 傅献彩等．物理化学．第四版．北京：高等教育出版社，1990.
4. 天津大学物理化学教研室．物理化学．第三版．北京：高等教育出版社，1992.
5. 印永嘉等．物理化学简明教程．第三版，北京：高等教育出版社，1992.
6. 邓景发，范康年．物理化学．北京：高等教育出版社，1993.
7. 朱文涛．物理化学．北京：清华大学出版社，1995.
8. 胡英等．物理化学．第四版．北京：高等教育出版社，1999.
9. 韩德刚等．物理化学．北京：高等教育出版社，2001.
10. WILLIAM F. Sheehan. *Physical Chemistry*. Allyn and bacon，Inc.，1961.
11. WALTER J. Moore. *Basic Physical Chemistry*. Prentice-Hall Inc.，1983.
12. David R. Lide. *Handbook of Chemistry and Physics*. 第 85 卷，2004-2005 年．

索引

K

L

M

N